U0263591

国家出版基金项目
NATIONAL PUBLICATION FOUNDATION

《中国古脊椎动物志》编辑委员会主编

中国古脊椎动物志

第三卷
基干下孔类　哺乳类

主编 **邱占祥** ｜ 副主编 **李传夔**

第五册（下）（总第十八册下）
啮型类II：啮齿目II

邱铸鼎　李传夔　郑绍华 等 编著

科学技术部基础性工作专项（2013FY113000）资助

科 学 出 版 社
北 京

内 容 简 介

　　本册志书为啮齿目第二册，介绍中国（台湾资料暂缺）2019 年以前所研究发表的啮齿类动物中的鼠超科（Muroidea）化石，计有 8 科 121 属 317 种。书中提供了科级以上分类单元的定义、地史和地理分布，并对研究历史、现状以及存在问题予以概述；赋予了每一个属、种的鉴别特征和时空分布的详细内容；对各命名种的模式标本、产地和层位都做了翔实的考证和记述。在大部分分类单元记述之后有编者在撰写过程中对发现的问题的评注或编者对该单元新认识的阐述。书中附有 343 幅图件，正文之后有学名索引、有关地层和地点的附表、附图和说明。

　　本书是国内外涉及地学、生物学、考古学的大专院校、科研机构、博物馆有关科研人员及业余古生物爱好者的基础参考书，也可为科普创作提供必要的参考资料。

图书在版编目（CIP）数据

中国古脊椎动物志. 第3卷. 基干下孔类、哺乳类. 第5册. 下，啮型类. II，啮齿目. II：总第18册下 / 邱铸鼎等编著. —北京：科学出版社，2020. 10
ISBN 978-7-03-066295-8

Ⅰ. ①中… Ⅱ. ①邱… Ⅲ. ①古动物－脊椎动物门－动物志－中国 ②啮齿目－动物志－中国 Ⅳ. ①Q915.86

中国版本图书馆CIP数据核字（2020）第199247号

责任编辑：胡晓春　孟美岑 / 责任校对：张小霞
责任印制：肖　兴 / 封面设计：黄华斌

科 学 出 版 社 出版
北京东黄城根北街16号
邮政编码：100717
http://www.sciencep.com
中国科学院印刷厂 印刷
科学出版社发行　各地新华书店经销
*
2020年10月第 一 版　　开本：787×1092　1/16
2020年10月第一次印刷　　印张：35 1/4
字数：729 000
定价：468.00元
（如有印装质量问题，我社负责调换）

Editorial Committee of Palaeovertebrata Sinica

PALAEOVERTEBRATA SINICA

Volume III

Basal Synapsids and Mammals

Editor-in-Chief: **Qiu Zhanxiang** | Associate Editor-in-Chief: **Li Chuankui**

Fascicle 5 (2) (Serial no. 18-2)

Glires II: Rodentia II

By **Qiu Zhuding, Li Chuankui, Zheng Shaohua et al.**

Supported by the Special Research Program of Basic Science and Technology
of the Ministry of Science and Technology (2013FY113000)

Science Press
Beijing

本册撰写人员分工

主编   邱铸鼎 E-mail: qiuzhuding@ivpp.ac.cn
副主编   李传夔 E-mail: lichuankui@ivpp.ac.cn

                                 郑绍华 E-mail: zhengshaohua@ivpp.ac.cn

鼠超科引言   李传夔
仓鼠科   王伴月 E-mail: wangbanyue@ivpp.ac.cn

                                 吴文裕 E-mail: wuwenyu@ivpp.ac.cn

                                 邱铸鼎

鼠平科   郑绍华
盲鼹鼠科   王伴月、邱铸鼎
刺山鼠科   邱铸鼎
沙鼠科   邱铸鼎
竹鼠科   邱铸鼎
鼢鼠科   郑绍华
鼠科   吴文裕

（以上编写人员所在单位均为中国科学院古脊椎动物与古人类研究所、
中国科学院脊椎动物演化与人类起源重点实验室）

Contributors to this Fascicle

Editor   **Qiu Zhuding** E-mail: qiuzhuding@ivpp.ac.cn

Associate Editor   **Li Chuankui** E-mail: lichuankui@ivpp.ac.cn

                                   Zheng Shaohua E-mail: zhengshaohua@ivpp.ac.cn

Brief introduction to the superfamily Muroidea

                                   Li Chuankui

Cricetidae   **Wang Banyue** E-mail: wangbanyue@ivpp.ac.cn

                                   Wu Wenyu E-mail: wuwenyu@ivpp.ac.cn

                                   Qiu Zhuding

Arvicolidae   **Zheng Shaohua**

Spalacidae   **Wang Banyue, Qiu Zhuding**

Platacanthomyidae   **Qiu Zhuding**

Gerbillidae   **Qiu Zhuding**

Rhizomyidae   **Qiu Zhuding**

Myospalacidae   **Zheng Shaohua**

Muridae   **Wu Wenyu**

(All the contributors are from the Institute of Vertebrate Paleontology and Paleoanthropology, Chinese Academy of Sciences, Key Laboratory of Vertebrate Evolution and Human Origins of Chinese Academy of Sciences)

总　序

中国第一本有关脊椎动物化石的手册性读物是 1954 年杨钟健、刘宪亭、周明镇和贾兰坡编写的《中国标准化石——脊椎动物》。因范围限定为标准化石，该书仅收录了 88 种化石，其中哺乳动物仅 37 种，不及德日进（P. Teilhard de Chardin）1942 年在《中国化石哺乳类》中所列举的在中国发现并已发表的哺乳类化石种数（约 550 种）的十分之一。所以这本只有 57 页的小册子还不能算作一本真正的脊椎动物化石手册。我国第一本真正的这样的手册是 1960 – 1961 年在杨钟健和周明镇领导下，由中国科学院古脊椎动物与古人类研究所的同仁们集体编撰出版的《中国脊椎动物化石手册》。该手册共记述脊椎动物化石 386 属 650 种，分为《哺乳动物部分》（1960 年出版）和《鱼类、两栖类和爬行类部分》（1961 年出版）两个分册。前者记述了 276 属 515 种化石，后者记述了 110 属135 种。这是对自 1870 年英国博物学家欧文（R. Owen）首次科学研究产自中国的哺乳动物化石以来，到 1960 年前研究发表过的全部脊椎动物化石材料的总结。其中鱼类、两栖类和爬行类化石主要由中国学者研究发表，而哺乳动物则很大一部分由国外学者研究发表。"文化大革命"之后不久，1979 年由董枝明、齐陶和尤玉柱编汇的《中国脊椎动物化石手册》（增订版）出版，共收录化石 619 属 1268 种。这意味着在不到 20 年的时间里新发现的化石属、种数量差不多翻了一番（属为 1.6 倍，种为 1.95 倍）。

自 20 世纪 80 年代末开始，国家对科技事业的投入逐渐加大，我国的古脊椎动物学逐渐步入了快速发展的时期。新的脊椎动物化石及新属、种的数量，特别是在鱼类、两栖类和爬行动物方面，快速增加。1992 年孙艾玲等出版了《The Chinese Fossil Reptiles and Their Kins》，记述了两栖类、爬行类和鸟类化石 228 属 328 种。李锦玲、吴肖春和张福成于 2008 年又出版了该书的修订版（书名中的 Kins 已更正为 Kin），将属种数提高到416 属 564 种。这比 1979 年手册中这一部分化石的数量（186 属 219 种）增加了大约 1倍半（属近 2.24 倍，种近 2.58 倍）。在哺乳动物方面，20 世纪 90 年代初，中国科学院古脊椎动物与古人类研究所一些从事小哺乳动物化石研究的同仁们，曾经酝酿编写一部《中国小哺乳动物化石志》，并已草拟了提纲和具体分工，但由于种种原因，这一计划未能实现。

自 20 世纪 90 年代末以来，我国在古生代鱼类化石和中生代两栖类、翼龙、恐龙、鸟类，以及中、新生代哺乳类化石的发现和研究方面又有了新的重大突破，在恐龙蛋和爬行动物及鸟类足迹方面也有大量新发现。粗略估算，我国现有古脊椎动物化石种的总数已经超过 3000 个。我国是古脊椎动物化石赋存大国，有关收藏逐年增加，在研究方面正在努力进入世界强国行列的过程之中。此前所出版的各类手册性的著作已落后于我国古脊椎动物研究发展的现状，无法满足国内外有关学者了解我国这一学科领域进展的迫切需求。美国古生物学家 S. G. Lucas，积 5 次访问中国的经历，历时近 20 年，于 2001 年出版了一部 370 多页的《Chinese Fossil Vertebrates》。这部书虽然并非以罗列和记述属、种为主旨，而且其资料的收集限于 1996 年以前，却仍然是国外学者了解中国古脊椎动物学发展脉络的重要读物。这可以说是从国际古脊椎动物研究的角度对上述需求的一种反映。

2006 年，科技部基础研究司启动了国家科技基础性工作专项计划，重点对科学考察、科技文献典籍编研等方面的工作加大支持力度。是年 10 月科技部召开研讨中国各门类化石系统总结与志书编研的座谈会。这才使我国学者由自己撰写一部全新的、涵盖全面的古脊椎动物志书的愿望，有了得以实现的机遇。中国科学院南京地质古生物研究所和古脊椎动物与古人类研究所的领导十分珍视这次机遇，于 2006 年年底前，向科技部提交了由两所共同起草的"中国各门类化石系统总结与志书编研"的立项申请。2007 年 4 月 27 日，该项目正式获科技部批准。《中国古脊椎动物志》即是该项目的一个组成部分。

在本志筹备和编研的过程中，国内外前辈和同行们的工作一直是我们学习和借鉴的榜样。在我国，"三志"（《中国动物志》、《中国植物志》和《中国孢子植物志》）的编研，已经历时半个多世纪之久。其中《中国植物志》自 1959 年开始出版，至 2004 年已全部出齐。这部煌煌巨著分为 80 卷，126 册，记载了我国 301 科 3408 属 31142 种植物，共 5000 多万字。《中国动物志》自 1962 年启动后，已编撰出版了 126 卷、册，至今仍在继续出版。《中国孢子植物志》自 1987 年开始，至今已出版 80 多卷（不完全统计），现仍在继续出版。在国外，可以作为借鉴的古生物方面的志书类著作，有原苏联出版的《古生物志》（《Основы Палеонтологии》）。全书共 15 册，出版于 1959 – 1964 年，其中古脊椎动物为 3 册。法国的《Traité de Paléontologie》（实际是古动物志），全书共 7 卷 10 册，其中古脊椎动物（包括人类）为 4 卷 7 册，出版于 1952 – 1969 年，历时 18 年。此外，C. M. Janis 等编撰的《Evolution of Tertiary Mammals of North America》（两卷本）也是一部对北美新生代哺乳动物化石属级以上分类单元的系统总结。该书从 1978 年开始构思，直到 2008 年才编撰完成，历时 30 年。

参考我国"三志"和国外志书类著作编研的经验，我们在筹备初期即成立了志书编辑委员会，并同步进行了志书编研的总体构思。2007 年 10 月 10 日由 17 人组成的《中国古脊椎动物志》编辑委员会正式成立（2008 年胡耀明委员去世，2011 年 2 月 28 日增补邓涛、尤海鲁和张兆群为委员，2012 年 11 月 15 日又增加金帆和倪喜军两位委员，现共 21 人）。2007 年 11 月 30 日《中国古脊椎动物志》"编辑委员会组成与章程"、"管理条例"和"编写规则"三个试行草案正式发布，其中"编写规则"在志书撰写的过程中不断修改，直至 2010 年 1 月才有了一个比较正式的试行版本，2013 年 1 月又有了一个更为完善的修订本，至今仍在不断修改和完善中。

考虑到我国古脊椎动物学发展的现状，在汲取前人经验的基础上，编委会决定：①延续《中国脊椎动物化石手册》的传统，《中国古脊椎动物志》的记述内容也细化到种一级。这与国外类似的志书类都不同，后者通常都停留在属一级水平。②采取顶层设计，由编委会统一制定志书总体结构，将全志大体按照脊椎动物演化的顺序划分卷、册；直接聘请能够胜任志书要求的合适研究人员负责编撰工作，而没有采取自由申报、逐项核批的操作程序。③确保项目经费足额并及时到位，力争志书编研按预定计划有序进行，做到定期分批出版，努力把全志出版周期限定在 10 年左右。

编委会将《中国古脊椎动物志》的编写宗旨确定为："本志应是一套能够代表我国古脊椎动物学当前研究水平的中文基础性丛书。本志力求全面收集中国已发表的古脊椎动物化石资料，以骨骼形态性状为主要依据，吸收分子生物学研究的新成果，尝试运用分支系统学的理论和方法认识和阐述古脊椎动物演化历史、改造林奈分类体系，使之与演化历史更为吻合；着重对属、种进行较全面、准确的文字介绍，并尽可能附以清晰的模式标本图照，但不创建新的分类单元。本志主要读者对象是中国地学、生物学工作者及爱好者，高校师生，自然博物馆类机构的工作人员和科普工作者。"

编委会在将"代表我国古脊椎动物学当前研究水平"列入撰写本志的宗旨时，已经意识到实现这一目标的艰巨性。这一点也是所有参撰人员在此后的实践过程中越来越深刻地感受到的。正如在本志第一卷第一册"脊椎动物总论"中所论述的，自 20 世纪 50 年代以来，在古生物学和直接影响古生物学发展的相关领域中发生了可谓"翻天覆地"的变化。在 20 世纪七八十年代已形成了以 Mayr 和 Simpson 为代表的演化分类学派（evolutionary taxonomy）、以 Hennig 为代表的系统发育系统学派 [phylogenetic systematics，又称分支系统学派（cladistic systematics，或简化为 cladistics）] 及以 Sokal 和 Sneath 为代表的数值分类学派（numerical taxonomy）的"三国鼎立"的局面。自 20 世纪 90 年代以来，分支系统学派逐渐占据了明显的优势地位。进入 21 世纪以来，围绕着生物分类的原理、原则、程序及方法等的争论又日趋激烈，形成了新的"三国"。以演化分类学家 Mayr 和 Bock 为代表的"达尔文分类学派"（Darwinian classification），坚持依据相似性（similarity）和系谱（genealogy）两项准则作为分类基础，并保留林奈套叠等级体系，认为这正是达尔文早就提出的生物分类思想。在分支系统学派内部分成两派：以 de Quieroz 和 Gauthier 为代表的持更激进观点的分支系统学家组成了"系统发育分类命名法规学派"（简称 PhyloCode）。他们以单一的系谱（genealogy）作为生物分类的依据，并坚持废除林奈等级体系的观点。以 M. J. Benton 等为代表的持比较保守观点的分支系统学家则主张，在坚持分支系统学核心理论的基础上，采取某些折中措施以改进并保留林奈式分类和命名体系。目前争论仍在进行中。到目前为止还没有任何一个具体的脊椎动物的划分方案得到大多数生物和古生物学家的认可。我国的古生物学家大多还处在对这些新的论点、原理和方法以及争论论点实质的不断认识和消化的过程之中。这种现状首先影响到志书的总体架构：如何划分卷、册？各卷、册使用何种标题名称？系统记述部分中各高阶元及其名称如何取舍？基于林奈分类的《国际动物命名法规》是否要严格执行？……这些问题的存在甚至对编撰本志书的科学性和必要性都形成了质疑和挑战。

在《中国古脊椎动物志》立项和实施之初，我们确曾希望能够建立一个为本志书各卷、册所共同采用的脊椎动物分类方案。通过多次尝试，我们逐渐发现，由于脊椎动物内各大类群的研究历史和分类研究传统不尽相同，对当前不同分类体系及其使用的方法，在接受程度上差别较大，并很难在短期内弥合。因此，在目前要建立一个比较合理、能被广泛接受、涵盖整个脊椎动物的分类方案，便极为困难。虽然如此，通过多次反复研讨，参撰人员就如何看待分类和究竟应该采取何种分类方案等还是逐渐取得了如下一些共识：

1）分支系统学在重建生物演化过程中，以其对分支在演化过程中的重要作用的深刻认识和严谨的逻辑推导方法，而成为当前获得古生物学家广泛支持的一种学说。任何生物分类都应力求真实地反映生物演化的过程，在当前则应力求与分支系统学的中心法则（central tenet）以及与严格按照其原则和方法所获得的结论相符。

2）生物演化的历史（系统发育）和如何以分类来表达这一历史，属于两个不同范畴。分类除了要真实地反映演化历史外，还肩负协助人类认知和记忆的功能。两者不必、也不可能完全对等。在当前和未来很长一段时期内，以二维和文字形式表达演化过程的最好方式，仍应该是现行的基于林奈分类和命名法的套叠等级体系。从实用的观点看，把十几代科学工作者历经 250 余年按照演化理论不断改进的、由近 200 万个物种组成的庞大的阶元分类体系彻底抛弃而另建一新体系，是不可想象的，也是极难实现的。

3）分类倘若与分支系统学核心概念相悖，例如不以共祖后裔而单纯以形态特征为分类依据，由复系类群组成分类单元等，这样的分类应予改正。对于分支系统学中一些重要但并非核心的论点，诸如姐妹群需是同级阶元的要求，干群（"Stammgruppe"）的分类价值和地位的判别，以及不同大类群的阶元级别的划分和确立等，正像分支系统学派内部有些学者提出的，可以采取折中措施使分支系统学的基本理论与以林奈分类和命名法为基础建立的现行分类体系在最大程度上相互吻合。

4）对于因分支点增多而所需阶元数目剧增的矛盾，可采取以下折中措施解决。①对高度不对称的姐妹群不必赋予同级阶元。②对于重要的、在生物学领域中广为人知并广泛应用、而目前尚无更好解决办法的一些大的类群，可实行阶元转移和跃升，如鸟类产生于蜥臀目下的一个分支，可以跃升为纲级分类单元（详见第一卷第一册的"脊椎动物总论"）。③适量增加新的阶元级别，例如 1997 年 McKenna 和 Bell 已经提出推荐使用新的主阶元，如 Legion（阵）、Cohort（部）等，和新的次级阶元，如 Magno-（巨）、Grand-（大）、Miro-（中）和 Parvo-（小）等。④减少以分支点设阶的数量，如仅对关键节点设立阶元、次要节点以顺序先后（sequencing）表示等。⑤应用全群（total group）的概念，不对其中的并系的干群（stem group 或"Stammgruppe"）设立单独的阶元等。

5）保留脊椎动物现行亚门一级分类地位不变，以避免造成对整个生物分类体系的冲击。科级及以下分类单元的分类地位基本上都已稳定，应尽可能予以保留，并严格按照最新的《国际动物命名法规》（1999 年第四版）的建议和要求处置。

根据上述共识，我们在第一卷第一册的"脊椎动物总论"中，提出了一个主要依据中国所有化石所建立的脊椎动物亚门的分类方案（PVS-2013）。我们并不奢求每位参与本志书撰写的人员一定接受它，而只是推荐一个可供选择的方案。

对生物分类学产生重要影响的另一因素则是分子生物学。依据分支系统学原理和方法，借助计算机高速数学运算，通过分析分子生物学资料（DNA、RNA、蛋白质等的序列数据）来探讨生物物种和类群的系统发育关系及支系分异的顺序和时间，是当前分子生物学领域的热点之一。一些分子生物学家对某些高阶分类单元（例如目级）的单系性和这些分类单元之间的系统关系进行探索，提出了一些令形态分类学家和古生物学家耳目一新的新见解。例如，现生哺乳动物 18 个目之间的系统和分类关系，一直是古生物学家感到十分棘手的问题，因为能够找到的目之间的共有裔征（synapomorphy）很少，而经常只有共有祖征（symplesiomorphy）。相反，分子生物学家们则可以在分子水平上找到新的证据，将它们进行重新分解和组合。例如，他们在一些属于不同目的"非洲类型"的哺乳动物（管齿目、长鼻目、蹄兔目和海牛目）和一些非洲土著的"食虫类"（无尾猬、金鼹等）中发现了一些共同的基因组变异，如乳腺癌抗原 1（BRCA1）中有 9 个碱基对的缺失，还在基因组的非编码区中发现了特有的"非洲短散布核元件（AfroSINES）"。他们把上述这些"非洲类型"的动物合在一起，组成一个比目更高的分类单元（Afrotheria，非洲兽类）。根据类似的分子生物学信息，他们把其他大陆的异节类、真魁兽啮型类和劳亚兽类看作是与非洲兽类同级的单元。分子生物学家们所提出的许多全新观点，虽然在细节上尚有很多值得进一步商榷之处，但对现行的分类体系无疑具有重要的参考价值，应在本志中得到应有的重视和反映。

采取哪种分类方案直接决定了本志书的总体结构和各卷、册的划分。经历了多次变化后，最后我们没有采用严格按照节点型定义的现生动物（冠群）五"纲"（鱼、两栖、爬行、鸟和哺乳动物）将志书划分为五卷的办法。其中的缘由，一是因为以化石为主的各"纲"在体量上相差过于悬殊。现生动物的五纲，在体量上比较均衡（参见第一卷第一册"脊椎动物总论"中有关部分），而在化石中情况就大不相同。两栖类和鸟类化石的体量都很小：两栖类化石目前只有不到 40 个种，而鸟类化石也只有大约五六十种（不包括现生种的化石）。这与化石鱼类，特别是哺乳类在体量上差别很悬殊。二是因为化石的爬行类和冠群的爬行动物纲有很大的差别。现有的化石记录已经清楚地显示，从早期的羊膜类动物中很早就分出两大主要支系：一支通过早期的下孔类演化为哺乳动物。下孔类，按照演化分类学家的观点，虽然是哺乳动物的早期祖先，但在形态特征上仍然和爬行类最为接近，因此应该归入爬行类。按照分支系统学家的观点，早期下孔类和哺乳动物共同组成一个全群（total group），两者无疑应该分在同一卷内。该全群的名称应该叫做下孔类，亦即：下孔类包含哺乳动物。另一支则是所有其他的爬行动物，包括从蜥臀类恐龙的虚骨龙类的一个分支演化出的鸟类，因此鸟类应该与爬行类放在同一卷内。上述情况使我们最后决定将两栖类、不包括下孔类的爬行类与鸟类合为一卷（第二卷），而早期下孔类和哺乳动物则共同组成第三卷。

在卷、册标题名称的选择上，我们碰到了同样的问题。分支系统学派，特别是系统发育分类命名法规学派，虽然强烈反对在分类体系中建立绝对阶元级别，但其基于严格单系分支概念的分类名称则是"全套叠式"的，亦即每个高阶分类单元必须包括其成员最近的共同祖先及由此祖先所产生的所有后代。例如传统意义中的鱼类既然包括肉鳍鱼类，那么也必须包括由其产生的所有的四足动物及其所有后代。这样，在需要表述某一"全套叠式"的名称的一部分成员时，就会遇到很大的困难，会出现诸如"非鸟恐龙"之类的称谓。相反，林奈分类体系中的高阶分类单元名称却是"分段套叠式"的，其五纲的概念是互不包容的。从分支系统学的观点看，其中的鱼纲、两栖纲和爬行纲都是不包括其所有后代的并系类群（paraphyletic groups），只有鸟纲和哺乳动物纲本身是真正的单系分支（clade）。林奈五纲的概念在生物学界已经根深蒂固，不会引起歧义，因此本志书在卷、册的标题名称上还是沿用了林奈的"分段套叠式"的概念。另外，由于化石类群和冠群在内涵和定义上有相当大的差别，我们没有直接采用纲、目等阶元名称，而是采用了含义宽泛的"类"。第三卷的名称使用了"基干下孔类 哺乳类"是因为"下孔类"这一分类概念在学界并非人人皆知，若在标题中舍弃人人皆知的哺乳类，而单独使用将哺乳类包括在内的下孔类这一全群的名称，则会使大多数读者感到茫然。

在编撰本志书的过程中我们所碰到的最后一类问题是全套志书的规范化和一致性的问题。这类问题十分烦琐，我们所花费时间也最多。

首先，全志在科级以下分类单元中与命名有关的所有词汇的概念及其用法，必须遵循《国际动物命名法规》。在本志书项目开始之前，1999 年最新一版（第四版）的《International Code of Zoological Nomenclature》已经出版。2007 年中译本《国际动物命名法规》（第四版）也已出版。由于种种原因，我国从事这方面工作的专业人员，在建立新科、属、种的时候，往往很少认真阅读和严格遵循《国际动物命名法规》，充其量也只是参考张永辂 1983 年出版的《古生物命名拉丁语》中关于命名法的介绍，而后者中的一些概念，与最新的《国际动物命名法规》并不完全符合。这使得我国的古脊椎动物在属、种级分类单元的命名、修订、重组，对模式的认定，模式标本的类型（正模、副模、选模、副选模、新模等）和含义，其选定的条件及表述等方面，都存在着不同程度的混乱。

这些都需要认真地予以厘定，以免在今后以讹传讹。

其次，在解剖学，特别是分类学外来术语的中译名的取舍上，也经常令我们感到十分棘手。"全国科学技术名词审定委员会公布名词"（网络 2.0 版）是我们主要的参考源。但是，我们也发现，其中有些术语的译法不够精准。事实上，在尊重传统用法和译法精准这两者之间有时很难做出令人满意的抉择。例如，对 phylogeny 的译法，在"全国科学技术名词审定委员会公布名词"中就有种系发生、系统发生、系统发育和系统演化四种译法，在其他场合也有译为亲缘关系的。按照词义的精准度考虑，钟补求于 1964 年在《新系统学》中译本的"校后记"中所建议的"种系发生"大概是最好的。但是我国从 1922 年杜就田所编撰的《动物学大词典》中就使用了"系统发育"的译法，以和个体发育（ontogeny）相对应。在我国从 1978 年开始的介绍和翻译分支系统学的热潮中，几乎所有的译介者都沿用了"系统发育"一词。经过多次反复斟酌，最后，我们也采用了这一译法。类似的情况还有很多，这里无法一一列举，这些抉择是否恰当只能留待读者去评判了。

再次，要使全套志书能够基本达到首尾一致也绝非易事。像这样一部预计有 3 卷 23 册的丛书，需要花费众多专家多年的辛勤劳动才能完成；而在确立各种体例和格式之类的琐事上，恐怕就要花费其中一半的时间和精力。诸如在每一册中从目录列举的级别、各章节排列的顺序，附录、索引和文献列举的方式及详简程度，到全书中经常使用的外国人名和地名、化石收藏机构等的缩写和译名等，都是非常耗时费力的工作。仅仅是对早期文献是否全部列入这一点，就经过了多次讨论，最后才确定，对于 19 世纪中叶以前的经典性著作，在后辈学者有过系统而全面的介绍的情况下（例如 Gregory 于 1910 年对诸如 Linnaeus、Blumenbach、Cuvier 等关于分类方案的引述），就只列后者的文献了。此外，在撰写过程中对一些细节的决定经常会出现反复，需经多次斟酌、讨论、修改，最后再确定；而每一次反复和重新确定，又会带来新的、额外的工作量，而且确定的时间越晚，增加的工作量也就越大。这其中的烦琐和日久积累的心烦意乱，实非局外人所能体会。所幸，参加这一工作的同行都能理解：科学的成败，往往在于细节。他们以本志书的最后完成为己任，孜孜矻矻，不厌其烦，而且大多都能在规定的时限内完成预定的任务。

本志编撰的初衷，是充分发挥老科学家的主导作用。在开始阶段，编委会确实努力按照这一意图，尽量安排老科学家担负主要卷、册的编研。但是随着工作的推进，编委会越来越深切地感觉到，没有一批年富力强的中年科学家的参与，这一任务很难按照原先的设想圆满完成。老科学家在对具体化石的认知和某些领域的综合掌控上具有明显的经验优势，但在吸收新鲜事物和新手段的运用、特别是在追踪新兴学派的进展上，却难以与中年才俊相媲美。近年来，我国古脊椎动物学领域在国内外都涌现出一批极为杰出的人才，其中有些是在国外顶级科研和教学机构中培养和磨砺出来的科学家。他们的参与对于本志书达到"当前研究水平"的目标起到了关键的作用。值得庆幸的是，我们所邀请的几位这样的中年才俊，都在他们本已十分繁忙的日程中，挤出相当多时间参与本志有关部分的撰写和/或评审工作。由于编撰工作中技术性任务量大、质量要求高，一部分年轻的学子也积极投入到这项工作中。最后这支编撰队伍实实在在地变成了一支老中青相结合的队伍了。

大凡立志要编撰一本专业性强的手册性读物，编撰者首要的追求，一定是原始资料的可靠和记录及诠释的准确性，以及由此而产生的权威性。这样才能经得起广大读者的推敲和时间的考验，才能让读者放心地使用。在追求商业利益之风日盛、在科普读物中往往充斥着种种真假难辨的猎奇之词的今天，这一点尤其显得重要，这也是本编辑委员会和每一位参撰人员所共同努力追求并为之奋斗的目标。虽然如此，由于我们本身的学识水平和认识所限，错误和疏漏之处一定不少，真诚地希望读者批评指正。

感谢 《中国古脊椎动物志》编研工作得以启动，首先要感谢科技部具体负责此项工作的基础研究司的领导，也要感谢国家自然科学基金委员会、中国科学院和相关政府部门长期以来对古脊椎动物学这一基础研究领域的大力支持。令我们特别难以忘怀的是几位参与我国基础性学科调研并提出宝贵建议的地学界同行，如黄鼎成和马福臣先生，是他们对临界或业已退休、但身体尚健的老科学工作者的报国之心的深刻理解和积极奔走，才促成本专项得以顺利立项，使一批新中国建立后成长起来的老古生物学家有机会把自己毕生积淀的专业知识的精华总结和奉献出来。另外，本志书编委会要感谢本专项的挂靠单位，中国科学院古脊椎动物与古人类研究所的领导和各处、室，特别是标本馆、图书室、负责照相和绘图的技术室，以及财务处的同仁们，对志书工作的大力支持。编委会要特别感谢负责处理日常事务的本专项办公室的同仁们。在志书编撰的过程中，在每一次研讨会、汇报会、乃至财务审计等活动中，他们忙碌的身影都给我们留下了难忘的印象。我们还非常幸运地得到了与科学出版社的胡晓春编辑共事的机会。她细致的工作作风和精湛的专业技能，使每一个接触到她的参撰人员都感佩不已。在本志书的编撰过程中，还有很多国内外的学者在稿件的学术评审过程中提出了很多中肯的批评和改进意见，使我们受益匪浅，也使志书的质量得到明显的提高。这些在相关册的致谢中都将做出详细说明，编委会在此也向他们一并表达我们衷心的感谢。

《中国古脊椎动物志》编辑委员会

2013 年 8 月

编委会说明：在 2015 年出版的各册的总序第 vi 页第二段第 3–4 行中"**其最早的祖先**"叙述错误，现已更正为"**其成员最近的共同祖先**"。书后所附"《中国古脊椎动物志》总目录"也根据最新变化做了修订。敬请注意。　　　　　　　　　　　　　　　　　　　　　2017 年 6 月

特别说明：本书主要用于科学研究。书中可能存在未能联系到版权所有者的图片，请见书后与科学出版社联系处理相关事宜。

本 册 前 言

　　《中国古脊椎动物志》原定的第三卷第五册（啮型类 II：啮齿目），因所含内容过于丰富，作为丛书出版，篇幅略显过大，至少不便读者的翻阅，为此，2016 年 10 月编委会第九次会议决定将其分为上、下两册。本册为第三卷第五册（下），内容仅涉及啮齿目中的鼠超科（Muroidea），书中收集了已发表的化石计有 8 科 121 属 317 种。

　　鼠超科是哺乳动物中属种最多的一个类群，而且所包含的每个科都或多或少有现生属种为代表。鼠超科丰富的多样性及其与人类活动较为密切的关系，极大地吸引着动物学者和古哺乳动物学者的关注，因此其研究工作很早就已开始。研究的程度可能也较其他啮齿类动物更深入、系统，虽然如此，也仍存在种种问题。其中较高级分类阶元的设置就是问题之一。虽然科学家从形态学和分子生物学的角度做过许多研究，但由于类群庞大，参与研究者众多，研究手段不同，得出的结论也不尽相同。一个多世纪以来，曾有多位动物学或古生物学大家从不同的角度给出过对这一超科的分类意见，但在他们的方案中对属下各科的构成和安排无一相同，至今也没有一个能为多数研究者接受的系统分类方案，甚至相同分类单元的内涵往往也很不一样。如 Tullberg（1899）指定的鼠科（Muridae）和仓鼠科（Cricetidae），在 Ellerman（1940–1941）的分类中，这两个科都被降为亚科，归入包括有拟速掘鼠亚科（Tachyoryctoidinae）和鼢鼠亚科（Myospalacinae）在内的鼠科；Simpson（1945）虽然保留了鼠科和仓鼠科两个单元，但在他的分类中仓鼠科包括了沙鼠亚科（Gerbillinae）和鼢鼠亚科；在 Schaub（1958）的分类中，拟速掘鼠亚科也被归入仓鼠科；Chaline 和 Mein（1979）把包括似仓鼠亚科（Cricetopinae）、真古仓鼠亚科（Eucricetodontinae）、仓鼠亚科（Cricetinae）、盲鼹鼠亚科（Spalacinae）、鼢鼠亚科和刺山鼠亚科（Platacanthomyinae）等 13 个化石和现生的亚科都归入仓鼠科，而鼠科只保留了两个亚科；Carleton 和 Musser（1984）把仓鼠科降为亚科，并建立了一个很大的鼠科，把仓鼠亚科、䶄亚科（Arvicolinae）和沙鼠亚科等 15 个现生亚科都归入其中；McKenna 和 Bell（1997）也把仓鼠科降为亚科，建立了一个更大、包括 29 个现生和化石亚科在内的鼠科；Musser 和 Carleton（2005）确认了鼠科和仓鼠科，但在他们的分类中前者的现生动物只有沙鼠亚科和鼠亚科，后者只有䶄亚科和仓鼠亚科；Michaux 等（2001）根据分子生物学的研究，认为仓鼠科不足以构成一个科级的分类单元，并支持鼠科包括盲鼹鼠亚科、竹鼠亚科、䶄亚科、仓鼠亚科、鼢鼠亚科和沙鼠亚科等 14 个现生亚科的分类方案。更值得深思的是，相同的作者在不同时期也存在不同的分类办法，如 Carleton 和 Musser（1984）在"Muroid Rodents"标题下，把 15 个现生亚科（包括本志书中的仓鼠科、鼹科、盲鼠科、刺山鼠科、沙鼠科、竹鼠科、鼢鼠科和鼠科）都归入 Muridae，可在 2005 年又把 Muroidea 属下改为 6 科（包括本志书中的仓鼠科、盲鼠科、刺山鼠科和鼠科）。在研究工作中固然这些都属于正常现象，但也提示了我们在编写志书中不可贸然向从。然而，在我们的编写人员中缺少专门从事啮齿目较高阶元的分类研究者，提不出对鼠超科分类权威性的框架主见。为此，在未能对该超科做出深入系统分类研究的背景下，在分类又未取得比较一致意见之前，我们暂且采用较传统的分类方案，将我国的鼠超科化石分为 8 科分别进行编撰。这一方案带有浓厚的传统性，也有几分保守，但我们的分类宗旨是力求做到既方便当前研究工作的使用，又能为日后的完善留下空间。

鼠超科中亚科的划分同样是学术界有待统一的课题，这一问题在仓鼠科中尤为突出。进入新近纪后，"现代仓鼠类"（modern cricetids）迅速取代了"古老仓鼠类"（ancient cricetids），并在中新世出现了明显的分异，开始进入繁荣时期。根据形态上的差异，古哺乳动物研究者曾为"现代仓鼠类"指定过几个亚科，如 Cricetodontinae、Megacricetodontinae、Myocricetodontinae、Copemyinae、Cricetinae、Plesiodipinae、Microtoscoptinae、Anomalomyinae 和 Baranomyinae 等。随着研究的深入，一些亚科的有效性受到质疑，有合并和放弃使用的趋向。本志书编写者也认为，归入仓鼠科的现生属种可能与部分中新世的属种存在接近的祖裔关系，属于同一单系类群，赞同将那些个体较小、臼齿尖 - 脊型，以及 M1/m1 分别具有前边尖与下前边尖的仓鼠属都归入 Cricetinae 亚科，放弃使用 Democricetodontinae、Megacricetodontinae、Myocricetodontinae 和 Copemyinae 亚科的意见。至于志书中的 Cricetinae 亚科是否为一单系类群，也有待今后的深入研究予以证实。

族级分类单元的处置在本册志书中没有刻意规定，完全尊重承担门类专家的意见。盲鼠科的属种被归入了两个族——Tachyoryctoidini（拟速掘鼠族）和 Pararhizomyini（副竹鼠族），这是我国在这一研究领域上最近所取得的进展。仓鼠科的属种很多，文献中也不乏族级阶元的名称，但在分类上的歧见，使得我们不敢贸然采用。我们认为这也是科学研究中应有的宽容。

本册的编著开始于 2008 年 7 月。参编的 5 位编者都是退休的专业人员，现在年龄都在 80 岁上下，说得上是"老骥伏枥"。虽然他们未必个个都会有"志在千里"之心，但人人都在努力"奋蹄"，愿为把志书编成"能够代表我国古脊椎动物学当前研究水平的中文基础性丛书"而发挥余热。他们分别是多年研究这一超科中各门类的专家，对科内属种的分类、形态识别有丰富的经验，在属种的演化特征和时空分布方面有雄厚的知识，加上他们对编撰工作的认真、细心，其真实性和准确性毋庸置疑，他们对超科中科级单元的归属也从个人的研究角度或结合近年国际上最新研究成果，提出了自己的见解，其中有些与传统的或习惯上的观点有所不同。尽管有的意见可能与权威人士的观点相悖，但这是科学研究的正常规律，我们尊重和保留了有关编者的观点和意见。

本册志书按照最初的计划，应于 2010 年完稿。由于啮型动物各册的分拆、合并及诸位编写专家同时又承担着其他研究课题，致使延搁至今。其最终得以完成首先是研究所在人力和物力上的有力支持及编委会主任邱占祥院士的悉心指导，对此编者表示衷心感谢。本册的光学照相主要由高伟先生承担，电镜照片则由司红伟女士完成，史爱娟女士清绘了大部分插图，古近纪和新近纪层位对比表、地点分布图分别是由王元青、白滨、李强和司红伟诸位制作，图书馆周珊不厌其烦地帮忙寻找资料文献，对他们的热心奉献，编者谨致感谢。我们由衷地感谢司红伟女士，在编辑本册志书的过程中，她参与了文稿的校对、部分图版的制作及文献的编排。最后，编者还要衷心感谢志书项目现任负责人邓涛所长、张翼主任和张昭高级工程师，由于他们的周密筹划、尽力工作才使得本册志书得以顺利完成。

邱铸鼎　李传夔　郑绍华

2019 年 6 月

遗憾的是就在完稿的时候李传夔先生不幸辞世。其实在本册编写后期，先生已重病缠身，但他仍坚持工作，顽强地伏案阅读、修改文稿，指导整册的编著，直到最后一次住院的前一天仍在操劳，更新所负责的部分。住院期间还一再叮嘱我们要高质量编写，早日付梓问世。在事业的生涯中，他勤勤恳恳、兢兢业业，对本册的编著他殚精竭虑，我们都为失去一位在啮齿类动物研究中的领军人物而倍感痛心！

邱铸鼎　郑绍华

2019 年 11 月

本册涉及的机构名称及缩写

【缩写原则：1. 本志书所采用的机构名称及缩写仅为本志使用方便起见编制，并非规范名称，不具法规效力。2. 机构名称均为当前实际存在的单位名称，个别重要的历史沿革在括号内予以注解。3. 原单位已有正式使用的中、英文名称及／或缩写者（用＊标示），本志书从之，不做改动。4. 中国机构无正式使用之英文名称及／或缩写者，原则上根据机构的英文名称或按本志所译英文名称字串的首字符（其中地名按音节首字符）顺序排列组成，个别缩写重复者以简便方式另择字符取代之。】

（一）中国机构

BXGM — 本溪地质博物馆（辽宁） Benxi Geological Museum (Liaoning Province)

＊CUGB — 中国地质大学（北京） China University of Geosciences (Beijing)

＊DLNHM — 大连自然博物馆（辽宁） Dalian Natural History Museum (Liaoning Province)

＊GMC — 中国地质博物馆（北京） Geological Museum of China (Beijing)

GSM — 甘肃省博物馆（兰州） Gansu Museum (Lanzhou)

HNM — 海南省博物馆（海口） Hainan Museum (Haikou)

＊HZPM — 和政古动物化石博物馆（甘肃） Hezheng Paleozoological Museum (Gansu Province)

＊IGG — 中国科学院地质与地球物理研究所（北京） Institute of Geology and Geophysics, Chinese Academy of Sciences (Beijing)

＊IVPP — 中国科学院古脊椎动物与古人类研究所（北京） Institute of Vertebrate Paleontology and Paleoanthropology, Chinese Academy of Sciences (Beijing)

＊IZ — 中国科学院动物研究所（北京） Institute of Zoology, Chinese Academy of Sciences (Beijing)

KWV — 昆明文物管理所（云南） Kunming Administation of Cultural Relics (Yunnan Province)

KIZ — 中国科学院昆明动物研究所（云南） Kunming Institute of Zoology, Chinese Academy of Sciences (Yunnan Province)

＊NHMG — 广西自然博物馆（南宁） Natural History Museum of Guangxi (Nanning)

＊NWU — 西北大学（陕西 西安） Northwest University (Xi'an, Shaanxi Province)

RSBBGJ — 吉林地质局区域地质调查大队 Regional Surveying Brigade, Bureau of Geology, Jilin

SXGM — 陕西地质博物馆（西安）Shaanxi Geological Museum (Xi'an)

*TMNH** — 天津自然博物馆 Tianjin Museum of Natural History

YKM — 营口市博物馆（辽宁）Yingkou Museum (Liaoning Province)

YMM — 元谋人博物馆（云南）Yuanmou Man Museum (Yunnan Province)

（二）外国机构

*AMNH** — American Museum of Natural History (New York) 美国自然历史博物馆（纽约）

*BMNH** — Mumbai Museum of Natural History (India) 孟买自然历史博物馆（印度）

*FAM** — Frick Collection American Museum of Natural History (New York) 美国自然历史博物馆的弗里克收藏品（纽约）

GMH — Geological Museum of Hungaria (Budapest) 匈牙利地质博物馆（布达佩斯）

GSI — Geological Survey of India (New Delhi) 印度地质调查所（新德里）

HMNH — Hungarian Museum of Natural History (Budapest) 匈牙利自然历史博物馆（布达佩斯）

LMNH — Natural History Museum, London (UK) 伦敦自然历史博物馆（英国）

*MNHN** — Muséum National d'Histoire Naturelle (Paris) 法国自然历史博物馆（巴黎）

MEUU — Museum of Evolution (including former Paleontological Museum) of Uppsala University (Sweden) 乌普萨拉大学演化博物馆（瑞典）

*NHMB** — Naturhistorisches Museum Basel (Switzerland) 巴塞尔自然历史博物馆（瑞士）

*NHMW** — Naturhistorisches Museum Wien (Austria) 维也纳自然历史博物馆（奥地利）

*PIN** — Paleontological Institute, Russian Academy of Sciences (Moscow) 俄罗斯科学院古生物研究所（莫斯科）

*USNM** — National Museum of Natural History, Smithsonian Institution (Washington, D.C.) 美国国家自然历史博物馆史密森研究所（华盛顿）

*YGSP** — Yale Universtity-Geological Survey of Pakistan 美国耶鲁大学 - 巴基斯坦地质调查所

*ZPAL** — Institute of Paleobiology, Polish Academy of Sciences (Warsaw) 波兰科学院古生物研究所（华沙）

目　录

总序 ·· i

本册前言 ·· ix

本册涉及的机构名称及缩写 ·· xiii

鼠超科引言 ·· 1

系统记述 ·· 10

  鼠超科 Superfamily Muroidea ·· 10

    仓鼠科 Family Cricetidae ··· 10

      祖仓鼠亚科 Subfamily Pappocricetodontinae ······································ 12

        祖仓鼠属 Genus *Pappocricetodon* ·· 12

        古亚鼠属 Genus *Palasiomys* ·· 17

        罕仓鼠属 Genus *Raricricetodon* ··· 18

        红层古仓鼠属 Genus *Ulaancricetodon* ··· 22

      真古仓鼠亚科 Subfamily Eucricetodontinae ·· 23

        真古仓鼠属 Genus *Eucricetodon* ·· 24

        始仓鼠属 Genus *Eocricetodon* ··· 31

        锐齿仓鼠属 Genus *Oxynocricetodon* ·· 33

        威氏鼠属 Genus *Witenia* ·· 35

        小古仓鼠属 Genus *Bagacricetodon* ·· 37

        后真古仓鼠属 Genus *Metaeucricetodon* ······································ 38

        异美小鼠属 Genus *Alloeumyarion* ··· 39

        美小鼠属 Genus *Eumyarion* ··· 41

      似仓鼠亚科 Subfamily Cricetopinae ··· 42

        似仓鼠属 Genus *Cricetops* ·· 42

        副似仓鼠属 Genus *Paracricetops* ·· 45

        假似仓鼠属 Genus *Pseudocricetops* ··· 46

      古仓鼠亚科 Subfamily Cricetodontinae ·· 48

        古仓鼠属 Genus *Cricetodon* ··· 49

      仓鼠亚科 Subfamily Cricetinae ··· 56

众古仓鼠属 Genus *Democricetodon* ·······58

卡瑞迪亚仓鼠属 Genus *Karydomys* ·······63

先鼠属 Genus *Primus* ·······65

稀古仓鼠属 Genus *Spanocricetodon* ·······66

巨尖古仓鼠属 Genus *Megacricetodon* ·······68

甘古仓鼠属 Genus *Ganocricetodon* ·······72

副仓鼠属 Genus *Paracricetulus* ·······73

苏尼特鼠属 Genus *Sonidomys* ·······75

科氏仓鼠属 Genus *Kowalskia* ·······76

微仓鼠属 Genus *Nannocricetus* ·······85

类山丘鼠属 Genus *Colloides* ·······90

中华仓鼠属 Genus *Sinocricetus* ·······92

新古仓鼠属 Genus *Neocricetodon* ·······96

异仓鼠属 Genus *Allocricetus* ·······98

相似仓鼠属 Genus *Cricetinus* ·······103

高原高冠仓鼠属 Genus *Aepyocricetus* ·······106

灞河鼠属 Genus *Bahomys* ·······108

仓鼠属 Genus *Cricetulus* ·······110

毛足鼠属 Genus *Phodopus* ·······116

川仓鼠属 Genus *Chuanocricetus* ·······117

笨仓鼠属 Genus *Amblycricetus* ·······119

近古仓鼠亚科 Subfamily Plesiodipinae ·······120

近古仓鼠属 Genus *Plesiodipus* ·······120

戈壁古仓鼠属 Genus *Gobicricetodon* ·······126

可汗鼠属 Genus *Khanomys* ·······132

犀齿鼠属 Genus *Rhinocerodon* ·······136

仿田鼠亚科 Subfamily Microtoscoptinae ·······137

仿田鼠属 Genus *Microtoscoptes* ·······138

巴兰鼠亚科 Subfamily Baranomyinae ·······142

小齿仓鼠属 Genus *Microtodon* ·······144

黎明鼠属 Genus *Anatolomys* ·······146

亚科不确定 Incertae Subfamily ·······147

新月齿鼠属 Genus *Selenomys* ·······148

田仓鼠属 Genus *Microtocricetus* ·······149

伊希姆鼠属 Genus *Ischymomys* ·······151

鼾科 Family Arvicolidae ·······152

水䶄族 Tribe Arvicolini ································ 158

模鼠属 Genus *Mimomys* ······························ 158

异费鼠属 Genus *Allophaiomys* ····················· 173

沟牙田鼠属 Genus *Proedromys* ···················· 177

毛足田鼠属 Genus *Lasiopodomys* ················ 178

田鼠属 Genus *Microtus* ··························· 183

松田鼠属 Genus *Pitymys* ·························· 189

水䶄属 Genus *Arvicola* ··························· 191

川田鼠属 Genus *Volemys* ·························· 193

䶄䶄族 Tribe Prometheomyini ······················· 194

日耳曼鼠属 Genus *Germanomys* ···················· 195

斯氏䶄属 Genus *Stachomys* ······················· 198

䶄䶄属 Genus *Prometheomys* ······················ 199

兔尾鼠族 Tribe Lagurini ·························· 200

维蓝尼鼠属 Genus *Villanyia* ····················· 201

波尔索地鼠属 Genus *Borsodia* ···················· 202

始兔尾鼠属 Genus *Eolagurus* ····················· 206

峰䶄属 Genus *Hyperacrius* ······················· 208

岸䶄族 Tribe Myodini ···························· 211

华南鼠属 Genus *Huananomys* ······················ 211

绒䶄属 Genus *Caryomys* ·························· 212

绒鼠属 Genus *Eothenomys* ························ 214

岸䶄属 Genus *Myodes* ···························· 221

高山䶄属 Genus *Alticola* ························· 226

盲鼹鼠科 Family Spalacidae ······················· 228

拟速掘鼠亚科 Subfamily Tachyoryctoidinae ··········· 230

拟速掘鼠族 Tribe Tachyoryctoidini ·················· 230

拟速掘鼠属 Genus *Tachyoryctoides* ················ 232

阿亚科兹鼠属 Genus *Ayakozomys* ·················· 239

副竹鼠族 Tribe Pararhizomyini ···················· 244

副竹鼠属 Genus *Pararhizomys* ···················· 245

假竹鼠属 Genus *Pseudorhizomys* ·················· 253

刺山鼠科 Family Platacanthomyidae ················· 264

新来鼠属 Genus *Neocometes* ······················ 266

猪尾鼠属 Genus *Typhlomys* ······················· 269

刺山鼠属 Genus *Platacanthomys* ·················· 276

沙鼠科 Family Gerbillidae ⋯⋯⋯⋯⋯⋯⋯⋯⋯⋯⋯⋯⋯⋯⋯⋯278

　米古仓鼠亚科 Subfamily Myocricetodontinae ⋯⋯⋯⋯⋯⋯⋯281

　　米古仓鼠属 Genus *Myocricetodon* ⋯⋯⋯⋯⋯⋯⋯⋯⋯281

　　美拉尔鼠属 Genus *Mellalomys* ⋯⋯⋯⋯⋯⋯⋯⋯⋯⋯284

　裸尾沙鼠亚科 Subfamily Taterillinae ⋯⋯⋯⋯⋯⋯⋯⋯⋯⋯285

　　阿布扎比鼠属 Genus *Abudhabia* ⋯⋯⋯⋯⋯⋯⋯⋯⋯286

　沙鼠亚科 Subfamily Gerbillinae ⋯⋯⋯⋯⋯⋯⋯⋯⋯⋯⋯⋯289

　　假沙鼠属 Genus *Pseudomeriones* ⋯⋯⋯⋯⋯⋯⋯⋯⋯289

　　沙鼠属 Genus *Meriones* ⋯⋯⋯⋯⋯⋯⋯⋯⋯⋯⋯⋯294

竹鼠科 Family Rhizomyidae ⋯⋯⋯⋯⋯⋯⋯⋯⋯⋯⋯⋯⋯⋯⋯296

　竹鼠亚科 Subfamily Rhizomyinae ⋯⋯⋯⋯⋯⋯⋯⋯⋯⋯⋯299

　　中新竹鼠属 Genus *Miorhizomys* ⋯⋯⋯⋯⋯⋯⋯⋯⋯300

　　竹鼠属 Genus *Rhizomys* ⋯⋯⋯⋯⋯⋯⋯⋯⋯⋯⋯⋯304

　　　低冠竹鼠亚属 Subgenus *Brachyrhizomys* ⋯⋯⋯⋯304

　　　竹鼠亚属 Subgenus *Rhizomys* ⋯⋯⋯⋯⋯⋯⋯⋯307

鼢鼠科 Family Myospalacidae ⋯⋯⋯⋯⋯⋯⋯⋯⋯⋯⋯⋯⋯⋯313

　原鼢鼠族 Tribe Prosiphnini ⋯⋯⋯⋯⋯⋯⋯⋯⋯⋯⋯⋯⋯320

　　原鼢鼠属 Genus *Prosiphneus* ⋯⋯⋯⋯⋯⋯⋯⋯⋯⋯320

　　上新鼢鼠属 Genus *Pliosiphneus* ⋯⋯⋯⋯⋯⋯⋯⋯330

　　日进鼢鼠属 Genus *Chardina* ⋯⋯⋯⋯⋯⋯⋯⋯⋯⋯335

　鼢鼠族 Tribe Myospalacini ⋯⋯⋯⋯⋯⋯⋯⋯⋯⋯⋯⋯⋯342

　　中鼢鼠属 Genus *Mesosiphneus* ⋯⋯⋯⋯⋯⋯⋯⋯⋯342

　　始鼢鼠属 Genus *Eospalax* ⋯⋯⋯⋯⋯⋯⋯⋯⋯⋯⋯347

　　异鼢鼠属 Genus *Allosiphneus* ⋯⋯⋯⋯⋯⋯⋯⋯⋯358

　　杨氏鼢鼠属 Genus *Yangia* ⋯⋯⋯⋯⋯⋯⋯⋯⋯⋯⋯361

　　后鼢鼠属 Genus *Episiphneus* ⋯⋯⋯⋯⋯⋯⋯⋯⋯⋯370

　　鼢鼠属 Genus *Myospalax* ⋯⋯⋯⋯⋯⋯⋯⋯⋯⋯⋯372

鼠科 Family Muridae ⋯⋯⋯⋯⋯⋯⋯⋯⋯⋯⋯⋯⋯⋯⋯⋯⋯378

　　原裔鼠属 Genus *Progonomys* ⋯⋯⋯⋯⋯⋯⋯⋯⋯⋯381

　　许氏鼠属 Genus *Huerzelerimys* ⋯⋯⋯⋯⋯⋯⋯⋯⋯384

　　柴达木鼠属 Genus *Qaidamomys* ⋯⋯⋯⋯⋯⋯⋯⋯385

　　汉斯鼠属 Genus *Hansdebruijnia* ⋯⋯⋯⋯⋯⋯⋯⋯386

　　戴氏鼠属 Genus *Tedfordomys* ⋯⋯⋯⋯⋯⋯⋯⋯⋯389

　　林鼠属 Genus *Linomys* ⋯⋯⋯⋯⋯⋯⋯⋯⋯⋯⋯⋯390

　　雷老鼠属 Genus *Leilaomys* ⋯⋯⋯⋯⋯⋯⋯⋯⋯⋯392

　　滇鼠属 Genus *Yunomys* ⋯⋯⋯⋯⋯⋯⋯⋯⋯⋯⋯⋯393

类鼠王鼠属 Genus *Karnimatoides* ·························· 394

姬鼠属 Genus *Apodemus* ······························ 396

裂姬鼠属 Genus *Rhagapodemus* ·························· 408

东方鼠属 Genus *Orientalomys* ·························· 409

日进鼠属 Genus *Chardinomys* ·························· 413

异鼠属 Genus *Allorattus* ····························· 418

巢鼠属 Genus *Micromys* ····························· 419

华夏鼠属 Genus *Huaxiamys* ·························· 424

异华夏鼠属 Genus *Allohuaxiamys* ······················ 426

小鼠属 Genus *Mus* ································· 427

巫山鼠属 Genus *Wushanomys* ·························· 430

狨鼠属 Genus *Hapalomys* ···························· 432

笔尾树鼠属 Genus *Chiropodomys* ······················ 435

长尾攀鼠属 Genus *Vandeleuria* ························ 438

滇攀鼠属 Genus *Vernaya* ···························· 439

长尾巨鼠属 Genus *Leopoldamys* ······················ 443

白腹鼠属 Genus *Niviventer* ·························· 448

硕鼠属 Genus *Berylmys* ···························· 455

长毛鼠属 Genus *Diplothrix* ·························· 458

家鼠属 Genus *Rattus* ······························ 459

黔鼠属 Genus *Qianomys* ···························· 463

岩鼠属 Genus *Cremnomys* ·························· 464

板齿鼠属 Genus *Bandicota* ·························· 465

参考文献 ··· 468

汉 - 拉学名索引 ·· 496

拉 - 汉学名索引 ·· 503

附表一 中国古近纪含哺乳动物化石层位对比表 ··············· 510

附图一 中国古近纪哺乳动物化石地点分布图 ················ 512

附表二 中国新近纪含哺乳动物化石层位对比表 ··············· 516

附图二 中国新近纪哺乳动物化石地点分布图 ················ 518

附表三 中国第四纪含哺乳动物化石层位与地点对比表 ·········· 522

附图三 中国第四纪哺乳动物化石地点分布图 ················ 523

附件《中国古脊椎动物志》总目录 ······················ 532

鼠超科引言

概述 鼠超科（Muroidea）的命名，通常认为是 Miller 和 Gidley（1918）提出的，而且以他们为命名人的这一分类单元为众多学者长期使用。然而 Simpson（1945）指出，"Muroidea 其实等同于 Myoidea Gill, 1872，但 Myoidea 的词根是希腊词而不是通用的拉丁词，与古生物命名法相悖"，并认为只有 Miller 和 Gidley 根据来源于拉丁文鼠类词根 *mur* 命名的 Muroidea 才符合命名法规。至 1997 年 McKenna 和 Bell 在编著《Classification of Mammals Above the Species Level》一书时，检索到 Illiger 在 1811 年即使用了"Murina"这一拉丁学名，确定 Illiger 应被作为该超科的命名人，故而将超科的学名改为 Muroidea Illiger, 1811。这一名称的订正近年也多为学者所接受（如 Musser et Carleton, 2005）。

鼠超科是哺乳动物中最大的一个超科，最早的化石记录发现于亚洲的中始新世（祖仓鼠 *Pappocricetodon*），新近纪期间出现明显的分异和辐射，近代也仍然是啮齿目中十分繁荣的一个类群。该超科包括了仓鼠科（Cricetidae 或 Cricetidae + 䶄鼠科 Arvicolidae）、鼠科（Muridae）、沙鼠科（Gerbillidae）、鼢鼠科（Myospalacidae）、竹鼠科（Rhizomyidae）、盲鼹鼠科（Spalacidae）、刺山鼠科（Platacanthomyidae）及几个分布局限或属种不多的小科（如 Sigmodontidae、Otomyidae、Nesomyidae、Lophiomyidae 等）。其中鼠科是哺乳动物中第一大科，曾被划分为 15 个现生亚科，甚至连仓鼠科也作为亚科包括在鼠科之内（Carleton et Musser, 1984）。随着研究的深入和分子生物学研究的进展，一些原为亚科级的阶元先后已被提升为科级。按 Fieldhamer 等（2015）的统计，鼠科的现生种数约占整个哺乳动物种数的 13%；按 Vaughan 等（2015）的统计，鼠科占啮齿目的 32%（该文著者的鼠科内涵是包括了 Gerbillinae、Deomyinae、Leimacomyinae、Otomyinae 和 Murinae 五个亚科在内）。现生鼠超科约有 300 属 1336 种（Nowak, 1999）或 310 属 1517 种（Musser et Carleton, 2005）。由于各学者对鼠科内涵定义不同，属种统计有所差异，如 Vaughan 等（2015）则是 150 属 730 种。但无论如何鼠科都是鼠超科中属种数量最大的一科。仓鼠科（包括 arvicolids）是继鼠科之后的第二大科，约有现生 140 属 700 种（Fieldhamer et al., 2015）。鼠超科的地理分布几乎是全球性的,向北可达北纬 83° 加拿大的埃尔斯米尔岛，南则深入南纬 55°，抵达阿根廷的火地岛。超科的成员适应不同的生态环境，既能造成破坏环境、危害人类的鼠疫，也能为人类所利用，创造一些经济价值，如实验室的小白鼠和用来扫雷的非洲囊鼠（*Cricetomys*）。超科中多为中—小型个体，大竹鼠（*Rhizomys sumatrensis*）体重可达 4 kg（Nowak, 1999），而巢鼠（*Micromys*）仅有 5 g。

定义与分类　随着年代的推移、研究的深入和手段的多样化，对 muroids 的识别也在不断深入。早期如 Miller 和 Gidley（1918）给出的定义是："颧 - 咬肌结构如同松鼠类者，但肌肉和神经全部或部分进入或穿过眶下孔，外层咬肌极少到达吻部上沿，内层咬肌、神经可达吻部"。而 Wood（1955）的定义则是："鼠型亚目中咬肌分别穿过眶下孔和伸达颧弓之前，颊齿齿式 0•3–2/0•3–2，行疾走、穴居、偶有跳跃"。

Carleton 和 Musser（1984）赋予的定义比较全面：眶下孔位于颧弓板之上，孔的背部扩大以便穿越肌肉，孔的腹部变窄以便通过神经和血管，但有的属种腹侧裂孔闭合。为咬肌附着，颧弓上颌骨前端发育成宽板型，宽板在多数种类中向背侧陡斜，有的则斜向腹外。颧弓板不向前扩展也不前伸出刺或豁裂。轭骨退化，仅构成颧弓的一小段并不与泪骨相接，靠颧弓板近中侧的吻部两面初始骨化、多数有骨小窗；额骨中部收缩、无眶后突；鳞骨的眶后脊或有或无；具间顶骨；眶间区或圆滑、或紧缩、或具嵴棱；脑颅顶面光滑、或具矢状嵴或颞嵴；人字嵴强；硬腭宽、光滑，或窄且具有脊、沟；翼窝平、板状，或深凹；翼钩开放或贴附于鼓泡；听泡小至极度膨胀，鼓室通常开通，或充满隔壁或海绵骨；门齿孔短，位于前颌骨中，或伸达上颌骨；后颌孔（后鼻孔）在多数属种为一对，有的则多孔或呈裂隙状；具镫骨孔；翼蝶骨沟短。咬肌神经孔和颊肌神经孔分离或次生融合；卵圆孔与中破裂孔分开或愈合；鳞骨完全在听泡之上或显露出鳞乳孔及白后孔。变异的松鼠型下颌，角突直或侧卷，冠状突通常发育、退化或缺失。齿式 1•0•0•3/1•0•0•3 = 16 个，有的白齿退化为 3/2、2/2 或 1/1。颊齿具齿根，原始类型上白齿三齿根，下牙双齿根，在许多类群中有次生的副根，有的齿根合并、根部开放成极度的高冠齿。齿冠从低冠到高冠至终身生长。（依 Carleton et Musser, 1984；有删节）

至于啮齿类门齿釉质层的研究，在众多研究报告中均提到 Muroidea 为单系釉质结构（uniserial enamel）（von Koenigswald, 1985；Martin, 1993）。

Flynn 等（1985）综合 Muroidea 的裔征则是门齿具单系釉质层、缺失 P4/p4，M1/m1 分别具有前边尖（anterocone）和下前边尖（anteroconid），以及颧弓前的咬肌孔与神经血管孔愈合。

鼠超科的分类：尽管与 Muroidea 内涵相近的分类单元 Myoidea 是 Gill（1872）提出的，但系统的分类研究还应从 Tullberg（1899）起始。1899 年 Tullberg 提出的 Muriformes，即相当 Muroidea，其分类简括如下：

      Order Glires

         Duplicidentati

         Simplicidentati

           Tribus Hystricognathi

           Tribus Sciurognathi

              Subtribus Myomorphi

Sectio Ctenodactyloidei

Sectio Anomaluroidei

Sectio Myodei

 Subsectio Myoxiformes

 Subsectio Dipodiformes

 Subsectio Muriformes

  Family Spalacidae

   Siphneus, *Rhizomys*, *Tachyoryctes*

  Family Nesomyidae

  Family Cricetidae

  Family Lophiomyidae

  Family Arvicolidae

  Family Hesperomyidae

  Family Muridae

  Family Gerbillidae

Subtribus Sciuromorphi …

1918 年，Miller 和 Gidley 提出了 Muroidea 包括 7 个科的分类系统，单元名称如下：

Superfamily Muroidea

 Family Muscardinidae (= Gliridae)

 Family Ischyromyidae

 Family Cricetidae

 Family Platacanthomyidae

 Family Rhizomyidae

 Family Spalacidae

 Family Muridae

这一分类包括了应当归入始啮亚目的 Ischyromyidae 和松鼠型亚目的睡鼠科 (Muscardinidae)，显然是无法接受的。尽管作者首先创用 Muroidea 名称，但其分类系统却无人采用。

1940–1941 年，Ellerman 的啮齿目分类不按亚目进行，而只分为 12 个超科，Muroidea 是其超科之一。该超科包括：

 Family Muscardinidae

 Family Lophiomyidae

 Family Rhizomyidae

 Family Muridae（计有 12 个亚科）

Subfamily Murinae

Subfamily Cricetinae

Subfamily Tachyoryctinae

Subfamily Myospalacinae

Subfamily Microtinae …

Ellerman 的 Muroidea 除把 Muscardinidae（= Gliridae）包括在内外，其余基本与 Tullberg（1899）的 Muriformes 内容相同，也与其后 Simpson（1945）等的鼠超科大体一致，只是限于科与亚科分类阶元的不同而已。

1945 年，Simpson 的鼠超科分类系统是：

Superfamily Muroidea

Family Cricetidae

Subfamily Cricetinae

Tribes：Eumyini, Cricetopini, Cricetodontini, Myospalacini …

Subfamily Nesomyinae

Subfamily Lophiomyinae

Subfamily Microtinae

Subfamily Gerbillinae

Family Spalacidae

Family Rhizomyidae：包括 *Tachyoryctes*

Family Muridae

Simpson 的分类，把鼢鼠类置于仓鼠亚科的鼢鼠族，显然是他未曾见到 Teilhard de Chardin（1942）对鼢鼠类总结的专著。但 Simpson（1945, p. 205）又同时指出，"两个营地下生活的类群，Spalacidae 和 Rhizomyidae，在分类中列为科级是暂时性的。同样把掘土生活的 *Tachyoryctes* 和 *Myospalax* 提升为亚科或科也或不无道理、可行"。

1955 年，Wood 在 Muroidea 下设两科：Cricetidae 和 Muridae。另把 Spalacidae 和 Rhizomyidae 置于 Muroidea incertae sedis 之下。

1958 年，Schaub 承续了 Stehlin 和 Schaub（1951）依牙齿齿脊，而不是依颧 - 咬肌结构来分类啮齿目。Schaub 把 Myodonta 作为一下目（Infraorder）分类阶元正式提出，下分 Muroidea 和 Dipodoidea 两个超科。在 Muroidea 超科中所包含的内容与 Simpson（1945）及 McKenna 和 Bell（1997）等所列的大体一致，唯一例外是把 Rhizomyinae 归入了另一亚目 Pentalophodonta 之中。其分类如下所示：

Suborder Non-Pentalophodonta

Infraorder Myodonta

Superfamily Muroidea

Family Cricetidae

   Subfamily Cricetodontinae

      Platacanthomys

   Subfamily Cricetinae

     Tribe Cricetopini

   Subfamily Myospalacinae

   Subfamily Tachyoryctoidinae

   Cricetidae incertae sedis

     Microtodon, Pseudomeriones, Lophocricetus, Microtoscoptes

  Family Microtidae

  Family Gerbillidae

  Family Muridae

Suborder Pentalophodonta

  Infraorder Palaeotrogomopha

   Family Spalacidae

   Subfamily Rhizomyinae

1966 年，Thaler 没有采用 Muroidea 的分类名称，而提出一些诸如 Cricetomorpha 等新的单元名称，但少有人接受：

Suborder Cricetomorpha

  Superfamily Cricetoidea

   Family Cricetidae

   Family Microtidae（或 Arvicolidae）

Suborder Myomorpha（亚目之下未再分，直用属种）

1979 年，Chaline 和 Mein 将 Muroidea 分为 8 个科，但把 Spalacidae、Platacanthomyidae 和 Myospalacidae 作为 Cricetidae 中的亚科处理。另外为避免 Cricetidae 中出现并系（paraphylogeny）又添设 Nesomyidae、Dendromuridae 和 Cricetomyidae 三科，其分类与本志书相关的如下：

Superfamily Muroidea

  Family Cricetidae（计有 13 个亚科）

   Subfamily Cricetopsinae

   Subfamily Eumyinae nov.

   Subfamily Eucricetodontinae（= Paracricetodontinae）

   Subfamily Cricetodontinae

   Subfamily Cricetinae

Subfamily Spalacinae

Subfamily Myospalacinae

Subfamily Platacanthomyinae …

Family Nesomyidae

Family Rhizomyidae（计有 3 亚科）

Subfamily Tachyoryctoidinae

Subfamily Rhizomyinae …

Family Gerbillidae（计有 3 亚科）

Subfamily Gerbillinae …

Family Arvicolidae

Subfamily Lemminae

Subfamily Dicrostonychinae

Subfamily Arvicolinae

Family Dendromuridae

Family Cricetomyidae

Family Muridae（计有 2 亚科）

Subfamily Murinae …

1984 年，Carleton 和 Musser 尽管著述是在 "only Murina" 标题下，但其分类单元则采用了 Muridae 下分 15 个现生亚科的做法：

Family Muridae

Subfamily Sigmodontinae

Subfamily Cricetinae

Subfamily Arvicolinae

Subfamily Gerbillinae

Subfamily Cricetomyinae

Subfamily Petromyscinae

Subfamily Dendromurinae

Subfamily Lophiomyinae

Subfamily Nesomyinae

Subfamily Murinae

Subfamily Otomyinae

Subfamily Platacanthomyinae

Subfamily Myospalacinae

Subfamily Spalacinae

Subfamily Rhizomyinae

1985 年，Flynn 等发表的 "Problems in muroid phylogeny: relationship to other rodents and origin of major groups" 是一篇从化石角度来探讨 muroids 的重要文献，作者主要以南亚化石材料为基础，讨论了 Myomorpha 的诸多支系，其中也包括了 Muroidea。虽然作者并没有给出 Muroidea 一个完整的分类系统，但确定了它的内涵，包括 Cricetidae、Muridae、Gerbillidae 及一些小科，如 Rhizomyidae、Spalacidae、Platacanthomyidae，并认为 arvicoline 的各属并不能构成 Arvicolidae 科，因为它们是由 Cricetidae 衍生出来、并可能是一个复系类群。该文的一个主要结论是 Myomorpha 可能与 Ctenodactyloidea + Hystricognathi 构成的支系为姐妹群。"true Myomorphy" 限定为 muroids 中不包括大多数古近纪属种（"具有 hystricomorph 的原始属种"）的单系类群（即狭义的 Cricetidae s. s.），而大多数现生的 muroids 都是从中新世的 cricetids 衍生出来的。因之该文的分析角度是把 non-myomorphous muroids 与 Cricetidae 分开。传统概念认为 muroids 起源于 sciuravids，但早期的 muroids 多具有 hystricomorph 的头骨，类似于 dipodoids 和 anomalurids，与 sciuravids 的完全不同，而与 ctenodactyloid-pedetid-hystricognath 这一支系相关联。而 true myomorphs (Cricetidae s.s.) 与这些具有 hystricomorphs 祖征的早期 muroids 不同。包括 muroids 支系的裔征是门齿具单系釉质层（uniserial enamel），缺失 P4/p4，M1/m1 分别具有前边尖（anterocone）和下前边尖（anteroconid），以及在颧弓前的咬肌孔与神经血管孔愈合等。众多的 muroids 的分类都不同程度地存在着并系（paraphyletic）现象，即一个祖先的体系中并不能包括所有后代。归入仓鼠科的现生属种可能是有一个相近的祖先，但许多第三纪中期的属种就可能排除在这一范畴之外，应该另成一科。Muroidea 依其裔征构成一单系，它演化起自晚渐新世，在新近纪时形成辐射，也构成绝大多数后起的 muroids 的起源所在。这一支系也应当被认为是 Cricetidae (s. s.) 的分类体系。作者还对 Rhizomyidae、Spalacidae 和 Muridae 等的起源、演化及颧弓板、M1/m1 的前尖 / 下前尖、下门齿的纹饰进行了广泛讨论。文章涉及问题众多，不一一赘述。

1997 年，McKenna 和 Bell 在其专著《Classification of Mammals Above the Species Level》中采取的分类系统是：

Superfamily Muroidea

Family Simimyidae

Family Muridae(著者在其下设置了 29 个亚科，与志书有关的有如下 11 个亚科)

Subfamily Cricetopinae

Subfamily Paracricetodontinae

Subfamily Tachyoryctoidinae

Subfamily Microtoscoptinae

Subfamily Cricetodontinae

Subfamily Cricetinae

Subfamily Arvicolinae

Subfamily Gerbillinae

Subfamily Murinae

Subfamily Myospalacinae

Subfamily Rhizomyinae

McKenna 和 Bell（1997）对鼠科采取的亚科分类系统与 Carleton 和 Musser（1984）者思路一致，但采用者不多。

1998 年，Hartenberger 把啮齿目分为 6 个亚目，其一为 Murida，包括了 Cricetidae、Spalacidae、Platacanthomyidae、Rhizomyidae 和 Muridae。但把早始新世亚洲仅包括一个单型属（*Ivanantona*）的 Ivanantoniidae 也归入 Murida 之中。

2008 年 Janis 等主编的《Evolution of Tertiary Mammals of North America》（Vol. 2）一书仅第 27 章 Lindsay: Cricetidae 和 28 章 Martin: Arvicolidae 涉及 Muroidea 的内容。而 1994 年，Korth 编著的《The Tertiary Record of Rodents in North American》中，同样因受北美化石的时空分布局限，仅列出 Cricetidae。

2005 年，Musser 和 Carleton 一改 1984 年的亚科分类，把 Muroidea 属下改为 6 科：

Superfamily Muroidea

Family Platacanthomyidae

Family Spalacidae

Subfamily Myospalacinae

Subfamily Rhizomyinae

Subfamily Tachyoryctinae

Family Calomyscidae

Family Nesomyidae

Family Cricetidae

Subfamily Arvicolinae

Subfamily Cricetinae

Family Muridae

Subfamily Gerbillinae

Subfamily Murinae

随着科学技术的发展，许多专家又从分子生物学的研究角度提出 Muroidea 的分类，如 Michaux 等（2001）根据核内蛋白编码基因（LCAT 和 vWF）分析，得出 Muridae（＝Muroidea）可以区分为 14 个亚科：Spalacinae、Rhizomyinae、Nesomyinae、Mystromyinae、Cricetomyinae、Dendromurinae、Calomyscinae、Arvicolinae、Sigmodontinae、Cricetinae、

Myospalacinae、Gerbillinae、Acomyinae、Murinae + Otomyinae。分子生物学的分类研究日趋繁多，非本志书所能涉及者，兹不赘述。

综上所述，自 1899 年 Tullberg 的分类开始，一个多世纪以来许多生物学家和古生物学家都从不同的角度对 Muroidea 给出了不同的分类方案，但这些方案无一相同。这对我们编写志书造成何以是从的困惑。在未能对 Muroidea 做系统深入研究的背景下，为了使问题简单化，我们暂且采用了分科记述的办法，即将我国所有的鼠超科化石按仓鼠科、鼯科、盲鼹鼠科、刺山鼠科、沙鼠科、竹鼠科、鼢鼠科和鼠科 8 个科分别编著。

起源与演化 自 Matthew（1910）提出 *Paramys-Sciuravus-Eumys-Microtus* 的进化推论以来，半个多世纪中古生物学家一直认为 Muroidea 起源于 *Sciuravus* 或 Sciuravinae 或 Sciuravidae（Wilson, 1949；Wood, 1958；Fahlbusch, 1979）。至 1985 年，Flynn 等认为具有始啮型头骨的 sciuravids 不可能是早期许多具豪猪型头骨的 muroids（第三纪中期，如 *Pappacriceton*、*Cricetops*、*Simimys* 等）的祖先类型，但后者或许应排除在 Cricetidae 之外，在 Muroidea 中另成一科。在分析北美、亚洲早期的化石记录之后，著者认为 Muroidea 可能起源于亚洲，当在中渐新世仓鼠类辐射之前。同样在 1985 年，Vianey-Liaud 也否认 cricetids 起源于 sciuravids，而认为 ctenodactyloids 中 cocomyids 及其分异的类群有可能是亚洲一些科（如 Ctenodactylidae、Cricetidae、Dipodidae）和欧美一些科（如 Protoptychidae、Simimyidae、Theridomyidae?）的起源所在。对 Cricetidae 而言，最早的记录是中始新世的 *Pappocricetodon* 和 *Eucricetodon antiquus* 等，在晚始新世时，仓鼠科从亚洲中心扩散，当图尔盖海峡消失后传到欧洲，而另一路则抵北美。Dawson（2015）在 "Emerging perspectives on some Paleogene sciurognath rodents in Laurasia: the fossil record and its interpretation" 一文中指出：亚洲中始新世的 cricetids 已开始分化，从发现的化石记录可以推证 Cricetidae 是起源于亚洲，但它不像 zapodidis 那样在亚洲 - 北美间迅速传播，而是直到晚始新世才扩散到北美。在现代生物学方面，如 Schenk 等（2013）在 "Ecological opportunity and incumbency in the diversification of repeated continental colonizations by muroid rodents" 中，以 4 种核基因的方法，用鼠超科的近 300 个种做出了一个传统生态机遇模型，并建立了迄今为止最大的 Muroidea 系统树。其研究的结论与化石记录一致，该文确定了欧亚极可能是 Muroidea 的起源中心。

系 统 记 述

鼠超科 Superfamily Muroidea Illiger, 1811

仓鼠科 Family Cricetidae Fischer von Waldheim, 1817

模式属 原仓鼠属 *Cricetus* Leske, 1779

定义与分类 仓鼠科是一类小型啮齿动物（其头骨＋躯干的体长常在 100 mm 至 250 mm 之间），是现生啮齿动物中庞大的一个类群，分布很广。

该科的化石分布于亚、欧、非、南美、北美等洲，以及地中海地区；现生种类也分布于上述地区。仓鼠化石在我国发现得最早（中始新世中期），在北美稍晚（晚始新世），欧洲最早在早渐新世，非洲最早在中中新世，而在南美直到上新世晚期才出现。

该科目前已知包括 20 多个亚科和一些未归入亚科的属（如 *Selenomys*、*Potwarmus*、*Leakeymys*、*Blancomys*、*Epimeriones*、*Microcricetus* 和 *Ischymomys* 等）。

鉴别特征 头骨颅部膨大，吻部窄；颧 - 咬肌结构由豪猪型向鼠型转变。头骨顶面在眶间区较平，呈沙漏状；眶下孔下方无小的血管神经孔（neurovascular foramen）；间顶骨存在，有时大；颧骨退化；门齿孔长，在进步种类伸达 M1 水平；听泡从小到膨大变异；下颌骨细，咬肌脊明显。齿式：1•0•1–0•3/1•0•0•3。齿冠由低冠到高冠柱形，齿根由存在到消失。M1 的前叶和前边尖通常发达，有时为双叶（尖），偶尔弱小或无；m1 的下前边尖总存在，有时很发达；M2–3（m2–3）的前边尖（下前边尖）低或无。M3/m3 大小由与 M1/m1 相近，到逐渐退化，甚至消失。后尖和次尖在 M3 逐渐退化变小或消失。m3 的下内尖退化变小或消失。颊齿所有的尖常有脊相连，具纵脊（内脊或下外脊）。门齿釉质层的微细结构为单系。

该科牙齿构造的通用模式图如图 1 所示。文中丘 - 脊型仓鼠属、种的构造术语都可在图中找到，但对较早期的种类建议读者参考其中的图 A 和 B，新近纪以来的种类请参考图 C 和 D。

中国已知亚科 Pappocricetodontinae, Eucricetodontinae, Cricetopinae, Cricetodontinae, Cricetinae, Plesiodipinae, Microtoscoptinae, Baranomyinae, 共 8 个亚科和 1 个未确定的亚科。

分布与时代 亚洲、欧洲、非洲、南美洲、北美洲等，以及地中海地区，中始新世至现代。

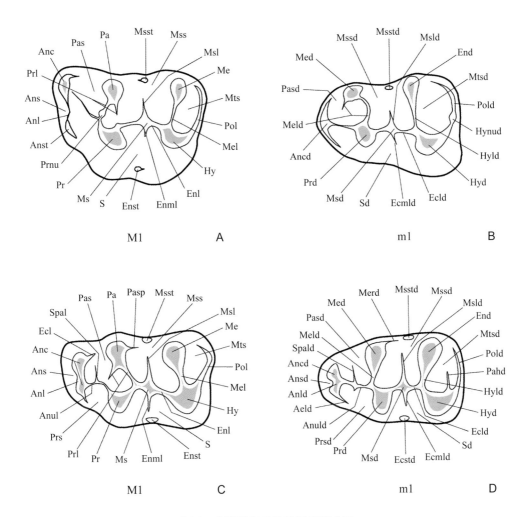

图 1 仓鼠科臼齿构造通用模式图

Aeld. 下前外脊 (anteroectolophid), Anc. 前边尖 (anterocone), Ancd. 下前边尖 (anteroconid), Anl. 前边脊 (anteroloph), Anld. 下前边脊 (anterolophid), Ans. 前边谷 (anterosinus), Ansd. 下前边谷 (anterosinusid), Anst. 前边附尖 (anterostyle), Anul. 前小脊 (anterolophule), Anuld. 下前小脊 (anterolophulid), Ecl. 外脊 (ectoloph), Ecld. 下外脊 (ectolophid), Ecmld. 下外中脊 (ectomesolophid), Ecstd. 下外附尖 (ectostylid), End. 下内尖 (entoconid), Enl. 内脊 (entoloph), Enml. 内中脊 (entomesoloph), Enst. 内附尖 (entostyle), Hy. 次尖 (hypocone), Hyd. 下次尖 (hypoconid), Hyld. 下次脊 (hypolophid), Hynud. 下次小尖 (hypoconulid), Me. 后尖 (metacone), Med. 下后尖 (metaconid), Mel. 后脊 (metaloph), Meld. 下后脊 (metalophid), Merd. 下后尖嵴 (metaconid ridge), Ms. 中尖 (mesocone), Msd. 下中尖 (mesoconid), Msl. 中脊 (mesoloph), Msld. 下中脊 (mesolophid), Mss. 中间谷 (mesosinus), Mssd. 下中间谷 (mesosinusid), Msst. 中附尖 (mesostyle), Msstd. 下中附尖 (mesostylid), Mts. 后谷 (metasinus), Mtsd. 下后谷 (metasinusid), Pa. 前尖 (paracone), Pahd. 下次尖后臂 (posterior arm of hypoconid), Pas. 前谷 (parasinus), Pasd. 下前谷 (parasinusid), Pasp. 前尖后刺 (paracone spur), Pol. 后边脊 (posteroloph), Pold. 下后边脊 (posterolophid), Pr. 原尖 (protocone), Prd. 下原尖 (protoconid), Prl. 原脊 (protoloph), Prnu. 原小尖 (protoconule), Prs. 原谷 (protosinus), Prsd. 下原谷 (protosinusid), S. 内谷 (sinus), Sd. 下外谷 (sinusid), Spal. 前小脊刺 (spur of anterolophule), Spald. 下前小脊刺 (spur of anterolophulid) (A, B 引自 Wang et Dawson, 1994, 有修改；C, D 引自邱铸鼎、李强, 2016, 有修改)

祖仓鼠亚科 Subfamily Pappocricetodontinae Tong, 1997

概述 Pappocricetodontinae 亚科是仓鼠类中出现最早、最原始的一个类群,是我国中—上始新统经典的化石之一。现已全部绝灭。

鉴别特征 齿式:1•0•1–0•3/1•0•0•3。颊齿低冠,早期种类具 DP4 或 P4,后期缺失。M1 不大,前边尖成低丘状或半月形,前叶小或无,原尖前臂长,伸达前边尖或前尖,常有原小尖,在早期种类中原尖和前尖之间主要为前连接;m1 比 m3 小,或与之相近,下前边尖小或无;M2–3 和 m2–3 前边尖(下前边尖)低,前边脊虽连续但未明显上升;m2–3 下后尖前臂相对细弱;m3 下后脊弯曲。

中国已知属 *Pappocricetodon, Palasiomys, Raricricetodon, Ulaancricetodon*,共 4 属。

分布与时代 山西、河南、内蒙古和江苏,中始新世早期—早渐新世。

评注 de Bruijn 等(2003)认为童永生(1997)建的 Raricricetodontinae 亚科是 Pappocricetodontinae 的后出异名。编者赞同这一观点。

祖仓鼠属 Genus *Pappocricetodon* Tong, 1992

模式种 任村祖仓鼠 *Pappocricetodon rencunensis* Tong, 1992

鉴别特征 小型的仓鼠类,M1 和 m1 不如其他仓鼠类的增大。上臼齿中脊很发达,常伸达中附尖。M1 前叶小,前边尖低、小,总为单尖;原尖前臂长,通常伸达前边尖,多具原尖后臂;次尖前臂常伸达原尖颊侧。m1–3 常具弱的下外中脊,下次脊总是指向次尖。m2–3 的下后脊 I 向颊侧伸达下原尖前臂中部。m1 为下臼齿中最小者,具很小的下前边尖。门齿孔短,仅达 M1 前齿根之前。咬肌窝在大多数标本中向前伸达 m2 下方。

中国已知种 *Pappocricetodon rencunensis, P. antiquus, P. neimongolensis, P. schaubi, P. siziwangqiensis*,共 5 种。

分布与时代 河南、山西和江苏,中始新世早期(伊尔丁曼哈期)—始新世晚期(乌兰戈楚期);内蒙古,早始新世—晚始新世(乌兰戈楚期)。

评注 除上述命名种外,*Pappocricetodon* spp. 发现于内蒙古乌兰察布盟(今乌兰察布市)四子王旗额尔登敖包上始新统乌兰戈楚组"下白层"(王伴月,2007)和内蒙古二连浩特市呼和勃尔和中始新统伊尔丁曼哈组(Li, 2012)。*Pappocricetodon*? sp. 发现于内蒙古乌兰察布盟四子王旗额尔登敖包上始新统乌兰戈楚组"下白层",二连浩特市二连浩特火车站东上始新统呼尔井组,以及阿拉善左旗豪斯布尔都盆地绿根扎大盖上始新统查干布拉格组(王伴月,2007)。

此外,在哈萨克斯坦的中始新统还发现有 *Pappocricetodon kazakstanicus*(Emry et al., 1998)。

任村祖仓鼠 *Pappocricetodon rencunensis* Tong, 1992

(图 2)

正模 IVPP V 8928，右 M1。河南渑池上河，中始新统河堤组任村段（沙拉木伦期）。

副模 IVPP V 8928.1–103，91 枚臼齿和 12 段下门齿。产地与层位同正模。

归入标本 IVPP V 10288.1–378，378 枚臼齿（河南渑池）。

鉴别特征 个体小。M1 前叶低小，前边尖或强或弱，前尖与原尖前臂之间常有弱棱相连；M3 原脊和后脊间的纵棱短，常不与原脊连接；m1 三角座相对短窄，m3 下内尖较明显。

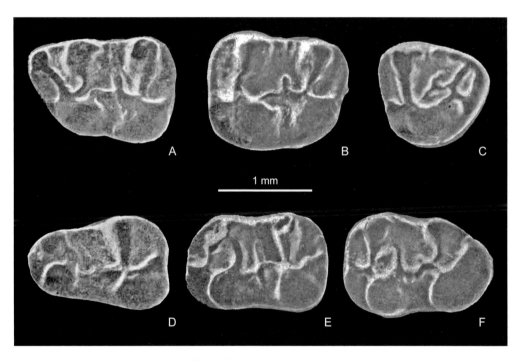

图 2 任村祖仓鼠 *Pappocricetodon rencunensis*

A. 右 M1（IVPP V 8928，正模，反转），B. 右 M2（IVPP V 8928.19，反转），C. 右 M3（IVPP V 8928.45，反转），D. 右 m1（IVPP V 8928.52，反转），E. 右 m2（IVPP V 8928.64，反转），F. 右 m3（IVPP V 8928.82，反转）：冠面视（引自童永生，1992）

产地与层位 河南渑池上河，中始新统河堤组寨里段、任村段下化石层。

评注 童永生（1992）记述的归入标本与正模产自同一地点和同一层位，而且该种的一些鉴别特征也是根据这些标本记述的，实际上都属于同一模式系列。故编者将它们改称为副模。

古祖仓鼠 *Pappocricetodon antiquus* Wang et Dawson, 1994

（图 3）

Palasiomys yuanquensis：黄学诗，2004，39 页（部分）

正模 IVPP V 11018.1，左 M1。江苏溧阳上黄（水母山采石场三叠系上青龙灰岩裂隙堆积 D 点，IVPP Loc. 1993006.D），中始新统下部（伊尔丁曼哈期）。

副模 IVPP V 11018.2–612，上、下颌骨 7 件，牙齿 604 枚。产地与层位同正模。

归入标本 IVPP V 13734, V 13734.1–16, V 13734.18–22, V 13734.24–39, 臼齿 37 枚（山西垣曲）。IVPP V 14983.1–5，上、下颌骨各一件，臼齿 3 枚（内蒙古四子王旗）。

鉴别特征 个体小于 *Pappocricetodon rencunensis* 的仓鼠，具豪猪型颧 - 咬肌结构头骨和松鼠型下颌骨；齿式：1•0•1•3/1•0•0•3；颊齿为低冠齿；上臼齿原尖鳞茎形，中脊短；M1 不增大，前叶弱，前边尖小，原脊 I 弱，常与原尖连接，无原脊 II；M1–2 的内脊常很长，内谷长而斜；M3 不如该属其他种的退化，后尖明显，有些退化的次尖并不移向颊侧；下臼齿常无下外中脊；m1 不增大，下前边尖小，常孤立；m1–2 的下次脊横向延伸，与下次尖或其后臂相连；下门齿釉质层的微细结构为单系。

产地与层位 江苏溧阳水母山裂隙堆积（IVPP Loc. 1993006.D），中始新统；山西垣

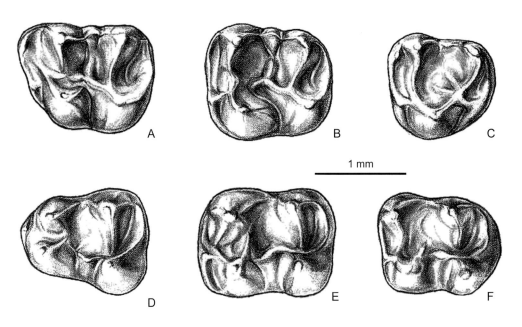

图 3 古祖仓鼠 *Pappocricetodon antiquus*

A. 左 M1（IVPP V 11018.1，正模），B. 左 M2（IVPP V 11018.147），C. 左 M3（IVPP V 11018.296），D. 右 m1（IVPP V 11018.419，反转），E. 右 m2（IVPP V 11018.555，反转），F. 右 m3（IVPP V 11018.590，反转）：冠面视（引自 Wang et Dawson，1994）

曲郭家村，中始新统河堤组峪里段；内蒙古四子王旗额尔登敖包，上始新统乌兰戈楚组"下白层"。

评注 Wang 和 Dawson（1994）记述的归入标本与正模产自同一地点和同一裂隙堆积 D 点中，该种的鉴别特征也根据这些标本记述，属于同一模式系列。故编者将其改称为副模。

黄学诗（2004）根据山西垣曲标本建立了垣曲古亚鼠（*Palasiomys yuanquensis*）。王伴月（2007）认为，垣曲古亚鼠的描述标本除两枚臼齿（即 IVPP V 13734.17 和 V 13734.23 可能属 Cf. *Hulgana eoertnia*）之外，其余 37 枚臼齿均应属 *Pappocricetodon antiquus*，编者赞同这一意见。

内蒙古祖仓鼠 *Pappocricetodon neimongolensis* Li, 2012

（图 4）

正模 IVPP V 14698.1，右 M1。内蒙古二连盆地呼和勃尔和，中始新统下部伊尔丁曼哈组。

副模 IVPP V 14698.2–43，42 枚臼齿。产地与层位同正模。

鉴别特征 小型仓鼠。M1 前面有与牙齿的接触面，表明有 P4 或 DP4 存在。M1 前边尖小；原脊完全，连接前尖和原小尖；无原尖后臂；原尖前臂发达，与前边尖连接。

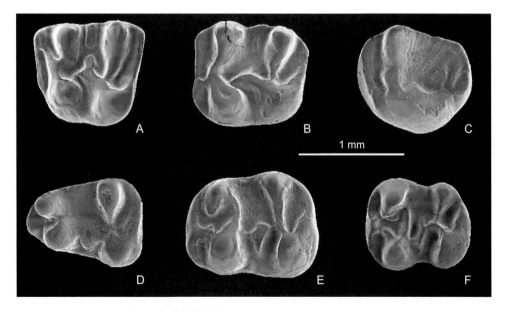

图 4　内蒙古祖仓鼠 *Pappocricetodon neimongolensis*

A. 右 M1（IVPP V 14698.1，正模，反转），B. 左 M2（IVPP V 14698.12），C. 左 M3（IVPP V 14698.17），
D. 右 m1（IVPP V 14698.23，反转），E. 左 m2（IVPP V 14698.26），F. 右 m3（IVPP V 14698.42，反转）；
冠面视（引自 Li, 2012）

M2 具原尖后臂。M3 次尖显著。m1 下原尖的位置通常后于下后尖。m2 下原尖后臂完全。m3 不退化，具 S 形的下外脊。

评注 Li（2012）记述该种的归入标本与正模产自同一地点和同一层位，故编者在此将其改称为副模。

绍氏祖仓鼠 *Pappocricetodon schaubi* (Zdansky, 1930)

（图 5）

Cricetodon schaubi：Zdansky, 1930, p. 10

Leptictidae gen. et sp. indet.：Zdansky, 1930, p. 10

Eucricetodon schaubi：Vianey-Liaud, 1972, p. 40；Hartenberger et al., 1975, p. 186；Vianey-Liaud, 1985, p. 296

?*Parasminthus* sp.：Hartenberger et al., 1975, p. 186；Hugueney et Vianey-Liaud, 1980, p. 333；Vianey-Liaud, 1985, p. 296

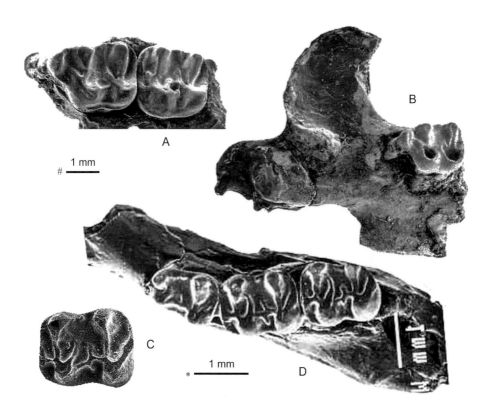

图 5 绍氏祖仓鼠 *Pappocricetodon schaubi*

A. 左 M1–2（IVPP V 11185.3），B. 左上颌骨具 M1（IVPP V 11185.4），C. 右 m2（MEUU M. 3434，正模，反转），D. 右下颌骨具 m1–3（IVPP V 11184.2，反转）：冠面视；比例尺：∗ - A, C, D，# - B（A, B, D 引自 Dawson et Tong, 1998）

正模 MEUU M. 3434，右 m2。山西垣曲土桥沟 [= Zdansky（1930）的垣曲"河岸剖面"第一地点]，上始新统河堤组寨里段。

归入标本 左 m3 1 枚（编号不明）和 MEUU M. 8206，下颌骨 1 件。IVPP V 8929，V 10287, V 11184–11185，15 件下颌骨、8 件上颌骨和 246 枚臼齿（山西垣曲）。

鉴别特征 个体比 *Pappocricetodon rencunensis* 的稍大；无 P4；头骨具豪猪型颧 - 咬肌结构和大的眶下孔；门齿孔后缘位于 M1 之前。M1 前叶小，但稳定存在；前边尖相对很发达；原尖后臂常存在，有时与次尖前臂一起形成封闭的盆。M2 和 M3 的前边尖相对明显发育。多数 M3 有连接次尖和原尖前臂的纵棱。m1 小于 m2 和 m3。

产地与层位 山西垣曲土桥沟，上始新统河堤组寨里段。

四子王旗祖仓鼠 *Pappocricetodon siziwangqiensis* Li, Meng et Wang, 2016

（图 6）

正模 IVPP V 17806，右上颌骨具 M1–2。内蒙古四子王旗额尔登敖包，上始新统"上红层"下部。

鉴别特征 个体大于 *Pappocricetodon* 属中其他已知的种。无 P4。M1 的原脊为后连接。

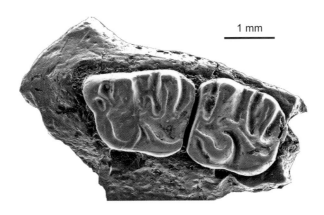

图 6　四子王旗祖仓鼠 *Pappocricetodon siziwangqiensis*
右上颌骨具 M1–2（IVPP V 17806，正模，反转）：冠面视（引自 Li Qian et al., 2016）

古亚鼠属 Genus *Palasiomys* Tong, 1997

模式种 锥齿古亚鼠 *Palasiomys conulus* Tong, 1997

鉴别特征 可能有 DP4 或 P4 存在；上臼齿长稍大于宽。M1 和 M2 尺寸相近；M1 前边尖细小，未形成明显的前叶；原尖和前尖间为前连接；常具原小尖；原尖前臂伸达前边尖，前齿带弱。M2 前边尖小，前边脊舌部弱。M3 前边尖弱或缺失，次尖在牙齿中线的舌侧。m1 小于 m2，下外脊较斜。m2 下后尖前臂较弱，有时不与下原尖前臂相连。m3 不退化，下外脊弯曲，跟座明显收缩。

中国已知种　仅模式种。

分布与时代　河南，中始新世早期（伊尔丁曼哈期）。

锥齿古亚鼠 *Palasiomys conulus* Tong, 1997
（图 7）

正模　IVPP V 10289，右 M1。河南淅川石皮沟，中始新统下部核桃园组。

副模　IVPP V 10289.1–78，78 枚白齿。产地与层位同正模。

鉴别特征　同属。

评注　童永生（1997）记述该种的归入标本与正模产自同一地点和同一层位，赋予的特征也是根据这些标本的形态，故编者将其改称副模。

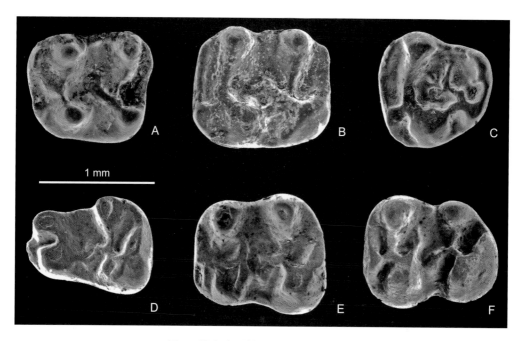

图 7　锥齿古亚鼠 *Palasiomys conulus*
A. 右 M1（IVPP V 10289，正模，反转），B. 左 M2（IVPP V 10289.24），C. 右 M3（IVPP V 10289.41，反转），D. 右 m1（IVPP V 10289.51，反转），E. 右 m2（IVPP V 10289.55，反转），F. 右 m3（IVPP V 10289.71，反转）：冠面视（引自童永生，1997）

罕仓鼠属 **Genus *Raricricetodon* Tong, 1997**

模式种　中条罕仓鼠 *Raricricetodon zhongtiaensis* Tong, 1997

鉴别特征　小型的、较原始的仓鼠类。齿式：1•0•1–0•3/1•0•0•3。颊齿齿冠低。M1 的前边尖低，前叶小或无；原尖前臂不伸向前边尖，而是伸向前尖前侧，与前尖相连。M1 和 M2 的尺寸相近。M3 次尖的位置相对靠舌侧。下臼齿下外中脊不发育。m1 小于 m2。m2 和 m3 的下前边尖低。DP4（或 P4）在早期种类中存在，后期种类消失。

中国已知种　*Raricricetodon zhongtiaensis*, *R. minor*, *R. trapezius*，共 3 种。

分布与时代　河南，中始新世早—晚期（伊尔丁曼哈期—沙拉木伦期）；内蒙古，中始新世早期（伊尔丁曼哈期）。

评注　de Bruijn 等（2003）认为 *Raricricetodon* 是 *Pappocricetodon* 的后出异名。编者认为：*Raricricetodon* 在 M1 的原尖前臂不伸达前边尖，而伸达前尖，下臼齿下外中脊不发育等特征上不但与 *Pappocricetodon* 的不同，而且与 *Palasiomys* 的也不同，以保留 *Raricricetodon* 属为好。

中条罕仓鼠 *Raricricetodon zhongtiaensis* Tong, 1997

（图 8）

Pappocricetodon zhongtiaensis：de Bruijn et al., 2003, p. 69；Rodrigues et al., 2010, p. 265

正模　IVPP V 10290，左 M1。河南渑池上河，中始新统河堤组任村段上化石层。

副模　IVPP V 10290.1–24，18 枚臼齿和 6 段下门齿。产地与层位同正模。

鉴别特征　牙齿大小与 *Pappocricetodon rencunensis* 相近，上臼齿原脊和后脊与牙齿纵轴近于垂直，后脊伸向次尖，中脊发育，后边脊相对发育。

评注　童永生（1997）记述该种的归入标本与正模产自同一地点和同一层位，属于同一模式系列。故编者将其改称为副模。

de Bruijn 等（2003）和 Rodrigues 等（2010）将 *Raricricetodon zhongtiaensis* 归入 *Pappocricetodon* 属。Li（2012）赞同这一意见。Maridet 和 Ni（2013）则将 *R. zhongtiaensis* 归入 Pseudocricetodontinae 亚科。编者认为 *Raricricetodon zhongtiaensis* 的臼齿齿冠较低，齿脊较弱和 M1 的前叶小或不发育，前边尖低等与 Pappocricetodontinae 的定义吻合，与 Pseudocricetodontinae 的明显不同，赞同将其归入 Pappocricetodontinae。

Li（2012）描述过产自内蒙古二连盆地呼和勃尔和中始新统的中条祖仓鼠相似种（*Pappocricetodon* cf. *P. zhongtiaensis*）。因其 M1 的原尖前臂伸达前尖的特点与 *Pappocricetodon* 的不同，而与 *Raricricetodon zhongtiaensis* 的很相似，只是其尺寸稍小和 M1 的前边尖稍小些，编者建议将 Li（2012）的 *Pappocricetodon* cf. *P. zhongtiaensis* 也归入到 *Raricricetodon*，即为 *R.* cf. *R. zhongtiaensis*。

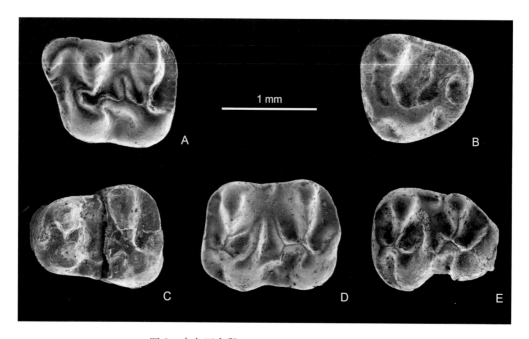

图 8　中条罕仓鼠 *Raricricetodon zhongtiaensis*

A. 左 M1（IVPP V 10290，正模），B. 左 M3（IVPP V 10290.4），C. 左 m1（IVPP V 10290.6），D. 左 m2（IVPP
V 10290.9），E. 左 m3（IVPP V 10290.15）：冠面视（引自童永生，1997）

小罕仓鼠 *Raricricetodon minor* Tong, 1997

（图 9）

Raricricetodon? minor：童永生，1997，120 页

Palasiomys minor：Rodrigues et al., 2010, p. 263

正模　IVPP V 10291，右 M1。河南渑池上河，中始新统河堤组任村段下化石层（沙拉木伦期）。

副模　IVPP V 10291.1–10，10 枚白齿。产地与层位同正模。

鉴别特征　牙齿较小，上白齿原脊和后脊略斜，后脊与次尖前臂相连，中脊不大发育，后边脊低弱。

评注　童永生（1997）记述该种的归入标本与正模产自同一地点和同一层位，应改称为副模。

童永生（1997）在记述此种时认为其材料太少，性质不定，有疑问地将它归入 *Raricricetodon* 属。Rodrigues 等（2010）则将其归入 *Palasiomys* 属。编者认为此种在 M1 的原尖前臂不与前边尖连而与前尖连的特点上只与 *Raricricetodon* 的相似，而与 *Palasiomys* 和 *Pappocricetodon* 的都不同，还是暂时将此种归入 *Raricricetodon* 属为好。

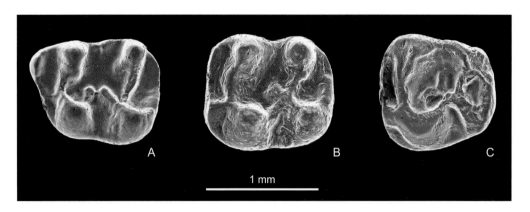

图 9　小罕仓鼠 *Raricricetodon minor*

A. 右 M1（IVPP V 10291，正模，反转），B. 左 M2（IVPP V 10291.5），C. 左 M3（IVPP V 10291.8）：冠
面视

梯形罕仓鼠 *Raricricetodon trapezius* Tong, 1997

（图 10）

Raricricetodon? *trapezius*：童永生，1997，121 页

Palasiomys trapezius：Rodrigues et al., 2010, p. 263

正模　IVPP V 10292，右 M1。河南淅川石皮沟，中始新统核桃园组（伊尔丁曼哈期）。

副模　IVPP V 10292.1–14，14 枚臼齿。产地与层位同正模。

鉴别特征　M1 冠面呈梯形；前边脊通常发育，未形成明显的前叶；前边尖在前边
脊唇端突起；中脊有时相当发育。M2 长宽相近，前边尖小。M3 次尖相对发育。具 DP4
或 P4。

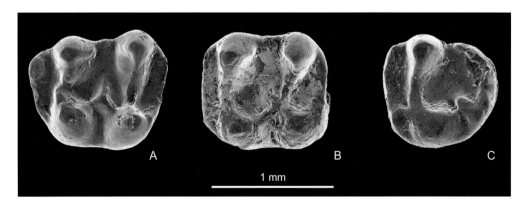

图 10　梯形罕仓鼠 *Raricricetodon trapezius*

A. 右 M1（IVPP V 10292，正模，反转），B. 左 M2（IVPP V 10292.13），C. 右 M3（IVPP V 10292.14，反转）：
冠面视

评注 童永生（1997）原文中列举此种的正模为左 M1。童永生（2017 年 12 月 4 日口头告知）亲自将该种的正模更正为右 M1。记述的归入标本与正模产自同一地点和同一层位，应改称其为副模。

童永生(1997)在记述此种时有疑问地将它归入 *Raricricetodon* 属。Rodrigues 等(2010)则将其归入 *Palasiomys* 属。编者同意童永生（1997）的意见：此种在 M1 原尖前臂的连接方式上与 *Raricricetodon* 的相似，而与 *Palasiomys* 和 *Pappocricetodon* 的都不同。

红层古仓鼠属 Genus *Ulaancricetodon* Daxner-Höck, 2000

模式种 巴氏红层古仓鼠 *Ulaancricetodon badamae* Daxner-Höck, 2000

鉴别特征 个体很小，具低冠牙齿的仓鼠类。齿式：1•0•0•3/1•0•0•3。M1/m1 较少增大。M1 冠面梯形，颊缘长于舌缘；前叶很小，前边尖小或无；颊侧的尖横向伸长；原尖前臂长，通常伸达齿的前颊缘；具原脊 II 和长的中脊。M2–3 具原脊 I 和原脊 II。下臼齿中，m2 最大，m1 和 m3 长度相近。下臼齿的下次脊伸达下次尖前臂，强的下后边脊伸达下内尖。m1 的下前边尖很小或无，横脊弱。m2–3 前边脊的舌部长于颊部，横脊发达。m3 舌缘有纵脊封闭下中谷，而 m1–2 的下中谷舌缘的纵脊在下中脊后中断。

中国已知种 仅模式种。

分布与时代 内蒙古，早渐新世。

评注 Daxner-Höck (2000) 在建 *Ulaancricetodon* 属时只将其归入仓鼠科（Cricetidae），未讨论其亚科的归属。编者比较了有关种类，认为此属臼齿的基本形态结构与祖仓鼠亚科（Pappocricetodontinae）的定义一致，故将其归入该亚科。蒙古中部湖谷区的下渐新统也有该属的发现（Daxner-Höck, 2000）。

巴氏红层古仓鼠 *Ulaancricetodon badamae* Daxner-Höck, 2000
（图 11）

正模 NHMW Inv. Nr. 1999z0083/0037/1，部分左上颌骨具 M1–3。蒙古湖谷区查干敖沃，下渐新统三达河组 B 带。

副模 NHMW Inv. Nr. 1999z0083/0036–0037，上、下颌骨各一件，臼齿 75 枚。产地与层位同正模。

归入标本 IVPP V 17664，左 M1 一枚（内蒙古阿拉善左旗）。

鉴别特征 同属。

产地与层位 内蒙古阿拉善左旗乌兰塔塔尔（IVPP Loc. UTL 14），下渐新统乌兰塔塔尔组下部。

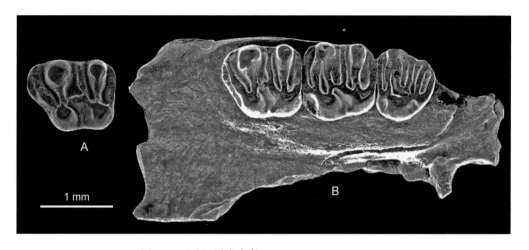

图 11　巴氏红层古仓鼠 *Ulaancricetodon badamae*

A. 左 M1（IVPP V 17664），B. 左上颌骨具 M1–3（NHMW Inv. Nr. 1999z0083/0037/1，正模）：冠面视（A 引自 Rodrigues et al., 2011；B 引自 Daxner-Höck, 2000）

真古仓鼠亚科 Subfamily Eucricetodontinae Mein et Freudenthal, 1971

概述　真古仓鼠亚科是一类小—大型、已绝灭的仓鼠类动物。全北区分布。化石发现于亚洲的上始新统—下中新统、欧洲下渐新统—上中新统、北美下渐新统—下中新统，以及地中海地区的渐新统。该亚科目前已知包括 22 属。

鉴别特征　小—大型的仓鼠类。头骨具次豪猪型—鼠型的颧 - 咬肌结构。上颌骨门齿孔短，不达或稍伸达 M1 舌侧。下颌骨横向与颊齿冠面倾斜，凹的下颌骨齿隙上缘的后部陡。齿式：1•0•0•3/1•0•0•3。臼齿为低—中等齿冠的丘型—脊型齿，四个主尖有脊相连：上臼齿的舌侧尖和下臼齿的颊侧尖常呈新月形，并被纵脊连接；颊、舌侧相对的尖被横脊相连；有发育程度不等的附加脊（中脊、前边脊和后边脊等）。M1/m1 通常长。M1 前叶由小到大，具中等大小的前边尖，原尖和次尖有前臂。M2 仅有次尖前臂。M3 相当大，后部较退化。m1 下原尖后臂长，伸向并常伸达下后尖；常具下后脊 I。m1 和 m2 的下次尖常有后臂。m3 较大，但小于 m1，其后部退化。m2–3 的下后脊常向前伸。

中国已知属　*Eucricetodon, Bagacricetodon, Eocricetodon, Metaeucricetodon, Oxynocricetodon, Witenia, Eumyarion, Alloeumyarion*，共 8 属。

分布与时代　云南、内蒙古、甘肃、新疆、青海和江苏，晚始新世—中中新世。

评注　*Eumyarion* 是一个分类位置不很清楚、歧见颇多的仓鼠属。Thaler（1966）建立该属时将其指定为 *Cricetodon* 的一个亚属，归入 Cricetodontinae Stehlin et Schaub, 1951 亚科。Ünay（1989）认为 *Eumyarion* 与 *Deperetomys* 和 *Mirabella* 属的关系接近，把它们指定为 Eumyarioninae 亚科，隶属于 Eucricetodontidae。McKenna 和 Bell（1997）建议将 *Eumyarion* 保留为 *Cricetodon* 属中的一个亚属，归入 Eucricetodontini 族（相当于本志书

中的 Eucricetodontinae），置于 Paracricetodontinae 亚科之下。由于该属的下门齿具有两条纵向脊，以及白齿的形态与较古老的仓鼠（如 *Eucricetodon*）的特征相似，通常都将其看作 eucricetodontines。但 Kälin（1999）认为它是 cricetines 中出现较早的一属，将其归入 Cricetini 族（相当本志书中的 Cricetinae）。在中国 *Eumyarion* 属的材料极为稀少，甚至存疑（见下）。Qiu（2010）记述过江苏泗洪下中新统下草湾组的 *Alloeumyarion* 属，认为这一仓鼠的牙齿形态与 *Eumyarion* 属的特征有较多相似之处，该作者将其与 *Eumyarion* 属一起归入 Ünay（1989）指定的 Eumyarioninae 亚科。编者认为，鉴于目前的分类状况，暂将 *Eumyarion* 和 *Alloeumyarion* 属都归入 Eucricetodontinae 为妥。

真古仓鼠属 Genus *Eucricetodon* Thaler, 1966

模式种　合并古仓鼠 *Cricetodon collatus* Schaub, 1925

鉴别特征　不同于 *Pseudocricetodon* 在于个体较大，牙齿结构为明显的丘型齿，齿脊通常较简单，m3 后叶往往很退化，M1 颊侧缘隆凸。M1 的前边尖通常为单尖，有时趋于分为双尖。m1–3 下次尖后臂可能或多或少发育，有时缺。m1 下前边尖简单。

中国已知种　*Eucricetodon asiaticus*, *E. bagus*, *E. caducus*, *E. jilantaiensis*, *E. wangae*, *E. youngi*，共 6 种。

分布与时代　内蒙古、甘肃、新疆、青海，晚始新世（乌兰戈楚期）—早中新世（谢家期）。

评注　*Eucricetodon* 在欧洲出现于早渐新世 Suevian 期—早中新世 Agenian 期，早渐新世—早中新世时很繁盛，分异度高，至少包括 15 个种。在亚洲发现的种类较少。我国除了上述 6 种外，在内蒙古阿拉善盟阿拉善左旗渐新统乌兰塔塔尔组，内蒙古二连盆地额尔登敖包上始新统上红层上部，甘肃兰州盆地上渐新统咸水河组下红泥岩和党河流域塔奔布鲁克，还发现有数个未定种：*Eucricetodon* spp.（Lindsay, 1977；王伴月、邱占祥，2000；Rodrigues et al., 2012；Li Qian et al., 2016）。

亚洲真古仓鼠 *Eucricetodon asiaticus* (Matthew et Granger, 1923)

（图 12）

Eumys asiaticus：Matthew et Granger, 1923a, p. 7；Mellett, 1968, p. 6

Eumys asiaticus (part)：Kowalski, 1974, p. 173

Cricetodon deploratus：Shevyreva, 1967, p. 78

"*Eumys*" *asiaticus*：Vianay-Liaud, 1972, p. 39

正模　AMNH 19094，左上颌骨具 M1–3。蒙古查干诺尔盆地洛地点，下渐新统三达河组塔塔尔段。

副模　AMNH 19094，右上颌骨具 M1–2 和 3 件左下颌骨。产地与层位同正模。

归入标本　IVPP V 17623–17629，1351 件标本（内蒙古阿拉善左旗）。

鉴别特征　眶下孔大，其下部窄。下门齿唇侧近外侧具 2–3 条纵脊。臼齿为低冠齿。M1 前边尖简单，原尖前臂通常游离，后脊与次尖或其前臂相连。M2 通常有原脊 I，且原脊 II 变异地存在。M3 次尖和后尖退化。从 m1 到 m3 下中尖和下中脊常变小、变短。m1 的前边尖发达，位于中央，孤立或与下原尖连。m1 和 m2 的下次小尖小。m3 常具下内尖。

产地与层位　内蒙古阿拉善左旗乌兰塔塔尔（IVPP Loc. UTL 1, 3–8），下渐新统乌兰塔塔尔组；新疆布尔津盆地 XJ 200203 地点，下渐新统克孜勒托尕依组上部。

评注　Matthew 和 Granger（1923a）在建此种时将其指定为 *Eumys asiaticus*。Vianey-Liaud（1972）怀疑其归属，称其为 "*Eumys*" *asiaticus*。Lindsay（1978）则将其归入 *Eucricetodon* 属。同时，Lindsay（1977）还认为 Shevyreva（1967）的 *Cricetodon deploratus* 也是 *Eucricetodonasiaticus* 的晚出异名。

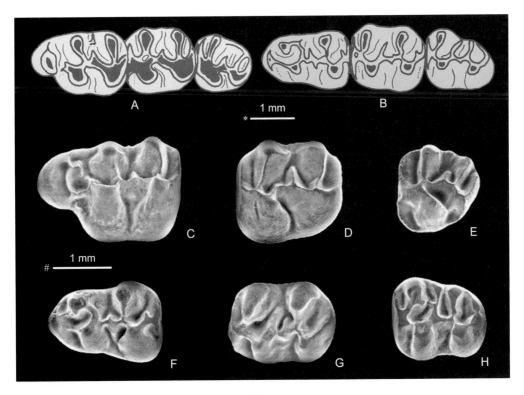

图 12　亚洲真古仓鼠 *Eucricetodon asiaticus*

A. 左 M1–3（AMNH 19094，正模），B. 左 m1–3（AMNH 19094），C. 左 M1（IVPP V 17625.2），D. 左 M2（IVPP V 17625.4），E. 左 M3（IVPP V 17625.6），F. 右 m1（IVPP V 17625.7，反转），G. 右 m2（IVPP V 17625.9，反转），H. 右 m3（IVPP V 17625.11，反转）：冠面视；比例尺：* - A, B, # - C–H（A, B 引自 Lindsay, 1978；C–H 引自 Rodrigues et al., 2012）

Rodrigues 等（2012）将 Kowalski（1974）指定为 *Eumys asiaticus* 的部分标本归入 *Eumys jilantaiensis* 种，故 Kowalski（1974）原归入 *Eumys asiaticus* 的标本只有部分属于 *Eucricetodon asiaticus*。

Matthew 和 Granger（1923a）在记述 *Eumys asiaticus* 时对正模的指定前后不一致：正文中列举的正模 AMNH 19094 只有一具 M1–3 的上颌骨；而在插图（Fig. 9）中则指出所绘的上、下颌均属正模 AMNH 19094。Lindsay（1978）虽列举了 AMNH 19094 左上颌骨为正模，但认为产自洛地点的一具 M1–2 的右上颌骨和 3 件左下颌骨都包括在正模中。Rodrigues 等（2012）在列举 *Eucricetodon asiaticus* 模式标本时，将同一编号（AMNH 19094）的上颌骨列为正模，而将下颌骨列为副模。编者依原著者的意见仅将该文中的上颌骨确认为正模，而将 Lindsay（1978）所列举的产自洛地点的其他标本列为副模。

在新疆布尔津盆地 XJ 200203 地点下渐新统克孜勒托尕依组上部也产有 *Eucricetodon asiaticus* 化石（Wu et al., 2004；叶捷等，2005）。

小真古仓鼠 *Eucricetodon bagus* Rodrigues, Marivaux et Vianey-Liaud, 2012
（图 13）

正模 IVPP V 17639.1，右 M1。内蒙古阿拉善左旗乌兰塔塔尔（IVPP Loc. UTL 4），下渐新统乌兰塔塔尔组下部。

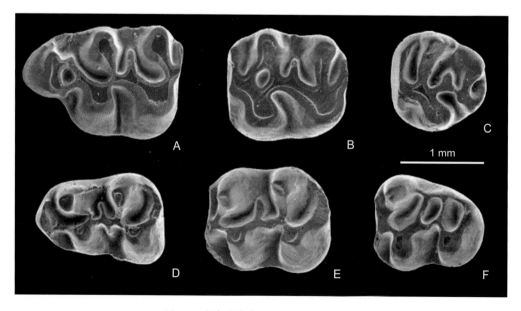

图 13 小真古仓鼠 *Eucricetodon bagus*
A. 右 M1（IVPP V 17639.1，正模，反转），B. 右 M2（IVPP V 17639.4，反转），C. 右 M3（IVPP V 17639.6，反转），D. 左 m1（IVPP V 17639.7），E. 左 m2（IVPP V 17639.9），F. 左 m3（IVPP V 17639.11）；冠面视（引自 Rodrigues et al., 2012）

副模 IVPP V 17639.2–731，730 件臼齿或上、下颌骨。产地与层位同正模。

归入标本 IVPP V 17637–17638, V 17640–17643，335 件臼齿或上、下颌骨（内蒙古阿拉善左旗）。

鉴别特征 下门齿唇侧具两条相互靠近的纵脊。臼齿低冠。M1 前边尖简单，后方常有双前小脊分别与原尖前臂和与原尖连接，后脊与次尖后臂相连。M2 具前边尖和双原脊，后脊与次尖或其前部连接。M3 后尖和次尖很退化。m1 具发达的、常孤立的下前边尖。m2 原尖后臂短，无下中脊。m3 下原尖后臂伸达小的下内尖或齿的舌缘。

产地与层位 内蒙古阿拉善左旗乌兰塔塔尔（IVPP Loc. UTL 1–8），渐新统乌兰塔塔尔组。

评注 Rodrigues 等（2012）在建 *Eucricetodon bagus* 时只列举了"正模和材料"。编者将"材料"中与正模产于同一地点和层位（IVPP Loc. UTL 4）的标本（IVPP V 17639.2–731）改称为副模。

脆弱真古仓鼠 *Eucricetodon caducus* (Shevyreva, 1967)

（图 14）

Cricetodon caducus：Shevyreva, 1967, p. 92

正模 PIN no. 2259-395，右 M1。哈萨克斯坦卡拉干达（Karaganda）热兹卡兹甘（Zhezkazgan），下渐新统别特帕克达拉层（Betpakdala Svita）。

归入标本 IVPP V 8423, V 8424，下颌骨 1 件、臼齿 5 枚（内蒙古杭锦旗）。

鉴别特征 个体较 *Eucricetodon asiaticus* 小；M1 前叶较细长，原脊 I 和原脊 II 低而短，封闭原坑；M2 方形，只有原脊 I，无原脊 II；M1–2 中脊短，后脊与次尖前臂相连；m1 下前边尖低小，具下后脊 II，有游离的下次尖后臂；下臼齿下中脊短。

产地与层位 内蒙古杭锦旗巴拉贡乌兰曼乃（原三盛公），下渐新统乌兰布拉格组；新疆布尔津盆地（XJ 200203 地点），下渐新统克孜勒托尕依组上部。

评注 Shevyreva（1967）在建立该种时，将其归入古仓鼠属（*Cricetodon*），Vianey-Liaud（1972）将其置于 *Eucricetodon* 属，Lindsay（1977）明确地将该种归入 *Eucricetodon*。

Shevyreva（1967）在指定该种的正模时编号为 PIN no. 2259-393，与 *Cricetodon deploratus* 的正模编号（PIN no. 2259-393）重复，而插图（fig. 2a）记述 *C. caducus* 正模的编号为 PIN no. 2259-395，故编者采用 PIN no. 2259-395 作为 *Eucricetodon caducus* 正模的编号。

在新疆布尔津盆地 XJ 200203 地点下渐新统克孜勒托尕依组上部也发现了

Eucricetodon caducus 的化石（Wu et al., 2004；叶捷等，2005）。新疆准噶尔盆地铁尔斯哈巴合上渐新统铁尔斯哈巴合组和内蒙古阿拉善左旗乌兰塔塔尔地区下渐新统乌兰塔塔尔组中都发现了其亲近种（Maridet et al., 2009；Rodrigues et al., 2012）。

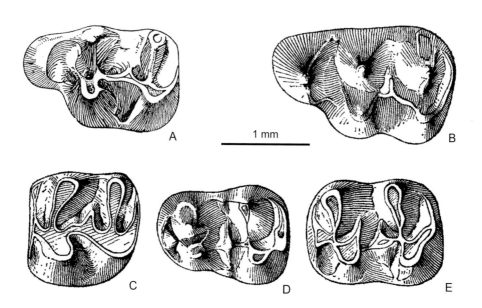

图 14　脆弱真古仓鼠 *Eucricetodon caducus*

A. 右 M1（PIN no. 2259-395，正模，反转），B. 右 M1（IVPP V 8423.1，反转），C. 左 M2（IVPP V 8423.2），D. 右 m1（IVPP V 8424，反转），E. 左 m2（IVPP V 8423.5）：冠面视（A 引自 Shevyreva, 1967；B–E 引自王伴月，1987）

吉兰泰真古仓鼠 *Eucricetodon jilantaiensis* Rodrigues, Marivaux et Vianey-Liaud, 2012

（图 15）

Eumys asiaticus (part)：Kowalski, 1974, p. 173

Eucricetodon near *E. asiaticus*：Lindsay, 1978, p. 595

Eucricetodon aff. *E. asiaticus*：Russell et Zhai, 1987, p. 384

Eucricetodon nov. sp. 1：Vianey-Liaud et al., 2011, p. 122

正模　IVPP V 17632.1，右 M1。内蒙古阿拉善左旗乌兰塔塔尔（IVPP Loc. UTL 4），下渐新统乌兰塔塔尔组下部。

副模　IVPP V 17632.2–1982，1981 件臼齿或上、下颌骨。产地与层位同正模。

归入标本　IVPP V 17630–17631，V 17633–17636，633 件臼齿或上、下颌骨（内蒙古阿拉善左旗）。

鉴别特征　下门齿唇侧具两条纵脊。臼齿低冠。M1 前边尖简单；前小脊发达，与原尖相连；原尖前臂通常缺，后脊与次尖后臂连接。M2 具原脊 II，后脊与次尖或其前、后部连。M3 原尖舌端常与次尖相连，后尖和次尖退化。下臼齿的下次脊后斜，下中尖出现的频率和下中脊的长度从 m1 到 m3 逐渐减少。m1 下后尖前臂伸达下前边尖。m3 下原尖后臂长，有时伸达下内尖。

产地与层位　内蒙古阿拉善左旗乌兰塔塔尔（IVPP Loc. UTL 1, 4–8），渐新统乌兰塔塔尔组。

评注　Rodrigues 等（2012）在建 *Eucricetodon jilantaiensis* 时只列举了"正模和材料"。编者将其材料中与正模产于同一地点和层位（IVPP Loc. UTL 4）的标本（IVPP V 17632.2–1982）改称为副模。

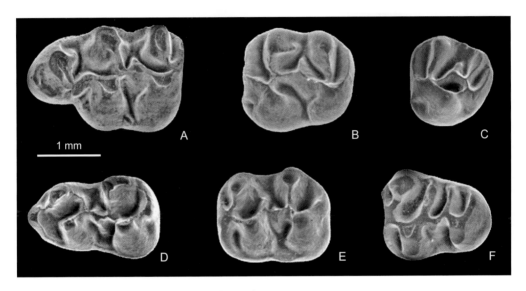

图 15　吉兰泰真古仓鼠 *Eucricetodon jilantaiensis*

A. 右 M1（IVPP V 17632.1，正模，反转），B. 右 M2（IVPP V 17632.3，反转），C. 右 M3（IVPP V 17632.5，反转），D. 左 m1（IVPP V 17632.8），E. 左 m2（IVPP V 17632.10），F. 左 m3（IVPP V 17632.11）：冠面视
（引自 Rodrigues et al., 2012）

王氏真古仓鼠 *Eucricetodon wangae* Li, Meng et Wang, 2016

（图 16）

正模　IVPP V 17807，同一个体具左 M1–2 和右 M1–3 的部分头骨，具 m1 的左下颌骨和具 m1–3 的右下颌骨。内蒙古四子王旗脑木根额尔登敖包，上始新统"上红层"下部。

归入标本　IVPP V 17808.1–58，臼齿 58 枚（内蒙古四子王旗）。

鉴别特征　个体中等的仓鼠类。与 *Eucricetodon* 其他已知种的区别是：M1 仅具单一的丘形前边尖；M1–2 的原尖和前尖间为单脊（原脊 I 或 II）相连，后脊为前连接；下臼齿的下前边尖和下外中脊弱，两舌侧尖与两颊侧尖的位置彼此相对。

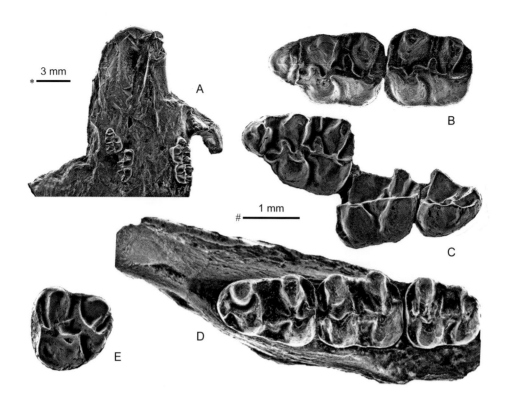

图 16 王氏真古仓鼠 *Eucricetodon wangae*

A–D. 同一个体具左 M1–2 和右 M1–3 的部分头骨和具 m1–3 右下颌骨（IVPP V 17807，正模）：A. 部分头骨具左 M1–2 和右 M1–3，B. 左 M1–2，C. 右 M1–3（反转），D. 右下颌骨具 m1–3（反转）；E. 右 M3（IVPP V 17808.26，反转）：A. 腹面视，B–E. 冠面视；比例尺：*-A，#-B–E（引自 Li Q. et al., 2016）

产地与层位 内蒙古四子王旗脑木根额尔登敖包，上始新统"上红层"下部和中部。

评注 Li Q. 等（2016）所列的归入标本（IVPP V 17808.1–58）中包括产自"上红层"下部和中部两个层位的标本。因编者无法区分哪些标本是与正模产于同一层位（下部层位）的副模，只好依 Li Q. 等（2016）将它们笼统称为归入标本。

杨氏真古仓鼠 *Eucricetodon youngi* Li et Qiu, 1980

（图 17）

正模 IVPP V 5990，一件右上颌骨具 M1–2 及 M3 的内壁。青海湟中谢家（IVPP Loc. 1978027），下中新统谢家组。

副模 IVPP V 5991，一件左上颌骨具 M1–2。产地与层位同正模。

鉴别特征 个体小，齿冠偏低，齿宽而简单。齿尖大，横脊和内脊短，中脊短弱，原脊近横向，后脊与后边脊连接。内谷近横向，后谷小。M1 前边尖单一、靠颊侧；M2 或有双原脊；M1 和 M2 具短的前尖后刺。

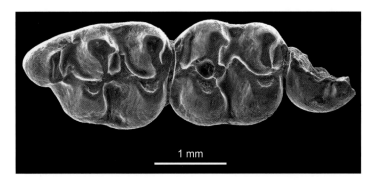

图 17 杨氏真古仓鼠 *Eucricetodon youngi*
右 M1–2 和部分 M3（IVPP V 5990，正模，反转）：冠面视

始仓鼠属 Genus *Eocricetodon* Wang, 2007

模式种 南方真古仓鼠 *Eucricetodon meridionalis* Wang et Meng, 1986

鉴别特征 较小、较原始的仓鼠。颊齿低冠，齿尖较钝，横脊较细短。M1 前叶大小中等；前边尖单一；原尖前臂伸达前边尖；原脊与原尖后臂相连；中脊和中附尖较发育；后脊与次尖连接。m1 与 m2 的长度相近，均无游离的下次尖后臂。m1 下三角座短小；下前边尖较低；无下后脊 I 和明显的下前边纵脊。m2 下后尖和下内尖位置比下原尖和下次尖的稍靠前。

中国已知种 *Eocricetodon meridionalis* 和 *E. borealis* 两种。

分布与时代 云南、内蒙古，晚始新世（乌兰戈楚期）。

评注 王伴月（2007）在建立 *Eocricetodon* 属时，未明确其亚科的归属。编者认为 *Eocricetodon* 与属于同一演化支系、归入 Eucricetodontinae 亚科的 *Atavocricetodon*（以及 *Eucricetodon*）有许多共近裔特征，显然有较近的亲缘关系（详见王伴月，2007），故将其归入 Eucricetodontinae 亚科。

南方始仓鼠 *Eocricetodon meridionalis* (Wang et Meng, 1986)

（图 18）

Eucricetodon meridionalis：王伴月、孟津，1986，110 页

Pappocricetodon? meridionalis：童永生，1997，120 页

正模 IVPP V 7952.1，左 M1。云南曲靖蔡家冲（IVPP Loc. 1980020），上始新统蔡家冲组第四层。

副模 IVPP V 7952.2–8，7 枚臼齿。产地与层位同正模。

归入标本 IVPP V 7951.1–27，白齿 27 枚（云南曲靖）。

鉴别特征 大小与 *Atavocricetodon atavus* 相近。M1 的前叶相对较宽短；原尖前臂与前边尖连接或不相连；无明显的原小尖。下白齿的下次脊与下次尖前臂相连。m1 下原尖的位置较下后尖靠后；下后脊 II 完全或不完全。m2 和 m3 的下后脊 I 与下原尖前臂相连。

产地与层位 云南曲靖蔡家冲（IVPP Loc. 1980020, 1989926），上始新统蔡家冲组第四层。

评注 王伴月和孟津（1986）在建立该种时将其归入真古仓鼠属（*Eucricetodon*）。童永生（1997）认为 *Eucricetodon meridionalis* 与祖仓鼠（*Pappocricetodon*）的相似程度远比与 *Eucricetodon* 的大，称其为有疑义的南方祖仓鼠（*Pappocricetodon? meridionalis*）。王伴月（2007）认为 *E. meridionalis* 与 *Atavocricetodon* 具有不同于 *Pappocricetodon* 的共近裔特征，但两者也有一些区别，*E. meridionalis* 应代表不同于它们的新属，以该种为模式种建立了始仓鼠属（*Eocricetodon*）。

王伴月、孟津（1986）所列的该种的归入标本中有一部分标本（IVPP V 7952.2–8）与正模产于同一地点（IVPP Loc. 1980020）和层位，而且该种的一些鉴别特征也是根据这些标本记述的，它们实际上是属于同一模式系列。故编者将它们改称为副模。

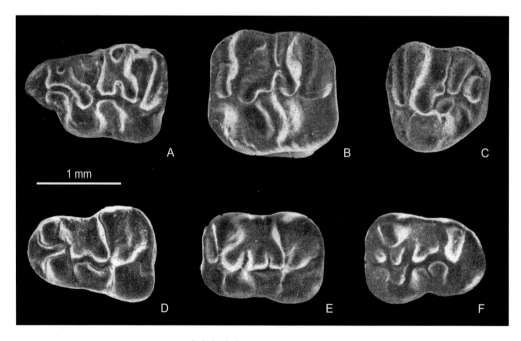

图 18　南方始仓鼠 *Eocricetodon meridionalis*

A. 左 M1（IVPP V 7952.1, 正模），B. 左 M2（IVPP V 7951.10），C. 右 M3（IVPP V 7951.13, 反转），D. 左 m1（IVPP V 7951.15），E. 左 m2（IVPP V 7952.7），F. 左 m3（IVPP V 7952.8）；冠面视（引自王伴月、孟津，1986）

北方始仓鼠 *Eocricetodon borealis* Wang, 2007

(图 19)

正模 IVPP V 14987.1，左 M1。内蒙古二连浩特火车站东（IVPP Loc. 1988001），上始新统呼尔井组。

副模 IVPP V 14987.2–15，14 枚白齿。产地与层位同正模。

鉴别特征 颊齿大小与 *Eocricetodon meridionalis* 相近。但 M1 前叶更细窄些，具明显的原小尖。m1 和 m2 的下次脊与下次尖或其前臂相连。m1 下原尖和下后尖大小相近，位置通常相对；下后脊 II 短或完全。m2 下后脊 I 横向，伸向下原尖。

评注 王伴月（2007）所列此种的归入标本与正模产于同一地点和层位，属同一模式系列。故编者将其改称为副模。

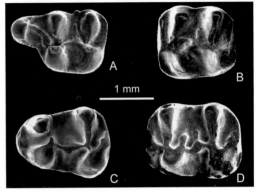

图 19 北方始仓鼠 *Eocricetodon borealis*
A. 左 M1（IVPP V 14987.1，正模），B. 右 M2（IVPP V 14987.5，反转），C. 右 m1（IVPP V 14987.11，反转），D. 左 m2（IVPP V 14987.15）；冠面视（引自王伴月，2007）

锐齿仓鼠属 **Genus *Oxynocricetodon* Wang, 2007**

模式种 二连锐齿仓鼠 *Oxynocricetodon erenensis* Wang, 2007

鉴别特征 小型仓鼠。白齿齿冠较低，具相对较细锐的主尖和较细长的横脊。上白齿原脊和后脊均为前连接。M1 前叶较大；前边尖孤立；原尖前臂短而游离，不伸达前边尖；中脊短或无；无中附尖。M2 和 M3 的次尖前臂长。

中国已知种 *Oxynocricetodon erenensis* 和 *O. leptaleos* 两种。

分布与时代 云南、内蒙古，晚始新世（乌兰戈楚期）。

二连锐齿仓鼠 *Oxynocricetodon erenensis* Wang, 2007

(图 20)

正模 IVPP V 14989.1，右 M1。内蒙古二连浩特火车站东（IVPP Loc. 1988001），上始新统呼尔井组。

副模 IVPP V 14989.2–8，7 枚白齿。产地与层位同正模。

鉴别特征 M1 前叶很发达；前边尖较大，为新月形；无中脊。M1 和 M2 无原尖后臂。M2 具中附尖。M3 较少退化，发育的原尖后臂与次尖前臂相连，使内谷颊侧成为封

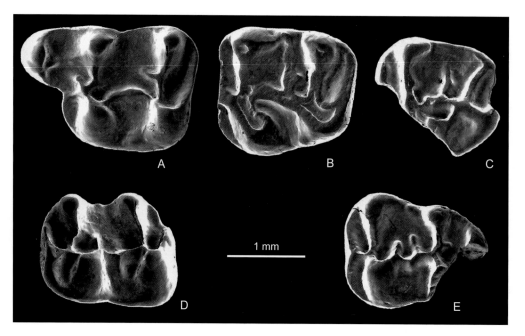

图 20 二连锐齿仓鼠 *Oxynocricetodon erenensis*

A. 右 M1（IVPP V 14989.1，正模，反转），B. 右 M2（IVPP V 14989.2，反转），C. 右 M3（IVPP V 14989.4，反转），D. 左 m2（IVPP V 14989.6），E. 右 m3（IVPP V 14989.8，反转）：冠面视（引自王伴月，2007）

闭的盆。

评注 王伴月（2007）所列此种的归入标本与正模产于同一地点和层位，在此将其改称为副模。

纤细锐齿仓鼠 *Oxynocricetodon leptaleos* (Wang et Meng, 1986)

（图 21）

Eucricetodon leptaleos：王伴月、孟津，1986，112 页

Raricricetodon? leptaleos：童永生，1997，120 页

正模 IVPP V 7953.1，左 M1。云南曲靖蔡家冲（IVPP Loc. 1980026），上始新统蔡家冲组第四层。

副模 IVPP V 7953.2–20，19 枚臼齿。产地与层位同正模。

归入标本 IVPP V 7954–7955，6 枚臼齿（云南曲靖）。

鉴别特征 M1 有短的中脊。M1 和 M2 具原尖后臂。M2 无中附尖。M3/m3 较明显退化，其尺寸较 M2/m2 的小。M3 的次尖和次尖前臂较小，内谷较小，不被分隔。

产地与层位 云南曲靖蔡家冲（IVPP Loc. 1980020，1980021，1980026），上始新统蔡

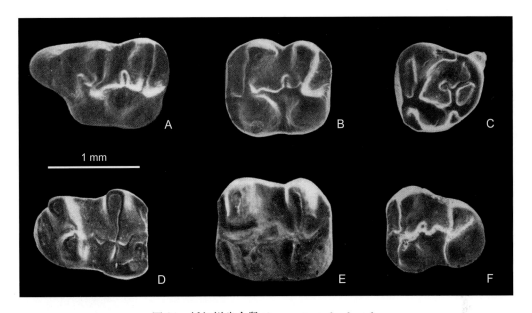

图 21　纤细锐齿仓鼠 *Oxynocricetodon leptaleos*

A. 左 M1（IVPP V 7953.1，正模），B. 左 M2（IVPP V 7953.5），C. 左 M3（IVPP V 7953.7），D. 左 m1
（IVPP V 7953.12），E. 左 m2（IVPP V 7953.14），F. 左 m3（IVPP V 7953.16）：冠面视（引自王伴月、孟津，
1986）

家冲组第四层和第六层。

评注　王伴月和孟津（1986）在记述该种时，将其归入真古仓鼠（*Eucricetodon*）属。童永生（1997）认为它更像罕仓鼠属（*Raricricetodon*），称其为 *R.? leptaleos*。王伴月（2007）认为该种与 *Eucricetodon* 和 *Raricricetodon*，以及 *Eocricetodon* 都有明显的区别，而与 *Oxynocricetodon* 相似，并将其归入该属。

王伴月、孟津（1986）所列该种的归入标本中有一部分标本（IVPP V 7953.2–20）与正模产于同一地点（IVPP Loc. 1980026）和层位（第四层），应改称为副模。

威氏鼠属　Genus *Witenia* de Bruijn, Ünay, Saraç et Yilmaz, 2003

模式种　白威氏鼠 *Witenia flava* de Bruijn, Ünay, Saraç et Yilmaz, 2003

鉴别特征　臼齿为脊型齿。M1 的前边尖窄、新月形或很发达，位置较前尖稍靠舌侧；原脊 I 常不完全。M2 通常具双原脊。M1–2 具内脊。M3 的内谷深并向前斜伸。m1 的下前边尖低，呈新月形，与下原尖相连。下臼齿下外谷较大。

中国已知种　仅 *Witenia yulua* 一种。

分布与时代　内蒙古，渐新世。

评注　de Bruijn 等（2003）建立 *Witenia* 属时将其归入 Pappocricetodontinae 亚科。编者认为，*Witenia* 的臼齿形态，如齿冠较高，齿脊较发达等，特别是其 M1 的前叶较大，具有较发育的前边尖等与 Pappocricetodontinae 的定义明显不同，而与 Eucricetodontinae 的近似。分支系统分析也表明 Witenia 比 Pappocricetodontinae 进步，代表 Eucricetodontinae 这一支系的基干类型（Rodrigues et al., 2010；Maridet et Ni, 2013）。因此，编者将 Witenia 属由 Pappocricetodontinae 亚科改归入 Eucricetodontinae 亚科。

衍生威氏鼠 *Witenia yulua* Rodrigues, Marivaux et Vianey-Liaud, 2012
（图 22）

正模 IVPP V 17654.1，部分左上颌骨具 M1–2。内蒙古阿拉善左旗乌兰塔塔尔（IVPP Loc. UTL3），下渐新统乌兰塔塔尔组下部。

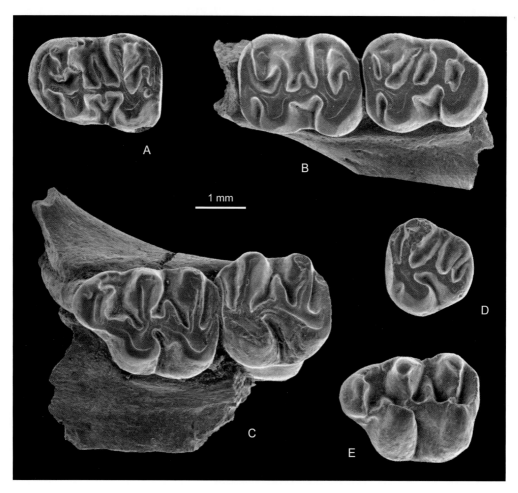

图 22 衍生威氏鼠 *Witenia yulua*

A. 左 m1（IVPP V 17655.1），B. 左下颌骨具 m2–3（IVPP V 17655.2），C. 左上颌骨具 M1–2（IVPP V 17654.1，正模），D. 左 M3（IVPP V 17655.3），E. 左 M1（IVPP V 17656.1）：冠面视（引自 Rodrigues et al., 2012）

归入标本　IVPP V 17655–17658，19 件破损的颌骨及臼齿（内蒙古阿拉善左旗）。

鉴别特征　牙齿低冠。上臼齿的齿脊长。M1 前叶发达，前小脊与原尖连，原脊 I 弱或无，后脊与次尖或其前臂连。M2 原脊 I 完全，原脊 II 通常不完全。下臼齿的下后尖和下内尖横向伸长，下次脊横向或前斜，具下次尖后臂。m1 具完全的下前小脊和长的下中脊。m3 的下原尖后臂常伸达齿的舌缘或下内尖。

产地与层位　内蒙古阿拉善左旗乌兰塔塔尔（IVPP Loc. UTL 3–5, 7, 8），渐新统乌兰塔塔尔组。

小古仓鼠属 Genus *Bagacricetodon* Rodrigues, Marivaux et Vianey-Liaud, 2012

模式种　童氏小古仓鼠 *Bagacricetodon tongi* Rodrigues, Marivaux et Vianey-Liaud, 2012

鉴别特征　臼齿低冠。M1 前边尖单一或分为双尖；前小脊从完全到无；原尖前臂有时伸达前边尖，原脊 II 有时伸达内脊；后脊与弱的后边脊相连，有时伸达齿的后部。M2 具短的前边脊；前边尖小，单一或分成两个小尖。M3 的内脊弱，无次尖和后尖。下臼齿的下次脊与下中尖连接。m1 下后尖前臂伸达下前边尖。m2–3 具弱的下前边脊和小的下前边尖，下后尖位置较下原尖靠前。m2 下原尖后臂短或无。m3 下内尖小。

中国已知种　仅模式种。

分布与时代　内蒙古，晚渐新世。

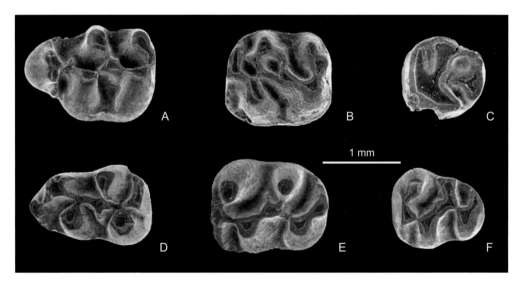

图 23　童氏小古仓鼠 *Bagacricetodon tongi*

A. 左 M1（IVPP V 17649.1，正模），B. 左 M2（IVPP V 17649.3），C. 左 M3（IVPP V 17649.4），D. 左 m1（IVPP V 17649.5），E. 左 m2（IVPP V 17649.6），F. 左 m3（IVPP V 17649.7）：冠面视（引自 Rodrigues et al., 2012）

童氏小古仓鼠 *Bagacricetodon tongi* Rodrigues, Marivaux et Vianey-Liaud, 2012

（图 23）

正模　IVPP V 17649.1，左 M1。内蒙古阿拉善左旗乌兰塔塔尔（IVPP Loc. UTL 6），上渐新统乌兰塔塔尔组上部。

副模　IVPP V 17649.2–33，臼齿 32 枚。产地与层位同正模。

鉴别特征　同属。

评注　Rodrigues 等（2012）在建 *Bagacricetodon tongi* 时只指定了正模和材料。编者认为所列举的标本（IVPP V 17649.2–33）与正模产于同一地点和层位（IVPP Loc. UTL 6），与正模属于同一模式系列，故将其改称为副模。

后真古仓鼠属　Genus *Metaeucricetodon* Qiu et Li, 2016

模式种　蒙后真古仓鼠 *Metaeucricetodon mengicus* Qiu et Li, 2016

鉴别特征　真古仓鼠亚科中个体较大的一属，臼齿低冠，齿尖粗壮。M1 前叶显著，颊侧缘平直，前边尖简单，不分开；M1 和 M2 原脊和后脊近横向或略指向舌前方，中脊短而低，外脊很不发育，内脊直，内谷近对称，四齿根；M3 具 3 个清楚的颊侧谷，三根或四根；m1 的下前边尖简单、脊形；m1 和 m2 下后脊和下次脊近横向或稍前向延伸，常有发育程度不同、游离的下原尖后臂和下次尖后臂，下中脊不发育，下外脊直，下外谷近对称，双齿根；m3 具 3 个舌侧谷。

中国已知种　仅模式种。

分布与时代　内蒙古，早中新世—? 晚中新世。

评注　*Metaeucricetodon* 属的个体和形态显示了其接近中新世早期、甚至是起源于渐新世的一些古老的仓鼠属，如 *Eucricetodon*、*Pseudocricetodon*、*Deperetomys*、*Cricetodon* 和 *Eumyarion* 等；牙齿的形态尤与 *Eucricetodon* 的最为相似，两者可能有较密切的亲缘关系。

蒙后真古仓鼠 *Metaeucricetodon mengicus* Qiu et Li, 2016

（图 24）

Eucricetodon? sp.：Wang et al., 2009, p. 122；Qiu et al., 2013, p. 177

正模　IVPP V 19760，左 M1。内蒙古苏尼特左旗嘎顺音阿得格（IVPP Loc. IM 9605），下中新统敖尔班组。

副模　IVPP V 19761.1–2，破碎下颌支 1 件，m2 1 枚。产地与层位同正模。

归入标本　IVPP V 19762–19769，破碎的下颌骨 4 件、臼齿 59 枚（内蒙古中部地区）。

鉴别特征　同属。

产地与层位　内蒙古苏尼特左旗敖尔班（下、上）、嘎顺音阿得格，下中新统敖尔班组；巴伦哈拉根，上中新统巴伦哈拉根层（?）；必鲁图，上中新统（?）。

评注　该种在内蒙古中部地区较下部层位（敖尔班、嘎顺音阿得格）发现的材料较多，在较上部层位（巴伦哈拉根、必鲁图）的材料稀少，形态多少有所不同，原作者（邱铸鼎、李强，2016）不排除上部层位的标本代表不同的种，或者是下部层位再搬运的产物。

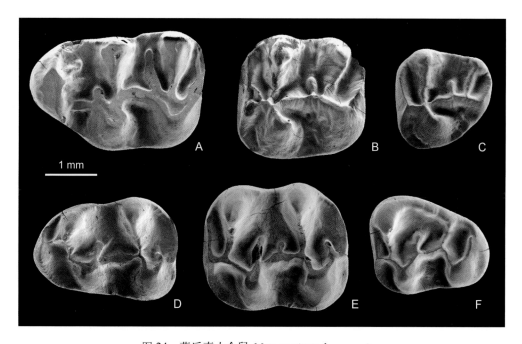

图 24　蒙后真古仓鼠 *Metaeucricetodon mengicus*

A. 左 M1（IVPP V 19760，正模），B. 左 M2（IVPP V 19762.1），C. 左 M3（IVPP V 19767.1），D. 左 m1（IVPP V 19765.3），E. 左 m2（IVPP V 19762.4），F. 左 m3（IVPP V 19762.5）；冠面视（引自邱铸鼎、李强，2016）

异美小鼠属 Genus *Alloeumyarion* Qiu, 2010

模式种　泗洪异美小鼠 *Alloeumyarion sihongensis* Qiu, 2010

鉴别特征　真古仓鼠亚科中个体中等者。牙齿低冠；齿尖中度鼓胀、趋于脊形。上臼齿三根，内谷向前外侧延伸，原脊和后脊近横向平行排列，无前尖后刺；M1 前叶前后向伸长，前边尖简单、不分开，有宽大的后谷，但无前小脊刺；M2 的原脊稍前指向，舌侧与原尖前臂连接；M3 的后部明显退化。下臼齿双根，下外谷横向、近对称；m1 下前边尖简单，下前小脊单一，下原尖和下次尖的后臂不很发育；m2 无下次尖后臂。

中国已知种 仅模式种。

分布与时代 江苏，早中新世。

评注 *Alloeumyarion* 属与 *Eumyarion* 属在臼齿上具有以下相似的形态特征：上臼齿三齿根，相对横向的原脊和后脊，明显向前延伸的内谷；下臼齿双根，横向和几乎对称的下外谷；m1 具有下次尖后臂。该属与 *Eumyarion* 的不同在于：牙齿的尺寸较大；上臼齿无前尖后刺；M1 无前小脊刺；M3 明显退化；m1 的下原脊和下次脊发育弱；m2 的下次尖无后臂。

该属原称"异美鼠"。似乎译为异美小鼠更贴切：Allo- 希腊词（不同，别，异），eu- 希腊词（美丽，真实），my- 希腊词（鼠），arion- 希腊词（小的）。

泗洪异美小鼠 *Alloeumyarion sihongensis* Qiu, 2010
（图 25）

Cricetidae gen. et sp. indet.：李传夔等，1983，318 页；Qiu et Qiu, 1995, p. 61

正模 IVPP V 16687，右 M1。江苏泗洪松林庄，下中新统下草湾组。

副模 IVPP V 16688.1–10，臼齿 10 枚。产地与层位同正模。

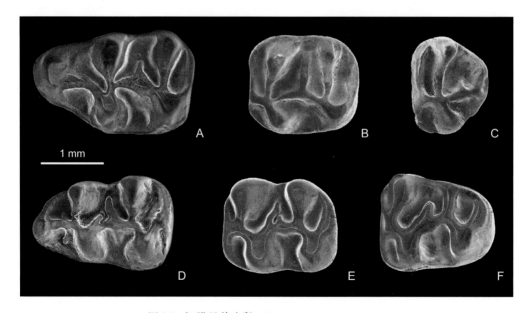

图 25 泗洪异美小鼠 *Alloeumyarion sihongensis*

A. 右 M1（IVPP V 16687，正模，反转），B. 左 M2（IVPP V 16688.4），C. 左 M3（IVPP V 16690.3），D. 右 m1（IVPP V 16689.1，反转），E. 左 m2（IVPP V 16688.9），F. 右 m3（IVPP V 16689.2，反转）；冠面视（引自 Qiu, 2010）

归入标本　IVPP V 16689–16690，白齿 9 枚（江苏泗洪）。

鉴别特征　同属。

产地与层位　江苏泗洪松林庄、双沟、郑集，下中新统下草湾组。

美小鼠属 Genus *Eumyarion* Thaler, 1966

模式种　瑞士古仓鼠 *Cricetodon helveticus* Schaub, 1925 = *Eumyarion helveticus* (Schaub, 1925)

鉴别特征　个体很小至小型的仓鼠。下颌骨体与齿列长轴成小交角，颏孔冠面视可见，齿虚位上缘平，下颌孔低于牙齿咀嚼面，m3 颊侧视完全可见或部分被上升支遮掩，上咬肌嵴很发育、下咬肌嵴弯曲。下门齿相对于下颌骨显得很小，齿尖端的位置比白齿咀嚼面低，前面中间处如同 *Cricetodon* 属的一样，有两条凸出的纵向嵴。白齿低冠或略高冠；上白齿三齿根；M1 的前边尖简单或分开，内谷常横向、但经常向前弯伸；下白齿双根；m1 的下前边尖简单，下后尖的连接方式多样，或与下前边尖连接、或与下原尖或下中脊相连，下原尖总有与下中脊并排的后臂，在下内尖和后边脊之间常有显著的下次尖后臂（这一后臂在 m2 中没有 m1 的那样常见），下外谷往往横向，但经常向后弯伸。

评注　我国尚未见有该属确实材料的发现，只是在青海湟中谢家中中新统车头沟组和江苏东台富安中新统岩心有过疑似 *Eumyarion* 未定种的报道，但标本稀缺，只有简单描述或没有描述（邱铸鼎等，1981；蔡小李，1992）。

美小鼠？（未定种）*Eumyarion*? sp.

（图 26）

产自青海湟中谢家中中新统车头沟组的一件附有 m1 后部和 m2 的破碎左下颌骨（邱铸鼎等，1981）。下颌骨的水平支与齿列长轴微成交角，颏孔冠面视可见，齿虚位上缘平，下颌孔低于牙齿的咀嚼面，颊侧视 m3 部分被上升支遮掩，门齿小，白齿齿冠低，m1 具双下后脊、有发育的下中尖及下外中脊，下外谷长、横向，下内尖伸至下中尖，m2 很长，下前边尖与下原尖连接，下原谷大，下后尖前指向，下原脊后臂与下中脊围成封闭的釉质环，下中脊低、近伸达内缘，下次脊前伸与下中尖连接，下后谷封闭。这些形态与 *Eumyarion* 属有相似之处，但其门齿并无纵向嵴，白齿过长，无下次尖后臂等又与 *Eumyarion* 属的特征有明显的不同，可否归入该属显然有待更多材料的发现和进一步的研究。

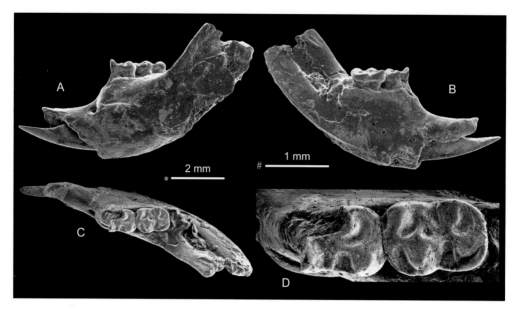

图 26　美小鼠？（未定种）*Eumyarion*? sp.

左下颌骨碎块附 m1 的后部和 m2（IVPP V 6014）；冠面视；比例尺：∗ - A–C，# - D

似仓鼠亚科 Subfamily Cricetopinae Matthew et Granger, 1923

概述　似仓鼠亚科为已绝灭的较原始仓鼠类，其化石仅发现于亚洲。现知包括 *Cricetops*、*Paracricetops*、*Pseudocricetops* 和 *Enginia* 4 属。前三者发现于亚洲的下渐新统，后者发现于西亚的下中新统。

鉴别特征　头骨具豪猪型颧 - 咬肌结构，臼齿属典型的仓鼠型。门齿侧向不很压扁，有大的髓腔和薄的釉质层。M3/m3 相当大，与 M2/m2 相似。m1 下前边尖小，位置靠近下原尖和下后尖。M1 前叶大，具两前边尖，两前边尖间有前边谷相隔。

中国已知属　*Cricetops*, *Paracricetops*, *Pseudocricetops*，共 3 属。

分布与时代　中国内蒙古、云南，早渐新世（乌兰塔塔尔期）。蒙古和哈萨克斯坦，早渐新世（三达河期）。

似仓鼠属 Genus *Cricetops* Matthew et Granger, 1923

模式种　睡似仓鼠 *Cricetops dormitor* Matthew et Granger, 1923

鉴别特征　头骨长而窄、比例为仓鼠型；眶下孔大而圆，咬肌附着于颧弓下面。颊齿为 3/3 臼齿。上臼齿的长度和宽度由 M1 往 M3 递减，下臼齿的则彼此相近，均呈长方形。臼齿低冠，齿尖成对排列，M2/m2 和 M3/m3 具两对齿尖，M1 具三对齿尖，m1 的两对尖之前还具下前边尖。下臼齿的颊侧尖为新月形，舌侧尖为圆锥形；上臼齿的舌侧尖为新月形，颊侧尖为圆锥形。

中国已知种 *Cricetops dormitor, C. auster, C. minor*，共 3 种。

分布与时代 内蒙古、云南，早渐新世（乌兰塔塔尔期）。

评注 *Cricetops* 属目前已知包括 4 种（*C. dormitory, C. minor, C. auster, C. aeneus*）。该属在蒙古和哈萨克斯坦发现于早渐新世三达河期的地层（Matthew et Granger, 1923a；Argyropulo, 1938；Shevyreva, 1965；Mellett, 1968；Kowalski, 1974）。

睡似仓鼠 *Cricetops dormitor* Matthew et Granger, 1923
（图 27）

Cricetops affinis：Argyropulo, 1938, p. 225

Cricetops elephantus：Shevyreva, 1965, p. 111

正模 AMNH 19054，同一个体的头骨、下颌骨和前脚。蒙古查干诺尔盆地洛河附近，渐新统三道河组。

副模 AMNH 19051, 19059 等，数件或多或少完整的头骨和上、下颌骨。产地与层位同正模。

归入标本 IVPP V 8419–8422, V 7960，臼齿 10 枚（内蒙古杭锦旗）。IVPP V 17659–17660，臼齿 5 枚（内蒙古阿拉善左旗）。

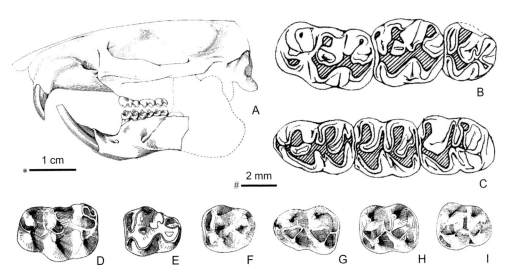

图 27　睡似仓鼠 *Cricetops dormitor*

A, B. 头骨及其上的左 M1–3（AMNH 19054，正模），C. 左 m1–3（IVPP V 19059），D. 左 M1（IVPP V 8421.1），E. 左 M2（IVPP V 8419.2），F. 右 M3（IVPP V 8419.3，反转），G. 右 m1（IVPP V 8422.1，反转），H. 右 m2（IVPP V 8422.2，反转），I. 右 m3（IVPP V 8422.3，反转）；A. 左侧视，B–I. 冠面视；比例尺：
* - A，# - B–I（A–C 引自 Matthew et Granger, 1923a；D–I 引自王伴月，1987）

鉴别特征 个体较大的 *Cricetops*。头骨顶面后部较平直，矢状嵴单一，较发达。M1 的前边谷较开阔，向前颊侧开口。下臼齿下中脊和外中脊弱或无。

产地与层位 内蒙古杭锦旗巴拉贡乌兰曼乃（原三盛公），下渐新统乌兰布拉格组；阿拉善左旗乌兰塔塔尔，下渐新统乌兰塔塔尔组下部。

评注 另 Shevyreva（1965）认为，Argyropulo（1938）指定的 *Cricetops affinis* 与 *C. dormitor* 为同物异名，同时又建了 *C. elephantus* 种。Mellett（1968）认为 *C. dormitor* 和 *C. elephantus* 是同一种的两个亚种。但 Kowalski（1974）认为 *C. elephantus* 也是 *C. dormitor* 的晚出异名。

蒙古早渐新世三达河组和哈萨克斯坦早渐新世别特帕克达拉层（Betpakdala Svita）产有此种。

南方似仓鼠 *Cricetops auster* Li, Ni, Lu et Li, 2016

（图 28）

正模 IVPP V 22635，左 M1。云南曲靖李家湾，下渐新统上蔡家冲组上部。

副模 IVPP V 22636.1–11，11 枚臼齿。产地与层位同正模。

鉴别特征 个体较 *Cricetops minor* 大，较 *C. dormitor* 和 *C. aeneus* 都小。M1 的两前边尖分开，宽度明显较后面的两对尖（原尖与前尖和次尖与后尖）的小，其比例与

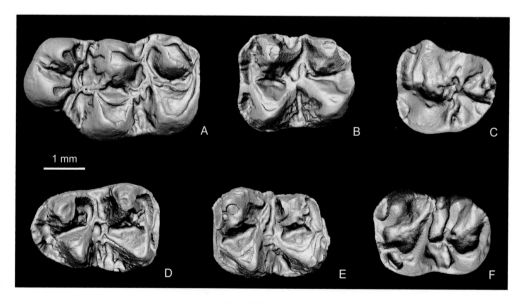

图 28　南方似仓鼠 *Cricetops auster*

A. 左 M1（IVPP V 22635，正模），B. 左 M2（IVPP V 22636.2），C. 右 M3（IVPP V 22636.4，反转），D. 左 m1（IVPP V 22636.6），E. 左 m2（IVPP V 22636.8），F. 右 m3（IVPP V 22636.10，反转）：冠面视（引自 Li L. Z. et al., 2016）

C. minor 的相似，而较 *C. dormitor* 和 *C. aeneus* 的窄。M1–2 的原尖与前尖和次尖与后尖之间的谷较 *C. dormitor* 和 *C. aeneus* 的宽而深。M2 后尖的前舌侧有直棱。M3 的后尖为脊形，较 *C. dormitor* 和 *C. aeneus* 的弱得多；中间谷较 *C. dormitor* 和 *C. aeneus* 的宽。m1 具有由下原尖后臂、下中脊和下外脊围成的深凹。m3 的前缘斜向延伸；下原尖和下后尖封闭呈一宽的 U 形谷；很发达而直的下原尖后臂伸达牙齿的舌侧缘；下次脊长，与下原尖后臂平行；深而长的下中谷向舌侧开口。

评注 Li L. Z. 等（2016）记述的归入标本与正模产自同一地点和同一层位，编者将它们改称为副模。

小似仓鼠 *Cricetops minor* Wang, 1987

（图 29）

正模 IVPP V 8418，右 M1。内蒙古杭锦旗巴拉贡乌兰曼乃（原三盛公，IVPP Loc. 1977046），下渐新统乌兰布拉格组。

鉴别特征 牙齿小，仅为 *Cricetops dormitor* 的五分之三左右；齿冠低；两个前边尖大小彼此相等，均呈圆锥形；前边谷狭窄，后端开口。

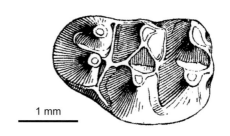

1 mm

图 29 小似仓鼠 *Cricetops minor*
右 M1（IVPP V 8418，正模，反转）：
冠面视（引自王伴月，1987）

副似仓鼠属 Genus *Paracricetops* Maridet et Ni, 2013

模式种 条纹门齿副似仓鼠 *Paracricetops virgatoincisus* Maridet et Ni, 2013

鉴别特征 大个体仓鼠。下颌骨细，具浅、长、稍凹的齿隙；颏孔位于下颌骨齿隙的中部；下颌骨上升支起自 m3 后部外侧。臼齿齿尖粗壮，釉质层褶皱。上、下牙齿主要为横向磨蚀。原尖和前尖，次尖和后尖，下原尖和下后尖以及下次尖和下内尖的各对齿尖近同等发达，彼此各形成横向、位置相对的对尖。M1 的前边尖窄，不分为双尖；后尖和后边脊间无脊相连。M1–2 的中脊和内脊较发达。M3 无后尖。m1 下前边尖不发达，具斜的下外脊。下门齿唇侧釉质层具较复杂的纹饰。

中国已知种 仅模式种。

分布与时代 云南，早渐新世（乌兰塔塔尔期）。

条纹门齿副似仓鼠 *Paracricetops virgatoincisus* Maridet et Ni, 2013

(图 30)

正模 IVPP V 17821.1，一段右下颌骨具 i2、m1 和 m3。云南曲靖蔡家冲，下渐新统蔡家冲组上部（乌兰塔塔尔期）。

副模 IVPP V 17821.2–8，上、下颌骨各一件，臼齿 5 枚。产地与层位同正模。

鉴别特征 同属。

评注 Maridet 和 Ni（2013）描述的种型群（hypodigm）实际上相当于副模，编者在此改称为副模。

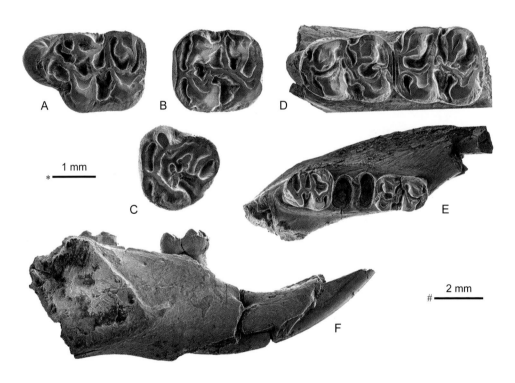

图 30 条纹门齿副似仓鼠 *Paracricetops virgatoincisus*

A. 左 M1（IVPP V 17821.6），B. 左 M2（IVPP V 17821.7），C. 左 M3（IVPP V 17821.8），D. 左 m1–2（IVPP V 17821.2），E, F. 右下颌骨具 i2、m1 和 m3（IVPP V 17821.1，正模）；A–E. 冠面视，F. 颊侧视；比例尺：
＊ - A–D，# - E, F（引自 Maridet et Ni, 2013）

假似仓鼠属 Genus *Pseudocricetops* Rodrigues, Marivaux et Vianey-Liaud, 2012

模式种 马氏假似仓鼠 *Pseudocricetops matthewi* Rodrigues, Marivaux et Vianey-Liaud, 2012

鉴别特征 臼齿为低冠丘 - 脊型齿。M1 具两前边尖，颊侧前边尖小，丘形；有原尖前臂伸出的颊侧刺；具原脊 II；前尖有脊与中脊相连；后脊与后边脊连接。m2 下后尖和下内尖向后伸长；下后尖前臂与下前小脊平行、连接下前边脊；下中附尖大，下后脊 II 完全，下原尖后臂长。

中国已知种 仅模式种。

分布与时代 内蒙古，早渐新世（乌兰塔塔尔期）。

评注 Rodrigues 等（2012）在建 *Pseudocricetops matthewi* 时一再强调其与 *Cricetops* 属相似，所不同的是该种显示了较原始的特征，如较丘型齿和 M1 颊侧的前边尖较小等，但认为该属亚科的归属不定。编者观察对比了有关标本后发现，虽然 *P. matthewi* 的 M1 颊侧的前边尖稍小，但臼齿的基本形态结构与 *Cricetops* 的很相似；颊齿齿脊虽比 *Cricetops* 的更发达些，但也与 Cricetopinae 亚科 *Paracricetops* 的相似。而 *Paracricetops* 的 M1 舌侧的前边尖明显小于颊侧者。编者认为 *P. matthewi* 的形态很可能只是亚科内属之间的区别特征。根据现有的材料和特征，编者认为还是暂时将该属归入 Cricetopinae 亚科为好。

马氏假似仓鼠 *Pseudocricetops matthewi* Rodrigues, Marivaux et Vianey-Liaud, 2012
（图 31）

正模 IVPP V 17661.1，右 M1。内蒙古阿拉善左旗乌兰塔塔尔（IVPP Loc. UTL 4），下渐新统乌兰塔塔尔组下部。

副模 IVPP V 17661.2，右 m2。产地与层位同正模。

鉴别特征 同属。

评注 Rodrigues 等（2012）在记述 *Pseudocricetops matthewi* 时只指定了正模和材料。因其所提及的材料（IVPP V 17661.2；右 m2）与正模产自同一地点和同一层位，属于同一模式系列。故编者将该 m2 改称副模。

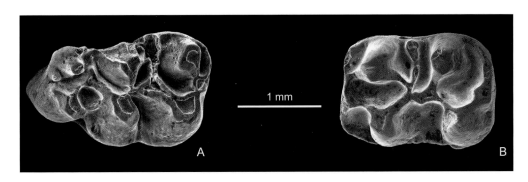

图 31 马氏假似仓鼠 *Pseudocricetops matthewi*
A. 右 M1（IVPP V 17661.1，正模，反转），B. 右 m2（IVPP V 17661.2，反转）：冠面视

古仓鼠亚科 Subfamily Cricetodontinae Schaub, 1925

模式属　古仓鼠属 *Cricetodon* Lartet, 1851

定义与分类　古仓鼠亚科是一类已绝灭的仓鼠动物，分布于欧洲、亚洲和北非，最早出现于土耳其早中新世（MN1），在欧洲可能进入上新世（MN 15）。

Fahlbusch（1964）在建立 *Democricetodon* 及其亚属 *Megacricetodon* 时将它们都置于 Cricetodontinae 亚科。Mein 和 Freudenthal（1971）对欧洲第三纪 Cricetidae 重新分类时，将 Cricetodontinae 亚科仅限于中新世的 *Cricetodon*、*Megacricetodon*、*Fahlbuschia* 和 *Ruscinomys*，并特地指出 *Democricetodon* 不再放在 Cricetodontinae 内，而置于 Cricetinae 中。以后 *Megacricetodon* 也渐被纳入了 Cricetinae 亚科。目前 Cricetodontinae 仅包括 Cricetodontini 一个族和七个属：*Cricetodon*、*Ruscinomys*、*Hispanomys*、*Byzantinia*、*Mixocricetodon*、*Deperetomys* 和 *Zramys*（Rummel, 1999）。我国目前仅有 *Cricetodon* 一个属。

鉴别特征　中至大型仓鼠；门齿孔长，其后缘与 M1 前缘齐或略后延，咬肌板不及仓鼠亚科 Cricetinae 的陡直，眶下孔较大。下颌骨与下臼齿列间的交角小于 Cricetinae，颌骨体近于垂直，顶面视可见颏孔或稍有遮蔽，下咬肌嵴较直并很发育；颊侧视，m3 完全可见或部分被垂直支遮挡；门齿尖从不高于臼齿列咀嚼面，齿列咀嚼面高于下颌孔；下颌角突前内凹的界限清楚；冠状突小，强烈外突，不与下颌骨体在同一垂直面。齿式：1•0•0•3/1•0•0•3；臼齿低—高冠，丘-脊型齿；M1 的前边尖为单或双尖；M1 和 M2 的中脊长度多变，通常缺失，罕见长者；M1 和 M2 具 3 或 4 个齿根；上臼齿常有前边尖颊侧后刺和前尖后刺，有时形成发育的外脊；后尖常与后边脊连接。m1 的下前边尖单一；下臼齿的下中脊短或缺失，但 m3 有时具有长的下中脊；m3 与 m1 等长或稍长；下臼齿双根。下门齿前表面釉质层具两条纵向细脊，臼齿的釉质层厚，表面褶皱。肱骨没有内上髁孔。

中国已知属　仅 *Cricetodon* 一属。

分布与时代　该亚科分布于欧亚大陆和北非的中新世，在欧洲可能进入上新世；在中国分布于长江以北局部地区的早中新世早期—中中新世。

评注　该亚科的鉴别特征主要依据 Mein 和 Freudenthal（1971），亚科内所属成员的特征与此不一定完全符合，亟须今后随着对仓鼠类化石研究的日益深入加以修订和完善。

在文献中 Cricetodontinae 亚科创建人有用 Schaub, 1925，也有用 Stehlin et Schaub, 1951，但未见有关于"究竟谁应作为命名人"的讨论。

自 Lartet 1851 年创建化石仓鼠 *Cricetodon* 属后的几十年里，欧洲学者对仓鼠化石的研究屈指可数。此后，Schaub 在 Stehlin 的支持和鼓励下研究了瑞士巴塞尔博物馆收藏的第三纪仓鼠类化石，于 1925 年发表了专著《第三纪仓鼠及其现生亲属》。专著的内容丰富，除对欧洲第三纪仓鼠类做了详细的研究和分类外，还包括了北美、蒙古和马达加斯加的材料。书中创建了 Cricetodontidae 的名称，包括了 Cricetodon 和建立的另外两属：Paracricetodon 和 Heterocricetodon。但令人不解的是，他将 Cricetodontidae、Anomalomyidae、Melissiodontidae、Cricetidae 和 Hesperomyidae 5 个科一起置于 Cricetinae 亚科之下。Simpson 在 1945 年的分类中指出了这个问题，并将 Cricetodontidae 科从属于 Cricetinae 亚科之下的 Cricetodontini 族，包括 Cricetodon、Paracricetodon、Heterocricetodon、Plesiodipus、Neocricetodon 和 Paracricetulus 等属。1951 年 Stehlin 和 Schaub 在关于啮齿类臼齿构造的专著中，特意提到了 1925 年专著中的 Cricetinae 应相当于 Simpson（1945）的 Cricetidae，明确科内包括 Eumyinae、Hesperomyinae、Cricetodontinae、Cricetinae、Myospalacinae、Nesomyinae 和 Anomalomyinae 亚科。可见，他纠正了 1925 年的失误，将 Cricetodontidae 改为 Cricetodontinae。之后，Cricetodontinae Stehlin et Schaub, 1951 被广泛使用（Fahlbusch, 1964；Mein et Freudenthal, 1971；de Bruijn et Ünay, 1996；Maridet et Sen, 2012；López-Guerrero et al., 2013），但也有人使用 Cricetodontinae Schaub, 1925（McKenna et Bell, 1997；Pickford et al., 2000；邱铸鼎、李强，2016）。那么，究竟哪个是正确的呢？ Cricetodontidae 的名称为 Schaub 在 1925 年首次使用，尽管在 1951 年的专著中将 Cricetodontidae 降级为 Cricetodontinae，但按照《国际动物命名法规》（第四版）（1999）"作者身份不受级别或组合改变的影响。科级类群、属级类群或种级名称的作者身份不受它所在级别影响"的规定，无疑，Schaub（1925）应被认为是 Cricetodontinae 的命名人。另外，在 1951 年的专著中，包括 Cricetodontinae 在内的 Muroidae 部分是由 Schaub 撰写的，而不是由 Stehlin 和 Schaub 二人合写的。

古仓鼠属 Genus *Cricetodon* Lartet, 1851

模式种 桑桑古仓鼠 *Cricetodon sansaniensis* Lartet, 1851（法国桑桑盆地；中中新世，阿斯塔拉斯期）。

鉴别特征 小至大型的古仓鼠类，臼齿低冠，齿尖粗壮。M1 的前边尖单一或二分；M1 和 M2 三齿根或四齿根。m1 的前边尖呈圆形小尖，大部分 m1 具有双下后脊或仅有下后脊 II；m2 的舌侧前边脊通常与下后脊融合；所有下臼齿都不具下次尖后臂；m3 不明显缩短。磨蚀后的臼齿冠面平坦。

中国已知种 *Cricetodon fengi, C. orientalis, C. sonidensis, C. volkeri, C. wanhei, C.* sp.，共 6 种。

分布与时代 内蒙古、新疆、江苏，早中新世—晚中新世。

评注 该属主要分布于欧洲和亚洲，至今已发现有 29 种（López-Guerrero et al., 2013；Durgut et Ünay, 2016；邱铸鼎、李强，2016）。中国在 2005 年（Bi）开始有这个属的报道，正式发表的种有 4 个（吴文裕等，2009；邱铸鼎，2010；邱铸鼎、李强，2016）。

另外，Bi（2005）在其博士论文中描述了新疆中中新世的 *Cricetodon orientalis* 新种，但论文尚未正式发表。在国外，该属最早出现的种是土耳其 Anatolia 早中新世（MN 1）的 *C. versteegi*（de Bruijn et al., 1993；de Bruijn et Ünay, 1996），确凿的最晚的记录是匈牙利中中新世（MN 7/8）的 *C. klariankae*（Hír, 2007）。该属拥有如此多的种，由于不同时期的种可能表现出"同样的进化水平"，而同一时期的种又可能表现出"不同的进化水平"，因此系统发育关系很复杂。Bi（2005）、Durgut 和 Ünay（2016）都尝试做了支序分析，分析也表明 *Cricetodon* 不是单系类群。*Cricetodon* 起源于小亚细亚，在 MN 4 开始先向东南欧迁徙，之后扩散至西南欧；到达中国的最早时间也在相当于 MN 4 时段。

冯氏古仓鼠 *Cricetodon fengi* Qiu et Li, 2016
（图 32）

Cricetodon sp. 2：Wang et al., 2009, p. 122；Qiu et al., 2013, p. 177

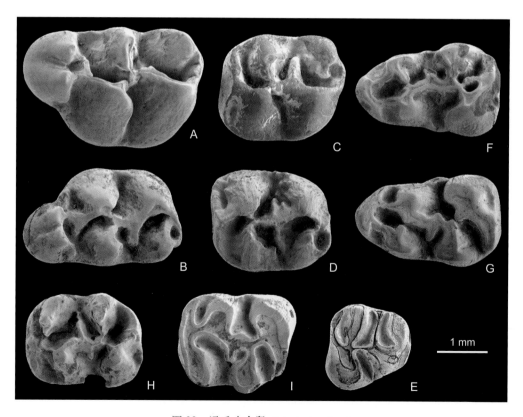

图 32　冯氏古仓鼠 *Cricetodon fengi*

A. 左 M1（IVPP V 19804，正模），B. 右 M1（IVPP V 19807.1），C. 左 M2（IVPP V 19805.1），D. 右 M2（IVPP V 19806.1），E. 左 M3（IVPP V 19805.2），F. 左 m1（IVPP V 19807.2），G. 右 m1（IVPP V 19807.3），H. 左 m2（IVPP V 19806.2），I. 右 m2（IVPP V 19806.3）：冠面视（引自邱铸鼎、李强，2016）

正模　IVPP V 19804，左 M1。内蒙古苏尼特右旗 346 地点（原呼 - 锡公路里程碑 346 km 处），中中新统通古尔组中部（通古尔期中期）。

副模　IVPP V 19805.1–3，3 枚臼齿。产地与层位同正模。

归入标本　IVPP V 19806.1–13，V 19807.1–6，19 枚臼齿（内蒙古中部地区）。

鉴别特征　与 *Cricetodon sonidensis* 相似，但个体较大，齿冠较高，齿尖相对粗壮。第一臼齿的前边尖宽。M1 的前边尖二分略明显，后谷很小、磨蚀早期即封闭；M2 的前边脊舌侧支较显著；上臼齿有较明显的外脊。m1 具明显的双下后脊，m2 有显著的舌侧前边脊。

产地与层位　内蒙古苏尼特右旗 346 地点，中中新统通古尔组；苏尼特左旗巴伦哈拉根，上中新统巴伦哈拉根层（灞河期）；苏尼特左旗必鲁图，上中新统（保德期）。

东方古仓鼠 *Cricetodon orientalis* Bi, 2005
（图 33）

正模　IVPP V 14347，近于完整的头骨，缺失鼻骨、耳软骨囊和耳区。新疆富蕴铁尔斯哈巴合（IVPP Loc. XJ 97018），中中新统哈拉玛盖组。

副模　IVPP V 14348–14370，3 件不完整头骨，头骨骨片 11 件，带臼齿的上、下颌骨 166 件，上、下门齿 229 枚，颅后骨骼 103 件。产地与层位同正模。

鉴别特征　中等大小仓鼠。头骨眶间区较窄、呈沙漏状并具明显的眶间嵴。咬肌板宽、切迹发育；腭骨长而宽，向后延伸超过 M3 的后缘。M1 的前边尖在齿冠上部明显二分；M1–3 都具发育的舌侧前边脊；前尖后刺发育，且由 M1 至 M3 渐次发育，在 M2 和 M3 中前尖后刺常与中脊相连形成漏斗状构造；除 M3 外，M1 和 M2 不具原脊 I、后脊 I 和后谷；M3 稍短小。m1 的下前边尖单一，具双下后脊；m1、m2 和 m3 几乎等长，仅渐次略短。中脊和下中脊大多为中等长度，少数缺失或很长，一般由第一臼齿向第三臼齿渐次发育，下外中脊短或缺失。M1 四齿根或三齿根（舌侧齿根尚未完全二分），M2 和 M3 分别为四齿根和三齿根，下臼齿均为双齿根。

评注　该种的材料来自同一地点、分布集中，是迄今已知 *Cricetodon* 属内材料最丰富的种，对于全面了解 *Cricetodon* 的形态特征颇为重要。除前述"鉴别特征"外，*Cricetodon orientalis* 的下门齿颊侧釉质层表面具有两条纵向细脊、其肱骨不具内上髁孔，均为亚科特征。毕顺东研究了这批材料，完成了博士论文（2005），但是没有正式发表。目前学界常有在正式刊物中引用未发表的学位论文的情况，在毕顺东之前已多有此类情况发生。鉴于该种已记录在可查阅的科学论文中，并在正式刊物中被多次引用（Maridet et al., 2011a；Durgut et Ünay, 2016），为此将其收入志书中。

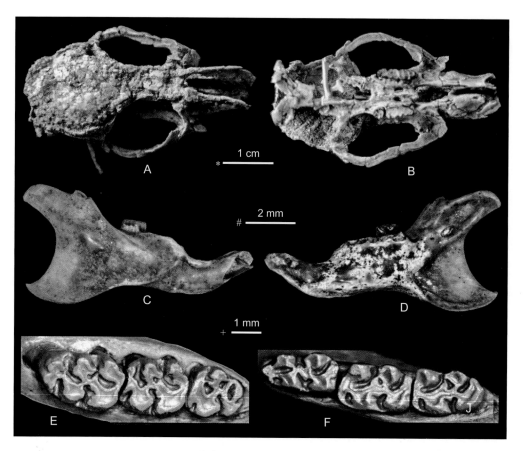

图 33　东方古仓鼠 *Cricetodon orientalis*

A, B. 头骨（IVPP V 14347，正模），C, D. 右下颌（IVPP V 14354.3），E. 左 M1–3（IVPP V 14353.15），
F. 左 m1–3（IVPP V 14354.28）：A. 背面视，B. 腹面视，C. 颊侧视，D. 舌侧视，E, F. 冠面视；比例尺：
* - A, B，# - C, D，+ - E, F（引自 Bi, 2005）

苏尼特古仓鼠 *Cricetodon sonidensis* Qiu et Li, 2016

（图 34）

Cricetodon sp. 1：Wang et al., 2009, p. 122；Qiu et al., 2013, p. 177

正模　IVPP V 19802，左 M1。内蒙古苏尼特左旗敖尔班（上），下中新统敖尔班组上（红色泥岩）段（山旺期）。

副模　IVPP V 19803.1–19，上、下颌骨各一件，17 枚臼齿。产地与层位同正模。

鉴别特征　中等大小的 *Cricetodon*。齿冠较低，齿尖相对弱；上臼齿外脊极弱，磨蚀早期保留清楚和开放的后谷；M1 的前边尖微弱二开，原脊单一；M2 的前边脊舌侧支和原谷不甚发育；M3 的构造较简单；上臼齿三齿根。m1 具双下后脊，m1 和 m2 有清楚的下外中脊；m2 和 m3 具有明显的舌侧下前边脊。

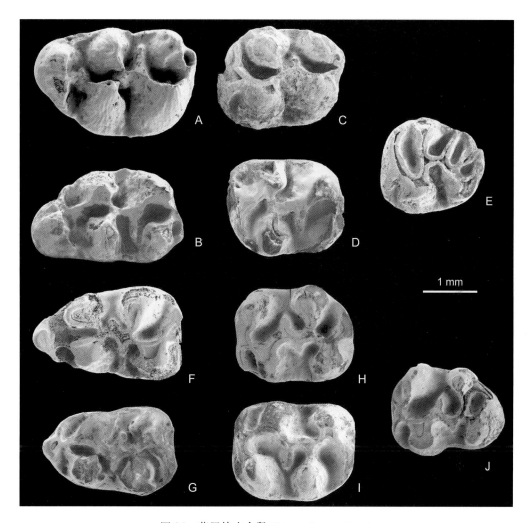

图 34 苏尼特古仓鼠 *Cricetodon sonidensis*

A. 左 M1 (IVPP V 19802, 正模)，B. 右 M1 (IVPP V 19803.1)，C. 左 M2 (IVPP V 19803.2)，D. 右 M2
(IVPP V 19803.3)，E. 左 M3 (IVPP V 19803.4)，F. 左 m1 (IVPP V 19803.5)，G. 右 m1 (IVPP V 19803.6)，
H. 左 m2 (IVPP V 19803.7)，I. 右 m2 (IVPP V 19803.8)，J. 左 m3 (IVPP V 19803.9)；冠面视（引自邱铸
鼎、李强，2016）

弗尔克古仓鼠 *Cricetodon volkeri* Wu, Meng, Ye, Ni, Bi et Wei, 2009

（图 35）

正模　IVPP V 15621.1，左 M1。新疆福海顶山盐池（IVPP Loc. XJ 200613），中中新
统顶山盐池组。

副模　IVPP V 15621.2, 3，一枚右 M1 前段及一枚右 M2。产地与层位同正模。

归入标本　IVPP V 15622，左 m2（新疆福海）。

鉴别特征　M1 的前边尖仅轻度二分，具短的前小脊刺。M1、M2 的前尖具后刺或
缺失；后脊舌端与后边脊的中部相交，后谷发育；中脊长；M2 舌侧前边脊低但明显；

M1 可能仅三齿根。m2 保留有明显的舌侧下前边脊，具短的下中脊和下外中脊。上下颊齿的横脊近于横向伸展，上臼齿的内脊和下臼齿的下外脊近于前后方向伸展。

产地与层位　新疆福海顶山盐池（IVPP Loc. XJ 200613 和 200617），中中新统顶山盐池组。

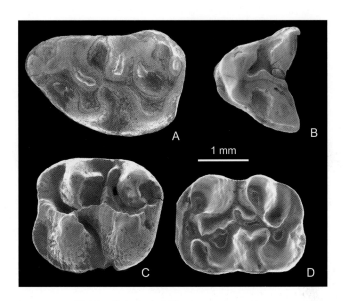

图 35　弗尔克古仓鼠 *Cricetodon volkeri*

A. 左 M1（IVPP V 15621.1，正模），B. 右 M1 前段（IVPP V 15621.2，反转），C. 右 M2（IVPP V 15621.3，反转），D. 左 m2（IVPP V 15622）；冠面视（引自吴文裕等，2009）

万合古仓鼠　*Cricetodon wanhei* Qiu, 2010

（图 36）

Cricetodon aff. *C. meini*：李传夔等，1983，318 页

Cf. *Cricetodon* sp.：Qiu et Qiu, 1995, p. 61

正模　IVPP V 16691，左 M1。江苏泗洪松林庄，下中新统下草湾组。

副模　IVPP V 16692.1–57，两件残破下颌，55 枚臼齿。产地与层位同正模。

归入标本　IVPP V 16693.1–7, V 16694.1–11，18 枚臼齿（江苏泗洪）。

鉴别特征　中等大小。上臼齿在早期磨蚀阶段有清楚的后谷，外脊发育弱；M1 的前边尖简单或略微二分；M2 舌侧前边脊不明显；M3 冠面近圆形，多数牙齿的内谷被连接原尖和次尖的脊封闭，时见原尖后刺；M1 和 M2 四齿根。m1 具双下后脊；m3 与 m2 等长或比 m2 稍长，具短的舌侧下前边脊。

产地与层位　江苏泗洪松林庄、双沟、郑集，下中新统下草湾组。

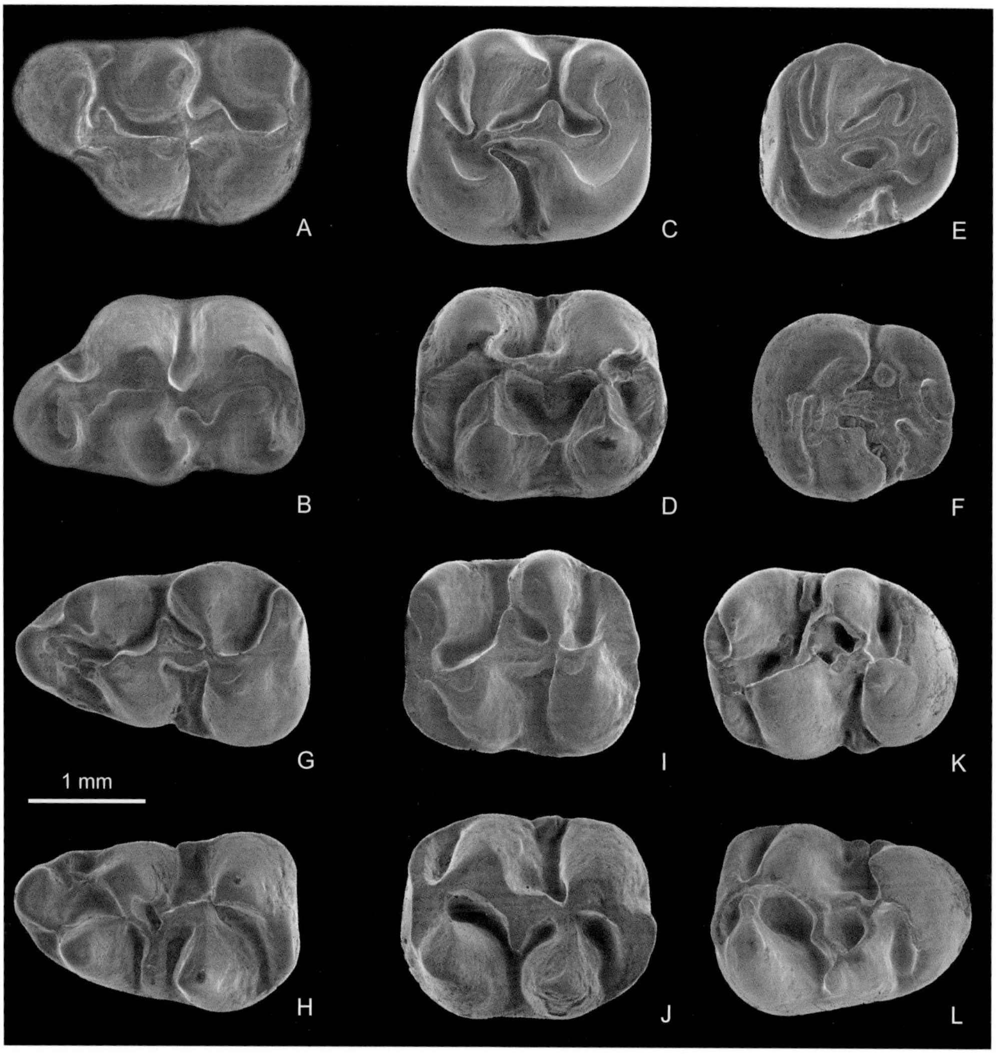

图 36 万合古仓鼠 *Cricetodon wanhei*

A. 左 M1（IVPP V 16691，正模），B. 右 M1（IVPP V 16692.1），C. 左 M2（IVPP V 16692.2），D. 右 M2（IVPP V 16692.3），E. 左 M3（IVPP V 16692.4），F. 右 M3（IVPP V 16692.5），G. 左 m1（IVPP V 16692.6），H. 右 m1（IVPP V 16692.7），I. 左 m2（IVPP V 16692.8），J. 右 m2（IVPP V 16692.9），K. 左 m3（IVPP V 16692.10），L. 右 m3（IVPP V 16692.11）：冠面视（引自邱铸鼎，2010）

古仓鼠（未定种）*Cricetodon* sp.

（图 37）

Maridet 等（2011a）描述了新疆福海 XJ 200114 地点早中新世索索泉组一古仓鼠未知种。材料仅为一不完整左上颌带前大半段 M1、一枚不完整右 M2 和两枚完整的 m3。下 m3 具有明显的 *Eucricetodon* 的特征，本志编者推测 *Cricetodon* 有可能由 *Eucricetodon* 演化而来。因而特将其图片录入。

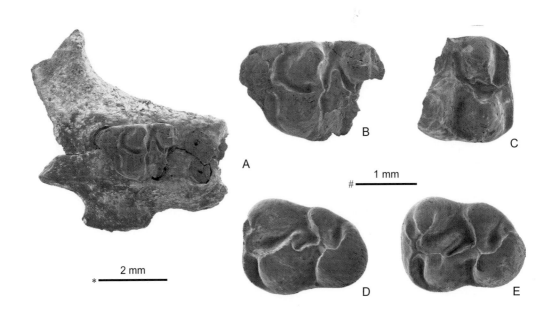

图 37　古仓鼠（未定种）*Cricetodon* sp.

A, B. 不完整左上颌带 M1 及其上的破损 M1 (IVPP V 16897.1)，C. 不完整左 M2 (IVPP V 16897.2)，D. 右 m3 (IVPP V 16897.4，反转)，E. 右 m3 (IVPP V 16897.3，反转)：冠面视；比例尺：* - A，# - B–E（引 自 Maridet et al., 2011a）

仓鼠亚科 Subfamily Cricetinae Fischer von Waldheim, 1817

模式属　原仓鼠属 *Cricetus* Leske, 1779

定义与分类　仓鼠亚科（Cricetinae）是一类中—小型啮齿动物，有 7 个现生属： *Allocricetulus*、*Tscherskia*、*Cricetulus*、*Cricetus*、*Phodopus*、*Cansumys* 和 *Mesocricetus* （Musser et Carleton, 2005），仅分布在欧亚大陆。中国拥有除 *Mesocricetus* 之外的 6 个现 生属（王应祥，2003）。现生仓鼠在形态学方面都具有明显的衍生特征，组成单系类群， 并得到分子生物学的支持。但是，亚科内各个属的划分尚无定论。例如 *Cricetulus* 中的 一些种经常被归到 *Allocricetulus* 或 *Tscherskia* 中，Corbet（1978）倾向于将 *Allocricetulus* 和 *Tscherskia* 并入 *Cricetulus*。但是这些属种之间确实存在明显的形态差异：在头骨特征 方面 *Allocricetulus* 与 *Cricetus* 很相似，而不像 *Cricetulus*；*Cricetulus* 则更像 *Phodopus*， 而不像 *Allocricetulus* 和 *Tscherskia*。因此，学者们持谨慎态度，在这些属种之间的亲缘关 系被确立和在系统分类得到修正之前，仍在系统分类中保留这些属种。该亚科的化石最 早出现于早中新世，分布于新、旧大陆和东非。

古哺乳动物学者一般将现生仓鼠的新近纪的祖先类型也归入这一亚科。然而，对于某 些属的归属不很一致，在本志中主要涉及 *Democricetodon* 和 *Megacricetodon* 属。有将两者 都归入 Cricetodontinae 者（Fahlbusch, 1964），有将 *Democricetodon* 归入 Cricetinae，而将 *Megacricetodon* 归于 Cricetodontinae 之下的 Megacricetodontini 族者（Mein et Freudenthal,

1971）。McKenna 和 Bell（1997）、Lindsay（2008）又有各自的分类。近年来大多欧亚学者已将 *Democricetodon* 和 *Megacricetodon* 都置于 Cricetinae（如 Bi et al., 2008；Maridet et al., 2011a, b；Maridet et Sen, 2012）甚至 Cricetini（Kälin, 1999），因为两者在头骨、下颌、肢骨和牙齿形态方面尽管有所差异，但都更接近现生仓鼠者。为此，本志书将 *Democricetodon*、*Megacricetodon*、*Spanocricetodon*、*Primus* 和 *Sonidomys* 都归入 Cricetinae 亚科，不再置于 Cricetodontinae 中。*Kowalskia* 和 *Nannocricetus* 被认为是从 *Democricetodon* 演化而来（Fahlbusch, 1969；Kälin, 1999；张兆群等，2011；邱铸鼎、李强，2016），这些观点更是对将 *Democricetodon* 置于 Cricetinae 之下做法的支持。

关于 Cricetinae 的命名人的应用也不很一致，常见有：Cricetinae Stehlin et Schaub, 1951（Tong et Jaeger, 1993；Bi et al., 2008；Maridet et al., 2011a, b），Cricetinae Murray, 1866（Simpson, 1945；Mein et Freudenthal, 1971）或 Cricetinae Fischer von Waldheim, 1817（邱铸鼎、李强，2016；Sinitsa et Delinschi, 2016），Cricetinae Rochebrune, 1883（Wu et Flynn, 2017a）。Simpson（1945）列的是 "Cricetinae Murray, 1866（= Cricetinorum Fischer, 1817, p. 358, p. 410）"，因此必须找到 Fischer 的原著考证，以便确认他是否具有优先权；另外要搞清 Fischer 获得爵位的年份，以便确定是否应当署上 von Waldheim 的头衔。最终应由国际动物命名委员会裁定。

鉴别特征 中小型仓鼠。头骨光滑，仅少数种类的成年个体具有稍明显的眶上嵴和顶嵴。鼻骨前端常超出门齿或与门齿齿槽齐平，脑颅不甚扩大，颧宽大于脑颅宽，听泡小；咬肌板较陡，眶下孔较小。门齿孔短，向后延伸不及 M1 前缘。下齿列与下颌骨体交角较大，下门齿齿尖通常低于下臼齿列咀嚼面，下颌孔高于下齿列面，颊侧视 m3 部分被下颌垂直支遮挡，冠面视颏孔通常被遮掩，冠状突大、向后弯并高于关节突。肱骨具有内上髁孔。齿式：1•0•0•3/1•0•0•3；下门齿釉质层表面光滑；臼齿丘 - 脊型齿，中—低冠；臼齿主尖交错排列；上臼齿三或四齿根，下臼齿双根；M1 前边尖膨大、增宽，通常近对称二分；M2 原尖和前尖常有双脊连接；m1 下前边尖比古仓鼠类的相对拉长和增宽，单尖或双分，偶尔分裂为 3 个小尖。

中国已知属 *Democricetodon, Karydomys, Primus, Spanocricetodon, Megacricetodon, Ganocricetodon, Paracricetulus, Sonidomys, Kowalskia, Nannocricetus, Colloides, Sinocricetus, Neocricetodon, Allocricetus, Cricetinus, Aepyocricetus, Bahomys, Cricetulus, Phodopus, Chuanocricetus, Amblycricetus*，共 21 属。

分布与时代 现生仓鼠亚科仅分布在欧亚大陆，但其化石分布在全北区和北非（McKenna et Bell, 1997；Musser et Carleton, 2005）。该亚科的历史最早可以追溯到早中新世。目前，最早的可靠记载是我国新疆准噶尔盆地北缘和蒙古早中新世早期的 *Democricetodon*（Höck et al., 1999；孟津等，2006；Maridet et al., 2011b），在北非可追溯至中中新世（Tong et Jaeger, 1993），在欧洲是早中新世晚期。如果土耳其发现的

D. anatolicus 年代（MN 1）准确的话，那么仓鼠亚科的起始时间应该更早。土耳其渐新世的 *Spanocricetodon* 是否代表仓鼠亚科的起源，以及与仓鼠科中其他亚科之间的关系，至今尚无线索（Theocharopoulos, 2000）。该亚科在中国分布很广，最南可达云南，但主要出现在长江以北省份，最早出现于早中新世早期，并一直延续至今。

评注　与 Cricetodontinae 的鉴别特征相对应，Mein 和 Freudenthal 在 1971 年概括了欧洲中新世的 Cricetinae 的部分骨骼的鉴别特征，虽不是全部、但能与亚科内大多数属的特征吻合，也与现生 Cricetinae 相应特征接近，仍具参考价值，已被我们纳入"鉴别特征"中。

众古仓鼠属　Genus *Democricetodon* Fahlbusch, 1964

模式种　粗壮众古仓鼠 *Democricetodon crassus* Freudenthal in Freudenthal et Fahlbusch, 1969 = *D. minor* Fahlbusch, 1964（法国桑桑盆地；中中新世，阿斯塔拉斯期）

鉴别特征　尺寸很小至小。门齿孔后缘在 M1 前缘之前；下颌水平支与齿列夹角大；齿虚位上缘下凹；颏孔位于下颌骨颊侧低处，冠面视颏孔不可见；下咬肌嵴弯曲；下门齿齿尖低于下臼齿咀嚼面；下颌孔与臼齿咀嚼面在同一平面或稍高；侧视，m3 部分或全部被上升支遮掩。臼齿低冠，相对宽度大于 *Megacricetodon*。上臼齿中脊长度多变，但一般较长；内脊微弯，内谷横直；三齿根。M1 前边尖简单或很轻度二分，具双原脊或仅有后向的原脊 II；M2 具双原脊。下臼齿的下中脊长短不一，通常长；下外脊略弯，下外谷横直或前舌 - 后颊向伸展，双齿根。m1 前边尖单尖。

中国已知种　*Democricetodon lindsayi, D. suensis, D. sui, D. tongi*，共 4 种。

分布与时代　内蒙古、新疆、江苏，早中新世至晚中新世早期。

评注　至今，*Democricetodon* 属计有 20 多种，分布于欧亚大陆和北非的中新世，但非洲仅有一种（Tong et Jaeger, 1993），编者认为其与欧亚的种有较大形态差异。新疆准噶尔盆地北缘早中新世索索泉组 II–III 带中的 *D. sui* 是目前我国发现的最早的 *Democricetodon*，古地磁测定年龄为 21.9 Ma（相当于欧洲新近纪陆相哺乳动物分带的 MN 2）。土耳其发现的 *D. anatolicus* 被认为是目前属内最早的种（Theocharopoulos, 2000），测年数据与 MN 1 相当。因此该属的地史分布是从早中新世至晚中新世早期（在欧洲为 MN 1 至 MN 9）。*Democricetodon* 曾被作为北美 *Copemys* 的亚属（Fahlbusch, 1964），但 Mein 和 Freudenthal（1971）、Engesser（1979）认为两者在牙齿形态上的相似性是平行演化现象，并非相同的属，目前学界基本上都采用后一方案。

此外，与新疆 *Democricetodon sui* 一起发现的一件带 M1–3 齿列的右上颌和 3 枚牙齿，被指定为 *Democricetodon*? sp.（Maridet et al., 2011b）。

林氏众古仓鼠 *Democricetodon lindsayi* Qiu, 1996

（图 38）

Democricetodon cf. *D. lindsayi*：邱铸鼎、王晓鸣，1999，122, 124 页；Wang et al., 2009, p. 122

Democricetodon sp.：Qiu et al., 2013, p. 177

正模　IVPP V 10389，左 m1。内蒙古苏尼特左旗默尔根 II，中中新统通古尔组。

副模　IVPP V 10390，143 枚臼齿。产地与层位同正模。

归入标本　IVPP V 10391, V 19770–19780，臼齿 232 枚（内蒙古中部地区）。

鉴别特征　*Democricetodon* 属中牙齿尺寸较大的一种。上、下臼齿的中脊一般较长。m1 下前边尖大、简单、圆—椭圆形，在较原始的种群中偶见下外中脊；m1 和 m2 的下次脊前指与下外脊连接，下外谷指向前内。M1 前边尖宽，通常简单，个别具双分趋势，偶有弱的前小脊刺；M1–2 常具原脊 I，后脊多指向后内，后谷发育。

产地与层位　内蒙古苏尼特左旗默尔根、嘎顺音阿得格、敖尔班（上）、巴伦哈拉根、必鲁图，下中新统上部（敖尔班组）—上中新统下部（必鲁图的标本有可能为再沉积的产物）；苏尼特右旗 346 地点、阿木乌苏，中中新统（通古尔组）—上中新统下部；阿巴嘎旗乌兰呼苏音、灰腾河，中中新统（通古尔组）—上中新统下部（灞河期）。

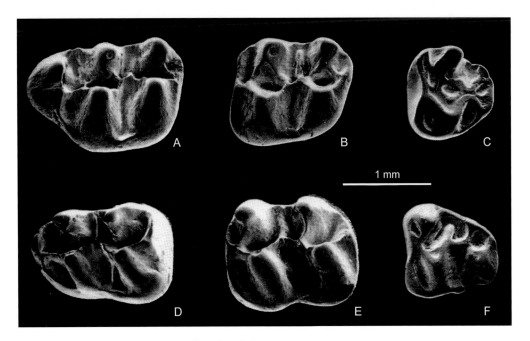

图 38　林氏众古仓鼠 *Democricetodon lindsayi*

A. 左 M1 (IVPP V 10390.16)，B. 左 M2 (IVPP V 10390.43)，C. 左 M3 (IVPP V 10390.66)，D. 左 m1 (IVPP V 10389，正模)，E. 左 m2 (IVPP V 10390.96)，F. 左 m3 (IVPP V 10390.134)：冠面视（引自邱铸鼎，1996）

评注 *Democricetodon lindsayi* 牙齿的尺寸明显大于 *D. tongi* 和 *D. sui*；大小虽与 *D. suensis* 的接近，但其齿冠较高，齿尖和齿脊相对粗壮，M1 前小脊与前边尖连接点的位置一般不很偏舌侧、双原脊较发育、中脊平均长度大，M2 的双原脊发育好、未见有纵向脊（axioloph）、后脊常后指向，明显与 *D. suensis* 不同。这里所列的副模标本曾被建种者作为归入标本。

苏众古仓鼠 *Democricetodon suensis* Qiu, 2010

（图 39）

Democricetodon cf. *brevis*：李传夔等，1983，318 页

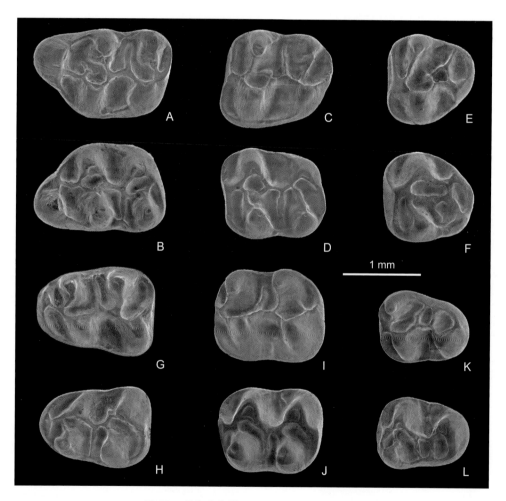

图 39　苏众古仓鼠 *Democricetodon suensis*

A. 左 M1 (IVPP V 16697，正模)，B. 右 M1 (IVPP V 16698.1)，C. 左 M2 (IVPP V 16698.2)，D. 右 M2 (IVPP V 16698.3)，E. 左 M3 (IVPP V 16698.4)，F. 右 M3 (IVPP V 16698.5)，G. 左 m1 (IVPP V 16698.6)，H. 右 m1 (IVPP V 16698.7)，I. 左 m2 (IVPP V 16698.8)，J. 右 m2 (IVPP V 16698.9)，K. 左 m3 (IVPP V 16698.10)，L. 右 m3 (IVPP V 16698.11)：冠面视（引自邱铸鼎，2010）

?*Spannocricetodon* sp. nov.：李传夔等，1983，318 页

Democricetodon sp.：Qiu et Qiu, 1995, p. 61

正模 IVPP V 16697，左 M1。江苏泗洪双沟，下中新统下草湾组。

副模 IVPP V 16698，臼齿 86 枚。产地与层位同正模。

归入标本 IVPP V 16699–16700，臼齿 93 枚（江苏泗洪）。

鉴别特征 中等大小，颊齿低冠，齿尖和齿脊相对弱，臼齿中脊通常中长至长。M1 的前边尖简单而窄，原脊 I 常表现为一条连接原尖前臂与原脊 II 的不规则脊；在 M2，原脊 II 则常表现为连接原脊 I 和内脊的不规则脊，其后脊横向或稍向前伸；M3 多具连接原脊和后脊的纵向脊；m1 前端宽，但下前边尖单一且窄小，具发育的颊侧前边脊；多数 m1 和 m2 有下外中脊；m3 的下中脊通常很发育。

产地与层位 江苏泗洪双沟、松林庄、郑集，下中新统下草湾组。

评注 该种臼齿的齿冠低，齿尖和齿脊较弱，上、下第一臼齿的前边尖较窄，以及 M2 的后脊基本都稍向前或横向伸展属于相对原始特征，但其 M1 的后脊多连接后边脊、次尖后臂或次尖（仅 1 例）则较新疆的 *Democricetodon sui* 进步。

苏氏众古仓鼠 *Democricetodon sui* Maridet, Wu, Ye, Bi, Ni et Meng, 2011
（图 40）

Democricetodon sp.：孟津等，2006，213 页，图 3（部分）

Democricetodon sp. 1：Wang et al., 2009, p. 122；Qiu et al., 2013, p. 177

正模 IVPP V 17683.10，左 m1。新疆福海（IVPP Loc. XJ 99005），下中新统索索泉组（II 带）。

副模 IVPP V 17683.9, 11, 12，臼齿 3 枚。产地与层位同正模。

归入标本 IVPP V 17683.1–8, 13, 14，臼齿 10 枚（新疆福海）。IVPP V 19781–19784，臼齿 21 枚（内蒙古中部地区）。

鉴别特征 小型仓鼠。齿冠低，齿尖纤细。上、下第一臼齿较窄长、前边尖不二分。M1 和 M2 有时具有前尖后刺。M1 原脊 II 总存在，原脊 I 有时出现，但不完整；M2 具双原脊。M1 和 M2 的后脊前舌向伸展，与次尖前臂或次尖相连。上臼齿的中脊位于中间谷的后部，较靠近后尖；下臼齿的下中脊则位于下中间谷的前部。下臼齿的下后尖与下内尖相对于下原尖和下次尖仅稍前位，下后脊与下次脊近乎横向伸展。m1 的下中间谷的前部通常高于后部，下后脊交于下前小脊的中部，下次脊与下外脊相交于下外脊凸弯及下次尖之间。下中尖小但明显，偶尔有下外中脊。

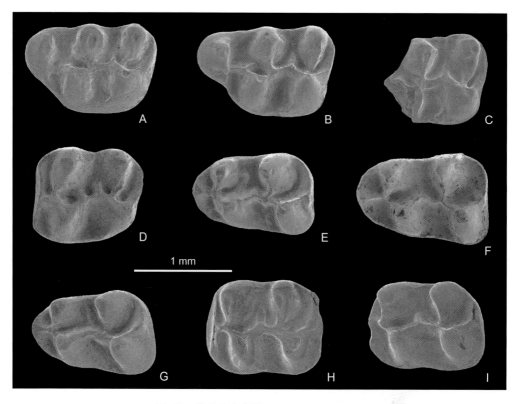

图 40 苏氏众古仓鼠 *Democricetodon sui*

A. 左 M1 （IVPP V 17683.4），B. 左 M1 （IVPP V 17683.9），C. 左 M1 （IVPP V 17683.1），D. 左 M2 （IVPP V 17683.2），E. 左 m1 （IVPP V 17683.10，正模），F. 左 m1 （IVPP V 17683.3），G. 左 m1 （IVPP V 17683.11），H. 右 m2 （IVPP V 17683.5，反转），I. 右 m2 （IVPP V 17683.12，反转）：冠面视（改自 Maridet et al., 2011b）

产地与层位　新疆福海（IVPP Loc. XJ 99005），下中新统索索泉组（II–III 带）；内蒙古苏尼特左旗敖尔班（下）、嘎顺音阿得格，下中新统敖尔班组。

评注　该种具有明显的原始形态特征：个体小，齿冠低，齿尖纤细，第一臼齿的前边尖狭窄，以及 M1、M2 的后脊前伸，与次尖前臂或次尖相连。编者认为 *Democricetodon sui* 这一较早期的种，具有较窄长的第一臼齿，M1 和 M2 带有前尖后刺，以及下外脊和内脊直，是与 *Megacricetodon* 共有的特征，*Megacricetodon* 很有可能是从原始的 *Democricetodon* 演化而来。

童氏众古仓鼠 *Democricetodon tongi* Qiu, 1996

（图 41）

Democricetodon sp. 2, 3：Qiu et al., 2013, p. 177

正模　IVPP V 10392，左 M1。内蒙古苏尼特左旗默尔根 II，中中新统通古尔组。

副模 IVPP V 10393.1–24，24 枚臼齿。产地与层位同正模。

归入标本 IVPP V 10394, V 19785–19788，臼齿 26 枚（内蒙古中部地区）。

鉴别特征 *Democricetodon* 属中尺寸较小的一种。齿冠低，齿尖相对粗壮。M1 的前边尖宽、个别标本有微弱分开的趋向，原脊经常不完整，后脊横向或后指向；M2 的原脊 I 明显比原脊 II 发育。M1 和 M2 中脊低且长；m1 和 m2 下次脊横向或稍前向，与下外脊的后部相连。

产地与层位 内蒙古苏尼特左旗敖尔班（上）、嘎顺音阿得格，下中新统敖尔班组；默尔根 II、V，中中新统通古尔组；巴伦哈拉根，上中新统下部。

评注 较低层位的标本具有一定的原始性状，如 M1 的原脊发育较差，一些标本的后脊横向伸展。邱铸鼎和李强（2016）认为 Maridet 等（2011b）描述的新疆准噶尔盆地的 *Democricetodon* sp. 可归入 *D. tongi*。

这里所列的副模标本曾被建种者作为归入标本。

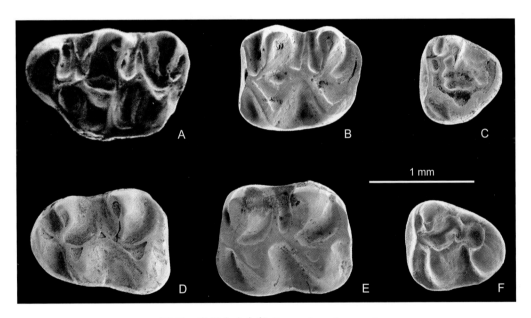

图 41　童氏众古仓鼠 *Democricetodon tongi*

A. 左 M1（IVPP V 10392,正模），B. 左 M2（IVPP V 19785.3），C. 左 M3（IVPP V 19786.1），D. 左 m1（IVPP V 19788.1），E. 左 m2（IVPP V 19787.3），F. 右 m3（IVPP V 10393.24，反转）；冠面视（A 引自邱铸鼎，1996；B–E 引自邱铸鼎、李强，2016）

卡瑞迪亚仓鼠属 Genus *Karydomys* Theocharopoulos, 2000

模式种 西氏卡瑞迪亚仓鼠 *Karydomys symeonidisi* Theocharopoulos, 2000（希腊 Karydiá；早中新世）。

鉴别特征 小—大型仓鼠。齿尖粗壮，釉质层厚。M1 前边尖宽短，轻度二分或不分，有时具有前小脊刺；M1 和 M2 通常具有双原脊和单一的后脊，除早期的种外，后脊后指封闭窄小的后谷；前尖常有后刺。m1 下前边尖单一、短而低矮，挨近下原尖和下后尖。臼齿的中脊和下中脊长度多变；m1 和 m2 有时具有下外中脊。下门齿釉质层结构与 *Democricetodon* 相似。M3 和 m3 很退化。上臼齿三齿根，下臼齿双齿根。

中国已知种 仅 *Karydomys debruijni* 一种。

分布与时代 新疆，早中新世。

评注 该属至今有 6 个种：希腊早中新世（MN 4）的 *Karydomys symeonidisi* 和 *K. boskosi*；新疆早中新世的 *K. debruijni*；哈萨克斯坦早中新世（MN 4）的 *K. dzerzhinskii*；广布中欧中中新世（MN 5 上部—MN 6）的 *K. wigharti* 和欧洲西南部早—中中新世的 *K. zapfei*（MN 4–6）。土耳其安纳托利亚早中新世（MN 4）也有该属的记载。这个属具有以下明显的演化趋势：个体增大、齿尖渐变粗壮，M1 的原脊 I 由弱至发育，以及 M1 和 M2 的后脊由稍前指渐转向显著后弯，封闭窄小的后谷。下臼齿的形态在演化过程中则变化不明显。

Mörs 和 Kalthoff（2004）依据其牙齿和下颌的形态，以及下门齿的釉质显微结构与 *Democricetodon* 相似而将其置于 Democricetodontinae 中。

Karydomys 与 *Democricetodon* 易于混淆，主要区别在于前者的齿尖粗壮（肿胀），上臼齿具有较发育的外脊（前尖后刺），以及 m1 的下前边尖小而低矮。推测它们具有共同的祖先。

布鲁因氏卡瑞迪亚仓鼠 *Karydomys debruijni* Maridet, Wu, Ye, Bi, Ni et Meng, 2011
（图 42）

正模 IVPP V 16899.11，左 M2。新疆福海（IVPP Loc. XJ 200114），下中新统索索泉组中上部。

副模 IVPP V 16899.1–10, 12–26, 29–33，30 枚臼齿。产地与层位同正模。

鉴别特征 M1 前边尖有轻微二分迹象，颊侧的前边尖明显大于舌侧尖；无前小脊刺，原脊成双，但原脊 I 很短，不与前尖连接；后脊单一，与次尖后端或次尖后臂相连。M2 具双原脊；后脊单一，连接次尖前臂或次尖，或中断但指向次尖前臂或次尖。M1 的前尖后刺不很发育，但在 M2 中很发育；M1 和 M2 的中脊都长。m1 的下前边尖为单尖且向颊、舌侧扩展成脊；约半数下后脊直接与下前边尖连接，少数连接下前小脊；下外中脊通常很短（约为外谷宽度的一半）。m2 下外中脊缺失、或短或长。几乎所有 m1 和 m2 的下中脊都伸及舌侧齿缘，但在 m3 中缺失下次脊。m3 的下后脊直接连接下前边脊，其下内尖不发育，融入下后边脊。

评注 *Karydomys debruijni* 为属内最小的种，齿尖稍纤细，此外其 M1 的原脊 I 很不发育，以及一部分 M2 的后脊前指，该种应较哈萨克斯坦早中新世（MN 4）的 *K.*

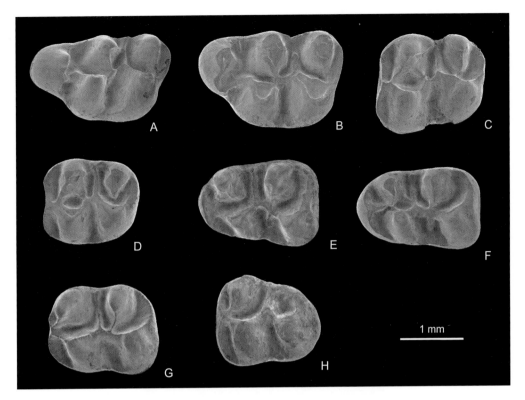

图 42　布鲁因氏卡瑞迪亚仓鼠 *Karydomys debruijni*

A. 右 M1（IVPP V 16899.2，反转），B. 右 M1（IVPP V 16899.3，反转），C. 左 M2（IVPP V 16899.11，正模），D. 左 M2（IVPP V 16899.13），E. 右 m1（IVPP V 16899.16，反转），F. 右 m1（IVPP V 16899.17，反转），G. 左 m2（IVPP V 16899.20），H. 左 m3（IVPP V 16899.31）：冠面视（引自 Maridet et al., 2011a）

dzerzhinskii 更原始，是属内最原始的种。该属很有可能由同一地区的 *Democricetodon sui* 演化而来。

先鼠属　Genus *Primus* de Bruijn, Hussain et Leinders, 1981

模式种　微先鼠 *Primus microps* de Bruijn, Hussain et Leinders, 1981

鉴别特征　牙齿结构简单的小型仓鼠。M1 与 m1 的前边尖单尖，齿尖较纤细。M1 的原脊和后脊前舌 - 后颊向，分别连接前尖和原尖、后尖和次尖；m1 的下后脊和下次脊分别连接下原尖和下后尖、下次尖和下内尖。下臼齿不具有下中脊，上臼齿的中脊弱或缺失；m3 不具下次脊。

中国已知种　仅 *Primus pusillus* 一种。

分布与时代　江苏，早中新世。

评注　本属的模式种出自印度次大陆巴基斯坦 Kohat 地区，早中新世（de Bruijn et al., 1981；Kumar et Kad, 2002）。

细先鼠 *Primus pusillus* Qiu, 2010

（图 43）

Primus sp.：Qiu et Qiu, 1995, p. 61

正模 IVPP V 16695，右 M1。江苏泗洪双沟，下中新统下草湾组。

副模 IVPP V 16696，3 枚臼齿。产地与层位同正模。

鉴别特征 *Primus* 中的小种。M1 的前叶较短，前边尖和前边脊弱，原脊略后指与原尖后臂连接，后脊稍前指与次尖前臂相连；m1 具较宽且呈刀形的下前边尖，下次脊前指向。

评注 该种的标本仅为 4 枚颊齿，牙齿形态与 *Primus microps* 的相似，但尺寸较小，M1 前叶较短，前边尖窄，原脊与原尖后臂而不是与原尖相连，后脊与次尖前臂而不是与次尖相连，m1 下前边尖呈刀状，下次脊前伸。

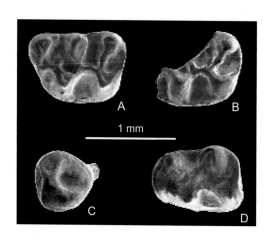

图 43 细先鼠 *Primus pusillus*

A. 右 M1（IVPP V 16695，正模，反转），B. 残破左 M1/2（IVPP V 16696.1），C. 左 M3（IVPP V 16696.2），
D. 右 m1（IVPP V 16696.3，反转）：冠面视（改自邱铸鼎，2010）

稀古仓鼠属 Genus *Spanocricetodon* Li, 1977

模式种 南京稀古仓鼠 *Spanocricetodon ningensis* Li, 1977

鉴别特征 个体很小，下颌骨体粗壮，颊齿宽短，极低冠。齿谷开阔。牙齿结构简单：下臼齿无下中脊、下中附尖、下外中脊和下原尖后臂。下外脊很短、前颊-后舌向斜伸。m1 下前边尖为一前后短、侧向宽的单尖，下外谷明显地前舌-后颊向斜伸。m3 缩短，无下内尖。下颊齿列与下颌骨体处于同一垂直面上；颊侧面观，下颌上升支不遮挡m3。齿虚位长度（4.5 mm）大于下齿列长（3.8 mm）。

中国已知种 仅模式种。

分布与时代 江苏，早中新世。

评注 McKenna 和 Bell（1997）将 *Spanocricetodon* 归入 *Democricetodon* 属，编者认为这样归并显然不合适，因为前者的下颌骨体与齿列位于同一垂直面、下臼齿不具有下中脊、下外脊短并斜向伸展，以及下外谷明显前舌－后颊向斜伸；后者下颌骨体与下臼齿列斜交、下臼齿具有下中脊、下外脊较长，且下外谷不强烈斜伸。该属在我国仅有模式地点的模式种。国外记载的种有泰国 Li 盆地的 *S. janvieri* Mein et Ginsburg, 1997、巴基斯坦 Murree Formation 的 *S. khani* de Bruijn et al., 1981 和 *S. lii* de Bruijn et al., 1981，以及土耳其 Anatolia 的 *S. sinuosis* Theocharopoulos, 2000。国外的这几个种都发现有上臼齿。Maridet 等（2011b）认为，"*S. khani*" 和 "*S. sinuosis*" 都不归属 *Spanocricetodon*。编者认为模式种 *S. ningensis* 的极其斜向伸展的下外脊也很不同于 *S. janvieri* 和 *S. lii*。此外，编者也注意到 *Spanocricetodon* 的下颊齿列与下颌骨体处于同一垂直面上，颊侧面观下颌上升支不遮挡 m3，这都有悖于 Cricetinae 亚科的鉴定特征。因此，对于 *Spanocricetodon* 这个属还有许多未知需要探索，关键在于对模式种的新材料的发现。

南京稀古仓鼠 *Spanocricetodon ningensis* Li, 1977

（图 44）

正模 IVPP V 4342，一件不完整的右下颌骨，带 m1–3。江苏南京方山，下中新统下草湾组。

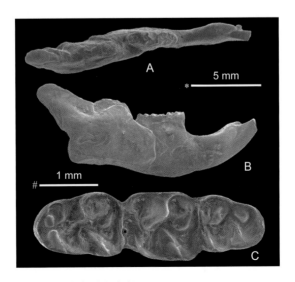

图 44 南京稀古仓鼠 *Spanocricetodon ningensis*

带 m1–3 的不完整右下颌骨（IVPP V 4342，正模）：A. 冠面视，B. 颊侧面视，C. 下臼齿列冠面视（反转）；
比例尺：*-A, B，#-C（引自 Maridet et al., 2011 b）

鉴别特征 同属。

巨尖古仓鼠属 Genus *Megacricetodon* Fahlbusch, 1964

模式种 群巨尖古仓鼠 *Megacricetodon gregarius* (Schaub, 1925)（法国 La Grive，中中新世阿斯塔拉斯期，MN 7/8）

鉴别特征 中小型仓鼠。下颌骨与下臼齿列斜交；颏孔位于齿虚位相当高处；齿虚位下凹；咬肌脊发育，下咬肌脊弯曲；侧视，m3 部分被上升支遮掩；下门齿尖端低于臼齿咀嚼面。臼齿冠低、窄长，上臼齿的内脊和下臼齿的下外脊通常直；上臼齿的内谷有时稍向前弯，下臼齿的下外谷通常稍弯向后方；m1 的下前边尖长，单尖或双分尖；M1 的前边尖总是二分；M1 和 M2 常具前尖后刺，但从不连接成外脊；原脊成单或双。后脊前伸、横伸或后弯，总有后谷。上、下臼齿的中脊长度变化大；上、下第三臼齿退化为齿列中最短者；上臼齿三齿根，下臼齿双根。肱骨具内上髁孔。

中国已知种 *Megacricetodon beijiangensis*, *M. sinensis*, *M. yei*，共 3 种。

分布与时代 江苏、内蒙古、青海、甘肃、宁夏、新疆，早中新世—中中新世晚期。

评注 *Megacricetodon* 属除模式种外，已知有 25 种以上（Bi et al., 2008），分布于欧亚早中新世晚期—晚中新世早期。

Mein 和 Freudenthal（1971）曾将 *Megacricetodon* 置于 Cricetodontinae 亚科下的 Megacricetodontini 族中，Reig（1972）认为其牙齿形态更接近 Cricetinae。这一观点显然并未被广泛接受，如 McKenna 和 Bell（1997）将它另立亚科 Megacricetodontinae。但 Kälin（1999）则将该属与其他一些新近纪以来的仓鼠都放在仓鼠族 Cricetini 内，包括本志中归入 Cricetinae 中的绝大部分属。Bi 等（2008）比较了 *Megacricetodon*、*Cricetodon* 以及 Cricetinae 中现生属（*Cricetus* 和 *Mesocricetus*）的下颌骨和肱骨形态，也认为 *Megacricetodon* 与 Cricetinae 的关系更近，因而置于 Cricetinae 内，近年来一些学者也使用同样的分类（Maridet et al., 2011a；Maridet et Sen, 2012）。编者依据门齿、下颌骨、臼齿和肱骨形态，采纳将 *Megacricetodon* 置于仓鼠亚科 Cricetinae 的方案。*Megacricetodon* 属常与 *Democricetodon* 属共生。

北疆巨尖古仓鼠 *Megacricetodon beijiangensis* Maridet, Wu, Ye, Bi, Ni et Meng, 2011
（图 45）

正模 IVPP V 16900.4，右 M1。新疆福海（IVPP Loc. XJ 200114），下中新统索索泉组中上部。

副模 IVPP V 16900.1–3, 5–37，4 件残破上、下颌及 32 枚臼齿。产地与层位同正模。

鉴别特征 中等尺寸。M1 前边尖弱二分；少有前尖后刺；原脊通常成双，但原脊 I 很短，原脊 II 与原尖后臂相连；后脊单一，连接次尖后臂；中脊或长或短，偶有中附尖。M2 的原脊通常成双，原脊 I 较原脊 II 发育；后脊通常成单，连接次尖前臂或后臂；中脊较 M1 的长，有时与前尖后刺相连。M3 短圆，后尖很退化，无中脊。m1 的下前边尖单尖，下前小脊直，沿齿纵轴伸展，下中脊短，下外中脊短或缺失。m2 的舌侧前边脊短，下中脊短至长，缺失下外中脊。上臼齿三齿根，下臼齿双齿根。

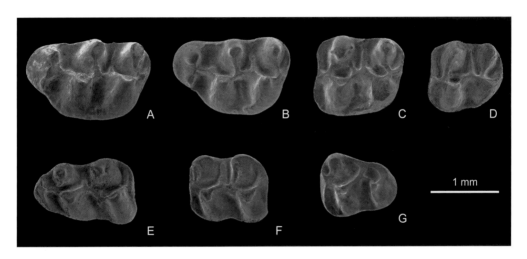

图 45　北疆巨尖古仓鼠 *Megacricetodon beijiangensis*

A. 右 M1（IVPP V 16900.4，正模，反转），B. 右 M1（IVPP V 16900.5，反转），C. 右 M2（IVPP V 16900.13，反转），D. 左 M2（IVPP V 16900.17），E. 左 m1（IVPP V 16900.22），F. 右 m2（IVPP V 16900.25，反转），G. 右 m3（IVPP V 16900.29，反转）：冠面视（引自 Maridet et al., 2011a）

中华巨尖古仓鼠 *Megacricetodon sinensis* Qiu, Li et Wang, 1981

(图 46)

Megacricetodon cf. *collongensis*：李传夔等，1983，318 页

Megacricetodon cf. *M. sinensis*：邱铸鼎等，1981，161 页；Wang et al., 2009, p. 122

Megacricetodon sp.：Qiu et al., 1988, p. 401；Qiu, 1988, p. 837；Qiu et Qiu, 1995, p. 61；Qiu et al., 2013, p. 177

Megacricetodon pusillus：邱铸鼎，1996，118 页

正模　IVPP V 6011，左 m1。青海互助担水路，中新统车头沟组。

副模　IVPP V 6012，左 m2–3。产地与层位同正模。

归入标本　IVPP V 10384–10386, V 19791–19801，不完整的上、下颌骨 9 件，臼齿 562 枚（内蒙古中部地区）。IVPP V 15617–15618, 25 枚白齿（新疆福海）。IVPP V

16701–16703，4 件带臼齿的上、下颌及 176 枚臼齿（江苏泗洪）。IVPP V 12591，29 件带部分臼齿的上、下颌骨及 42 枚臼齿（甘肃永登）。IVPP V 6013，1 枚 M1（青海民和）。

鉴别特征　小型的巨尖古仓鼠，齿冠低。M1 的前边尖二分为大小不等的两部分；m1 呈短宽的楔形，下前边尖单一；齿脊弱。上、下臼齿的中脊低、长短不一；M1 和 M2 的前尖后刺不发育。

产地与层位　青海互助担水路，中中新统车头沟组；民和齐家，中中新统咸水河组。甘肃永登泉头沟，中中新统咸水河组。内蒙古苏尼特左旗敖尔班（下）、嘎顺音阿得格、

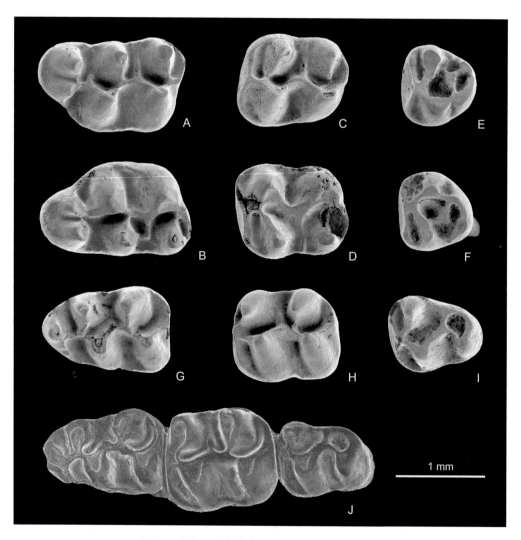

图 46　中华巨尖古仓鼠 *Megacricetodon sinensis*

A. 左 M1（IVPP V 19796.1），B. 右 M1（IVPP V 19796.2），C. 左 M2（IVPP V 19796.3），D. 右 M2（IVPP
V 19796.4），E. 左 M3（IVPP V 19794.1），F. 右 M3（IVPP V 19796.5），G. 左 m1（IVPP V 19796.6），
H. 左 m2（IVPP V 19796.8），I. 左 m3（IVPP V 19794.2），J. 左 m1–3（IVPP V 6011 + 6012，正模 + 副模）：
冠面视（A–I 引自邱铸鼎、李强，2016）

敖尔班（上），下中新统敖尔班组；默尔根 II 和 V、苏尼特右旗推饶木、346 地点和阿巴嘎旗乌兰呼苏音，中中新统通古尔组；巴伦哈拉根、必鲁图，上中新统。新疆福海顶山盐池，中中新统顶山盐池组。江苏泗洪松林庄、双沟、郑集，下中新统下草湾组。

评注　模式地点的标本很少，仅包括以正模和副模为代表的 3 枚下臼齿（有可能为同一个体），但内蒙古通古尔标本丰富，补充完善了这个种的鉴别特征。该种的地理分布较广，可靠的地史分布为早中新世晚期至中中新世。内蒙古敖尔班（下）、巴伦哈拉根和必鲁图的标本可能不是来自原生层位。邱铸鼎和李强（2016）对内蒙古中部不同地点和层位的标本形态有详细的比较和分析。产自青海民和李二堡齐家沟口的 *Megacricetodon* cf. *sinensis*（IVPP V 6013），其（仅 M1）形态和尺寸落入通古尔种群的变异范围之内，似应归入这个种。这里提供的插图除模式地点的模式标本（图 46J）外，还有内蒙古嘎顺音阿得格与敖尔班的标本图片（A–I）。有人已将原来的正模标本 m1（IVPP V 6011）和副模标本 m2–3（V 6012）拼合在一起，因为两者很有可能原属一个个体，图 46J 即是拼合后的图片。

叶氏巨尖古仓鼠 *Megacricetodon yei* Bi, Meng et Wu, 2008

（图 47）

正模　IVPP V 15349.1，带 M1–3 的不完整右上颌骨。新疆富蕴铁尔斯哈巴合（IVPP Loc. XJ 98018），中中新统哈拉玛盖组。

副模　IVPP V 15349.2–46, V 15350，21 件不完整上、下颌，7 枚上门齿和 17 枚臼齿，27 件几乎完整或不完整的头后骨骼：阴茎骨、肱骨、尺骨、股骨、胫骨和跟骨。产地与层位同正模。

鉴别特征　中等尺寸，M1 的前边尖明显二分；一些 M1 具有发育的前小脊刺和前尖后刺，M1–2 的中脊中—长，M2 大多有双原脊，M2 的后脊横向或向后伸展；m1 的下前边尖为单尖；门齿孔长，向后伸至左、右 M1 之间，肱骨具有内上髁孔。

评注　该种的牙齿形态与哈萨克斯坦阿克套的 *Aktaumys dzhungaricus*（Kordikova et de Bruijn, 2001）很相似，但稍显进步。*Aktaumys* 应是 *Megacricetodon* 的晚出异名。对头后骨骼的形态分析表明 *Megacricetodon yei* 营穴居生活，也能攀爬和掘地。该种与 *Cricetodon orientalis* 出自同一层位。

上颌骨标本上显示其门齿孔后缘达 M1 中部，不同于一般 Cricetinae，后者的门齿孔都短，向后不达 M1 前缘。下颌标本显示了 Cricetinae 的特征：下颌骨纤细，门齿尖低于下臼齿列嚼面（图 47B、C 中的下门齿不在原位，故显得齿尖高于下臼齿列嚼面），冠状突大并后弯，下颌孔高于下臼齿列咀嚼面，颊侧视下颌上升支遮挡 m3 后半部。但是下齿列与下颌骨体的交角较小，不同于一般的 Cricetinae。

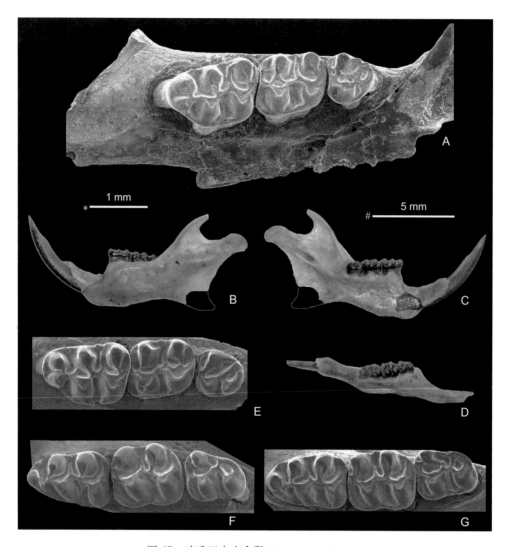

图 47　叶氏巨尖古仓鼠 *Megacricetodon yei*

A. 右上颌骨附 M1–3（IVPP V 15349.1，正模，反转），B, C. 左下颌骨附 i2 和 m1–3（IVPP V 15349.23），
D. 左下颌附 i2 和 m1–3（IVPP V 15349.24），E. 右 M1–3（IVPP V 15349.7，反转），F. 左 m1–3（IVPP V
15349.25），G. 左 m1–3（IVPP V 15349.24）：A, D–G. 冠面视，B. 颊侧视，C. 舌侧视；比例尺：* - A, E–G，
\# - B–D（引自 Bi et al., 2008）

甘古仓鼠属 Genus *Ganocricetodon* Qiu, 2001

模式种　陈氏甘古仓鼠 *Ganocricetodon cheni* Qiu, 2001

鉴别特征　小型仓鼠。臼齿低冠，冠面横宽。上臼齿三齿根，中脊发育程度不一，
原尖和前尖由单脊或双脊相连；M1 前边尖稍二分，后边脊不发育，后谷不明显。m1 下
前边尖呈单一脊形，具下中脊，下后脊颊侧端与下前小脊连接。

中国已知种　仅模式种。

分布与时代　甘肃、新疆，中中新世晚期。

陈氏甘古仓鼠 *Ganocricetodon cheni* Qiu, 2001

(图 48)

正模　IVPP V 12592，带 M1 的残破左上颌骨。甘肃永登泉头沟，中中新统咸水河组。

副模　IVPP V 12593，残破上、下颌骨 6 件，臼齿 7 枚。产地与层位同正模。

归入标本　IVPP V 15619，2 枚 M2（新疆福海）。

鉴别特征　同属。

产地与层位　甘肃永登泉头沟，中中新统上部咸水河组；新疆福海顶山盐池，中中新统上部顶山盐池组底部。

评注　该种以 M1 的前边尖二分，M1 和 M2 具 3 个齿根，以及 m1 下前边尖脊状等特征区别于 *Paracricetulus schaubi*；后者 M1 的前边尖简单，M1 和 M2 具 4 个齿根，m1 的下前边尖呈尖状。

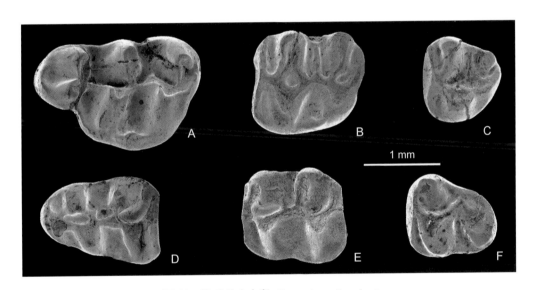

图 48　陈氏甘古仓鼠 *Ganocricetodon cheni*

A. 左 M1 (IVPP V 12592，正模)，B. 左 M2 (IVPP V 12593.4)，C. 左 M3 (IVPP V 12593.8)，D. 左 m1 (IVPP V 12593.9)，E. 右 m2 (IVPP V 12593.5，反转)，F. 右 m3 (IVPP V 12593.12，反转)：冠面视

副仓鼠属 Genus *Paracricetulus* Young, 1927

模式种　绍氏副仓鼠 *Paracricetulus schaubi* Young, 1927

鉴别特征　小型仓鼠。下颌骨体与齿列约呈 30° 角斜交；冠面视不见颏孔；侧视 m3 未完全被上升支遮掩。臼齿低冠，齿尖相对齿脊显著；M1 前边尖单尖；M2 常具双原脊，对称地连接前尖和原尖；M1 和 M2 的内谷近横向，四齿根；上臼齿中脊长度多变，前尖多见后刺，都具后谷。下臼齿无下中脊；m1 下前边尖单尖、小，下外谷横向，略前指。

中国已知种 仅模式种。

分布与时代 甘肃、新疆，中中新世晚期（通古尔期晚期）。

评注 杨钟健 1927 年研究了甘肃咸水河的 5 件下颌、1 件左上颌及 2 件胫骨上段，建立了新属新种 *Paracricetulus schaubi*。Schaub（1930，1934）再次研究这批化石时，仅有一件左上颌骨和一件右下颌可及，其中的左上颌被确认为 *Paracricetulus schaubi*，右下颌骨则归入林跳鼠科，命名为 *Heterosminthus orientalis*。邱铸鼎（2001）描述了新采集的丰富材料，很大程度上补充了对该属种的认知。

绍氏副仓鼠 *Paracricetulus schaubi* Young, 1927

（图 49）

正模 MEUU M.3419.361，1 件带有 M1–3 的残破左上颌骨。甘肃永登泉头沟，中中新统咸水河组。

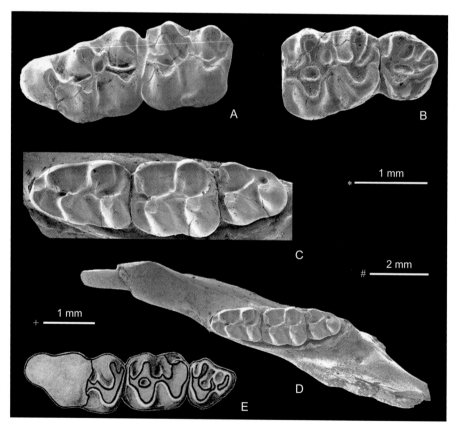

图 49 绍氏副仓鼠 *Paracricetulus schaubi*

A. 左 M1–2（IVPP V 12594.1），B. 左 M2–3（IVPP V 12594.9），C, D. 右下颌骨及附着的 m1–3（IVPP V 12594.37，反转），E. 左 M1–3（MEUU M.3419.361，正模）：冠面视；比例尺：* - A–C，# - D，+ - E（E 依据 Schaub, 1934）

地模　IVPP V 12594，54 件带部分臼齿的不完整上、下颌，109 枚臼齿。产地与层位同正模。

归入标本　IVPP V 15620，1 枚不完整 M1（新疆福海）。

鉴别特征　同属。

产地与层位　甘肃永登泉头沟，中中新统咸水河组；新疆福海顶山盐池（IVPP Loc. XJ 200617），中中新统上部顶山盐池组底部。

评注　Young（1927）在创建该种时并未指定模式标本，而 Schaub（1934）在再次研究该种标本时，仅有一件带有 M1–3 的残破左上颌骨（Young, 1927, pl. II, fig. 7）可被确定为属于该种，Schaub 对其重新绘图描记（Schaub, 1934, pl.-fig. 9），虽然也未明确指定模式标本，但作为当时唯一的一件被描记的标本，应被作为该种的正模（标本作为拉氏收藏品保存于瑞典乌普萨拉大学演化博物馆，编号为 MEUU M. 3419.361）。邱铸鼎从模式地点新采集的标本，应作为该种的地模。

苏尼特鼠属 Genus *Sonidomys* Qiu et Li, 2016

模式种　德氏苏尼特鼠 *Sonidomys deligeri* Qiu et Li, 2016

鉴别特征　中等大小的仓鼠。门齿孔后缘位于 M1 前缘前方，臼齿低冠，齿尖粗壮。M1 的前边尖和 m1 的下前边尖宽大而简单。M1 和 M2 的原脊和后脊单一、指向后舌侧，内谷窄、横向伸展；m1 和 m2 的下后脊和下次脊单一、稍指向前颊侧，下外谷横向、近对称；m2 和 m3 的下前边脊舌侧支与下后尖融合或接近融合；上臼齿三齿根，下臼齿双齿根。

中国已知种　仅模式种。

分布与时代　内蒙古，中中新世。

评注　该属的牙齿形态特征明显介于 *Democricetodon* 和 *Cricetodon* 之间，更偏向于 *Democricetodon*。与 *Democricetodon* 的主要区别在个体大，M1 和 M2 的原脊和后脊单一，以及上臼齿的内谷和下臼齿的下外谷窄、近于横向伸展。

德氏苏尼特鼠 *Sonidomys deligeri* Qiu et Li, 2016

（图 50）

正模　IVPP V 19789，附有左 M1 的破损上颌骨。内蒙古苏尼特右旗 346 地点，中中新统通古尔组中部。

副模　IVPP V 19790.1–18，白齿 18 枚。产地与层位同正模。

鉴别特征　同属。

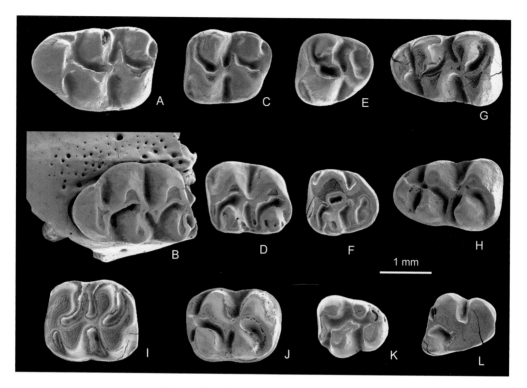

图 50　德氏苏尼特鼠 *Sonidomys deligeri*

A. 左 M1 （IVPP V 19789，正模），B. 左 M1 （IVPP V 19790.1，反转），C. 左 M2 （IVPP V 19790.2），D. 右 M2 （IVPP V 19790.3），E. 右 M3 （IVPP V 19790.4，反转），F. 右 M3 （IVPP V 19790.5），G. 左 m1 （IVPP V 19790.6），H. 右 m1 （IVPP V 19790.7），I. 左 m2 （IVPP V 19790.8），J. 右 m2 （IVPP V 19790.9），K. 左 m3 （IVPP V 19790.10），L. 右 m3 （IVPP V 19790.11）：冠面视（引自邱铸鼎、李强，2016）

科氏仓鼠属 Genus *Kowalskia* Fahlbusch, 1969

模式种　波兰科氏仓鼠 *Kowalskia polonica* Fahlbusch, 1969

鉴别特征　小至中型仓鼠，臼齿齿冠低。上、下臼齿都具有发育的、但较低的中脊和下中脊。m1 窄长，下前边尖前壁呈抛物线状，单尖、或从后部分裂为双尖或三尖；m3 具明显的下内尖。M1 前边尖宽，前壁通常不分而从后面裂为两个尖；M1 通常具有前小脊刺，M1 和 M2 常有双原脊，三或四齿根。下颌为仓鼠亚科型。

中国已知种　*Kowalskia neimengensis*, *K. similis*, *K. hanae*, *K. yinanensis*, *K. zhengi*, *K. shalaensis*，此外有 *K.? dalinica*, *K. gansunica* 和 *K. yananica*。

分布与时代　内蒙古、山东、陕西、云南，晚中新世早期—上新世（不包括 *K.? dalinica*、*K. gansunica* 和 *K. yananica* 的分布与时代）。

评注　*Kowalskia* 广泛分布于欧亚大陆的新近纪。在欧洲西起西班牙东至摩尔多瓦，南自希腊，北至波兰；在亚洲主要分布在中国。该属很可能起源于欧洲的 *Democricetodon* （Fahlbusch, 1969）。最早出现于欧洲晚中新世早期，大约在上新世早期之后灭绝，在中国则从晚中新世早期一直延续到上新世晚期或更新世早期。

我国已记载的种内，一般认为 Kowalskia? dalinica、K. gansunica 和 K. yananica 三个种不宜归入该属内，但目前还没有确切的归属，编者暂将它们有保留地记录在这里。除此之外，在陕西蓝田灞河组的上部层位中的一枚右 m2（IVPP V 15708），被鉴定为 Kowalskia indet.（张兆群等，2008），无疑应属于 Kowalskia，时代大致稍早于 8 Ma，与 K. hanae 和 K. shalaensis 同属于中国早期的科氏仓鼠。推测科氏仓鼠在 8 Ma 前从欧洲迁徙至中国。安徽繁昌人字洞早更新世上部堆积的第十一—十六水平层发现过一些仓鼠类化石，被指定为 Kowalskia sp.（金昌柱等，2009），但臼齿硕大，远远大于所有已知种，其 M1 的前边尖从前方二分，两尖各以一小脊在后方交会后与前小脊连接，且 m1 的下后脊和下次脊与牙齿纵轴相交的斜度相当大，其归属有待进一步研究。

大荔科氏仓鼠？ *Kowalskia? dalinica* Wang, 1988
（图 51）

正模　NWU 83 DL 015，左 m1。陕西大荔后河，下更新统游河组。

鉴别特征　m1 尺寸很大，齿冠高，且齿冠高度大于齿冠宽度。下前边尖宽而粗壮，从前面二分；下前小脊单一、宽而高；下中脊长度为下中间谷宽度之半且向舌侧变低；无下中附尖；牙齿的齿脊高、齿谷深。

评注　该种的建立仅依据一枚 m1。该齿齿冠高，且其下前边尖从前面二分，与 Kowalskia 属的齿冠低、及 m1 下前边尖从后面二分或三分的特征不符，原作者对其归属存疑。

1 mm

图 51　大荔科氏仓鼠？*Kowalskia? dalinica*
左 m1（NWU 83 DL 015，正模）（引自汪洪，1988）

甘肃科氏仓鼠 *Kowalskia gansunica* Zheng et Li, 1982
（图 52）

正模　IVPP V 6282，一段右下颌骨带 m1–3。甘肃天祝松山（IVPP Loc. 80006），上中新统。

鉴别特征 牙齿尺寸介于 *Kowalskia polonica* 和 *K. magma* 之间，落入 *K. similis* 的尺寸范围之内。齿冠较高。m1 下前边尖从后面二分，下后脊和下次脊与牙齿纵轴相交的斜度较大；m1–2 的下中脊细高且不伸达齿舌缘，下臼齿无明显的下中附尖。

评注 该种的全部标本仅为一下颌骨带 m1–3，其牙齿齿冠较高，下后脊和下次脊与牙齿纵轴相交的斜度大，且下中脊细高。而典型的 *Kowalskia* 齿冠低，下后脊和下次脊与牙齿纵轴相交的斜度小，下中脊低矮。因此该种是否可归入 *Kowalskia* 有待于今后证实，其形态和尺寸与 *Sinocricetus* 较相似。

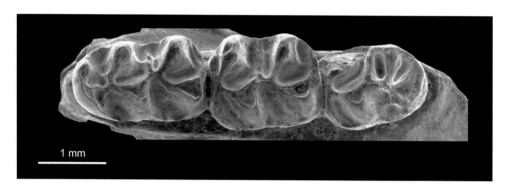

图 52 甘肃科氏仓鼠 *Kowalskia gansunica*
右下颌骨带 m1–3（IVPP V 6282，正模，反转）：冠面视

韩氏科氏仓鼠 *Kowalskia hanae* Qiu, 1995

（图 53）

Kowalskia sp.：邱铸鼎等，1985，20 页；Qiu, 1988, p. 837

Cf. *Kowalskia* sp.：邱铸鼎等，1985，20 页

正模 IVPP V 10843，左 M1。云南禄丰石灰坝（第 V 层），上中新统石灰坝组。

副模 IVPP V 10844.80–153，颊齿 74 枚。产地与层位同正模。

归入标本 IVPP V 10844.1–79, 154–198，不完整上、下颌骨 4 件，颊齿 120 枚（云南禄丰）。

鉴别特征 个体中等大小。M1 的前小脊刺伸达牙齿颊侧边缘者达 50% 以上；约 80% 的 M1 和 M2 具后脊 II；M1 三齿根或四齿根（各占近半数）；m1 下前边尖在三分之一的标本中为单尖；m3 比 m2 稍长或近等。

产地与层位 云南禄丰石灰坝（第 I、II、III、IV、V、VI 及混合层），上中新统石灰坝组。

评注 *Kowalskia hanae* 是中国地理分布最南的科氏仓鼠。此处的归入标本原先都被作为副模，由于它们与正模来自不同层位而被更改。该种还发现于元谋雷老小河组，但标本尚未详细描述，其所有 M1 仅具 3 个齿根（Ni et Qiu, 2002）。

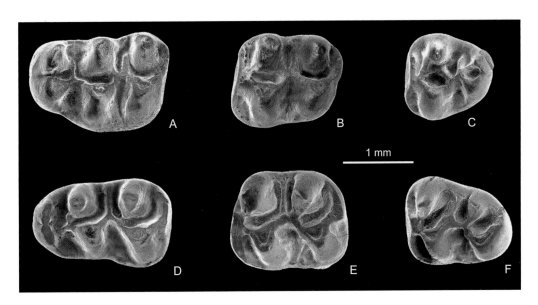

图 53 韩氏科氏仓鼠 Kowalskia hanae
A. 左 M1（IVPP V 10843，正模），B. 左 M2（IVPP V 10844.163），C. 左 M3（IVPP V 10844.51），D. 左 m1（IVPP V 10844.54），E. 左 m2（IVPP V 10844.63），F. 左 m3（IVPP V 10844.76）；冠面视

内蒙古科氏仓鼠 *Kowalskia neimengensis* Wu, 1991

（图 54）

Kowalskia sp.：Wang et al., 2009, p. 122 (part)；Qiu et al., 2013, p. 177 (part)

Sinocricetus sp.：Wang et al., 2009, p. 122 (part)

正模 IVPP V 8722.179，左 M1。内蒙古化德二登图 2，上中新统二登图组。

副模 IVPP V 8722.1–178, 180–371，16 件不完整上、下颌骨和 358 枚臼齿。产地与层位同正模。

归入标本 IVPP V 8726.1–43, V 19863，49 枚臼齿（内蒙古中部地区）。

鉴别特征 小型 *Kowalskia*。牙齿形态及尺寸与欧洲种 *Kowalskia polonica* 很接近，但其 M1 后脊 II 的出现频率较高，且相当一些 M1（27%）仍为较原始的三根齿。

产地与层位 内蒙古化德二登图、哈尔鄂博，上中新统二登图组—? 下上新统；苏尼特左旗必鲁图，上中新统。

评注 波兰 Podlesicé 上新世（MN 14）的 *Kowalskia polonica* 几乎所有的 M1 都具有 4 个齿根，且都不具有后脊 II。表明 *K. polonica* 似乎较 *K. neimengensis* 进步些。

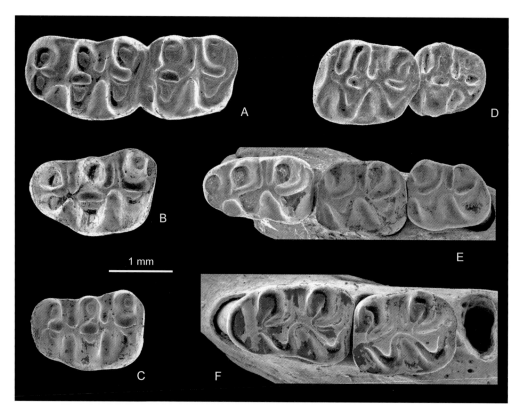

图 54 内蒙古科氏仓鼠 *Kowalskia neimengensis*

A. 右 M1–2 （IVPP V 8722.242，反转），B. 左 M1 （IVPP V 8722.179，正模），C. 左 M1 （IVPP V 8722.193），
D. 右 M2–3 （IVPP V 8722.298，反转），E. 右 m1–3 （IVPP V 8722.369，反转），F. 右 m1–2 （IVPP V
8722.368，反转）：冠面视

沙拉科氏仓鼠 *Kowalskia shalaensis* Qiu et Li, 2016

（图 55）

Kowalskia sp.：邱铸鼎、王晓鸣，1999，126 页；Qiu et al., 2006, p. 181；Qiu et al., 2013, p. 177

正模 IVPP V 19859，右 M1。内蒙古苏尼特右旗沙拉，上中新统（灞河期晚期）。

副模 IVPP V 19860，40 枚臼齿。产地与层位同正模。

归入标本 IVPP V 19861–19862，7 枚臼齿和 1 件带 m1–2 的破损下颌骨（内蒙古中部地区）。

鉴别特征 小型的 *Kowalskia* 属。M1 和 M2 总有后脊 II；M1 前边尖狭窄、分开，舌侧前边尖明显小于颊侧前边尖，常见明显的前小脊刺，三齿根；M2 通常具后脊 I，保留三齿根。m1 下前边尖较短，下前小脊双支；m1 和 m2 下外中脊仅见于个别标本。

产地与层位 内蒙古苏尼特右旗沙拉、阿巴嘎旗灰腾河和宝格达乌拉，上中新统。

评注 *Kowalskia shalaensis* 臼齿表现出明显的原始性，比禄丰的 *K. hanae* 更为原始。

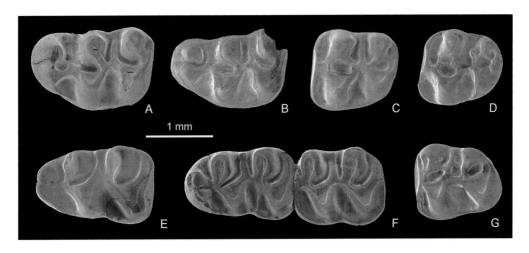

图 55 沙拉科氏仓鼠 *Kowalskia shalaensis*

A. 右 M1（IVPP V 19859，正模，反转），B. 左 M1（IVPP V 19862），C. 左 M2（IVPP V 19860.2），D. 右 M3（IVPP V 19860.3，反转），E. 左 m1（IVPP V 19860.5），F. 右 m1–2（IVPP V 19861.3，反转），G. 左 m3（IVPP V 19860.7）：冠面视（引自邱铸鼎、李强，2016）

它们和蓝田的 *K.* sp. 同属于中国境内出现较早的科氏仓鼠。

似法氏科氏仓鼠 *Kowalskia similis* Wu, 1991

（图 56）

Sinocricetus sp.：Wang et al., 2009, p. 122 (part)

Kowalskia sp.：Qiu et al., 2013, p. 177 (part)

正模 IVPP V 8723.50，右 M1。内蒙古化德二登图 2，上中新统二登图组。

副模 IVPP V 8723.1–49, 51–95，4 件带部分颊齿的不完整上、下颌骨和 90 枚臼齿。产地与层位同正模。

归入标本 IVPP V 8727.1–25, V 19864–19865，34 枚颊齿（内蒙古中部地区）。

鉴别特征 中型 *Kowalskia*。牙齿形态及尺寸与欧洲种 *Kowalskia* cf. *K. fahlbuschi* 很接近，但在一些 M1 和 M2 中后脊 II 缺失（M1：30%）或很弱（M1：8%），且大部分 M1（55%）具有 4 个齿根或是舌侧根有沟（45%）。

产地与层位 内蒙古化德二登图和哈尔鄂博，上中新统二登图组一？下上新统；苏尼特左旗巴伦哈拉根和必鲁图，上中新统。

评注 奥地利 Eichkogel 晚中新世（MN 11）的 *Kowalskia* cf. *K. fahlbuschi* 的 M1 都为三齿根（仅少数齿的舌侧根上具有一浅沟或稍稍分开）且都具有后脊 II。因此 *K. similis* 较 *Kowalskia* cf. *K. fahlbuschi* 进步。巴伦哈拉根和必鲁图的 M1 和 M2 也都只有

3 个齿根，应该与层位低有关。内蒙古比例克有一枚被归入 *K.* cf. *K. similis* 的 m1（IVPP V 11919），形态和尺寸与二登图和哈尔鄂博的 *K. similis* 一致，形态上也与 *K. zhengi* 和 *K. neimengensis* 相似，但尺寸较大。

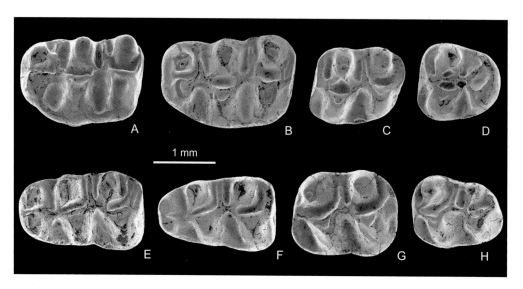

图 56 似法氏科氏仓鼠 *Kowalskia similis*

A. 右 M1（IVPP V 8723.50，正模，反转），B. 左 M1（IVPP V 8723.45），C. 左 M2（IVPP V 8723.61），D. 右 M3（IVPP V 8723.88，反转），E. 左 m1（IVPP V 8723.7），F. 左 m1（IVPP V 8723.6），G. 右 m2（IVPP V 8723.27，反转），H. 左 m3（IVPP V 8723.29）：冠面视

延安科氏仓鼠 *Kowalskia yananica* Zheng, Yuan, Gao et Sun, 1985

（图 57）

正模 IGG QV 10005，近完整头骨带门齿及左右 M1-3 齿列。陕西延安九沿沟，下更新统午城黄土上部。

鉴别特征 头骨主要性状介于 *Kowalskia yinanensis* 和 *Cricetinus varians* 之间，眶间区较狭窄，吻部较细。臼齿冠高、粗壮，中脊高、伸及颊侧缘，无内脊，均具双原脊但原脊 I 弱，后尖以后脊 II 与后边脊连接并形成颊侧很小的后谷。M1 前边尖自前方深度二分，M1 及 M2 的颊、舌侧前边脊发育；M1 和 M2 四齿根，M3 三齿根。

评注 *Kowalskia yananica* 的齿冠高，中脊很高且粗壮，M1 前边尖从前面二分，两前边尖各以一脊在后方相交并与原尖前臂相连，前小脊几乎不存在；此外，上臼齿缺失内脊，原脊 II 与中脊相交。这些特征与典型 *Kowalskia* 的牙齿形态相去甚远，邱铸鼎和李强（2016）认为它可能代表仓鼠亚科在华北更新世的一个新支系。

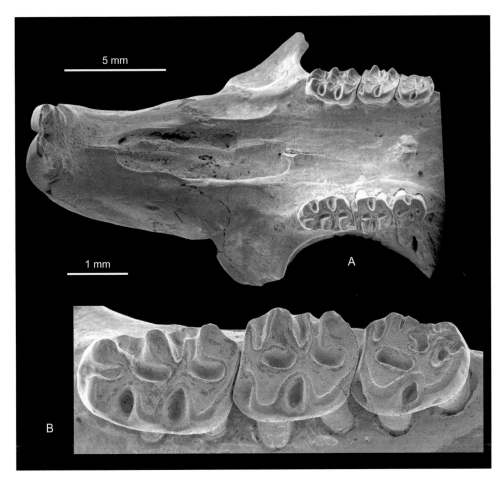

图 57 　延安科氏仓鼠 *Kowalskia yananica*

头骨吻端带门齿、上齿列（A）及左 M1–3（B）（IGG QV 10005，正模）：冠面视

沂南科氏仓鼠 *Kowalskia yinanensis* Zheng, 1984

（图 58）

正模　IVPP V 7393，较完整的成年—老年个体头骨，脑颅部受挤压，颧弓及枕区略破损，门齿尖断失，听泡未保存，牙齿残破。山东沂南双泉西山，上上新统（?）。

副模　IVPP V 7394–7398，头骨前半部 1 件、不完整下颌骨 3 件、M1–3 齿列 1 件。产地与层位同正模。

鉴别特征　尺寸与波兰的 *Kowalskia magna* 接近，头骨及下颌骨的性状与 *Cricetinus varians* 相似。上白齿颊侧及下白齿舌侧齿尖几乎与牙齿纵轴垂直相交。M1 前边尖宽，前壁平，从后方二分，具短的前小脊刺；M1 和 M2 具有双原脊和双后脊及发育的后谷。m1 下前边尖单尖或二分，具单一、低矮的下前小脊，下前小脊或连接舌侧下前边尖与下原尖前臂，或连接下前边尖中部与下原尖前臂；m3 很少退化。白齿（除 M3 外）都具有长达齿缘的中脊或下中脊，但 M3 不具中脊。M1、M2 四齿根。

评注 IVPP V 7394–7398 原被归入"其他材料"，由于与模式标本产自同一地点和层位，本志将其更正为副模。*Kowalskia yinanensis* 的牙齿既具明显的原始特征（M1–2 具发育的后谷），又具有明显的进步特征（M1–2 都具 4 个齿根、前边尖宽和前小脊刺短），难以对比和判断其时代，所产层位也提供不了任何时代依据。这里所给的时代仅为推测。

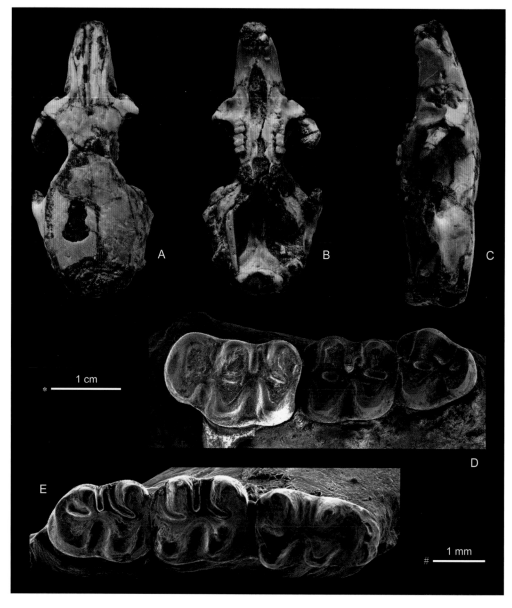

图 58 沂南科氏仓鼠 *Kowalskia yinanensis*

A–C. 破损头骨（IVPP V 7393，正模），D. 左上颌骨上的 M1–3 齿列（IVPP V 7395），E. 右下颌上的 m1–3
齿列（IVPP V 7397）：A. 背面视，B. 腹面视，C. 左侧面视，D, E. 冠面视；比例尺：* - A–C，# - D, E

郑氏科氏仓鼠 *Kowalskia zhengi* Qiu et Storch, 2000

（图 59）

正模　IVPP V 11917，一左残上颌带 M1–2。内蒙古化德比例克，下上新统。

副模　IVPP V 11918.1–145，8 件不完整上、下颌骨和 137 枚白齿。产地与层位同正模。

鉴别特征　与 *Kowalskia polonica* 和 *K. neimengensis* 大小接近的小型科氏仓鼠。与 *K. polonica* 的差别是 M1–2 具有后脊 II，与 *K. neimengensis* 的差别是 M1 为四根齿、前小脊刺较不发育及后脊 II 的出现频率较低（32%）。

评注　依据 M1 和 M2 具有 4 个齿根以及后脊 II 出现频率降低判断，*Kowalskia zhengi* 较 *K. neimengensis* 进步，并可能从后者演化而来；而 *K. polonica* 的 M1 和 M2 缺失后脊 II，因此较 *K. zhengi* 更进步。

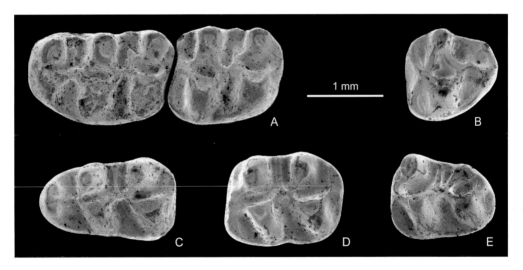

图 59　郑氏科氏仓鼠 *Kowalskia zhengi*
A. 左上颌带 M1–2（IVPP V 11917，正模），B. 左 M3（IVPP V 11918.1），C. 左 m1（IVPP V 11918.2），
D. 左 m2（IVPP V 11918.3），E. 左 m3（IVPP V 11918.4）：冠面视

微仓鼠属 Genus *Nannocricetus* Schaub, 1934

模式种　蒙古微仓鼠 *Nannocricetus mongolicus* Schaub, 1934

鉴别特征　小型仓鼠。具 *Cricetulus* 型的下颌和白齿，白齿的中脊和下中脊完全缺失或极不发育，M3 很退化。M1 前边尖宽、大多从前面二分；m1 下前边尖呈单尖或轻度从后面二分；m1 和 m2 的下后脊和下次脊较短；M1 和 M2 三齿根或四齿根。

中国已知种　*Nannocricetus mongolicus*, *N. primitivus*, *N. wuae*, *N. qiui*，共 4 种。

分布与时代　内蒙古、陕西、青海、西藏、甘肃、河北，晚中新世早期—上新世晚期。

评注　Schlosser（1924）在描述二登图和乌兰察尔的哺乳动物化石时，将 4 件下颌有疑惑地都归入 *Sminthoides fraudator*。Schaub（1930, 1934）分辨出这些标本应归属 3 种不同的啮齿类，将其中两件作为 *Sinocricetus zdanskyi* Schaub, 1930 的模式标本，一件指定为 *Nannocricetus mongolicus*，仅一件标本留在 *Sminthoides* 中。

Li（2010a）、张兆群等（2011）以及邱铸鼎和李强（2016）先后提出过 *Nannocricetus* 臼齿的演化趋势，综合起来可以归纳为：M1 和 M2 的齿根从三齿根逐渐增加到四齿根；臼齿的中脊和下中脊逐渐退化至缺失；M1 和 M2 的后脊 II 逐渐退化；M1 前边尖前部分裂渐深，前边尖与前小脊的连接由单连接演化为双连接；m1 逐渐增大，下前边尖由单尖始，二分的占比渐高，下前小脊由双支演变为单支。

Nannocricetus 属在形态上与 *Allocricetus* 和 *Cricetulus* 很相似，单个零散的牙齿很难区分。总体来看，*Cricetulus* 的臼齿几乎都不具中脊和下中脊，第一臼齿的前边尖和下前边尖都从前面显著地二分；*Allocricetus* 的 m3 和部分 m2 具有下中脊，第一臼齿的前边尖和下前边尖也都从前面显著地二分；*Nannocricetus* 的下臼齿的下中脊最弱并几乎消失，m1 的下前边尖为单尖或轻度从后面二分。

蒙古微仓鼠 *Nannocricetus mongolicus* Schaub, 1934

（图 60）

Sminthoides fraudator：Schlosser, 1924, p. 35 (part)

Nannocricetus sp.：Wang et al., 2009, p. 122；Qiu et al., 2013, p. 177

正模　MEUU M. 375，左下颌带 m1–2。内蒙古化德二登图 1，上中新统二登图组。

归入标本　IVPP V 8725, V 8729, V 11916, V 17032–17037, V 19108–19109, 不完整的上、下颌骨 53 件，臼齿 794 枚（内蒙古中部地区、甘肃灵台、青海格尔木和河北阳原）。

鉴别特征　小型仓鼠，臼齿齿冠低长。m1 的下前边尖窄，大多轻度或适度从后面二分，通常以单脊与下原尖前臂相连。M1 前边尖由前面二分，并以双脊与前小脊连接；M1 和 M2 的绝大部分不具后脊 II，都为四齿根。所有臼齿的齿谷宽而浅。下臼齿的后边脊一般不封闭下后谷。

产地与层位　内蒙古化德二登图、哈尔鄂博，上中新统二登图组—？下上新统；化德比例克、阿巴嘎旗高特格，上新统。甘肃灵台文王沟和小石沟，上中新统至上新统。河北阳原洞沟，上新统。青海格尔木昆仑山垭口，下上新统。

评注　Schaub（1934）建立该种时将唯一的一件标本指定为模式标本，本志视其为正模。甘肃灵台和河北阳原的标本尚未进行过详细的描述和研究。

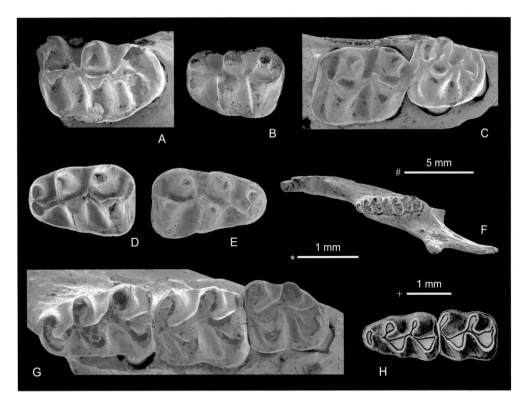

图 60　蒙古微仓鼠 *Nannocricetus mongolicus*

A. 右 M1（IVPP V 8725.232），B. 左 M1（IVPP V 8725.299），C. 左 M2–3（IVPP V 8725.399），D. 左 m1（IVPP V 8725.12），E. 右 m1（IVPP V 8725.51），F, G. 左下颌骨及其上附着的 m1–3（IVPP V 8725.462），H. 左 m1–2（MEUU M. 375，正模）：冠面视；比例尺：* - A–E, G，# - F，+ - H（H 引自 Schaub, 1934）

原始微仓鼠 *Nannocricetus primitivus* Zhang, Zheng et Liu, 2008

（图 61）

Nannocricetus cf. *N. mongolicus*：邱铸鼎、王晓鸣，1999，126 页

Cf. *Sinocricetus* sp.：Qiu et al., 2006, p. 181

Nannocricetus sp.：Qiu et al., 2006, p. 181；Wang et al., 2009, p. 122；Qiu et al., 2013, p. 177

正模　IVPP V 15700，残破左上颌骨带 M1–2。陕西蓝田 Loc.12 地点，上中新统灞河组中下部。

副模　IVPP V 15701.1–77，1 件带 m1–2 的不完整下颌骨，76 枚臼齿。产地与层位同正模。

归入标本　IVPP V 15702–15707，21 枚臼齿（陕西蓝田）。IVPP V 15464.1–16，1 件不完整上颌及 15 枚臼齿（青海德令哈）。

鉴别特征　很小的微仓鼠；臼齿低冠。m1 的下前边尖仅在未被磨蚀的齿中显示二分，在中度或重度磨蚀的标本上呈单尖；上臼齿不具中脊，下臼齿下中脊缺失或很弱；M1 前边尖与原尖单连接；M3 后半叶很退化。M1 和 M2 三齿根。

产地与层位 陕西蓝田灞河西岸（IVPP Loc. 6, 12, 19, 21, 30, 38, MS4），上中新统灞河组中下部；青海德令哈深沟，上中新统上油砂山组。

评注 与 *Nannocricetus mongolicus* 相比，m1 的下前边尖更少分开，具有向后颊侧延伸的弱脊，下前小脊很弱或缺失，M1 前边尖与原尖单连接，M3 后叶更退化。张兆群等（2008）认为 *N. primitivus* 是 *N. mongolicus* 的直接祖先类型。在蒙古的 Builstyn Khudag 发现有该种的亲近种（Maridet et al., 2014）。原被作为归入标本的 IVPP V 15701.1–77 标本，因与正模产自同一地点和层位，更改为副模。

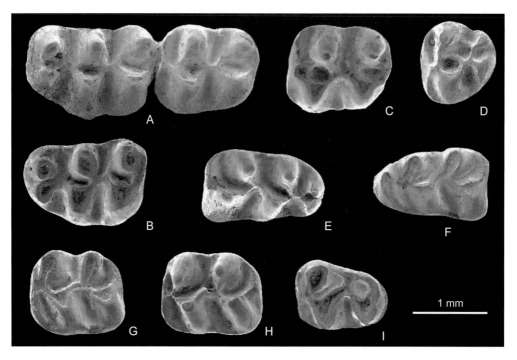

图 61 原始微仓鼠 *Nannocricetus primitivus*

A. 左 M1–2 (IVPP V 15700，正模)，B. 左 M1 (IVPP V 15701.2)，C. 左 M2 (IVPP V 15701.26)，D. 左 M3 (IVPP V 15701.39)，E. 右 m1 (IVPP V 15701.45)，F. 左 m1 (IVPP V 15701.44)，G. 左 m2 (IVPP V 15701.52)，H. 左 m2 (IVPP V 15701.51)，I. 左 m3 (IVPP V 15701.66)：冠面视

邱氏微仓鼠 *Nannocricetus qiui* Li, Stidham, Ni et Li, 2018

（图 62）

Nannocricetus sp.：Deng et al., 2011, table S1；Wang et al., 2013a, p. 282；Wang et al., 2013b, p. 93

正模 IVPP V 23220，左 M1。西藏札达（IVPP Loc. ZD 1001），下上新统。

副模　IVPP V 23221.1–16，16 枚臼齿。产地与层位同正模。

鉴别特征　较大的、齿冠较高的 *Nannocricetus*，牙齿尺寸与内蒙古二登图 2 地点的 *N. mongolicus* 和陕西蓝田的 *N. primitivus* 相当。M1 具有较宽的前边尖，m1 的下前边尖长。除 M2 具有很短的中脊外白齿都不具有中脊和下中脊。M1 完全缺失原脊 I 和后脊 I；M1–2 具有后脊 II，后谷或有或无；m1–2 的下后边脊粗壮，呈齿尖状。M1 具三（?）齿根，M3 为三齿根，m1 和 m3 均为双齿根。

评注　*Nannocricetus qiui* 和 *Aepyocricetus liuae* 都是西藏札达上新世早期哺乳动物群中的仓鼠，都具有较高的齿冠，可能是适应干旱环境的结果。*N. qiui* 的白齿兼具进步的和原始的性状，与属内其他种的形态差异很明显，可能代表属内不同的演化支系。

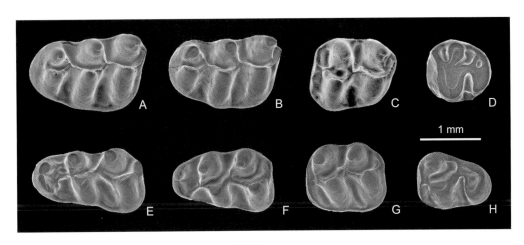

图 62　邱氏微仓鼠 *Nannocricetus qiui*

A. 左 M1（IVPP V 23220，正模），B. 左 M1（IVPP V 23221.1），C. 左 M2（IVPP V 23221.5），D. 左 M3（IVPP V 23221.7），E. 左 m1（IVPP V 23221.8），F. 右 m1（IVPP V 23221.9，反转），G. 右 m2（IVPP V 23221.14，反转），H. 右 m3（IVPP V 23221.16，反转）：冠面视（引自 Li et al.，2018）

吴氏微仓鼠 *Nannocricetus wuae* Zhang, Wang, Liu et Liu, 2011

（图 63）

正模　IVPP V 16894.1，带 m1–2 的左下颌骨残段。内蒙古四子王旗大庙，上中新统底部。

副模　IVPP V 16894.2–22，上颌骨残段 1 件、白齿 20 枚。产地与层位同正模。

鉴别特征　白齿低冠，齿尖锥形。m1 的下前边尖呈单尖，具有向颊、舌两侧延伸的下前边脊，下前小脊缺失或低短，下中脊除在极少数标本外几乎都缺失；m2 下前小脊很退化，下中脊长度多变但低弱；M1 前边尖窄、居中且轻度二分，前小脊低弱；仅少数上白齿具中脊，且短弱；M3 长大于宽。上白齿三齿根。

评注　原被作为归入标本的 IVPP V 16894.2–22，因与正模产自同一地点和层位，更改为副模。依据动物群的组成，该种时代可能为中新世最晚期或上新世最早期。

张兆群等（2011）认为中国北方的 3 种微仓鼠 *Nannocricetus wuae*、*N. primitivus* 和 *N. mongolicus* 组成了土著的演化系列，认为 *N. wuae* 是该属最原始的种，可能是 *Democricetodon* 的后裔。邱铸鼎和李强（2016）、Li 等（2018）则认为该种是最进步的 *Democricetodon*，而不是 *Nannocricetus*，但赞同 *Democricetodon* 是 *Nannocricetus* 祖先的推论，并认为"似乎存在从 *Democricetodon–Nannocricetus–Cricetulus* 的演化过程；在这一演化路线中，*Democricetodon* 向 *Nannocricetus* 的转化可能发生在晚中新世早期，*Nannocricetus* 向 *Cricetulus* 的转化可能出现于上新世晚期或早更新世。"由于该种已具有 *Nannocricetus* 属的一些衍生特征，并为避免过多的名称的变动，编者在此暂保留原建种者给予的分类位置。

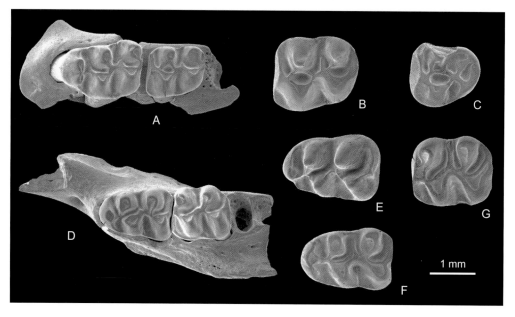

图 63　吴氏微仓鼠 *Nannocricetus wuae*

A. 不完整左上颌骨带 M1–2（IVPP V 16894.15），B. 右 M2（IVPP V 16894. 20，反转），C. 左 M3（IVPP V 16894. 22），D. 不完整左下颌骨带 m1–2（IVPP V 16894. 1，正模），E. 左 m1（IVPP V 16894.2），F. 右 m1（IVPP V 16894.9，反转），G. 右 m2（IVPP V 16894.14，反转）：冠面视

类山丘鼠属　Genus *Colloides* Qiu et Li, 2016

模式种　晓鸣类山丘鼠 *Colloides xiaomingi* Qiu et Li, 2016

鉴别特征　中等大小的仓鼠。白齿中等高冠，丘 - 脊型齿，齿尖和齿脊粗壮，磨蚀面平坦，齿谷深且狭窄，中脊缺如或很短。M1 的前边尖不分开；M1 和 M2 的原脊和后脊单一，伸向后舌侧；M3 可能具双后脊；m1 的下前边尖双分，下前小脊单一、前端常

与舌侧下前边尖连接，下后脊和下次脊单一，伸向前颊侧；m2 和 m3 缺失下前边脊舌侧支。上臼齿三齿根，下臼齿双齿根。

中国已知种 仅模式种。

分布与时代 内蒙古，晚中新世早期。

评注 *Colloides* 属的臼齿齿冠较高，齿尖和齿脊粗壮，磨蚀面平坦，构造简单，第一臼齿的前边尖不二开，臼齿的主脊单一，中脊缺失。这种独特的牙齿形态明显地不同于其他的亚洲仓鼠，但与欧洲的 *Collimys* 和 *Pseudocollimys* 较相似，它们之间很可能有较近的亲缘关系。在欧洲，所发现的具有类似形态构造的仓鼠种类和数量也不多，其起源和系统关系都不很清楚，有待于今后新材料的发现和研究。

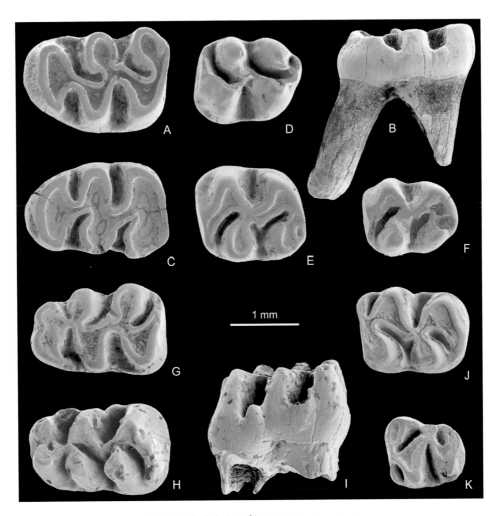

图 64　晓鸣类山丘鼠 *Colloides xiaomingi*

A, B. 左 M1（IVPP V 19841.1），C. 右 M1（IVPP V 19841.2），D. 左 M2（IVPP V 19841.3），E. 右 M2（IVPP V 19842.1），F. 右 M3（IVPP V 19844.1），G. 左 m1（IVPP V 19842.2），H, I. 右 m1（IVPP V 19840，正模），J. 右 m2（IVPP V 19841.4），K. 左 m3（IVPP V 19843）；A, C–H, J–K. 冠面视，B. 舌侧视，I. 颊侧视（引自邱铸鼎、李强，2016）

晓鸣类山丘鼠 *Colloides xiaomingi* Qiu et Li, 2016

（图 64）

Cricetidae indet.：Qiu et al., 2013, p. 177

正模 IVPP V 19840，右 m1。内蒙古苏尼特左旗巴伦哈拉根，上中新统下部（灞河期）。

副模 IVPP V 19841，11 枚臼齿。产地与层位同正模。

归入标本 IVPP V 19842–19844，8 枚臼齿（内蒙古中部地区）。

鉴别特征 同属。

产地与层位 内蒙古苏尼特左旗巴伦哈拉根，苏尼特右旗阿木乌苏、沙拉，阿巴嘎旗灰腾河，上中新统下部。

中华仓鼠属 Genus *Sinocricetus* Schaub, 1930

模式种 师氏中华仓鼠 *Sinocricetus zdanskyi* Schaub, 1930

鉴别特征 下颌形态似 *Cricetulus*，臼齿齿冠较 *Nannocricetus* 和 *Kowalskia* 的高、齿尖也较粗壮。M1 的前边尖从后边二分，颊侧前边尖总是与通常很发育的前小脊刺相连、或有时与前小脊连接。上臼齿的中脊长短不一，部分 M1 和 M2 具有后脊 II。M1 和 M2 三齿根或四齿根。下臼齿下中脊发育程度不同，m1 的下前边尖也从后边二分。

中国已知种 *Sinocricetus zdanskyi*, *S. progressus*, *S. major*，共 3 种。

分布与时代 内蒙古、河北、青海、甘肃，晚中新世—上新世。

评注 *Sinocricetus* 属分布于华北晚中新世—晚上新世，常与 *Nannocricetus* 和 *Kowalskia* 属共生，为中国特有的地方性仓鼠属，仅见于华北和西北（Wu, 1991；Qiu et Storch, 2000；郑绍华、张兆群，2001；李强等，2008；邱铸鼎、李强，2008, 2016）。除上 3 种外，该属的未定种还发现于青海柴达木盆地（邱铸鼎、李强，2008），李毅（1982）曾报道过甘肃宁县早更新世地层中发现的 *S. zdanskyi*，但未见有标本的描述和图示。由于该种在中国北方出现地点的时代都为晚中新世，它能否延续到更新世值得怀疑。

师氏中华仓鼠 *Sinocricetus zdanskyi* Schaub, 1930

（图 65）

Sminthoides fraudator：Schlosser, 1924, p. 27 (part)

Sigmodon atavus：Schlosser, 1924, p. 42

Sinocricetus sp.：Qiu et al., 2006, p. 181；Qiu et al., 2013, p. 177

Cricetidae indet. 2：Wang et al., 2009, p. 122

选模 MEUU M. 3415，带有 m2–3 的一件残破右下颌骨。内蒙古化德二登图 1，上中新统二登图组。

副选模 MEUU M. 3415，左下颌骨附 m1–2 及 M2 各一件。产地与层位同选模。

归入标本 IVPP V 8724, V 8727, V 19845–19848，带不同数量臼齿的破损上、下颌 27 件，臼齿 712 枚（内蒙古中部地区）。

鉴别特征 臼齿齿冠较高、齿尖粗壮、具较深的齿谷。上臼齿的中脊高而粗壮。M1 的颊、舌侧前边尖间的谷宽深，部分 M1 和 M2 具有后脊 II，M1 和 M2 具三或四齿根。下臼齿的下次脊大多与下原尖后臂连成近似于牙齿对角线的斜脊，与下中脊斜交；下后脊向前很斜伸，与下次脊平行；m2 和 m3 多有下中脊。

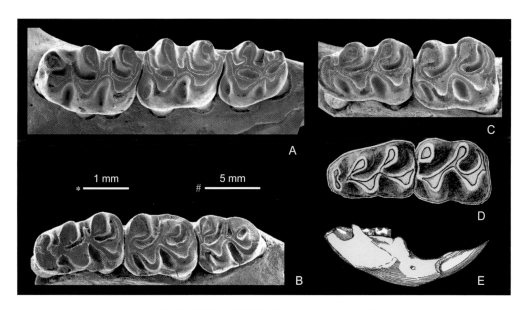

图 65 师氏中华仓鼠 *Sinocricetus zdanskyi*

A. 右 M1–3（IVPP V 8724.498，反转），B. 右 m1–3（IVPP V 8724.604，反转），C. 右 m1–2（IVPP V 8724.603，反转），D. 左 m1–2（MEUU M. 3415），E. 残破右下颌骨附 m2–3（MEUU M. 3415，选模）；A–D. 冠面视，E. 颊侧视；比例尺：* - A–D，# - E（D, E 引自 Schaub, 1934）

产地与层位 内蒙古化德二登图、哈尔鄂博，上中新统二登图组一? 下上新统；阿巴嘎旗宝格达乌拉，上中新统宝格达乌拉组；苏尼特右旗沙拉、苏尼特左旗巴伦哈拉根和必鲁图，上中新统。

评注 在 *Nannocricetus* 一属评注中提及 Schaub（1930, 1934）将 Schlosser（1924）据以建立 *Sminthoides fraudator* 的 4 件下颌骨中的两件作为模式标本建立了 *Sinocricetus zdanskyi*。此外他还提及 Schlosser（1924）归入 *Sigmodon atavus* 的一枚 M2 也应归入

S. zdanskyi。由于建名者未指定正模和副模，故在此将带有 m2–3 的右下颌作为正选模，带有 m1–2 的左下颌及右 M2 作为副选模。

Sinocricetus 属常与 *Nannocricetus* 和 *Kowalskia* 共生，*S. zdanskyi* 种内的牙齿形态变异较大，当拥有丰富材料时，同一地点的 *S. zdanskyi* 与 *N. mongolicus* 和 *K. similis* 之间的界限不易区分，有些牙齿的归属难以确定。*S. zdanskyi* 在内蒙古苏尼特左旗巴伦哈拉根和必鲁图、苏尼特右旗沙拉以及阿巴嘎旗宝格达乌拉等地点较低层位的发现使该种的地史分布大大延长，从晚中新世早期至上新世最早期，跨时约 3 Ma。

大中华仓鼠 *Sinocricetus major* Li, 2010

（图 66）

Cricetidae gen. et sp. indet.：李强等，2003，108 页，表 1

正模 IVPP V 17022，左 m2。内蒙古阿巴嘎旗高特格（IVPP Loc. DB02-2），下上新统（高庄期）。

副模 IVPP V 17023.1–5，5 枚臼齿。产地与层位同正模。

归入标本 IVPP V 17024–17025，4 枚臼齿（内蒙古高特格）。

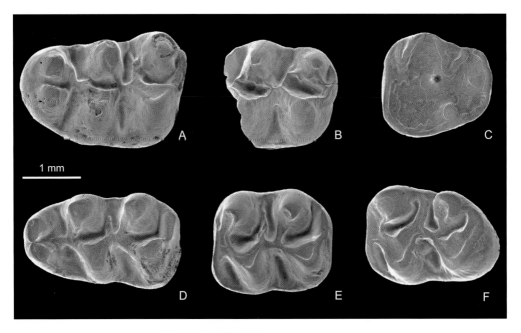

图 66 大中华仓鼠 *Sinocricetus major*
A. 左 M1（IVPP V 17023.1），B. 破损左 M2（IVPP V 17023），C. 右 M3（IVPP V 17024.1，反转），D. 右 m1（IVPP V 17025.2，反转），E. 左 m2（IVPP V 17022，正模），F. 右 m3（IVPP V 17023.5，反转）：冠面视
（引自 Li, 2010a）

鉴别特征　牙齿尺寸显著大于 *Sinocricetus zdanskyi* 和 *S. progressus*，齿冠较高，下臼齿下中脊（下原尖后臂或假下中脊）较发育。m1 的下中脊指向前内方向，m2 的下中脊前内向与下后尖后壁连接，m3 长；M2 有后脊 II。

产地与层位　内蒙古阿巴嘎旗高特格（IVPP Loc. DB02-2, DB03-1），下上新统。

评注　李强（2010）对比了内蒙古中部地区中新世最晚期二登图和哈尔鄂博、早上新世比例克和高特格地点的 *Sinocricetus* 材料，认为这个属的臼齿可能存在着如下演化趋势：M1–2 原脊 I 发育频率逐渐增高，M1–2 的中脊与后尖前壁连接的程度逐渐增高，m1 下前小脊从双支分别与颊舌两侧下前边小尖连接向单支与颊侧下前边小尖连接转变，以及 m2 的假下中脊（下原尖后臂）与下后尖后壁发生连接的频率逐渐增高。

进步中华仓鼠 *Sinocricetus progressus* Qiu et Storch, 2000
(图 67)

Cricetidae indet. 2, *Sinocricetus* sp.：Wang et al., 2009, p. 122

Sinocricetus sp.：Qiu et al., 2013, p. 177

正模　IVPP V 11914，残破右上颌带 M1–3。内蒙古化德比例克，下上新统。

副模　IVPP V 11915，22 件不完整上、下颌骨及 165 枚臼齿。产地与层位同正模。

归入标本　IVPP V 17026–17030，31 枚臼齿（内蒙古中部地区）。

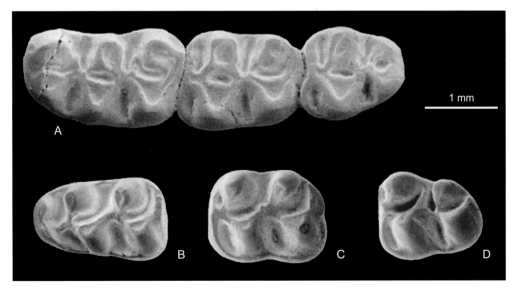

图 67　进步中华仓鼠 *Sinocricetus progressus*

A. 不完整右上颌骨上附着的 M1–3（IVPP V 11914，正模，反转），B. 左 m1（IVPP V 11915.1），C. 左 m2（IVPP V 11915.2），D. 左 m3（IVPP V 11915.3）：冠面视（引自 Qiu et Storch, 2000）

鉴别特征 牙齿尺寸与 *Sinocricetus zdanskyi* 的相近，但齿冠较低，齿谷相对宽。M1 及 m1 的前边尖较小且分开程度较低；M1 的前小脊和前小脊刺较低弱，m1 仅有一条下前小脊；上、下臼齿的中脊都较退化；M1 和 M2 原脊 I 的出现率较高；M1 和 M2 均为四齿根。

产地与层位 内蒙古化德比例克、阿巴嘎旗高特格和苏尼特左旗必鲁图，河北泥河湾洞沟等地点，上新统。

评注 该种还发现于河北阳原泥河湾和甘肃灵台雷家河的上新统，但标本尚未描述（张兆群、郑绍华，2001；郑绍华、张兆群，2001；郑绍华等，2006；李强等，2008）。

Sinocricetus progressus 与 *S. zdanskyi* 牙齿的大小接近，在标本少的情况下很难确定种的归属（邱铸鼎、李强，2016）。

新古仓鼠属 Genus *Neocricetodon* Schaub, 1934

模式种 谷氏新古仓鼠 *Neocricetodon grangeri* (Young, 1927)

鉴别特征 吻部粗壮、鼻骨宽，眶间区收缩、眶下孔宽。下颌骨粗壮，下颏孔位于 m1 前齿根前下方、颌骨的上部三分之一处。颊齿齿冠低、齿尖较粗壮。M1 前边尖宽，从后方二分；前小脊刺很发育，伸至颊侧缘，且末端通常稍膨大；原脊成双或仅有原脊 II，仅有后脊 II。M2 具双原脊，后脊成双或仅有后脊 II。M3 短、后部变窄，后尖、次尖缩小，原脊总成双。M1、M2 的中脊较短，总靠近后尖；M3 不具中脊。m1 下前边尖单尖，但横向延长；仅具一条低矮的下前小脊，由下后脊与下原尖前臂的交汇处伸至下前边尖后方的中部、舌侧或颊侧。下臼齿的下中脊几乎总伸至舌侧边缘，通常有下中附尖。m3 大，几乎与 m2 等长。M1 和 M2 四齿根。

中国已知种 仅模式种。

分布与时代 山西，晚中新世—上新世早期。

评注 杨钟健 1927 年发表了他的博士论文《中国北部之啮齿动物化石》，其中描述产自山西榆社贾峪村的仓鼠新种 *Cricetulus grangeri*。Schaub 于 1930 和 1934 年重新研究了该种的材料，认为其头骨具有粗壮的吻部、宽鼻骨、稍收缩的眶间区以及宽眶下孔，此外下臼齿具有伸至唇侧的下中脊，并有明显的下中附尖，m1 的前边尖不二分或至多有浅沟，不可能归 *Cricetulus* 属。为此，他在 1934 年对这些材料做了更详细的描述并建立了新属 *Neocricetodon*。无独有偶，Kretzoi 也在 1930 年为匈牙利 Csackvar 晚中新世的仓鼠命名为新属 *Neocricetodon*，但是没有提供任何描述和图件，虽然他在 1951 年补充描述了标本，而且正模和其他标本都被收藏在匈牙利地质研究所，但是 Schaub 在 1934 年建立的 *Neocricetodon* 无疑具有优先权。更巧合的是 Kretzoi 的 *Neocricetodon* 与 Schaub 的 *Neocricetodon* 在牙齿形态上很相似，并且与 Fahlbusch（1969）建立的波

兰上新世的 *Kowalskia* 也极相似。Fahlbusch 在建立 *Kowalskia* 属时没能知晓中国和匈牙利 *Neocricetodon* 的存在。这三个属是否为同物异名，还有待于更多材料，尤其是头骨和头后骨骼的发现来证实（Daxner-Höck et al., 1996），尽管 Kretzoi（1978）已将 *Neocricetodon* 与 *Kowalskia* 等同了。在本志中我们暂保留 *Neocricetodon* Schaub, 1934 和 *Kowalskia* Fahlbusch, 1969 这两个属。编者认为 *Neocricetodon grangeri* 与 *Kowalskia* 的重要差别是上臼齿的中脊短（M1 和 M2）或缺失（M3），此外，下颌骨相当粗壮。

谷氏新古仓鼠 *Neocricetodon grangeri* (Young, 1927)

（图 68）

Cricetulus grangeri：Young, 1927, p. 26；Schaub, 1930, p. 46

Neocricetodon grangeri：Schaub, 1934, p. 26

Kowalskia spp. a, b, c：Flynn et al., 1991, fig. 4, tab. 2

Kowalskia spp. a, b, c：Tedford et al., 1991, fig. 4

Neocricetodon grangeri：Flynn et al., 1997, fig. 5

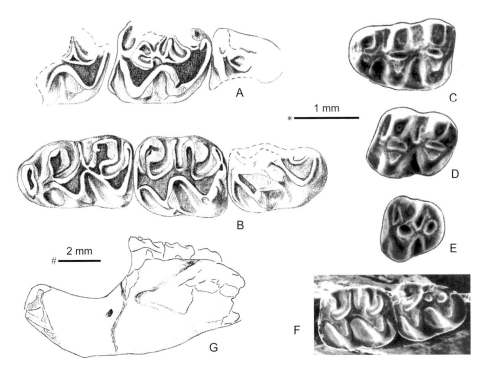

图 68　谷氏新古仓鼠 *Neocricetodon grangeri*

A, B, G. 同一个体的无编号正模标本（A. 破损的右上臼齿列，反转；B. 左下臼齿列；G. 不完整左下颌带 m1–3），C. 右 M1（IVPP V 9882.2，反转），D. 右 M2（IVPP V 9882.3，反转），E. 左 M3（IVPP V 9882.5），F. 左 m2–3（IVPP V 11328）；A–F. 冠面视，G. 颊侧视；比例尺：* - A–F，# - G（引自 Wu et Flynn, 2017a）

正模 无编号，属于同一个体的不完整头骨、一对下颌，一左肱骨，以及包在围岩中的一块胫骨、两块跖骨、一些脊椎和其他头后骨骼。标本上标有"Chia yu Tsun, Yu She 173"字样，作为拉氏收藏品保存在瑞典乌普萨拉大学博物馆。山西榆社贾峪村东南0.5 km（相当于YS 161地点），上中新统高庄组底部。

地模 IVPP V 11326，一件带有残破M1的不完整右上颌骨。产地与层位同正模。

归入标本 IVPP V 9875–9882, V 11332, V 11327–11329，不完整上、下颌骨4件，臼齿45枚（山西榆社）。

鉴别特征 同属。

产地与层位 山西榆社云簇盆地（IVPP YS 8、9、32、3、39、50、97和YS 4地点）、谭村盆地（IVPP YS 145、142、152和YS 139地点），上中新统马会组—下上新统高庄组醋柳沟段。

评注 1991年中美联合古生物考察队找到了正模的产地，并命名为YS 161地点，在该地点又找到一件应该是属于该种的带有残破M1的不完整右上颌。

异仓鼠属 Genus *Allocricetus* Schaub, 1930

模式种 伯尔茨异仓鼠 *Allocricetus bursae* Schaub, 1930（罗马尼亚 Siebenbürgen 地区以及匈牙利的 Villány 和 Beremend 地区，下更新统）。

鉴别特征 头骨特征近似 *Cricetus*，吻部宽短，鼻骨向前迅速变宽，头骨背部平缓；牙齿形态则为典型的 *Cricetulus* 型，M1 和 m1 的前边尖从前面二分。下中脊通常仅在 m3 中存在，在 m2 中少有出现。m3 不缩短，与 m2 大致等长。牙齿和咬肌板形态不同于 *Mesocricetus*，其门齿不像 *Mesocricetus* 那样具有扁平的前表面。

中国已知种 *Allocricetus bursae, A. ehiki, A. primitivus, A. teilhardi*，共4种。

分布与时代 北京、陕西、湖北、安徽、山东、山西、甘肃和重庆，上新世早期—中更新世早期。

评注 *Allocricetus* 是 Schaub 在1930年研究匈牙利 Villány 和 Beremend 以及罗马尼亚 Siebenbürgen 的仓鼠化石时创建的，当时包括两个种：*A. ehiki* 和 *A. bursae*，指定 *Allocricetus bursae* 作为模式种。种名"bursae"来自地名"Burzland"（位于罗马尼亚 Siebenbürgen 地区）。后来欧洲关于上新世和早更新世（MN 15–17）*Allocricetus* 的记载，都为单个牙齿（Fahlbusch, 1969；Fejfar, 1970）。Bate（1943）、Tchernov（1968）和 Haas（1966）报道了以色列更新世的 *Allocricetus*。近些年来，该属在环地中海的希腊和土耳其有更早的（MN 10–MN 13/14）发现（Daxner-Höck, 1995；Rummel, 1998；Ünay et al., 2006），然而除少数不完整齿列外也都为单个牙齿。在中国，郑绍华（1984a）重新研究周口店地区的仓鼠类化石时，将第十二和十八地点原先被定为 *Cricetinus varians* 或

Cricetulus varians 的头骨、下颌和齿列归入 *Allocricetus ehiki*，将周口店第九和十三地点、陕西渭南西岔湾和蓝田公王岭被计宏祥（1975）和胡长康、齐陶（1978）归入 *Cricetinus varians* 或 *Cricetulus varians* 的头骨、下颌和齿列定为异仓鼠的一个新种 *A. teilhardi*。此后，在山东淄博孙家山、甘肃灵台、湖北建始和山西榆社先后有这个属的化石发现（郑绍华等，1997；郑绍华、张兆群，2000；郑绍华，2004；Wu et Flynn, 2017a）。山西静乐（周晓元，1988）、重庆巫山（郑绍华，1993）有些单个牙齿疑似归这个属。

伯尔茨异仓鼠 *Allocricetus bursae* Schaub, 1930

（图 69）

选模 一不完整头骨（Schaub, 1930, Fig. 37, B-B1；无编号）。匈牙利的 Villány，下更新统。

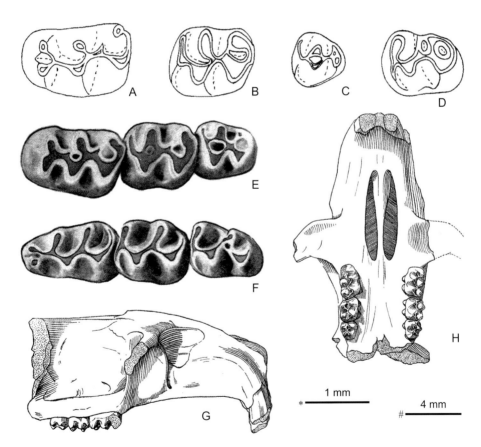

图 69 伯尔茨异仓鼠 *Allocricetus bursae*

A. 右 M1（IVPP RV 97049.1，反转），B. 右 M2（IVPP RV 97049.2，反转），C. 右 M3（IVPP RV 97021.3，反转），D. 右 m3（IVPP RV 97049.6，反转），E. 左 M1–3（无编号），F. 左 m1–3（无编号），G, H. 头骨前部（无编号，选模）：A–F. 冠面视，G. 右颊侧视，H. 腭面视；比例尺：* - A–F，# - G, H（A–D 引自郑绍华等，1997；E–H 引自 Schaub, 1930）

归入标本 IVPP RV 97021.1–4, RV 97049.1–6，臼齿 10 枚（山东淄博孙家山，第一地点和第四地点）。此外，中国多地有该种的记载（见上），但未有对标本的详细描述。

鉴别特征 Cricetinae 型头骨。个体小于 *Allocricetus ehiki*。吻部短、粗壮，眶下孔宽，眶间区收缩；颅骨前部与臼齿形态同 *Cricetulus*。下臼齿的下中脊通常完全缺失，m3 有时具有下中脊，该脊弯向下后尖。m1 窄长，下前边尖通常从前面二分。M1 的原脊 I 常常缺失。

产地与层位 山东淄博孙家山（第一、第四地点），下更新统裂隙堆积。

评注 Schaub（1930）在建种时并没有指定该种的模式标本，但提供了对两件头骨、下颌骨和牙齿的描述和一些测量数据与图件。所有材料来自罗马尼亚的 Siebenbürgen 以及匈牙利的 Villány 和 Beremend 地区下更新统。本志将其中一头骨定为选模。图 69 引用了 Schaub 的图件，以供参考。在中国，郑绍华等（1997）研究了山东淄博早更新世裂隙堆积中 *A. bursae* 的材料，郑绍华和张兆群（2000）报道过该种在甘肃灵台上上新统中的发现，但无具体标本的描述，在上述两个地点该种都与 *A. ehiki* 一起出现。金昌柱等（2009）简要地描述了安徽繁昌人字洞下更新统 *A.* aff. *bursae* 的破损上、下颌及零散牙齿共 286 件（V 13987.1–286）。编者认为，今后应注意发现带有牙齿的头骨化石以验证该种在中国是否确实存在。

艾克氏异仓鼠 *Allocricetus ehiki* Schaub, 1930

（图 70）

Cricetinus cf. *varians*：Teilhard de Chardin, 1938, p. 17

Cricetulus (*Cricetinus*) cf. *varians*：Teilhard de Chardin, 1940, p. 54；Teilhard de Chardin et Leroy, 1942, p. 35

选模 无编号，相当残破的头骨前端。匈牙利 Villány 的 Kalkberg，下更新统。

归入标本 IVPP RV 380012–380017, RV 400012–400078，17 件头骨或头骨的前半部、1 件上颌骨、120 件下颌骨（北京周口店）。IVPP RV 97020.1–7, RV 97048.1–12，下颌 2 件、臼齿 17 枚（山东淄博）。IGG QV 10003，一下颌骨带 m1-3（陕西洛川）。

鉴别特征 较大型的 *Allocricetus*，牙齿尺寸比 *A. bursae* 的大，吻部较长，眶间区较窄长和上门齿曲率较大。m1 的前边尖更向后分裂。

产地与层位 北京房山周口店（第十二和十八地点），下更新统；陕西洛川武石屯堤，午城黄土底部；甘肃灵台，上上新统；山东淄博孙家山（第一和第四地点），早更新世早期裂隙堆积。

评注 Schaub（1930）没有明确指定模式标本，但详细描述、图示了产自 Villány、

Kalkberg 和 Fortyogóberg 的不同于 *Allocricetus bursae* 的另一个头骨和牙齿特征，编者将这一头骨标本作为选模。郑绍华（1984a）在重新研究北京周口店地区的仓鼠类材料时将第十二和十八地点的部分变异似仓鼠材料归入 *A. ehiki*，认为周口店地点的头骨形态与匈牙利 Villány 的一致，臼齿尺寸和形态很接近，地点的地质时代相当。甘肃灵台上上新统和山东淄博早更新世早期裂隙堆积中也有关于该种及其与 *A. bursae* 共生的报道（郑绍华等，1997；郑绍华、张兆群，2000）。此外，湖北建始龙骨洞下更新统和山西榆社云簇盆地上新统上部麻则沟组还都产有 *A. ehiki* 的相似种（郑绍华，2004；Wu et Flynn，2017a）。

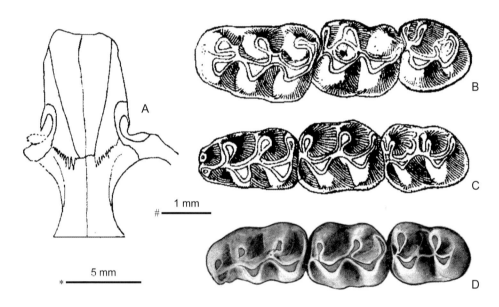

图 70　艾克氏异仓鼠 *Allocricetus ehiki*

A. 头骨吻端（IVPP RV 400013），B. 左 M1–3（IVPP RV 400013），C. 左 m1–3（IVPP RV 400063），D. 右 m–3（无编号，反转）；A. 背视，B–D. 冠面视；比例尺：* - A，# - B–D（A–C 引自郑绍华，1984a；D 引自 Schaub，1930）

原始异仓鼠 *Allocricetus primitivus* Wu et Flynn, 2017

（图 71）

正模　IVPP V 9895.1，带有 M1–2 的不完整左上颌。山西榆社云簇盆地（IVPP YS 4 地点），下上新统高庄组醋柳沟段。

副模　IVPP V 9895.2–15，4 件不完整下颌骨，10 枚臼齿。产地与层位同正模。

归入标本　IVPP V 9890, V 9892–9894，不完整的上、下颌骨各一件，8 枚臼齿（山西榆社）。

鉴别特征　较原始的 *Allocricetus*：M1 和 m1 的前边尖和下前边尖都二分，但较窄。

M1 和 M2 的 4 个主齿尖以较长的内脊连接组成 X 形。m1 下前边尖轻微从前面二分，两小尖以沟相隔；M1 的两个前边尖后的前小脊都很低弱。M1 和 M2 的后脊 I 较后脊 II 发育；下中脊在 m1 中缺失或短，在 m2 中较多出现，在 m3 中很发育；m3 长，仅稍短于m2。牙齿尺寸小于 *A. ehiki* 和 *A. teilhardi*，但与 *A. bursae* 的大致相当。

评注 *Allocricetus primitivus* 与该属其他种的区别在于：M1 和 m1 的前边尖窄，二分的程度较低，前小脊和下前小脊较低弱，部分 m1 和 m2 具有下中脊。该种是在中国出现最早的异仓鼠，在中国 *Allocricetus* 臼齿的演化趋势表现为：第一臼齿的前边尖变宽、其二分的程度渐高、前小脊渐趋发育，m1 和 m2 的下中脊渐消失，m3 则保留发育的下中脊。

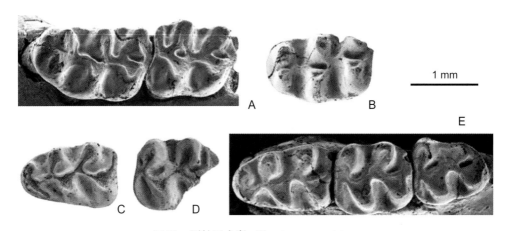

图 71 原始异仓鼠 *Allocricetus primitivus*

A. 左 M1–2（IVPP V 9895.1，正模），B. 右 M1（IVPP V 9895.4，反转），C. 左 m1（IVPP V 9895.12），D. 破损左 m2（IVPP V 9895.14），E. 右 m1–3（IVPP V 9895.10，反转）：冠面视（引自 Wu et Flynn, 2017a）

德氏异仓鼠 *Allocricetus teilhardi* Zheng, 1984

（图 72）

Cricetinus varians：Teilhard de Chardin, 1936, p. 16 (part)；Teilhard de Chardin et Pei, 1941, p. 49 (part)；计宏祥，1975，169 页

Cricetulus (Cricetinus) varians：胡长康、齐陶，1978，17 页

正模 IVPP RV 410012，一件受强烈挤压而变形的完整头骨。北京房山周口店（第十三地点），中更新统。

副模 IVPP RV 410013–410015，一件缺失颧弓的头骨前端、一件头骨前半部分及一左下颌。产地与层位同正模。

归入标本 IVPP RV 340018, RV 360005–360033，残破上、下颌骨 30 件（北京周口店第一、九地点）。IVPP V 13988，破损上、下颌骨和一枚 m3（安徽繁昌）。IVPP V

4548，一件不完整下颌骨（陕西渭南）。IVPP V 5401，一件下颌骨（陕西蓝田）。

鉴别特征 较 *Allocricetus ehiki* 更大的异仓鼠，具有较窄长的吻部和眶下孔，较宽而更向后延伸的眶间收缩区，以及更均一狭长的 M1；下颌骨体明显较 *A. ehiki* 和 *Cricetinus varians* 的粗壮，且下门齿曲率较大。M1 无前小脊刺、但在前缘有两个齿带尖；m1 下前边尖彼此靠拢，常有一低的横脊相连，无舌侧下前小脊；m1 和 m2 无下中尖。

产地与层位 北京房山周口店（第一、九和十三地点），下更新统—中更新统。陕西渭南阳郭，下更新统；蓝田公王岭，中更新统。安徽繁昌人字洞（第 10–13 及 15 层），下更新统裂隙堆积。

评注 郑绍华（1984a）在重新研究周口店地区仓鼠材料时，发现周口店第十三地点的一个原被 Teilhard de Chardin 和 Pei（1941）归入 *Cricetulus varians* 的头骨具有吻部明显粗壮加长、吻端少变窄、眶下孔狭长、颧弓前根向上伸展较陡和背部纵断面平直等特征，显然不同于 *C. varians*，此外以颞嵴较弱且向后彼此远离的特征而不同于 *Cricetulus*。这些特征与 *Allocricetus* 吻合，故将其归入 *Allocricetus* 属，并建立了 *A. teilhardi*。标本 IVPP RV 410013–410015 因其产自模式地点，在此纳入副模。郑绍华认为 *A. teilhardi* 的 M1 无前小脊刺、m1 下前边尖彼此靠拢并无舌侧下前小脊，以及 m1 和 m2 无下中尖等特征是较 *A. ehiki* 稍进步的性质。

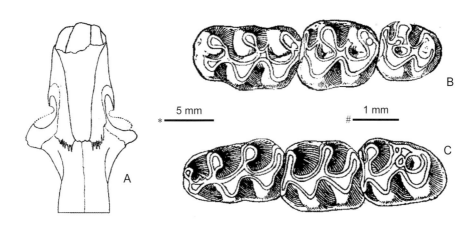

图 72　德氏异仓鼠 *Allocricetus teilhardi*

A. 头骨吻端（IVPP RV 410012，正模），B. 左 M1–3（IVPP RV 410014），C. 左 m1–3（IVPP RV 340018）；
A. 背视，B, C. 冠面视；比例尺：* - A，# - B, C（引自郑绍华，1984a）

相似仓鼠属 Genus *Cricetinus* Zdansky, 1928

模式种 变异相似仓鼠 *Cricetinus varians* Zdansky, 1928

鉴别特征 大于现生大仓鼠 *Cricetulus triton*（= *Tscherskia triton*）。头骨较粗壮，背侧纵断面平直，吻部两侧近于平行，鼻骨向前迅速变宽，颞嵴较发育。臼齿粗壮，具粗壮齿尖和齿脊；M1 和 m1 的前边尖二分；除少数 M1 无原脊 I 外，所有上臼齿均有双原脊和双后脊；M3 短于 M2，而 m3 与 m2 几乎等长；M1 和 M2 四齿根。下颌的下颌孔位于m1 前齿根末端下方。除部分 M3 外上臼齿几乎无中脊，下臼齿具有下中脊，但在不同种内发育程度不同。

中国已知种 *Cricetinus varians* 和 *C. mesolophidos* 两种。

分布与时代 北京、陕西、山西和甘肃，上新世早期—晚更新世。

评注 1928 年 Zdansky 研究周口店第一地点动物群时建立了 *Cricetinus varians*，但没有指定模式标本。其后，Schaub（1930, 1934）、Pei（1931, 1936, 1939b, 1940b）、Young（1932, 1934）、Teilhard de Chardin（1936）、Teilhard de Chardin 和 Pei（1941）、Teilhard de Chardin 和 Leroy（1942）、计宏祥（1974, 1975）、胡长康和齐陶（1978）等，先后在研究周口店多个地点和陕西一些地点的仓鼠时，都涉及到 *C. varians*，但置于不同的属或亚属内。郑绍华（1984a）对周口店地区各地点的大量而分散的仓鼠材料做了重新观察和整理，其中包括 *C. varians*。他详细地描述了这个种的头骨和牙齿形态，并将其与大仓鼠*Cricetulus triton*（王应祥，2003 和 Musser et Carleton, 2005 都将其归入 *Tscherskia* 属）和*Allocricetus teilhardi* 做了形态比较，将蓝田西岔湾和公王岭的标本从该属种中排除。

在欧洲匈牙利记载有上新世相似仓鼠的 3 个种（见 Kretzoi, 1959；Hir, 1994, 1996）。

变异相似仓鼠 *Cricetinus varians* Zdansky, 1928

（图 73）

Cricetulus cf. *songarus*：Young, 1927, p. 24

Cricetulus (*Cricetinus*) *varians*：Teilhard de Chardin et Leroy, 1942, p. 35 (part)

选模 IVPP RV 340020，头骨前部带左、右 M1–2。北京房山周口店（第一地点），中更新统。

副选模 IVPP RV 340019, RV 340021–340474；2 头骨前部、453 件上、下颌骨及437 件下颌。产地同选模，但不能确定层位。

归入标本 IVPP RV 360034–360194, RV 390021–390045, RV 410016–410018，上、下颌骨 189 件（北京周口店）。IGG QV 10004，一件下颌骨（陕西洛川）。IVPP V 4548，一件不完整的下颌骨（陕西渭南）。

鉴别特征 头骨吻部、鼻骨、眶前窝及眶间收缩区均较短宽。M1 的前边尖二分程度稍小，故齿冠前部较窄，所有 M1 均无前缘齿带尖，原脊 I 在 76% 的 M1 中存在，约三分之一的 M3 具有中脊，且部分伸达齿缘。m1 的下前边尖有两种情况：①两尖不二分，呈脊形，仅具位于齿纵轴的单一的下前小脊；②两尖明显二分但彼此靠近，大多（80%）

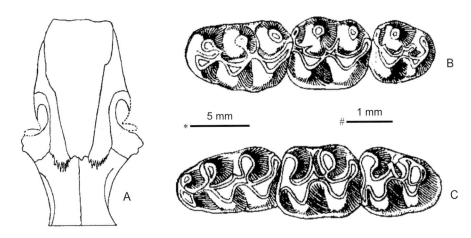

图 73　变异相似仓鼠 Cricetinus varians

A. 头骨吻端（IVPP RV 340020，选模），B. 左 M1–3（IVPP RV 340040），C. 左 m1–3（IVPP RV 340025）；
A. 背视，B，C. 冠面视；比例尺：* - A，# - B，C（引自郑绍华，1984a）

由颊侧下前边尖的下前小脊与下原尖前臂相连；由 m1 至 m3 拥有下中脊的牙齿渐次增多，且下中脊渐次变长：30% 的 m1 无下中脊，70% 的 m1 下中脊短于下中间谷宽度的一半；93% 的 m2 具有下中脊（长度由小于下中间谷宽度的一半至与下中间谷宽度相当）；所有 m3 具有下中脊，绝大部分长达齿缘。

产地与层位　北京房山周口店（第一、三、九、十三、十五地点），中—上更新统；陕西渭南阳郭、洛川坡头，更新统。

评注　Zdansky（1928）建立该属种时，未指定模式标本。编者从郑绍华（1984a）归入该种的周口店第一地点的地模标本中指定一具带有上颊齿的不完整头骨作为选模，但很有可能与 Zdansky 描述的标本不是产自相同层位。与 Schaub（1934）的观察一致，郑绍华等（1985b）也认为变异相似仓鼠与现生大仓鼠 C. triton 具有很多相似性，但他进一步推测了变异相似仓鼠可能是后者的直接祖先。

中脊相似仓鼠 *Cricetinus mesolophidos* Wu et Flynn, 2017

（图 74）

正模　IVPP V 9885.1，左 m1。山西榆社云簇(YS 97 地点)，下上新统高庄组醋柳沟段。

副模　IVPP V 9885.2–6，5 枚臼齿。产地与层位同正模。

归入标本　IVPP V 9883–9884，V 9886–9888，不完整的上、下颌骨 2 件和臼齿 40 枚（山西榆社）。

鉴别特征　尺寸与更新世的 *Cricetinus varians* 接近。下臼齿都具下中脊且伸及舌侧缘；下外谷有颊侧齿带封闭；下后谷发育。上臼齿宽（包括 M1 的前边尖），齿尖几乎相

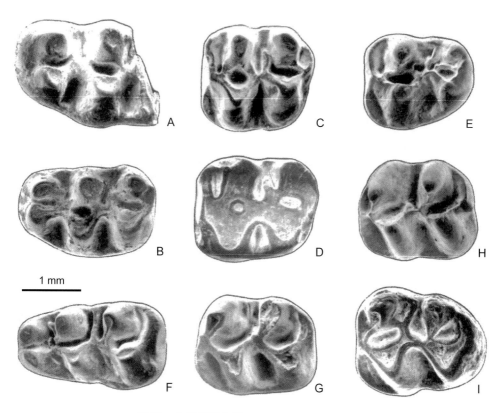

图 74　中脊相似仓鼠 *Cricetinus mesolophidos*

A. 破损左 M1（IVPP V 9888.1），B. 右 M1（IVPP V 9886.3，反转），C. 左 M2（IVPP V 9886.7），D. 左 M2（IVPP V 9885.2），E. 右 M3（IVPP V 9886.9，反转），F. 左 m1（IVPP V 9885.1，正模），G. 右 m2（IVPP V 9888.5，反转），H. 左 m2（IVPP V 9884.11），I. 右 m3（IVPP V 9884.12，反转）：冠面视

对排列，相对的中间谷和内谷连线与齿纵轴垂直，M1 和 m1 的前边尖都从后侧二分。

　　评注　*Cricetinus mesolophidos* 与 *C. varians* 的主要区别在下臼齿几乎都具有下中脊。吴文裕在描述榆社盆地仓鼠类的底稿中使用了名称 *Cricetinus mesolophidus*，由于某种原因该文一直没有发表，但郑绍华和张兆群（2000, 2001）、张兆群和郑绍华（2001）在研究甘肃灵台上新世小哺乳动物生物地层时记载了在文王沟 WL10–WL13 层和小石沟 L2–L3 层发现的这个种，并采用了种名 *mesolophidus*，该名应为无效名称。

高原高冠仓鼠属 Genus *Aepyocricetus* Li, Stidham, Ni et Li, 2018

　　模式种　刘氏高原高冠仓鼠 *Aepyocricetus liuae*

　　鉴别特征　中等大小仓鼠，牙齿尺寸稍小于 *Cricetulus triton*。齿冠高而窄长并由齿冠基部向上收敛变窄。M1 前边尖宽，从前面二等分，颊、舌侧齿尖相对排列，原脊和后脊均成双，形成冠面上前后相连、深而开阔、相对排列的颊、舌侧齿谷（前谷、原谷、中间谷和内谷）；后边脊短粗；深度磨蚀后的冠面平坦，形似 *Meriones*。M2、M3 与 M1

的后部相似但后端窄；M2 后边脊呈齿尖状，M3 的后边脊与后尖连通。M1 四齿根（舌侧根二分），M3 双齿根。m1 的下前边尖窄并从前面二等分；下前小脊长而单一，齿后部的舌侧齿尖较颊侧齿尖稍前位，下后脊成双但下次脊单一，下后边脊短粗。齿谷也都具斜的谷坡。m2 和 m3 主要形态同 m1 后部。下臼齿都具双齿根。

中国已知种 仅模式种。

分布与时代 西藏，早上新世。

评注 与 *Sinocricetus* 大小相当。该属牙齿不具有上、下中脊和下外中脊以及上、下前小脊刺。喜马拉雅山是阻断动物群交流的天然屏障，因此在喜马拉雅山南坡的印度和巴基斯坦的 Siwalik 地层中没有发现 *Aepyocricetus* 属。

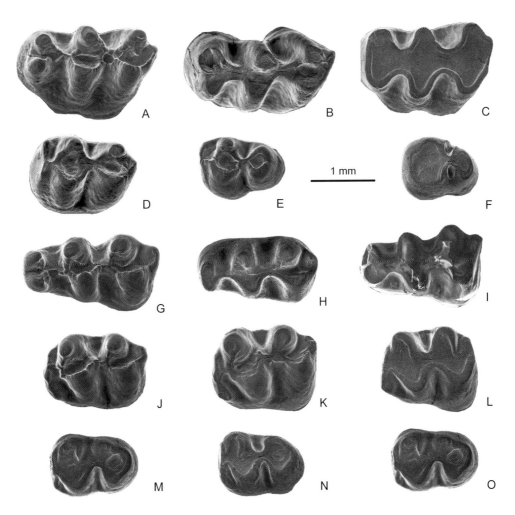

图 75 刘氏高原高冠仓鼠 *Aepyocricetus liuae*

A. 左 M1（IVPP V 23222，正模），B. 左 M1（IVPP V 23223.1），C. 右 M1（IVPP V 23223.3，反转），D. 左 M2（IVPP V 23223.7），E. 左 M3（IVPP V 23223.9），F. 右 M3（IVPP V 23223.11，反转），G. 左 m1（IVPP V 23223.12），H. 左 m1（IVPP V 23223.13），I. 右 m1（IVPP V 23223.15，反转），J. 左 m2（IVPP V 23223.16），K. 左 m2（IVPP V 23223.17），L. 左 m2（IVPP V 23223.20），M. 左 m3（IVPP V 23223.23），N. 左 m3（IVPP V 23223.24），O. 右 m3（IVPP V 23223.25，反转）：冠面视（引自 Li et al., 2018）

刘氏高原高冠仓鼠 *Aepyocricetus liuae* Li, Stidham, Ni et Li, 2018

（图 75）

Cricetidae gen. et. sp. nov.：Deng et al., 2011, tab. 1；Wang et al., 2013a, p. 282；Wang et al., 2013b, p. 93

正模　IVPP V 23222，左 M1。西藏札达（IVPP Loc. ZD 1001），下上新统。

副模　IVPP V 23223，25 枚臼齿。产地与层位同正模。

鉴别特征　同属。

灞河鼠属 Genus *Bahomys* Chow et Li, 1965

模式种　高冠灞河鼠 *Bahomys hypsodonta* Chow et Li, 1965

鉴别特征　个体较大的高冠仓鼠，牙齿尺寸大于 *Cricetulus triton* 者，下颌骨形态和臼齿构造均为典型的仓鼠型，但齿尖呈柱状且极其脊型化、齿脊强烈斜向伸展。齿尖与齿脊间的交互连接致使咀嚼面结构复杂，牙齿四周封闭形成多个纵向排列的齿凹。臼齿经磨蚀后咀嚼面平。M1 四齿根，m1 双齿根。

中国已知种　仅模式种。

分布与时代　陕西，中更新世；甘肃，上新世晚期—中更新世早期。

评注　甘肃灵台的化石记录表明，*Bahomys* 约在 3.4 Ma 前后出现，郑绍华和张兆群（2000）认为其高齿冠和复杂的齿面结构具有延长牙齿的使用时间及增强研磨粗劣食物的功能，从而增强了适应干冷草原的恶劣环境条件的能力；他们推测 *Bahomys* 可能由 *Cricetinus mesolophidus* 演化而来，有待证实。该属的未定种还发现于甘肃东乡那勒寺（邱占祥等，2004）。

高冠灞河鼠 *Bahomys hypsodonta* Chow et Li, 1965

（图 76）

正模　IVPP V 3159，保存有左、右完整颊齿列的上颌骨。陕西蓝田陈家窝，中更新统下部。

副模　IVPP V 3159.1，可能与正模属于同一个体的一对上门齿，6 枚上、下门齿，4件具完整颊齿列的上、下颌骨，以及 2 件股骨的远端。产地与层位同正模。

归入标本　IVPP V 5403，8 件残破上、下颌骨（陕西蓝田）。

鉴别特征　高冠脊齿型仓鼠。上、下第一臼齿的齿冠高度大于齿冠长度的 2/3。臼齿各齿尖在沿齿冠的周边部分延伸出前 - 后向或颊 - 舌向伸展的脊，越向齿冠底部越明显；

内脊和下外脊缺失。上、下第一臼齿的前边尖仅在齿冠的上部从前面二分，在后方相交。M1 具有几乎平行于牙齿纵轴伸展和对称的双原脊和双后脊，中脊由原尖后臂和后尖前臂的交汇点伸向颊侧、并前后分别与原脊 II 和后脊 I 相遇。M2 和 M3 的齿面构造与 M1 的后部相似，但后部窄、后尖变小。M3 稍小于 M2。m1 的下前边尖单一，分别向颊、舌侧延伸为脊；下后脊及下次脊短，但强烈向前斜伸，前者与下前小脊连接，下次脊则与下原尖后臂连成斜脊；下中脊粗短，与下次尖前臂连接为斜脊，该斜脊与下次脊 - 下原尖后臂斜脊呈 X 形斜交。m2 和 m3 与 m1 后部齿面构造相似；m3 长度大于 m2，与 m1 大致相当。

产地与层位　陕西蓝田陈家窝、公王岭，中更新统下部。

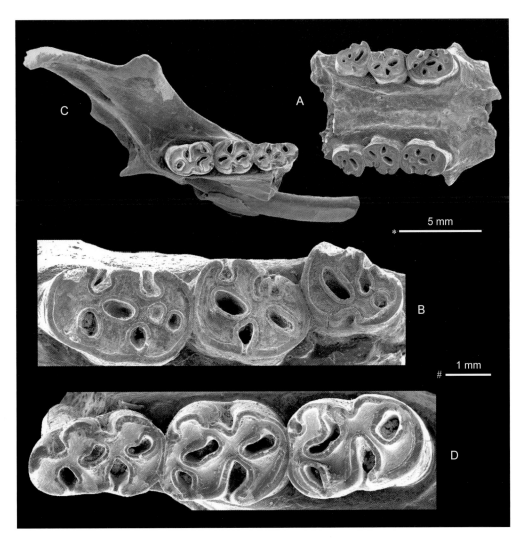

图 76　高冠灞河鼠 *Bahomys hypsodonta*

A, B. 破损上颌骨及其上的左 M1–3 齿列（IVPP V 3159，正模），C, D. 破损左下颌骨及其上的 i2, m1–3 齿列（IVPP V 5403.2, 3）：冠面视；比例尺：＊- A, C，＃- B, D

评注　邱占祥等（2004）记载的甘肃东乡那勒寺龙担早更新世 *Bahomys* sp.，材料仅有一枚左 m1（IVPP V 13529），其冠面形态和尺寸均与陕西的 *Bahomys hypsodonta* 一致。

仓鼠属 Genus *Cricetulus* Milne-Edwards, 1867

模式种　中国仓鼠 *Cricetulus griseus* Milne-Edwards, 1867（= *Mus barabensis* Pallas, 1773）

鉴别特征　体型较小的仓鼠。头骨光滑，眶上嵴不发育或很少发育，眶间区中度收缩，颅部不变窄，间顶骨宽。颧弓不很粗壮，上颌颧突斜向后外方伸展，颧骨较细弱，颧弓最宽处位于鳞骨颧突处。听泡小或中等大小，不特别鼓起，前端钝圆，听孔较大。门齿孔长短不一，接近 M1 的前缘连线。

中国已知种（化石）　*Cricetulus griseus*, *C. barabensis*, *C. triton*, *C. longicaudatus*, *C.* cf. *C. migratorius*，共 5 种。

分布与时代　吉林、陕西、山西、河北、山东、北京，早上新世至今。

评注　*Cricetulus* 为现生属。在中国最早出现比欧洲（晚中新世）稍晚，分布很广，但几乎只出现在长江以北的北方地区。

现生仓鼠种的划分主要依据外部形态和头骨等特征，但化石种大多仅局限于牙齿，而无论是现生种还是化石种在臼齿的形态和尺寸上差异往往不大，因此在确定种类时需要有一定数量的标本，依据形态特征和测量数据的统计分析进行辨别。下面 *Cricetulus* 各个种的划分主要依据郑绍华（1984a）研究北京周口店地区大量仓鼠材料时的成果。山东淄博孙家山中更新世早期裂隙堆积中有 *C. barabensis* 化石的发现，但尚未描述（郑绍华等，1997）。

中国仓鼠 *Cricetulus griseus* Milne-Edwards, 1867

（图 77）

Cricetulus sp.：Young, 1927, p. 29 (part)；Zdansky, 1928, p. 28 (part)；Schaub, 1930, p. 39 (part)；
　　Teilhard de Chardin, 1936, p. 16 (part)；Pei, 1936, p. 61 (part)

Cricetulus cf. *griseus*：Young, 1934, p. 63；胡长康、齐陶，1978，16 页

Cricetulus cf. *griseus* or *obscurus*：Teilhard de Chardin et Leroy, 1942, p. 35

Cricetulus sp. B：郑绍华，1976，116 页

Cricetulus barabensis griseus：郑绍华，1984a，187 页

正模　现生标本，未指定。俄罗斯西西伯利亚，鄂毕河岸 Kasmalinskii Bor。

归入标本　IVPP RV 340475–340735, RV 340796–340965, RV 341378–341404, RV 360195–360249，一残破头骨、2 件上颌骨、510 件下颌骨（北京周口店）。IVPP V 4561，一残破左下颌骨（陕西渭南）。

鉴别特征　*Cricetulus griseus* 具有较粗壮的、排列紧凑的齿尖和较狭窄的齿谷。M1 前小脊近舌侧；M1–2 的 4 个主要齿尖交错排列，原尖 - 前尖连线与后尖 - 次尖连线相互平行并与原尖 - 次尖连线呈 72° 至 74° 夹角。M3 很退化，后尖缩小或缺失。m1 的舌侧下前边尖横向排列、靠近颊侧下前边尖，下前小脊低弱，下原尖 - 下后尖及下次尖 - 下内尖连线彼此不平行排列，下原尖 - 下后尖连线与下原尖 - 下次尖连线呈 66° 至 74° 夹角；下前边尖与下前小脊有 3 种连接方式：①低弱的颊侧下前小脊（73.5%）；②无明显下前小脊（22%）；③单一下前边尖，下前小脊位于牙齿纵轴（4%）。m3 相对退化，齿冠后端一般不变尖。

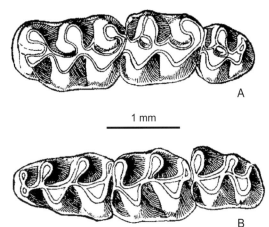

1 mm

图 77　中国仓鼠 *Cricetulus griseus*
A. 左 M1–3（IVPP RV 340477），B. 左 m1–3（IVPP RV 340479）：冠面视（引自郑绍华，1984a）

产地与层位　北京房山周口店（第一、三、九地点），下更新统上部至上更新统；陕西渭南阳郭，下更新统。

评注　现生种分布于辽宁、内蒙古东北部、河北、北京、天津、山东、河南、山西以及长江以北的安徽北部和江苏北部。

Musser 和 Carleton（2005）将 *Cricetulus griseus* 和 *C. obscurus* 作为 *Cricetulus barabensis* 的晚出异名。此前，*griseus* 的分类位置不很确定。最初，Milne-Edwards 在 1867 年将它作为独立的种，后被指定为 *C. barabensis* 的亚种（Allen, 1938, 1940；Corbet, 1978；Ellerman, 1941；Ellerman et Morrison-Scott, 1951），随后再次被提升为种（Orlov et Iskhakova, 1975；Pavlinov et Rossolimo, 1987；Corbet et Hill, 1991；Malygin et al., 1992；王应祥，2003）。Orlov 和 Iskhakova（1975）以及 Malygin 等（1992）是依据染色体的差异将 *C. griseus* 和 *C. barabensis* 作为不同的种，并且还建立了一个关系很近的种 *C. pseudogriseus*。Kral 等（1984）则因为染色体臂广泛的同源性而质疑这三个种是否成立。在本志中我们依据 Malygin 等（1992）和王应祥（2003）将 *C. griseus* 和 *C. barabensis* 作为不同的种，将郑绍华（1984a）描述的周口店的亚种 *Cricetulus barabensis griseus* 提升为 *Cricetulus griseus* Milne-Edwards, 1867，并依据陈卫、高武（2000c）和王应祥（2003）将中文名称改为中国仓鼠。

黑线仓鼠 *Cricetulus barabensis* (Pallas, 1773)

(图 78)

Cricetulus sp.：Young, 1927, p. 29；Zdansky, 1928, p. 58 (part)；Pei, 1931, p. 11；Young, 1932, p. 4；
    Pei, 1939a, p. 153

Cricetulus cf. *obscurus*：Young, 1934, p. 68 (part)

Cricetulus obscurus：Pei, 1936, p. 62 (part)；Pei, 1940b, p. 43 (part)

Cricetulus cf. *griseus*：Teilhard de Chardin et Pei, 1941, p. 51

Cricetulus cf. *griseus* or *obscurus*：Teilhard de Chardin et Leroy, 1942, p. 35 (part)

Cricetulus barabensis obscurus：郑绍华，1984a，189，190 页；Wu et Flynn, 2017a, p. 135

正模 现生标本，未指定。

归入标本 IVPP RV 340966–341191, RV 360250–360271, RV 390046–390050, RV 400079–400109, RV 410019，2 件头骨前部，283 件上、下颌骨（北京周口店）。IVPP V 9922–9924，9 枚臼齿（山西榆社）。

鉴别特征 眶间收缩区宽度（4.28–4.74 mm）比现生 *Cricetulus griseus*（3.6–4.2 mm）大。臼齿构造方面，较现生和化石 *C. griseus* 的齿尖都小、齿谷宽、齿冠较高和齿带较弱。M1 前小脊近舌侧；M1–2 的 4 个主要齿尖较少交错排列，原尖 - 前尖连线及次尖 - 后尖连线与原尖 - 次尖连线的夹角都较大，达 78° 至 79°。M3 较 *C. griseus* 更退化，但后尖明显存在。m1 的齿冠前端较 *C. griseus* 少变窄，舌侧下前边尖粗壮且往往更向前

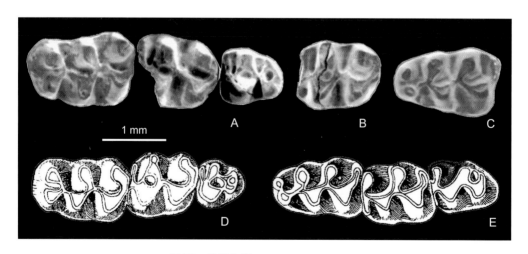

图 78　黑线仓鼠 *Cricetulus barabensis*

A, B. 同一个体的左 M1–3 及右 M2（IVPP V 9924，B 反转），C. 左 m1（IVPP V 9923.1），D. 左 M1–3（IVPP RV 340971），E. 左 m1–3（IVPP RV 341016）：冠面视（A–C 引自 Wu et Flynn, 2017a；D, E 引自郑绍华，1984a）

突出，通常与颊侧下前边尖彼此分离，颊侧下前边尖后边的下前小脊较粗壮较高，下原尖 - 下后尖及下次尖 - 下内尖连线相互平行，与下原尖 - 下次尖连线呈 53° 至 60° 夹角；与 *C. griseus* 一样，下前边尖与下前小脊间也有 3 种连接方式，但比例稍有不同，分别为 83%、13% 和 4%。m3 较 *C. griseus* 少退化，齿冠后端显著加长并有一较宽的下后边脊。下颌及下门齿弯曲程度较 *C. griseus* 小。

产地与层位 北京房山周口店（第一、三、九、十三、十五地点及山顶洞），中更新统—上更新统；山西榆社（云簇盆地），下更新统。

评注 *Cricetulus barabensis* 的现生种群分布于额尔齐斯河至乌苏里之间的南西伯利亚大草原、贝加尔湖至蒙古、朝鲜半岛；在中国分布于内蒙古中部、宁夏、甘肃东部、陕西西部和山西（王应祥，2003；Musser et Carleton, 2005）。该种在北京周口店小型化石仓鼠中颇为丰富，与 *Cricetulus griseus* 和 *C. longicaudatus* 几乎同时出现。第一地点种群的各项测量数据平均值较第三、十五地点和山顶洞的稍小，但均比现生种偏大。编者将北京周口店的 *C. barabensis*、*C. barabensis obscurus* 和 *C. obscurus* 都归入 *Cricetulus barabensis*。

长尾仓鼠 *Cricetulus longicaudatus* (Milne-Edwards, 1867)

（图 79）

Cricetulus cf. *griseus* & *obscurus*：Young, 1934, p. 63 (part)

Cricetulus sp.：Teilhard de Chardin, 1936, p. 16 (part)；Pei, 1939a, p. 153 (part)

Cricetulus obscurus & *griseus*：Pei, 1936, p. 61 (part)

Cricetulus obscurus：Pei, 1940b, p. 43 (part)

Cricetulus cf. *griseus* or *obscurus*：Teilhard de Chardin et Leroy, 1942, p. 35 (part)

正模 现生标本，未指定。山西北部 Saratsi 附近。

归入标本 IVPP RV 341192–341376, RV 360273–360285, RV 390051–390054, RV 400110–400116，2 件上臼齿列、1 件头骨前部和 208 件上、下颌骨（北京周口店）。IVPP V 11511，3 件残破头骨和 1 件下颌骨（山东平邑）。

鉴别特征 M1 冠面均一瘦长、齿冠后部不向后颊侧扩展，前小脊处不突然变窄，舌侧前边尖往往向前凸出，前小脊位近齿纵轴；由于原尖前臂更向前伸展，故前边谷特别向后延伸；原脊 I 总存在；后尖相对不太发育。M1–2 主要齿尖排列更加交错并向牙纵轴靠近，原尖 - 前尖及次尖 - 后尖连线彼此平行，两者与原尖 - 次尖连线的夹角更小，约 70°。M3 后尖退化，但清楚存在。m1 瘦长，前端一般平直；两下前边尖大小相当，其连接线通常垂直于牙纵轴；下前边尖和下前小脊与下前主要齿尖也有 3 种连接方式，但

1 mm

图 79　长尾仓鼠 *Cricetulus longicaudatus*
A. 左 M1–3（IVPP RV 341193），B. 左 m1–3（IVPP
RV 341275）：冠面视（引自郑绍华，1984a）

比例略不同，颊侧连接更多（88%）；4个主齿尖排列更交错，下原尖 - 下后尖及下次尖 - 下内尖连线彼此不平行排列，与下原尖 - 下次尖连线呈 56° 至 58° 夹角。m2 和 m3 颊侧下前边脊弱。下颌与下门齿弯曲程度与 *C. barabensis* 相当。

产地与层位　北京房山周口店（第一、三、九和十五地点），下更新统上部—上更新统；山东平邑小西山，中更新统。

评注　现生种群在境外分布于俄罗斯的阿尔泰和图瓦地区、哈萨克斯坦和蒙古（Musser et Carleton, 2005）；中国分布于内蒙古与蒙古的接壤地区、新疆、河北、北京、天津、河南、山西北部、宁夏、四川北部和西藏北部。

大仓鼠 *Cricetulus triton* (De Winton, 1899) = *Tscherskia triton* (De Winton, 1899)

（图 80）

正模　现生标本，未指定。山东北部。

归入标本　RSBBGJ JQ825-02，残破头骨一件。吉林前郭青山头，全新统下部。

鉴别特征　现生仓鼠属中体型最大的种。头骨粗壮，颅全长可达 40 mm。头骨狭长，额顶部平直，棱角明显，个体越老越明显。鼻骨较长，其前部 1/3 向两侧膨大，眶间突较明显。眶上嵴在幼年个体中不明显，在成年个体中很发育，经顶骨和间顶骨与人字嵴相接。顶骨大，前外侧角前伸、较尖。顶间骨大而呈三角形。颧弓不甚外突、斜伸向后外方，后部明显宽于前部，颧骨细弱。枕骨人字嵴明显。枕骨不后突于枕髁之后，枕髁较大。门齿孔较短细，末端不达 M1 前缘。听泡发育，背腹隆起较高而侧扁。

评注　*Cricetulus triton* 的现生种群分布于俄罗斯阿穆尔河流域，朝鲜半岛，中国的黑龙江、内蒙古东南、吉林、辽宁、河北、山东、河南、安徽、山西和陕西。

Cricetulus triton 归入 *Cricetulus* 属得到很多学者（Allen, 1938, 1940；Ellerman, 1941；Corbet, 1978 等）的支持。我国动物分类学家陈卫和高武（2000c）也持这一分类意见。然而相当一部分学者（Carleton et Musser, 1984；Pavlinov et Rossolimo, 1987；Musser et Carleton, 1993 等）认为明显不同的形态特征表明其与小型仓鼠 *Cricetulus* 属的亲缘关系较远，应为不同的属，将其纳入 *Tscherskia* Ognev, 1914。Musser 和 Carleton（2005）、王应祥（2003）也持此分类意见。该属的最早化石记录为欧洲晚上新世（McKenna et Bell,

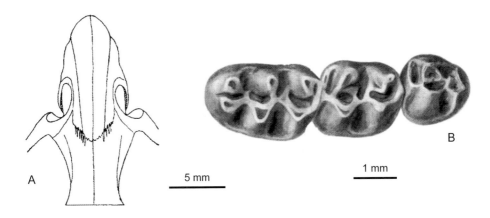

图 80 大仓鼠 *Cricetulus triton*
A. 头骨吻端 (IZ 22677), B. 左 M1–3 (NHMB A 8155); A. 背面视, B. 冠面视 (A 引自郑绍华, 1984a; B 引自 Stehlin et Schaub, 1951)

1997)。金昌柱等 (1984) 对吉林青山头标本的描述很简单, 也没有图版, 这里引用的均为现生标本的插图。

灰仓鼠（相似种） *Cricetulus* cf. *C. migratorius* (Pallas, 1773)

(图 81)

Cricetulus cf. *griseus*: Young, 1934, p. 63 (part)

在杨钟健 1934 年描述的周口店第一地点的 *Cricetulus* cf. *griseus* 的 6 件标本中, 有一带 M1–3 的左上颌骨 (IVPP RV 341377), 被郑绍华 (1984a) 改定为 *Cricetulus* cf. *migratorius*。齿列长 4.00 mm, M1 1.81 mm × 1.13 mm, M2 1.32 mm × 1.12 mm, M3 1.00 mm × 0.95 mm。M1 的齿冠形态特别匀称, 前壁呈抛物线形, 舌侧前边尖略靠前, 舌侧前小脊较颊侧脊弱且位低。原尖前臂较长尾仓鼠略短, 但较其他种类长。前边谷和中间谷像长尾仓鼠一样向后伸展。原脊 I 缺失, 后脊 II 弱。后边脊较周口店第一地点其他 *Cricetulus* 各种向颊侧延伸。主要内外齿尖几乎相对排列。原尖 - 前尖连线与原尖 - 次尖连线之夹角约 84°, 是所有小型仓鼠中最大者。具特别发育的齿缘齿带。M2–3 的主要齿尖排列如 M1, 但具双原脊, 后脊 I 较弱, M3 在所有周口店小型仓鼠中退化最少。由于尺寸和形

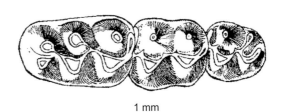

图 81 灰仓鼠（相似种）*Cricetulus* cf. *C. migratorius*
左 M1–3 (IVPP RV 341377)（引自郑绍华, 1984a)

态与灰仓鼠很接近，但灰仓鼠 M1 的两前边尖分开程度较大，且原脊 I 和后脊 I 都较发育，因此被定为灰仓鼠的相似种。

毛足鼠属 Genus *Phodopus* Miller, 1910

模式种　小毛足鼠 *Cricetulus bedfordiae* Thomas, 1908 (= *Cricetulus roborovskii* Satunin, 1903)

鉴别特征　头骨小，脑颅圆形，鼻骨细长，眶间较宽，眶上嵴不明显。顶骨略隆起，间顶骨发育，呈三角形，枕骨向后突出。前面视，眶下孔呈卵圆形。颧弓较发育，两侧近于平行。腭骨较宽，门齿孔后缘不达 M1 前缘连线。听泡略扁平。四肢骨短，但各段比例适度。*Cricetulus* 型的臼齿，但较 *Cricetulus* 尺寸小且窄长。主齿尖与牙齿纵轴更斜交。

中国已知种　仅记载有未定种 *Phodopus* sp.。

分布与时代　北京、河北和山西，晚上新世—晚更新世。

评注　*Phodopus* 为现生仓鼠属，化石仅分布于欧洲更新世和亚洲晚上新世至晚更新世。据 Musser 和 Carleton（2005）研究，基于染色体的差异 *Phodopus* 可分为 3 个现生种：*P. campbelli* Thomas, 1905、*P. roborovskii* (Satunin, 1903) 和 *P. sungorus* (Pallas, 1773)。在中国有前两个种。王应祥（2003）则将 *Phodopus campbelli* 作为 *Phodopus sungorus* 的亚种——黑线毛足鼠内蒙古亚种 *Phodopus sungorus campbelli* Thomas, 1905。

毛足鼠（未定种）*Phodopus* sp.
（图 82）

至今我国已记载的 *Phodopus* 属化石仅有少数几个地点的零星牙齿化石，并都只能鉴定为该属的未定种：

①北京周口店第三地点晚更新世的一段带 M1–2 的上颌（IVPP RV 360272）（郑绍华，1984a）。牙齿尺寸显然小于 *Cricetulus* 各种。具有明显的毛足鼠特征：上臼齿内外两列齿尖彼此靠近，原尖 - 前尖及次尖 - 后尖之连线相互平行并与原尖 - 次尖连线呈约 70° 夹角，原脊 I 和后脊 I 弱；M2 具较发育的舌侧前边脊。该标本尺寸和形态更接近 *Phodopus sungorus*（M1 长 1.5–1.8 mm 而不同于 *P. roborovskii*）。②山西榆社 YS 120 地点海眼组更新世最早期的 3 枚牙齿（IVPP V 9925.1–3）（Wu et Flynn, 2017a）尺寸分别为 m1 1.32 mm × 0.78 mm，m2 1.10 mm × 0.90 mm，M2 1.22 mm × 0.93 mm。牙齿窄长。m1 下前小脊低，几乎位于齿纵轴处；齿脊与齿谷平行相间，并与齿纵轴斜交；齿谷浅。m2 仅有颊侧前边脊。下臼齿的下后边脊低矮，下后谷舌侧开口。M2 呈平行四边形；颊、

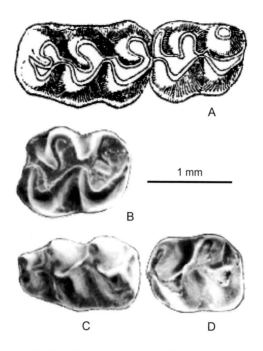

图 82　毛足鼠（未定种）*Phodopus* sp.

A. 左 M1–2（IVPP RV 360272），B. 左 M2（IVPP V 9925.1），C. 左 m1（IVPP V 9925.2），D. 右 m2（IVPP V 9925.3，反转）：冠面视（A 引自郑绍华，1984a；B–D 引自 Wu et Flynn, 2017a）

舌侧前边脊都很发育；具原脊 Ⅱ 和后脊 Ⅰ、Ⅱ，缺失原脊 Ⅰ；内谷和中间谷深而窄，组成平行于前、后齿缘的斜谷。③河北蔚县大南沟第 1 层晚上新世地层也有发现（李强等，2008），但尚无描述。

川仓鼠属 Genus *Chuanocricetus* Zheng, 1993

模式种　李氏川仓鼠 *Chuanocricetus lii* Zheng, 1993

鉴别特征　中型个体仓鼠，牙齿高冠。上、下臼齿分别具发育的中脊和下中脊。m1 前壁抛物线形，下前边尖及下前小脊单一；部分下臼齿具下外中脊。M1 前边尖从前方轻微二分，具双前小脊，前小脊刺发育。M1–2 都具双原脊、双后脊和后谷，四齿根。

中国已知种　仅模式种。

分布与时代　重庆，早更新世。

评注　*Chuanocricetus* 在形态上与 *Kowalskia* 很相似，但齿冠高，与 *Kowalskia* 相比，前者既具有较进步的特征，又具较原始的特征，郑绍华（1993）认为，这是两个具有共同祖先平行发展的属。与 *Neocricetodon grangeri* 比较，后者齿冠低，上臼齿的中脊短，仅二分之一长，从不达颊侧缘。邱铸鼎和李强（2016）认为 *Chuanocricetus* 是 *Kowalskia* 的晚出异名。但是郑绍华关于平行演化的观点值得考虑，因此给予保留这一属名。本志编者认为此两属在齿冠高度和上、下前边尖的形态方面均有差异，应为不同的属。

李氏川仓鼠 *Chuanocricetus lii* Zheng, 1993
（图 83）

正模 IVPP V 9639，右 m1。重庆巫山龙骨坡（⑤层），下更新统。

副模 IVPP V 9640，1 右 M1。产地与层位同正模。

归入标本 IVPP V 9641.1–14，14 枚白齿（重庆巫山）。

鉴别特征 同属。

产地与层位 重庆巫山龙骨坡（②、⑤、⑥层）；下更新统。

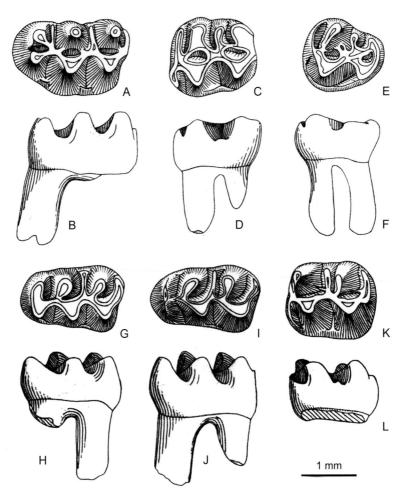

图 83　李氏川仓鼠 *Chuanocricetus lii*

A, B. 右 M1（IVPP V 9640，反转），C, D. 左 M2（IVPP V 9641.5），E, F. 右 M3（IVPP V 9641.6（反转），
G, H. 右 m1（IVPP V 9641.8，反转），I, J. 右 m1（IVPP V 9639，正模，反转），K, L. 右 m2（IVPP V
9641.12，反转）：A, C, E, G, I, K. 冠面视，B, D, F. 舌侧视，H, J, L. 颊侧视（引自郑绍华，1993）

笨仓鼠属 Genus *Amblycricetus* Zheng, 1993

模式种 四川笨仓鼠 *Amblycricetus sichuanensis* Zheng, 1993

鉴别特征 大型低冠仓鼠。臼齿冠面构造复杂，具发育的中脊和下中脊，上臼齿具双原脊和双后脊。第一臼齿的前边尖或下前边尖从后面二分。M1 具弯曲的前小脊颊侧刺，后边脊不与后尖相连。M3 无舌侧前边脊。

中国已知种 仅模式种。

分布与时代 重庆，早更新世。

评注 该属与 *Chuanocricetus* 的差别是个体大、齿冠低、臼齿冠面构造复杂、主要齿尖靠近牙纵轴，M1 两前边尖前壁不分开，M3 和 m3 后部少退化，m1 具双下前边尖和双下前小脊。此外，它以尺寸大、M1 和 m1 的前边尖前面不分开、所有臼齿具有长达齿缘的中脊和下中脊区别于所有已知的化石和现生属种。

四川笨仓鼠 *Amblycricetus sichuanensis* Zheng, 1993
（图 84）

正模 IVPP V 9642，左 m1。重庆巫山龙骨坡，下更新统。

副模 IVPP V 9643–9644，8 枚臼齿。产地与层位同正模。

鉴别特征 同属。

评注 建种者作为归入标本的 7 枚臼齿（IVPP V 9644）与正模产自同一地点和层位，在此改称副模。

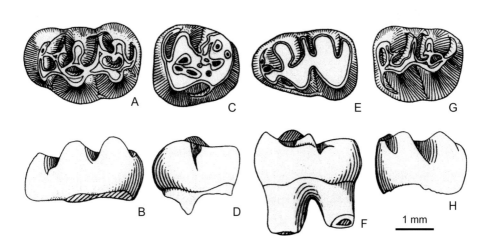

图 84 四川笨仓鼠 *Amblycricetus sichuanensis*

A, B. 左 M1（IVPP V 9643），C, D. 右 M3（IVPP V 9644.6，反转），E, F. 左 m1（IVPP V 9642，正模），G, H. 右 m3（IVPP V 9644.4，反转）：A, C, E, G. 冠面视，B, D. 舌侧视，F, H. 颊侧视（引自郑绍华，1993）

近古仓鼠亚科 Subfamily Plesiodipinae Qiu et Li, 2016

模式属 近古仓鼠属 *Plesiodipus* Young, 1927

定义与分类 近古仓鼠亚科为个体中等—大型、灭绝了的仓鼠类啮齿动物，分布于亚洲中部地区的古近纪晚期—新近纪，是亚洲古北区特有的一类仓鼠，可能由渐新世的古仓鼠类演化而来。

邱铸鼎（1996）曾依据发现于中国中新世地层，个体较大，臼齿具有"中间斜脊"的古仓鼠建立过 Gobicricetodontinae 亚科。邱铸鼎、李强（2016）鉴于这一亚科的 *Plesiodipus* 属最先被描述，建议改选亚科中有代表性，且在中中新世地层中很常见的 *Plesiodipus* 作为模式属，并用 Plesiodipinae 取代 Gobicricetodontinae。归入该亚科的属有 *Plesiodipus* Young, 1927、*Gobicricetodon* Qiu, 1996、*Khanomys* Qiu et Li, 2016、*Rhinocerodon* Zazhigin, 2003 和 *Tsaganocricetus* Topachevsky et Skorik, 1988 五属。

鉴别特征 齿式：1•0•0•3/1•0•0•3；臼齿中等高冠，咀嚼面构造尖 - 脊形。M1 和 m1 的前边尖通常横宽、简单；M1 的中脊、外脊及 m1 的下中脊、下内脊极弱或无；M1 和 M2 的后脊通常后向与后边脊连接，没有开放的后谷；M2 和 M3 前边脊的颊侧支与原尖融合，前边脊的舌侧支和原谷几乎或完全缺失；m1 总有显著向前延伸的下后脊；m2 和 m3 下前边脊的颊侧支与下后尖融合，下前边脊的舌侧支和下前谷几乎或完全缺失；上臼齿的前尖、次尖与强大的内脊，下臼齿的下原尖、下内尖与发育的下外脊联合、或倾向于联合形成"中间斜脊"。

中国已知属 *Plesiodipus, Gobicricetodon, Khanomys, Rhinocerodon*，共 4 属。

分布与时代 在中国主要分布于古北区的蒙新高原及周边地区，内蒙古中部地区发现的化石尤为丰富，渐新世—中新世。该亚科还出现于哈萨克斯坦（早中新世，晚中新世—早上新世）和俄罗斯（中中新世）。

评注 该类群的牙齿形态与 Eucricetodontinae 和 Cricetodontinae 亚科的较相似，但其 M1 和 M2 的后脊后向与后边脊融合，上、下第二和第三臼齿的舌侧前边脊几乎或完全缺失，臼齿的部分齿尖和齿脊有联合形成强大"中间斜脊"的趋势。其上臼齿后脊与后边脊融合，以及舌侧前边脊在第二和第三臼齿中与颊侧前方主尖的融合，无疑属于仓鼠类的衍生性状；形成"中间斜脊"的趋势被认为是该亚科的独有衍征。

近古仓鼠属 Genus *Plesiodipus* Young, 1927

模式种 李氏近古仓鼠 *Plesiodipus leei* Young, 1927

鉴别特征 个体中等大小的一类古仓鼠，臼齿属丘 - 脊型齿，中—高冠。上臼齿前方舌侧主尖位置比颊侧的略靠前，下臼齿舌侧主尖位置则比颊侧的明显靠前；上臼齿的颊侧主尖和下臼齿的舌侧主尖呈斜向压扁状；无中尖，中脊或在很轻微磨蚀的牙齿中留有痕迹；齿尖和齿脊构成长短不一的三列斜脊，以中列最长。上臼齿具两个颊侧谷，一或两个舌侧谷，颊侧谷后内向延伸；下臼齿具三个舌侧谷，两个颊侧谷，后两个舌侧谷明显前外向延伸。M1 和 M2 无外脊，内谷小、近对称、并向根部逐渐变窄；M1 和 m1 的前边尖窄而简单；m1 和 m2 下原尖冠基的外壁陡直，下外谷小、近对称；m1 具双下前小脊或单一、粗壮的下前小脊，下后脊 I 发育，但后脊 II 极少见；m2 与 m3 的下外谷对向下后谷；m3 与 m2 的长度近等。上、下臼齿的"中间斜脊"很显著。

中国已知种 *Plesiodipus leei, P. progressus, P. robustus, P. wangae*，共 4 种。

分布与时代 内蒙古，渐新世（乌兰塔塔尔期）—晚中新世（灞河期）；甘肃、青海、新疆，中中新世（通古尔期）。

评注 Young（1927）在建立 *Plesiodipus* 时将其归入跳鼠科，Schaub（1934）将其从跳鼠科剔除并转归仓鼠科。*Plesiodipus* 系一土著属，目前仅在中国出现，除上述 4 种外，该属的未定种还发现于内蒙古阿拉善左旗乌兰塔塔尔的早渐新世地层（Rodrigues et al., 2012）。李传夔和计宏祥（1981）记述过西藏吉隆盆地的"西藏近古仓鼠 *Plesiodipus thibetensis*"，但邱铸鼎（1996）认为，西藏标本 M1 的前边尖分开、外谷向后内极伸，m1 的下前边尖强大、内谷前外向延伸明显，臼齿上的三列斜脊不很显著、齿谷开阔、上臼齿的原尖外壁和下臼齿的下原尖外壁不平直，下臼齿列中 m1 的长度相对较大，这些形态与 *Plesiodipus* 的属征不符，故将其排除在 *Plesiodipus* 属之外。

李氏近古仓鼠 *Plesiodipus leei* Young, 1927

（图 85）

Plesiocricetodon leei：Schaub, 1934, p. 24

Prosiphneus lupines：Wood, 1936, p. 5

Plesiodipus sp.：邱铸鼎、王晓鸣，1999，126 页

选模 MEUU M. 3417.167 [Young（1927）在描述新种时未指定正模，邱铸鼎（1996）记述内蒙古通古尔材料时从其描述的标本中选取一具 M1-3 的破碎右上颌骨（Young, 1927, pl. 1, fig. 27a；亦见 Schaub, 1934, pl. 1, fig. 1 和 Jacobs et al., 1985, pl. 2, fig. 1）作为该种的选模。该标本作为拉氏收藏品保存于瑞典乌普萨拉大学博物馆]。甘肃平丰县咸水河（即现在的甘肃永登县泉头沟），中中新统咸水河组。

归入标本 AMNH No. 26548–26550，臼齿 3 枚。IVPP V 10381，残破上、下颌骨 4 件，臼齿 117 枚；IVPP V 19808–19812，破损上、下颌骨 13 件，臼齿 200 枚（内蒙古中部地区）。IVPP V 6010，下颌骨 1 件附 m1-3（青海民和）。MEUU M. 3417.167, IVPP

V 12590，残破上、下颌骨 7 件，臼齿 35 枚（甘肃兰州盆地）。IVPP V 15623, V 15624，下颌骨 1 件、臼齿 6 枚（新疆准噶尔盆地）。

鉴别特征　臼齿相对横宽，丘 - 脊型齿，适度高冠。M1 具两个舌侧谷，原谷明显，在磨蚀轻微的牙齿中偶见中脊的残留痕迹；下臼齿颊侧谷相对宽、深；m1 具双下前小脊，偶见下后脊 II，下后谷显著。

产地与层位　内蒙古苏尼特左旗默尔根和铁木钦、苏尼特右旗推饶木、346 地点和狼营，中中新统（通古尔期）；苏尼特左旗巴伦哈拉根和必鲁图、苏尼特右旗阿木乌苏，上中新统（灞河期—保德期）。青海民和齐家、甘肃永登泉头沟，中中新统咸水河组（通古尔期）。新疆福海顶山盐池，中中新统—上中新统顶山盐池组。

评注　Wood（1936）在报道通古尔"狼营地"的小哺乳动物化石时，将 3 枚下臼齿指定为 *Prosiphneus lupines*。其后在通古尔地区的发现表明，所谓"*P. lupines*"的牙齿在形态上与甘肃咸水河组的 *P. leei* 一致，尺寸也接近，因而被一起归入该种（邱铸鼎，

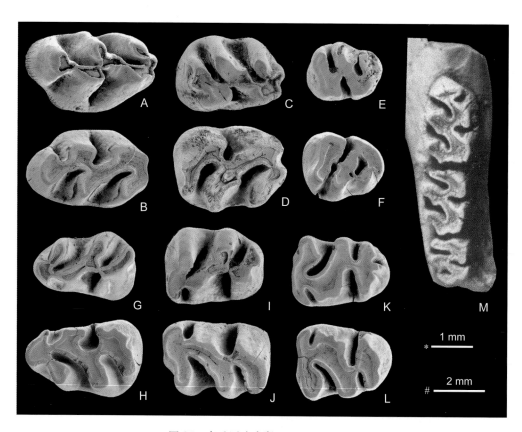

图 85　李氏近古仓鼠 *Plesiodipus leei*

A. 左 M1 (IVPP V 19809.1)，B. 右 M1 (IVPP V 19809.2)，C. 左 M2 (IVPP V 19809.3)，D. 右 M2 (IVPP V 19811.1)，E. 左 M3 (IVPP V 19809.4)，F. 右 M3 (IVPP V 19809.5)，G. 左 m1 (IVPP V 19809.6)，H. 右 m1 (IVPP V 19809.7)，I. 左 m2 (IVPP V 19809.8)，J. 右 m2 (IVPP V 19811.2)，K. 左 m3 (IVPP V 19809.9)，L. 右 m3 (IVPP V 19809.10)，M. 破损右上颌骨附 M1–3 (MEUU M. 3417.167，选模)：冠面视；比例尺：* - A–L，# - M（A–L 引自邱铸鼎、李强，2016；M 引自 Jacobs et al., 1985）

1996）。后来在模式产地又增加了一定数量的标本，研究表明甘肃泉头沟标本与内蒙古通古尔标本及后来在内蒙古增加的大量材料，在牙齿尺寸上都落入正常的变异范围，形态也基本一致，只是内蒙古标本牙齿的齿冠稍高。这些差异或许表明产出层位的时代和生境多少有所不同，然而就目前的认识水平尚无法把甘肃和内蒙古标本界定为不同的种（Qiu, 2001；邱铸鼎、李强，2016）。

进步近古仓鼠 *Plesiodipus progressus* Qiu, 1996
（图 86）

Plesiodipus aff. *P. progressus*：Wang et al., 2009, p. 112；Qiu et al., 2013, p. 183

Plesiodipus cf. *P. progressus*：Qiu et al., 2013, p. 181

正模 IVPP V 10382，左 M1。内蒙古苏尼特左旗铁木钦，中中新统通古尔组（通古尔期）。

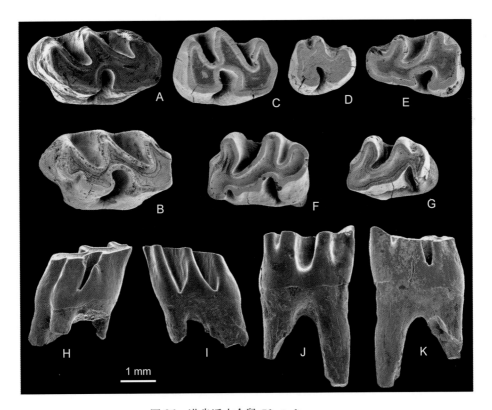

图 86 进步近古仓鼠 *Plesiodipus progressus*

A. 左 M1 (IVPP V 10382，正模)，B. 左 M1 (IVPP V 19813.1)，C. 左 M2 (IVPP V 19813.2)，D. 左 M3 (IVPP V 19813.3)，E. 左 m1 (IVPP V 19813.4)，F. 左 m2 (IVPP V 19813.5)，G. 左 m3 (IVPP V 19813.6)，H, I. 左 M1 (IVPP V 10383.1)，J, K. 左 m1 (IVPP V 10383.4)：A–G. 冠面视，H, J. 舌侧视，I, K. 颊侧视
（C–G 引自邱铸鼎、李强，2016）

副模　IVPP V 10383，臼齿 8 枚。产地与层位同正模。

归入标本　IVPP V 19813, V 19814，臼齿 36 枚（内蒙古中部地区）。

鉴别特征　臼齿相对狭长，脊型齿，适度高冠。M1 具两个舌侧谷，但原谷甚为浅小；下臼齿颊侧谷相对窄、浅；m1 的下前小脊单一、粗壮，下后谷窄而浅。

产地与层位　内蒙古苏尼特左旗铁木钦，中中新统通古尔组；巴伦哈拉根、必鲁图，上中新统（灞河期—保德期）。

评注　建名时将与正模产自相同层位和地点的 IVPP V 10383 标本指定为归入标本，这里更正为副模。

粗壮近古仓鼠 *Plesiodipus robustus* Qiu et Li, 2016
（图 87）

Prosiphneus qiui：郑绍华等，2004，300 页（部分）

Prosiphneus sp.：Qiu et al., 2013, p. 181, 182, 184

正模　IVPP V 19815，右 M1。内蒙古苏尼特左旗巴伦哈拉根（IVPP Loc. IM 0801），上中新统（灞河期）。

副模　IVPP V 19816，臼齿 35 枚。产地与层位同正模。

归入标本　IVPP V 14046（部分），V 19817, V 19818，臼齿 16 枚（内蒙古中部地区）。

鉴别特征　个体较大的一种近古仓鼠，臼齿粗钝，脊齿型，齿脊粗壮，齿冠高、向根部明显扩大。上臼齿仅有一个舌侧谷；M1 原谷退化，齿脊大致呈 ε 形排列；下臼齿颊侧谷中度宽、深；m1 的下前小脊单一、粗壮，下后谷适度向下延伸。

产地与层位　内蒙古苏尼特左旗巴伦哈拉根、必鲁图，上中新统（灞河期—保德期）；苏尼特右旗阿木乌苏、阿巴嘎旗灰腾河，上中新统（灞河期）。

评注　*Plesiodipus robustus* 的个体比 *P. leei* 和 *P. progressus* 都大，臼齿较粗钝，齿冠更高且明显向根部扩大，齿脊也更粗壮。另外，咀嚼面构造比 *P. leei* 的更趋脊齿型，M1无任何中脊的残留痕迹、原谷几乎完全退化、齿脊大致呈 ε 形排列，m1 的下前小脊单一、粗壮，下后谷向下延伸浅。与 *P. progressus* 的不同还在于：臼齿轮廓较为横宽，M1原谷更退化，m1 的下后谷较为宽、深、显著。相对而言，*P. robustus* 的臼齿形态与 *P. leei* 的较为相似，可能表明两者具有较接近的亲缘关系，甚至 *P. robustus* 从 *P. leei* 衍生而来。从 *P. leei* 到 *P. robustus*，似乎具有个体增大，齿冠增高，逐渐脊齿化，M1 中脊和原谷退化，m1 下前小脊愈合为一、颊侧谷及下后谷逐渐变得浅小的演化趋势。

郑绍华等（2004）当作 *Prosiphneus qiui* 描述的产自阿木乌苏的一枚 M2 和一枚 m2（IVPP V 14046）的形态，与归入 *P. qiui* 的其他标本不同，而与 *Plesiodipus robustus* 的特

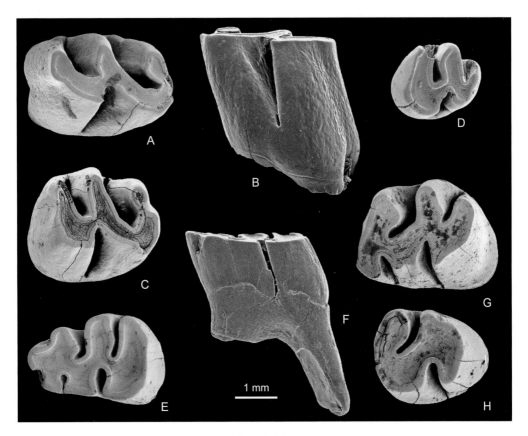

图 87　粗壮近古仓鼠 *Plesiodipus robustus*

A, B. 右 M1 （IVPP V 19815，正模，A 反转）, C. 左 M2 （IVPP V 19817.1）, D. 左 M3 （IVPP V 19818.2）,
E, F. 左 m1 （IVPP V 19816.3）, G. 左 m2 （IVPP V 19817.3）, H. 左 m3 （IVPP V 19816.4）; A, C–E, G, H. 冠
面视，B. 舌侧视，F. 颊侧视 （除 B 和 F 外均引自邱铸鼎、李强，2016）

征一致，应该归入该种。

王氏近古仓鼠 *Plesiodipus wangae* Rodrigues, Marivaux et Vianey-Liaud, 2012

（图 88）

正模　IVPP V 17650.1，右 M1。内蒙古阿拉善左旗乌兰塔塔尔 （IVPP Loc. UTL 6），
上渐新统乌兰塔塔尔组。

副模　IVPP V 17650.2–3，臼齿 2 枚。产地与层位同正模。

归入标本　IVPP V 17651.1–2，臼齿 2 枚 （内蒙古阿拉善左旗）。

鉴别特征　臼齿冠高中等；M1 的咀嚼面近平坦，齿脊显著、适度后倾；m1 的下后
尖具有一前臂 （下后脊 I） 和一下后脊 II。

产地与层位　内蒙古阿拉善左旗乌兰塔塔尔 （IVPP Loc. UTL 6, 8），上渐新统乌兰塔
塔尔组。

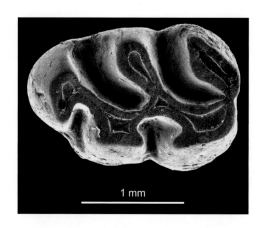

图 88　王氏近古仓鼠 *Plesiodipus wangae*
右 M1（IVPP V 17650.1，正模，反转）

评注　*Plesiodipus wangae* 为乌兰塔塔尔地点渐新世仓鼠类中最为进步的种类，但显然比该属在中新世的种都原始（Rodrigues et al., 2012）。其个体比中中新世的 *P. leei* 小；M1 三齿根，齿脊较少后倾；m1 没有下前小脊，但有连接下原尖的下后脊 II。从法国同行研究后归还给中国科学院古脊椎动物与古人类研究所标本馆的材料看，所指定为归入标本（或副模）的 5 枚牙齿，似乎并不都属于一个种类。

戈壁古仓鼠属 Genus *Gobicricetodon* Qiu, 1996

模式种　弗氏戈壁古仓鼠 *Gobicricetodon flynni* Qiu, 1996

鉴别特征　个体较大的一类仓鼠，颊齿丘-脊型齿；M1 和 M2 的主尖对位排列，原脊和后脊单一，常有短的中脊、弱的外脊，内谷狭窄、略前指向，在轻微磨蚀的牙齿中往往有残留的岛状后谷，三齿根或四齿根。M1 和 m1 的前边尖简单或微弱分开。下臼齿双根，具较宽且近对称的下外谷；m1 和 m2 的主尖错位排列，常有极短的下中脊；m1 具双下后脊和双下前小脊。m3 与 m2 的长度近等，甚至比 m2 稍长。上、下臼齿的"中间斜脊"不很强壮。

中国已知种　*Gobicricetodon flynni, G.* aff. *G. flynni, G. arshanensis, G. robustus*，共 4 种。

分布与时代　内蒙古，中中新世—晚中新世（通古尔期—灞河期）；甘肃，中中新世（通古尔期）。

评注　该属出现的时间不长，似乎生存于仓鼠科在中亚地区从古仓鼠类的衰退到近代仓鼠类兴起的过渡时段。除在中国外，该属还发现于俄罗斯贝加尔地区的中中新统（Sen et Erbajeva, 2011）。在甘肃和政中中新世的虎家梁组中，发现了该属的未定种，但尚未对标本进行详细的描述（Deng et al., 2013）。

弗氏戈壁古仓鼠 *Gobicricetodon flynni* Qiu, 1996

（图 89）

Gobicricetodon sp.：邱铸鼎，1996，102 页（部分）

Gobicricetodon cf. *G. flynni*：邱铸鼎、王晓鸣，1999，123 页；Qiu et al., 2013, p. 181

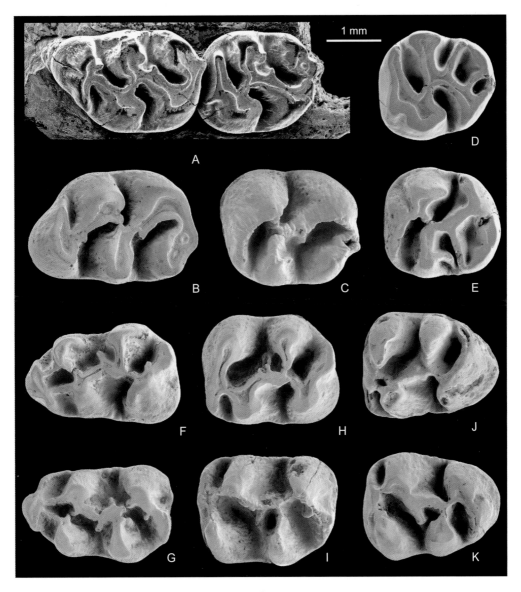

图 89 弗氏戈壁古仓鼠 *Gobicricetodon flynni*

A. 左上颌骨碎块附 M1-2（IVPP V 10375，正模），B. 右 M1（IVPP V 19820.1），C. 左 M2（IVPP V 19820.2，反转），D. 左 M3（IVPP V 19820.3），E. 右 M3（IVPP V 19820.4），F. 左 m1（IVPP V 19820.5），G. 左 m1（IVPP V 19820.6，反转），H. 左 m2（IVPP V 19820.7），I. 右 m2（IVPP V 19820.8），J. 左 m3（IVPP V 19820.9），K. 右 m3（IVPP V 19820.10）：冠面视（除 A 引自邱铸鼎，1996 外均引自邱铸鼎、李强，2016）

正模 IVPP V 10375，左上颌骨碎块附 M1–2。内蒙古苏尼特左旗默尔根，中中新统通古尔组。

副模 IVPP V 19816，臼齿 5 枚。产地与层位同正模。

归入标本 IVPP V 10377, V 10380, V 19819, V 19820，破损上颌骨 1 件、臼齿 33 枚（内蒙古中部地区）。

鉴别特征 个体较小的戈壁古仓鼠，齿冠较低，齿尖相对弱，臼齿的上、下中脊短；M1 和 M2 多为三齿根，前尖后刺不发育；m1 下前边尖不甚横、宽，双下前小脊向前方会聚。

产地与层位 内蒙古苏尼特左旗默尔根、呼尔郭拉金，苏尼特右旗推饶木、346 地点，中中新统通古尔组。

评注 原先作为 *Gobicricetodon flynni* 下第三臼齿描述的标本（见邱铸鼎，1996，图52E）属于 *Protalactaga major* 的 m3。另外，作为 *Gobicricetodon* sp. 描述的两个牙齿（见邱铸鼎，1996，图 56），因受到不同程度的风化溶蚀，齿尖和牙齿的冠高有所改变，其中的 m1 基本构造无异于 *G. flynni* 者，尺寸也接近，虽则其下外中脊较显著，下次脊有后向小刺，但属正常的形态变异，应归入 *G. flynni* 种；而其中的 m2，具有明显的"中间斜脊"，大小和形态都表明它属于 *Plesiodipus leei* 者。

原作者在建名时将 IVPP V 19816 标本指定为归入标本，因其与正模都产自默尔根，故这里改称副模。

弗氏戈壁古仓鼠（亲近种）*Gobicricetodon* aff. *G. flynni* Qiu, 1996
（图 90）

Plesiodipus sp.：邱铸鼎、王晓鸣，1999，126 页（部分）

Gobicricetodon sp. 1：Qiu et al., 2013, p. 181

归入标本 IVPP V 19821, V 19822，臼齿 86 枚（内蒙古中部地区）。

鉴别特征 个体大小和牙齿形态与 *Gobicricetodon flynni* 的接近。但齿冠较高；标本中有较多具 4 个齿根的 M1 和 M2；M1 和 M2 内脊、次尖和前尖形成"中间斜脊"的趋向较明显；M1 的中脊更退化，而 M2 的中脊和前尖后刺都很明显；m1 的下前边尖更趋于嵴形，而且在个别标本中呈现出双分的趋向，下前小脊近平行与下前边尖连接。

产地与层位 内蒙古苏尼特左旗巴伦哈拉根、苏尼特右旗阿木乌苏，上中新统（灞河期）。

评注 *Gobicricetodon* aff. *G. flynni* 可能是 *G. flynni* 的直接后裔，其具有与后者不同的牙齿形态，可能属于这一演化支系进步的特征。

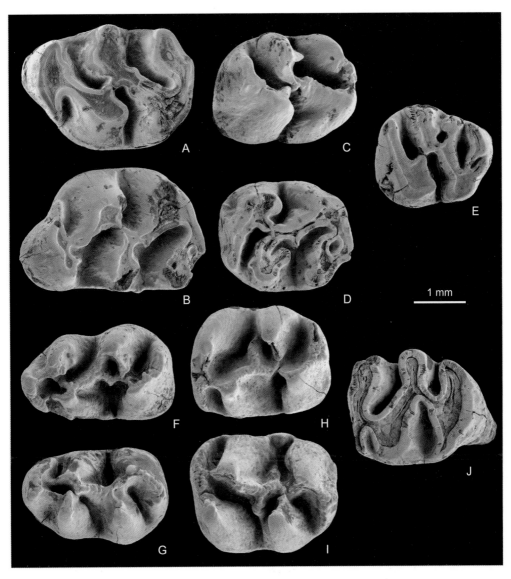

图 90　弗氏戈壁古仓鼠（亲近种）*Gobicricetodon* aff. *G. flynni*

A. 左 M1 (IVPP V 19822.1)，B. 右 M1 (IVPP V 19822.2)，C. 左 M2 (IVPP V 19822.3)，D. 右 M2 (IVPP V 19822.4)，E. 左 M3 (IVPP V 19822.5)，F. 左 m1 (IVPP V 19822.6)，G. 右 m1 (IVPP V 19822.7)，H. 左 m2 (IVPP V 19822.8)，I. 右 m2 (IVPP V 19822.9)，J. 左 m3 (IVPP V 19822.10)：冠面视（引自邱铸鼎、李强，2016）

粗壮戈壁古仓鼠　*Gobicricetodon robustus* Qiu, 1996

（图 91）

Gobicricetodon sp.：邱铸鼎、王晓鸣，1999，125 页（部分）

Gobicricetodon cf. *G. robustus*, *G.* sp. 1：Qiu et al., 2013, p. 177

正模 IVPP V 10378，左 m1。内蒙古苏尼特左旗铁木钦（即默尔根 V），中中新统通古尔组。

副模 IVPP V 10379，臼齿 2 枚。产地与层位同正模。

归入标本 IVPP V 19823–19825，破损上、下颌骨各一件，臼齿 179 枚（内蒙古中部地区）。

鉴别特征 个体硕大，齿冠相对高，齿尖较齿脊显著，臼齿具有稍长的上、下中脊；

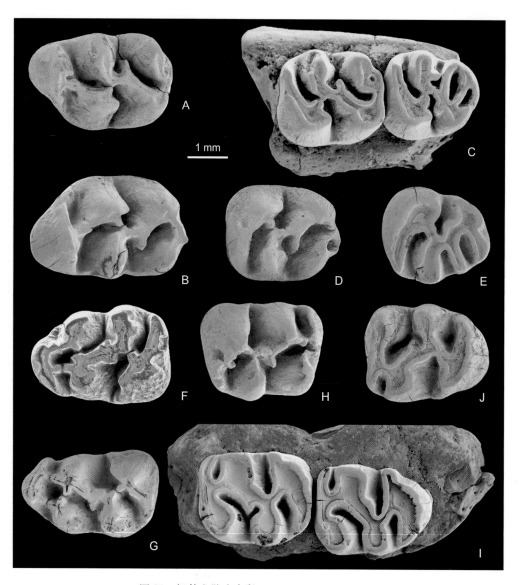

图 91 粗壮戈壁古仓鼠 *Gobicricetodon robustus*

A. 左 M1 （IVPP V 19824.1），B. 右 M1 （IVPP V 19824.2），C. 破损左上颌骨附 M2–3 （IVPP V 19824.3），D. 右 M2 （IVPP V 19824.4），E. 右 M3 （IVPP V 19824.5），F. 左 m1 （IVPP V 10378，正模），G. 右 m2 （IVPP V 19824.7），H. 左 m2 （IVPP V 19824.8），I. 破损右下颌骨附 m2–3 （IVPP V 19824.9），J. 左 m3 （IVPP V 19824.10）：冠面视（除 F 引自邱铸鼎，1996 外，其余引自邱铸鼎、李强，2016）

M1 和 M2 四齿根，前尖后刺一般不清楚，但 M1 的原尖通常明显向后突出；m1 下前边尖横宽，常有与下前边脊近垂直相交的双下前小脊。

产地与层位 内蒙古苏尼特左旗铁木钦，中中新统通古尔组；苏尼特左旗巴伦哈拉根、必鲁图，上中新统（灞河期—保德期）；苏尼特右旗阿木乌苏，上中新统（灞河期）。

评注 *Gobicricetodon robustus* 与 *G. flynni* 相似，与 *G.* aff. *G. flynni* 更相似，三者显然具有相当接近的族裔关系。从中中新世早期的 *G. flynni* 到后来的 *G. robustus* 的演化，似乎具有个体增大，齿冠增高，齿尖和齿脊增强，中脊逐渐变得明显，上臼齿齿根增加，M1 原尖的后突逐渐发育，m1 的双下前小脊从向前会聚逐渐到平行排列的趋势。

原作者在建名时将 IVPP V 10379 标本指定为归入标本，因其与正模都产自默尔根，现改称副模。

阿尔善戈壁古仓鼠 *Gobicricetodon arshanensis* Qiu et Li, 2016
（图 92）

Gobicricetodon sp. 2：Qiu et al., 2013, p. 181

正模 IVPP V 19826，附有 M1–3 的残破左上颌骨。内蒙古阿巴嘎旗灰腾河（IVPP Loc. IM 0003），上中新统灰腾河层（灞河期晚期）。

副模 IVPP V 19827，残破上、下颌骨 6 件，臼齿 12 枚。产地与层位同正模。

归入标本 IVPP V 19828, V 19829，臼齿 19 枚（内蒙古中部地区）。

鉴别特征 牙齿尺寸与 *Gobicricetodon flynni* 的接近，但齿冠较高；臼齿的上、下中脊，以及 M1 和 m1 的前边尖、M1–3 前尖后刺都较显著；M1 的前边尖在磨蚀初期分开，原尖通常具有明显的后突；M1 和 M2 三或四齿根；m1 的双下前小脊近平行与下前边脊连接。

产地与层位 内蒙古阿巴嘎旗灰腾河、苏尼特右旗阿木乌苏，上中新统（灞河期）；苏尼特左旗必鲁图，上中新统（保德期）。

评注 *Gobicricetodon arshanensis* 可能是在晚中新世早期由 *G. flynni* 演化而来。演化的过程似乎是个体的渐渐增大，齿冠增高，上臼齿舌侧齿根分开，臼齿的中脊逐渐增强，上臼齿的原尖后突和前尖后刺渐发育，M1 的前边尖加宽、分开，以及使 m1 的双下前小脊前部逐渐分离。*G. arshanensis* 与 *G. robustus* 的牙齿形态更为相似，但前者出现的时代晚些，并具有较明显的衍生性状，它们是否具有更接近的族裔关系有待进一步的研究。

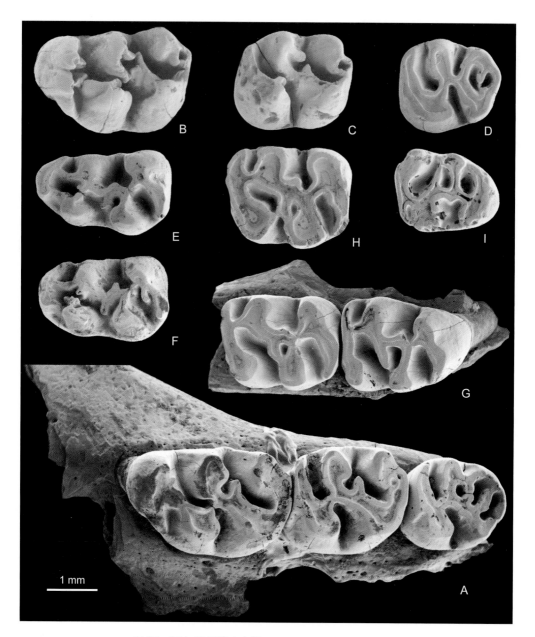

图 92　阿尔善戈壁古仓鼠 *Gobicricetodon arshanensis*

A. 破损左上颌骨附 M1–3 (IVPP V 19826，正模)，B. 左 M1 (IVPP V 19829.1)，C. 左 M2 (IVPP V 19829.2)，
D. 左 M3 (IVPP V 19829.3)，E. 右 m1 (IVPP V 19827.1)，F. 右 m1 (IVPP V 19827.2)，G. 破损右下颌骨
附 m1–2 (IVPP V 19827.3)，H. 右 m2 (IVPP V 19827.4)，I. 左 m3 (IVPP V 19829.4)：冠面视（引自邱铸
鼎、李强，2016）

可汗鼠属 Genus *Khanomys* Qiu et Li, 2016

模式种　白氏可汗鼠 *Khanomys baii* Qiu et Li, 2016

鉴别特征　个体较大、齿冠较高、尖 - 脊型齿古仓鼠。上臼齿的颊侧主尖和下臼齿

的舌侧主尖呈明显的压扁状，臼齿中脊只在磨蚀轻微的牙齿中可能留有痕迹；M1 和 M2 原尖的位置略比前尖的靠前，原脊单一，中尖和前尖后刺缺如，内谷横或略前指向，三齿根；M1 和 m1 的前边尖简单；m1 的下前小脊和下后脊单一，下前小脊与下前边尖舌侧连接；m2 的下外谷与下后谷错位排列。上、下臼齿的"中间斜脊"很显著。

中国已知种 *Khanomys baii* 和 *K. cheni* 两种。

分布与时代 内蒙古，晚中新世（灞河期）。

评注 *Khanomys* 属的牙齿形态与 *Plesiodipus* 和 *Gobicricetodon* 属，以及 *Prosiphneus* 属中的一些种，如 *P. qiui* 较相似。在牙齿的形态上，它们具有共同的祖征：上、下臼齿的齿脊相对显著，有较明显的"中间斜脊"；M1 和 m1 的前边尖简单；M1 没有原脊 I；M1 和 M2 的后脊后向，趋于与后边脊和后尖融合；M2 和 M3 前边脊的舌侧支与原尖融合，使前边脊的舌侧支和原谷几乎缺失；m2 和 m3 下前边脊的舌侧支与下后尖融合，使下前边脊的舌侧支和下前谷几乎缺失。这些共同的形态似乎表明它们有一个古仓鼠类的共同祖先。但 *Khanomys* 属 m1 的下前小脊单一、并与下前边尖舌侧连接，这是其独有的衍征。它以较大的个体，较高的齿冠，M1 和 M2 的"中间斜脊"相对横向，m1 下前小脊单一，以及 m2 的下外谷与下后谷错位排列而不同于 *Plesiodipus*。与 *Gobicricetodon* 的差异在于齿冠相对较高，上臼齿的齿尖不甚对位排列，齿脊相对比齿尖醒目，齿尖呈压扁状，齿谷窄，上、下臼齿无明显的中脊，在 M1 和 M2 中无外脊和前尖后刺的痕迹，m1 仅有单一的下前小脊和下后脊。*Khanomys* 属与 *P. qiui* 的区别主要在于：个体稍小；齿冠略低；齿脊相对不甚发育；m1 的下前小脊和下后脊单一，下前小脊通常由前伸下后脊 I（而非前伸的下原尖前臂）构成、位置总靠舌侧（而非中间），下前边脊的颊侧支通常发育，下原谷宽阔、明显比下前谷大（而非近等大），下次尖相对丘形。但似乎 *Khanomys*、*Plesiodipus* 和 *Gobicricetodon* 属并没有直接的族裔关系，它们都向着个体增大、齿冠增高、牙齿脊型齿方向演化，并向着不同的演化方向特化，进入晚中新世即先后绝灭。唯有 *Khanomys* 属的某个种群可能衍生出后来的 *Prosiphneus* 属。

此前，*Plesiodipus* 属曾被认为是东亚特有的鼢鼠类啮齿动物（myospalacids）的祖先类型（邱铸鼎等，1981；李传夔、计宏祥，1981）。*Khanomys* 属的发现，似乎表明它更可能是鼢鼠类的先祖，而非 *Plesiodipus*。在形态上，鼢鼠类原始的属种 *Prosiphneus qiui* 与 *Khanomys* 属的特征更为相似，只是 m1 的构造略有差异，说明这两个属有较接近的族裔关系。在 *Plesiodipus* 属中，"中间斜脊"与牙齿中轴的夹角小，m2 和 m3 下外谷与下后边谷错位排列，与 *Prosiphneus* 属有较大的不同。另外，*Plesiodipus* 属具有 M1 原谷退化，m1 颊侧谷及下后谷逐渐变得浅小的演化趋势，这与后来 *Prosiphneus* 属的特征不符。因此，*Khanomys* 属更可能是鼢鼠类的祖先类型。

白氏可汗鼠 *Khanomys baii* Qiu et Li, 2016

(图93)

正模　IVPP V 19830，右 m1。内蒙古苏尼特左旗巴伦哈拉根（IVPP Loc. IM 0801），上中新统（灞河期）。

副模　IVPP V 19831，臼齿 72 枚。产地与层位同正模。

归入标本　IVPP V 19832，臼齿 10 枚（内蒙古中部地区）。

鉴别特征　个体相对较小、齿冠稍低、臼齿脊齿化程度略低的一种可汗鼠。M1 和 M2 很少见有釉岛状的后谷；M1 前边尖简单，前壁无沟；M2 的原谷通常不存在。

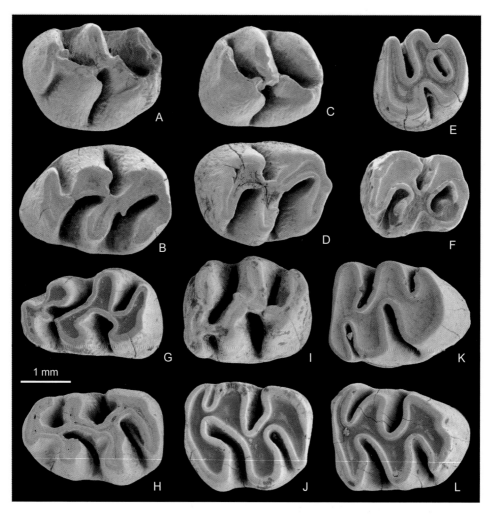

图 93　白氏可汗鼠 *Khanomys baii*

A. 左 M1（IVPP V 19831.1），B. 右 M1（IVPP V 19831.2），C. 左 M2（IVPP V 19831.3），D. 右 M2（IVPP
V 19831.4），E. 左 M3（IVPP V 19831.5），F. 左 M3（IVPP V 19831.6），G. 左 m1（IVPP V 19831.7），
H. 右 m1（IVPP V 19830，正模），I. 左 m2（IVPP V 19831.8），J. 右 m2（IVPP V 19831.9），K. 左 m3（IVPP
V 19831.10），L. 右 m3（IVPP V 19831.11）：冠面视（引自邱铸鼎、李强，2016）

产地与层位 内蒙古苏尼特左旗巴伦哈拉根、苏尼特右旗阿木乌苏，上中新统（灞河期）。

陈氏可汗鼠 *Khanomys cheni* Qiu et Li, 2016
（图 94）

正模 IVPP V 19833，左 M1。内蒙古苏尼特右旗沙拉，上中新统（灞河期）。

副模 IVPP V 19834，臼齿 46 枚。产地与层位同正模。

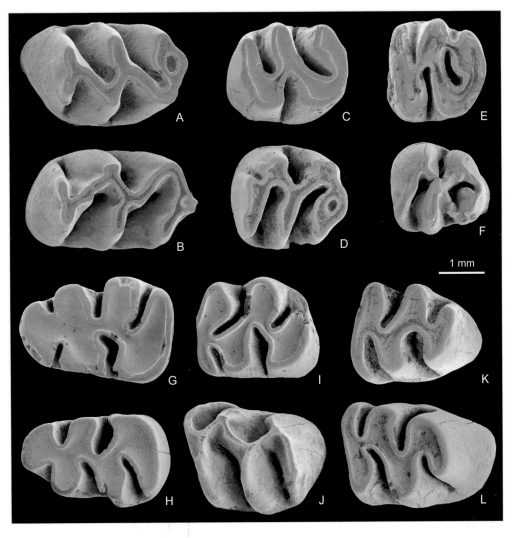

图 94 陈氏可汗鼠 *Khanomys cheni*

A. 左 M1（IVPP V 19833，正模），B. 右 M1（IVPP V 19835.1），C. 左 M2（IVPP V 19836.1），D. 右 M2
（IVPP V 19834.1），E. 左 M3（IVPP V 19836.2），F. 左 M3（IVPP V 19836.3），G. 左 m1（IVPP V 19836.4），
H. 右 m1（IVPP V 19835.2），I. 左 m2（IVPP V 19836.5），J. 右 m2（IVPP V 19835.3），K. 左 m3（IVPP V
19834.2），L. 右 m3（IVPP V 19836.6）：冠面视（引自邱铸鼎、李强，2016）

归入标本 IVPP V 19835，V 19836，破损头骨 1 件、臼齿 45 枚（内蒙古中部）。

鉴别特征 个体较大，齿冠较高，臼齿更趋脊型齿的一种可汗鼠。M1 和 M2 在开始磨蚀阶段常见釉岛状的后谷；M1 前边尖前壁有浅的凹坑；M2 通常有浅小的原谷。

产地与层位 内蒙古苏尼特右旗沙拉、苏尼特左旗必鲁图、阿巴嘎旗灰腾河，上中新统（灞河期—保德期）。

犀齿鼠属 Genus *Rhinocerodon* Zazhigin, 2003

模式种 保罗犀齿鼠 *Rhinocerodon pauli* Zazhigin, 2003

鉴别特征 臼齿近脊齿型，釉质层厚度均一，没有中尖和中脊。m1 的下前边尖与下原尖和下后尖连成"镰刀形"构造；下后脊 II 很低，在牙齿磨蚀早期与"镰刀形构造"围成"釉岛"；下后边脊融入脊形的下次尖形成牙齿颊侧后角上的强脊；下原谷和下前谷浅小或缺；下外谷的大小变化大，下中间谷宽深。m2 和 m3 没有下前边脊舌侧支。M1 和 M2 四齿根；M1 有一低的、连接前尖和前边尖的前小脊，后脊与次尖的前、后臂及内脊围成深度不大的"釉岛"，内脊前部与前尖而不是与原尖连接，内谷、中间谷和前谷宽而深；M2 的前尖常有低脊与前边尖相连，原尖并不总与前尖连接。

中国已知种 仅 *Rhinocerodon abagensis* 一种。

分布与时代 内蒙古，晚中新世（保德期）。

评注 该属最先发现于哈萨克斯坦晚中新世中晚期、甚至是上新世早期的地层，共有三种：*Rhinocerodon pauli*、*R. seletyensis* 和 *R. irtyshensis*。内蒙古 *R. abagensis* 代表该属目前在中国的唯一发现。

阿巴嘎犀齿鼠 *Rhinocerodon abagensis* Qiu et Li, 2016

（图 95）

正模 IVPP V 19837，左 m1。内蒙古阿巴嘎旗宝格达乌拉（IVPP Loc. IM 0702），上中新统宝格达乌拉组（保德期）。

副模 IVPP V 19838，臼齿 22 枚。产地与层位同正模。

归入标本 IVPP V 19839，1 枚 M1（内蒙古中部地区）。

鉴别特征 *Rhinocerodon* 属中个体较大的一种。M1 无任何附属小尖，原尖和前尖间有明显的齿脊相连；m1 下前边脊的颊侧支不很发育，下后谷向下延伸的深度大；m3 的后部较退化，下后谷消失。

产地与层位 内蒙古阿巴嘎旗宝格达乌拉（IVPP Loc. IM 0702, 0703），上中新统宝格达乌拉组（保德期）。

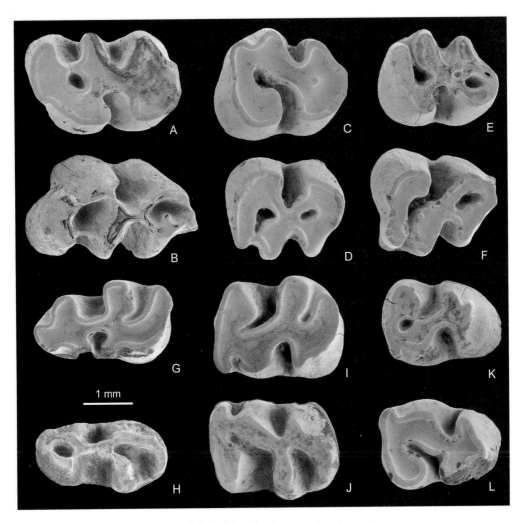

图 95　阿巴嘎犀齿鼠 *Rhinocerodon abagensis*

A. 左 M1（IVPP V 19838.1），B. 左 M1（IVPP V 19839，反转），C. 左 M2（IVPP V 19838.2），D. 左 M2
（IVPP V 19838.3，反转），E. 左 M3（IVPP V 19838.4），F. 左 M3（IVPP V 19838.5，反转），G. 左 m1（IVPP
V 19837，正模），H. 右 m1（IVPP V 19838.6），I. 左 m2（IVPP V 19838.7），J. 右 m2（IVPP V 19838.8），
K. 左 m3（IVPP V 19838.9），L. 右 m3（IVPP V 19838.10）：冠面视（引自邱铸鼎、李强，2016）

仿田鼠亚科 Subfamily Microtoscoptinae Kretzoi, 1955

模式属　仿田鼠属 *Microtoscoptes* Schaub, 1934

定义与分类　仿田鼠亚科为个体中等大小、灭绝了的田鼠形仓鼠类（microtoid
cricetids）动物，分布于新、旧大陆的晚中新世。

一般认为这一亚科包括 *Paramicrotoscoptes* Martin, 1975、*Goniodontomys* Wilson,
1937 和 *Microtoscoptes* Schaub, 1934 三属，但 Fejfar（1999a）把 *Ischymomys* 属也归入这
一亚科。虽则 *Ischymomys* 的 m1 嵴棱有形成菱形或平行四边形的倾向，连接嵴棱的纵向

脊也很细弱，但嵴棱不明显对位排列，是否可和另外三属同归一个亚科似有不同的意见（McKenna et Bell, 1997）。上述 4 个属中，*Paramicrotoscoptes* 和 *Goniodontomys* 分布于新大陆，*Microtoscoptes* 和 *Ischymomys* 分布于旧大陆。

鉴别特征　齿式：1•0•0•3/1•0•0•3；臼齿高冠，具齿根，咀嚼面平坦，齿谷无白垩质充填，舌侧和颊侧褶谷（syncline）与另一方的嵴棱（anticline）近对位排列，内外侧齿棱组成菱柱形的齿质区，齿质区由釉质桥连接，而釉质桥中几乎无齿质。臼齿釉质为 C- 釉型结构；釉质由两层放射型釉质组成，内层釉柱向牙齿中轴倾斜，外层釉柱侧向倾斜。

中国已知属　仅 *Microtoscoptes* 一属。

分布与时代　欧洲、亚洲和北美，晚中新世；在我国仅见于内蒙古的晚中新世保德期。

评注　鉴于 *Ischymomys* 属在形态上与其他属的不同，以及研究者对其分类位置存在歧见，本志书将该属排除在仿田鼠亚科之外。*Microtoscoptes*、*Paramicrotoscoptes* 和 *Goniodontomys* 属目前发现的材料多为脱落牙齿，三者牙齿尺寸接近，M1 和 m2 的形态彼此也相似，只是第三臼齿与中间臼齿的相对长度有较明显的不同，以及 M2 和 M3、m1 和 m3 的构造有所差异。因此，第三臼齿的相对大小，以及 M2 和 M3、m1 和 m3 的形态成为目前区分这些属种的重要依据。*Microtoscoptes* 属的 M2 和 M3 只有两个舌侧嵴棱，以及 m3 仅有两个完整的平行四边形齿质区，与 *Paramicrotoscoptes* 相近。但 *Goniodontomys* 属 M2 和 M3 舌侧嵴棱的数目比上述两属多，而且 m3 有三个完整的平行四边形齿质区（Hibbard, 1970；Martin, 1975；文献中两位学者都把该属称为 *Microtoscoptes*）。*Paramicrotoscoptes* 属的第三臼齿长度大，形态也复杂得多，此外其齿质区常有孤立的"釉岛"。*Microtoscoptes* 易于与北美的这两个属相区别。

仿田鼠仓鼠类的颊齿构造较为特殊，很难套用啮齿类一般"四尖式"的模式去表述，故描述中所使用的术语暂时采用 Fahlbusch（1987）所拟（图 96）。

仿田鼠属　Genus *Microtoscoptes* Schaub, 1934

模式种　终前仿田鼠 *Microtoscoptes praetermissus* Schaub, 1934

鉴别特征　个体中等大小的田鼠型仓鼠；颊齿有齿根，半高冠，齿谷中无白垩质充填，磨蚀面平坦、釉质层宽度均匀，舌侧和颊侧的嵴棱对位排列；M2 和 M3 由三个颊侧嵴棱和两个舌侧嵴棱组成；m3 仅具两对嵴棱，并常有附加的釉质后叶。

中国已知种　*Microtoscoptes praetermissus, M. fahlbuschi, M.* sp.，共 3 种。

分布与时代　内蒙古，晚中新世。

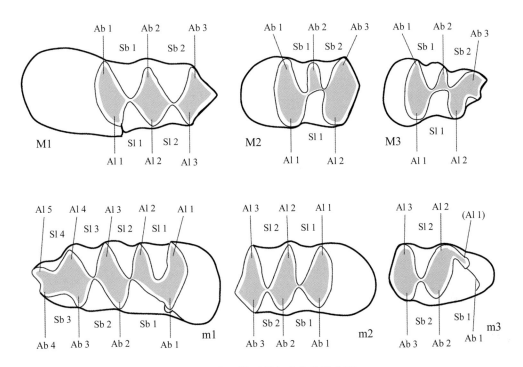

图 96　仿田鼠亚科臼齿构造模式图

A. 嵴棱（anticline），S. 褶谷（syncline），b. 颊侧（buccal），l. 舌侧（lingual）（引自 Fahlbusch, 1987）

评注　Schaub（1934）最先命名了 *Microtoscoptes* 属，但材料很少，在学者中对其科一级的分类地位颇有争议，或归入仓鼠科（Cricetidae），或归入鼹科（Arvicolidae）（Stehlin et Schaub, 1951；Kretzoi, 1955b, 1969；Repenning, 1968；Martin, 1979；von Koenigswald, 1980）。其后，Fahlbusch（1987）对模式产地（内蒙古化德二登图 2 及哈尔鄂博 2）增加的一批材料进行了详细研究，发现 *Microtoscoptes* 属的牙齿形态和珐琅质显微构造与 Arvicolidae 科的特征有很大的不同，而与仓鼠科的更为接近。本书遵从Fahlbusch 将其归入仓鼠科的分类意见。

在旧大陆，*Microtoscoptes* 属除分布在中国外，还见于蒙古、俄罗斯、哈萨克斯坦和乌克兰（Devyatkin et al., 1968；Topachevsky, 1971；Zazhigin et Lopatin, 2001；Zazhigin et al., 2002；Maul et al., 2017）。该属除在内蒙古化德和阿巴嘎地区有较多脱落牙齿的发现外，其他地点的材料不多，因此亟待对其头骨和颅后骨骼的发现，以及对其演化特征的深入研究。

终前仿田鼠 *Microtoscoptes praetermissus* Schaub, 1934

（图 97）

选模　MEUU M. 6390（Schaub, 1934, p. 38, pl.-figs. 18, 23, 24），左 m1（Schaub 建名

时未指定正模，Fahlbusch 于 1987 年描述二登图 2 的材料时将这一标本作为选模，标本现存于瑞典乌普萨拉大学演化博物馆）。内蒙古化德二登图 1，上中新统二登图组。

归入标本　MEUU 缺编号（Schaub, 1934, pl.-fig. 1），m2 1 枚（内蒙古化德）。IVPP V 3711，V 3712，白齿 172 枚（内蒙古中部地区）。

鉴别特征　同属。

产地与层位　内蒙古化德二登图、哈尔鄂博、乌兰卓尔（Olan Chorea），上中新统二登图组—? 上新统下部。

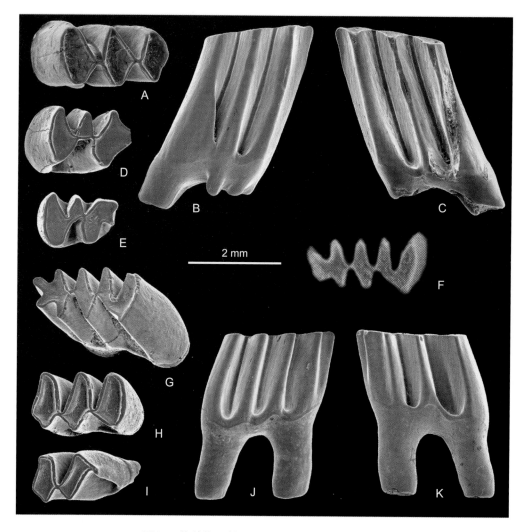

图 97　终前仿田鼠 *Microtoscoptes praetermissus*

A. 左 M1（IVPP V 3711.80），B, C. 左 M1（IVPP V 3711.85），D. 左 M2（IVPP V 3711.118），E. 左 M3（IVPP V 3711.133），F. 左 m1（MEUU M. 6930，选模），G. 左 m1（IVPP V 3711.8），H, I. 左 m1（IVPP V 3711.9），J. 左 m2（IVPP V 3711.47），K. 右 m3（IVPP V 3711.76，反转）：A, D–I. 冠面视，B, J. 舌侧视，C, K. 颊侧视（F 引自 Jacobs et al., 1985）

法氏仿田鼠 *Microtoscoptes fahlbuschi* Qiu et Li, 2016

(图 98)

Microtoscoptes sp.：Qiu et al., 2006, p. 181

Microtoscoptes sp.：Qiu et al., 2013, p. 183

正模 IVPP V 19866，右 m1。内蒙古阿巴嘎旗宝格达乌拉（IVPP Loc. IM 0702），上中新统宝格达乌拉组（保德期）。

副模 IVPP V 19867，破碎下颌支 2 件、臼齿 50 枚。产地与层位同正模。

归入标本 IVPP V 19869, V 19888，臼齿 12 枚（内蒙古中部地区）。

鉴别特征 牙齿尺寸和形状与 *Microtoscoptes praetermissus* 的接近，但 M2 双根或三

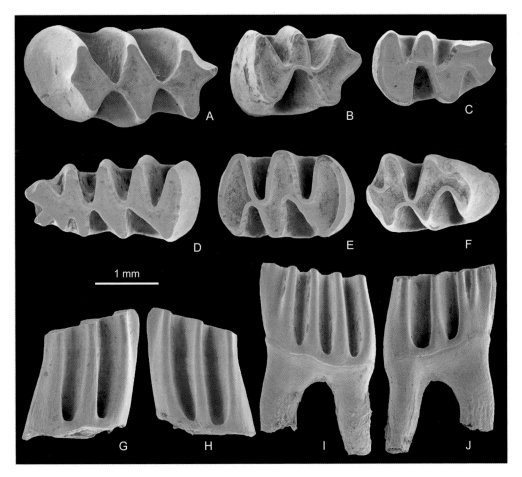

图 98 法氏仿田鼠 *Microtoscoptes fahlbuschi*

A, G, H. 左 M1（IVPP V 19867.1），B. 左 M2（IVPP V 19867.3），C. 左 M3（V 19867.5），D, I, J. 右 m1
（IVPP V 19866，正模，D 反转），E. 右 m2（IVPP V 19867.9，反转），F. 右 m3（IVPP V 19867.11，反转）：
A–F. 冠面视，G, I. 舌侧视，H, J. 颊侧视（引自邱铸鼎、李强，2016）

齿根，m1 的前帽较为复杂（Ab 4 长而大、颊侧有一浅褶，Ab 3 和 Sb 3 狭小，Sl 4 窄而深），M3 和 m3 的后叶较少退化。齿质区上没有或极少有孤立的釉质小坑。

产地与层位　内蒙古阿巴嘎旗宝格达乌拉，上中新统宝格达乌拉组；苏尼特左旗巴伦哈拉根、必鲁图，上中新统（灞河期—保德期）。

评注　*Microtoscoptes fahlbuschi* 与 *M. praetermissus* 相比，其 M2 齿根数较少，M3 的后叶相对粗壮，m3 后部的新月形脊较显著，m1 的前帽较复杂，可能说明该种具有较原始的性状。

<h3 align="center">仿田鼠（未定种）Microtoscoptes sp.</h3>
（图 99）

在内蒙古苏尼特右旗沙拉（IM 9610 地点）的晚中新世（灞河期）地层中，发现了该属的 12 枚臼齿（IVPP V 19870），其尺寸比 *Microtoscoptes fahlbuschi* 和 *M. praetermissus* 的稍小，m1 前叶的构造简单、Ab 4 不很长大，齿质区有"釉岛"，形态似乎更接近 *M. praetermissus* 者。由于该种群的个体小，牙齿形态与已知种有所差别，可能代表该属出现较早的一新种，但由于材料不足，被当作未定种处理（邱铸鼎、李强，2016）。

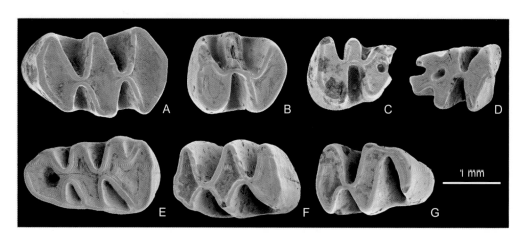

图 99　仿田鼠（未定种）Microtoscoptes sp.

A. 右 M1（IVPP V 19870.1，反转），B. 右 M2（IVPP V 19870.2，反转），C. 左 M3（IVPP V 19870.3），D. 破损右 m1（IVPP V 19870.4），E. 右 m1（IVPP V 19870.5，反转），F. 左 m2（IVPP V 19870.6），G. 右 m3（IVPP V 19870.7，反转）：冠面视（引自邱铸鼎、李强，2016）

巴兰鼠亚科 Subfamily Baranomyinae Kretzoi, 1955

模式属　巴兰鼠属 *Baranomys* Kormos, 1933

定义与分类　巴兰鼠亚科为一类灭绝了的田鼠形仓鼠（microtoid cricetids），分布于欧亚大陆的局部地区，种类不多，可能起源于仓鼠类，也可能与全北区新生代晚期较为常见的鼹类有一定的关系。

仓鼠类的分类系统异常复杂，田鼠形仓鼠类并不是一个单系类群，对巴兰鼠的分类位置在研究者中也还有不同的意见，可能是相同的一个属种有可能被研究仓鼠类的学者归入仓鼠类，被研究鼹类的学者归入鼹科，因此对巴兰鼠亚科的归属及分类方案的认识仍有待统一。在仓鼠类中，一些亚科所包括的成员不多，如上述的 Microtoscoptinae 亚科只有 3 个属，Baranomyinae 亚科也是一个分布地区局限、属种不多的类群。一般认为巴兰鼠亚科也只有 *Microtodon*、*Anatolomys* 和 *Baranomys* 三属（McKenna et Bell, 1997）。但 Fahlbusch 和 Moser（2004）认为，*Baranomys* 和 *Microtodon* 形态相似，应为同物异名。在欧洲有过关于 *Celadensia* 和 *Bjornkurtenia* 属的报道，但材料很少。两者形态与亚洲 *Microtodon* 和 *Anatolomys* 的特征有些相似，可能它们有接近的亲缘关系，Fejfar 和 Storch（1990）亦将其归入 Baranomyinae 亚科。图 100 为该亚科的臼齿构造模式图。

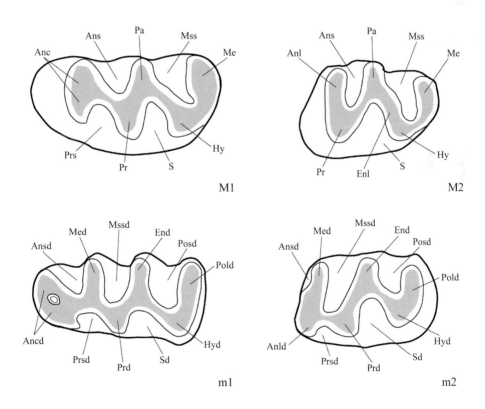

图 100　巴兰鼠亚科臼齿构造模式图

Anc. 前边尖（anterocone），Ancd. 下前边尖（anteroconid），Anl. 前边脊（anteroloph），Anld. 下前边脊（anterolophid），Ans. 前边谷（anterosinus），Ansd. 下前边谷（anterosinusid），End. 下内尖（entoconid），Enl. 内脊（entoloph），Hy. 次尖（hypocone），Hyd. 下次尖（hypoconid），Me. 后尖（metacone），Med. 下后尖（metaconid），Mss. 中间谷（mesosinus），Mssd. 下中间谷（mesosinusid），Pa. 前尖（paracone），Pold. 下后边脊（posterolophid），Posd. 下后边谷（posterosinusid），Pr. 原尖（protocone），Prd. 下原尖（protoconid），Prs. 原谷（protosinus），Prsd. 下原谷（protosinusid），S. 内谷（sinus），Sd. 下外谷（sinusid）

（引自 Fahlbusch et Moser, 2004）

鉴别特征 一类个体中—小型的田鼠形仓鼠；齿式：1•0•0•3/1•0•0•3；臼齿中等冠高，近丘 - 脊型齿，具有齿根，齿谷中无白垩质充填，无三角形嵴棱，齿尖和齿脊连成棱柱，棱柱齿质区间有宽的齿质带相连。

中国已知属 *Microtodon* 和 *Anatolomys* 二属。

分布与时代 亚洲仅分布于内蒙古地区，出现于晚中新世—早上新世；欧洲见于上新世—第四纪初期。

小齿仓鼠属 Genus *Microtodon* Miller, 1927

模式种 祖先小齿仓鼠 *Microtodon atavus* (Schlosser, 1924)

鉴别特征 个体中等大小的田鼠形仓鼠；颊齿半高冠，磨蚀面平坦、釉质层厚度均匀，主尖上的嵴棱多少错位排列，嵴棱的舌侧缘和颊侧缘呈圆弧形。M1 的舌侧和颊侧各有 3 个嵴棱，M2 和 M3 只有 2 个舌侧嵴棱和 3 个颊侧嵴棱；下臼齿有 3 个颊侧嵴棱，m1 有 4 个舌侧嵴棱；棱柱齿质区间有宽的齿质带相连。上臼齿三或四齿根，下臼齿双根。

中国已知种 仅模式种。

分布与时代 内蒙古，晚中新世（保德期）—早上新世（高庄期）。

评注 *Microtodon* 属也分布于欧洲(Fahlbusch et Moser, 2004)。该属在我国的已知种，发现于内蒙古化德二登图和哈尔鄂博的上中新统或下上新统，材料十分丰富，是这两个动物群中最常见的种群之一。Fahlbusch 和 Moser（2004）对化德的材料做过详细的描述，对牙齿的尺寸和形态变异进行过详尽的记述。在我国内蒙古中部地区还发现了该属的未定种和模式种的相似种（Qiu et Storch, 2000；Fahlbusch et Moser, 2004；邱铸鼎、李强，2016）。

祖先小齿仓鼠 *Microtodon atavus* (Schlosser, 1924)
（图 101）

Sigmodon atavus：Schlosser, 1924, p. 42 (part)

选模 MEUU M. 6375（Schaub, 1934, p. 38, pl. III, fig. 16；Jacobs et al., 1985, pl. 2, fig. 5），破损左下颌骨附 m1–2 [Schlosser 在 1924 年建名时将该种归入北美的 *Sigmodon* 属；Miller（1927）将其从 *Sigmodon* 属中剔除，并归入新建立的 *Microtodon* 属；后来 Schaub（1934）在重新研究内蒙古标本时，将 Schlosser 研究过的该种标本中的一件破损下颌骨指定为 *Anatolomys* 属。但这些研究者都未给 *Microtodon* 属的模式种指定正模。Fahlbusch 和 Moser（2004）在描述模式产地附近新增加的材料时，将保存于瑞典乌普萨

拉大学演化博物馆的这一标本指定为选模]。内蒙古化德二登图 1，上中新统二登图组。

　　副选模　MEUU 缺编号，5 件破损的下颌骨附着所有或部分臼齿（Schlosser，1924，标本保存于瑞典乌普萨拉大学演化博物馆）。产地与层位同选模。

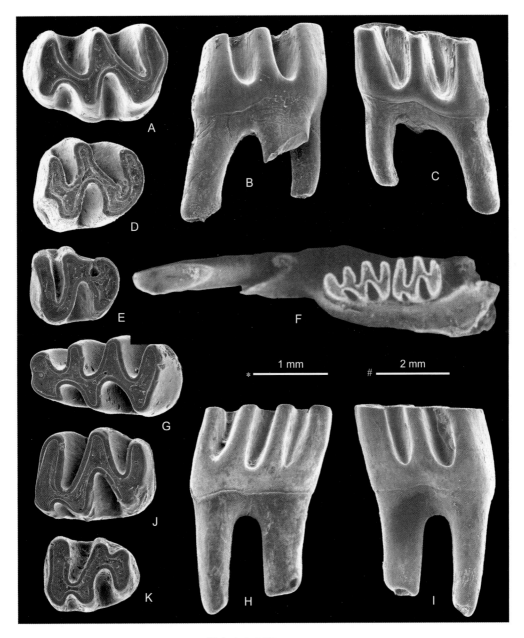

图 101　祖先小齿仓鼠 *Microtodon atavus*

A. 左 M1（IVPP V 13249.414），B, C. 左 M1（IVPP V 13249.413），D. 左 M2（IVPP V 13249.502），E. 左 M3（IVPP V 13249.614），F. 左下颌骨附 m1–2（MEUU M. 6375，选模），G. 左 m1（IVPP V 13249.42），H, I. 左 m1（IVPP V 13249.57），J. 左 m2（IVPP V 13249.163），K. 左 m3（IVPP V 13249.263）；A, D–G, J, K. 冠面视，B, H. 舌侧视，C, I. 颊侧视；比例尺：* - A–E, G–K，# - F（F 引自 Jacobs et al., 1985）

归入标本　IVPP V 13249，破损的下颌骨 15 件、臼齿 2000 余枚（内蒙古中部地区）。

鉴别特征　同属。

产地与层位　内蒙古化德二登图，上中新统二登图组。

评注　在内蒙古化德哈尔鄂博和比例克等地点分别报道过 *Microtodon* cf. *M. atavus* 或 *Microtodon* sp.（Qiu et Storch, 2000；Fahlbusch et Moser, 2004；邱铸鼎、李强，2016）。

黎明鼠属　Genus *Anatolomys* Schaub, 1934

模式种　德氏黎明鼠 *Anatolomys teilhardi* Schaub, 1934

鉴别特征　个体较小的田鼠型仓鼠；臼齿低冠，咀嚼面釉质层厚度均匀。冠面构造与 *Microtodon* 属的大体相似，不同的是：主尖或嵴棱的舌侧和唇侧浑圆，牙齿轮廓和齿尖、脊构造及设置比 *Microtodon* 属的更相似一般仓鼠类者；无𫚉类的三角形嵴棱；牙齿一经磨蚀，咀嚼面则平坦；褶谷相对狭窄，上臼齿的中间谷和前边谷明显向牙齿后内延伸，下臼齿的下中间谷和下后边谷显著地向前外延伸；M1 和 M2 可能具短的中脊或其痕迹，有后脊和残留的后边谷，m1 和 m2 可能具有残留的下中脊。上臼齿三齿根，下臼齿双根。

中国已知种　仅 *Anatolomys teilhardi* 一命名种。

分布与时代　内蒙古，晚中新世（保德期）—早上新世（高庄期）。

评注　*Anatolomys* 属比起 *Microtodon* 属与牙齿丘 - 脊形仓鼠的形态特征更为接近，种类和材料发现的不多，在国外未见有该属的确实报道，在我国发现的材料也很零星，而且只发现于内蒙古的中部地区。Fahlbusch 和 Moser（2004）对发现于内蒙古化德命名种的材料做过详细的描述，对牙齿的尺寸和形态变异进行过详尽的记述。在我国内蒙古中部地区还发现了该属的未定种和模式种的相似种（Qiu et Storch, 2000；Fahlbusch et Moser, 2004；邱铸鼎、李强，2016）。

德氏黎明鼠　*Anatolomys teilhardi* Schaub, 1934

（图 102）

选模　MEUU M. 3374.74，破损左下颌骨附 m1–3（Schlosser, 1924, pl. III, fig. 35；Schaub, 1934, pl. 1, fig. 12；Jacobs et al., 1985, pl. 2, fig. 3，标本保存于瑞典乌普萨拉大学演化博物馆）。内蒙古化德二登图 1，上中新统二登图组。

归入标本　IVPP V 13251, V 13252，破损的下颌骨 2 件、臼齿 364 枚（内蒙古中部地区）。

鉴别特征　同属。

产地与层位 内蒙古化德二登图、哈尔鄂博，上中新统二登图组—? 上新统下部。

评注 Schlosser 在研究内蒙古二登图 1 的材料时，将 7 件破损的下颌骨归入 *Sigmodon* 属（后被 Miller 在 1927 年指定为 *Microtodon* 属），同时注意到一件下颌骨（Schlosser, 1924, pl. III, fig. 35）在尺寸和形态上与其他标本有所差别；后来 Schaub（1934）在重新研究内蒙古的标本时，将这一下颌骨作为正模建立了 *Anatolomys* 属（Schaub, 1934, p. 37, pl. 1, fig. 12）。根据 Schlosser 和 Schaub，这件标本为左下颌骨，Jacobs 等在研究二登图的材料时也制作了该标本的图版（Jacobs et al., 1985, pl. 2, fig. 3），但现在不能完全肯定这些图件是否来源于相同的标本，因为在 Jacobs 等的图版中，该标本 m1 的下前边尖缺失，m2 有一下中脊。然而并不排除这件标本后来受损，最初画图时忽略了 m2 的下中脊。由于长期以来研究者都未给 *Microtodon* 属的模式种指定正模，Fahlbusch 和 Moser（2004）在描述模式产地附近新增加的材料时，将保存于瑞典乌普萨拉大学演化博物馆的这一标本指定为选模。

在内蒙古中部地区还报道过 *Anatolomys* cf. *A. teilhardi* 和 *Anatolomys* sp.（Qiu et Storch, 2000；Fahlbusch et Moser, 2004；邱铸鼎、李强，2016）。

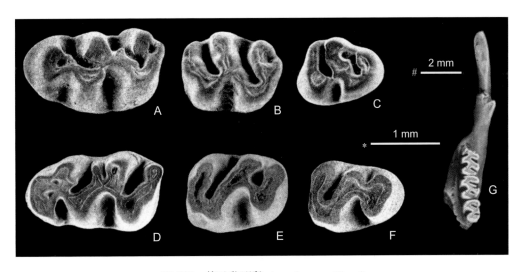

图 102　德氏黎明鼠 *Anatolomys teilhardi*

A. 左 M1（IVPP V 13251.84），B. 左 M2（IVPP V 13251.120），C. 左 M3（IVPP V 13251.144），D. 左 m1（IVPP V 13251.148），E. 左 m2（IVPP V 13251.27），F. 左 m3（IVPP V 13251.60），G. 破损左下颌骨附 m1–3（MEUU M. 3374.74，选模）：冠面视；比例尺：* – A–F，# – G（A–F 引自邱铸鼎、李强，2016；G 引自 Jacobs et al., 1985）

亚科不确定 Incertae Subfamily

归入仓鼠亚科不确定的属包括两个类型的成员，一类是早渐新世具有如反刍类臼齿的仓鼠，一类是晚中新世臼齿咀嚼面构造接近 arvicolids 的田鼠形仓鼠（microtoid cricetids）。这些啮齿动物的齿式和颊齿形态与仓鼠类的相似，但归入仓鼠科中的哪一个亚科难以确定。它们出现于旧大陆，包括 *Selenomys*、*Microtocricetus* 和 *Ischymomys* 三属，前者仅发现于亚洲的古北区。这三属在中国都有发现，但材料都很少。描述中田鼠形仓鼠使用的术语，采自 Fejfar（1999a）所拟。

新月齿鼠属 Genus *Selenomys* Matthew et Granger, 1923

模式种 拟新月齿鼠 *Selenomys mimicus* Matthew et Granger, 1923

鉴别特征 三枚臼齿尺寸相近，无前臼齿。臼齿冠高中等，每枚臼齿像反刍类的臼齿一样，由 4 个（形成前、后两对）向舌侧凸的、新月形脊组成。下颌骨在臼齿前部相当厚重但不深，中等长。下颌角直。

中国已知种 仅模式种。

分布与时代 内蒙古，早渐新世（乌兰塔塔尔期）。

评注 关于 *Selenomys* 属的分类位置，过去存在不同的看法：有人认为它属仓鼠类（Matthew et Granger, 1923b；Simpson, 1945；Stehlin et Schaub, 1951）；也有人将其归入山河狸科（Aplodontidae）（Mellett, 1966；Kowalski, 1974）。王伴月（1987）论证了 *Selenomys* 无论在头骨的形态上，还是在齿式和颊齿的形态结构上都与 Cricetidae 的相似，而与 Aplodontidae 的不同，认为该属应归入仓鼠科，与仓鼠科中其他各类的关系不清楚。

该属也出现于蒙古的下渐新统（Matthew et Granger, 1923b）。

拟新月齿鼠 *Selenomys mimicus* Matthew et Granger, 1923

（图 103）

正模 AMNH 19085，一上颌骨具 M1–3 和左下颌骨具 m1–3。蒙古查干诺尔盆地洛地点，下渐新统三达河组。

副模 AMNH 19086–19093，一系列的上、下颌骨。产地与层位同正模。

归入标本 IVPP V 8425–8429，上、下颌骨 6 件，m1 2 枚（内蒙古杭锦旗）。

鉴别特征 同属。

产地与层位 内蒙古杭锦旗巴拉贡乌兰曼乃（原三盛公），下渐新统乌兰布拉格组；阿拉善左旗乌兰塔塔尔，下渐新统乌兰塔塔尔组下部。

评注 Matthew 和 Granger（1923b）在记述 *Selenomys mimicus* 的文章中对正模标本的记述前后不一致：正文中列举的正模 AMNH 19085 只有一上颌骨；而在所绘的插图（Fig. 5）中明确指出图中所绘的上、下颌均属正模：AMNH 19085。编者无法判断图中所绘下颌骨是否属于正模，但仍依原著者在插图中的意见：将下颌骨也记述为正模。

黄学诗（1982）记述了在内蒙古阿拉善左旗下渐新统乌兰塔塔尔组中产有一件属 *Selenomys mimicus* 的带 m2–3 的左下颌骨，但对该化石未编标本号，也未详细描述。

Selenomys mimicus 原被译为"模拟新月型脊鼠"，编者建议译为较简化的"拟新月齿鼠"。

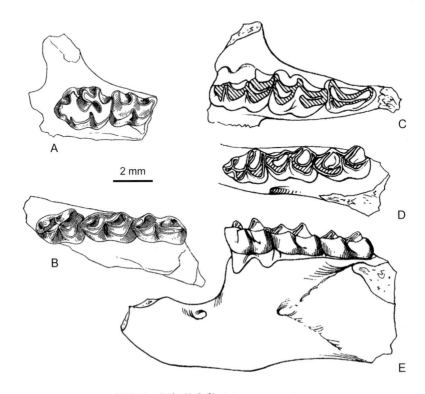

图 103　拟新月齿鼠 *Selenomys mimicus*

A. 右上颌骨具 M1–2（IVPP V 8425.1，反转），B. 左 m1–3（IVPP V 8426.1），C. 右上颌骨（AMNH 19085，正模，反转），D, E. 左下颌骨具 m1–3（AMNH 19085，正模）：A–D. 冠面视，E. 颊侧视（A, B 引自王伴月，1987；C–E 引自 Matthew et Granger, 1923b）

田仓鼠属 Genus *Microtocricetus* Fahlbusch et Mayr, 1975

模式种　磨拉石田仓鼠 *Microtocricetus molassicus* Fahlbusch et Mayr, 1975

鉴别特征　个体较小的仓鼠；齿式：1•0•0•3/1•0•0•3；白齿中等高冠，有齿根，磨蚀面平坦，釉质层厚度随着牙齿磨蚀而增大，齿谷中无白垩质充填；咀嚼面上有 4 个嵴棱（m1 上有 5 个）和 3 个褶谷（m1 上有 4 个）；嵴棱和褶谷窄，多少横向，呈不规则错位排列，齿谷的延伸长度不一。

中国已知种　仅 *Microtocricetus shalaensis* 一种。

分布与时代　内蒙古，晚中新世（灞河期）。

评注　该属此前只有模式种一个种，出现于欧洲晚中新世早期（MN 9），发现的材料不多，但分布于中欧到东欧。

在前人的分类中，有把 *Microtocricetus* 归入 Cricetinae 亚科者（Fahlbusch et Mayr, 1975），也有归入 Cricetodontinae 亚科者（Topachevsky et Skorik, 1988），还有归类不明确者（Kowalski, 1993；Fejfar, 1999a）。迄今，该属只发现数量有限的脱落牙齿，没有关于其颅后骨骼的报道。就牙齿的构造而言，其与众多 Cricetinae 及 Cricetodontinae 亚科成员的形态似乎有较大的不同。

沙拉田仓鼠 *Microtocricetus shalaensis* Qiu et Li, 2016
（图 104）

cf. *Microtocricetus* sp.：Qiu et al., 2013, p. 182

正模 IVPP V 19873，右 m1。内蒙古苏尼特右旗沙拉（IVPP Loc. IM 9610），上中新统（灞河期晚期）。

副模 IVPP V 19874，臼齿 4 枚。产地与层位同正模。

鉴别特征 牙齿的尺寸和形态与模式种 *Microtocricetus molassicus* 的相似，但 M2 的中脊短、内脊位于齿纵轴，m1 的下后尖与"前横脊"（Vqs）完全融为横向的嵴棱、"外横脊"（Äqs）略短、下外脊的后部较发育，m3 的下中尖与下内尖完全融合。

评注 内蒙古的 *Microtocricetus shalaensis* 为该属在亚洲的首次和唯一记录，其尺寸与欧洲的 *M. molassicus* 接近，形态也很相似，不同仅仅是 M2 的中脊较短、内脊位于齿

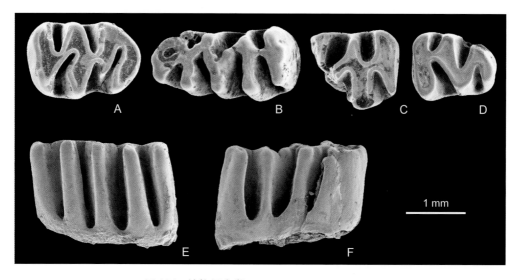

图 104 沙拉田仓鼠 *Microtocricetus shalaensis*

A. 右 M2（IVPP V 19874.1），B, E, F. 右 m1（IVPP V 19873，正模），C. 破损右 m2（IVPP V 19874.2），
D. 右 m3（IVPP V 19874.3）；A–D. 冠面视，E. 舌侧视，F. 颊侧视（引自邱铸鼎、李强，2016）

纵轴，m1 的下后尖与"前横脊"已完全融为显著的横向嵴棱、"外横脊"略短、下外脊后部较发育，m3 下中尖与下内尖完全融合。该种 M2 中脊的退化，m1"外横脊"的缩短、下外脊后部的发育，以及 m3 下中尖与下内尖的完全融合，可能属于该属进步的性状，但无疑尚需更多材料的发现和进一步研究的证实。

伊希姆鼠属 Genus *Ischymomys* Zazhigin, 1972

模式种 四根伊希姆鼠 *Ischymomys quadriradicatus* Zazhigin, 1972

鉴别特征 个体较大的仓鼠。臼齿高冠，有齿根（M2 和 M3 四齿根），釉质层相对薄、厚度均匀，齿谷中无白垩质充填；臼齿舌侧和颊侧的嵴棱和褶谷多少错位排列，中间嵴棱有构成菱形齿质区的趋向，褶谷如同 Microtoscoptinae 一样呈对向排列，连接齿质区的脊也很狭窄；m1 前边尖的中央、上下第二和第三臼齿的后部常有持续、深度大的釉岛状小坑；m1 下前边尖的前壁常常起伏不平。

中国已知种 仅 *Ischymomys* sp. 一种。

分布与时代 内蒙古，晚中新世（灞河期）。

评注 该属此前有两个命名种，见于东欧和中亚上中新统（Fejfar, 1999a）。我国仅有内蒙古的零星发现，但代表该属在我国的唯一记录。

该属名曾译为"强壮鼠"（邱铸鼎、李强，2016）。显然是由于学名中有"ischy"字样，误以为与希腊词"ischyr"（强壮）等同。后核实属的模式地点在哈萨克斯坦伊希姆河（Ischim River）之北。尽管学名的拼写与地名还是不完全一致，但推测以伊希姆河命名一鼠属似乎更可能是原建名者的本意，故此更改该属的汉译名。

伊希姆鼠（未定种）*Ischymomys* sp.

（图 105）

Cricetidae indet.；Qiu et al., 2013, p. 182

一枚 M2 后部，两枚破损的 m1 和一枚 m3（IVPP V 19875），化石采自内蒙古苏尼特右旗沙拉地点。

牙齿齿冠高，有齿根，磨蚀面平坦，齿谷无白垩质充填，釉质层薄且宽度均匀。M2 仅保留两个对顶排列的褶谷，连接齿质区为狭窄的釉质脊，牙齿处于磨蚀较深阶段，但在后部齿质区上仍有持续的釉岛状小坑。在一枚保存较好的 m1 中，牙齿的颊侧至少具有 4 个嵴棱和 3 个褶谷；下前边尖显著，前壁不甚起伏，有与下原尖连接的强大颊侧前边脊，但无舌侧前边脊；下原尖与下后尖融会，构成近于横向的强脊；下中尖与"外横脊"融会，组成近似长菱形的斜向强脊；连接齿质区的纵向脊十分狭窄，几乎没有齿质充填；两枚 m1 的前部都有明显的釉岛状小坑。m3 似三角形，后部不甚收缩。下前边脊显著，舌侧融入下后尖形成强大的嵴棱；下原尖前臂与下前边脊的颊侧连接；下中尖、下原尖和"外横脊"融会，形成牙齿中部粗壮的横向 V 形嵴；下次尖与下内尖融会，组成接近横向的强脊；下后边脊极弱，从下次尖伸出。标本少而破碎，但显示了 *Ischymomys* 属的基本特征，即牙齿的尺寸大，齿冠高，有齿根，釉质层相对薄而均匀，齿谷中无白垩质充填，舌侧和颊侧的嵴棱和褶谷多少错位排列，m1 和 m3 的中间嵴棱都有组成菱形齿质区的趋向，连接齿质区的脊狭窄、仅有很少的齿质充填，m1 的前部和 M2 的后部有釉岛状小坑。这些牙齿的尺寸和形态与哈萨克斯坦 *Ischymomys quadriradicatus* 和乌克兰 *I. ponticus* 标本的都可比较，尤其 m1 下前边尖的前壁不甚起伏与后者的更为相似（见 Fejfar, 1999a）。

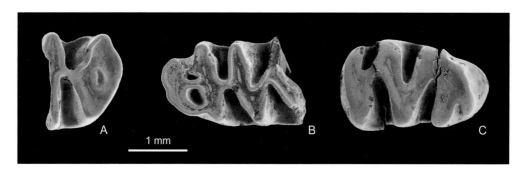

图 105　伊希姆鼠（未定种）*Ischymomys* sp.
A. 破损左 M2 (IVPP V 19875.1)，B. 破损左 m1 (IVPP V 19875.2)，G. 右 m3 (IVPP V 19875.3)：冠面视
（引自邱铸鼎、李强，2016）

䶄科 **Family Arvicolidae Gray, 1821**

概述　䶄科是一类在演化上十分成功的啮齿动物，分布广、种类多、适应多种生态环境。该科的起源可能与脊齿型仓鼠类动物（如 *Microtodon* 或 *Baranomys*）有关，最早出现于晚中新世，上新世发生明显辐射，分化出多个支系。在过去 500 多万年的时间里，䶄类经历了从发生—发展—繁荣的演化全过程，该科无疑是全面认识啮齿动物演化历史必不可少的一个类群。䶄科现生种类的多样性依然丰富，分布遍及整个北半球，在中国至少有 11 属 59 种（王应祥，2003），在华北主要生存于比较干冷的草原，华南和西南则栖息在湿热的森林灌丛地带。中国对䶄类化石的研究工作起步较晚且缺乏系统性，发现的属种相对贫乏而单调，除北京周口店地区外，采集到的材料较为零星。䶄科动物的进化速度快，化石丰富，对生态环境冷暖干湿交替敏感，因此其研究不仅对晚新生代地层划分具有重要的意义，而且也有助于认识古环境的变迁历程。

定义与分类　駍科为一类鼠形啮齿动物。下颌骨具"駍沟"（arvicolid groove）。齿式：1•0•0•3/1•0•0•3。白齿完全脊形化，齿冠由齿柱及其短的连接体组成，咀嚼面平坦；原始种类有齿根，进化过程中，齿冠由低冠逐渐走向高冠，珐琅质层逐渐变薄，三角形齿柱数目逐渐增多，牙根数目逐渐减少甚至完全丢失；釉质结构也从原始种类的放射状发育成片板状或切线状等多种类型。冠面视，m1 后叶之前至少有 3 个明显交错排列的三角，M3 前叶之后至少有 2 个交错排列的三角；在进步种类中，m1 向前、M3 向后三角数目有所增加；在进化过程中 m1 的前部和 M3 的后部会出现 1–2 个釉岛（EI）。最原始的种类和后期少数种类在白齿褶沟内无白垩质，但后期的大部分属种有白垩质充填。

Miller 1896 年以田鼠属（*Microtus*）为属模建立了 Microtinae 亚科（隶属于仓鼠科），这一亚科为其后的许多学者使用（Hinton, 1923b, 1926；Ellerman, 1941；Simpson, 1945；Ellerman et Morrison-Scott, 1951；Nowak et Paradiso, 1983；谭邦杰，1992；王廷正、许文贤，1992）。但 Kretzoi（1955b）考证认为，Gray 1821 年早就以 *Arvicola* 为属模发表了 Arvicolinae，建议将 Microtinae 改为 Arvicolinae。这一意见得到研究者的支持，并在分类学的著作中被广泛采用（Chaline, 1986, 1987, 1990；Zheng et Li, 1990；Repenning et al., 1990；Corbet et Hill, 1991；黄文几等，1995；王应祥，2003）。后来，Kretzoi（1969）还将駍亚科提升为科，依然得到 Chaline（1987, 1990）的支持。然而，陈卫、高武（2000a）认为，依国际动物命名法规，Arvicolinae 是一个被遗忘的名称，为了维护学名的稳定性和普遍性，他坚持沿用 Microtinae。在研究者中，将駍类归入鼠超科并置于鼠齿下目之下的意见似乎还比较统一，但对其在较高阶元的分类设置上仍有明显的分歧，在近期出版的刊物中归纳起来尚有 3 种不同的处置办法：作为 Microtinae 亚科归入仓鼠科（陈卫、高武，2000a）或 Arvicolinae 亚科（Musser et Carleton, 2005；郑绍华等，待刊）；作为 Arvicolinae 亚科归入 Muridae（McKenna et Bell, 1997）；作为独立的科 Arvicolidae（Chaline et Sevilla, 1990；Martin, 2008）。在亚科之下，Musser 和 Carleton（2005）还将现生的駍亚科归为 10 族，McKenna 和 Bell（1997）将化石駍亚科分为 8 族。在目前对駍类较高阶元的分类未取得比较一致意见的情况下，为了编写志书的方便以及便于日后分类的订正，编者在这里暂把駍类视作一个独立的科，将中国的駍科化石分为 4 族，具体方案如下：

鼠齿下目 Infraorder Myodonta Schaub, 1958

鼠超科 Superfamily Muroidea Illiger, 1811

駍科 Family Arvicolidae Gray, 1821

水駍族 Tribe Arvicolini Gray, 1821

鼹駍族 Tribe Prometheomyini Kretzoi, 1955

兔尾鼠族 Tribe Lagurini Kretzoi, 1955

岸駍族 Tribe Myodini Kretzoi, 1969

分布与时代　駍科的现生种类主要分布于全北区。化石属、种的地理分布与现生种类大体一致，在欧亚大陆古北区出现于晚中新世至现代，在北美新北区出现于早上新世至现代。此外，在北非出现于中更新世至现代。

术语与研究方法 䶄类化石多为不完整的颌骨和脱落的臼齿，因此颌骨、特别是牙齿便成为研究的主要对象。在牙齿中，m1 和 M3 最具属、种的鉴定价值。图 106 为该科臼齿构造模式图。

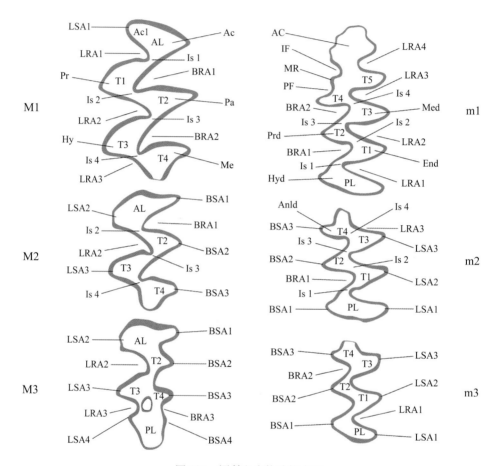

图 106　䶄科臼齿构造模式图

AC. 前帽（anterior cap），Ac. 前边尖（anterocone），Ac1. 前边小尖（anteroconule），AL. 前叶（anterior lobe），Anld. 下前边尖（anteroconid），BRA. 颊侧褶沟（buccal reentrant angle），BSA. 颊侧褶角（buccal salient angle），End. 下内尖（entoconid），Hy. 次尖（hypocone），Hyd. 下次尖（hypoconid），IF. 岛褶（islet fold），Is. 齿峡（isthmus），LRA. 舌侧褶沟（lingual reentrant angle），LSA. 舌侧褶角（lingual salient angle），Me. 后尖（metacone），Med. 下后尖（metaconid），MR. 模鼠角（*Mimomys* ridge），Pa. 前尖（paracone），PF. 棱柱褶（prism fold），PL. 后叶（posterior lobe），Pr. 原尖（protocone），Prd. 下原尖（protoconid），T. 三角（triangle）（引自 Tesakov, 2004）

（1）主要术语

由于䶄科动物的脊形臼齿与鼠超科中丘形臼齿类群有很大的不同，对其臼齿的研究已形成了一套实用和流行的描述术语。

褶角（SA, salient angle）　向牙齿舌、颊侧凸出的嵴棱部分（anticline）；冠面视分交互排列的颊侧褶角（BSA）和舌侧褶角（LSA）。上臼齿从前往后计数，但 M2 和 M3 通常缺失舌侧第一褶角（LSA1）；下臼齿褶角则从后往前计数。

褶沟（RA, reentrant angle）　向牙齿中轴凹入的齿谷（syncline）；分交互排列的颊侧褶沟（BRA）和舌侧褶沟（LRA）。上臼齿从前往后计数，但 M2 和 M3 缺失舌侧第一褶沟（LRA1）；下臼齿则从后往前计数。

三角（T, triangle）　臼齿两侧齿柱由釉质层包围的三角形咀嚼面。上臼齿的三角从前叶（AL）之后计数，但 M2 和 M3 缺失 T1；下臼齿则从后叶（PL）之前往前计数。

通常，m1 和 M3 的褶角（或褶沟）和三角数目越多，所代表的属、种越进步。

齿峡（Is, isthmus）　连接齿柱间的齿脊或相邻两三角间狭窄的齿质空间。齿峡的计数方法是：上臼齿从前往后，舌侧为 1, 3，颊侧为 2, 4，但 M2 和 M3 缺失第一齿峡（Is 1）；下臼齿从后往前舌侧为 1, 3, 5, …，颊侧为 2, 4, 6, …。齿峡宽度小于 0.1 mm 者称为封闭，大于（或等于）0.1 mm 者为开敞，更大者为汇通。m1 齿峡封闭的数目越少，所代表的属、种越原始。m1 齿峡封闭与开敞的不同组合构成了对不同属、种的鉴别特征，常用封闭率表示。

模鼠角（MR, *Mimomys* ridge）　m1 前帽后颊侧位于岛褶（IF）和棱柱褶（PF）之间向颊侧突出的短小尖角，常出现于模鼠属较原始的种类中，而消失于较进步种类。

兔尾鼠型（*Lagurus*-type）臼齿和高山䶄型（*Alticola*-type）臼齿　兔尾鼠型臼齿系指上臼齿舌侧第二褶沟（LRA2）呈 U 形，沟底有珐琅质折曲；高山䶄型臼齿系指 M3 颊侧第一褶沟（BRA1）很浅，呈 U 形。

（2）参数与测量

珐琅质层分异商（SDQ，Schmelzband Differenzierungs Quotient 或 enamel quotients）和珐琅质层厚度/牙齿长度商（SZQ，Schmelzband Breiten/Zahnlangen Quotient 或 enamel thickness/tooth length quotients）。

珐琅质层分异商指 m1 褶角前、后缘釉质层厚度（图 107A 中 b、a）的百分比值，包括一个褶角（如 LSA2）的比值（SDQ_{LSA2}）、一个 m1 可测的主要褶角的均值（SDQ_I）（I—individual，代表单个 m1 可测褶角的均值，在 *Arvicola* 属中可测褶角最多达 7 个），以及一个居群（population）褶角的均值（SDQ_P）。如果平均值等于或大于 100，称为正分异（positive differentiation）或模鼠型（*Mimomys*-type）分异；如果均值小于 100，则为负分异（negative differentiation）或田鼠型（*Microtus*-type）分异。

珐琅质层厚度/牙齿长度商系 m1 一个褶角（如 LSA2）前缘釉质厚度 b 与 m1 长度之比的百分数（SZQ_{LSA2}）及一个个体和一个居群 m1 各褶角前缘釉质厚度与 m1 长度之比的平均值。SZQ 指示了 m1 进化过程中切缘性状的变化，对于研究 *Arvicola* 属的进化尤为重要，也是该属各种分类的依据之一。

各参数的计算方法如下：

$$SDQ_{LSA2} = \frac{a}{b} \times 100$$

式中，a 为褶角 LSA2 后缘（凸侧）釉质层厚度；b 为褶角 LSA2 前缘（凹侧）釉质层厚度。

$$SDQ_I = \frac{SDQ_{LSA1} + SDQ_{LSA2} + \cdots + SDQ_{BSA3}}{N}$$

式中，N 为被测 m1 的褶角数。

$$SDQ_P = \frac{SDQ_{I(1)} + SDQ_{I(2)} + \cdots + SDQ_{I(N)}}{N}$$

式中，N 为居群中被测 m1 数。

$$SZQ_{LSA2} = \frac{b}{m1\text{-length}} \times 100$$

式中，b 为褶角 LSA2 前缘（凹侧）釉质层厚度；m1-length 为被测 m1 长度。

$$SZQ_I = \frac{SZQ_{LSA1} + SZQ_{LSA2} + \cdots + SZQ_{BSA3}}{N}$$

式中，N 为被测 m1 的褶角数。

$$SZQ_P = \frac{SZQ_{I(1)} + SZQ_{I(2)} + \cdots + SZQ_{I(N)}}{N}$$

式中，N 为居群中被测 m1 数。

珐琅质曲线参数　用于有根臼齿，表示颊、舌侧珐琅质曲线高度，主要有：

1）m1 颊侧珐琅质参数 E、Ea 和 Eb。E 指下前边尖湾（Asd）的最高点和下次尖湾（Hsd）后端最低点平行于咬面的垂直高度，Ea 指下前边尖湾（Asd）最高点和颊侧第一个褶沟（BRA1）的底端点平行于咬面的垂直高度，Eb 指下次尖湾（Hsd）的最高点与颊侧第一褶沟（BRA1）底端点平行于咬面的垂直高度（图 107B）。

2）下臼齿下次尖湾（Hsd）和下次小尖湾（Hsld）的 HH 指数（HH-Index $= \sqrt{Hsd^2 + Hsld^2}$）、上臼齿原尖湾（Prs）和前边尖湾（As）的 PA 指数（PA-Index $= \sqrt{Prs^2 + As^2}$），及上臼齿原尖湾（Prs）、前边尖湾（As）和舌侧前边尖湾的 PAA 指数（PAA-Index $= \sqrt{Prs^2 + As^2 + Asl^2}$）。其中，Hsd 为下次尖湾顶端和颊侧第一褶沟（BRA1）底端间平行于牙齿后缘的距离，Hsld 为下次小尖湾顶端和舌侧第一褶沟（LRA1）底端间平行于牙齿前缘间的距离，Prs 为原尖湾底端和舌侧第一褶沟（LRA1）顶端间平行于牙齿前缘的距离，As 为前边尖湾底端和颊侧第一褶沟（BRA1）顶端间平行于牙齿前缘的距离，Asl 为前边尖湾底端和舌侧第一褶沟（BRA1）顶端间平行于牙齿前缘的距离（图 107C, D）。这三项指数越大，指示齿冠高度越大，所代表的种类越进步。

此外，还有下前边尖组合（ACC）的相对长度（A/L，即前边尖组合长度与牙齿长度之百分比）、前帽（AC2）两齿峡的封闭程度，即 BRA3-LRA4 内缘间的最小宽度 B 和 BSA3-LSA4 内缘间的最大宽度 W 之百分比，BRA3-LRA3 内缘间最小宽度 C 和 W 之间的百分比。这些有助于区分 *Allophaiomys* 属中的不同种，相对长度越大、封闭程度越低的种越进步。另外，在属、种"鉴别特征"中的参数及数据，系从此前材料的测量中获取，读者可详见郑绍华等（待刊）专著。

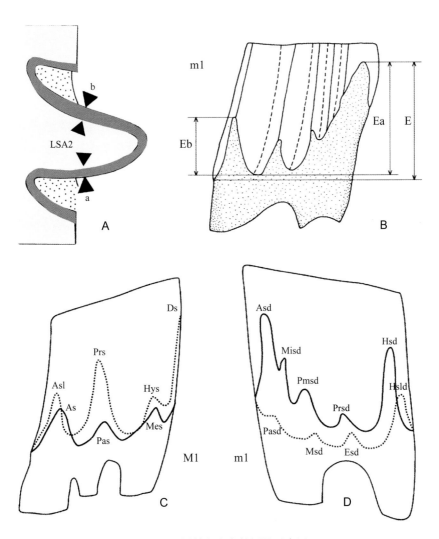

图 107　鼾科臼齿参数测量示意图

A. 釉质层厚度分异测量，B. 釉质层参数测量，C, D. 齿尖湾术语；As. 前边尖湾（anterosinus），Asd. 下前边尖湾（anterosinuid），Asl. 舌侧前边尖湾（anterosinulus），Ds. 端湾（distosinus），Esd. 下内尖湾（entosinuid），Hsd. 下次尖湾（hyposinuid），Hsld. 下次小尖湾（hyposinulid），Hys. 次尖湾（hyposinus），Mes. 后尖湾（metasinus），Misd. 模鼠角湾（mimosinuid），Msd. 下后尖湾（metasinuid），Pas. 前尖湾（parasinus），Pasd. 下前尖湾（parasinuid），Pmsd. 棱柱褶湾（prismosinuid），Prs. 原尖湾（protosinus），Prsd. 下原尖湾（protosinuid）（A 引自 Heinrich, 1990；B 引自 van de Weerd, 1976；C, D 引自 Carls et Rabeder, 1988）

水䶄族 Tribe Arvicolini Gray, 1821

该族以现代生活于全北区河湖岸边草地的 *Arvicola* 属为代表，是构成 Arvicolidae 的主体。最原始的属臼齿带根，齿冠低、齿褶内无白垩质充填、珐琅质层厚度大且分异小，随着进化，臼齿齿根逐渐退化甚至消失、齿冠高度逐渐增高、白垩质从无到有、珐琅质层厚度减小且其分异度逐渐显现出正分异，在最进步的种类中 m1 和 M3 的褶角数和三角数及其封闭度显著增加、珐琅质层分异度变为负分异。

模鼠属 Genus *Mimomys* Forsyth Major, 1902

模式种 上新模鼠 *Mimomys pliocaenicus* Forsyth Major, 1902（意大利北部 Val d'Arno 下更新统河湖相沉积）

鉴别特征 颊齿具牙根，上颊齿牙根数在 2–3 个；除极原始的种类外，颊齿褶沟内通常有白垩质填充。除原始种类外，上、下臼齿齿尖湾高度常大于零。m1 的 PL 之前有 3 个交错排列的 T 和复杂的 ACC；ACC 颊侧从后向前发育有 PF、MR 和 IF；原始种类，IF 内端常形成 EI；种类越原始 Is 封闭程度越低；SDQ 值通常大于 100，越原始种类其值越接近 100。M3 一般只有 3 个颊侧褶角、2 个颊侧褶沟和 3 个舌侧褶角、2 个舌侧褶沟；BRA1 和 LRA3 在原始种类可形成持续时间较长的前、后釉岛。原始种下门齿在 m2 后根之下、进步种下门齿在 m2 和 m3 之间从舌侧横向颊侧。

中国已知种 *Mimomys* (*Aratomys*) *asiaticus*, *M.* (*A.*) *bilikeensis*, *M.* (*A.*) *teilhardi*, *M.* (*Cromeromys*) *gansunicus*, *M.* (*C.*) *irtyshensis*, *M.* (*C.*) *savini*, *M.* (*Kislangia*) *banchiaonicus*, *M.* (*K.*) *peii*, *M.* (*K.*) *zhengi*, *M.* (*Mimomys*) *nihewanensis*, *M.* (*M.*) *orientalis*, *M.* (*M.*) *youhenicus*，共 12 种。

分布与时代 内蒙古、甘肃、陕西、山西、河北、安徽和重庆，早上新世—早更新世。

评注 *Mimomys* 最早记录为俄罗斯西西伯利亚的 *M. antiquus*，最初被 Zazhigin（1980）指定为 *Promimomys*，后被 Repenning（2003）归入 *Mimomys*。上新世早期，模鼠迅速向北美和欧洲扩散，各自形成独立的进化支系。在北美有 *Mimomys* (*Cromeromys*) *dakotaensis* 等 8 种，在欧洲有 *Mimomys* (*Cromeromys*) *savini* 等 16 种（Kowalski, 2001；Repenning, 2003；Martin, 2008）。亚洲除中国外还有 *M.* (*Aratomys*) *multifidus* 等 10 种（Zazhigin, 1980）。中国的 *Mimomys* 可能有自己的进化支系，至少包含上述 4 个亚属 12 个种，此外在山西屯留还发现过该属的未定种（宗冠福，1982；郑绍华、李传夔，1986）。*Mimomys* 属进化速度快、分布广、保存的化石丰富，对上新统—更新统地层的研究十分重要。

亚洲模鼠（阿拉特鼠亚属） *Mimomys (Aratomys) asiaticus* (Jin et Zhang, 2005)

（图 108）

Promimomys asiaticus：金昌柱、张颖奇，2005，152 页

正模 IVPP V 14006，右下颌骨带门齿及 m1–2。安徽淮南大居山（新洞），下上新统。

鉴别特征 中型个体。下颌颏孔位置较靠前，下门齿尖端高于下臼齿咀嚼面。臼齿咀嚼面珐琅质层厚度无明显分异；褶沟内无白垩质发育；颊侧珐琅质曲线波浪起伏显著，波峰高度轻微超过同侧 RA 的最低高度。m1 的 ACC 半圆形，无 PF、MR、IF 和 EI 发育痕迹；LRA3 和 BRA2 的顶端斜向相对；Is 1 和 Is 3 封闭度均为百分之百，Is 2 和 Is 4–5 则为零；HH-Index = 0.51，E = 0.80，Ea = 0.60，Eb = 0.55。

评注 该种的材料稀少，原先被归入 *Promimomys* 属。郑绍华等（待刊）根据齿冠高度比齿根长度小，MR、PF、IF 和 EI 已经消失，以及 m1 颊、舌侧珐琅质曲线等判断，认为正模标本为一 *Mimomys* 较年老个体。

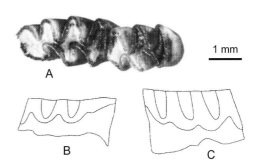

图 108 亚洲模鼠（阿拉特鼠亚属）
Mimomys (Aratomys) asiaticus
右 m1–2（IVPP V 14006，正模，反转）：A. 冠面视，B. 颊侧视，C. 舌侧视（引自金昌柱、张颖奇，2005）

比例克模鼠（阿拉特鼠亚属） *Mimomys (Aratomys) bilikeensis* (Qiu et Storch, 2000)

（图 109）

Aratomys bilikeensis：Qiu et Storch, 2000, p. 195；张兆群、郑绍华，2001，58 页；郑绍华、张兆群，2001，插图 3

Mimomys bilikeensis：Kawamura et Zhang, 2009, p. 4

Mimomys cf. *M. bilikeensis*：张颖奇等，2011，622 页

正模 IVPP V 11909，左 m1。内蒙古化德比例克，下上新统。

副模 IVPP V 11910，破损上颌骨 5 件、下颌骨 47 段，臼齿 1659 枚。产地与层位同正模。

归入标本 IVPP V 18075，臼齿 7 枚（甘肃灵台）。

鉴别特征 小型个体模鼠。颊齿褶沟无白垩质充填。M1 和 M2 100%、M3 68.75% 具 3 个齿根。m1 的 ACC 短而呈蘑菇形，MR 小或缺失，EI 和 MR 在齿冠磨蚀到一半高

度后消失；EI 由从中间（多数情形下）或舌侧缘（偶尔）穿过 ACC 的褶皱形成"伪釉岛"（pseudoschmelzinsel）；Is 1–4 的封闭度分别为 100%、0、36% 和 80%，而 Is 5–7 封闭度均为零；SDQ$_p$ 均值 120.33，为正分异；HH-Index 均值 0.22，参数 E 均值 0.64、Ea 均值 0.52、Eb 均值 0.28。M3（均长 1.60 mm）只有后 EI。M1 的 PAA-Index 均值为 0.32，PA-Index 均值 0.36。

产地与层位 内蒙古化德比例克、甘肃灵台小石沟（L5-2、3 层），下上新统。

评注 原先的耕地鼠属（*Aratomys*）现已被视为模鼠（*Mimomys*）属的一个亚属（Repenning, 2003）。*Mimomys (A.) bilikeensis* 属于时代较早的一种模鼠，Repenning（2003）将其与波兰的 *M. (Cseria) gracilis* 作过比较，推测出两者的地质年代接近，约为 4.0 Ma。但根据其个体较小，齿冠更低判断，前者应比后者原始，时代可能略早于 4.0 Ma。

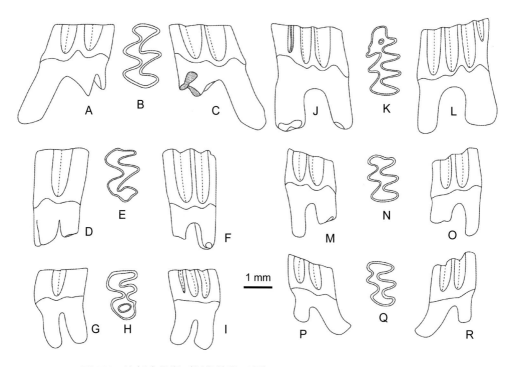

图 109 比例克模鼠（阿拉特鼠亚属）*Mimomys (Aratomys) bilikeensis*
A–C. 右 M1（IVPP V 11910.1，反转），D–F. 左 M2（IVPP V 11910.2），G–I. 左 M3（IVPP V 11910.3），J–L.
左 m1（IVPP V 11909，正模），M–O. 左 m2（IVPP V 11910.4），P–R. 左 m3（IVPP V 11910.5）：A, D, G, L,
O, R. 舌侧视，B, E, H, K, N, Q. 冠面视，C, F, I, J, M, P. 颊侧视（据 Qiu et Storch, 2000 图版绘制）

德氏模鼠（阿拉特鼠亚属）*Mimomys (Aratomys) teilhardi* Qiu et Li, 2016
（图 110）

Mimomys sp.：Tedford et al., 1991, p. 524；Flynn et al., 1991, p. 251；Flynn et al., 1997, p. 239；Flynn
et Wu, 2001, p. 197；刘丽萍等，2011，235 页；Zhang, 2017, p. 154

Aratomys cf. *A. bilikeensis*：李强等，2003，108 页（部分）；Qiu et al., 2013, p. 177

Microtodon sp.：李强等，2003，108 页

正模 IVPP V 19896，左 m1。内蒙古阿巴嘎旗高特格（DB 02-1 地点），下上新统。

副模 IVPP V 19897，破损下颌骨 1 段、臼齿 314 枚。产地与层位同正模。

归入标本 IVPP V 19898–19903，破损下颌骨 4 段，臼齿 388 枚（内蒙古阿巴嘎旗）。IVPP V 22607–22608，臼齿 3 枚（山西榆社）。IVPP V 25241，臼齿 2 枚（甘肃秦安）。

鉴别特征 与 *Mimomys* (*A.*) *bilikeensis* 一样，白齿褶沟无白垩质充填。但 m1 的长度较大，EI、MR 和 PF 持续时间较长，Is 2–4 的封闭度较高，SDQ_P 均值略大，HH-Index 均值明显较大，参数 E 均值、Ea 均值和 Eb 均值都较大。M1 长度均值与 *M.* (*A.*)

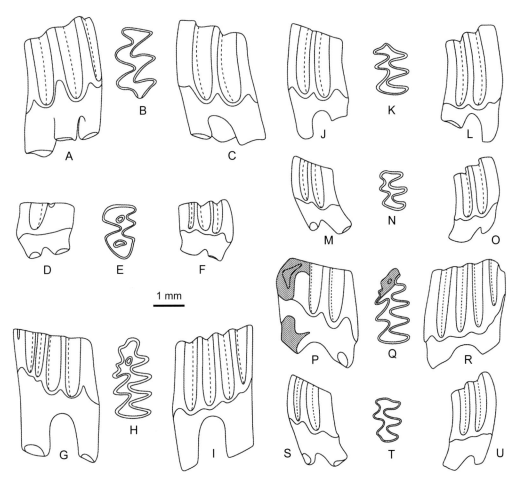

图 110 德氏模鼠（阿拉特鼠亚属）*Mimomys* (*Aratomys*) *teilhardi*

A–C. 左 M1（IVPP V 19897.2），D–F. 左 M3（IVPP V 19897.8），G–I. 左 m1（IVPP V 19896，正模），J–L. 左 m2（IVPP V 19897.16），M–O. 左 m3（IVPP V 19897.17），P–R. 左 m1（IVPP V 25241.1），S–U. 左 m3（IVPP V 25241.2）：A, D, G, J, M, P, S. 颊侧视，B, E, H, K, N, Q, T. 冠面视，C, F, I, L, O, R, U. 舌侧视（引自郑绍华等，待刊）

bilikeensis 的接近，但 PAA-Index 均值和 PA-Index 均值都显著较大。M1 和 M2 也都具 3 个齿根，但 M3 具 3 个齿根的标本比例明显较小。

产地与层位 内蒙古阿巴嘎旗高特格（DB 02-2–02-6、03-1 地点）、山西榆社盆地（YS 4、9 地点）、甘肃秦安董湾（L16），下上新统。

评注 由于 *Mimomys teilhardi* 和 *M. bilikeensis* 的牙齿形态相似，因此都被归入 *Aratomys* 亚属，但前者显得稍进步（邱铸鼎、李强，2016）。

甘肃模鼠（克罗麦尔鼠亚属）*Mimomys (Cromeromys) gansunicus* Zheng, 1976
（图 111）

Mimomys gansunicus：郑绍华，1976，113 页；郑绍华、李传夔，1986，91 页；Zheng et Li, 1990,
   p. 433；Zheng et Han, 1991, p. 106；Flynn et Wu, 2001, p.197 (part)；蔡保全等，2007，239 页；
   李强等，2008，221 页；Kawamura et Zhang, 2009, p. 4；Zhang, 2017, p. 159

Mimomys cf. *M. gansunicus*：邱占祥等，2004，22 页；金昌柱等，2009，180 页

Cromeromys gansunicus：Tedford et al., 1991, p. 524；Flynn et al., 1991, p. 251 (part)；Flynn et Wu,
   2001, p. 197；郑绍华、张兆群，2000，62 页；张兆群、郑绍华，2001，58 页；郑绍华、张兆群，
   2001，插图 3；Cai et Li, 2004, p. 439；蔡保全等，2008，132 页

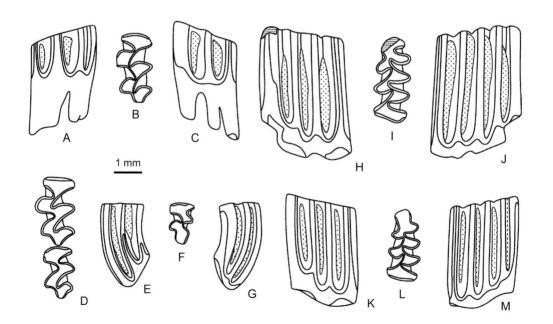

1 mm

图 111　甘肃模鼠（克罗麦尔鼠亚属）*Mimomys (Cromeromys) gansunicus*

A–C. 右 M1 (IVPP V 15278.3，反 转），D. 右 M1–2 (IVPP V 4765.1，反 转），E–G. 右 M3 (IVPP V 15278.4，反转），H–J. 右 m1 (IVPP V 4765，正模，反转），K–M. 右 m1 (IVPP V 15278.1，反转）；A, E, J, M. 舌侧视，B, D, F, I, L. 冠面视，C, G, H, K. 颊侧视（引自郑绍华等，待刊）

Mimomys (*Microtomys*) *gansunicus*：Shevyreva, 1983, p. 37

Mimomys hanzhongensis：汤英俊、宗冠福，1987，224 页

Mimomys cf. *M. orientalis*：Tedford et al., 1991, p. 524 (part)

Mimomys orientalis：Flynn et al., 1991, p. 251 (part)

Mimomys irtyshensis：Flynn et al., 1997, p. 239 (part)；Flynn et Wu, 2001, p. 197 (part)

正模　IVPP V 4765，右 m1。甘肃合水金沟，下更新统。

副模　IVPP V 4765.1–3，破损上颌骨 1 段、臼齿 2 枚。产地与层位同正模。

归入标本　IVPP V 18076, V 13528，破损下颌骨 5 段、臼齿 121 枚（甘肃灵台、东乡）。SXGM SBV 84001，破损下颌骨 1 段（陕西勉县）。IVPP V 15278, V 23150–23151，臼齿 12 枚（河北阳原、蔚县）。IVPP V 22611–22614，破损上、下颌骨 6 段，臼齿 21 枚（山西榆社）。IVPP V 13990，破损上、下颌骨 30 段，臼齿 280 枚（安徽繁昌）。

鉴别特征　个体中等的模鼠，m1 均长 2.74 mm。臼齿高冠，齿根发育晚，褶沟内白垩质丰富。m1 具有宽、伸达齿冠基部的 IF (= BRA3)，无 PF、EI 和 MR 痕迹；E、Ea 和 Eb 均值分别 > 3.33、> 3.20 和 > 3.17；HH-Index 均值 > 5.18；SDQ_p 均值 = 144，为正分异；Is 1–4 的封闭度均为百分之百，而 Is 5–7 封闭度均为零。上臼齿双齿根。

产地与层位　甘肃灵台文王沟和小石沟、合水金沟、东乡龙担，陕西勉县杨家湾，河北阳原马圈沟、蔚县牛头山，山西榆社（YS 5、6、109、120 地点），安徽繁昌人字洞，下上新统—下更新统。

额尔齐斯模鼠（克罗麦尔鼠亚属）*Mimomys* (*Cromeromys*) *irtyshensis* Zazhigin, 1980
（图 112）

Cromeromys irtyshensis：Zazhigin, 1980, p. 109；蔡保全等，2007，表 1–3；Cai et al., 2013, fig. 8.5

Mimomys cf. *youhenicus*：郑绍华、蔡保全，1991，115 页

正模　PIN AH No. 950/5，右 m1。俄罗斯额尔齐斯河流域，上上新统。

归入标本　GMC V 2065, IVPP V 18812, V 26216，臼齿 15 枚（河北蔚县、阳原）。

鉴别特征　个体大小与 *Mimomys* (*C.*) *gansunicus* 相当。m1 具有深的 PF、尖锐的 MR 和浅的 IF，但缺失 EI；参数 E > 2.8，HH-Index > 5.02；Is 1–7 的封闭度与 *M.* (*C.*) *gansunicus* 和 *M.* (*C.*) *savini* 同；SDQ_1 值 127.31，为正分异。M3 无前后 EI，As 值 1.13，Pas 值 0.87，Ds 值 1.00，Prs 值 0.60。

产地与层位　河北蔚县牛头山、阳原台儿沟，上上新统。

评注　蔚县牛头山产出的 m1 早先被指定为 "*Mimomys* cf. *youhenicus*"（郑绍华、

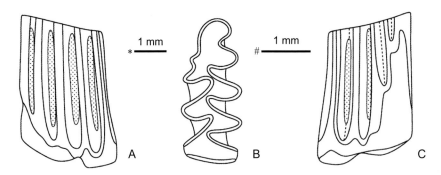

图 112　额尔齐斯模鼠（克罗麦尔鼠亚属）*Mimomys (Cromeromys) irtyshensis*
右 m1（GMC V 2065）：A. 舌侧视，B. 冠面视（反转），C. 颊侧视；比例尺：* - A, C，# - B（引自郑绍华、
蔡保全，1991）

1 mm

图 113　萨氏模鼠（克罗麦尔鼠亚属）
Mimomys (Cromeromys) savini
右 m1–3（IVPP V 8111，反转）：冠面视
（引自郑绍华、李传夔，1986）

蔡保全，1991），后被归入"*Cromeromys irtyshensis*"（蔡保全等，2007；Cai et al., 2013）。该种与 *M. (C.) gansunicus* 的个体大小虽然接近，但具有 MR、白垩质发育较弱、齿冠较低、SDQ_1 较小。

萨氏模鼠（克罗麦尔鼠亚属）*Mimomys (Cromeromys) savini* (Hinton, 1910)

（图 113）

Mimomys cf. *intermedius*：郑绍华、李传夔，1986，92 页

正模　LMNH B.M. No. M 6986b，右 m1。英国诺福克的 West Runton，克罗麦尔期上淡水层（Upper Freshwater Bed）。

归入标本　IVPP V 8111，破损下颌骨 1 段。山西吕梁（离石）赵家墹，下更新统（午城黄土下部）。

特征　个体中等大小的模鼠。下门齿在 m2 和 m3 之间横过颊齿列，m1–3 长 7–8.5 mm。白齿高冠，牙根发育很晚，珐琅质层厚度分异度大，齿褶内有白垩质充填。m1 的 PF、MR 和 EI 存在的时间短，稍经磨蚀即消失；Is 1–7 的封闭度与 *Mimomys (C.) gansunicus* 和 *M. (C.) irtyshensis* 同。

评注　山西离石的这一件标本曾被记述成"*Mimomys* cf. *intermedius*"（郑绍华、李传夔，1986）。

因为其下门齿槽孔横过齿列在 m2 和 m3 之间、褶沟内白垩质丰富、m1（长 3.20 mm）的 BRA3 浅且无 PF 和 MR 发育，以及齿列的尺寸都与欧洲的中间模鼠相当。由于很难解释在英国同一上淡水层中 *M. intermedius*、*M. majori* 和 *M. savini* 三种的并存，因此很多学者认为那里只有 *M. savini* 一个种（Kowalski，2001）。

板桥模鼠（基斯朗鼠亚属） *Mimomys (Kislangia) banchiaonicus* Zheng, Huang, Zong, Huang, Xie et Gu, 1975

（图 114）

Mimomys banchiaonicus：郑绍华等，1975，40 页；李传夔等，1984，169 页；郑绍华、李传夔，1986，88 页；Zheng et Li, 1990, p. 433；Zhang et al., 2010, p. 481

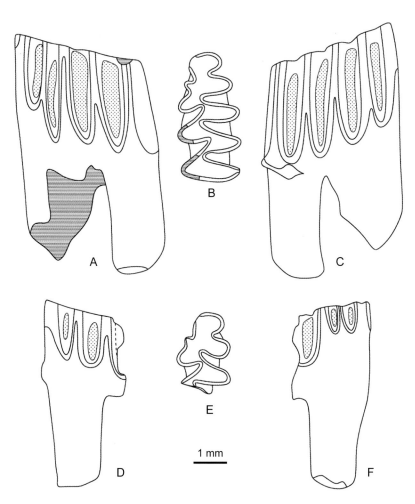

图 114　板桥模鼠（基斯朗鼠亚属）　*Mimomys (Kislangia) banchiaonicus*

A–C. 左 m1（IVPP V 4755，正模），D–F. 右 m1（NWU 75 渭① 1.3，E 反转）；A, F. 颊侧视，B, E. 冠面视，C, D. 舌侧视（引自郑绍华、李传夔，1986）

Mimomys sp.：郑绍华、李传夒，1986，95 页

正模　IVPP V 4755，左 m1。甘肃合水狼沟（73120 地点），上上新统黄土底砾层。

归入标本　NWU 75 渭① 1.3，破损臼齿 1 枚（陕西渭南）。

鉴别特征　大型模鼠。臼齿相对低冠，齿褶内白垩质丰富。m1（长 3.90 mm）的 ACC 相当短、宽，EI 消失早，但 IF、PF、MR（非常强壮）向下可接近齿冠基部；Asd、Hsd 和 Hsld 已贯穿齿冠，其他的齿尖湾高度较大但均低于咀嚼面；Is 1 和 Is 3–4 的封闭度均为百分之百，Is 2 为零；SDQ_I 值 137，为正分异；HH-Index > 3.76。

产地与层位　甘肃合水狼沟，上上新统黄土底砾岩；陕西渭南游河，上上新统游河组。

评注　在个体上可与 *Mimomys (K.) banchiaonicus* 相比的只有 *M. (K.) peii* 和 *M. (K.) zhengi*。三种中，*M. (K.) banchiaonicus* 齿尖湾高度最小，被认为最原始；*M. (K.) zhengi* 齿尖湾高度最大，因而最进步（Zhang et al., 2010）。这三种模鼠由于个体相对大、小的齿尖湾升至更高的位置与其他种类不同。郑绍华等（待刊）认为，就个体而言，*M. (K.) banchiaonicus* 与匈牙利 Villany-3 地点的 *M. rex* 接近，但后者的 PF 和 MR 缺失（Kormos, 1934b）；它比法国 BalarucII 地点的 *M. cappettai* 进步，因为颊齿齿尖湾较高、上臼齿齿根数目少、颊齿白垩质多、m1 的 PF、MR 和 EI 等相对弱。

裴氏模鼠（基斯朗鼠亚属）　*Mimomys (Kislangia) peii* Zheng et Li, 1986
（图 115）

Mimomys peii：郑绍华、李传夒，1986，92 页；郑绍华，1993，67 页；Zheng et Li, 1990, p. 433；

Zheng et Han, 1991, p. 105；Kawamura et Zhang, 2009, p. 4；Zhang et al., 2010, p. 482

正模　IVPP V 8112，左 m1。山西襄汾大柴，下更新统。

副模　IVPP V 8113–8114，臼齿 56 枚。产地与层位同正模。

归入标本　IVPP V 16352，臼齿 45 枚（山西襄汾）。IVPP V 9647，臼齿 1 枚（重庆巫山）。

鉴别特征　大型模鼠。臼齿相对高冠，褶沟内白垩质丰富。m1（均长 3.64 mm）EI 消失早，PF 浅、IF 相对深、MR 相对弱，但均可延续至齿冠基部；Is 1–4 的封闭度分别为 100%、0、66.67% 和 100%；SDQ_P 均值 129，为正分异；颊齿各齿尖湾高度大于 *Mimomys (K.) banchiaonicus* 者；HH-Index 均值 > 6.51，参数 E 值 > 5.30，Ea 值 4.0–4.63，Eb 值 2.25。M1 三齿根、M2 和 M3 双齿根；M3 的 EI 持续时间长。M1 的 PA-Index 值 7.64。

产地与层位　山西襄汾大柴、重庆巫山龙骨坡，下更新统。

评注　Zhang 等（2010）指出，*Mimomys peii* 和 *M. banchiaonicus* 的所有齿尖湾更向

咀嚼面延伸的特点不同于中国其他模鼠，而接近具更高齿冠的 *M. zhengi*。*M. banchiaonicus* 的齿尖湾较 *M. peii* 低的特点显示其较原始。因此，*M. (K.) banchiaonicus–M. (K.) peii–M. (K.) zhengi* 构成了东亚上新世末—更新世初一个臼齿从相对低冠到相对高冠或齿尖湾从低于—接近—贯穿咀嚼面的进化过程。中国的这三种模鼠都比法国的 *M. cappettai* 进步。因此，郑绍华等（待刊）推测，这类大型模鼠可能在上新世晚期或距今约 2.6 Ma 前起源于中国。

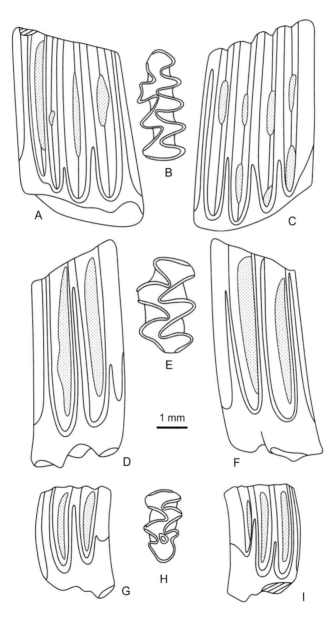

1 mm

图 115 裴氏模鼠（基斯朗鼠亚属） *Mimomys (Kislangia) peii*
A–C. 左 m1（IVPP V 8112, 正模），D–F. 右 M1（IVPP V 8114.30, E 反转），G–I. 左 M3（IVPP V 8114.52）；
A, D, I. 颊侧视，B, E, H. 冠面视，C, F, G. 舌侧视（引自郑绍华、李传夔，1986）

建名者将 IVPP V 8114 号标本作为归入材料描述，因其与正模采自相同地点和层位，在此改称副模。

郑氏模鼠（基斯朗鼠亚属） *Mimomys (Kislangia) zhengi* (Zhang, Jin et Kawamura, 2010)

（图 116）

Mimomys cf. *peii*：金昌柱等，2000，190 页；Zhang et al., 2008b, p. 164

Heteromimomys zhengi：Zhang et al., 2010, p. 484

正模　IVPP V 16353，左 m1。安徽繁昌人字洞，下更新统。

副模　IVPP V 16353.1–321，破损下颌骨 5 段、臼齿 316 枚。产地与层位同正模。

鉴别特征　大型模鼠。臼齿牙根发育很晚，齿冠极高，齿褶内白垩质丰富。m1（均长 3.21 mm）虽无 EI，但 IF 深，MR 和 PF 发育稳定；SDQ_P 均值 124，为正分异；Is 1、Is 3–4 的封闭度均为 100%，而 Is 2、Is 5–7 均为零，与 *Mimomys (M.) youhenicus* 者同。M3 结构简单，AL 之后有两个近于封闭的 T 和一形态变化的 PL，即 Is 2 和 Is 3 通常是

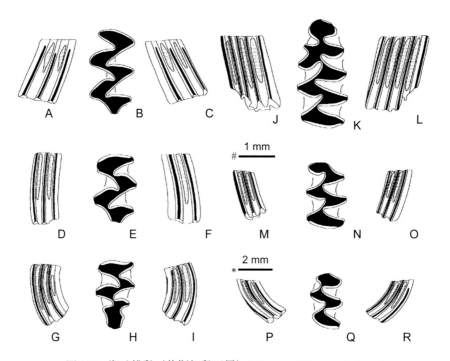

图 116　郑氏模鼠（基斯朗鼠亚属） *Mimomys (Kislangia) zhengi*

A–C. 左 M1 （IVPP V 16353.166），D–F. 左 M2 （IVPP V 16353.231），G–I. 左 M3 （IVPP V 16353.315），J–L. 左 m1 （IVPP V 16353，正模），M–O. 左 m2 （IVPP V 16353.80），P–R. 左 m3 （IVPP V 16353.131）；A, D, G, L, O, R. 舌侧视，B, E, H, K, N, Q. 冠面视，C, F, I, J, M, P. 颊侧视；比例尺：* - A, C, D, F, G, I, J, L, M, O, P, R, # - B, E, H, K, N, Q （引自 Zhang et al., 2010）

封闭的，少数标本有一个后 EI。

  评注 由于该种的 m1 稳定地发育有 MR 和 PF，M3 常有后 EI 发育等，因此应归入 *Mimomys* (*Kislangia*) 亚属。该种具有齿根，只是生长很晚，故 Zhang 等（2010）主要根据"臼齿无根"而建立的 *Heteromimomys* 属被视为无效。*M. (K.) zhengi* 为 *Mimomys* (*Kislangia*) 亚属的最进步种，构成了 *M. (K.) banchiaonicus* → *M. (K.) peii* → *M. (K.) zhengi* 由大变小进化序列的末端种（Zhang et al., 2010）。

泥河湾模鼠（模鼠亚属）*Mimomys* (*Mimomys*) *nihewanensis* Zheng, Zhang et Cui, 2019
（图 117）

Mimomys stehlini and *M. orientalis*：蔡保全等，2004，表 1

Mimomys sp. and *M.* sp. 2：李强等，2008，表 1

Mimomys sp.：郑绍华等，2006，表 2；蔡保全等，2007，表 1；Cai et al., 2013, p. 227

Mimomys sp. 2：Cai et al., 2013, p. 227

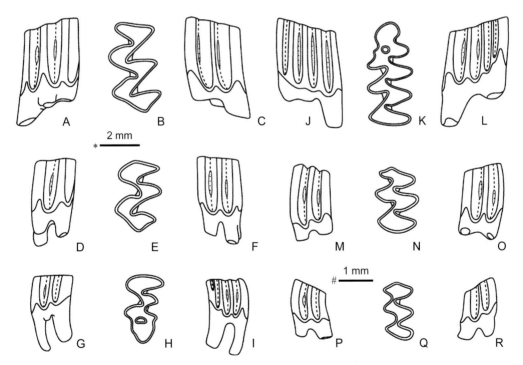

图 117 泥河湾模鼠（模鼠亚属）*Mimomys* (*Mimomys*) *nihewanensis*
A–C. 左 M1（IVPP V 23157.38），D–F. 左 M2（IVPP V 23157.61），G–I. 左 M3（IVPP V 23157.76），J–L.
右 m1（IVPP V 23157.9，正模，K 反转），M–O. 右 m2（IVPP V 23157.25，N 反转），P–R. 右 m3（IVPP V
23157.32，Q 反转）；A, D, G, J, M, P. 舌侧视，B, E, H, K, N, Q. 冠面视，C, F, I, L, O, R. 颊侧视；比例尺：
* - A, C, D, F, G, I, J, L, M, O, P, R，# - B, E, H, K, N, Q（引自 Zheng et al., 2019）

正模　IVPP V 23157.9，右 m1。河北阳原祁家庄（后沟剖面 L4 层），上上新统稻地组。

副模　IVPP V 23157.1–8, 10–85，破损下颌骨 2 段、臼齿 83 枚。产地与层位同正模。

归入标本　IVPP V 23153, V 23155–23156, V 23162，破损下颌骨 9 段、臼齿 335 枚（河北阳原、蔚县）。

鉴别特征　牙齿尺寸（m1 均长 2.80 mm）与 *Mimomys* (*M.*) *orientalis*（m1 均长 2.80 mm）一致，但 m1 的 Is 1–4 的封闭度较小，SDQ_P 均值较大，HH-Index 均值则显著小，参数 E、Ea 和 Eb 均值也都明显较小。M2 和 M3 具 3 个牙根的标本数比例高。M1 的 PAA-Index 均值也小。

产地与层位　河北阳原老窝沟、红崖、祁家庄、芜子沟、钱家沙洼洞沟、牛头山、将军沟，上上新统稻地组。

评注　*Mimomys* (*M.*) *nihewanensis* 牙齿的尺寸较小，易于与我国大部分模鼠分开。该种牙齿比欧洲的 *M. stehlini* 小以及 m1 颊侧珐琅质参数偏小而显得较原始，但颊齿褶沟内具有白垩质而又比无白垩质充填的 *M. stehlini* 进步。

东方模鼠（模鼠亚属）*Mimomys* (*Mimomys*) *orientalis* Young, 1935

（图 118）

Mimomys orientalis：Young, 1935a, p. 33；Teilhard de Chardin et Leroy, 1942, p. 33；Kowalski, 1960, p. 479；Fejfar, 1964, p. 38；李传夔等，1984，169 页；郑绍华、李传夔，1986，86 页；蔡保全，1987，129 页；Zheng et Li, 1990, p. 433；郑绍华、蔡保全，1991，114 页；李强等，2003，108 页（部分）；蔡保全等，2004，278 页；Kawamura et Zhang, 2009, p. 4；邱铸鼎、李强，2016，377 页

Mimomys cf. *M. orientalis*：Qiu et al., 2013, p. 177

Mimomys youhenicus：薛祥煦，1981，37 页

Mimomys (*Mimomys*) *orientalomys*：Shevyreva, 1983, p. 37

Mimomys sp., *Mimomys* sp. 1–2：李强等，2008，表 2；Cai et al., 2013, fig. 8

Arvicola terrae-rubrae：Teilhard de Chardin, 1942, p. 96

正模　IVPP（IVPP RV 35064），右 m1（见 Young, 1935a, p. 33, textfig. 12b）。山西平陆东延，上上新统。

副模　IVPP RV 35065，m1 或 m2 后部 1 枚（Young, 1935a, textfig.12a）。产地与层位同正模。

归入标本　IVPP V 8110, RV 42009，破损下颌骨 3 段（山西榆社）。NWU 75 渭①

1.4，臼齿1枚（陕西渭南）。IVPP V 23152, V 23154, V 23163, GMC V 2064，破损下颌骨3段、臼齿216枚（河北阳原、蔚县）。IVPP V 19904，臼齿125枚（内蒙古阿巴嘎旗）。

鉴别特征 中等大小的模鼠（m1均长2.80 mm），臼齿褶沟内有少许或无白垩质充填。颊齿相对高冠：m1的HH-Index均值（1.21），参数E、Ea和Eb均值（2.52、2.45和1.27），Is 1–4的封闭率均值（100%、26.33%、47.37%和94.74%）都较 *Mimomys* (*M.*) *nihewanensis* 的大；M1的PAA-Index均值（1.48）和PA-Index均值（1.41）也较大；SDQ_P均值（132）则略小，但均为正分异。

产地与层位 山西榆社海眼、赵庄，上上新统麻则沟组；陕西渭南游河，上上新统游河组；河北阳原钱家沙洼和台儿沟、蔚县大南沟，上上新统稻地组；内蒙古阿巴嘎旗高特格，上新统。

评注 Kowalski（1960）指出，*Mimomys orientalis* 代表了一个相当于 *M. gracilis* 和 *M. stehlini* 的发育阶段。Sen（1977）认为该种较为接近欧洲的 *M. occitanus*、*M. stehlini*、

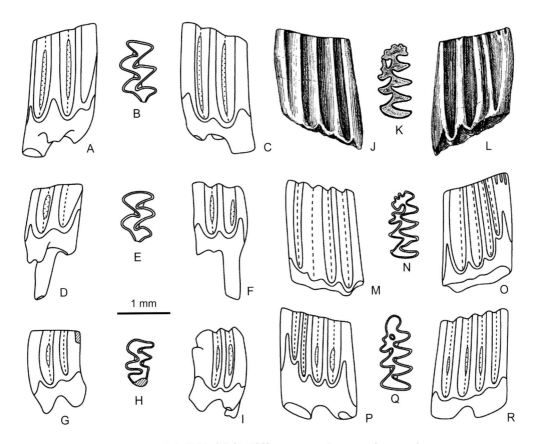

图118 东方模鼠（模鼠亚属）*Mimomys* (*Mimomys*) *orientalis*

A–C. 左M1（IVPP V 23152.73），D–F. 左M2（IVPP V 23152.115），G–I. 左M3（IVPP V 23152.142），J–L. 右m1（IVPP RV 35064，正模，K反转），M–O. 右m1（IVPP V 19904.10，N反转），P–R. 左m1（IVPP V 23152.4）：A, D, G, J, M, R. 舌侧视，B, E, H, K, N, Q. 冠面视，C, F, I, L, O, P. 颊侧视（J, K, L引自Young，1935a；其他引自郑绍华等，待刊）

M. gracilis 和 *M. polonicus* 等原始种类。郑绍华和李传夔（1986）根据 m1 的 PL 前 T 间的封闭程度、BSA (LRA) 和 BRA (LRA) 的对称程度，认为其与欧洲 *M. stehlini* 最接近。

游河模鼠（模鼠亚属）*Mimomys (Mimomys) youhenicus* Xue, 1981
（图 119）

Mimomys youhenicus：薛祥煦，1981，37 页；李传夔等，1984，175 页；郑绍华、李传夔，1986，
　　89 页；蔡保全等，2004，表 2；闵隆瑞等，2006，104 页；Kawamura et Zhang, 2009, p. 4

Mimomys cf. *M. youhenicus*：汪洪，1988，61 页；Zhang, 2017, p. 155

Mimomys cf. *M. orientalis*：Tedford et al., 1991, p. 524 (part)

Mimomys orientalis：Flynn et al., 1991, p. 251

Mimomys irtyshensis：Flynn et al., 1991, p. 239 (part)；Flynn et Wu, 2001, p. 197 (part)

选模　NWU 75 渭① 1.2，右 m1。陕西渭南游河，上上新统游河组。

副选模　NWU 75 渭① 1.1，臼齿 1 枚。产地与层位同选模。

归入标本　NWU 83DL001-010，臼齿 10 枚（陕西大荔）。

鉴别特征　一种比 *Mimomys (M.) orientalis* 稍大（m1 长 2.9 mm）且更高冠的模鼠。m1 的 HH-Index 均值（3.12），参数 E、Ea 和 Eb 均值（3.50、3.42 和 2.58），Is 1–4 的封闭率均值(100%、0、100% 和 100%)通常比 *M. (M.) orientalis* 的相应值大；SDQ_P 均值(120)则略小。臼齿褶沟内有少量白垩质充填。

产地与层位　陕西渭南游河、大荔后河，上上新统游河组。

评注　郑绍华和李传夔（1986）认为 *Mimomys youhenicus* 比 *M. orientalis* 和欧洲的 *M. stehlini* 进步，是比欧洲 *M. pliocaenicus* 和 *M. polonicus* 个体小而略微原始的种，可能

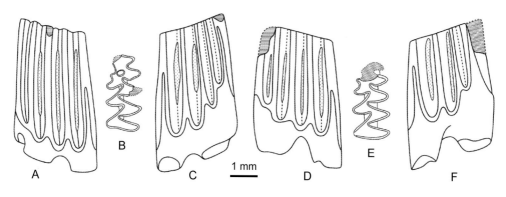

图 119　游河模鼠（模鼠亚属）*Mimomys (Mimomys) youhenicus*
A–C. 右 m1（NWU 75 渭① 1.1，B 反转），D–F. 右 m1（NWU 75 渭① 1.2，选模，E 反转）：A, D. 舌侧视，
B, E. 冠面视，C, F. 颊侧视（引自郑绍华、李传夔，1986）

与斯洛伐克 Hajináčka 地点的 *M. kretzoii* 大致处于相当的演化阶段。郑绍华等（待刊）认为它与 *M. polonicus* 可能最为接近。

异费鼠属 Genus *Allophaiomys* Kormos, 1932

模式种 上新异费鼠 *Allophaiomys pliocaenicus* Kormos, 1932（罗马尼亚 Betfia-2 地点，上新统）

鉴别特征 臼齿无根，褶沟有白垩质充填；臼齿咀嚼面形态类似 *Arvicola* 者，但尺寸显著较小。m1 咀嚼面长度一般小于 3 mm；SDQ_P 在进步种类为负分异，在原始种类为正分异；有 3 个 BRA、4 个 LRA 或 4 个 BSA、5 个 LSA；PL 和 ACC 之间有 3 个相互交错排列的 T；AC2 相对长，Is 1–4 封闭度均为 100%，而 Is 5–7 封闭度多为零；ACC 的形态变化主要取决于 AC2 的形状、大小以及 BRA3、LRA4 和 LRA3 深度的变化。M3 的 AL 之后有 2–3 个封闭的 T 和简单的 PL；有 3 个 BRA 和 4 个 BSA，有 2 个 LRA 和 3 个 LSA；LRA2 宽而成 U 形，BRA3、BSA4 和 LRA4 很微弱。

中国已知种 *Allophaiomys pliocaenicus*, *A. deucalion*, *A. terraerubrae*，共 3 种。

分布与时代 北京、青海、甘肃、陕西、河北、山东、湖北，早更新世。

评注 *Allophaiomys* 或被视作 *Microtus* 属的一个亚属（van der Meulen, 1974；McKenna et Bell, 1997），或指定为独立的属（Kormos, 1932b；Kretzoi, 1969；Chaline, 1987, 1990；Repenning et al., 1990；Repenning, 1992；Kowalski, 2001），编者赞同作为一个独立的属。该属代表鼾类进化过程中一个十分重要的阶段，既是 *Mimomys* 的直接后裔，又是 *Terricola*、*Pitymys*、*Pedomys*、*Phaiomys*、*Proedromys*、*Lemmiscus*、*Microtus*、*Lasiopodomys* 等属的直接祖先（Repenning, 1992）。

在欧洲 *Allophaiomys* 包括有 *A. pliocaenicus* 和 *A. chalinei* 等 6 种，生存于晚 Villanyian 期—早 Biharian 期（Kowalski, 2001）。

上新异费鼠 *Allophaiomys pliocaenicus* Kormos, 1932

（图 120）

Microtus epiratticeps：胡长康、齐陶，1978，14 页（部分）

Allophaiomys cf. *pliocaenicus*：Zheng et Li, 1990, p. 431；郑绍华、蔡保全，1991，113 页；闵隆瑞等，2006，103 页；蔡保全等，2007，232 页；Cai et al., 2013, fig. 8

Allophaiomys sp.：蔡保全等，2008，135 页

Allophaiomys cf. *A. chalinei*：Cai et al., 2013, fig. 8

正模　HMNH no.61.1491，一件头骨带左、右下颌骨及完整的臼齿列。罗马尼亚 Betfia-2，下更新统。

归入标本　IVPP V 5396，臼齿 4 枚（陕西蓝田）。IVPP V 15287, V 15296, V 23143–23145, GMC V 2063，破损下颌骨 16 段、臼齿 201 枚（河北阳原、蔚县）。

鉴别特征　尺寸与 *Allophaiomys deucalion* 接近，但 m1 的 BRA3 和 LRA4 相对较深，ACC 和 AC2 相对较长；A/L 均值 43.7（变异范围 40.0–48.0），B/W 均值 25.3（变异范围 8–35），C/W 均值 22.0（变异范围 15–30）；$SDQ_1 = 87.5$（负分异）；Is 5–6 相对较狭窄，各有 5% 的封闭度。M3 的 T4 和 T5 已完全形成。

产地与层位　陕西蓝田公王岭，河北阳原马圈沟、洞沟以及蔚县大南沟、铺路，下更新统。

评注　Kormos（1932b）描述的罗马尼亚 Betfia-2 地点的 *Allophaiomys pliocaenicus* 和 *A. laguroides*，被认为是同物异名（van der Meulen, 1973；Repenning, 1992；Kowalski, 2001）。前者可能属于成年个体，后者为年轻个体。

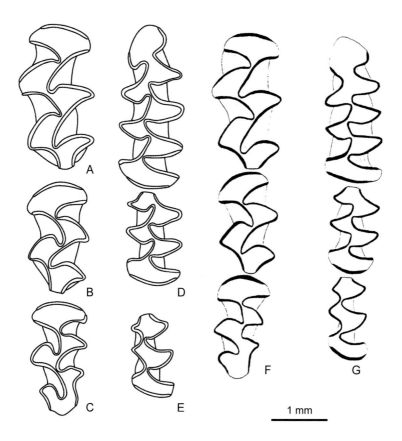

图 120　上新异费鼠 *Allophaiomys pliocaenicus*

A. 左 M1（IVPP V 23145.88），B. 左 M2（IVPP V 23145.122），C. 左 M3（IVPP V 23145.125），D. 左 m1–2（IVPP V 23145.11），E. 左 m3（IVPP V 23145.84），F, G. 右 M1–3 和左 m1–3（HMNH no. 61.1491，正模，F 反转）：冠面视（A–E 引自郑绍华等，待刊；F, G 引自 Hir, 1998）

欧洲异费鼠 *Allophaiomys deucalion* **Kretzoi, 1969**

(图 121)

Allophaiomys cf. *deucalion*：Zheng et Li, 1990, p. 431

Allophaiomys terrae-rubrae：郑绍华、张兆群，2000，58 页；郑绍华、张兆群，2001，插图 3

正模 GMH V. 12797/VT. 1501，右 m1。匈牙利 Villány-5 地点，下更新统（Villanyian 期）。

归入标本 IVPP V 15280, V 18819, V 23142，破损下颌骨 1 段、臼齿 385 枚（河北阳原）。IVPP V 18077，破损下颌骨 1 段、臼齿 25 枚（甘肃灵台）。IVPP V 25240，破损下颌骨 10 段、臼齿 9 枚（青海贵南）。

鉴别特征 中等大小的异费鼠。m1 有一短宽的 ACC，与 T4、T5 和 AC2 连接的区域通常很宽；A/L 均值 < 42、B/W > 33.0、C/W > 20.0；SDQ_1 = 104.4（正分异）；但 Is 1–4 封闭度均为百分之百，而 Is 5–7 都为零。M3 的 BRA2 谷底通常很宽，T2、T3 和 T4 显著发育，但 T5 一般发育不全，PL 相对较短宽。

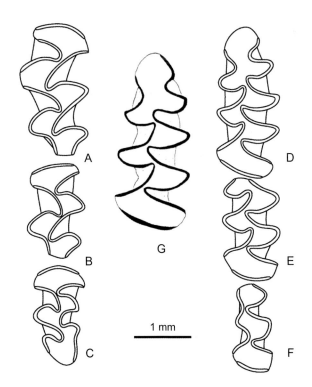

图 121 欧洲异费鼠 *Allophaiomys deucalion*

A. 左 M1（IVPP V 23142.56），B. 左 M2（IVPP V 23142.95），C. 左 M3（IVPP V 23142.125），D. 左 m1（IVPP V 23142.1），E. 左 m2（IVPP V 23142.20），F. 左 m3（IVPP V 23142.48），G. 右 m1（GMH V. 12797/VT. 1501，正模，反转）：冠面视（A–F 引自郑绍华等，待刊；G 引自 Hir, 1998）

产地与层位 河北阳原马圈沟、台儿沟、洞沟，甘肃灵台文王沟（WL2–7 层），青海贵南沙沟，下更新统。

评注 *Allophaiomys deucalion* 是属中较原始的种，一般认为它是现生小型的、臼齿无根的䶄类的先祖，直接衍生了 *A. pliocaenicus*（Kowalski, 2001）。但该属最原始的种类可能是 M3 构造简单、亚洲的 *A. terraerubrae*（Teilhard de Chardin, 1940）。

土红异费鼠 *Allophaiomys terraerubrae* (Teilhard de Chardin, 1940)
（图 122）

Arvicola terrae-rubrae：Teilhard de Chardin, 1940, fig. 37

Allophaiomys terrae-rubrae：黄万波、关键，1983，71 页；Zheng et Li, 1990, p. 419；郑绍华等，1997，206 页；郑绍华，2004，136 页

Allophaiomys cf. *pliocaenicus*：程捷等，1996，51 页

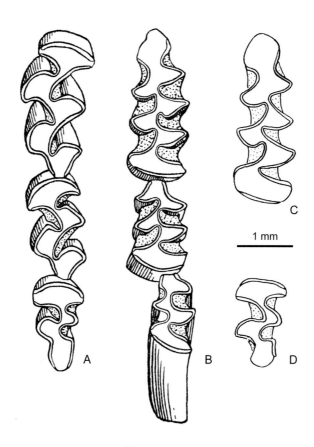

图 122 土红异费鼠 *Allophaiomys terraerubrae*

A. 右 M1–3（IVPP RV 40143，选模，反转），B. 右 m1–3（IVPP RV 40144.8，反转），C. 右 m1（IVPP RV 97026.3，反转），D. 右 M3（IVPP RV 97026.8，反转）：冠面视（引自郑绍华等，待刊）

选模 IVPP RV 40143，左上颌带 M1–3 [见 Teilhard de Chardin, 1940, pl. 1, fig. 10, textfig. 38；德日进描述该种时未指定正模，其插图和图版所示的这一标本被郑绍华等（待刊）指定为选模，遗憾的是该标本在多次搬家过程中遗失或损毁]。北京房山灰峪（第十八地点），下更新统。

副选模 IVPP RV 40144，头骨前部 2 件，破损上、下颌骨 6 件。产地与层位同选模。

归入标本 CUGB V 93219–93220, IVPP V 6193，破损下颌骨 3 段（北京房山、怀柔）。IVPP RV 97026，破损上、下颌骨 2 件，臼齿 7 枚（山东淄博）。IVPP V 13211，臼齿 8 枚（湖北建始）。

鉴别特征 门齿孔长，后缘可与 M1 前壁基部持平（明显不同于远离 M1 前壁的上新异费鼠。m1 的 A/L 均值（= 39.57）与 *Allophaiomys deucalion*（= 39.69）的接近，明显小于 *A. pliocaenicus*（= 44.81）者，而 B/W 均值（= 31.42）和 C/W（= 21.31）轻微小于 *A. deucalion*（33.48 和 24.40），但明显大于 *A. pliocaenicus*（19.2 和 17.58）；SDQ_P = 105 为正分异，以及 Is 5–6 各有 5% 的封闭度，则与 *A. deucalion* 的接近。

产地与层位 北京房山周口店（第十八地点、太平山东洞），山东淄博孙家山（第一地点），湖北建始龙骨洞（东洞 L5 层），下更新统。

评注 M3 的构造简单，只有 AL、T2、T3 和较长的 PL，显示了其最原始的性状，也是该种区别于属内其他种的重要特征。

沟牙田鼠属 Genus *Proedromys* Thomas, 1911

模式种 别氏沟牙田鼠 *Proedromys bedfordi* Thomas, 1911

鉴别特征 上门齿很宽，向上弯曲，齿面上有浅的纵沟。臼齿无根，齿褶内白垩质发育。m1 具有 4 个封闭严密的 T，第五个 T 与短的 C 形 AC2 汇通；Is 1–4 封闭率为 100%，Is 5 为 80%，Is 6–7 为 0；SDQ_P 均值 118，为模鼠型或为正分异；有 5 个 LSA 和 4 个 LRA，有 4 个 BSA 和 3 个 BRA。m3 的 BSA3 退化。M3 具 3 个 BSA 和 2 个 LRA。

中国已知种 仅模式种。

分布与时代 陕西、甘肃、北京、四川，早更新世—现代。

评注 现生种群分布于甘肃南部和四川西北部。*Proedromys* 属被一些学者视为 *Microtus* 属的亚属（Ellerman et Morrison-Scott, 1951；Corbet et Hill, 1991；谭邦杰，1992；黄文几等，1995；陈卫、高武，2000a；王应祥，2003；潘清华等，2007），被另一些学者视为独立的属（Hinton, 1923b；Allen, 1938, 1940；Ellerman, 1941；McKenna et Bell, 1997；Musser et Carleton, 2005）。考虑到其出现较早及臼齿（特别是 M3）的原始性状，编者依从多数中国研究者（Zheng et Li, 1990；程捷等，1996；郑绍华、张兆群，2001；张颖奇等，2011；郑绍华等，待刊）的意见，将其当做独立属。

别氏沟牙田鼠 *Proedromys bedfordi* Thomas, 1911

（图 123）

Arvicola terrae-rubrae：胡长康、齐陶，1978，14 页

Microtus epiratticeps：胡长康、齐陶，1978，14 页

Proedromys cf. *bedfordi*：Zheng et Li，1990，p. 435；程捷 等，1996，52 页；李传令、薛祥煦，
    1996，157 页

Proedromys sp.：郑绍华、张兆群，2001，图 3

Allophaiomys terrae-rubrae：郑绍华、张兆群，2000，插图 2（部分）

正模　LMNH B M. No. 11.2.1.235，现生标本（采自甘肃岷县）。

归入标本　IVPP V 5395, V 5396，破损下颌骨 1 段、M2–3 齿列 1 件、臼齿 6 枚（陕西蓝田）。IVPP V 18080，破损下颌骨 1 段、臼齿 8 枚（甘肃灵台）。CUGB V 93221，破损下颌骨 1 段（北京周口店）。IVPP V 475 = Cat. C.L.G.S.C. No. C/C. 18，破损下颌骨 1 段（陕西榆林）。

鉴别特征　同属。

产地与层位　陕西蓝田公王岭、榆林吴堡，甘肃灵台文王沟，北京房山周口店（太平山东洞），下更新统。

评注　该种在漫长的地质历史时期中，臼齿形态基本没有发生大的改变。例如甘肃灵台早更新世早期标本和四川黑水现生标本的 M3 均有 3 个 BSA 和 2 个 LSA，m1 均有 4 个封闭三角、第五个三角与 C 形的 AC2 汇通。

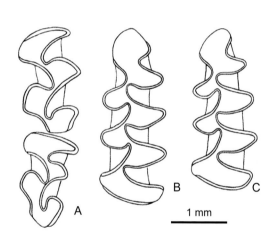

图 123　别氏沟牙田鼠 *Proedromys bedfordi*
A. 左 M2–3（IVPP V 5395），B. 右 m1（IVPP V 5396.1，反转），C. 左 m1（IVPP V 5396.2）：冠面视（引自 Zheng et Li，1990）

毛足田鼠属 Genus *Lasiopodomys* Lataste, 1887

模式种　布氏䶄 *Arvicola* (*Hypudaeus*) *brandti* Radde, 1861

鉴别特征　个体中等大小。头骨宽而平；腭骨后方不以一横架终止，总存在中刺突；成年个体颞嵴在眶间区愈合；后足有 5–6 个趾垫且被浓密毛发包裹。臼齿无根，齿褶内白垩质发育。m1 的 PL 之前有 4–6 个彼此交错排列的 T 和一小的方形 AC；Is 1–6 封闭度 100%，而 Is 7 的封闭度或者为零，或者为 37.5%；SDQ < 100，为 *Microtus-* 型分异或负分

异。m3 没有明显的 BSA3 和封闭的 T。M3 结构较简单，SA 在颊侧 3–4 个、舌侧 3 个。

中国已知种（化石）　*Lasiopodomys brandti, L. complicidens, L. probrandti*，共 3 种。

分布与时代　青海、陕西、内蒙古、山西、山东、河北、安徽、辽宁和北京，下更新统—全新统。

评注　*Lasiopodomys* 作为独立的属最早由 Lataste 在 1887 年提出，被 Hinton（1926）和 Ellerman（1941）引用，但 Ellerman 和 Morrison-Scott（1951）认为将 *Lasiopodomys* 作为 *Microtus* 属的亚属较妥。更多人将其视为与 *Microtus* 属同义（Young, 1927, 1932, 1934；Zdansky, 1928；Pei, 1931, 1936, 1940b；Teilhard de Chardin, 1936；Teilhard de Chardin et Pei, 1941；Teilhard de Chardin et Leroy, 1942；Corbet et Hill, 1991；谭邦杰，1992；黄文几等，1995；陈卫、高武，2000a）。也有人将其属型种（*L. brandti*）作为 *Microtus* 属中 *Phaiomys* 亚属下的种（Allen, 1938, 1940）。

Lasiopodomys brandtioides 被认为是 *L. brandti* 的晚出异名（郑绍华、蔡保全，1991）。郑绍华等（待刊）相信，外贝加尔库东（Kudun）地点的 *L. praebrandti* 和美国阿拉斯加苏厄德半岛的 *L. deceitensis*，虽然其 m1 的 PL 之前只有 4 个封闭的 T 而与 *Microtus oeconomus* 相似，但 M3 简单，仍可称为 *Lasiopodomys*。

布氏毛足田鼠 *Lasiopodomys brandti* (Radde, 1861)

（图 124）

Arvicola (*Microtus*) *brandti*：Young, 1927, p. 41

Microtus sp.：Boule et Teilhard de Chardin, 1928, p. 88

Microtus? *brandti*：Zdansky, 1928, p. 60

Microtus brandti：Young, 1932, p. 6；金昌柱等，1984，317 页；郑绍华、韩德芬，1993，75 页

*Microtus brandtioide*s：Young, 1934, p. 95；Pei, 1936, p. 71；Teilhard de Chardin et Leroy, 1942, p. 33；计宏祥，1974，225 页；盖培、卫奇，1977，290 页；卫奇，1978，141 页；韩德芬、张森水，1978，259 页；贾兰坡等，1979，284 页；黄万波，1981，99 页；郑绍华，1983，231 页；郑绍华等，1985a，110 页；郑绍华等，1985b，135 页（部分）；辽宁省博物馆、本溪市博物馆，1986，36 页

Microtus epiratticeps：Pei, 1940b, p. 46 (part)

Microtus cf. *brandtioides*：Teilhard de Chardin et Pei, 1941, p. 52

正模　不详。可能由 Radde 1861 年采自内蒙古达赉诺尔附近。

归入标本　IVPP RV 28031, TMNH H.H.P.H. M. 29.336，破损下颌骨 4 段（内蒙古乌审旗、满洲里）。IVPP RV 31056, Cat. C.L.G.S.C. No. C/19, IGG QV 10028–29，破

损下颌骨 4 段、臼齿 6 枚（陕西府谷、洛川）。IVPP RV 36329, RV 40145, RV 41151, Cat. C.L.G.S.C. Nos. C/C. 305, C/C. 1182–1200, C/C. 1407–1414, 破损头骨 13 件、下颌骨 1365 段、臼齿 1 枚及大量肢骨（北京周口店）。IVPP V 6041, 破损下颌骨 1365 段、臼齿 1 枚（青海共和）。YKM M. 17, 破损头骨 14 件、上下颌骨 70 段（辽宁营口）。IVPP V 18817, 臼齿 6 枚（河北阳原）。IVPP V 26139, 右下颌支带 m1-3（安徽和县）。

鉴别特征　m1 的 Is 1–6 封闭度均为百分之百，而 Is 7 的封闭度为零；SDQ_P 为负分异；PL 之前有 5 个封闭的 T 和略呈长方形斜置的 AC。M3 的 Is 2 和 Is 4 封闭，Is 5 常封闭不严，AL 之后有 3 个 T，使得 PL 略呈 Y 形。

产地与层位　内蒙古乌审旗萨拉乌苏、满洲里达赉诺尔，陕西府谷羌堡、洛川南菜子沟，北京房山周口店（第一、二、三、十三地点，山顶洞），青海贵南拉乙亥、共和塘格木、英德海，辽宁营口金牛山，河北阳原台儿沟，安徽和县龙潭洞，下更新统—中更新统。

评注　陕西府谷羌堡（Loc. 10, 11）的材料在 Teilhard de Chardin 和 Young（1931）的专著中未提及，但从第 11 地点发现的 6 件 M3 和一左下颌带 m1-2 显示了该种的特征，且 M3 每侧只有 3 个 SA，AL 之后有 2–3 个 T 和一简单的 PL。

郑绍华等（待刊）认为，Pei（1936）归入"*Microtus brandtioides*"的周口店第三地

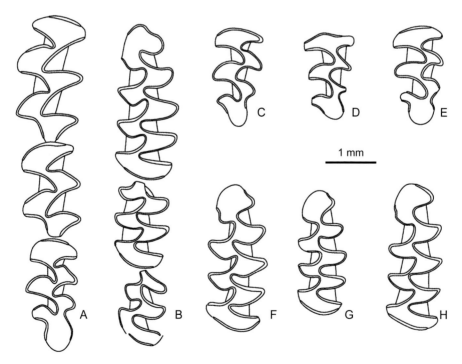

图 124　布氏毛足田鼠 *Lasiopodomys brandti*

A. 左 M1–3（YKM M. 17），B. 右 m1–3（YKM M. 17.22，反转），C. 左 M3（YKM M. 17.1），D. 左 M3（YKM M. 17.2），E. 左 M3（YKM M. 17.5），F. 左 m1（YKM M. 17.15），G. 左 m1（YKM M. 17.16），H. 左 m1（YKM M. 17.17）：冠面视（引自郑绍华、韩德芬，1993）

点的材料显然包含了两种：一种是个体较小，m3 缺失 BSA3；另一种是个体较大，m3 存在 BSA3。前者明显属于 *Lasiopodomys brandti*，后者应属于 *Microtus fortis*。而其（Pei，1940b）指定为 *Microtus epiratticeps*（*Microtus brandtioides*）的周口店山顶洞材料，根据大小和 M3 与 m1 的形态似乎是多种。他们还认为，晚更新世山顶洞的材料，多应为现生而不是化石种类。

郑绍华和韩德芬（1993）已将周口店第一地点为代表（Young, 1934）的中晚更新世的 *Lasiopodomys brandtioides* 和 *Microtus epiratticeps* 分别用 *L. brandti* 和 *M. oeconomus* 替代，因为很难将彼此区别开来。

郑绍华和蔡保全（1991）认为，中晚更新世和现生的 *Lasiopodomys brandti* 和早更新世的 *L. probrandti* 的主要区别是个体大小，以及 m1 和 M3 的构造。

复齿毛足田鼠 *Lasiopodomys complicidens* (Pei, 1936)

（图 125）

Microtus complicidens：Pei, 1936, p. 73

Microtus epiratticeps：Pei, 1940b, p. 46 (part)

Lasiopodomys：Tedford et al., 1991, p. 524

Microtus brandtioides：Flynn et al., 1991, p. 251；
   Flynn et al., 1997, p. 239

Microtus cf. *complicidens*：Zhang, 2017, p. 168

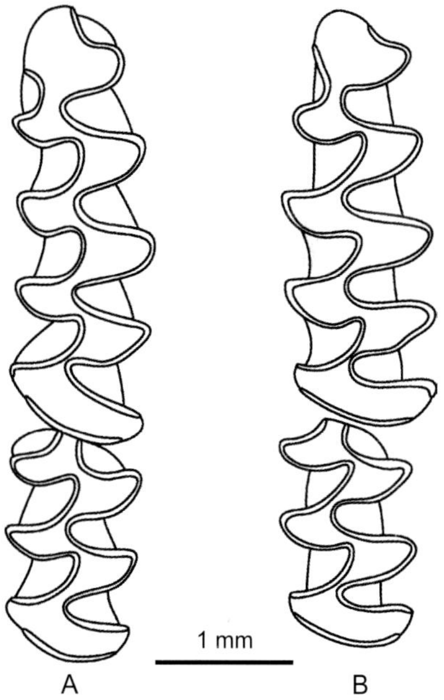

图 125 复齿毛足田鼠 *Lasiopodomys complicidens*

A. 右 m1–2（IVPP RV 36330，选模，反转），B. 右 m1–2（Cat. C.L.G.S.C. No. C/C. 2612，反转）；冠面视（引自郑绍华等，待刊）

选模 IVPP RV 36330 = Cat. C.L.G.S.C. No. C/C. 2611，右下颌骨带 m1–2（Pei, 1936, textfig. 36C, pl. VI, fig. 10），Pei 创建该种时未指定正模，郑绍华等（待刊）指定该标本为选模。北京房山周口店（第三地点），中更新统。

副选模 IVPP RV 36331 = Cat. C.L.G.S.C. Nos. C/C. 2612–2614，破损下颌骨 16 段、3 枚 m1。产地与层位同选模。

归入标本 IVPP RV 341423, RV 40161，破损下颌骨一段、m1 一枚（北京周口店）。IVPP V 22622.1, RV 31057，破损下颌骨一段、白齿一枚（山西榆社、静乐）。IVPP Cat. C.L.G.S.C. No. C/19，破损下颌骨一段（陕西府谷）。

鉴别特征 m1 的 PL 之前有 6 个基本封闭的 T 和简单的 AC，即具 5 个 BSA、4 个

BRA、6个LSA和5个LRA，其中BRA4和LRA5很浅；Is 1–6封闭度为百分之百，而Is 7只有37.5%；$SDQ_p = 51$，为负分异。

产地与层位 北京房山周口店（第三地点、山顶洞），山西静乐高家崖、榆社YS 123地点，陕西府谷羌堡，中更新统—上更新统。

评注 郑绍华等（待刊）认为，归入该种带有M1–3的头骨（Pei, 1936, fig. 35B, pl. VI, fig. 14）个体明显较大，M3结构复杂，与 *Lasiopodomys complicidens* 的定义不符，应属于 *Microtus oeconomus*。而且还认为，周口店山顶洞被描述成"*Microtus epiratticeps (Microtus brandtioides)*"的部分标本（Pei, 1940b, fig. 21c）应归入 *L. complicidens*。

原布氏毛足田鼠 *Lasiopodomys probrandti* Zheng et Cai, 1991

（图126）

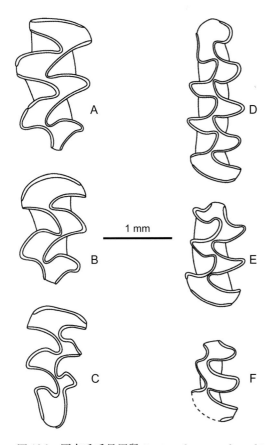

cf. *Microtus brandtioides*：Teilhard de Chardin, 1936, p. 17 (part)

Microtus brandtioides：郑绍华，1981，349页；郑绍华等，1985a，110页；郑绍华等，1985b，135页（部分）

正模 GMC V 2057，右m1。河北蔚县大南沟，下更新统。

副模 GMC V 2058–2059，破损下颌骨2段、白齿50枚。产地与层位同正模。

归入标本 IVPP V 23148, V 18818，破损下颌骨6段、白齿381枚（河北阳原）。IVPP RV 36332, CUGB V 93217–93218, Tx90(5)12，破损头骨和下颌骨各一件、白齿9枚（北京周口店）。DLNHM DH 8997–8999，破损头骨1件、上下颌骨各四段（辽宁大连）。IGG QV 10029–10030，破损头骨、下颌骨各一件（陕西洛川）。IVPP RV 97028，破损头骨15件、上下颌骨66段、白齿138枚（山东淄博）。IVPP V 6041，破损下颌骨2件、白齿1枚（青海贵南、共和）。

图126 原布氏毛足田鼠 *Lasiopodomys probrandti*
A. 右M1（GMC V 2059.34，反转），B. 右M2（GMC V 2059.46，反转），C. 左M3（GMC V 2059.50，反转），D. 右m1（GMC V 2057，正模，反转），E. 右m2（GMC V 2059.18，反转），F. 右m3（GMC V 2059.27，反转）：冠面视（引自郑绍华、蔡保全，1991）

鉴别特征　个体比 *Lasiopodomys brandti* 显著小。m1 长度范围在 2.43–3.29 mm，AC 较简单，通常缺失 LRA5；Is 1–6 封闭度均为百分之百，而 Is 7 则为零；SDQ$_p$ 范围 35–75，为负分异。M3 的 T2 和 T3 前后较封闭，或 Is 2、Is 3 和 Is 4 较 Is 5 封闭。

产地与层位　河北阳原台儿沟、蔚县大南沟，北京房山周口店（第九地点、太平山东洞和西洞），辽宁大连海茂，陕西洛川南菜子沟（Ps 6、10 层），山东淄博孙家山（第二地点），青海贵南拉乙亥，下更新统。

田鼠属 Genus *Microtus* Schrank, 1798

模式种　陆生田鼠 *Microtus terrestris* Schrank, 1798 (= *Mus arvalis* Pallas, 1778)（俄罗斯彼得堡普希金镇）

鉴别特征　腭骨后端以一轻微向背侧倾斜的中脊终止并形成一个连接腭骨与两侧翼窝的桥。多数种有 6 个蹠垫，少数为 5 个。颊齿无根，褶沟内白垩质丰富。M2 的 AL 之后通常只有 3 个封闭的 T。M3 的 AL 之后，通常接着 3 个封闭的 T：一个小的外、一个大的内、一个更小的外和 C 字形的 PL。m1 的 SDQ < 100；Is 1–4 的封闭度均为百分之百，而 Is 5–6 各大部分封闭，Is 7 均为零；PL 之前通常有 4–6 个封闭 T 和一个三叶形的 AC2，或具 5 个 LSA、4 个 LRA，具 4–6 个 BSA、3–5 个 BRA。m3 通常由 3 条横脊构成，BSA3 发育。

中国已知种（化石）　*Microtus fortis*, *M. gregalis*, *M. maximowiczii*, *M. minoeconomus*, *M. mongolicus*, *M. oeconomus*，共 6 种。

分布与时代　青海、甘肃、内蒙古、河北、辽宁、北京、海南等，早更新世—晚更新世。

评注　文献中 *Microtus* 属包含了多个亚属（Allen, 1938, 1940；Corbet et Hill, 1991；黄文几等，1995；陈卫、高武，2000a），其中一些已被认为是独立的属，如 *Volemys*、*Proedromys*、*Lasiopodomys*、*Pitymys* 等（王应祥，2003；Musser et Carleton, 2005；潘清华等，2007）。目前，中国的田鼠多数种为田鼠亚属（*Microtus*）和一种狭颅田鼠亚属（*Stenocranius*）（陈卫、高武，2000a）。

中国最早的 *Microtus* 发现于河北蔚县东窑子头大南沟剖面的 L9 层（蔡保全等，2004），估计早于 1.3 Ma。*Allophaiomys* 被认为是 *Microtus* 的直接祖先（Repenning, 1992）。

东方田鼠 *Microtus fortis* Buchner, 1889

（图 127）

Microtus epiratticeps：Pei, 1936, p. 70

Microtus ratticeps：Pei, 1940b, p. 46

Microtus sp.：郝思德、黄万波，1998，65 页

正模　现生标本，未指定（内蒙古鄂尔多斯黄河河曲）。

归入标本　IVPP RV 341424, RV 40146，破损下颌骨或齿列 7 件（北京周口店）。HNM HV 00156，臼齿 1 枚（海南三亚）。

鉴别特征　大型田鼠。尾相对长，后足只有 5 个蹠垫。M1–3 长度范围在 2.43–3.29 mm，m1–3 长度范围在 6.3–8.5 mm。上门齿无纵沟。M3 的 AL 之后有 3 个封闭的 T（颊侧的两个较小）和 C 字形 PL，具 4 个 LSA、3 个 BSA。M1 的 PL 之前有 5 个封闭的 T 和三叶形的 AC，AC 两侧有一个宽浅的 LRA5 和 BRA4，BSA 尖锐，LSA 圆钝，有 6 个 LSA、5 个 LRA，4 个 BSA、3 个 BRA；Is 5–6 封闭度为百分之百；SDQ_l = 94，为负分异。

产地与层位　北京房山周口店（第一地点、山顶洞），海南三亚落笔洞，中更新统—上更新统。

评注　该种的化石以周口店山顶洞的标本保存较好，其大的尺寸以及齿冠形态与现生标本（四川卫生防疫站采自福建的 1685 号：m1–3 长 7.14 mm，m1 长 3.84 mm，M3 长 2.56 mm）一致。

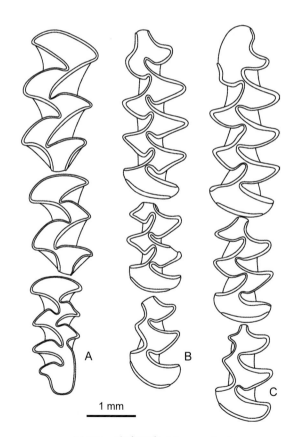

图 127　东方田鼠 *Microtus fortis*

A. 右 M1–3（IVPP RV 40146.1，反转），B. 左 m1–3（IVPP RV 40146.3），C. 左 m1–3（IVPP RV 40146.5）；
冠面视（引自 Pei, 1940b）

狭颅田鼠 *Microtus gregalis* (Pallas, 1779)

（图 128）

正模 现生标本，不详（俄罗斯西伯利亚楚累姆河东部地区）。

归入标本 GSM G.V. 91-013，破损下颌骨一段。甘肃兰州榆中，上更新统。

鉴别特征 头骨极为狭窄。蹠垫 6 个。染色体核型：2n = 36。M1–3 长度范围 5.5–6.8 mm。上门齿前面有浅纵沟。M3 的 AL 之后有 3 个封闭 T 和 C 字形的 PL；有 3 个 BSA，2 个 BRA，4 个 LSA、3 个 LRA。m1 的 PL 之前有 5 个封闭 T 和 1 个三叶形的 ACC，该 ACC 包括一圆钝 BSA 和一尖锐的 LSA，及其浅的内、外褶沟，因此具 6 个 LSA、5 个 LRA、5 个 BSA、4 个 BRA；Is 1–6 封闭严密。m3 无明显的 BSA3 发育。

1 mm

图 128 狭颅田鼠 *Microtus gregalis*
左 m1–2（GSM G.V. 91-013）：冠面视（引自
颉光普等，1994）

评注 在中国狭颅田鼠的化石发现极少，甘肃榆中标本的大小与该现生种标本的相当，但其 m1 的 ACC 较大、AC2 短似乎又有所差别（颉光普等，1994）。准确的鉴定尚有待更多材料的发现。

莫氏田鼠 *Microtus maximowiczii* (Schrenk, 1858)

（图 129）

Microtus cf. *maximowiczii*：郑绍华、韩德芬，1993，79 页

正模 现生标本，不详（俄罗斯西伯利亚 Omutnaya 河口）。

归入标本 YKM M. 18.1–34，头骨前部 7 件、下颌骨 28 段。辽宁营口金牛山，中更新统。

鉴别特征 个体中等偏大。眶间嵴发达。腭骨后缘有骨桥。蹠垫 6 个。M3 的 AL 之后有 3 个封闭的 T（舌侧 1 个较大）和 C 形的 PL，因此有 4 个 LSA、3 个 LRA，3 个 BSA、2 个 BRA。m1 的 PL 之前有 5 个封闭的 T 和三叶形的 ACC，AC 的 LSA5 和 BSA4 较弱，LRA5 和 BRA4 较浅；Is 1–5 封闭度均为百分之百，Is 6 大部分封闭，Is 7

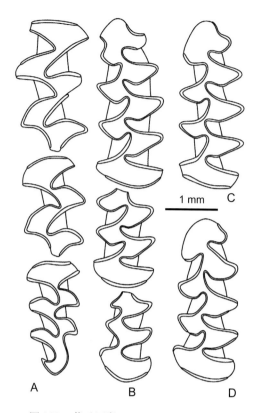

图 129　莫氏田鼠 *Microtus maximowiczii*
A. 右 M1–3 (YKM M. 18，反转)，B. 左 m1–3
(YKM M. 18.7)，C. 右 m1 (YKM M. 18.17，反
转)，D. 右 m1 (YKM M. 18.22，反转)：冠面视
（引自郑绍华等，待刊）

不封闭。M3 的 BSA3 很发育。

评注　金牛山的标本与该种现生标本的一些测量数据接近，两组数据基本可以相互印证（陈卫、高武，2000a；郑绍华等，待刊）。

按照物种命名的优先法则，*M. maximowiczii* (Schrenk, 1858) 应予保留，而同一地区的 *M. ungurensis* Kastschenko, 1912 应为该种的晚出异名。

小根田鼠 *Microtus minoeconomus* Zheng et Cai, 1991
（图 130）

Microtus epiratticeps：Teihard de Chardin, 1936, p. 17

Microtus cf. *ratticepoides*：郑绍华、蔡保全，1991，112 页；蔡保全等，2004，表 2

正模　GMC V 2060，右 m1。河北蔚县大南沟（剖面 L13 层），下更新统。

副模　GMC V 2061，臼齿 40 枚。产地与层位同正模。

归入标本　IVPP V 18815, V 23149–23150, GMC V 2062，破损下颌骨 9 段、臼齿 507 枚（河北阳原、蔚县）。DLNHM DH 89100–891002，破损下颌骨 9 段、臼齿 42 枚（辽宁大连）。IVPP RV 36333，臼齿 4 枚（北京周口店）。

鉴别特征　白齿形态与 *Microtus oeconomus* 相似，但个体显著较小；m1（均长 2.53 mm）的 Is 5–6 的封闭度均为 9.41%，AC2 无 LRA5 痕迹；SDQ_p 均值 66，为负分异。

产地与层位　河北阳原台儿沟、蔚县大南沟和铺路，辽宁大连海茂，北京房山周口店（第九地点），下更新统。

评注　小根田鼠是迄今发现最早的田鼠种类，其个体大小可以明显区别于周口店中—晚更新世的 *Microtus oeconomus*（郑绍华、蔡保全，1991）。m1 的形态与英国 Cromerian 期上淡水层（Upper Freshwater Bed）的 *M. ratticepoides* 十分相似，异于 *M. oeconomus* 和日本中、晚更新世的 *M. epiratticepoides*（Kawamura, 1988；郑绍华、蔡保全，1991）。

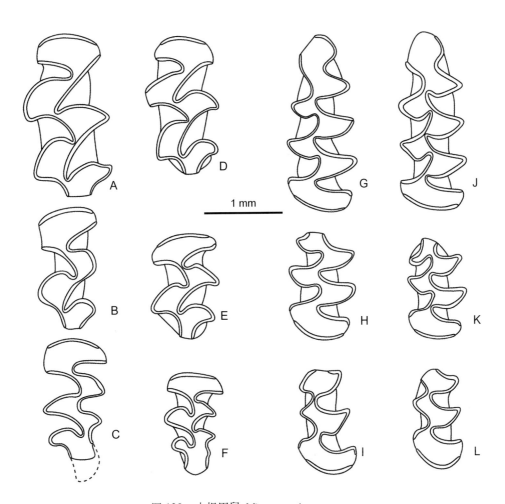

图 130　小根田鼠 *Microtus minoeconomus*

A. 左 M1（GMC V 2061.25），B. 左 M2（GMC V 2061.38），C. 左 M3（GMC V 2061.40），D. 左 M1（IVPP V 23149.103），E. 左 M2（IVPP V 23149.107），F. 左 M3（IVPP V 23149.139），G. 右 m1（GMC V 2060，正模，反转），H. 右 m2（GCM V 2061.22，反转），I. 左 m3（GMC V 2061.23），J. 左 m1（IVPP V 23149.59），K. 左 m2（IVPP V 23149.69），L. 左 m3（IVPP V 23149.86）：冠面视（引自郑绍华、蔡保全，1991）

蒙古田鼠 *Microtus mongolicus* (Radde, 1862)

（图 131）

Microtus epiratticeps：Pei, 1940b, p. 46

正模　现生标本，不详（内蒙古呼伦贝尔盟呼伦湖附近）。

归入标本　IVPP RV 40147–40148，白齿列 3 件（见 Pei, 1940b, figs. 19, 21）。北京房山周口店（山顶洞），上更新统。

鉴别特征　中等大小的田鼠。染色体 2n =50。蹠垫 5 个。M2 无 LSA4。M3 的 AL 之后有 3 个封闭的 T 和一短的 C 形 PL，因此有 3 个 BSA、2 个 BRA，4 个 LSA 和 3 个

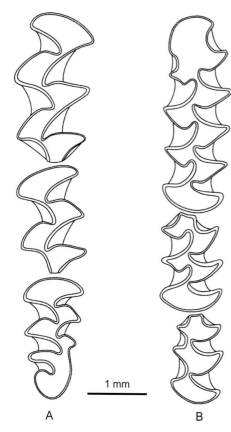

图 131 蒙古田鼠 *Microtus mongolicus*
A. 右 M1–3（IVPP RV 40148.1，反转），B. 左 m1–3
（IVPP RV 40147）：冠面视（引自 Pei, 1940b）

LRA。m1 的 PL 之前有 5 个封闭的 T 和一较为粗壮的 ACC；ACC 显著宽，其上的 LRA5 和 BRA4 浅；Is 1–6 封闭严密，但 Is 7 不封闭。m3 有清楚的 BSA3。

评注 周口店山顶洞被 Pei（1940b）归入 *Microtus epiratticeps*（*Microtus brandtioides*）的部分标本，尺寸与现生 *M. mongolicus* 的接近，白齿形态也完全一致（见陈卫、高武，2000a）。

根田鼠 *Microtus oeconomus* (Pallas, 1776)
（图 132）

Arvicola (*Microtus*) *strauchi*：Young, 1927, p. 42

Microtus cf. *ratticeps*：Boule et Teilhard de Chardin, 1928, p. 88

Microtus epiratticeps：Young, 1934, p. 101 (part)；Pei, 1936, p. 70；Pei, 1940b, p. 46；Teilhard de Chardin et Leroy, 1942, p. 33 (part)；张镇洪等，1980，156 页；黄万波，1981，99 页；黄慰文等，1984，235 页；郑绍华等，1985a，110 页；张镇洪等，1985，73 页；辽宁省博物馆、本溪市博物馆，1986，36 页

正模 现生标本，不详（俄罗斯西伯利亚伊斯基姆河谷）。

归入标本 IVPP RV 28033，破损下颌骨 1 段（内蒙古萨拉乌苏）。IVPP RV 40149–40150, Cat. C.L.G.S.C. Nos. C/C. 1415–1416, C/C. 1421, C/C. 1426, C/C. 1751, C/C. 1768，破损头骨 25 件、下颌骨 2160 段及白齿若干（北京周口店）。IVPP V 6042，白齿 2 枚（青海共和）。YKM M. 19，破损头骨 65 件、上下颌骨 271 段（辽宁营口）。IVPP V 18816，白齿 1 枚（河北阳原）。

鉴别特征 中型田鼠。腭骨后缘向后有骨桥。6 个蹠垫。上门齿有浅的纵沟。染色体核型：2n = 30–32。M3 的 AL 之后有 3 个封闭的 T 和较短的 C 形 PL。m1 的 PL 之前有 4 个封闭的 T，第 5 个 T 与三叶形的 ACC 相汇通，BSA 明显小于 LSA，ACC 上的 LSA5 和 LRA5 较 BSA4 和 BRA4 发育，具有 6 个 LSA、5 个 BRA，4–5 个 BSA、3–4 个 BRA；Is 1–5 的封闭度各为 100%，Is 6–7 为零；$SDQ_P = 78$。m3 的 BSA3 发育。

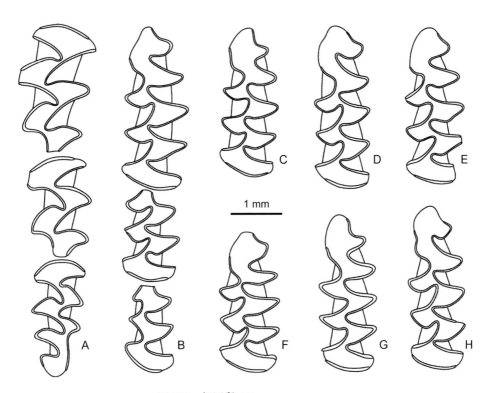

图 132　根田鼠 *Microtus oeconomus*

A, B. 同一个的左 M1–3 和左 m1–3（YKM M. 19），C. 右 m1（YKM M. 19.207，反转），D. 右 m1（YKM M. 19.208，反转），E. 左 m1（YKM M. 19.95），F. 左 m1（YKM M. 19.96），G. 右 m1（YKM M. 19.209，反转），H. 右 m1（YKM M. 19.211，反转）：冠面视（引自郑绍华、韩德芬，1993）

产地与层位　内蒙古萨拉乌苏，北京房山周口店（第一、三地点，山顶洞），青海共和英德海，河北阳原台儿沟，辽宁营口金牛山，中—上更新统。

评注　化石的根田鼠已发现在我国北方许多地点。陈卫和高武（2000a）认为 Young（1934）指定的周口店第一地点的 *Microtus epiratticeps* 具有现生 *M. oeconomus* 的形态特征，因此与根田鼠为同物异名。根据个体大小，特别是 m1 的 ACC 舌侧前方具有明显的 LRA5（Fig. 30），一些过去确定为中晚更新世"*M. epiratticeps*"的材料已被归入现生种（郑绍华、蔡保全，1991；郑绍华、韩德芬，1993）。

松田鼠属 Genus *Pitymys* McMurtrie, 1831

模式种　美南松鮃 *Psammomys pinetorum* (Le Conte, 1830)

鉴别特征　小型啮齿动物。臼齿无根，褶沟部分充填白垩质。m1 的 PL 之前具 3 个封闭的 T，T4 和 T5 汇通呈菱形，T5 与 AC 之间封闭（原始）或不封闭（进步）；AC 内外侧各有一弱的 RA；Is 1–4 封闭度均为 100%，Is 5 则为 0，Is 6 为 100%（原始）或 0（进步）。M3 的 AL 之后有 2 个或多个封闭的 T，最后一个 T 与 PL 之间封闭或不封闭。

中国已知种（化石） *Pitymys gregaloides* 和 *P. simplicidens* 两种。

分布与时代 辽宁、河北，早更新世。

评注 *Pitymys* 的分类地位一直存在争议：Hinton（1926）将其独立成属，包含 *Pitymys* 和 *Microtus* 两个亚属；Ellerman（1941）也视其为属，包含 *subterraneus*、*savii* 和 *ibericus* 三个种组；Ellerman 和 Morrison-Scott（1951）亦认其为属，包含 *Phaiomys*、*Neodon* 和 *Pitymys* 亚属；Zazhigin（1980）则视为 *Microtus* 属的亚属；Corbet 和 Hill（1991）将其与 *Microtus* 分开，当作一个独立的属；谭邦杰（1992）、黄文几等（1995）、McKenna 和 Bell（1997）、Kowalski（2001）认为 *Pitymys* 是 *Microtus* 的同物异名。Carleton 和 Musser（2005）及潘清华等（2007）将中国现生的松田鼠分成两属 5 种，即 *Phaiomys leucurus*、*Neodon forresti*、*N. irene*、*N. juldaschi* 和 *N. sikimensis*。为方便起见，编者赞同陈卫和高武（2000a）及王应祥（2003）的意见，将 *Pitymys* 视为独立的属，并将上述现生种归入此属。

拟簇形松田鼠 *Pitymys gregaloides* Hinton, 1923

（图 133）

正模 LMNH B.M., No. 12345，左 m1–2。英国诺福克的 West Runton，Cromerian 期上淡水层（Upper Freshwater Bed）。

1 mm

图 133 拟簇形松田鼠 *Pitymys gregaloides*
右 m1（DLNHM DH 89103.3，反转）：冠面视
（据王辉、金昌柱，1992）

归入标本 DLNHM DH 89103，白齿 7 枚。辽宁大连海茂，下更新统上部。

鉴别特征 m1（长 3.1 mm）有尖锐的 LSA5 和较深的 LRA5，但 BSA4 和 BRA4 极弱；Is 6 和 Is 7 之间汇通或封闭不严。M3（长 1.6 mm）AL 和 PL 之间有 2 个封闭的 T，每侧有 3 个 SA 和 3 个 RA；LSA3 和 BSA3 较小，PL 后部直，呈 Y 形。

评注 M3 的结构简单，可判断大连的这一松田鼠比较原始；m1 的形态与正模的可比，但 Is 6 和 Is 7 之间的齿质空间较开敞，显示了较进步的性状（王辉、金昌柱，1992）。

该种被视为来自东欧早 Biharian 期 — Toringian 期的 *Microtus* (*Stenocranius*) *hintoni*，并且是 *Microtus* (*Stenocranius*) *gregalis* 的直接祖先（Kowalski, 2001）。在西西伯利亚只记录在中更新世早期，与 *P. hintoni* 共生。

简齿松田鼠 *Pitymys simplicidens* Zheng, Zhang et Cui, 2019

（图 134）

Pitymys cf. *hintoni*：郑绍华、蔡保全，1991，107 页；蔡保全等，2004，表 2

Pitymys hintoni：闵隆瑞等，2006，104 页

正模 GMC V 2056.1，一段带门齿及 m1 的右下颌骨。河北蔚县大南沟（剖面 L13 层），下更新统泥河湾组。

副模 GMC V 2056.2，一枚后环残缺的 m1。产地与层位同正模。

归入标本 IVPP V 23224，左 m1（河北蔚县）。

鉴别特征 小型松田鼠（m1 长 2.36 mm）。m1 的 AC2 短而简单，无 LRA5 和 BRA4 发育的痕迹；Is 6 和 Is 7 间的齿质空间封闭严密；SDQ_1 值 62，为负分异。

产地与层位 河北蔚县大南沟（剖面 L12、L13 层），下更新统泥河湾组。

评注 除了 Is 6 和 Is 7 间齿质空间封闭外，*Pitymys simplicidens* 的 m1 咀嚼面形态与 *Allophaiomys deucalion* 的特别相似。郑绍华等（待刊）推测，前者可能是后者的直接后裔。

1 mm

图 134 简齿松田鼠 *Pitymys simplicidens* 右 m1（GMC V 2056.1，正模，反转）：冠面视（据郑绍华、蔡保全，1991）

水䶄属 Genus *Arvicola* Lacepéde, 1799

模式种 陆生鼠 *Mus terrestris* Linnaeus, 1758 = *Arvicola terrestris*（Linnaeus, 1758）

鉴别特征 䶄类中的大型属。头骨强壮，具眶后鳞嵴和线状眶间嵴。下颌角突退化，下门齿在 m2 和 m3 之间从舌侧横向颊侧。臼齿粗大、高冠、无根和持续生长。齿褶内白垩质发育。m1 的 PL 之前有 3 个封闭的 T 和一个三叶形的 ACC；通常具 4 个 BSA、5 个 LSA；Is 1–4 和 Is 5–7 封闭度分别为百分之百和零；原始种类 SDQ > 100（为正分异），进步种类 SDQ < 100（为负分异）。M3 每侧只有 3 个褶角，即 AL 之后只有 2–3 个封闭不严的 T，PL 短而简单。

中国已知种 仅模式种。

分布与时代 北京（?），晚更新世；辽宁，中更新世。

评注 *Arvicola* 可能起源于欧洲早更新世 Biharian 晚期的 *Mimomys savini*。现生水

鼢的分类歧见颇多：有人认为只有一种，即分布于欧洲 - 中亚 - 西伯利亚的 *A. terrestris*（Ellerman et Morrison-Scott, 1951）；有人认为有两种，分布于西欧和南欧的 *A. sapidus* 和 *A. terrestris*（Corbet, 1978, 1984；Corbet et Hill, 1991））；也有人认为有 3 种甚至多达 7 种（Miller, 1912；Hinton, 1926；Musser et Carleton, 2005）。中国现生的水鼢只有 *A. terrestris* 的两个亚种，分布于新疆地区（谭邦杰，1992；黄文几等，1995；陈卫、高武，2000a；王应祥，2003）；也有人认为中国的水鼢属于 *A. amphibious* 种（潘清华等，2007）。化石除上述命名种外，尚有发现于辽宁营口金牛山的一个未定种（郑绍华、韩德芬，1993）。

欧洲水鼢 *Arvicola terrestris* (Linnaeus, 1758)

（图 135）

正模 不详。

归入标本 IVPP V 18548，破损上、下颌骨 4 件。? 北京周口店，上更新统。

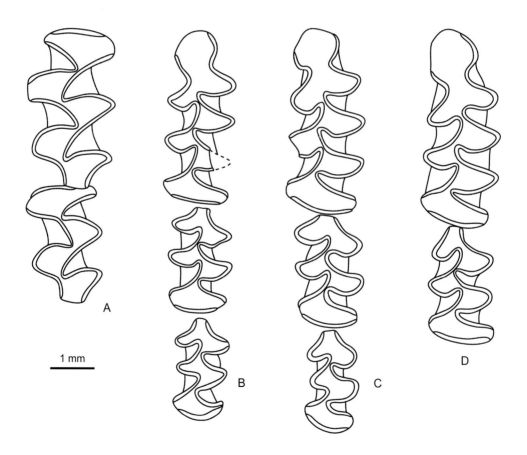

1 mm

图 135 欧洲水鼢 *Arvicola terrestris*

A. 右 M1–2（IVPP V 18548.1，反转），B. 右 m1–3（IVPP V 18548.2，反转），C. 左 m1–3（IVPP V 18548.3），
D. 左 m1–2（IVPP V 18548.4）：冠面视（引自郑绍华等，待刊）

鉴别特征　同属。m1（均长 3.92 mm）的 Is 1–4 封闭度均为百分之百，Is 5–7 则为零；SDQ$_p$ 均值 83，为负分异。

评注　所列归入标本是在整理库存材料时发现的。尽管产地和发现经过不十分肯定，但代表了水䶄属在中国的唯一发现。其测量数据十分接近陈卫和高武（2000a）提供的塔尔巴哈台亚种（*A. t. kuznetzovi*），明显小于哈萨克亚种（*A. t. scythicus*）。

川田鼠属　Genus *Volemys* Zagorodnyuk, 1990

模式种　川西田鼠 *Microtus musseri* Lawrence, 1982

鉴别特征　尾长，颅骨光滑、扁平。M2 舌侧具有一个封闭三角和一小的后附加三角，每侧各有 3 个 SA。m1 的 PL 之前具 4 个封闭的 T，第五和第六个 T 与 AC 汇通成三叶形。m2 的 PL 之前具一对封闭的 T 和一对汇通的 T。

中国已知种（化石）　仅 *Volemys millicens* 一种。

分布与时代　云南，晚更新世。

评注　*Volemys* 为一现生属，在中国包括 *V. millicens* 和 *V. musseri* 两种，分布于云南、四川和西藏。该属以 M2 有一个 LSA4 而区别于 *Microtus*。传统上它被作为 *Microtus* 的亚属（Allen, 1938, 1940；Corbet et Hill, 1991）。Zagorodnyuk（1990）将其提升为独立属，包含 4 种，即 *V. kikuchii*、*V. clarkei*、*V. musseri* 和 *V. millicens*。Conroy 和 Cook（2000）根据分子生物学的研究，认为其中的 "*V. kikuchii*" 是 *Microtus oeconomus* 的姊妹种。Musser 和 Carleton（2005）发现 *V. clarkei* 的形态与 *V. musseri* 和 *V. millicens* 有较大的差异而相似于 *M. fortis* 者，认为该种与 *M. kikuchii* 一样，属于 *Microtus* 的 *Alexandromys* 亚属。

实际上早在使用 *Volemys* 属名前，Lawrence（1982）已得出结论：在形态学上，*musseri* 和 *millicens* 不适合 *Microtus* 属的任何种组。这些特征包括：相对于头体的长尾；光滑而扁平的脑颅；具一低下颌支的弱的牙齿；平的听泡；M1–2 有一大的与相对的 T4 相汇通的 T5 并形成一个倒立的山字形脊（此一特征在 *V. millicens* 只存于 M2）；m1 的 PL 之前只有 4 个封闭的 T，前面一个 T 与 AC 汇通。

四川田鼠　*Volemys millicens* (Thomas, 1911)

（图 136）

Microtus millicens：邱铸鼎等，1984，289 页

正模　LMNH B.M., No. 11.9.8.105，现生标本（采自四川成都西北的汶川）。

归入标本　IVPP V 7647, V 23176，破损下颌骨一件、m1–3 齿列一件、一枚 M1。云

南呈贡三家村，上更新统。

鉴别特征 个体较小的田鼠（M1–3 长 5.6 mm）。M2 有 T5、M1 无。M3 前叶和 U 形后跟之间有一汇通的 T，因此舌侧和颊侧各具 3 个 SA。m2 的前一对 T 彼此汇通。m3 的 BRA 浅，BSA3 显著。

评注 Volemys millicens 与模式种 V. musseri 的不同主要在于 M1 没有附加的 T5，M3 的 AL 和 PL 之间只有 2 个彼此汇通的 T 而不是 3 个封闭的 T，m1 只有 5 个而不是 6 个 LSA 和 4 个而不是 5 个 BSA。

云南呈贡三家村的"四川田鼠"M1 的 AL 之后和 m1 的 PL 之前都有 4 个封闭的 T，以及 M1 具有 3 个 BSA 和 LSA、m1 有 5 个 LSA 和 4 个 BSA 的形态与 Volemys millicens 的特征一致。但其 m2 前一对 T 封闭与后者稳定开通的性状并不相符（见 Allen，1938，1940；Lawrence，1982）。此外，呈贡三家村标本中的 m3 具浅的 BRA2 和不发育的 BSA3 也与 V. millicens 的特征不吻合（见陈卫、高武，2000a）。看来三家村标本的下臼齿与现生的 Proedromys bedfordi 和化石种 Huananomys variabilis 的十分相似（见胡锦矗、王酉之，1984；郑绍华，1993）。然而，由于三家村的材料缺少 M2 和 M3，目前还很难判定其归属。这里暂遵从原作者的意见，将其归入"V. millicens"。

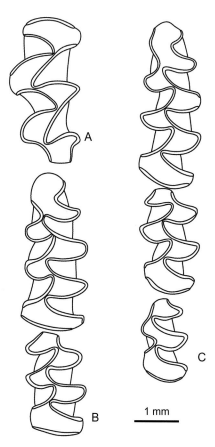

图 136 四川田鼠 Volemys millicens
A. 左 M1 (IVPP V 23167.2)，B. 左 m1–2 (IVPP V 7647)，C. 右 m1–3 (IVPP V 23167.1，反转)；
冠面视（据邱铸鼎等，1984 增改）

鼹䶄族 Tribe Prometheomyini Kretzoi, 1955

Prometheomyini 族动物是以晚更新世出现的、现生于高加索和小亚细亚极端东北、海拔 1500–2800 m 山地的 Prometheomys 属为代表。该属动物用爪而不是用头掘土穴居，终年活动，食物以地表植物绿色部分为主，也食地下根茎。该族动物白齿带根，珐琅质厚度大、厚度分异小。欧亚大陆分布，中国发现的化石包括 Germanomys、Stachomys 和 Prometheomys 三属。

日耳曼鼠属 Genus *Germanomys* Heller, 1936

模式种 魏氏日耳曼鼠 *Germanomys weileri* Heller, 1936（德国 Gundersheim 地点，早更新世晚 Villanyian 期）

鉴别特征 白齿具牙根，褶沟内无白垩质充填。M1 三齿根，M2 和 M3 双齿根。m1 的 PL 之前有 3 个 T 和三叶形的 ACC；ACC 在原始种类较复杂，在进步种类较简单；Is 1–4 的封闭度分别为 100%、100%、0、0；SDQ$_P$ 略大于 100，为 *Mimomys* 型；HH-Index 原始种类较进步种类小。M1 的 AL 之后有 4 个基本不封闭的 T；PAA-Index 和 PA-Index 原始种类较进步种类小。M3 的 AL 之后有 2 个 T 和窄长的 PL。

中国已知种 *Germanomys yusheicus* 和 *G. progressivus* 两种。

分布与时代 山西、河北，上新世。

评注 *Germanomys* Heller, 1936 被一些研究者认为是 *Ungaromys* Kormos, 1932 的晚出异名（McKenna et Bell, 1997；Kowalski, 2001）。鉴于前者 m1 的 PL 和 ACC 之间的 T 趋于交错排列和更趋于封闭，而后者趋于相对排列和更开敞，为此编者仍保留其有效性。

Wu 和 Flynn（2017b）把 *Germanomys* 和现生的 *Prometheomys* 一起置于 Arvicolinae 亚科中的 Prometheomyini 族，并认为它直接起源于晚中新世的 *Microtodon*。郑绍华等（待刊）认为，只有将来发现更低冠的或齿湾高度为负值的、像 *Promimomys* 一样的 *Germanomys* 标本，才有可能将其归入 Prometheomyini 族和证明与 Arvicolinae 亚科共同起源于 *Microtodon*。

建种时作者分别称上述两种为 "*progressiva*" 和 "*yusheica*"，按国际命名法关于 "形容词用作种本名，其性别应和属称相一致" 的规定，现将两种名改为 *progressivus* 和 *yusheicus*。中国除上述两个命名种外，还有发现于河北阳原小渡口村台儿沟、曾被指定为 "*Ungaromys* sp." 的一个未定种（郑绍华等，待刊）。

进步日耳曼鼠 *Germanomys progressivus* Wu et Flynn, 2017

（图 137）

Ungaromys sp.：周晓元，1988，186 页

Ungaromys spp.：李强等，2008，表 1；Cai et al., 2013, p. 227 (part)

Germanomys sp.：Tedford et al., 1991, fig. 4；Flynn et al., 1991, fig. 4；Flynn et al., 1997, Tab. 2；
    Flynn et Wu, 2001, p. 197；蔡保全等，2004，表 2（部分）；Cai et al., 2013, p. 227

Germanomys cf. *G. weileri*：蔡保全等，2004，表 2

Arvicolidae gen. et sp. indet.：郑绍华等，2006，表 2；蔡保全等，2007，表 1；Cai et al., 2013, fig. 8

正模 IVPP V 11316.1，右 M1。山西榆社盆地（YS 87 地点），上上新统麻则沟组。

副模 IVPP V 11316.2–7，臼齿 6 枚。产地与层位同正模。

归入标本 IVPP V 11317–11318，破损下颌骨 1 段、臼齿 9 枚（山西榆社）。IVPP V 23166–23173，破损下颌骨 1 段、臼齿 177 枚（河北阳原、蔚县）。

鉴别特征 个体大小与 *Germanomys yusheicus* 相当，但更高冠，齿尖湾和下齿尖湾也较高。M1 的前尖湾最低，其余齿尖湾高度几乎相等。M3 每侧有 2 个 RA 以及相对高的齿尖湾。m1（均长 2.39 mm）的 Is 3 的封闭度（89.47%）较小，而 SDQ$_P$ 均值 110，为正分异，HH-Index 均值 1.85、M1（均长 2.17 mm）的 PA-Index 均值 2.20、PAA-Index 均值 2.26 以及 M3（均长 1.37 mm）的 PA-Index 均值 0.65 都比榆社种明显大。

产地与层位 山西榆社盆地（YS 87、90、99 地点），上上新统麻则沟组；河北阳原老窝沟、祁家庄后沟、芜子沟、红崖南沟、钱家沙洼小水沟，蔚县大南沟、铺路、将军沟，上上新统稻地组。

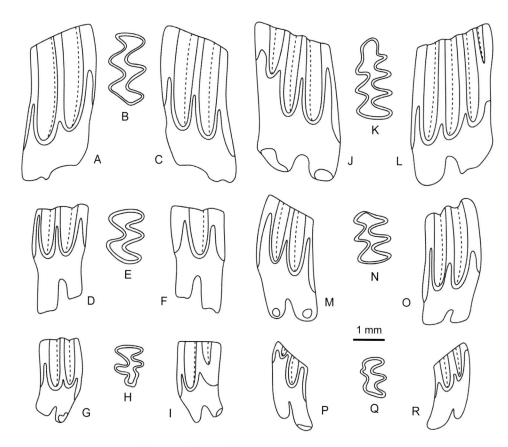

图 137 进步日耳曼鼠 *Germanomys progressivus*

A–C. 右 M1（IVPP V 11316.1，正模，B 反转），D–F. 右 M2（IVPP V 11316.2，E 反转），G–I. 左 M3（IVPP V 11317.9），J–L. 左 m1（IVPP V 23167.1），M–O. 左 m2（IVPP V 23167.9），P–R. 左 m3（IVPP V 23167.19）；A, D, I, J, M, P. 颊侧视，B, E, H, K, N, Q. 冠面视，C, F, G, L, O, R. 舌侧视（引自郑绍华等，待刊）

评注 *Germanomys progressivus* 和 *G. yusheicus* 的主要区别是齿冠高度，指示齿冠高度的参数值（M1 的 PA-Index 值、m1 的 HH-Index 值），后者约为前者的一半（见郑绍华等，待刊）。

榆社日耳曼鼠 *Germanomys yusheicus* Wu et Flynn, 2017

（图 138）

Germanomys A：Tedford et al., 1991, fig. 4；Flynn et al., 1991, Tab. 2；Flynn et al., 1997, fig. 5；Flynn
    et Wu, 2001, p. 197

Germanomys sp. nov.：蔡保全，1987，129 页；蔡保全等，2004，表 2

Ungaromys spp.：李强等，2008，表 1；Cai et al., 2013, fig. 8 (part)

cf. *Stachomys* sp.：Wu et Flynn, 2017a, p. 147, fig. 11

正模　IVPP V 11313.1，左 m1。山西榆社盆地（YS 4 地点），下上新统高庄组。

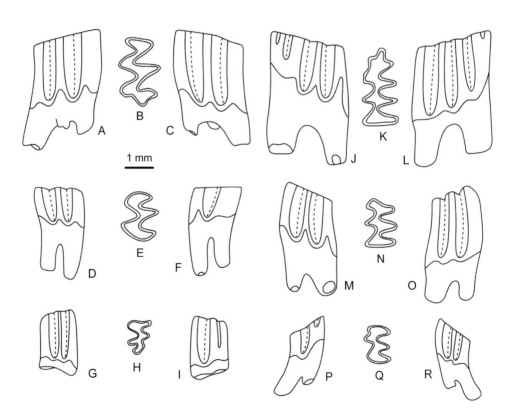

图 138　榆社日耳曼鼠 *Germanomys yusheicus*

A–C. 左 M1（IVPP V 11315.1），D–F. 左 M2（IVPP V 23165.9），G–I. 左 M3（IVPP V 23165.12），J–L. 左 m1
（IVPP V 11313.1，正模），M–O. 左 m2（IVPP V 11313.3），P–R. 右 m3（IVPP V 11313.2，Q 反转）：A, D,
G, L, O, R. 舌侧视，B, E, H, K, N, Q. 冠面视，C, F, I, J, M, P. 颊侧视（引自郑绍华等，待刊）

副模　IVPP V 11313.2–26，破损下颌骨 1 段、臼齿 25 枚。产地与层位同正模。

归入标本　IVPP V 11314–11315，破损下颌骨 1 段、臼齿 7 枚（山西榆社）。IVPP V 23165，V 23159，臼齿 17 枚（河北阳原）。

鉴别特征　个体较 *Germanomys weileri* 大，齿冠和齿尖湾稍高。M1 原尖湾最高，其余齿尖湾几乎相等。M3 经磨蚀后像 M2 一样呈 W 形，但相对狭长。M1 三齿根，M2 和 M3 双齿根。m1（均长 2.34 mm）Is 3 的封闭度（100%）较 *G. progressivus* 略大，但 SDQ_l 值（110）和 HH-Index 均值（1.13）都较小。M1（均长 2.16 mm）的 PA-Index 均值（1.05）、PAA-Index 均值（0.95）以及 M3（均长 1.36 mm）的 PA-Index 均值（0.15）也都较小。

产地与层位　山西榆社盆地（YS 4、50、97 地点），上上新统高庄组醋柳沟段；河北阳原老窝沟、洞沟，上上新统稻地组。

斯氏鼢属　Genus *Stachomys* Kowalski, 1960

模式种　三叶齿斯氏鼢 *Stachomys trilobodon* Kowalski, 1960（波兰晚上新世 Villanyian 期）

鉴别特征　下门齿在 m2 后牙根之下横过臼齿列。珐琅质层厚度大，但相对 *Ungaromys* 则较薄。牙根形成早，每个上臼齿各具 3 个齿根。褶沟无白垩质充填。m1（均长 2.22 mm）后叶之前有 4 个 T 和 1 个三叶形的前环（中间叶指向前内）；齿峡 Is 1 和 Is 3 封闭，Is 2 和 Is 4 开敞。m3 颊、舌侧各具 2 个 RA，其中 LRA2 和 BRA1 相对深，只有 Is 2 封闭并将牙齿咬面齿质空间分为前、后两部分。M1（均长 2.1 mm）颊、舌侧各具显著的 3 个 RA 和其弱的 LRA3。M2 和 M3 的 BRA1 显著浅。M3 颊侧具 3 个浅的、舌侧具 2 个深的 RA，有时 Is 2 和 Is 3 间封闭，将牙齿咬面分成前、后两部分。

中国已知种　仅模式种。

分布与时代　山西，晚上新世。

评注　该属分布于欧亚的古北区，除中国和波兰外，还见于斯洛伐克、俄罗斯顿河及东西伯利亚贝加尔湖地区的上上新统（Fejfar, 1961；Mats et al., 1982）。

三叶齿斯氏鼢 *Stachomys trilobodon* Kowalski, 1960
（图 139）

cf. *Stachomys* sp.：Wu et Flynn, 2017a, p. 147, fig. 11.4 h

Prometheomyini gen. et sp. indet.：Wu et Flynn, 2017a, p. 147, fig. 11

正模　ZPAL 无编号，右下颌带 m1–3（波兰 Weze-1，见 Kowalski, 1960, p. 461, fig. 3A）。

归入标本　IVPP V 11319, V 11323，臼齿 2 枚（见 Wu et Flynn, 2017a, fig. 11）。山西榆社 YS 90 地点，晚上新世麻则沟组。

鉴别特征　同属。

评注　Wu 和 Flynn（2017a）指定为 cf. *Stachomys* sp. 的 m3（IVPP V 11319），因其浅的 BRA2 和 LRA1 及深的 BRA1 和 LRA，由齿峡 2 将牙齿咀嚼面分成显著的前、后两部分等形状与 *Stachomys* 属型种的特征一致；同一地点的被归入 Prometheomyini gen. et sp. indet. 的右 m1 前半部（IVPP V 11323），因其具有三叶形的前帽也与 *Stachomys* 属型种的吻合。但同样指定为 cf. *Stachomys* sp. 的一枚左 M3（IVPP V 11320），因只有深度相当的 2 个 BRA（缺失 BRA3）和 2 个 LRA，且 BRA1 很深、只有 2 个齿根等则与 *Stachomys* 属的特征不符，而因其相对低冠则与 *Germanomys* 属中较原始的 *G. yusheicus* 一致。

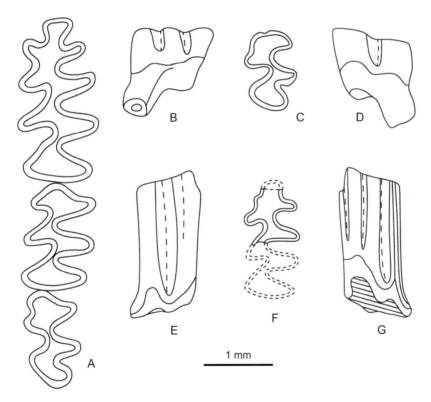

1 mm

图 139　三叶齿斯氏䶄 *Stachomys trilobodon*

A. 右 m1–2（ZPAL 无编号，正模，见 Kowalski, 1960, fig. 3A），B–D. 左 m3（IVPP V 11319），E–G. 右 m1 前部（IVPP V 11323，F 反转）：A, C, F. 冠面视，B, E. 舌侧视，D, G. 颊侧视（A 引自 Kowalski, 1960；B–G 引自 Wu et Flynn, 2017a）

鼹䶄属 Genus *Prometheomys* Satunin, 1901

模式种　长爪鼹䶄 *Prometheomys schaposchnikowi* Satunin, 1901

鉴别特征 上门齿前面 1/3 外侧有一弱沟。除 M1 内侧有第三齿根痕迹外，每个臼齿只 2 个齿根。臼齿褶沟无白垩质充填。珐琅质层厚，少分异。M1 每侧各具 3 个 SA，M2 和 M3 舌侧各具 2 个、颊侧各具 3 个 SA。M3 被狭窄的 Is 3 分成前、后长度相当的两部分。m1 后叶之前有 3 个交错排列、彼此汇通的 T，第四、第五个 T 和短的 AC2 汇通成三叶形。m2 和 m3 每侧各具 3 个 SA。

中国已知种 仅模式种。

分布与时代 内蒙古，晚更新世。

评注 *Prometheomys* 为现生单型属，分布于高加索山地和小亚细亚地区。

Prometheomys 和 *Ellobius* 尽管属于不同的族，但共享臼齿有根、齿褶无白垩质充填、珐琅质层厚、除 M3 外其余颊齿均有相同数目的 SA 或 RA 等特征，差异是前者上门齿具有纵沟、珐琅质层厚、m1 的 PL 前的 3 个 T 趋于交错封闭而不是相对排列、有清楚的 Is 存在、褶沟相对较深狭、略呈 V 形、ACC 较短、M3 只 1 个 LRA 和 2 个 BRA、m3 也被 Is 分成前后两部分。

长爪鼹䶄 *Prometheomys schaposchnikowi* Satunin, 1901

（图 140）

Eothenomys sp.：Boule et Teilhard de Chardin, 1928, p. 87

正模 现生标本，不详。

归入标本 IVPP V 18547, RV 28034，破损下颌骨 2 段。内蒙古萨拉乌苏，上更新统。

鉴别特征 同属。

评注 化石的形态与现生长爪鼹䶄的特征相符，不同的是 PL 和 AC2 之间的 3 个 T 不甚封闭。这可能是老年个体的缘故。化石在内蒙古萨拉乌苏地区的出现，可能指示了晚更新世内蒙古中部与今日的高加索山区有相似的生态环境。

1 mm

图 140 长爪鼹䶄 *Prometheomys schaposchnikowi*
左 m1–3（IVPP V 18547）：冠面视
（引自郑绍华等，待刊）

兔尾鼠族 Tribe Lagurini Kretzoi, 1955

兔尾鼠族动物与 *Mimomys* 属在晚上新世至更新世期间平行发育。该族起源于上新世的 *Borsodia* 属并延续至今，其进化特征是齿冠的增高使得臼齿从有根到无根。臼齿褶沟总无白垩质充填。现生属的代表是干旱、开阔草原环境的 *Eolagurus* 和 *Lagurus* 属。该族还包括化石的 *Villanyia* 和现生的 *Hyperacrius* 两属。

维蓝尼鼠属 Genus *Villanyia* Kretzoi, 1956

模式种 小维蓝尼鼠 *Villanyia exilis* Kretzoi, 1956（匈牙利，早更新世）

鉴别特征 白齿有根、褶沟无白垩质充填、高冠。M1 和 M2 在原始种类为三齿根，在进步种类均为双齿根。M3 可有 1–2 个 EI，PL 短宽。m1 无 EI，MR 仅在原始种存在；SDQ 在原始种类等于或大于 100，在进步种类小于 100。

中国已知种 仅 *Villanyia hengduanshanensis* 一种。

分布与时代 云南、四川，晚上新世—早更新世。

评注 目前关于 *Villanyia* 和 *Borsodia* 的相互关系概括起来有 3 种观点：一是只承认 *Villanyia* 而否定 *Borsodia*（Zazhigin, 1980；McKenna et Bell, 1997）；二是只承认 *Borsodia* 而否定 *Villanyia*（Tesakov, 2004）；三是两者各为不同的属（Kowalski, 2001；Zhang et al., 2008b）。

Zhang 等（2008b）认为 *Villanyia* 与 *Borsodia* 两属的区别是：*Villanyia* 的 M1 为三齿根，M2 为三齿根或双齿根；M3 有 1–2 个 EI；m1 无 EI，SDQ ≥ 100。而 *Borsodia* 的 M1–3 均为双齿根，M3 无 EI，m1 SDQ < 100。郑绍华等（待刊）认为，这种差异分析有误，因为 Zhang 等的依据是繁昌的材料，鉴定中错把 *Myodes* 当成了 *Villanyia*，以此为基础确定的 *Villanyia* 的属征可信度不高。鉴于目前这种认识状况，编者暂时保留 *Villanyia* 属名的有效性。

横断山维蓝尼鼠 *Villanyia hengduanshanensis* (Zong, 1987)

（图 141）

Mimomys hengduanshanensis：宗冠福，1987，70 页；宗冠福等，1996，31 页

Mimomys cf. *hengduanshanensis*：宗 冠 福 等，1996，33 页

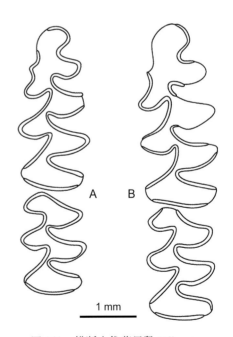

图 141 横断山维蓝尼鼠 *Villanyia hengduanshanensis*

A. 右 m1–2（IVPP HV 7700，正模，反转），B. 左 m1–2（IVPP HV 7751）；冠面视（引自宗冠福，1987；宗冠福等，1996）

正模　IVPP HV 7700，右下颌骨带门齿和m1–2。云南中甸叶卡，下更新统。

归入标本　IVPP HV 7751，破损下颌骨一段（四川甘孜）。

鉴别特征　中型个体维蓝尼鼠。m1（长 2.70–3.10 mm）无 EI 发育；MR 向下持续至齿冠高度的约 1/2 处；Is 1–4 封闭度 100%，Is 5–7 封闭度为零；SDQ > 100，为正分异。

产地与层位　云南中甸叶卡、四川甘孜汪布顶，上上新统—下更新统。

评注　云南标本和四川标本的牙齿形态基本一致，只是后者尺寸稍大。宗冠福等（1996）认为，两者代表不同的个体发育阶段；郑绍华等（待刊）根据与 *Villanyia exilis* 和 *Borsodia hungarica* 正模的比对，认为两者的生存时代或许略有不同。

波尔索地鼠属 Genus *Borsodia* Jánossy et van der Meulen, 1975

模式种　匈牙利模鼠 *Mimomys hungaricus* Kormos, 1938（匈牙利，早更新世）

鉴别特征　白齿具牙根、褶沟无白垩质充填。原始种类 m1 前端有釉质层；通常存在 MR 和 PF，但缺失 EI；SDQ 为 *Mimomys* 型分异；上白齿 LRA2 呈 V 形；进步种类 m1 前端无釉质层；MR、PF 和 EI 三者均缺失；SDQ 为 *Microtus* 型负分异；上白齿 LRA2 呈 U 形。M3 为 *Alticola* 型，即 BRA1 很宽浅。m1 的 Is 1 和 Is 3 的封闭度均为 100%，但 Is 2 和 Is 4 仅 80% 左右。

中国已知种　*Borsodia chinensis*, *B. mengensis*, *B. prechinensis*，共 3 种。

分布与时代　甘肃、河北、内蒙古、青海、山西，晚上新世—早更新世。

评注　Jánossy 和 van der Meulen（1975）定义的 *Borsodia* 是作为 *Mimomys* 的亚属。Zazhigin（1980）将 *Borsodia* 属的属型种归为 *Villanyia* (*Villanyia*) *hungaricus* 且不认同 *Borsodia* 亚属的地位。Tesakov（1993）将 *Borsodia* 提升为属，并图示了除属型种 *B. hungarica* 外 18 种的 m1 形态（Tesakov, 2004）；同时否认了 *Villanyia* 的合理性。McKenna 和 Bell（1997）则认为该属与 *Mimomys* 为同物异名。Kowalski（2001）虽然将 *Villanyia* 和 *Borsodia* 视为一起存在于欧洲的不同属，但对于 *Villanyia* 属只列出 *V. exilis* 一种，而 *Borsodia* 列出了 7 种。Zhang 等（2008b）认为 *Borsodia* 与 *Villanyia* 是同物异名，但 Kawamura 和 Zhang（2009）根据 *Borsodia* 白齿珐琅质层厚度为 "负" 分异，而 *Villanyia* 为 "正" 分异，又将两者视为独立的属，将欧洲和西伯利亚 6 种兔尾鼠指定为 *Villanyia*，把 5 个种分配到 *Borsodia*。加上上述中国的 3 种，这样 *Borsodia* 属共计便有 8 种。问题是他们未指出这两个属中哪些种类的珐琅质厚度分异的正和负。Heinrich（1990）显示了 *Arvicola* 家族从古老的 *A. cantiana*（SDQ > 100）到 *A. terrestris*（SDQ < 100）的进化过程。这一计算方法或许也可运用到 *Borsodia* 的研究中来。

郑绍华等（待刊）推断，上白齿为兔尾鼠（*Lagurus*）型、白齿具齿根、齿褶沟无白垩质充填的 *Borsodia* 可能是现生 *Eolagurus* 和 *Lagurus* 属的祖先，而 M3 为 *Alticola* 型的

Alticola 和 *Hyperacrius* 属可能为其后裔。

中华波尔索地鼠 *Borsodia chinensis* **(Kormos, 1934)**
（图 142）

Arvicolidé gen. et sp. indet.：Teilhard de Chadin et Piveteau, 1930, p. 123

Mimomys chinensis：Kormos, 1934a, p. 6；Heller, 1957, p. 223；李传夔等，1984，176 页

Mimomys sinensis：Fejfar, 1964, p. 38

Mimomys (Villanyia) laguriformes：Erbajeva, 1973, p. 136

Mimomys heshuinicus：郑绍华，1976，114 页；Shevyreva, 1983, p. 38

Villanyia chinensis (= *Mimomys chinensis*)：Zazhigin, 1980, p. 99；Zheng et Li, 1990, p. 433

Mimomys sp.：郑绍华等，1985a，p. 111

Mimomys (Villanyia) chinensis：郑绍华、李传夔，1986，83 页

Borsodia sp.：张颖奇等，2011，628 页（部分）

Alticola simplicidenta：郑绍华、蔡保全，1991，104 页；蔡保全等，2004，表 2

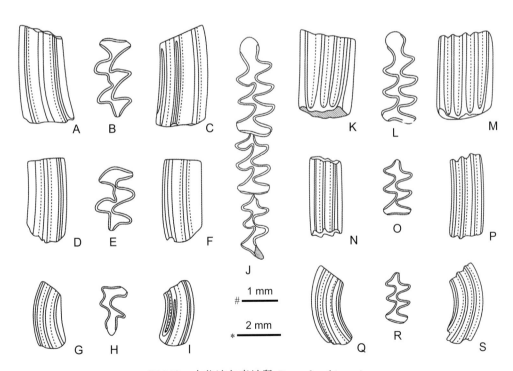

图 142　中华波尔索地鼠 *Borsodia chinensis*

A–C. 左 M1（IVPP V 15279.57），D–F. 左 M2（IVPP V 15279.83），G–I. 右 M3（IVPP V 15279.106），J. 右 m1–3（IVPP RV 30011，正模，反转），K–M. 左 m1（IVPP V 15279.4），N–P. 左 m2（IVPP V 15279.24），Q–S. 左 m3（IVPP V 15279.38）：A, D, I, M, P, S. 舌侧视，B, E, H, J, L, O, R. 冠面视，C, F, G, K, N, Q. 颊侧视；比例尺：* - A, C, D, F, G, I, K, M, N, P, Q, S, # - B, E, H, J, L, O, R（引自郑绍华等，待刊）

Prolagurus praepannonicus：Cai et Li, 2004, p. 439

正模　IVPP RV 30011，右下颌骨带 m1–3。河北阳原下沙沟，下更新统泥河湾组。

归入标本　IVPP V 8109，破损下颌骨 1 件（内蒙古林西）。IVPP V 4766，破损下颌骨 1 件、臼齿 1 枚（甘肃合水）。IVPP V 6043，臼齿 2 枚（青海贵南）。IVPP V 23147, V 15279, V 23146, GMC V 2054, V 2055，破损下颌骨 3 件、臼齿 168 枚（河北阳原、蔚县）。IVPP V 8665, V 8867, V 22619–22621，臼齿 24 枚（山西静乐、榆社）。

鉴别特征　臼齿很高冠，牙根生长很晚。m1（均长 2.54 mm）的 AC 简单狭长，其前端明显偏向颊侧；后端平直或轻微前凹；Is 1–4 的封闭度分别为 100%、80.95%、100% 和 100%，Is 5–7 均为 0；SDQ$_P$（67.08）为 *Microtus* 型或负分异型；HH-Index 均值 > 5.35。M1 的 PAA-Index 均值 > 5.04，PA-Index 均值 > 6.05。M1 三齿根，M2 和 M3 双齿根。

产地与层位　河北阳原下沙沟、洞沟、马圈沟，蔚县大南沟，下更新统泥河湾组；山西榆社盆地（YS 6、109、120 地点），下更新统海眼组；山西静乐小红凹、内蒙古林西西营子、甘肃合水金沟、青海贵南拉乙亥，下更新统。

评注　*Borsodia chinensis* m1 的 AC 长、前端无釉质层且明显偏向颊侧、m1 后缘微向前凹、SDQ 为负分异等特征与模式种 *B. hungarica* (Kormos, 1938) 很相似。该种广泛分布于华北地区，是一种比较典型的早更新世种类。

蒙波尔索地鼠 *Borsodia mengensis* Qiu et Li, 2016
（图 143）

Aratomys bilikeensis：李强等，2003，108 页

正模　IVPP V 19905，左 m1。内蒙古阿巴嘎旗高特格（DB03-2 地点），下上新统上部。

副模　IVPP V 19906，臼齿 39 枚。产地与层位同正模。

鉴别特征　臼齿相对低冠，牙根生长早。m1 的 AC 较复杂，不偏向颊侧；SDQ 均值 115，为 *Mimomys* 型分异或正分异；HH-Index 均值（1.18）较小；Is 1–4 的封闭度（分别为 100%、80%、100% 和 80%）较低。M1 全部、M2 大部为三齿根，M2 小部、M3 全部为双齿根。上臼齿的 LRA2 呈 V 字形。M1 的 PA-Index 均值（0.90）和 PAA-Index 均值（0.67）明显较小。M3 具宽浅的 BRA1 和相对深的 LRA 及相对大的 LSA。

评注　*Borsodia mengensis* m1 的 SDQ 值 > 100 的特点显然不符合 *Borsodia* 的定义（Jánossy et van der Meulen, 1975）。但郑绍华等（待刊）根据 m1 和 M3 的咀嚼面形

态相似于 *B. chinensis* 判断，高特格材料又只能归入 *Borsodia* 属，并推断在早上新世的 *B. mengensis* 和晚上新世的 *B. prechinensis* 之间的某一时段发生过珐琅质厚度的转换。根据一些进步性状如 m1 的 AC 简单、狭长、直向前方和缺失 MR、PF、EI 等，可视 *B. mengensis* 为 *B. chinensis* 的近祖。

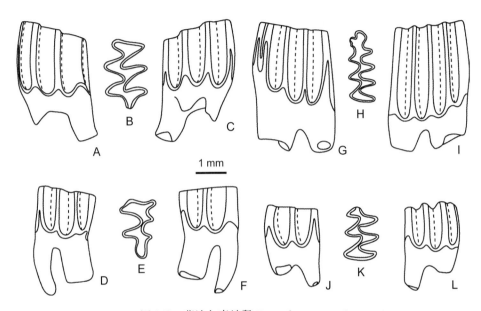

图 143　蒙波尔索地鼠 *Borsodia mengensis*

A–C. 左 M1（IVPP V 19906.1），D–F. 右 M3（IVPP V 19906.5，E 反转），G–I. 左 m1（IVPP V 19905，正模），J–L. 左 m2（IVPP V 19906.8）：A, F, I, L. 舌侧视，B, E, H, K. 冠面视，C, D, G, J. 颊侧视（引自郑绍华等，待刊）

前中华波尔索地鼠 *Borsodia prechinensis* Zheng, Zhang et Cui, 2019

（图 144）

Borsodia sp. 和 *B. chinensis* (part)：郑绍华等，2006，322 页

Borsodia n. sp.：郑绍华、张兆群，2000，插图 2；郑绍华、张兆群，2001，插图 3

Borsodia sp.：张颖奇等，2011，628 页（部分）

Arvicolinae gen. et sp. indet.：张颖奇等，2011，630 页

正模　IVPP V 23164.1，左 m1。河北阳原洞沟（剖面 L11 层），下更新统泥河湾组。

副模　IVPP V 23164.2–6，臼齿 5 枚。产地与层位同正模。

归入标本　IVPP V 23147.1–6, 39–50，臼齿 18 枚（河北阳原、蔚县）。IVPP V 18079, V 18081，臼齿 18 枚（甘肃灵台）。

鉴别特征　牙齿尺寸与 *Borsodia chinensis* 接近，但上臼齿的 LRA2 狭窄而不呈

Lagurus 型，m1（长 2.63 mm）的 AC 较短、较少偏向颊侧，部分有 MR 发育。m1 的 HH-Index（≥ 3.67）和 M1 的 PAA-Index（5.42）及 PA-Index（4.62）明显小于 *B. chinensis*（> 5.35、> 5.04 和 > 6.05），但更显著大于 *B. mengensis*（1.18、0.90 和 0.67）者。m1 的 Is 1–4 的封闭率（均为 100%）与 *B. chinensis* 一致，但较 *B. mengensis* 大；SDQ$_1$（91.43）与 *B. chinensis* 一样为负分异。M1（长 2.03 mm）的 Is 1 和 Is 3 封闭、Is 2 和 Is 4 不封闭的情况与 *B. mengensis* 相似，但不同于 Is 1–4 均封闭的 *B. chinensis*。

产地与层位　河北阳原洞沟、蔚县牛头山，下更新统泥河湾组；甘肃灵台文王沟，上上新统—下更新统。

评注　下臼齿的 HH-Index 和上臼齿的 PA-Index 数据均显示 *Borsodia prechinensis* 处于 *B. mengensis* 和 *B. chinensis* 之间的状态，但更接近于后者。因此，该种可能比 *B. mengensis* 进步很多，但只比 *B. chinensis* 稍原始。在颊齿形态上 *B. prechinensis* 与 *B. chinensis* 的差别是：m1 的 AC 不偏向颊侧，部分保留了 MR 痕迹；M3 颊舌侧的 RA 和 SA 更清晰；M1 和 M2 的 LRA2 呈窄的 V 形而不是宽的 U 形。

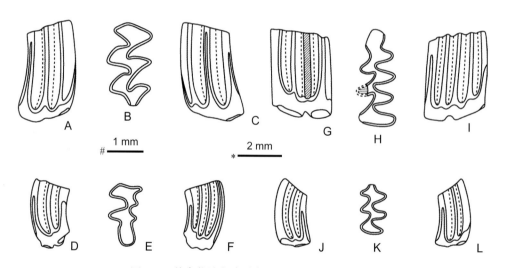

图 144　前中华波尔索地鼠 *Borsodia prechinensis*

A–C. 右 M1（IVPP V 23164.4，B 反转），D–F. 左 M3（IVPP V 23164.6），G–I. 左 m1（IVPP V 23164.1，正模），J–L. 右 m3（IVPP V 23164.3，K 反转）；A, F, G, L. 颊侧视，B, E, H, K. 冠面视，C, D, I, J. 舌侧视；比例尺：* - A, C, D, F, G, I, J, L，# - B, E, H, K（引自 Zheng et al., 2019）

始兔尾鼠属 Genus *Eolagurus* Argyropulo, 1946

模式种　黄兔尾鼹 *Georychus luteus* Eversmann, 1840（哈萨克斯坦咸海西北）

鉴别特征　白齿无根，褶沟无白垩质充填；SDQ < 100，为 *Microtus* 型；RA 相对深，SA 较尖锐。上白齿 LRA2 内有一显著原小尖或齿尖状突起。上白齿前壁、下白齿后壁微凹或较平直。m1 的 PL 之前有 3 个近于封闭的 T，第四和第五个 T 彼此汇通成菱形并与

简单而宽大的 AC 相隔离；AC 前端缺失釉质层；Is 1、Is 3、Is 5 稍较 Is 2、Is 4、Is 6 封闭。M3 略长于 M2，PL 后端略偏向舌侧。

中国已知种（化石） *Eolagurus luteus* 和 *E. simplicidens* 两种。

分布与时代 内蒙古、北京、河北，早更新世—现代。

评注 该属为现生属，中国的现生种有 *Eolagurus luteus* 和 *E. przewalskii*（王应祥，2003）。Argyropulo（1946）提出将 *Lagurus* 分成两属，即将 *L. lagurus* 留在 *Lagurus* 属内，将 *L. luteus* 和 *L. przewalskii* 归入 *Eolagurus* 属。这一建议有赞同（Zazhigin, 1980；Corbet et Hill, 1991；王廷正、许文贤，1992；McKenna et Bell, 1997；Carleton et Musser, 2005；潘清华等，2007），也有反对（Ellerman et Morrison-Scott, 1951；Nowak et Paradiso, 1983；谭邦杰，1992；黄文几等，1995；陈卫、高武，2000a；王应祥，2003）。编者赞同分开。*Eolagurus* 与 *Lagurus* 的区别在于前者臼齿形态较简单，可能表明 *Eolagurus* 比 *Lagurus* 原始。

黄始兔尾鼠 *Eolagurus luteus* (Eversmann, 1840)
（图 145）

Microtus cf. *cricetulus*：Boule et Teilhard de Cardin, 1928, p. 87

Alticola cf. *stracheyi*：祁国琴，1975，245 页

正模 不详。

归入标本 IVPP V 4407，破损下颌骨 1 段、臼齿 4 枚。内蒙古萨拉乌苏，上更新统。

鉴别特征 基本同属，但 m1 的 BSA3 和 LSA4 之间汇通成的菱形较不明显。

评注 祁国琴（1975）以 "*Alticola* cf. *stracheyi*" 记述的左 M1–2（图 144）以及 Boule 和 Teilhard de Chardin（1928）以 "*Microtus* cf. *cricetulus*" 记述的一件带 m1–3 的右下颌骨应分别代表 *Eolagurus luteus* 的上、下白齿列。其 M1 和 M2 的 LRA2 呈宽的 U 形谷底、具有显著的原小尖，m1 齿峡 Is 1、Is 3、Is 5 较 Is 2、Is 4、Is 6 更封闭，以及 LSA4 和 BSA3 之间汇通成不明显的菱形等与青海地区现生的 *E. luteus* 的特征完全一致。

1 mm

图 145 黄始兔尾鼠 *Eolagurus luteus*
A. 左 M1（IVPP V 4407.1），B. 左 M2（IVPP V 4407.2）：冠面视（引自祁国琴，1975）

简齿始兔尾鼠 *Eolagurus simplicidens* (Young, 1934)

（图 146）

Pitymys simplicidens：Young, 1934, p. 93；Pei, 1936, p. 74；Teilhard de Chardin et Leroy, 1942, p. 34

Alticola cf. *stracheyi*：Pei, 1936, p. 75

Lagurus sp.：Teilhard de Chardin et Leroy, 1942, p. 33

选模 IVPP Cat. C.L.G.S.C. No. C/C. 1181.1，左下颌骨带 m1 [Young, 1934, p. 93, fig. 37；建名时的描述未指定正模，郑绍华等（待刊）在重新研究时选定该标本为选模]。北京房山周口店（第一地点），中更新统。

副选模 IVPP Cat. C.L.G.S.C. No. C/C. 1181.2，臼齿（m1）1 枚。产地与层位同选模。

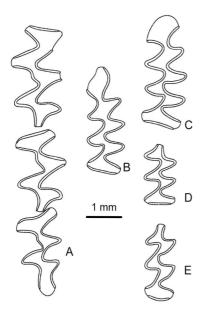

图 146 简齿始兔尾鼠 *Eolagurus simplicidens*

A. 右 M1–3（IVPP Cat. C.L.G.S.C. No. C/C. 2616, 反转），B. 左 m1（IVPP Cat. C.L.G.S.C. No. C/C. 1181.1，选模），C. 右 m1（IVPP V 23174.24，反转），D. 右 m2（IVPP V 23174.31，反转），E. 右 m3（IVPP V 23174.33，反转）：冠面视（引自郑绍华等，待刊）

归入标本 IVPP Cat. C.L.G.S.C. Nos. C/C. 2615, C/C. 2616，破损头骨 1 件、下颌骨 1 段（北京周口店）。IVPP V 23174，破损下颌骨 1 段、臼齿 42 枚（河北蔚县）。

鉴别特征 个体相对大。上臼齿的 LRA2 谷内原小尖相对弱。m1 的 LSA4 和 BSA3 汇通成显著的菱形；Is 1–4 和 Is 6 的封闭度均为 100%。

产地与层位 北京房山周口店（第一、三地点），中更新统；河北蔚县大南沟，下更新统泥河湾组。

评注 河北蔚县东窑子头大南沟的发现表明，该种的生存时代可向前推至早更新世晚期（蔡保全等，2004）。*Eolagurus simplicidens* 的形态与俄罗斯的 *E. argyropuloi*（Gromov et Parfenova, 1951）很相似，但个体明显较大，可能也较进步。按照 Zazhigin (1980) 报道，*E. argyropuloi* 记录在敖德萨（Odessa）早更新世的地层，时代似乎比大南沟剖面中的略早。

峰䶄属 Genus *Hyperacrius* Miller, 1896

模式种 克什米尔峰䶄 *Arvicola fertilis* True, 1894（克什米尔）

鉴别特征 臼齿无根、高冠、褶沟无白垩质充填；珐琅质层厚，少分异，SDQ ≤ 100；

上、下臼齿的 SA 较尖锐。三角间彼此相当汇通。m1 每侧各具 4 个褶角（SA）。M3 每侧各具 2 个褶角（SA），颊侧第一褶沟（BRA1）浅，第二褶沟（BRA2）宽。

中国已知种　*Hyperacrius jianshiensis* 和 *H. yenshanensis* 两种。

分布与时代　北京、河北、山东、重庆、湖北，早更新世。

评注　该属的现生种目前被认为只有 *Hyperacrius fertilis* 和 *H. wynnei* 两种（Corbet et Hill, 1991；谭邦杰, 1992；Carleton et Musser, 2005）。前一种生活于克什米尔比尔本加尔山脉，后一种在印度旁遮普木里（Murree）的山地森林。化石在北京、河北、山东、重庆和湖北的发现，或许说明这些地方在早更新世时的生态环境与目前克什米尔地区和印度旁遮普地区有些类似。

建始峰䶄 *Hyperacrius jianshiensis* Zheng, 2004

（图 147）

Clethrionomys sebaldi：郑绍华, 1993, 67 页

正模　IVPP V 13212，左 m1。湖北建始龙骨洞（西支洞 L8 层），下更新统。

副模　IVPP V 13213.19–22，臼齿 4 枚。产地与层位同正模。

归入标本　IVPP V 13213.1–18，臼齿 18 枚（湖北建始）。IVPP V 9648.92，臼齿 1 枚（重庆巫山）。

鉴别特征　小型峰䶄。上、下臼齿咬面形态有些相似于现生的 *Hyperacrius fertilis*：M1 和 M2 缺失明显的 LSA4；M3 具宽浅的 BRA1 和短宽的后叶，只有 Is 3 封闭；m1（长 2.19 mm）的 Is 1 和 Is 3 的封闭率均为 100%，Is 2 和 Is 4–7 均为 0，以致 T1-T2 和 T3-T4 形成交错排列的菱形；SDQ_1（82）为 *Microtus* 型或珐琅质层厚度为负分异。

产地与层位　湖北建始龙骨洞（西支洞 L8 层，东洞 L3、5、7 层）、重庆巫山龙骨坡，下更新统。

评注　该种在形态上虽然与现生 *Hyperacrius fertilis* 相似，但不同之处也十分明显，如 m1 的

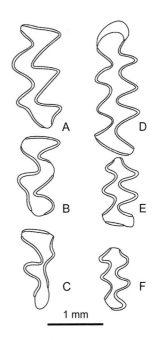

图 147　建始峰䶄 *Hyperacrius jianshiensis*
A. 左 M1（IVPP V 13213.13），B. 左 M2（IVPP V 13213.15），C. 左 M3（IVPP V 13213.8），D. 左 m1（IVPP V 13212，正模），E. 左 m2（IVPP V 13213.2），F. 左 m3（IVPP V 13213.19）：冠面视（据郑绍华, 2004）

AC 较简单而短宽，M1 和 M2 的 Is 之间封闭较不严、LRA5 较不明显，M3 的 PL 更长。这些不同可能说明化石种的原始性。*H. jianshiensis* 的 M3 不同于两个现生种在于有 V 形而不是 U 形的 BRA2。

燕山峰鼠平 *Hyperacrius yenshanensis* Huang et Guan, 1983

（图 148）

Arvicolidae gen. et sp. indet.：周晓元，1988，188 页

Alticola sp.：程捷等，1996，52 页

正模 IVPP V 6192，破损左下颌骨带 m1。北京怀柔龙牙洞，下更新统。

归入标本 IVPP RV 97027，破损头骨 3 件、下颌骨 10 段、臼齿 18 枚（山东淄博）。CUGB V 93209–93216，臼齿 8 枚（北京房山）。IVPP V 15279.2，破损下颌骨 1 段（河北阳原）。

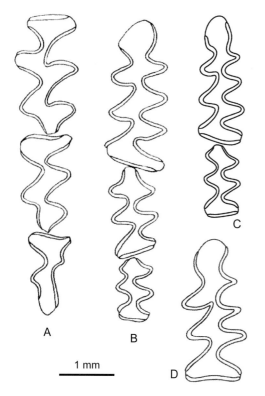

图 148 燕山峰鼠平 *Hyperacrius yenshanensis*
A. 右 M1–3 (IVPP RV 97027.20，反转)，B. 左 m1–3 (IVPP RV 97027.1)，C. 左 m1–2 (IVPP V 15279.2)，D. 左 m1 (IVPP V 6192，正模)：冠面视 (A–C 引自郑绍华等，待刊；D 引自黄万波、关键，1983)

鉴别特征 上、下臼齿形态更接近现生的 *Hyperacrius wynnei*，如 m1 的 T2-T3 和 T4-T5 彼此汇通成菱形、M3 每侧各具 2 个 SA 和 2 个 RA。但 m1 的 AC 较短、颊侧无明显的 BSA4，M3 的 BSA2 较弱，BRA2 呈 V 形而不是 U 形。此外，m1（均长 2.52 mm）的 SDQ_P（均值 100），显示珐琅质层厚度分异介于 *Mimomys* 型和 *Microtus* 型之间；齿峡封闭率低，Is 1 和 Is 2 均为 50%，只有 Is 4 为 100%，Is 3 和 Is 5–7 均为 0。

产地与层位 北京怀柔龙牙洞、山东淄博孙家山、北京房山周口店（太平山东洞），下更新统；河北阳原马圈沟，下更新统泥河湾组。

评注 马圈沟遗址 III 地点的一件下颌骨（IVPP V 15279.2），最初描述时被归入 *Borsodia chinensis*（蔡保全等，2008）。郑绍华等（待刊）将其归入峰鼠平，因为标本中 m1 也具有由 T2-T3 和 T4-T5 形成的 2 个菱形，仅 Is 4 为 100% 封闭，SDQ_I 为负分异。

岸䶄族 Tribe Myodini Kretzoi, 1969

Myodini 族以广布全北区的现生属 *Myodes* 为代表，最早可能从晚上新世的 *Mimomys* 属分化出来一直持续到现在。分布于北美和欧亚大陆，化石属有 *Pliolemmus*、*Pliophenacomys*、*Guildayomys*、*Dolomys*、*Pliomys*、*Huananomys*，现生属有 *Alticola*、*Caryomys*、*Phenacomys*、*Myodes*、*Dinaromys*、*Phaulomys* 和 *Eothenomys*。该族动物的白齿部分带有齿根，现生种类适于森林环境。

华南鼠属 Genus *Huananomys* Zheng, 1992

模式种 变异华南鼠 *Huananomys variabilis* Zheng, 1992

鉴别特征 中型。下门齿在 m2 和 m3 间从舌侧横向颊侧。白齿无根，褶谷有丰富的白垩质充填，SA 尖端圆钝。下颊齿的 BSA 较 LSA 小。m1（均长 3.11 mm）的形态按封闭三角数目的多少可分成三种类型：PL 之前 T1–T3 封闭，T4、T5 与 AC 汇通成三叶形；PL 之前 T1–T4 封闭，T5 与 AC 汇通成 C 形或鹰嘴形；PL 之前 T1–T5 封闭，AC 成半圆形。Is 1–4 的封闭率均为 100%，但 Is 5 和 Is 6 只有 41.67% 和 8.33%，Is 7 为 0；SDQ_P 均值 139，为 *Mimomys* 型或正分异。m3 的 PL 之前具 3 个封闭 T，BSA3 缺失。M3 的 AL 和 PL 之间有 3 个封闭的 T。

中国已知种 仅模式种。

分布与时代 安徽、贵州，早更新世—中更新世。

评注 属名曾因材料最初发现在安徽和县而使用过"*Hexianomys*"（Zheng et Li, 1990），该名也被 Repenning 等（1990）引用。郑绍华（1993）在研究贵州威宁天桥裂隙的标本时将裸记名"*Hexianomys*"改称 *Huananomys*。

SDQ 为正分异显然是一较原始的性状。具有这一性状、白齿无根、白垩质发育的现生属很少，只有 *Arvicola*、*Proedromys*、*Volemys*、*Caryomys* 和墨西哥的 *Orthriomys*。但在 M3、m1 和 m3 的形态和构造上，*Huananomys* 与上述属易于区分（郑绍华，1993；郑绍华等，待刊）。

变异华南鼠 *Huananomys variabilis* Zheng, 1992

（图 149）

Hexianomys complicidens：Zheng et Li, 1990, p. 435；郑绍华、韩德芬，1993, p. 106

正模 IVPP V 6788，破损右下颌骨带门齿及 m1–3。安徽和县龙潭洞，中更新统。

副模 IVPP V 6788.1–69，破损上、下颌骨 4 件，白齿 69 枚。产地与层位同正模。

归入标本 IVPP V 9654，破损下颌骨 134 件、白齿 23 枚（贵州威宁）。

鉴别特征 同属。

产地与层位 贵州威宁天桥，下更新统；安徽和县龙潭洞，中更新统。

评注 归入该种的安徽和贵州的材料已被郑绍华（1992, 1993）描述。李传令、薛祥煦（1996）曾报道华南鼠在陕西蓝田锡水洞中更新统中的发现，但未见具体的描述。

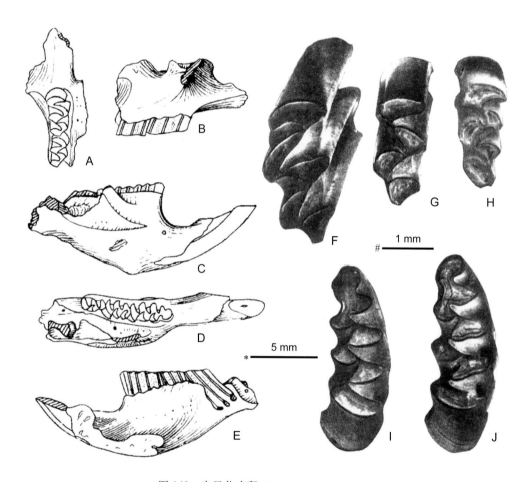

图 149 变异华南鼠 *Huananomys variabilis*

A, B. 破损右上颌骨带 M1–2（IVPP V 6788.1），C–E. 破损右下颌骨带门齿和 m1–3（IVPP V 6788，正模），
F. 右 M1（IVPP V 6788.6，反转），G. 右 M2（IVPP V 6788.27，反转），H. 左 M3（IVPP V 6788.28），I. 右 m1
（IVPP V 6788.41，反转），J. 右 m1（IVPP V 6788.42，反转）；A, D, F–J. 冠面视，B, C. 颊侧视，E. 舌侧视；
比例尺：* - A–E，# - F–J（引自郑绍华，1992）

绒鼩属 Genus *Caryomys* Thomas, 1911

模式种 岢岚绒鼠 *Microtus* (*Eothenomys*) *inez* (Thomas, 1908)

鉴别特征 白齿无根，褶沟有白垩质充填。M1 的 AL 之后有 4 个交错排列、封闭的

T，M2 有 3 个封闭的 T。m1 的 PL 之前有 5 个交错排列的 T 和短的 AC；有 5 个 LSA、4 个 BSA，4 个 LRA、3 个 BRA；Is 1–4 百分之百封闭，Is 5 在年轻个体封闭，Is 6–7 百分之百不封闭；SDQ < 100，为负分异。M3 的 AL 之后有 3 个 T 和 PL，其中 T2 和 T3 间、T4 和 PL 间不封闭，或 Is 3 和 Is 5 不封闭。染色体数目 2n = 56。

中国已知种　*Caryomys inez* 和 *C. eva* 两种。

分布与时代　河北、陕西、湖北、安徽，早更新世—中更新世。

评注　Allen（1938，1940）根据成年个体臼齿无齿根的特点将 *Caryomys* 和 *Anteliomys* 作为 *Eothenomys* 属的亚属，并认为只有两个种，即 *E. (C.) inez* 和 *E. (C.) eva*。这一分类方案为多数学者接受（Corbet，1978；Corbet et Hill，1991；谭邦杰，1992；黄文几等，1995）。马勇和姜建青（1996）根据对 *inez* 和 *eva* 两种的形态学和染色体核型研究结果的比对，恢复了 *Caryomys* 属的地位，中国的学者已将其视为独立的属，该属在中国有较广的分布（王应祥，2003；潘清华等，2007；李永项、薛祥煦，2009）。

洮州绒鼩 *Caryomys eva* (Thomas, 1908)

(图 150)

Eothenomys eva：郑绍华，1983，231 页；李传令、薛祥煦，1996，157 页

正模　LMNH B.M., No. 11.2.1.223，现生标本（甘肃临潭东南）。

归入标本　NWU V 1387，破损头骨 2 件、下颌骨 2 段、臼齿 50 枚（陕西洛南）。IVPP V 18814，破损下颌骨 2 段、臼齿 2 枚（河北阳原）。IVPP V 26137，52 枚臼齿（安徽和县）。

鉴别特征　m1 的 PL 之前有 5 个封闭的 T 和形态轻微有变化的 AC，AC 两侧或无附加褶皱而成半圆形或两侧有弱的附加褶皱而成三叶形；SDQ_p 均值 66，为 *Microtus* 型或负分异；Is 1–6 的封闭率均为 100%，Is 7 为 0。M1 和 M2 的 LSA4 或 T5 仅痕迹状，M3 每侧只有 3 个 SA 和 2 个 RA，无 BSA4 痕迹。

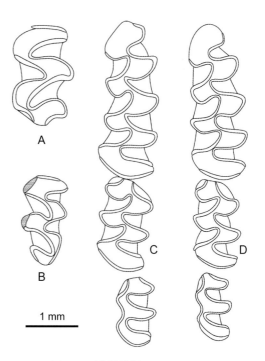

1 mm

图 150　洮州绒鼩 *Caryomys eva*
A. 左 M2（IVPP V 18814.1），B. 右 M3（IVPP V 18814.2，反转），C. 左 m1–3（IVPP V 18814.3），D. 右 m1–3（IVPP V 18814.4）：冠面视（引自郑绍华等，待刊）

产地与层位 陕西洛南张坪、河北阳原台儿沟、安徽和县龙潭洞，下更新统—中更新统。

评注 编者注意到，在不同地点、不同海拔和不同年龄的现生标本中，其 m1 的 AC 形状及其与 T5 之间的关系变异明显。保存在四川卫生防疫站、采自四川平武王朗的标本 m1 的形态与陕西标本相似；陕西洛南张坪的 m1 化石标本具有陕西柞水现生标本的特征；河北阳原台儿沟东剖面的 m1 化石标本具有与重庆巫山现生标本完全一致的形态。

<h3 style="text-align:center">苛岚绒鼢 Caryomys inez (Thomas, 1908)</h3>

（图 151）

Eothenomys inez：李传令、薛祥煦，1996，157 页

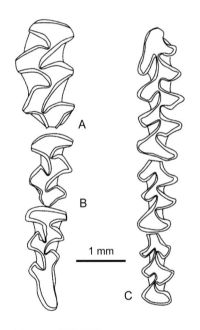

图 151　苛岚绒鼢 *Caryomys inez*
A. 右 M1（NWU V 1388.17，反转），B. 右 M2–3（NWU V 1388.24，反转），C. 左 m1–3（NWU V 1388.1）：冠面视（引自李永项、薛祥煦，2009）

正模 LMNH B.M., No. 9.1.1.188，现生标本（山西苛岚北 19.3 km）。

归入标本 NWU TS1E2③：63, 65，破损上、下颌骨各一段（湖北郧西）。NWU V 1388，破损下颌骨 9 段、臼齿 37 枚（陕西洛南）。

鉴别特征 M1 和 M2 的 LSA4 痕迹较明显。M3 具有 3 个 LSA 和 4 个 BSA（其中 BSA4 极弱），Is 2 和 Is 4 封闭严密，T3 呈方形。m1 的 PL 之前有 5 个彼此交错的 T，Is 1–6 的封闭度均为 100%。

产地与层位 湖北郧西黄龙洞、陕西洛南张坪，中更新统。

评注 *Caryomys inez* 的现生种群有两个亚种，郑绍华等（待刊）认为该化石材料可能为指名亚种 *C. i. inez*。

<h2 style="text-align:center">绒鼠属 Genus Eothenomys Miller, 1896</h2>

模式种 黑腹鼢 *Arvicola melanogaster* Milne-Edawards, 1871 = *Eothenomys* (*Eothenomys*) *melanogaster* (Milne-Edawards, 1871)（四川宝兴）

鉴别特征 头骨形态和构造相似于 *Myodes*。白齿无根，褶沟有白垩质充填；珐琅

质层厚度在 T 的凸侧与凹侧大致相当。M1 有很发育的 LSA4（*Eothenomys* 亚属）或缺失 LSA4（*Anteliomys* 亚属）；M2 在 *Eothenomys* 亚属和部分 *Anteliomys* 亚属的种类中具 LSA4；M3 形态多变，但稳定具 3–5 个 LSA 和 BSA。下臼齿的内、外 SA 相对排列，齿质空间趋向于横向汇通。m1 具 5 个 LSA 和 4 个 BSA，通常其 AC 为 "nivaloid" 型。颊齿的大小似乎与听泡的大小成反比，即听泡大臼齿轻便、听泡小臼齿粗重。

中国已知种　*Eothenomys* (*Anteliomys*) *chinensis*, E. (A.) *custos*, E. (A.) *hubeiensi*, E. (A.) *olitor*, E. (*Eothenomys*) *melanogaster*, E. *praechinensis*, E. *proditor*，共 7 种。

分布与时代　云南、贵州、重庆、湖北、安徽，早更新世—晚更新世。

评注　Miller 最初在 1896 年把 *Eothenomys* 作为亚属归入 *Microtus* 属，Hinton（1923a）将其提升为属。后来许多学者将 Hinton（1926）列入 *Eothenomys* 亚属的一些种类，以及列入 *Anteliomys* 和 *Caryomys* 属的种类通通归入 *Eothenomys* 属（Allen, 1938, 1940；Corbet et Hill, 1991；Nowak et Paradiso, 1983）。马勇和姜建青（1996）又将 *Caryomys* 重新恢复为属。王应祥和李崇云（2000）根据 M1 中 SA 的数目将 *Eothenomys* 属分为两个亚属，依 M2 和 M3 的构造分出不同的种。编者相信，既然 *Eothenomys* 亚属和 *Anteliomys* 亚属之间在白齿形态上存在明显的差别，有理由成为独立的属，但遵从目前多数研究者的意见仍保留各自亚属的地位。

中国现生绒鼠的多样性丰富，计有 10 种 22 个亚种，分布于云南、贵州、台湾和西藏等我国的西南和东南部（王应祥，2003）。化石主要发现于云贵和长江中游地区。上述的已知种仅 *Eothenomys* (*A.*) *hubeiensis* 和 *E. praechinensis* 为绝灭种。

黑腹绒鼠（绒鼠亚属）*Eothenomys* (*Eothenomys*) *melanogaster* (Milne-Edwards, 1871)

（图 152）

Eothenomys melanogaster：Young, 1935b, p. 248；郑绍华，1983，231 页；郑绍华，1993，72 页；李传令、薛祥煦，1996，157 页；郑绍华，2004，135 页

Eothenomys cf. E. *melanogaster*：金昌柱等，2009，185 页

Ellobius sp.：Young et Liu, 1950, p. 54

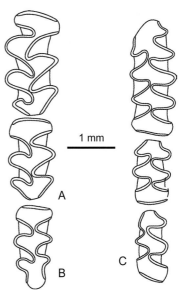

图 152　黑腹绒鼠（绒鼠亚属）*Eothenomys* (*Eothenomys*) *melanogaster*

A. 右 M1–2（IVPP V 9649.10，反转），B. 右 M3（IVPP V 9649.158，反转），C. 右 m1–3（IVPP V 9649.173，反转）：冠面视（引自郑绍华等，待刊）

正模　不详，现生标本（四川宝兴）。

归入标本　IVPP V 563，破损下颌骨 1 段（重庆歌乐山）。IVPP V 9649，破损头骨 7 件、上下颌骨 109 段、臼齿 278 枚（重庆巫山、万州，贵州普定、桐梓）。IVPP V 13210，臼齿 11 枚（湖北建始）。IVPP V 13992，V 26138，臼齿 116 枚（安徽繁昌、和县）。

鉴别特征　中型个体绒鼠。M1 和 M2 具很大的 LSA4；M3 简单，每侧只有 3 个 SA，PL 也短；m1（均长 2.73 mm）具 5–6 个 LSA、4–5 个 BSA；T1 和 T2、T3 和 T4、T5 和 T6 彼此汇通、几乎呈相对排列；SDQ_P 均值 111，为 *Mimomys* 型或正分异；Is 1、Is 3、Is 5 的封闭率均为 100%，Is 2、Is 4 和 Is 7 均为 0，Is 6 为 5%。

产地与层位　湖北建始龙骨洞（西支洞），安徽繁昌人字洞、和县龙潭洞，重庆歌乐山、万州平坝上洞（大包洞），贵州普定白岩脚洞、桐梓岩灰洞、挖竹湾洞及天门洞，下更新统—上更新统。

中华绒鼠（东方鼠亚属）*Eothenomys (Anteliomys) chinensis* (Thomas, 1891)

（图 153）

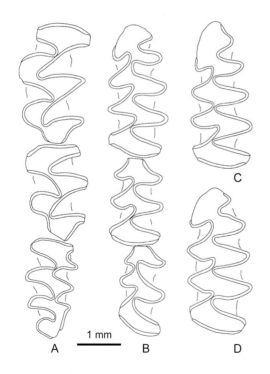

1 mm

A　　B　　C　　D

图 153　中华绒鼠（东方鼠亚属）*Eothenomys (Anteliomys) chinensis*

A. 右 M1–3（IVPP V 9653.1，反转），B. 左 m1–3（IVPP V 9653.6），C. 左 m1（IVPP V 9653.12），D. 左 m1（IVPP V 9653.27）：冠面视（引自郑绍华等，待刊）

Eothenomys chinensis tarquinius：郑绍华，1993，80 页（部分）

正模　LMNH B.M., No. 91.5.11.3，现生标本（嘉定府，即现在的四川乐山）。

归入标本　IVPP V 9653.1–27，破损头骨 1 件（云南呈贡）。IVPP V 9653，破损头骨 1 件、上下颌骨 22 段、臼齿 4 枚（贵州桐梓、威宁）。

鉴别特征　个体较大型绒鼠（上、下臼齿列均长分别为 6.7 mm 和 6.5 mm）。M1 和 M2 的 LSA4 痕迹明显，但不形成真正的 LSA4，因此 M1 每侧各具 3 个 SA；M2 只有 2 个 LSA 和 3 个 BSA，LSA3 留有痕迹或完全缺失；M3 每侧通常各具 4–5 个 SA。m1 具 5–6 个 LSA 和 4–5 个 BSA，T1-T2 和 T3-T4 相对排列且彼此汇通，Is 1, 3, 5 的封闭率均为 100%，而 Is 2, 4, 6 则为 0；SDQ_P（n = 16）均值 101.46，轻微的正分异。

产地与层位 贵州威宁草海天桥，下更新统；桐梓岩灰洞、天门洞，中更新统。

西南绒鼠（东方鼠亚属） *Eothenomys (Anteliomys) custos* (Thomas, 1912)
（图 154）

Eothenomys chinensis chinensis：郑绍华，1993，80 页（部分）

正模 LMNH B.M., No. 12.3.18.19, 现生标本（云南西北 A-tun-tsi）。

归入标本 IVPP V 26269.1–4，破损上颌骨 1 件、M3 3 枚（云南呈贡三家村，上更新统）。

鉴别特征 个体中等大小绒鼠（上、下白齿列均长分别为 6.2 mm 和 6.3 mm）。LSA4 在 M1 中痕迹状，在 M2 中小但清楚，M3 成年个体（长 2.4 mm）与幼年个体（长 1.85–1.90 mm）大小差别悬殊，但通常都有 5 个 LSA 和 4–5 个 BSA，BRA1 相对较浅；年轻个体的 M3 咀嚼面后部还拥有 2–3 个釉质环。

评注 西南绒鼠 M3 的复杂性可以与 *Eothenomys chinensis chinensis* 相比，两者 M3 的舌、颊侧都各具 5 个 SA 和 4 个 RA，其差别似乎是前者较狭长，后者较宽展。从个体看，前者较后者小。西南绒鼠的 M3 也可以与 *E. wardi* 相比，但后者只有 4 个 LSA 和一短的 PL。

呈贡三家村虽只有 M1 和 M3 发现，但其尺寸较小，且地理分布较接近，似乎归入西南绒鼠较妥。

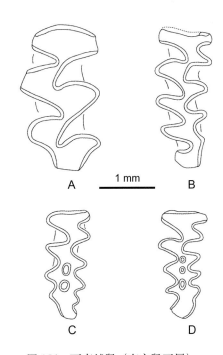

图 154 西南绒鼠（东方鼠亚属）
Eothenomys (Anteliomys) custos
A. 右 M1（IVPP V 26269.1，反转），B. 右 M3（IVPP V 26269.2，反转），C. 左 M3（IVPP V 26269.3），D. 左 M3（IVPP 26269.4）：冠面视（引自郑绍华等，待刊）

湖北绒鼠（东方鼠亚属） *Eothenomys (Anteliomys) hubeiensis* Zheng, 2004
（图 155）

Eothenomys hubeiensis：郑绍华，2004，130 页

正模 IVPP V 13208，左 m1。湖北建始龙骨洞（东洞 L4 层），下更新统。

副模 IVPP V 13209.431–508，臼齿 78 枚。产地与层位同正模。

归入标本 IVPP V 13209.1–430, 509–985，臼齿 907 枚（湖北建始）。

鉴别特征 中型个体绒鼠。M1 和 M3 每侧各具 3 个 SA；M2 有 2 个 LSA 和 3 个 BSA，LSA3 仅为痕迹状。m1（均长 2.34 mm）的 PL 之前有两对相对排列且彼此汇通的 T，T5 较小且与椭圆形 AC 汇通；SDQ_P（n = 119）属于 *Mimomys* 型；Is 1–5 的封闭度分别为 100%、10%、100%、20% 和 90%。

产地与层位 湖北建始龙骨洞（东洞 L3–8、11 层，西支洞 4–6、8 层），下更新统。

评注 *Eothenomys hubeiensis* 的 M1 具 3 个 LSA，应属于 *Anteliomys* 亚属；M2 和 M3 的构造与现生的 *E. (A.) proditor* 相似，不同在于 M3 的 BRA1 很浅，BSA4 显著，PL 明显较长，m1 具 6 个 LSA 和 5 个 BSA，显得较原始。因此，郑绍华等（待刊）认为该种可能为 *E. (A.) proditor* 的直接祖先。

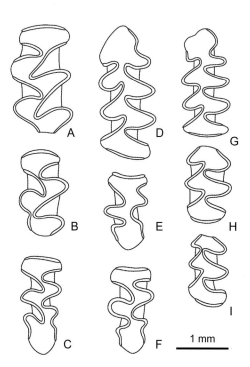

图 155 湖北绒鼠（东方鼠亚属）
Eothenomys (Anteliomys) hubeiensis

A. 左 M1（IVPP V 13209.220），B. 左 M2（IVPP V 13209.288），C. 右 M3（IVPP V 13209.504，反转），D. 左 m1（IVPP V 13208，正模），E. 右 M3（IVPP V 13209.505，反转），F. 左 M3（IVPP V 13209.498），G. 左 m1（IVPP V 13209.431），H. 右 m2（IVPP V 13209.154，反转），I. 右 m3（IVPP V 13209.180，反转）：冠面视（引自郑绍华，2004）

昭通绒鼠（东方鼠亚属） *Eothenomys (Anteliomys) olitor* (Thomas, 1911)

（图 156）

Eothenomys chinensis：邱铸鼎等，1984，289 页

Eothenomys chinensis tarquinius：郑绍华，1993，80 页（部分）

正模 LMNH B.M., No. 11.9.8.122，现生标本（云南昭通）。

归入标本 IVPP V 23175.1–65，破损上、下颌骨 43 件，臼齿 22 枚（云南呈贡）。

鉴别特征 个体较小型绒鼠（上、下白齿列均长分别为 5.7 mm 和 5.8 mm）。M1（均长 2.14 mm）和 M2（均长 2.63 mm）的 LSA4 成痕迹状或明显小于 BSA3，M3（均长

2.03 mm）的 BRA1 浅，每侧各具 4 个 SA，m1 通常有 4 个 BSA 和 5 个 LSA；Is 1、Is 3 和 Is 5 的封闭率分别为 100%、90.3% 和 67.74%，Is 2、Is 4、Is 6 均为 0；SDQ_P（n = 14）均值 108，显示其较小正分异。

评注 昭通绒鼠最初被记述成 *Microtus* 属，归入 *Eothenomys* 亚属（Thomas, 1911d）。后又被归入 *Eothenomys* 属 *Eothenomys* 亚属（Hinton, 1923a, 1926）。就 M3 每侧具 4 个 SA 而言，昭通绒鼠与 *Eothenomys (Anteliomys) chinensis tarquinius* 十分相似，但后者明显较大（王应祥、李崇云，2000）。呈贡标本的牙齿尺寸与现生 *Eothenomys olitor olitor* 的也十分接近。

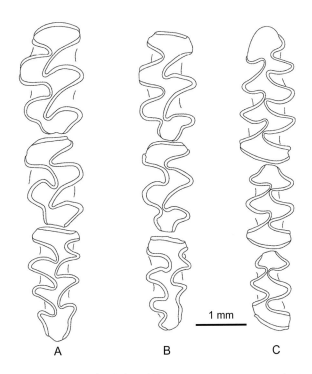

图 156　昭通绒鼠（东方鼠亚属）*Eothenomys (Anteliomys) olitor*
A. 左 M1–3（IVPP V 23175.2），B. 右 M1–3（IVPP V 23175.1，反转），C. 右 m1–3（IVPP V 23175.20，反转）：冠面视（引自郑绍华等，待刊）

先中华绒鼠 *Eothenomys praechinensis* Zheng, 1993
（图 157）

Eothenomys praechinensis：郑绍华，1993，78 页

正模　IVPP V 9650，右 M3。贵州威宁天桥，下更新统。
副模　IVPP V 9651，V 9652，破损上、下颌骨 69 段，臼齿 27 枚。产地与层位同正模。

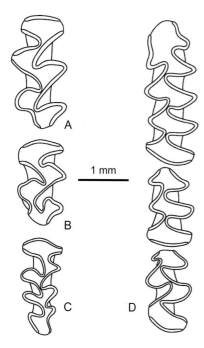

图 157　先中华绒鼠 *Eothenomys praechinensis*

A. 右 M1（IVPP V 9651，反转），B. 右 M2（IVPP V 9652.11，反转），C. 右 M3（IVPP V 9650，正模，反转），D. 左 m1–3（IVPP V 9652.18）：冠面视（引自郑绍华，1993）

归入标本　IVPP V 9652.10，臼齿 1 枚（重庆巫山）。

鉴别特征　小型个体绒鼠。M1 和 M2 的 LSA4 微弱。M3 具 4 个 LSA 和 4 个 BSA。m1（均长 2.54 mm）具 5 个 LSA 和 4 个 BSA；Is 1–5 的封闭度分别为 100%、0、100%、0 和 90%，Is 6–7 均为 0；SDQ_P 值 100，无分异，可归为 *Mimomys* 型。

产地与层位　贵州威宁天桥、重庆巫山龙骨坡，下更新统。

评注　*Eothenomys praechinensis* M1 的 LSA4 微弱、M3 具浅的 BRA1 和较多的 SA，应属于 *Anteliomys* 亚属。其 m1 的尺寸和形态虽与 *E. hubeiensis* 接近，但以 M3 较复杂，舌、颊侧各具 3 个 RA 和 4 个 SA 而不同。

建名人（郑绍华，1993）将 IVPP V 9652 标本指定为归入标本，因其与正模产于相同的地点和层位，在此视为副模。

玉龙绒鼠　*Eothenomys proditor* Hinton, 1923

（图 158）

Eothenomys proditor：邱铸鼎等，1984，289 页

正模　LMNH B.M., No. 22.12.1.10，现生标本（云南丽江）。

归入标本　IVPP V 7626, V 23177，破损头骨 1 件，上、下颌骨 32 件，臼齿 146 枚。云南呈贡三家村，上更新统。

鉴别特征　M1（均长 2.13 mm）具 3 个 BSA、3 个 LSA 和弱的 LSA4 痕迹；M2（均长 1.76 mm）的 LSA4 弱或较强；M3（均长 1.86 mm）由于 PL 显著加长，使长度在齿列中明显大于 M2 者，其 BRA1 很浅，舌、颊侧通常（约占 65.38%）各具 3 个 SA，有 3 个 LSA 和 4 个 BSA（占 18.46%），或舌、颊侧各具 4 个 SA（占 12.31%），或 4 个 LSA、3 个 BSA（占 3.85%）。m1（均长 2.76 mm）的第三对 T 与 AC 汇通，具微弱的 BSA5 和 LSA6，随磨蚀加深通常显示出 4 个 BSA 和 5 个 LSA；其 SDQ_P（n = 15）均值 111，为 *Mimomys* 型；Is 1、Is 3 和 Is 5 的封闭率分别为 100%、100% 和 76.92%，而 Is 2、Is 4 和

Is 6 均为 0。

评注　*Eothenomys proditor* 先前被置于 *Eothenomys* 亚属（Hinton, 1923a；Ellerman, 1941），后被归入 *Anteliomys* 属（Hinton, 1926），再后来被降为 *Eothenomys* 属的亚属（Allen, 1938, 1940；王应祥、李崇云，2000）。云南呈贡三家村的 *E. proditor* 因其 M1 只有 LSA 4 痕迹，M2 的 LSA 4 则较清楚，M3 较复杂（浅的 BSA1、加长的 PL 及颊齿具 3 个 SA 者占多数），形态与现生种者基本一致。

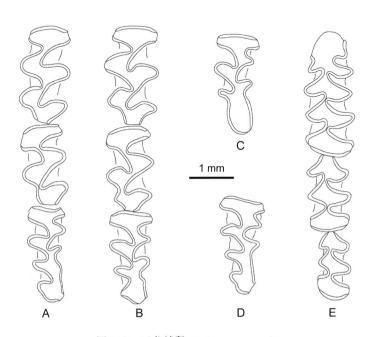

图 158　玉龙绒鼠 *Eothenomys proditor*

A. 左 M1–3（IVPP V 23177.1），B. 右 M1–3（IVPP V 23177.2，反转），C. 左 M3（IVPP V 23177.33），
D. 左 M3（IVPP V 23177.49），E. 左 m1–3（IVPP V 23177.6）：冠面视（引自郑绍华等，待刊）

岸䶄属 Genus *Myodes* Pallas, 1811

模式种　红背鼠 *Mus rutilus* Pallas, 1779（俄罗斯西伯利亚）

鉴别特征　成年个体的上、下臼齿各具双齿根。部分臼齿褶沟有白垩质充填；釉质层厚度少分异；多数种类的 SA 圆，齿质空间汇通；上臼齿的前壁和下臼齿的后壁较为平直。m1 通常有短的 AC，BSA 不多于 4 个，LSA 为 5 个；进步种中 Is 1–5 的封闭率均为 100%，Is 6–7 均为 0；原始种 Is 1–7 的封闭率分别为 96.67%–100%、0–10%、66.67%–90%、70%–77.78%、0、0–3.33% 和 0。在磨蚀早期，M3 每侧有 5 个 SA；随着磨蚀加深，后面的成分逐渐消散，只剩有 3–4 个 BSA、3–4 个 LSA；在极端老年个体中，M3 与 *Alticola* 和 *Hyperacrius* 属的十分相似，即有宽浅的 BRA1，但 AL 之后总有 3 个 T。染色体数目 2n = 56。

中国已知种 *Myodes fanchangensis*, *M. rufocanus*, *M. rutilus*，共 3 种。

分布与时代 重庆、安徽、辽宁、北京、河北、山西、甘肃，晚上新世—中更新世。

评注 岸䶄属曾使用过 *Evotomys* Coues, 1874 或 *Clethrionomys* Tilesius, 1850 为属名（Hinton, 1926；Ellerman, 1941；Ellerman et Morrison-Scott, 1951；Corbet, 1978；Corbet et Hill, 1991；McKenna et Bell, 1997）。Kretzoi（1964）认为 *Evotomys* 和 *Clethrionomys* 都是 *Myodes* Pallas, 1811 的晚出异名，这一订正为后来的研究者采用（Musser et Carleton, 2005；潘清华等，2007）。

Myodes 是现生䶄类中种类最多的属之一，Hinton（1926）总结了当时已记述的种类（除两个化石种外）计有 27 种之多（包括很多亚种）。Ellerman（1941）列出了 72 种，并分成古北区种（Palaearctic forms）和新北区种（Nearctic forms），从中又分出几个不同的组合。此后，不同的研究者根据自己的见解列出了 5–8 种（Corbet et Hill, 1991，7 种；谭邦杰，1992，8 种；Musser et Carleton, 2005，12 种）。中国的种类通常被认为有 3–5 种（Allen, 1938, 1940；黄文几等，1995；陈卫、高武，2000a；王应祥，2003）。

中国发现的岸䶄化石以前有 *Myodes rufocanus* 和 *M. rutilus* 两种，材料都比较零星（Young, 1934；辽宁省博物馆、本溪市博物馆，1986；郑绍华、韩德芬，1993）。郑绍华等（待刊）认为，重庆巫山指定为早更新世的 "*Clethrionomys sebaldi*" 以及安徽繁昌人字洞的 "*Villanyia*" *fanchangensis* 都属于 *Myodes*。

繁昌岸䶄 *Myodes fanchangensis* (Zhang, Kawamura et Jin, 2008)

（图 159）

Borsodia chinensis：Tedford et al., 1991, p. 524；Flynn et al., 1991, p. 256 (part)；Flynn et al., 1997, p. 239 (part)；Flynn et Wu, 2001, p. 197 (part)

Mimomys cf. *M. orientalis*：Tedford et al., 1991, p. 524 (part)

Mimomys orientalis：Flynn et al., 1991, p. 256 (part)

Clethrionomys sebaldi：郑绍华，1993，67 页

Mimomys irtyshensis：Flynn et al., 1997, p. 239 (part)；Flynn et Wu, 2001, p. 197 (part)

Borsodia n. sp.：郑绍华、张兆群，2000，插图 2（部分）

Borsodia n. sp. and *Hyperacrius yenshanensis*：郑绍华、张兆群，2001，插图 3（部分）

Villanyia fanchangensis：Zhang et al., 2008b, p. 165；Kawamura et Zhang, 2009, p. 6；Zhang, 2017, p. 163

Villanyia cf. *V. fanchangensis*：张颖奇等，2011，627 页

正模 IVPP V 13991，破损右下颌骨带门齿及 m1–3。安徽繁昌人字洞（L3 和 L4 层），下更新统。

副模 IVPP V 13991.1–1359，破损上、下颌骨 8 段，臼齿 1351 枚。产地与层位同正模。

归入标本 IVPP V 18078，臼齿 67 枚（甘肃灵台）。IVPP V 18813，臼齿 5 枚（河北阳原）。IVPP V 22615–22618，臼齿 11 枚（山西榆社）。IVPP V 9648.1–133，破损下颌骨 1 件、臼齿 112 枚（重庆巫山）。

鉴别特征 M3 的 LRA2 较深，偶尔形成前釉岛（AEI），BRA2 常形成后釉岛（PEI），有 2–3 个 LSA 或 LRA，除 Is 3 较狭窄外，Is 2、Is 4 和 Is 5 开敞。m1（均长 2.50 mm）

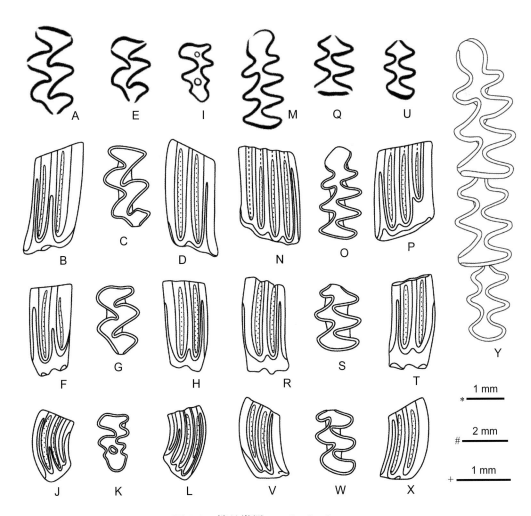

图 159 繁昌岸䶄 *Myodes fanchangensis*

A. 左 M1（IVPP V 13991.971），B–D. 左 M1（IVPP V 9648.1），E. 左 M2（IVPP V 13991.1161），F–H. 左 M2（IVPP V 9648.41），I. 左 M3（IVPP V 13991.1304），J–L. 左 M3（IVPP V 9648.66），M. 左 m1（IVPP V 13991.52），N–P. 右 m1（IVPP V 9648.93，O 反转），Q. 左 m2（IVPP V 13991.586），R–T. 右 m2（IVPP V 9648.118，S 反转），U. 左 m3（IVPP V 13991.754），V–X. 左 m3（IVPP V 9648.130），Y. 右 m1–3（IVPP V 13991，正模，反转）：A, C, E, G, I, K, M, O, Q, S, U, W, Y. 冠面视，B, F, J, N, R, X. 舌侧视，D, H, L, P, T, V. 颊侧视；比例尺：* - A, C, E, G, I, K, M, O, Q, S, U, W，# - B, D, F, H, J, L, N, P, R, T, V, X，＋ - Y（引自 Zhang et al., 2008b；郑绍华等，待刊）

的 PL 之前有 3 个交错排列的、封闭不甚严密的 T（T1–T3），T4 和 T5 合成菱形且与椭圆形的 AC 汇通；Is 1、Is 2、Is 3、Is 4 和 Is 5 的封闭率分别为 98.34%、5%、78.34%、73.89% 和 0，Is 6–7 则分别为 1.67% 和 0；约 1/7 标本具 MR 和 PF；SDQ_P（n = 122）属于 *Mimomys* 型；HH-Index 均值 4.56（n = 45）。下臼齿的 HH-Index 和上臼齿的 PA-Index 均值相对较大。

产地与层位 甘肃灵台文王沟，上新统；山西榆社盆地（YS 5、9、109、120 地点），上上新统麻则沟组—下更新统海眼组；安徽繁昌人字洞（L3 和 L4 层），下更新统；河北阳原台儿沟，下更新统泥河湾组；重庆巫山龙骨坡，下更新统。

评注 安徽繁昌人字洞的 *Myodes fanchangensis* 虽然臼齿无白垩质充填（可能最初的观察有误，至少部分标本有白垩质充填）的特征与 *Villanyia* 属相同，但厚度较大的珐琅质层及圆滑的 SA 端更多反映出 *Myodes* 属的特征。在牙齿的尺寸和形态上它与重庆巫山的 "*M. sebaldi*"（郑绍华，1993）相似，齿根数相同，可被视为同一种，代表中国最原始的岸䶄。在中国的研究者中对 *Myodes fanchangensis* 的分类位置似乎多少有不同的认识（Zhang et al., 2008b；Zhang, 2017；郑绍华等，待刊）。郑绍华等（待刊）将该种与德国和波兰有关种进行了较详细比对和分析。

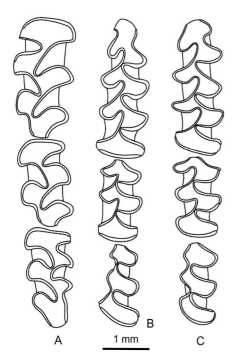

图 160 棕背岸䶄 *Myodes rufocanus*
A. 左 M1–3（BXGM M. 7802A-46），B. 右 m1–3（BXGM M. 7802A-41，反转），C. 右 m1–3（BXGM M. 7901AT-T1-11，反转）：冠面视（引自郑绍华等，待刊）

棕背岸䶄 *Myodes rufocanus* (Sundevall, 1846-1847)

（图 160）

Evotomys rufocanus：Young, 1934, p. 85

Clethrionomys rufocanus：辽宁省博物馆、本溪市博物馆，1986，43 页

正模 不详。现生标本（瑞典北部）。

归入标本 IVPP Cat. C.L.G.S.C. Nos. C/C. 1171–1172，破损下颌骨 2 段（北京周口店）。BXGM M. 7802A-41, 46, M. 7901AT-T1-11, M. 7901AT-T2-21，破损头骨 1 件、下颌骨 3 段（辽宁本溪）。

鉴别特征 M1 和 M2 有 T5 痕迹；M3 在成年个体 PL 缩短，每侧只有 3 个 SA 和 2 个 RA，T 间封闭不太紧密；m1 在成年个体 PL 之前有 4 个封闭的 T，Is 1–5 的封闭率 100%，但在年轻个体 T 5 与 AC 之间通常汇通。

产地与层位　北京房山周口店（第一地点）、辽宁本溪庙后山，中更新统。

红背岸䶄 *Myodes rutilus* (Pallas, 1779)
（图 161）

Clethrionomys rutilus：郑绍华、韩德芬，1993，72 页

Clethrionomys sp.：王辉、金昌柱，1992，60 页

正模　不祥。现生标本（俄罗斯西伯利亚鄂毕河东）。

归入标本　YKM M. 15，破损头骨 1 件、上下颌骨 6 段、臼齿 3 枚（辽宁营口）。IVPP V 25274, V 18820，臼齿 2 枚（河北阳原）。

鉴别特征　中等大小岸䶄。上门齿无纵沟。臼齿牙根在年幼阶段就萌出。M1 和 M2 无 LSA4 或 T5 痕迹；M3 具 4 个 LSA 和 3–4 个 BSA，Is 3 和 Is 4 较其他齿峡封闭。m1 的 PL 之前有 5 个 T 和简短 AC，其中 T1 和 T2 间、T3 和 T4 间、T5 和 AC 间不封闭，即 Is 1、Is 3、Is 5 较 Is 2、Is 4、Is 6 封闭。

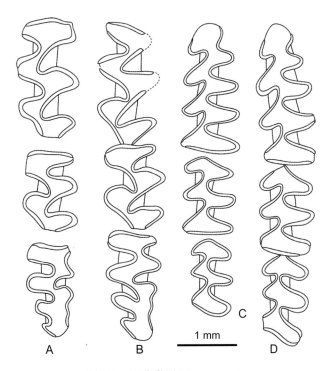

图 161　红背岸䶄 *Myodes rutilus*

A. 左 M1–3（YKM M. 15.1），B. 左 M1–3（YKM M. 15.2），C. 左 m1–3（YKM M. 15.5），D. 右 m1–3（YKM M. 15.3，反转）；冠面视（引自郑绍华、韩德芬，1993）

产地与层位 河北阳原洞沟、台儿沟，下更新统—中更新统；辽宁营口金牛山，中更新统。

评注 郑绍华、韩德芬（1993）记述的金牛山的 M3 的形态与 *M. rutilus* 特征相符。其个体大小与现生亚种 *M. r. amurensis* 和 *M. r. rutilus* 的十分接近（见陈卫、高武，2000a）。

高山䶄属 Genus *Alticola* Blanford, 1881

模式种 斯氏高山䶄 *Arvicola stoliczkanus* Blanford, 1875（印控拉达克 Kumaon）

鉴别特征 小—中型。臼齿无根，褶沟有少许白垩质充填；上臼齿的前缘和下臼齿的后缘轻微凹或平；珐琅质层厚度有轻微分异。m1 一般有 4 个 BSA 和 5 个 LSA 或 PL 之前有 5 个 T 和一形态变化的 AC。M3 的 AL 之后通常有 3 个不太封闭的 T 和一长而直的 PL；有 3–6 个 BSA 和 2–5 个 LSA；BRA1 很浅；LSA3 最大。*Alticola* 的 M3 的 BRA1 浅的特点与 *Eothenomys*、*Anteliomys*、*Hyperacrius* 等属（亚属）的许多种类一致，通常称为 *Alticola* 型。

中国已知种（化石） *Alticola roylei* 和 *A. stoliczkanus* 两种。

分布与时代 北京、辽宁，中更新世—晚更新世。

评注 现生的 *Alticola* 属是生活在以帕米尔高原为中心向四周辐射的荒漠山地或高原的中小型鼠类。Hinton（1926）最先将其分成两个亚属，即 *Alticola* 和 *Platycranius*，前者包括 11 种，后者只有 2 种；但在种级的确定上至今没有统一的意见；在中国，一般认为有 6–7 种，分布于新疆、西藏、青海、甘肃和内蒙古（Ellerman, 1941；Ellerman et Morrison-Scott, 1951；Corbet, 1978；Nowak et Paradiso, 1983；Corbet et Hill, 1991；谭邦杰，1992；黄文几等，1995；陈卫、高武，2000b；王应祥，2003；Musser et Carleton, 2005）。

劳氏高山䶄 *Alticola roylei* (Gray, 1842)
（图 162）

Alticola cf. *stracheyi*：Pei, 1936, p. 76；Pei, 1940b, p. 51（part）

正模 LMNH B.M., No. 2002，现生标本（印控拉达克 Kumaon 地区）。

归入标本 IVPP RV 40151, Cat. C.L.G.S.C. No. C/C. 2616，破损下颌骨 2 段、牙齿 1 枚（北京周口店）。YKM M. 16，破损头骨 2 件、上下颌骨 8 段（辽宁营口）。

鉴别特征 个体较大。m1（均长 2.30 mm）的 PL 之前的 T1-T2 和 T3-T4 略成两对相对排列的菱形；Is 1、Is 3、Is 5 的封闭度均为 100%，而 Is 2、Is 4、Is 6 均为 0；具

5 个 LSA 和 4 个 LRA、4 个 BSA 和 3 个 BRA；LRA4 很浅。M3（均长 1.36 mm）有 3 个 LSA 和 3 个 BSA，2 个 LRA 和 2 个 BRA；PL 相对短，其长度约为齿冠长的三分之一；T4 通常与 PL 汇通；LSA3 最发育；通常只有 Is 3 封闭。

产地与层位 北京房山周口店（山顶洞、第三地点）、辽宁营口金牛山，中更新统—上更新统。

评注 北京周口店第三地点被 Pei (1936) 指定为 *Alticola* cf. *stracheyi* 的材料至少包含了 *Eolagurus luteus*、*A. stoliczkanus* 和 *A. roylei* 三种。周口店山顶洞发现的 "*A.* cf. *stracheyi*" 与第三地点的 *A. roylei* 一致，其 m1 的 PL 之前都有 2 对封闭不严的略呈菱形的 T，T5 与短的 AC 汇通成三叶形。

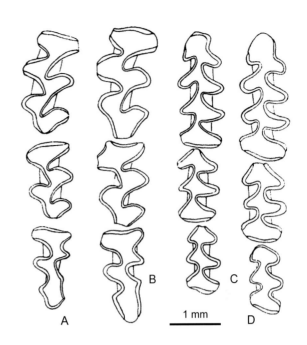

图 162　劳氏高山䶄 *Alticola roylei*
A. 左 M1–3（YKM M. 16a），B. 左 M1–3（YKM M. 16.1），C. 左 m1–3（YKM M. 16b），D. 右 m1–3（YKM M. 16.7，反转）：冠面视（引自郑绍华、韩德芬，1993）

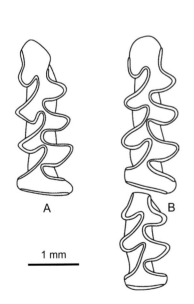

图 163　斯氏高山䶄 *Alticola stoliczkanus*
A. 左 m1（IVPP Cat. C.L.G.S.C. No. C/C. 1180），B. 右 m1–2（IVPP Cat. C.L.G.S.C. No. C/C. 2618.2，反转）：冠面视（引自郑绍华等，待刊）

斯氏高山䶄 *Alticola stoliczkanus* Blanford, 1875
（图 163）

Alticola sp.：Young, 1934, p. 89
?*Phaiomys* sp.：Young, 1934, p. 91
Phaiomys sp.：Pei, 1936, p. 77

正模 不详，现生标本（印控拉达克 Kumaon 地区）。

归入标本 IVPP Cat. C.L.G.S.C. Nos. C/C. 1174–1181，C/C. 2617–2618，破损上、下颌骨 12 段，臼齿 1 枚。北京房山周口店（第一、三地点），中—上更新统。

鉴别特征 相对小型。m1 的 Pl 之前有 4 个相互交错排列的 T 和呈三叶形的 AC；有 5 个

LSA 和 4 个 LRA、5 个 BSA 和 4 个 BRA；LRA4 和 BRA4 较其他 RA 微弱；Is 1–4 的封闭度均为 100%，Is 5 为 50%，Is 6–7 均为 0；SDQ$_P$ 值 98，为负分异。M3 只有 2 个 LSA，1 个 LRA；Is 3 较封闭；PL 相对较长，接近齿冠长度之半；T4 与 PL 汇通。

评注 周口店第一和第三地点的材料中，第一下臼齿的形态彼此相似；与发现于西藏唐古拉山海拔 5000 m 的现生标本相比，除 AC 颊侧轻微较简单外，也基本相同。

盲鼹鼠科 Family Spalacidae Gray, 1821

概述 盲鼹鼠科是一类分布在古北区适应穴居的鼠形啮齿动物。最早出现于晚渐新世，并一直延续至今。该科的模式属盲鼹鼠（blind mole rats, *Spalax*）为一现生动物，栖息于亚洲西部、欧洲东南部和非洲北部相对干旱地区，一生大部分时间在洞中生活；盲鼹鼠构建了挖掘穴居功能的躯体和骨骼：体态敦厚，躯干圆筒形，有凸出的门齿、短粗的肢骨和爪，以及退缩的尾巴。现生的盲鼹鼠没有外眼孔，眼睛完全被皮肤盖住，皮下残留的眼睛也失去视力，耳廓退化，种群中靠震动、声音、嗅觉和触觉传递信息。

定义与分类 Spalacidae 科为 Muroidea 超科中个体较大的一个类群。头骨强壮；鼠型颧 - 咬肌结构，但时见颧弓板不甚倾斜和外层咬肌限于颧弓腹缘之下；眶下孔圆、大，位置靠背侧，具有或没有腹侧裂隙（腹裂）；下颌骨一般短粗，下咬肌脊强壮；下门齿唇侧平或具有很弱的纵向纹饰。齿式：1•0•0•3/1•0•0•3；臼齿中度高冠，尖 - 脊齿型或脊齿型，中脊很弱或完全缺如，具齿根；M1 和 M2 有 1 个舌侧沟谷，2 个或 3 个颊侧沟谷；m1 和 m2 具 1–3 舌侧沟谷和颊侧沟谷；m1 具有或没有下后脊。

由于盲鼹鼠与鼢鼠（Zokors, *Eospalax* 和 *Myospalax*）、竹鼠（bamboo rats, *Cannomys* 和 *Rhizomys*）和非洲鼹鼠（African mole rats, *Tachyoryctes*）在形态和习性上有某些相似，共有高度特化、适应地下穴居的脑颅、颅后骨骼和肌肉系统。Tullberg（1899）把这些表型相似性解析为近似的系统发育关系，并把这些动物一起归入盲鼹鼠科（Spalacidae）。他的这一分类方案后来也为 Ognev（1947, 1963）使用。但多数的研究者直接或间接地认为，共有的挖掘适应特征只是演化上的趋同现象，不能说明这些动物源自一个共同的祖先。因此，上述动物就被五花八门地安排在不同的较高分类阶元：如 Thomas 1896 年把 *Rhizomys*、*Tachyoryctes* 和 *Spalax* 归入 Spalacidae 科，把 *Myospalax* 归入 Muridae 科；后来 Miller 和 Gidley（1918）把 *Myospalax* 和 *Spalax* 归入 Spalacidae 科；Allen（1938, 1940）将 *Spalax* 归入 Spalacidae 科，*Rhizomys* 和 *Cannomys* 归入 Rhizomyidae 科，*Tachyoryctes* 和 *Myospalax* 归入 Muridae 科；Simpson（1945）和 Pavlinov 等（1995）把 *Spalax* 归入 Spalacidae 科，*Rhizomys* 和 *Cannomys* 归入 Rhizomyidae 科，把 *Myospalax* 作为一个族或亚科归入 Cricetidae 科；Schaub（1958）将盲鼹鼠类（spalacines）和竹鼠类（rhizomyines）归入兽鼠超科（Theridomyoidea）中的 Spalacidae 科；Reig（1980）将 Spalacidae 和

Myospalacidae 置于鼠超科，将 Rhizomyidae 置于兽鼠超科；Carleton 和 Musser（1984）、Musser 和 Carleton（1993），以及 McKenna 和 Bell（1997）将它们分成 3 个亚科，即 Spalacinae（*Spalax*）、Rhizomyinae（*Rhizomys*、*Tachyoryctes*、*Cannomys*）和 Myospalacinae（*Myospalax*），又将这些亚科统统归入包含量非常大的 Muridae 科，等等。所有的学者都将这几个属分为 3 个或 4 个独立的亚科和 2 或 3 个科，意味着各自的独立起源。Bugge（1971, 1985）对脑内动脉形态的研究和 Michaux 与 Catzeflis（2000）对多基因片段（multiple gene-sequence）的分析都支持了 *Spalax* 和 *Rhizomys* 共同组成一个类群（但 Bugge 把盲鼹鼠和竹鼠作为两个科，并将这两个科合并提升为竹鼠超科）。随着对更多种类样品的分析和研究，结果是进一步支持 *Spalax*、*Myospalax*、*Rhizomys* 和 *Tachyoryctes* 组成鼠形类动物中的基干类群（Jansa et Weksler, 2004；Norris et al., 2004）。分子生物学资料几乎共同指出，鼢鼠、竹鼠、盲鼹和非洲鼹鼠为一个单系类群，与鼠形类的其他科构成姐妹群，属于一个从渐新世中期或晚渐新世的祖先基干中分离出来最早的一个分支，而不是独立演化出的多系辐射。据此，Wilson 和 Reeder（2005）支持 Tullberg（1899）提出的系统发育关系假说，把 *Spalax*、*Myospalax*、*Rhizomys* 和 *Tachyoryctes* 也都归入盲鼹鼠科，并分为 4 个亚科隶属于鼠形超科之下。这 4 个亚科是鼢鼠亚科（Myospalacinae）、竹鼠亚科（Rhizomyinae）、盲鼹鼠亚科（Spalacinae）和非洲鼹鼠亚科（Tachyoryctinae）。

化石盲鼹类和竹鼠类在骨骼和白齿形态上显示了两者的许多相似。但在研究非洲的 *Nakalimys* 和 *Harasibomys* 时，Mein 等（2000）把两者置于 Rhizomyidae 或 Spalacidae 科。Flynn（1982）、Flynn 和 Jacobs（1990）及 Flynn 和 Sabatier（1984）认为，Spalacidae 和 Rhizomyidae 分别起源于不同的鼠形啮齿动物，推测前者可能起源于豪猪型头骨的鼠形动物；Flynn（2009）进一步把盲鼹鼠类、竹鼠类和鼢鼠类分别指定为 Spalacinae、Rhizomyinae 和 Myospalacinae，一起归入广义的 Muridae。Ünay（1999）认为 Spalacidae 科、Rhizomyidae 科和 Tachyoryctoididae 科在形态上的相似性是穴居适应的结果，属于演化上的趋同现象，这些科各自有久远的进化历史。最近王伴月和邱占祥（2018）对副竹鼠类动物（pararhizomyini）进行了详细的研究，根据分支分析的结果仍把 Rhizomyidae 和 Spalacidae 作为两个独立的科，又将 Spalacidae 科分为 Spalacinae 和 Tachyoryctoidinae 两个亚科。

很显然，在研究者中对盲鼹鼠类的演化和系统分类位置不会很快取得一致的看法。Tullberg（1899）及 Wilson 和 Reeder（2005）的假说似乎也很有道理，得到了形态学和分子生物学资料的支持，但这一分类方案无疑要有进一步多形态系统的支序分析和更广基因阵的检验。在该类动物分类位置未取得比较一致的看法之前，为了使用上的方便和为日后完善留下更多的空间，编者暂时把盲鼹鼠类作为一个独立的科 Spalacidae，与 Rhizomyidae 科、Myospalacidae 科并列置于 Muroidea 超科之中，把 Spalacidae 科分为两个亚科即 Tachyoryctoidinae 和 Spalacinae。在中国只发现有前一亚科。

　　中国已知属　*Ayakozomys*, *Pararhizomys*, *Pseudorhizomys*, *Tachyoryctoides*，共 4 属。

分布与时代 盲鼹鼠科分布于古北区（亚洲中东部、西亚、欧洲东南部和非洲北部），最早出现于亚洲中部的晚渐新世。在亚洲中东部地区出现的是拟速掘鼠亚科的拟速掘鼠族（晚渐新世—? 晚中新世早期）和副竹鼠族（晚中新世—早上新世）；盲鼹鼠亚科分布于西亚、东南欧和北非，最早出现于早中新世，并延续至今。

拟速掘鼠亚科 Subfamily Tachyoryctoidinae Schaub, 1958

模式属 拟速掘鼠属 *Tachyoryctoides* Bohlin, 1937

定义与分类 拟速掘鼠亚科（Tachyoryctoidinae）是一类晚渐新世—早上新世时生活在亚洲中部和东部的土著啮齿动物。该类群具有明显适应掘土穴居的形态构造特征。个体中—大型。头骨较低，具鼠型颞-咬肌结构，较宽的颧弓板斜向前外上方延伸。上颌齿隙长，长于上臼齿列。关节窝长，向后延伸至项嵴。矢状嵴和项嵴很发达，无间顶骨。项面平，面向后上方。下颌为松鼠型。咬肌嵴向外伸张。齿式：1•0•0•3/1•0•0•3。臼齿冠高中等，具齿根；臼齿冠面为脊形，前边尖、中尖和中脊退化。

拟速掘鼠亚科包括拟速掘鼠族(Tachyoryctoidini)和副竹鼠族(Pararhizomyini)两个族，共有 *Tachyoryctoides*、*Ayakozomys*、*Pararhizomys*、*Pseudorhizomys* 4 属。

分布与时代 亚洲（亚洲中东部地区，包括中国、蒙古和哈萨克斯坦），晚渐新世—早上新世。

评注 Tachyoryctoidinae 亚科是 Schaub （1958）建立的，当时被归入鼠超科的仓鼠科（Cricetidae），后被提升为拟速掘鼠科（Tachyoryctoididae）（Fejfar, 1972；de Bruijn et al., 1981；Klein Hofmeijer et de Bruijn, 1985；Tyutkova, 2000；Wang et Qiu, 2012），McKenna 和 Bell （1997），以及 Bendukidze 等（2009）则将其归入广义的鼠科（Muridae）。编者赞同王伴月和邱占祥（2018）的建议，将该亚科转归盲鼹鼠科（Spalacidae）。

拟速掘鼠族 Tribe Tachyoryctoidini Schaub, 1958

模式属 拟速掘鼠属 *Tachyoryctoides* Bohlin, 1937

定义与分类 拟速掘鼠族（Tachyoryctoidini）是一类生存在亚洲古北区晚渐新世—中中新世早期的土著啮齿动物，包括拟速掘鼠属（*Tachyoryctoides*）和阿亚科兹鼠属（*Ayakozomys*），隶属盲鼹鼠科（Spalacidae）的拟速掘鼠亚科（Tachyoryctoidinae）。

鉴别特征 中—大型鼠形类。头骨具鼠型颞-咬肌结构，眶下孔大，没有腹裂（腹侧裂隙）；下颌为松鼠型，水平支粗厚，咬肌窝前伸至 m1 与 m2 之间的下方，下咬肌嵴粗壮。齿式：1•0•0•3/1•0•0•3；臼齿中度高冠，脊齿型，中脊很弱或缺如，具齿根。上臼齿通常具 1 个舌侧谷和 3 个颊侧谷，M1 和 M2 具有或没有内中脊；下臼齿有 3 个舌侧谷，

2个颊侧谷；下门齿唇侧平，截面三角形。

本书所使用的牙齿构造术语如图 164 所示。

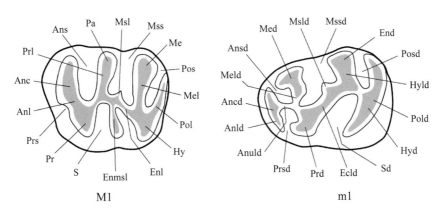

M1　　　　　　　　　　　　　　　　m1

图 164　拟速掘鼠族颊齿构造模式图

Anc. 前边尖（anterocone），Ancd. 下前边尖（anteroconid），Anl. 前边脊（anteroloph），Anld. 下前边脊（anterolophid），Ans. 前边谷（anterosinus），Ansd. 下前边谷（anterosinusid），Anuld. 下前小脊（anterolophulid），Ecld. 下外脊（ectolophid），End. 下内尖（entoconid），Enl. 内脊（entoloph），Enmsl. 内中脊（entomesoloph），Hy. 次尖（hypocone），Hyd. 下次尖（hypoconid），Hyld. 下次脊（hypolophid），Me. 后尖（metacone），Med. 下后尖（metaconid），Mel. 后脊（metaloph），Meld. 下后脊（metalophid），Msl. 中脊（mesoloph），Msld. 下中脊（mesolophid），Mss. 中谷（mesosinus），Mssd. 下中谷（mesosinuid），Pa. 前尖（paracone），Pol. 后边脊（posteroloph），Pold. 下后边脊（posterolophid），Pos. 后边谷（posterosinus），Posd. 下后边谷（posterosinusid），Pr. 原尖（protocone），Prd. 下原尖（protoconid），Prl. 原脊（protoloph），Prs. 原谷（protosinus），Prsd. 下原谷（protosinusid），S. 内谷（sinus），Sd. 下外谷（sinusid）（引自 Wang et Qiu, 2012, 稍经修改）

分布与时代　拟速掘鼠族分布于蒙古和哈萨克斯坦的渐新世晚期—中新世早期，以及中国渐新世晚期—中新世中期（Argyropulo, 1939；Bohlin, 1937；Vorontsov, 1963；Dashzeveg, 1971；Kowalski, 1974；李传夔、邱铸鼎, 1980；Bendukidze, 1993；Tyutkova, 2000；Lopatin, 2004；Wang et Qiu, 2012；Daxner-Höck et al., 2015；邱铸鼎、李强, 2016）。该族两个属的化石在我国都有发现，主要见于北方地区内蒙古、甘肃、青海和新疆的晚渐新世和早中新世地层；此外，江苏早中新世下草湾组也有零星的发现，但未见详细描述（Qiu et Qiu, 2013）。内蒙古中部地区的材料较为丰富，除有相当数量的脱落牙齿外，尚有保存较为完好的头骨，这些发现丰富了我们对亚洲这一特有而稀少的啮齿动物类群的认识。

评注　自 Bohlin（1937）建立 *Tachyoryctoides* 以来，有关该属较高阶元的系统分类在研究者中歧见颇多。最先，认为其牙齿形态与现生竹鼠类的相似，很长一段时间被归入竹鼠科（Rhizomyidae）（Bohlin, 1937, 1946；Simpson, 1945；Kowalski, 1974；李传夔、邱铸鼎, 1980）。随着新成员的发现和研究的深入，*Tachyoryctoides* 属被从 Rhizomyidae 中分出，或并入 Spalacinae 和 Anomalomyinae 亚科（Flynn et al., 1985），或归入 Cricetidae 科（Argyropulo, 1939；Schaub, 1958；Vorontsov, 1963；Dashzeveg, 1971），或指定为独立的 Tachyoryctoididae 科（Fejfar, 1972；Klein Hofmeijer et de Bruijn, 1988；Tyutkova, 2000；Lopatin, 2004）。McKenna 和 Bell（1997）、Bendukidze 等（2009）则把

Tachyoryctoides 归入 Tachyoryctoidinae 亚科，置于广义的鼠科（Muridae）之下。Bendukidze 等（2009）对拟速掘鼠亚科的成员进行过订正，除 *Tachyoryctoides* 属外，把 *Ayakozomys*、*Eumysodon*、*Argyromys* 和 *Aralocricetodon* 属也归入该亚科。但是 Lopatin（2004）仍把 *Argyromys* 属归入 Spalacidae 科，把 *Aralocricetodon* 属置于 Cricetidae 科；Bendukidze（1993）认为 *Eumysodon* 属是 *Tachyoryctoides* 的同物异名。编者赞同把 *Tachyoryctoides* 属归入 Tachyoryctoidinae 亚科。在这一亚科中，*Ayakozomys* 与 *Tachyoryctoides* 属具有较多相似的近裔自性。因此，在当前对这两个属更高阶元分类方案的认识未取得一致的情况下，暂将其归入 Schaub（1958）和 Fejfar（1972）建议的拟速掘鼠族（Tachyoryctoidini），并置于 Tachyoryctoidinae 亚科之下，隶属 Spalacidae 科。

拟速掘鼠属 Genus *Tachyoryctoides* Bohlin, 1937

模式种 奥氏拟速掘鼠 *Tachyoryctoides obrutschewi* Bohlin, 1937

鉴别特征 个体较大的鼠形类（muroids）动物；头骨中层咬肌附着区限于上颌骨之内，臼窝位于听泡上侧方，后伸与项嵴相会，内鼻孔的前缘对向 M3 中部；下颌骨水平支的舌侧面微凹。臼齿横脊通常与牙齿的中轴接近垂直，齿谷宽且深，内脊和下外脊完整、斜向延伸。上臼齿内谷指向前边谷；M1 和 M2 具有或没有残留的中脊，内中脊缺如。下臼齿的下中谷和下外谷扩大，分别指向下原谷和下后边谷；m1 没有明显的下前边尖，下后尖与下原尖通常在低处连接，下后脊随磨蚀可从不完整到完整；m2 和 m3 有下前小脊，下中谷的舌侧不开放。

中国已知种 *Tachyoryctoides obrutschewi, T. colossus, T. engesseri, T. kokonorensis, T. pachygnathus, T. vulgatus*，共 6 种。

分布与时代 甘肃，渐新世—早中新世；青海、内蒙古、江苏、新疆，早中新世。

评注 步林（Bohlin, 1937）在创建 *Tachyoryctoides* 属时，根据发现于甘肃党河地区的三件破碎下颌骨，主要依尺寸大小指定了 3 个种：*T. obrutschewi*、*T. intermedius* 和 *T. pachygnathus*。*T. pachygnathus* 的下颌骨比 *T. obrutschewi* 的强壮，牙齿的尺寸也大很多，显然属于可以区分的不同种；但 *T. intermedius* 与 *T. obrutschewi* 的尺寸和形态差别不大，Bendukidze 等（2009）认为把 *T. intermedius* 当作是 *T. pachygnathus* 的同物异名似乎也欠妥。自布林 1937 年的发现后，在甘肃、青海、新疆和江苏都有该属材料发现的报道（Bohlin, 1946；李传夔、邱铸鼎, 1980；孟津等, 2006；Wang et Qiu, 2012；Qiu et Qiu, 2013），但新疆、甘肃和江苏作为该属未定种的标本还未见有详细的描述，甘肃标本指定为 *T. minor*（Wang et Qiu, 2012）的种似乎应该归入 *Ayakozomys* 属（见下）。

Tachyoryctoides 属还发现于蒙古和哈萨克斯坦晚渐新世—早中新世的地层（Dashzeveg, 1971；Kowalski, 1974；Kordikova et de Bruijn, 2001；Daxner-Höck et

Badamgarav, 2007；Bendukidze et al., 2009；Daxner-Höck et al., 2015）；编者赞同哈萨克斯坦咸海地区的 "*Aralomys*" 属是 *Tachyoryctoides* 属的晚出异名。

奥氏拟速掘鼠 *Tachyoryctoides obrutschewi* Bohlin, 1937
（图 165）

Tachyoryctoides intermedius：Bohlin, 1937, p. 45

正模　IVPP Sh 499，破损左下颌骨附 m1-3。甘肃肃北沙拉果勒河 [Shargaltein-Tal，石墙（羌）子沟]，上渐新统白杨河组。

副模　IVPP Sh 498，下颌骨碎块附 m2-3 一件。产地与层位同正模。

鉴别特征　属中个体较小的一种。m1 具有下前小脊和短弱的下中脊，下前边脊的舌侧支显著，m2 和 m3 的下前边谷相对较大，m3 较少退化，并保留有下后边谷。

评注　*Tachyoryctoides intermedius* 尺寸比 *T. obrutschewi* 稍微大些，齿谷也宽些，步林（Bohlin, 1937）怀疑这些差异是磨蚀程度不同所致，Bendukidze 等（2009）也不同意把 *T. intermedius* 当作是 *T. pachygnathus* 的同物异名，编者认为也许将其归入 *T. obrutschewi* 更为适宜。

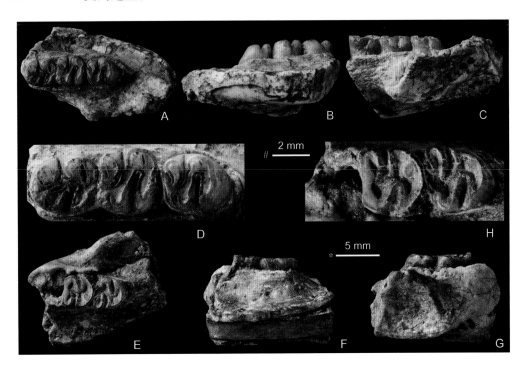

图 165　奥氏拟速掘鼠 *Tachyoryctoides obrutschewi*

A–D. 破损左下颌骨附 m1–3（IVPP Sh 499，正模），E–H. 右下颌骨碎块附 m2–3（IVPP Sh 498）：A, D, E, H. 冠面视（H 反转），B, F. 舌侧视，C, G. 颊侧视；比例尺：* - A–C, E–G，# - D, H

该种亦出现于蒙古的晚渐新世地层（Daxner-Höck et al., 2015）。

巨拟速掘鼠 *Tachyoryctoides colossus* Qiu et Li, 2016
（图 166）

Tachyoryctoides sp. 1：Qiu et al., 2013, p. 177, 178

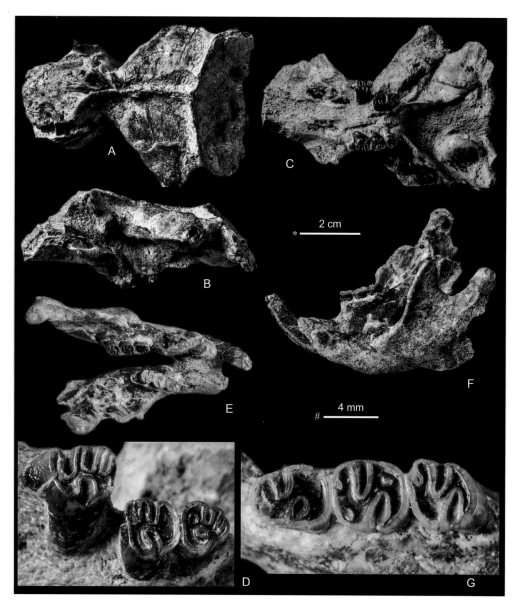

图 166　巨拟速掘鼠 *Tachyoryctoides colossus*

破损头骨附完整齿列（IVPP V 19424，正模）：A. 颅骨背面视，B. 颅骨颊侧视，C. 颅骨腹面视，D. 左上臼齿列冠面视，E. 下颌骨冠面视，F. 下颌骨左侧视，G. 左下臼齿列冠面视；比例尺：∗ - A–C, E, F，# - D, G
（引自邱铸鼎、李强，2016）

正模 IVPP V 19424，一件上、下颌骨咬合并保存完整齿列的破损头骨。内蒙古苏尼特左旗嘎顺音阿得格（IVPP IM 0406 地点），下中新统敖尔班组（谢家期晚期—山旺期早期）。

副模 IVPP V 19425，破损头骨一件，保存了咬合的上、下颌骨和完整的齿列。产地与层位同正模。

归入标本 IVPP V 19426–19428，下颌骨碎块 4 件、M2 1 枚（内蒙古中部地区）。

鉴别特征 个体较大的拟速掘鼠。上白齿和下白齿无任何中脊的痕迹；M1 具有残留的原谷；M3 的后边谷开放；m1 没有明显的下前小脊和下前边谷，下原谷的颊侧开放；m3 长度与 m2 的近等，没有下后边谷。上白齿三齿根。

产地与层位 内蒙古苏尼特左旗敖尔班（下）、嘎顺音阿得格，下中新统敖尔班组。

恩氏拟速掘鼠 *Tachyoryctoides engesseri* Wang et Qiu, 2012
（图 167）

正模 IVPP V 18176.1，不完整的头骨保存有完整的臼齿列及保存有臼齿列的右半边下颌骨。甘肃皋兰瞿家川（IVPP GL 199708 地点），下中新统咸水河组中段。

副模 IVPP V 18176.2，M2 一枚及一些破损的牙齿。产地与层位同正模。

鉴别特征 大个体拟速掘鼠。前颌骨 - 颌骨缝合线位于门齿孔后部。m1 无下前小脊和下中脊，形成宽阔的前方谷（下前边谷 + 下原谷），谷的舌侧封闭，颊侧开放；m2 和 m3 具短的下前边脊舌侧支和小的下前边谷；m3 比 m2 和 m1 长些，具有较宽的下原谷和釉岛形的下后边谷。上白齿的后边脊比后脊短很多，后边谷小；M3 的后边谷开放。

评注 原描述者指定 IVPP V 18176.2 号标本为归入标本，因其与正模产自相同地点和层位，故此改为副模。该种亦见于蒙古的晚渐新世地层（Daxner-Höck et al., 2015）。

青海湖拟速掘鼠 *Tachyoryctoides kokonorensis* Li et Qiu, 1980
（图 168）

正模 IVPP V 5999，不完整的头骨保存完整齿列。青海湟中谢家，下中新统谢家组。

副模 IVPP V 6000，下颌骨碎块 5 件、牙齿 5 枚。产地与层位同正模。

鉴别特征 较大个体拟速掘鼠，颊齿中等高冠，齿谷宽阔。m1 具低的下前小脊，但无下中脊，前方谷（下前谷 + 下原谷）的颊侧近封闭；m2 和 m3 具短的下前边脊舌侧支和小的下前边谷；m3 比 m2 和 m1 长，具有釉岛形的下原谷，无下后边谷。上白齿中的 M1 和 M2 具有残留中脊的痕迹，后边脊比后脊稍短，后边谷相对宽；M3 的后边谷釉岛形。

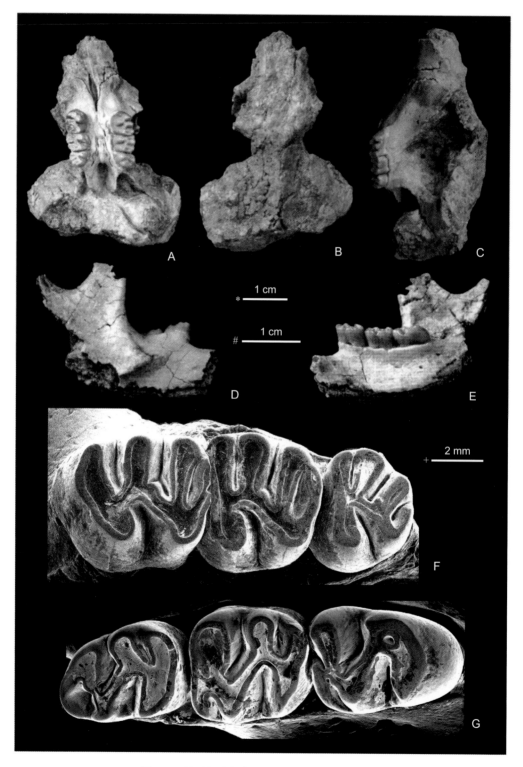

图 167　恩氏拟速掘鼠 *Tachyoryctoides engesseri*

不完整的头骨保存有右半边下颌骨（IVPP V 18176.1，正模）：A. 腹侧视，B. 背侧视，C. 左侧视，D. 颊侧视，
E. 舌侧视，F. 左上臼齿列冠面视，G. 右下臼齿列冠面视（反转）；比例尺：* - A–C，# - D, E，＋ - F, G
（引自 Wang et Qiu, 2012）

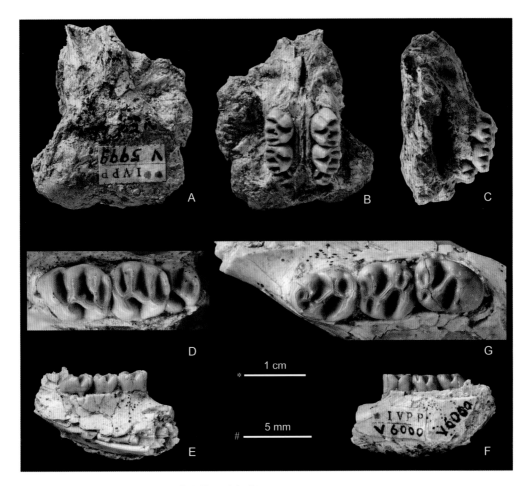

图 168 青海湖拟速掘鼠 *Tachyoryctoides kokonorensis*

A–D. 破损头骨附完整的臼齿列（IVPP V 5999，正模），E–G. 左下颌骨碎块附 m1–3（IVPP V 6000）；A. 背侧视，B. 腹侧视，C, F. 颊侧视，D. 左 M1–3 冠面视，E. 舌侧视，G. 左 m1–3 冠面视；比例尺：* - A–C, E, F, # - D, G

评注 原描述称 IVPP V 6000 号标本为归入标本，因其与正模产自相同地点和层位，故此改为副模。该种亦发现于蒙古的晚渐新世地层（Daxner-Höck et al., 2015）。

肿腭拟速掘鼠 *Tachyoryctoides pachygnathus* Bohlin, 1937

（图 169）

正模 IVPP Sh 629/829/653，牙齿已脱落的破损左、右下颌支。甘肃肃北沙拉果勒河 [Shargaltein-Tal，石墙（羌）子沟]，上渐新统白杨河组。

鉴别特征 属中个体较大的一种。下颌骨粗壮，m1 和 m2 齿槽的宽度相对小。

评注 *Tachyoryctoides pachygnathus* 的现有材料很少，种征有待更多的标本予以增加和完善。Wang 和 Qiu（2012）注意到正模标本 m1 和 m2 齿槽的长宽比与一些种有较明显的差别，在材料还很稀缺的情况下这是值得考虑的种间差异特征。

该正模的标本编号多处不一致。在 Bohlin（1937）的文章中，指定的正模编号为 Sh. 629，在插图中为 Sh. 829，在标本上记为 653。

图 169　肿腭拟速掘鼠 *Tachyoryctoides pachygnathus*
牙齿已脱落的破损左、右下颌支（IVPP Sh 629/829/653，正模）：A. 冠面视，B. 颊侧视

普通拟速掘鼠 *Tachyoryctoides vulgatus* Qiu et Li, 2016
（图 170）

Tachyoryctoides sp. 2：Qiu et al., 2013, p. 177, 178

正模　IVPP V 19429，右上颌骨附有 M1–2。内蒙古苏尼特左旗嘎顺音阿得格（IVPP IM 0406 地点），下中新统敖尔班组（谢家期晚期—山旺期早期）。

副模　IVPP V 19430.1–7，破损下颌骨 1 件、臼齿 6 枚。产地与层位同正模。

归入标本　IVPP V 19431–19435，上、下颌骨碎块 5 件，臼齿 13 枚（内蒙古中部地区）。

鉴别特征　个体较小的拟速掘鼠。上臼齿和下臼齿没有中脊的痕迹；M1–3 后边谷颊侧开放；m1 的下前小脊极弱或缺如，下前边谷和下原谷连成颊侧半开放、宽大的前方谷；m3 不甚退化，长度与 m2 的近等，具有下后边谷。上臼齿四齿根。

产地与层位　内蒙古苏尼特左旗敖尔班（下）、嘎顺音阿得格，下中新统敖尔班组。

评注　*Tachyoryctoides vulgatus* 以个体较小，齿谷较宽，m1 的长度相对较大、没有下中脊和明显的下前小脊，m3 较退化而不同于晚渐新世的 *T. obrutschewi*、*T. gigas* 和 *T. glikmani*。与 *T. kokonorensis* 和 *T. engesseri* 的不同在于个体略小，M1 和 M2 没有任何残留中脊的痕迹，m1 由下原谷和下前边谷连成的前方齿谷更宽阔。在主齿尖较前后压扁、齿谷开阔、无任何中脊痕迹，以及 m1 没有明显下前小脊方面，该种与 *T. colossus* 一致，不同在于牙齿的尺寸小，m1 具有下原谷和下前边谷连成的宽阔前方齿谷，m3 具下后边谷，上臼齿有四齿根。

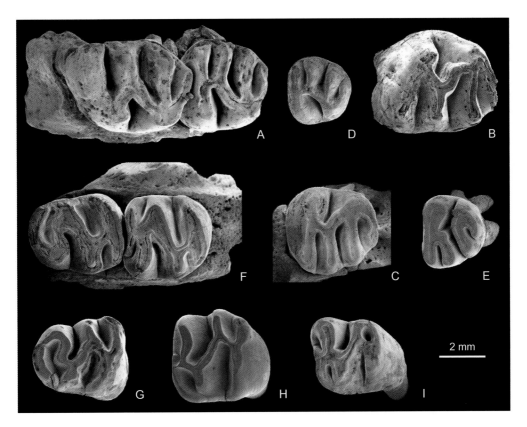

图 170 普通拟速掘鼠 *Tachyoryctoides vulgatus*

A. 右上颌骨碎块附 M1–2（IVPP V 19429，正模，反转），B. 左 M3（IVPP V 19430.2），C. 右 M1（IVPP V 19430.1），D. 右 M2（IVPP V 19432.2），E. 右 M3（IVPP V 19431.1），F. 右下颌骨碎块附 m1–2（IVPP V 19432.1），G. 左 m1（IVPP V 19430.3），H. 左 m2（IVPP V 19432.3），I. 左 m3（IVPP V 19431.2）：冠面视（引自邱铸鼎、李强，2016）

阿亚科兹鼠属 Genus *Ayakozomys* Tyutkova, 2000

模式种 瑟吉坡阿亚科兹鼠 *Ayakozomys sergiopolis* Tyutkova, 2000

鉴别特征 下颌骨粗厚；咬肌窝宽大，前方伸至 m1 后部之下；咬肌嵴粗壮。臼齿脊型，中度高冠，齿脊和齿谷近横向排列；臼齿没有中脊，横脊发育，纵向脊退化或缺如。M1 和 M2 具有由内附尖和内附尖脊融为一体的内中脊，中谷内伸达舌侧、且多数在舌侧开放；M1 前边脊、原尖和原脊连成锐角向舌侧的 V 形粗棱，内中脊与内脊或原脊连接形成显著的中部舌侧脊，后脊、次尖与后边脊通常连成接近环形的后部粗棱；下臼齿下前边脊与下后尖连接，有与 *Tachyoryctoides* 属相同数量的舌侧、颊侧齿谷，及与其指向大体相似的下中谷和下外谷；m1 下外谷宽阔、舌端正指下内尖，下后边谷明显、向外延伸宽度不小于下外谷内伸的宽度。下门齿的舌侧面平，截面接近等腰三角形，齿腔宽大。

中国已知种 *Ayakozomys mandaltensis, A. minor, A. ultimus*，共 3 种。

分布与时代 甘肃、新疆、内蒙古，早中新世—? 晚中新世早期。

评注　*Ayakozomys* 属上臼齿的一个重要特征是 M1 和 M2 具有"内中脊"。Kordikova 和 de Bruijn（2001）显然也注意到这一构造要素，不过将其称为"中尖"；邱铸鼎和李强（2016）认为这是由内附尖和内附尖脊融合而成的脊。至于"内中脊"这一术语，是否是与内附尖及内附尖脊同源，或者可否称其为中尖、或为原脊向舌侧的延伸仍有待研讨。但编者认同，原脊是连接前尖和原尖的脊，在 *Ayakozomys* 的 M1 中原脊的走向很清楚，而"内中脊"的颊侧与内脊或原脊连接，向内伸至牙齿的舌侧缘。如果这个联合体源于内脊，又伸达舌缘，占据了内附尖的位置，把它说成是"原脊"或"中尖"总有欠妥之处，故此拟把这一构造看作是内附尖和内附尖脊构成的内中脊。

该属的创建人 Tyutkova（2000）在描述中正式称其 *Ayakozomys* 属，但在图 1 的说明中写成了 *Ayakozamys*，这显然是笔误。在 Bendukidze 等（2009）的文章中，把它写为 *Ayakosomys*。为了避免进一步的混乱，建议使用 *Ayakozomys*。

Ayakozomys 属还发现于哈萨克斯坦和蒙古的早中新世地层（Tyutkova, 2000；Kordikova et de Bruijn, 2001；Lopatin, 2004；Bendukidze et al., 2009；Daxner-Höck et al., 2015）。另外，Ye 等（2003, fig. 5a）报道过发现于新疆准噶尔盆地下中新统、指定为 "Tachyoryctoidinae gen. et sp. nov." 的一枚 M1，显然应归入 *Ayakozomys* 属。

满都拉图阿亚科兹鼠 *Ayakozomys mandaltensis* Qiu et Li, 2016
（图 171）

Aralomys sp. 1：Qiu et al., 2013, p. 177

Aralomys sp.：Qiu et al., 2013, p. 178 (part)

正模　IVPP V 19436，右下颌骨附有 m1–3。内蒙古苏尼特左旗嘎顺音阿得格（IVPP IM 9607 地点），下中新统敖尔班组（谢家期晚期—山旺期早期）。

副模　IVPP V 19437，M1 一枚。产地与层位同正模。

归入标本　IVPP V 19438–19446，上、下颌骨碎块 11 件，臼齿 40 枚（内蒙古中部地区）。

鉴别特征　个体较大的阿亚科兹鼠。颊齿的齿脊与齿谷近于同等发育，间距相差不大；M1 常有残留的内脊，内中脊与内脊或原脊连接；M2 的原脊较完整，通常与原尖或前边脊相连；m2 的齿脊略倾斜，下后边脊与下次脊或下内尖间常有连接的下外脊；m3 不甚退化，前部有与 m2 相同的构造要素。

产地与层位　内蒙古苏尼特左旗敖尔班（下）、嘎顺音阿得格，下中新统敖尔班组；巴伦哈拉根，?上中新统下部。

评注　出现于巴伦哈拉根地点仅有一枚破损的 m1，原描述者（邱铸鼎、李强，2016）不排除其为二次堆积的产物。

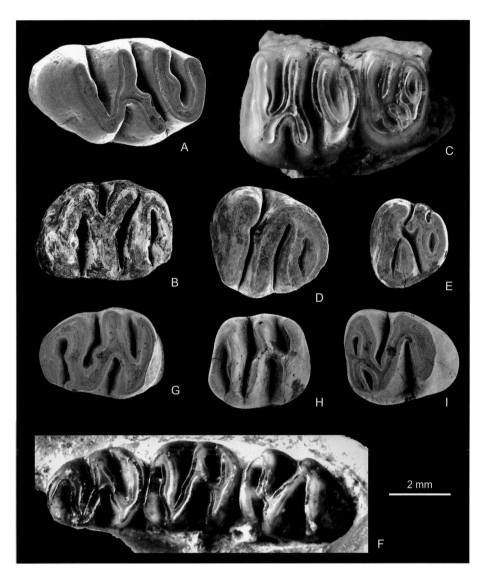

图 171　满都拉图阿亚科兹鼠 *Ayakozomys mandaltensis*

A. 左 M1（IVPP V 19438.1），B. 右 M1（IVPP V 19445.1），C. 附 M2 和 M3 的左上颌骨碎块（IVPP V 19439.1），D. 右 M2（IVPP V 19439.2），E. 右 M3（IVPP V 19444.1），F.附在右下颌骨碎块上的 m1–3（IVPP V 19436，正模，反转），G. 左 m1（IVPP V 19438.2），H. 左 m2（IVPP V 19439.3），I. 左 m3（IVPP V 19438.3）：冠面视（引自邱铸鼎、李强，2016）

小阿亚科兹鼠 *Ayakozomys minor* (Wang et Qiu, 2012)

（图 172）

Tachyoryctoides minor：Wang et Qiu, 2012, p. 116 (part)

正模　IVPP V 18177.1，左 m2。甘肃皋兰对亭沟（IVPP Loc. GL 199303），下中新统咸水河组中段。

副模　IVPP V 18177.2, 4，M3 和破损 m1 各一枚。产地与层位同正模。

鉴别特征　个体较小的阿亚科兹鼠。颊齿的齿谷相对宽阔，齿脊明显倾斜。m1 没有下前小脊，但具有封闭的前方谷（下前边谷 + 下原谷）；m2 的主齿尖显著，前方谷的舌侧封闭，颊侧开放，并由一明显、前外 - 后内向的下前小脊隔开，下后边脊与下次脊或下内尖间有明显的下外脊连接。

评注　Wang 和 Qiu（2012）最初将该种归入 *Tachyoryctoides* 属，材料有 4 枚臼齿，其中的 m1、m2 和 M3 在尺寸大小和构造模式上具有明显的同一性，特别是其明显的脊型齿、下臼齿的下前边脊与下后尖连接，以及 M3 的明显退化。这三枚牙齿的基本形态与 *Ayakozomys* 属的特征一致，而与 *Tachyoryctoides* 属有所不同；另外的一枚牙齿为破损的 m3，尺寸偏大、齿尖也相对显著，与 *Tachyoryctoides* 的相匹配，而与 *Ayakozomys* 属的特征不符。由于指定该种的正模为 m2，邱铸鼎和李强（2016）已将除 m3 外的标本移归 *Ayakozomys* 属。

Ayakozomys minor 的正模和模式种 *A. sergiopolis* 的正模都是一枚 m2，两者尺寸接近，不同的似乎只是前者的齿谷稍宽大，下前小脊较显著。但内蒙古满都拉图标本表明，*Ayakozomys* 属牙齿齿谷的宽窄与磨蚀程度有一定的关系，下前小脊的发育程度会因个体的不同而发生变化（邱铸鼎、李强，2016）。因此，*A. minor* 是否会是 *A. sergiopolis* 的晚出异名仍需进一步的发现和研究，但暂时保留作为有效的两个种。

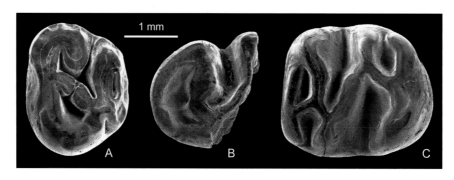

图 172　小阿亚科兹鼠 *Ayakozomys minor*

A. 左 M3（IVPP V 18177.4），B. 左 m1（IVPP V 18177.2），C. 左 m2（IVPP V 18177.1，正模）：冠面视
（引自 Wang et Qiu, 2012）

最后阿亚科兹鼠 *Ayakozomys ultimus* Qiu et Li, 2016

（图 173）

Aralomys sp. 2：Qiu et al., 2013, p. 178

Aralomys sp.：Qiu et al., 2013, p. 178 (part)

Tachyoryctoides sp.：Qiu et al., 2013, p. 179

正模　IVPP V 19447，右 M1。内蒙古苏尼特左旗敖尔班（上）（IVPP Loc. IM 0772），下中新统敖尔班组（山旺期）。

副模　IVPP V 19448，下颌骨 1 件、臼齿 68 枚。产地与层位同正模。

归入标本　IVPP V 19449–19456，上、下颌骨碎块 7 件，臼齿 8 枚（内蒙古中部地区）。

鉴别特征　个体较大的阿亚科兹鼠。颊齿的齿脊粗壮，齿脊间距比齿谷间距小；M1 和 M2 通常没有内脊，内中脊融入原脊并形成相对均匀发育的横向齿棱；M2 的原脊通常

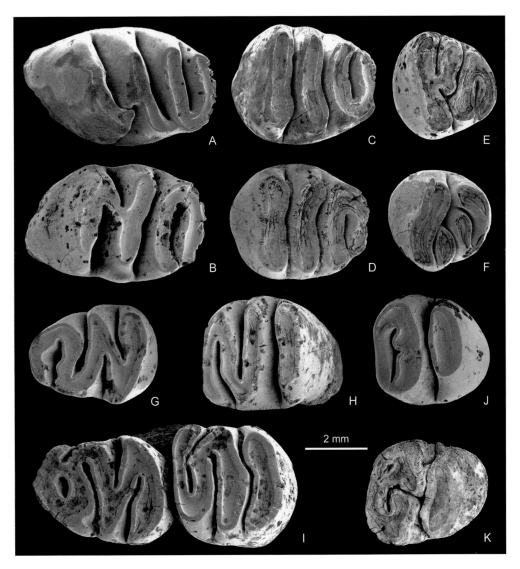

图 173　最后阿亚科兹鼠 *Ayakozomys ultimus*

A. 左 M1 (IVPP V 19448.1)，B. 右 M1 (IVPP V 19447，正模)，C. 左 M2 (IVPP V 19455.1)，D. 右 M2 (IVPP V 19448.2)，E. 左 M3 (IVPP V 19448.3)，F. 右 M3 (IVPP V 19448.4)，G. 左 m1 (IVPP V 19448.5)，H. 左 m2 (IVPP V 19448.6)，I. 附有 m1 和 m2 的右下颌骨碎块 (IVPP V 19456.1)，J. 左 m3 (IVPP V 19448.7)，K. 右 m3 (IVPP V 19448.8)：冠面视（引自邱铸鼎、李强，2016）

不与原尖或前边脊相连；m2 呈明显的前后向挤压状、齿脊横向，后部下外脊（下后边脊与下次脊或下内尖间的脊）缺失；m3 明显退化，下后尖与下内尖融为一体，下次尖与下后边脊构成孤立的尖状脊。

产地与层位 内蒙古苏尼特左旗敖尔班（下、上）、嘎顺音阿得格，下中新统敖尔班组；苏尼特右旗推饶木，中中新统通古尔组下部。

评注 *Ayakozomys ultimus* 在内蒙古最早出现于早中新世下红层，但数量更多的标本产自层位稍高的上红层，最晚见于中中新世通古尔组下段。*A. ultimus* 是拟速掘鼠族残存在我国的最后代表，其相对繁荣时期似乎处于 *Tachyoryctoides* 属和 *A. mandaltensis* 趋于绝灭期间。

副竹鼠族 Tribe Pararhizomyini Wang et Qiu, 2018

模式属 副竹鼠 *Pararhizomys* Teilhard de Chardin et Young, 1931

定义与分类 副竹鼠族（Pararhizomyini）是一类生活在晚中新世—早上新世东亚中纬度地区、现已绝灭的土著啮齿类。该族动物主要用门齿掘土，辅以用爪刨以协助掘土和运土，系穴居者。王伴月和邱占祥（2018）将该族归入盲鼹鼠科（Spalacidae）的拟速掘鼠亚科（Tachyoryctoidinae），包括副竹鼠属（*Pararhizomys*）和假竹鼠属（*Pseudorhizomys*）两个属。

鉴别特征 中—大型鼠形类。头骨枕鼻长 50–70 mm。头骨较低，具窄长的吻部和宽的颅部；上颌齿隙长，上颊齿列后移，面部与颅部长度相近。头骨具鼠型颧 - 咬肌结构。外层咬肌附着处有明显的弧形前缘嵴。颧弓后端向后延伸不达项嵴。鼻骨为后端趋尖的长楔形。鼻骨和前颌骨后端几乎在同一横线上。前颌骨具侧背嵴。前颌骨 - 上颌骨缝穿过门齿孔。门齿孔短小，约为上齿隙长的 1/4–1/3。眶下孔大，具腹侧裂隙。鼻泪窝位于眶下管内。眼眶很小。硬腭后部具明显的副翼窝。翼窝窄小而浅。咬肌和颊肌神经管很短。关节窝很长，向后延伸至项嵴，听泡参与关节窝的组成。外耳道很短，不成管状，位于关节窝的下后方。卵圆孔与中破裂孔相融合。未见蹬骨动脉孔。枕髁腹面较短宽，左、右枕髁彼此靠近。项面平，面向后上方，颞骨岩乳部在项面出露较大。副乳突很小。

下颌为松鼠型；水平支短而粗壮；下颌骨齿隙长 ≥ 下颊齿列长。咬肌窝前伸至 m1 与 m2 交界之前下方，咬肌嵴向外伸张。颏孔位于 m1 前缘下方。颞肌窝明显，向下伸至冠状突内侧基部。髁突斜向后上方伸长。下门齿后端在上升支颊侧形成很明显的隆凸。下颌角尖突状，向后伸至髁突下方。翼内肌窝大而深。

齿式：1•0•0•3/1•0•0•3。白齿为前 - 后侧高冠型齿，冠高中等，具齿根。白齿冠面脊形，结构简单，无中脊。上白齿无后边凹。M1 和 m1–2 具 2 条颊侧褶沟和 3 条横脊，M2–3 和 m3 具 1 或 2 条颊侧褶沟，上白齿具 1 舌侧褶沟（内凹），m1–3 具 1 或 2 条舌侧褶沟（下后凹或有或无）；每条褶沟约伸达齿冠中部。M3 和 m3 趋于退化。门齿很强壮，釉质层在内、外侧的宽度都很窄。i2 唇面具 1 或 2 条纵嵴（图 174）。

中国已知属　*Pararhizomys* 和 *Pseudorhizomys* 两属。

分布与时代　亚洲（东亚中纬度地区），晚中新世—早上新世。

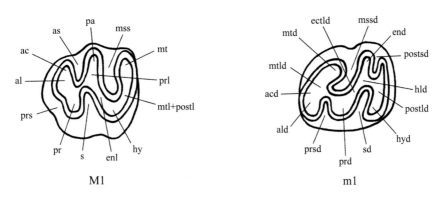

图 174　副竹鼠族臼齿构造模式图

M1：ac. 前边尖（anterocone），al. 前边脊（anteroloph），as. 前边凹（anterosinus）[= abr. 颊侧前褶沟（anterior buccal reentrant）]，enl. 内脊（entoloph），hy. 次尖（hypocone），mss. 中凹（mesosinus）[= pbr. 颊侧后褶沟（posterior buccal reentrant）]，mt. 后尖（metacone），mtl. 后脊（metaloph），pa. 前尖（paracone）；postl. 后边脊（posteroloph），pr. 原尖（protocone），prl. 原脊（protoloph），prs. 原凹（protosinus），s. 内凹（sinus）[= lr. 舌侧褶沟（lingual reentrant）]。

m1：acd. 下前边尖（anteroconid），ald. 下前边脊（anterolophid），ectld. 下外脊（ectolophid），end. 下内尖（entoconid），hld. 下次脊（hypolophid），hyd. 下次尖（hypoconid），mssd. 下中凹（mesosinusid）[= alr. 下舌侧前褶沟（anterior lingual reentrant）]，mtd. 下后尖（metaconid），mtld. 下后脊（metalophid），postld. 下后边脊（posterolophid），postsd. 下后边凹（posterosinusid）[= plr. 下舌侧后褶沟（posterior lingual reentrant）]，prd. 下原尖（protoconid），prsd. 下原凹（protosinusid）[= abr. 下颊侧前褶沟（anterior buccal reentrant）]，sd. 下外凹（sinusid）[= pbr. 下颊侧后褶沟（posterior buccal reentrant）]（引自王伴月、邱占祥，2018）

副竹鼠属 Genus *Pararhizomys* Teilhard de Chardin et Young, 1931

模式种　三趾马层副竹鼠 *Pararhizomys hipparionum* Teilhard de Chardin et Young, 1931

鉴别特征　前颌骨与鼻骨前端约在同一垂线上。鼻骨背面纵向和横向均圆凸。前颌骨 - 上颌骨缝起始于门齿孔后部，斜向前外方伸。前颌骨侧背嵴长而显著，与鼻骨 - 前颌骨缝前半部近于平行。前颌骨背部为长条形。前颌骨 - 上颌骨缝的背侧部分直，纵向延伸，与上颌骨 - 额骨缝以钝角相连。眶下孔为横宽的椭圆形。颧弓前根和颧弓板的位置靠后，其背侧后缘，亦即眼眶前缘与鼻骨和前颌骨的后端约在同一横线上；颧弓板弧形后缘的最前点位于门齿孔之后。外层咬肌附着区的前缘为圆弧形嵴。颧弓圆弧形。颧骨短，其前端不伸达眼眶前缘。两顶骨组成中部微外凸的窄长方形。腭后孔每侧前后两个，非常小。副翼窝较大而深。硬腭后缘位于 M3 之后。中翼窝明显宽于翼窝。左、右内翼突向外方倾斜，向后彼此逐渐靠近。颞深神经孔与咬肌神经孔愈合，而颊肌神经孔则与它们分开。该三神经管（颞深神经管、咬肌神经管和颊肌神经管）的后孔愈合为一。

颞骨岩乳部在项面上出露较大。下颌齿隙后部凹入深。下颌骨下缘较平直。颏孔位置低，低于咬肌窝的前端。下颌切迹较浅，其深度小于下颌骨高的1/3。I2纵向强烈弯曲，始自上颌骨前缘近门齿孔后缘处；其前端稍向下后方弯曲，唇面具有一条很显著的纵棱。下门齿唇面具一或两条纵嵴。臼齿为前-后侧高冠型齿，仅具一条舌侧褶沟。M2–3和m3仅具一颊侧褶沟（中凹），无前边凹。m3约为长宽相近的圆方形，下中凹和下外凹通常横向延伸，彼此相对。

中国已知种 *Pararhizomys hipparionum, P. qinensis, P. huaxiaensis, P. longensis*，共4种。

分布与时代 陕西、甘肃、青海和内蒙古，晚中新世—早上新世。

评注 青海德令哈深沟上中新统油砂山组和内蒙古高特格上新统地层中还报道有该属的未定种（Qiu et Li, 2008；Qiu et al., 2013）。

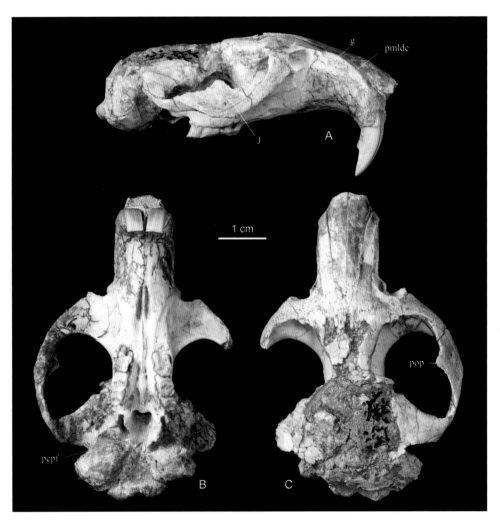

图 175 三趾马层副竹鼠 *Pararhizomys hipparionum* 头骨

HZPM HMV 1923：A. 右侧视，B. 腹面视，C. 背面视

缩写：g. 浅纵沟，J. 颧骨，pcpf. 翼管后孔，pmldc. 前颌骨侧背嵴，pop. 眶后突（引自王伴月、邱占祥，2018）

三趾马层副竹鼠 *Pararhizomys hipparionum* Teilhard de Chardin et Young, 1931

（图 175—图 177）

正模　IVPP V 412（= IVPP Cat. C.L.G.S.C. No. C/90），左下颌部分水平支具 m1–3。陕西府谷新民（原镇羌堡，即原地质调查所新生代研究室第十地点），上中新统"蓬蒂红色泥岩"（保德期）。

归入标本　IVPP V 16306.1–12, 15–18，1 段下颌骨、11 枚牙齿、4 件颅后骨骼（内蒙古阿巴嘎旗）。IVPP V 14178，右上颌骨具 M1–3（陕西府谷）。IVPP V 14179，左下颌骨具 m1–3（甘肃秦安）。IVPP V 16286.1–3，带下颌的头骨、1 段左桡骨和 1 段右股骨（甘肃广河）。HZPM HMV 1923，不完整的头骨（甘肃和政）。IVPP V 16287，不完整的头骨（甘肃临夏盆地）。

鉴别特征　前颌骨侧面上方的凹槽浅。颧弓板弧形后缘的最前点在 M1 之前。下颌齿隙长约等于下臼齿齿列长。臼齿齿冠为前 - 后侧高冠。M1–2 和 m1–3 舌侧沟与颊侧沟

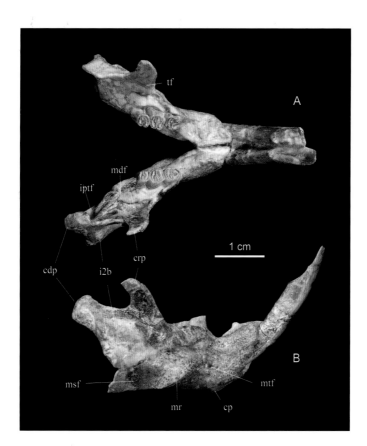

图 176　三趾马层副竹鼠 *Pararhizomys hipparionum* 下颌骨

IVPP V 16286.1：A. 冠面视，B. 右下颌骨颊侧视

缩写：cdp. 髁突，cp. 颏突，crp. 冠状突，i2b. i2 后端隆突，iptf. 翼内肌窝，mdf. 下颌孔，mr. 咬肌嵴，
msf. 咬肌窝，mtf. 颏孔，tf. 颞肌窝（引自王伴月、邱占祥，2018）

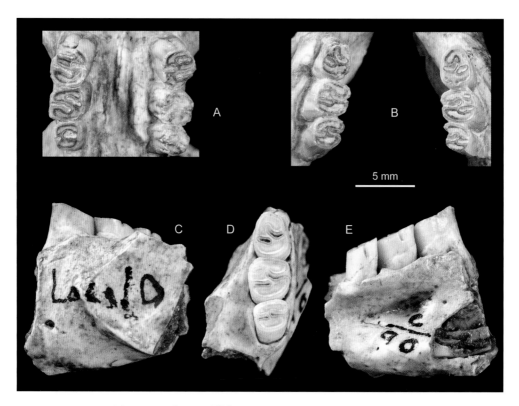

图 177　三趾马层副竹鼠 *Pararhizomys hipparionum* 臼齿列

A, B. 上颌具左和右上臼齿（A）和左、右下颌骨具左、右下臼齿（B）（IVPP V 16286.1），C–E. 部分左下颌
骨具 m1 3（IVPP V 412，正模）；A, B, D. 冠面视，C. 颊侧视，E. 舌侧视（引自王伴月、邱占祥，2018）

的深度相近，而 M3 的中凹则深于内凹；在冠面上，M3 的内凹通常斜向前颊侧延伸，与
中凹部分重叠。m1 下中凹强烈前弯，其颊部向前延伸超过下原凹。

产地与层位　陕西府谷新民、喇嘛沟，上中新统保德组（"蓬蒂红色泥岩"）。内蒙古
阿巴嘎旗宝格达乌拉，上中新统宝格达乌拉组。甘肃秦安，上中新统"红色泥岩"；广河
买家巷（侨家村）、和政二合乡（立麻沟），上中新统柳树组；临夏盆地，详细地点和层
位不明。

评注　Li（2010b）曾将产自内蒙古宝格达乌拉的 IVPP V 16306.13, 14 和 V 16307 归
入 *Pararhizomys hipparionum* 种。但王伴月和邱占祥（2018）认为这几件标本是否能归入
该种还存在疑问。

华夏副竹鼠 *Pararhizomys huaxiaensis* Wang et Qiu, 2018
（图 178，图 179）

正模　HZPM HMV 1413，同一个体的完整的带下颌骨的头骨、前三枚颈椎、肱骨近
端和肩胛骨的肩臼角。甘肃和政山城（IVPP LX 200041 地点），上中新统柳树组中部上层

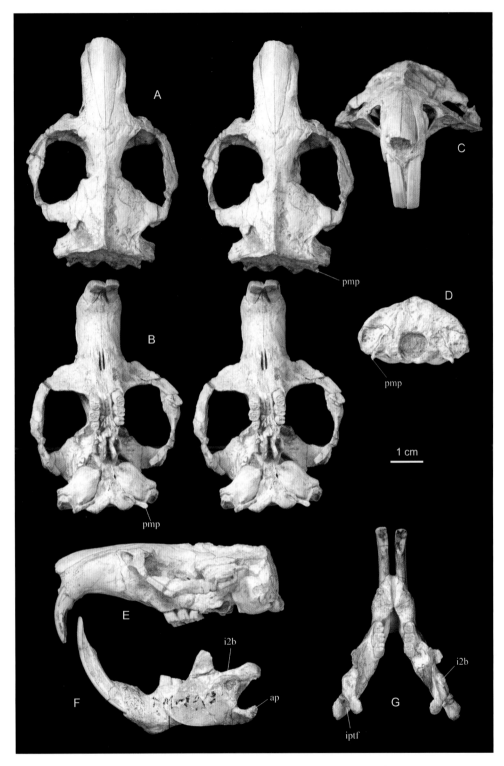

图 178　华夏副竹鼠 *Pararhizomys huaxiaensis* 头骨和下颌骨

头骨（A–E）和下颌骨（F, G）（HZPM HMV 1413, 正模）：A. 背面视（立体照片），B. 腹面视（立体照片），
C. 前面视，D. 后面视，E, F. 左侧视，G. 冠面视

缩写：ap. 角突，i2b. i2 后端隆突，iptf. 翼内肌窝，pmp. 副乳突（引自王伴月、邱占祥，2018）

（晚灞河期）。

副模 HZPM HMV 1924, IVPP V 16291，头骨两件。HZPM HMV 1924 产自甘肃和政牛扎湾（IVPP LX 200503 地点），柳树组中部上层；IVPP V 16291 产自甘肃广河松树沟（IVPP LX 200030 地点），柳树组中部上层。

鉴别特征 前颌骨侧面门齿上方的凹槽很浅，门齿棱平缓。颧弓板弧形后缘大体与 M1 前缘平齐，其最前点仅稍前于 M1。下颌齿隙明显长于下白齿齿列长。颏突和咬肌嵴都更发达。下颌孔的位置较靠前，位于冠状突的正下方。白齿齿冠较高，均具显著的前-后侧高冠和舌侧高冠；M1–2 和 m1–3 舌侧沟明显深于颊侧沟，而在 M3 中则浅于颊侧沟。M3 的内凹和中凹近于横向，彼此相对，不重叠。m1 的下中凹颊端仅稍前弯，伸向下原凹。

产地与层位 甘肃和政山城、牛扎湾，广河松树沟，上中新统柳树组。

评注 德日进将发现于甘肃庆阳地区的一件左 M1–2 记述为桑氏原鼢鼠（*Prosiphneus*

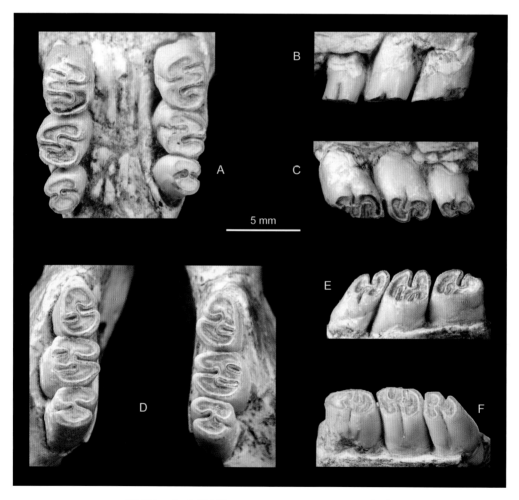

图 179 华夏副竹鼠 *Pararhizomys huaxiaensis* 白齿列

上（A–C）和下（D–F）白齿（HZPM HMV 1413，正模），A. 左和右上白齿，B, C. 右 M1–3；D. 左和右下白齿，E, F. 右 m1–3：A, D. 冠面视，B. 颊侧视，C, F. 冠舌侧视，E. 冠颊侧视（引自王伴月、邱占祥，2018）

licenti)（Teilhard de Chardin, 1942, Fig. 32, IVPP RV 42023）。王伴月和邱占祥（2018）认为这件标本应该是 *P. huaxiaensis* 的右 m1–2。这表明，*P. huaxiaensis* 有可能延续到晚中新世晚期，即保德期。

陇副竹鼠 *Pararhizomys longensis* Wang et Qiu, 2018
（图 180，图 181）

正模　IVPP V 16292.1，一件不完整含下颌的头骨。甘肃东乡郭泥沟（IVPP LX 200042 地点），上中新统柳树组下部（灞河期）。

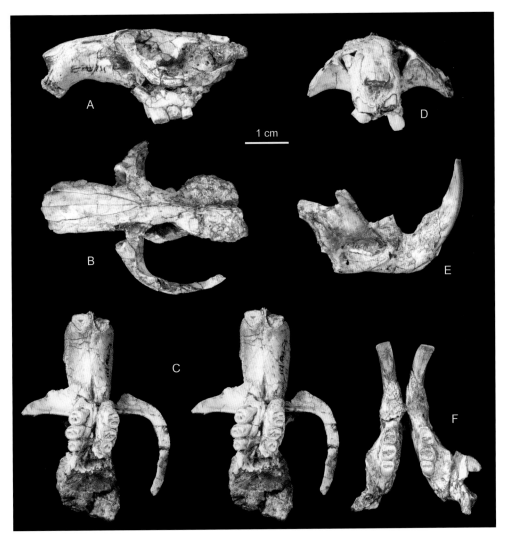

图 180　陇副竹鼠 *Pararhizomys longensis* 头骨和下颌骨
头骨（A–D）和下颌骨（E, F）（IVPP V 16292.1，正模）：A. 左侧视，B. 背面视，C. 腹面视（立体照片），
D. 前面视；E. 右下颌骨颊侧视，F. 冠面视（引自王伴月、邱占祥，2018）

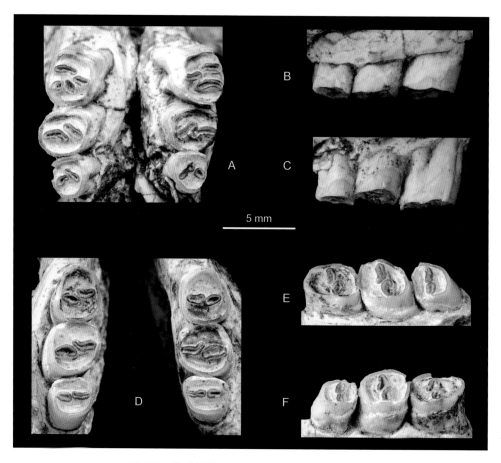

图 181　陇副竹鼠 *Pararhizomys longensis* 臼齿列

上（A–C）和下（D–F）白齿（V 16292.1，正模），A. 左和右上白齿，B. 右 M1–3，C. 左 M1–3；D. 左和右下白齿，E, F. 左 m1–3：A, D. 冠面视，B. 颊面视，C. 舌面视，E. 冠颊面视，F. 冠舌面视（引自王伴月、邱占祥，2018）

副模　IVPP V 16292.2–3，两件头骨前部。产地与层位同正模。

鉴别特征　前颌骨侧面的纵棱很显著，其上方的纵向凹槽较宽而深。颧弓板的位置较后，其弧形后缘的最前点约位于 M1 中部。下颌齿隙与下颊齿齿列的长度相近。白齿齿冠较低，前 - 后侧高冠仅在 M1–2 和 m3 较明显，在 m1–2 中弱，在 M3 中不明显。M3 的向前外方斜伸的内凹和向前内方斜伸的中凹彼此部分重叠。m1 的下中凹颊端稍前弯。下门齿短而纵向弯曲度较大。

秦副竹鼠 *Pararhizomys qinensis* Zhang, Flynn et Qiu, 2005

（图 182）

正模　IVPP V 14177.1，左 M1。陕西蓝田 Loc. 13，上中新统灞河组下部（灞河中期）。

副模　IVPP V 14176–14177，部分头骨及右 m2 各一件。产地与层位同正模。

鉴别特征　吻部粗壮，较 *Pararhizomys hipparionum* 的高，齿隙较短；牙齿尺寸不到 *P. hipparionum* 的 90%。M1 和 M2 颊、舌侧齿冠基部的釉质曲线较少褶曲，褶沟较短。

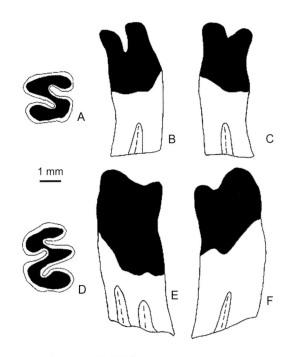

图 182　秦副竹鼠 *Pararhizomys qinensis*
A–C. 右 M2（IVPP V 14177.2），D–F. 左 M1（IVPP V 14177.1，正模）：A, D. 冠面视，B, E. 颊侧视，C, F. 舌侧视（引自 Zhang et al., 2005）

假竹鼠属 Genus *Pseudorhizomys* Wang et Qiu, 2018

模式种　土著假竹鼠 *Pseudorhizomys indigenus* Wang et Qiu, 2018

鉴别特征　前颌骨前端向前伸，超过鼻骨的前端。鼻骨背面纵向平直。前颌骨背面为狭窄的三角形。前颌骨侧背嵴短，前端稍斜向前内侧伸，与鼻骨 - 前颌骨缝汇合。前颌骨 - 上颌骨缝在背侧呈弧形向后外方弯，与上颌骨 - 额骨缝相联，共同形成一圆弧形。眶下孔近圆形。颧弓前根和颧弓板的位置均更靠前：眼眶前缘明显前于鼻骨和前颌骨的后端；颧弓板弧形后缘的最前点与门齿孔后端几乎在同一横线上。外层咬肌附着区的前缘为圆弧形或 S 形。颧骨长，其前端伸达眼眶前缘。顶骨约为短宽的梯形。副翼窝小而浅。硬腭后缘（= 中翼窝前缘）约与 M3 的后部位置相对。中翼窝与翼窝的宽度相近或前者稍宽于后者。左、右内翼突不倾斜，而与腹面近于垂直、彼此近于平行地纵向延伸。颞深神经孔与咬肌神经孔和颊肌神经孔一起合并为裂隙状，但颞深神经管的后孔则与咬肌神经管和颊肌神经管的后孔分开。项面下部相对较宽，颞骨岩乳部分相对较小。下颌齿隙的后部凹入较浅。下颌骨水平支下缘向下圆凸。颏孔的位置较高，约位于水平支的中部，与咬肌窝的前端约在同一水平上。下颌切迹较深，其深度约为下颌骨高的 2/5。

臼齿齿冠较 *Pararhizomys* 的低，前 - 后侧高冠仅在 m3 明显，在 M1 有或无，而在 M2–3 和 m1–2 无。M2–3 具 1–2 条颊侧褶沟（前边凹或有或无），1 条舌侧褶沟，而下臼齿具 1 或 2 条舌侧褶沟（下后边凹或有或无）。m3 为长卵圆形，长大于宽，下中凹向前外侧斜伸，与下外凹部分重叠，通常具下原凹。I2 纵向弯曲程度较 *Pararhizomys* 者小，属前伸型齿（proodont）；其后端始自上颌骨中部，靠近 M1；唇面无显著的纵棱。下门齿唇侧通常具两条纵嵴。

分布与时代　甘肃、西藏（?），晚中新世（中—晚灞河期）。

中国已知种　*Pseudorhizomys indigenus*，*P. gansuensis*，*P. planus*，*P. pristinus*，共 4 种；可能还有 *Pseudorhizomys? hehoensis*。

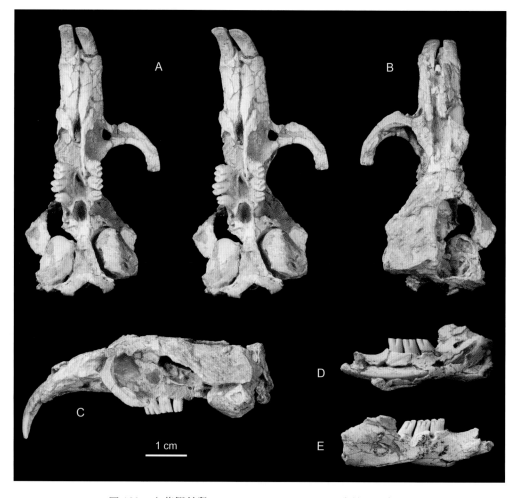

图 183　土著假竹鼠 *Pseudorhizomys indigenus* 头骨和下颌骨

头骨（A–C）和下颌骨（D, E）（IVPP V 16293，正模）：A. 腹面视（立体照片），B. 背面视，C. 左侧视，D. 舌侧视，E. 颊侧视（引自王伴月、邱占祥，2018）

土著假竹鼠 *Pseudorhizomys indigenus* Wang et Qiu, 2018

(图 183—图 185)

正模 IVPP V 16293，同一个体的含下颌骨的头骨和部分颅后骨骼。甘肃和政杨家山（IVPP Loc. LX 200004），上中新统柳树组中部上层（晚中新世灞河期晚期）。

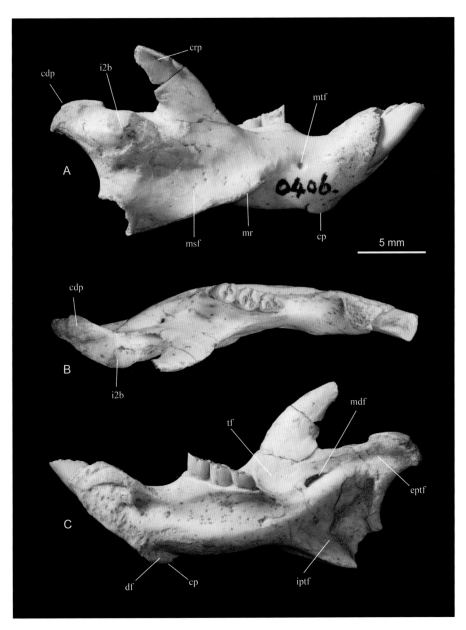

图 184 土著假竹鼠 *Pseudorhizomys indigenus* 下颌骨

右下颌骨（IVPP V 16294）：A. 颊侧视，B. 冠面视，C. 舌侧视

缩写：cdp. 髁突，cp. 颏突，crp. 冠状突，df. 二腹肌窝，eptf. 翼外肌窝，i2b. i2 后端隆突，iptf. 翼内肌窝，mdf. 下颌孔，mr. 咬肌嵴，msf. 咬肌窝，mtf. 颏孔，tf. 颞肌窝（引自王伴月、邱占祥，2018）

副模 IVPP V 16294，一含下颌骨的头骨。甘肃广河南面沟（IVPP Loc. LX 200020），层位同正模。

鉴别特征 吻部和上颌齿隙长；外层咬肌附着区的前缘约为 S 形，其弧形的下部向前凸，超过眶下孔的腹侧裂隙。颞嵴后部变平缓。听泡前面内侧有明显的凹面。下颌齿隙后部凹入部分相对较短。冠状突较长，较向后倾；其上部向后弯曲，后缘稍凹入。下颌髁关节面约为纺锤形。

M1 和 m3 为明显的前 - 后侧高冠型齿。M1 颊侧釉质曲线有明显折曲。上臼齿均具两颊侧沟（前边凹总是存在）；内凹横向短，不与前边凹重叠。M3 内凹与中凹均约横向延伸，彼此相对，或相通；中凹的深度明显大于内凹的深度。M2-3 的前边凹和 m3 的下原凹均退化为封闭的盆。m1-3 无下后边凹，下外凹不分叉。m3 下外凹的位置较靠前，与下中凹的舌部约在同一横线上。I2 唇面横向圆凸，无纵棱。

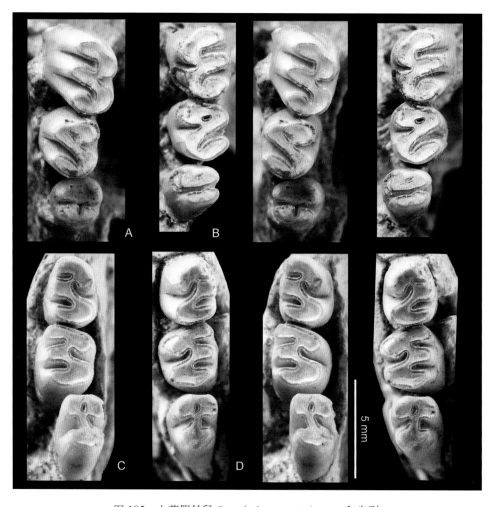

图 185　土著假竹鼠 *Pseudorhizomys indigenus* 臼齿列

上（A, B）和下（C, D）臼齿（IVPP V 16293，正模）：A. 右 M1-3，B. 左 M1-3，C. 左 m1-3，D. 右 m1-3：冠面视（立体照片）（引自王伴月、邱占祥，2018）

第二掌骨的掌骨粗隆为结节状隆凸，位于骨体中部背面。第五掌骨近端与钩骨的关节面为卵圆形，表面圆凸；骨体中部为扁圆柱形。拇指的爪指骨远端缘薄锐，无锯齿。

产地与层位　甘肃和政杨家山、广河南面沟，上中新统柳树组中部上层。

甘肃假竹鼠 *Pseudorhizomys gansuensis* Wang et Qiu, 2018
（图 186—图 188）

正模　HZPM HMV 1942，同一个体含下颌的头骨和部分颅后骨骼。甘肃和政宋家脑

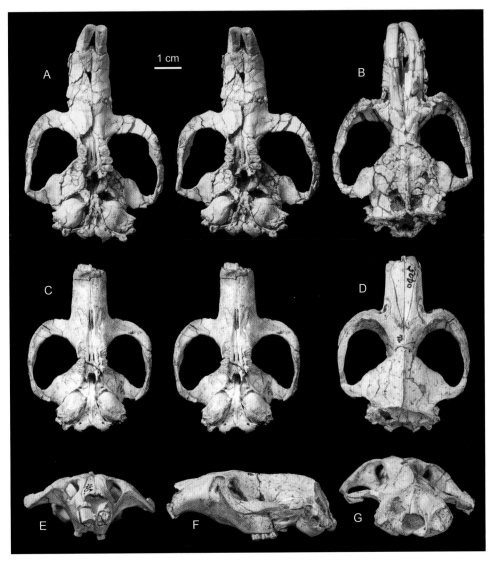

图 186　甘肃假竹鼠 *Pseudorhizomys gansuensis* 头骨

A, B. 头骨（HZPM HMV 1942，正模），C–G. 头骨（IVPP V 16298）：A, C. 腹面视（立体照片），B, D. 背面视，E. 前面视，F. 左侧视，G. 后面视（引自王伴月、邱占祥，2018）

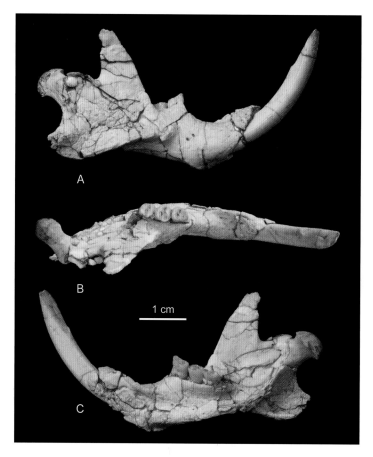

图 187　甘肃假竹鼠 *Pseudorhizomys gansuensis* 下颌骨

右下颌骨（HZPM HMV 1942，正模）：A.颊侧视，B.冠面视，C.舌侧视（引自王伴月、邱占祥，2018）

（IVPP LX 200502 地点），上中新统柳树组中部下层（中灞河期）。

　　副模　1）IVPP V 16297，含下颌头骨，产于甘肃广河古城（寺沟）（IVPP LX 200007 地点）；2）IVPP V 16298，较完整的头骨，和政新庄大深沟（IVPP LX 200011 地点）；3）IVPP V 16299，同一个体的部分头骨和左半下颌支，广河何家庄（IVPP LX 200046 地点）；4）IVPP V 16300，头骨前部，和政潘杨（IVPP LX 200037 地点）。

　　归入标本　IVPP V 16296，含下颌头骨（甘肃广河）。IVPP V 16301–16303，部分头骨及下颌（甘肃临夏盆地）。

　　鉴别特征　吻部和上颌齿隙长；外层咬肌附着区的前缘约为 S 形，其圆凸的下部向前超过眶下孔的腹侧裂隙。颞嵴较弱，后部变平缓。听泡前内面的凹面很浅。下颌齿隙凹入的后部相对较短。冠状突前后较长，向后的倾斜度较小，其后缘较直。下颌髁关节面通常为椭圆形。前 - 后侧高冠仅在 M1 和 m3 明显。M1 和 M2 的内凹横向长，在 M1 插入前边凹和中凹之间。M2–3 无前边凹。M3 内凹通常向前外方斜伸，与中凹斜交。m1–3 无下后边凹，下外凹分叉；m3 无下原凹，下外凹的位置后于下中凹。I2 唇面横向

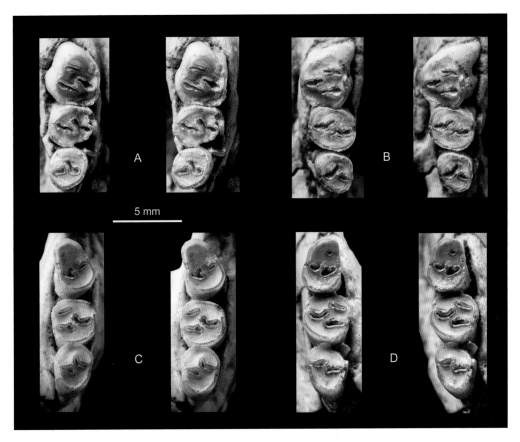

图 188 甘肃假竹鼠 *Pseudorhizomys gansuensis* 臼齿列

上（A, B）和下（C, D）臼齿（HZPM HMV 1942，正模），A. 右 M1–3，B. 左 M1–3，C. 左 m1–3，D 右 m1–3：冠面视（立体照片）（引自王伴月、邱占祥，2018）

圆凸，无纵棱。

第二掌骨的掌骨粗隆为粗糙的凹陷，位于骨体背面上部桡侧；第五掌骨近端与钩骨的关节面为圆四边形，表面为鞍形；骨体中部较窄细，约为四边柱形。拇指的爪指骨远端缘具锯齿。

产地与层位 甘肃和政宋家脑、大深沟、潘杨，广河古城、何家庄，上中新统柳树组中部下层；广河小寨村，上中新统柳树组中部上层；临夏盆地，地点和层位不明。

平齿假竹鼠 *Pseudorhizomys planus* Wang et Qiu, 2018

（图 189，图 190）

正模 IVPP V 16304，头骨前部具左、右 I2 和臼齿。甘肃广河庄禾集乡（详细地点和层位不明）。

鉴别特征 吻部和上颌齿隙短。前颌骨三角形的背面较短小。外层咬肌附着区的前

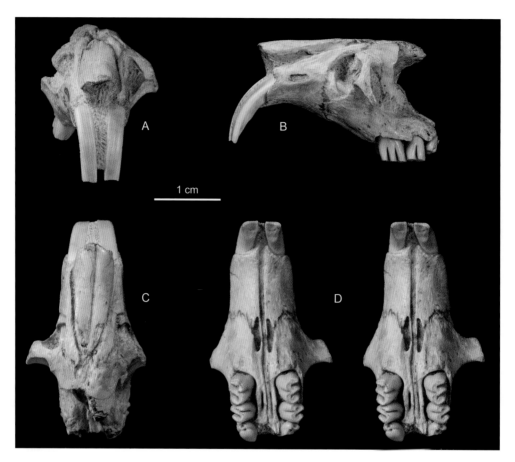

图 189 平齿假竹鼠 *Pseudorhizomys planus* 头骨

IVPP V 16304，正模：A. 前面视，B. 左侧视，C. 背面视，D. 腹面视（立体照片）(引自王伴月、邱占祥，2018)

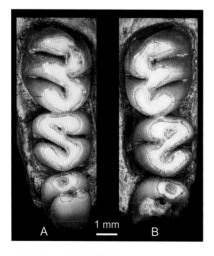

图 190 平齿假竹鼠 *Pseudorhizomys planus* 上臼齿列

右（A）和左（B）M1–3 (IVPP V 16304，正模)：冠面视（引自王伴月、邱占祥，2018)

缘约为 S 形，其下部的圆形弧向前凸，超过眶下孔的腹侧裂隙。颊齿齿冠较高，M1 前侧高冠较显著。M1–3 内凹横向短，不与前边凹重叠。M2–3 的前边凹为封闭的盆。M3 的中凹和内凹相对，并相贯通。I2 窄小，唇面横向平直，具一很微弱的纵棱。

原始假竹鼠 *Pseudorhizomys pristinus* Wang et Qiu, 2018

（图 191，图 192）

正模 IVPP V 16305，含下颌头骨。甘肃和政潘杨阴洼（IVPP LX 201001 地点），上中新统柳树组中部下层（灞河期中期？）。

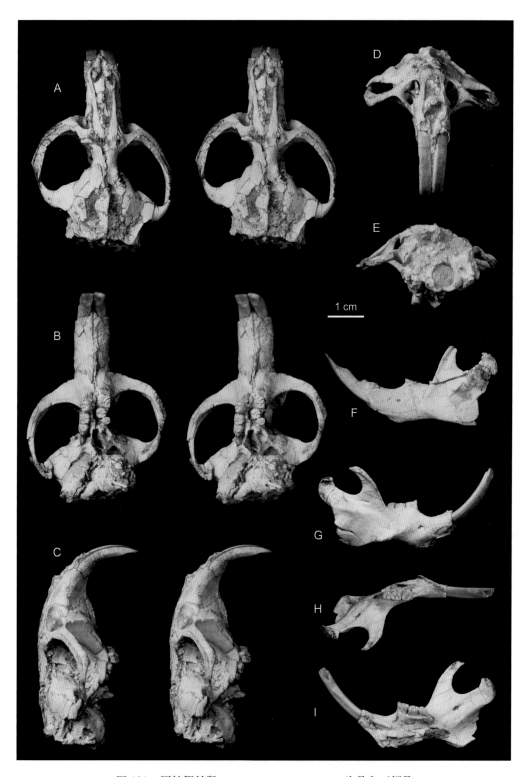

图 191　原始假竹鼠 *Pseudorhizomys pristinus* 头骨和下颌骨

头骨（A–E）和左（F）及右（G–I）下颌骨（IVPP V 16305，正模）：A. 背面视（立体照片），B. 腹面视（立体照片），C. 右侧视（立体照片），D. 前面视，E. 后面视，F, G. 颊侧视，H. 冠面视，I. 舌侧视（引自王伴月、邱占祥，2018）

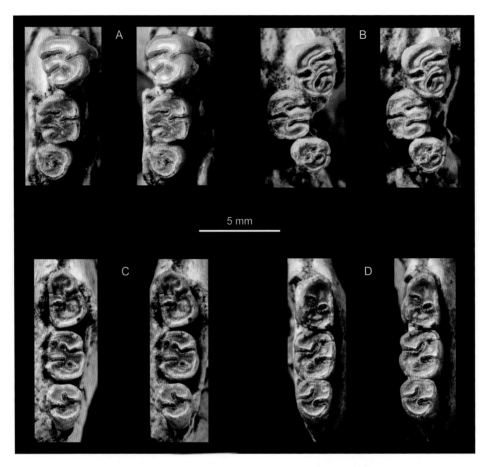

图 192　原始假竹鼠 *Pseudorhizomys pristinus* 臼齿列

右（A）与左（B）M1–3 和左（C）与右（D）m1–3（IVPP V 16305，正模）：冠面视（立体照片）（引自王伴月、邱占祥，2018）

鉴别特征　较小、较原始的 *Pseudorhizomys*。吻部和上颌齿隙较长。外层咬肌附着区的前缘为前凸的圆弧形，达眶下孔腹侧裂隙的外缘。咬肌结节靠近眶下孔的腹侧裂隙。颞嵴较长而明显，较窄锐。下颌齿隙后部的凹入较长而浅。冠状突前后较短，较向后倾，其上部明显向后弯曲，后缘明显凹入。下颌髁上的关节面为肾形。臼齿齿冠较低，颊侧釉质曲线均无明显折曲。仅 m3 有较明显的后侧高冠，而 M1 无明显的前侧高冠。M2–3 具前边凹，M2 前边凹较少退化，仍向颊侧开口。M1–3 内凹插入前边凹和中凹之间。m1–3 具下后边凹。m3 具下原凹。I2 唇面横向圆凸，无明显的纵棱。

黑河假竹鼠？ *Pseudorhizomys*? *hehoensis* Zheng, 1980

（图 193）

Brachyrhizomys hehoensis：郑绍华，1980，33 页

正模 IVPP V 5183，一段右下颌骨具 m1–3。西藏比如布隆，上中新统布隆组（灞河期中期）。

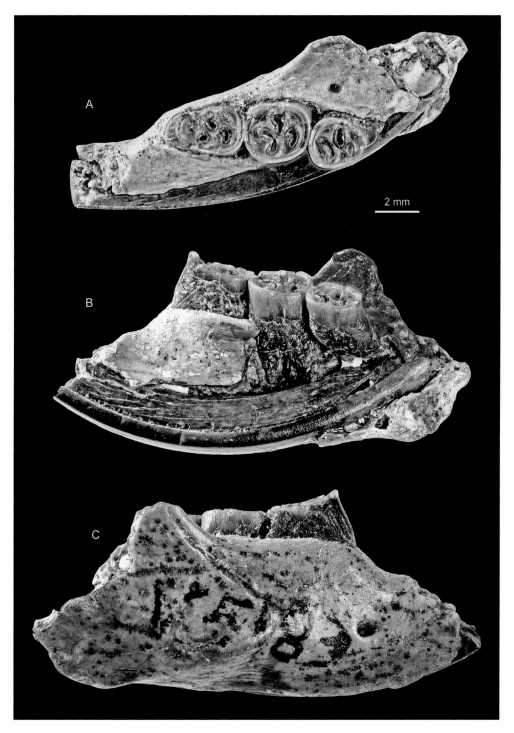

图 193　黑河假竹鼠？ *Pseudorhizomys? hehoensis*
右下颌骨具 m1–3（IVPP V 5183，正模）：A. 冠面视，B. 舌侧视，C. 颊侧视

鉴别特征 小型的副竹鼠类，大小与南亚的 *Rhizomyoides punjabiensis* 相当。臼齿齿冠低，齿根长，冠面具 2 舌侧褶沟（下中凹和下后边凹）和 2 颊侧褶沟（下原凹和下外凹）；m2–3 的下中凹较长，其颊部向前弯曲；i2 唇侧有两条纵嵴。

评注 郑绍华（1980）将产自西藏比如县布隆盆地晚中新世灞河期中期布隆组的 IVPP V 5183 确认为一段左下颌骨，并命名为黑河低冠竹鼠（*Brachyrhizomys hehoensis*），归入竹鼠科。王伴月和邱占祥（2018）认为 V 5183 实为一右下颌骨，而且其咬肌窝的咬肌嵴发达，下臼齿稍向颊侧弯，舌侧齿冠稍高于颊侧齿冠，其冠面结构较简单，缺下中脊等特征都和副竹鼠类的相同，而不同于竹鼠类者，应属副竹鼠类。在副竹鼠类中，它们的下颌骨水平支下缘向下圆凸，臼齿的齿冠较低，前 - 后侧高冠仅在 m3 存在；下臼齿均具 4 条褶沟（舌侧的下中凹和下后边凹，颊侧的下原凹和下外凹）等特征与 *Pseudorhizomys* 的相似，而不同于 *Pararhizomys* 者。IVPP V 5183 很可能应改归 *Pseudorhizomys* 属。但因标本较少，暂将该种有疑问地归入 *Pseudorhizomys* 属。

刺山鼠科 Family Platacanthomyidae Alston, 1876

模式属 刺山鼠属 *Platacanthomys* Maschall, 1873

定义与分类 刺山鼠科是一类小—中型啮齿动物，起源可能与仓鼠类有关，最早出现于欧洲早中新世，一直延续至今。该科仅由一个化石属和两个现生属组成；属、种不多，但在旧大陆有较广的地理分布，从亚洲东南部到欧洲西部都留下了踪迹。现生的刺山鼠动物仅分布于亚洲，适应森林环境，以植物的茎叶、果实和种子为食；化石属的牙齿形态似乎也同样显示了相似的习性。尽管该类动物的属种不多，但由于其具有很广的地理分布，唯一的化石属在旧大陆至少生存了大约 9 Ma，与现生属种的亲缘关系似乎很接近，因此被认为是一个在确定地质时代上"很有用"的科。

Ellerman（1940）最早将两个现生属指定为刺山鼠亚科。由于其臼齿咀嚼面都由横向或斜向的齿脊与齿沟组成，下颌骨的形态与睡鼠类（glirids）也有相似之处，因此被他归入睡鼠科（Muscardinidae = Gliridae），但他也注意到该亚科无前臼齿而具仓鼠类的特征。Simpson（1945）赞同 Ellerman 的意见，将其提升为刺山鼠科（Platacanthomyidae），并归入睡鼠超科（Gliroidea）。在近代的研究者中，似乎都放弃了把刺山鼠类归入睡鼠类的方案，这不仅因为齿列中缺失前臼齿，与睡鼠科的种类完全不同，而且也因现生 *Typhlomys* 的种类都具有盲肠。Miller 和 Gidley（1918）很早就提出了刺山鼠类与仓鼠类相似的意见，这一意见也得到其后一些研究者的赞同，特别得到 Stehlin 和 Schaub（1951）的大力支持。Ognev（1947）将两个现生属指定为不同的亚科：刺山鼠亚科 Platacanthomyinae 和猪尾鼠亚科 Typhlomyinae，Stehlin 和 Schaub（1951）把这两个亚科降格为刺山鼠族（Platacanthomyini），认为该族与现生马达加斯加仓鼠类（nesomyines）

相似，两者属于平行演化的关系，指出它们在头骨和牙齿形态上的相似为演化上的趋同现象，进一步明确了刺山鼠类与仓鼠类亲近的关系。Schaub 和 Zapfe（1953）肯定了这一意见，把欧洲发现的 *Neocometes* 属也归入刺山鼠族，将该族置于 Cricetinae 亚科之下。头骨和牙齿形态表明，刺山鼠类的三个属关系密切，研究者对其属于一个单系类群未见异议，甚至认为在分类上它们也属于一个"没有问题"的类群（Fejfar, 1999b；Fejfar et Kalthoff, 1999）。确实，现生刺山鼠类所具有的颧 - 咬肌结构、腭孔的发育状况、齿式、臼齿的构建模式、前腭孔的位置、冠状突和角突的设置，以及门齿釉质层的微细结构等特征，使研究者无争议地将其归入鼠超科（Muroidea）。但是，对其科级的分类地位仍未取得一致的认识，有作为一个独立的科者（邱铸鼎，1989；Mein et al., 1990；郑绍华，1993；Mein et Ginsburg, 1997；Wilson et Reeder, 2005；Chaimanee et al., 2007），有作为亚科归入仓鼠科者（Fahlbusch, 1966；Fejfar, 1999b；Fejfar et Kalthoff, 1999），有作为亚科归入鼠科（广义）者（McKenna et Bell, 1997），还有作为亚科而未定科级位置者（Lee et Jacobs, 2010）。在该类动物的分类位置得到确定之前，本志书将刺山鼠类作为科级分类阶元，归入鼠超科（Muroidea），并与跳鼠超科（Dipodoidea）一同置于鼠齿下目（Myodonta），具体分类如下：

鼠齿下目 Myodonta Schaub, 1955（见 McKenna et Bell, 1997）

鼠超科 Muroidea Fischer von Waldheim, 1817

刺山鼠科 Platacanthomyidae Alston, 1876

新来鼠属 *Neocometes* Schaub et Zapfe, 1953

猪尾鼠属 *Typhlomys* Milne-Edwards, 1877

刺山鼠属 *Platacanthomys* Blyth, 1859

鉴别特征 头骨吻部狭；具典型的鼠型颧 - 咬肌结构，颧弓板细弱；前腭孔位置近中向，后腭孔扩大或在前、后腭孔间具多对腭孔；听泡小。下颌骨纤细，齿虚位前端在颊齿齿槽缘面之下或持平；冠状突位置低；角突区向内弯。齿式：1•0•0•3/1•0•0•3；下门齿尖顶大体与颊齿列磨蚀面持平或稍高；门齿釉质层微细结构属单系，兼具原始与进步特征；臼齿似长方形、齿冠低、单面高冠、在齿列上从前往后长度依次递减，咀嚼面上由斜向或横向的齿脊（5–6 条）和 4–5 条齿沟组成。

图 194 为刺山鼠科臼齿构造模式图。

中国已知属 *Neocometes*, *Typhlomys*, *Platacanthomys*，共 3 属。

分布与时代 *Neocometes* 为化石属，最早出现于欧洲早中新世，在亚洲最早记录于早中新世晚期或中中新世早期，在欧洲延续到中中新世的晚期。*Typhlomys* 和 *Platacanthomys* 为现生属，现生种分布于亚洲东南部，化石种最早记录于中国云南地区的上中新统。*Platacanthomys* 的化石在晚中新世以后的地层中未被发现，上新世的 *Typhlomys* 化石亦属未知。

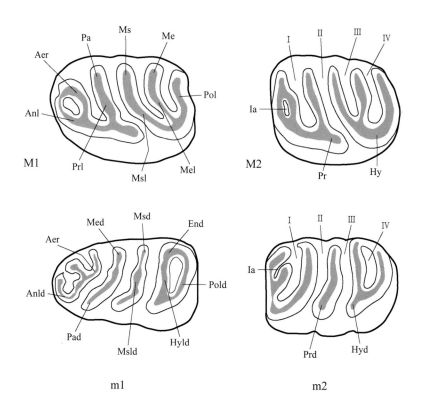

图 194　刺山鼠科臼齿构造模式图（引自 Qiu et Jin, 2017）

Aer. 前附脊（anterior extra ridge, Vqs），Anl. 前边脊（anteroloph），Anld. 下前边脊（anterolophid），End. 下内尖（entoconid），Hy. 次尖（hypocone），Hyd. 下次尖（hypoconid），Hyld. 下次脊（hypolophid），Me. 后尖（metacone），Med. 下后尖（metaconid），Mel. 后脊（metaloph），Ms. 中尖（mesocone），Msd. 下中尖（mesoconid），Msl. 中脊（mesoloph），Msld. 下中脊（mesolophid），Pa. 前尖（paracone），Pad. 下前尖（paraconid），Pol. 后边脊（posteroloph），Pold. 下后边脊（posterolophid），Pr. 原尖（protocone），Prd. 下原尖（protoconid），Prl. 原脊（protoloph），Ia, I, II, III, IV. 齿沟（synclines Ia, I, II, III, IV）

新来鼠属 Genus *Neocometes* Schaub et Zapfe, 1953

模式种　布氏新来鼠 *Neocometes brunonis* Schaub et Zapfe, 1953

鉴别特征　个体与现生刺山鼠 *Platacanthomys lasiurus* 接近。下颌骨类似于现生 *Typhlomys cinereus* 者，但角突较粗大，上、下乙状切迹较宽、浅。臼齿咀嚼面下凹，基本构造与这两个现生属的相似，但齿脊和齿沟较少倾斜，其与牙齿纵轴线的夹角大于 60°。M1 具前附脊和齿沟 Ia；上臼齿中间齿沟的唇侧和下臼齿中间齿沟的舌侧开放。

中国已知种　*Neocometes sinensis* 和 *N. magna* 两种。

分布与时代　江苏，早中新世（山旺期）；安徽，？中中新世；云南，晚中新世。

评注　*Neocometes* 为刺山鼠科仅有的化石属，分布于欧亚大陆从远东至西欧的广大地区。在中国，除上述两个命名种外，还有发现于云南元谋晚中新世的一个未定种，代表该属的最晚记录（Qiu et Ni, 2019）；在欧洲生存于早中新世至中中新世，有 *N.*

brunonis、*N. similis*、*N. cf. similis* 和 *N.* aff. *Similis*；在亚洲除中国外，尚有泰国中中新世的 *N. orientalis* 和 *N. cf. N. orientalis*，以及韩国早中新世的 *N.* aff. *N. similis*。*N. orientalis* 发现于泰国的 Li 盆地，原作者（Mein et al., 1990；Mein et Ginsburg, 1997）通过化石的形态比较，认为 *N. orientalis* 比欧洲产自 MN 4 带的 *N. similis* 还原始，因而将其时代定为早中新世。其后，Chaimanee 等（2007）在该国 Mae Moh 盆地的煤层中发现一个含有 *Neocometes* 的动物群，经测定含化石层的年代为中中新世，认为 Mae Moh 动物群与 Li 动物群相当，所含的 *N. cf. N. orientalis* 可与 *N. orientalis* 对比，因此将 *N. orientalis* 的时代往后推迟了 3–5 Ma。此外，Chaimanee 等（2007）还认为，泰国新来鼠上白齿的外脊（实际上只是第四齿沟的外缘）和下白齿的内脊接近封闭齿沟的特征，出现于现生的 *Typhlomys* 属，而未见于欧洲的 *Neocometes*，因此认为更多材料的发现和研究，可能证明泰国的 *Neocometes* 标本会被排除在该属之外而应另建一个与 *Typhlomys* 关系较近的新属。然而不久前在韩国的发现，说明 *Neocometes* 属在欧亚大陆间存在基因流（Lee et Jacobs, 2010）；中国的材料也表明，亚洲 *Neocometes* 属下白齿内脊的发育是个从无到有，从弱到强的过程。亚洲和欧洲 *Neocometes* 形态上的不同是种间差异，在亚洲可能存在一个不同于欧洲的演化支系（Qiu et Jin, 2017b）。

大新来鼠 *Neocometes magna* Qiu et Jin, 2017

（图 195）

正模 IVPP V 23398，左 m1。安徽繁昌塘口，中中新统（?）裂隙堆积。

副模 IVPP V 23399.1–3，臼齿 3 枚。产地与层位同正模。

鉴别特征 个体硕大的新来鼠。臼齿咀嚼面微凹，齿脊强壮，齿沟很狭窄；M2 和 m2 具有显著的前附脊，但齿沟 Ia 的发育弱；M2 在磨蚀早期即会出现连续的内脊和外脊；下白齿有封闭舌侧齿沟的趋向；m1 齿沟 I 的颊侧近封闭。

评注 *Neocometes magna* 是现知个体最大的新来鼠，其臼齿的齿脊粗壮，内脊和外脊发育，具有明显的衍生性状。

中华新来鼠 *Neocometes sinensis* Qiu et Jin, 2017

（图 196）

Neocometes sp.：Qiu et Qiu., 1995, p. 61；Qiu et Qiu, 2013, p. 147；Qiu, 2017, p. 103

正模 IVPP V 23396，左 M1。安徽繁昌塘口，中中新统（?）裂隙堆积。

副模 IVPP V 23397.1–2，臼齿 2 枚。产地与层位同正模。

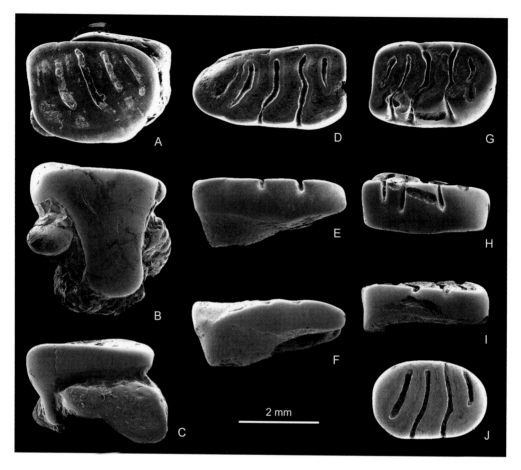

图 195　大新来鼠 *Neocometes magna*

A–C. 左 M2（IVPP V 23399.1，C 反转），D–F. 左 m1（IVPP V 23398，正模，F 反转），G–I. 左 m2（IVPP V 23399.2，I 反转），J. 左 m3（IVPP V 23399.3）：A, D, G, J. 冠面视，B, F, I. 舌侧视，C, E, H. 颊侧视（引自 Qiu et Jin，2017b）

归入标本　IVPP V 23219，1 枚 m3（江苏泗洪）。

鉴别特征　个体较大的新来鼠。臼齿具有相对粗壮的齿脊和狭窄的齿沟；M1 和 m1 的咀嚼面微凹，前边脊完整，齿沟 Ia 显著；M1 轮廓长方形，齿沟 Ia 和 IV 的颊侧封闭；m1 齿沟 I 的颊侧低封闭，下中尖和下后尖间的连接较高；m3 较少退化，具有由 5 条齿沟分开的 6 条斜向脊。

产地与层位　江苏泗洪郑集，下中新统下草湾组；安徽繁昌塘口中中新统（?）洞穴堆积。

评注　*Neocometes sinensis* 与 *N. magna* 的形态相似，但牙齿的尺寸明显小，齿脊强壮，m1 封闭舌侧齿沟的下内脊很弱，显示了比后者原始的性状。

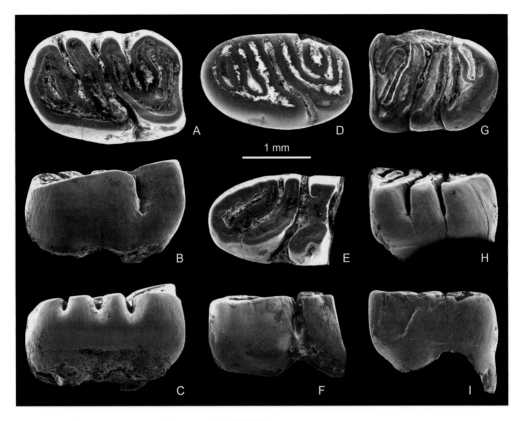

图 196　中华新来鼠 *Neocometes sinensis*

A–C. 左 M1（IVPP V 23396，正模，C 反转），D. 左 M1（IVPP V 23397.1），E, F. 破损左 m1（IVPP V 23397.2），G–I. 左 m3（IVPP V 23219，I 反转）：A, D, E, G. 冠面视，B, H. 舌侧视，C, F, I. 颊侧视（引自 Qiu et Jin，2017b）

猪尾鼠属 Genus *Typhlomys* Milne-Edwards, 1877

模式种　灰猪尾鼠（灰盲鼠）*Typhlomys cinereus* Milne-Edwards, 1877

鉴别特征　头骨上的吻部狭长，颧骨板甚为狭窄，腭部在门齿孔后有数对腭孔；下颌骨纤细，下门齿尖顶在颊齿列磨蚀面之上，齿虚位长、前端大体与颊齿齿槽缘面持平，角突较细弱，上、下乙状切迹深而窄。臼齿咀嚼面下凹，齿脊和齿沟明显倾斜，中间的斜脊和齿沟与牙齿纵轴线的夹角小于 50°；臼齿齿沟的舌侧倾向于封闭；M1 通常具有前附脊和齿沟 Ia，齿沟 IV 的唇侧缘封闭；下臼齿齿沟 IV 的唇侧封闭。m3 较退化。

中国已知种（化石）　*Typhlomys cinereus, T. anhuiensis, T. hipparionus, T. intermedius, T. macrourus, T. primitivus, T. storchi*，共 7 种。

分布与时代　重庆，早更新世—中更新世；安徽，早更新世；贵州，中更新世；云南，晚中新世。

评注　*Typhlomys* 为现生属，东洋界分布。该属有两个现生种：*T. cinereus* 和 *T.*

chapensis（Nowak，1991）。中国仅有前一种，分布于中南部，包括出土化石种的云贵高原、重庆和安徽（王应祥，2003）。化石种除上述 7 种外，尚有发现于安徽繁昌塘口裂隙堆积中的一个未定种（Qiu et Jin，2017b）。

灰猪尾鼠 *Typhlomys cinereus* Milne-Edwards, 1877

（图 197）

模式标本　现生种，未指定（中国闽西）。

归入标本　IVPP V 9655，破碎的上、下颌骨 25 件，臼齿 44 枚（川黔地区）。

鉴别特征　个体相对较小。M1 具有前附脊和齿沟 Ia，且齿沟 Ia 通常大于或等于齿沟 VI；M2 的齿沟 Ia 在部分标本中缺失；m1–2 的齿沟 Ia 多数小于或等于齿沟 IV；第三臼齿明显退化，M3 缺失齿沟 IV，m3 的齿沟 Ia 缺失或弱者居多数、且总缺失齿沟 IV。M1 的釉质层底线相对起伏。

产地与层位　重庆巫山龙骨坡，下更新统；重庆巫山宝坛寺、万县平坝，贵州普定穿洞及桐梓岩灰洞、天门洞、挖竹洞，中更新统。

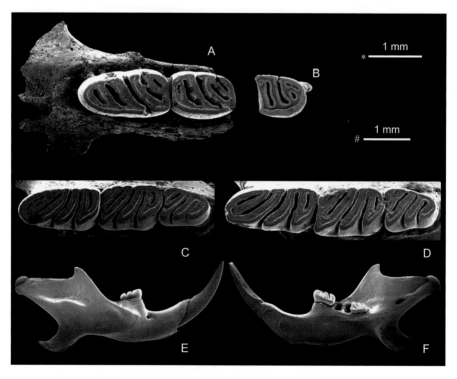

图 197　灰猪尾鼠 *Typhlomys cinereus*

A. 附有 M1 和 M2 的破损左上颌骨（IVPP V 9655.2），B. 左 M3（IVPP V 9655.24），C. 附有 m1–3 的破损下颌骨（IVPP V 9655.30），D. 附有 m1–3 的破损下颌骨（IVPP V 9655.25），E, F. 右下颌骨（IVPP V 9655.45）；A–D. 冠面视，E. 颊侧视，F. 舌侧视；比例尺：* - A–D，# - E, F

评注　*Typhlomys cinereus* 为现生种，在中国分布于云南、贵州、福建、湖北、陕西和安徽等部分省区，共有 4 个亚种，种群数量不大，已属稀有物种（王应祥，2003）。

安徽猪尾鼠 *Typhlomys anhuiensis* Jin, Zhang, Wei, Cui et Wang, 2009
（图 198）

正模　IVPP V 14003.1，残破的左下颌骨，带有 m1–3。安徽繁昌人字洞，下更新统裂隙堆积。

副模　IVPP V 14003.2–12，残破下颌骨 1 件、臼齿 10 枚。产地与层位同正模。

鉴别特征　个体小；M1 较短粗，前附脊较发育；下臼齿的下前脊和下中脊粗壮，齿脊前、后壁的釉质层分异较明显；m3 相对不大退化。

评注　该种仅发现于安徽繁昌人字洞裂隙堆积的第 14–16 水平层。建名人把正模外的模式标本都称为"其他材料"（IVPP V 14003.2–12），将第 2–16 水平层所产化石看作大体同一时代的产物。这里将其与正模一起发现的其他材料视为副模。*Typhlomys anhuiensis* 的牙齿尺寸和形态似乎落入 *T. cinereus* 现生标本和化石标本（见郑绍华，1993）的变异范围之内，其种征不够明显，或许仅显示了一些原始的性状。对该种鉴定的准确性，有待更多材料的发现和深入研究。

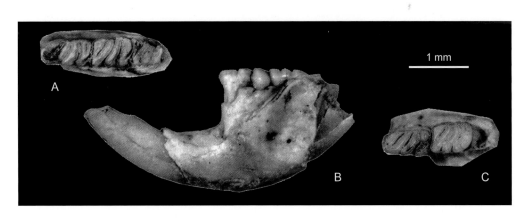

图 198　安徽猪尾鼠 *Typhlomys anhuiensis*

A. 残破左下颌骨，附 m1–3（IVPP V 14003.1，正模），B, C. 破损左下颌骨，附 m1–2（IVPP V 14003.2）；
A, C. 冠面视，B. 颊侧视（引自金昌柱等，2009）

三趾马层猪尾鼠 *Typhlomys hipparionus* Qiu, 1989
（图 199）

Typhlomys sp. nov. (larger)：邱铸鼎等，1985，23 页

正模 IVPP V 8820，右 M1。云南禄丰石灰坝（第 5 层），上中新统石灰坝组。

副模 IVPP V 8821.3–6，臼齿 4 枚。产地与层位同正模。

归入标本 IVPP V 8821.1–2, 7–8，臼齿 4 枚（云南禄丰）。IVPP V 25885，臼齿 21 枚（云南元谋）。

鉴别特征 臼齿的形态和构造与化石种 *Typhlomys primitivus* 和现生种 *T. cinereus* 的相似，但个体较大，齿脊相对粗壮，m3 比 *T. primitivus* 的稍退化。M1 的釉质层底线相对平直。

产地与层位 云南禄丰石灰坝，上中新统石灰坝组（第 1、5、6 层）；元谋雷老（IVPP 9904、9905、9906 地点），上中新统小河组。

评注 建名时称种本名为"*hipparionum*"，按国际命名法规关于"形容词用作种本名，其性别应和属称相一致"的规定，现将该种的种本名改为 *hipparionus*（阳性）。另外，最初描述时将正模外的材料都指定为归入标本，其中 IVPP V 8821.3–6 标本与正模都采自同一剖面的第 5 层，故可视为该种的副模。

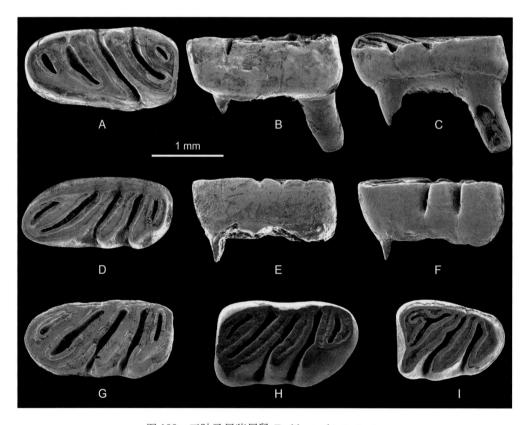

图 199 三趾马层猪尾鼠 *Typhlomys hipparionus*

A–C. 右 M1（IVPP V 8820，正模，A, C 反转），D–F. 右 m1（IVPP V 8821.3，D, F 反转），G. 右 m1（IVPP V 8821.1，反转），H. 右 m2（IVPP V 8821.7，反转），I. 左 m3（IVPP V 8821.6）；A, D, G–I. 冠面视，B, E. 舌侧视，C, F. 颊侧视

中间猪尾鼠 *Typhlomys intermedius* Zheng, 1993

（图 200）

正模 IVPP V 9656，左 m1。重庆巫山龙骨坡，下更新统。

副模 IVPP V 9657，左 M3 1 枚。产地与层位同正模。

归入标本 IVPP V 9658，残破下颌骨 2 件、臼齿 33 枚（重庆巫山）。

鉴别特征 牙齿的尺寸和 M1 釉质层底线的起伏介于化石种 *Typhlomys primitivus* 和现生种 *T. cinereus* 之间，形态上亦具有两者之间的过渡性质。M1 和 M2 具有前附脊和齿沟 Ia；M3 总有齿沟 Ia 和 IV，m3 具齿沟 Ia 而缺失齿沟 IV。

产地与层位 重庆巫山龙骨坡（第一、二、五、六、D 层），下更新统。

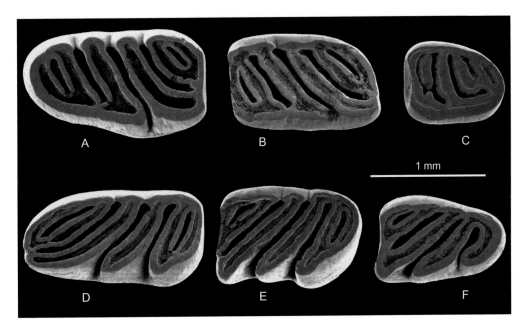

图 200 中间猪尾鼠 *Typhlomys intermedius*
A. 右 M1 （IVPP V 9658.2，反转），B. 左 M2 （IVPP V 9658.6），C. 左 M3 （IVPP V 9657），D. 左 m1 （IVPP V 9656，正模），E. 左 m2 （IVPP V 9658.24），F. 左 m3 （IVPP V 9658.33）：冠面视

大猪尾鼠 *Typhlomys macrourus* Zheng, 1993

（图 201）

正模 IVPP V 9659，左 m1。重庆巫山龙骨坡，下更新统。

副模 IVPP V 9660，左 M3 1 枚。

归入标本 IVPP V 9661，残破上颌骨 2 件、臼齿 131 枚（重庆巫山）。

鉴别特征 大型猪尾鼠。臼齿齿冠高，齿脊粗壮。M1 和 m1 狭长，舌侧和唇侧近平行。M1 釉质层底线略起伏；M2 和 M3 多数缺失齿沟 Ia；m1 的齿沟 Ia 在约半数的标本中被分隔为两个釉岛；m3 的齿沟 Ia 强壮，但总缺失齿沟 IV。

产地与层位 重庆巫山龙骨坡（第一、二、五、六、D 层），下更新统。

评注 建名时显然是由于牙齿尺寸大而命名为"大猪尾鼠"，但种本名中的拉丁词"macrourus"不完全是"大"的意思，其后半部分"urus"意为野牛或牲口。若由希腊词"uro"（尾巴）衍生而来，亦非命名者原意。由于该种比已知种的个体都大，中文的种本名也不考虑在此更改。

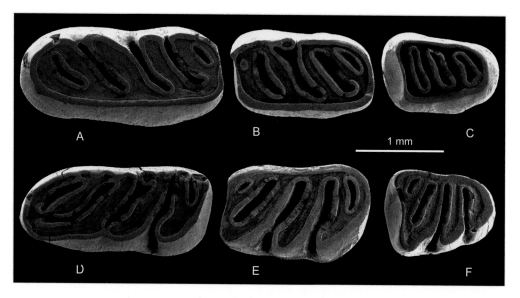

图 201 大猪尾鼠 Typhlomys macrourus
A. 左 M1（IVPP V 9661.27），B. 左 M2（IVPP V 9661.45），C. 左 M3（IVPP V 9661.54），D. 左 m1（IVPP V 9659，正模），E. 左 m2（IVPP V 9661.115），F. 右 m3（IVPP V 9661.131，反转）：冠面视

原始猪尾鼠 *Typhlomys primitivus* Qiu, 1989

（图 202）

Typhlomys sp. nov.(small)：邱铸鼎等，1985，23 页

正模 IVPP V 8818，左 M1。云南禄丰石灰坝（第 5 层），上中新统石灰坝组。

副模 IVPP V 8819.9–47，臼齿 39 枚。产地与层位同正模。

归入标本 IVPP V 8819.1–8, 48–74，白齿 35 枚（云南禄丰）。

鉴别特征 个体小。M1 的前附脊和齿沟 Ia 发育弱，在少数标本中缺失；M2 总具有齿沟 Ia；m1–2 的齿沟 Ia 多数大于或等于齿沟 IV；第三白齿较少退化，M3 部分标本仍保留齿沟 IV，m3 总有齿沟 Ia 和齿沟 IV。M1 的釉质层底线相对平直。

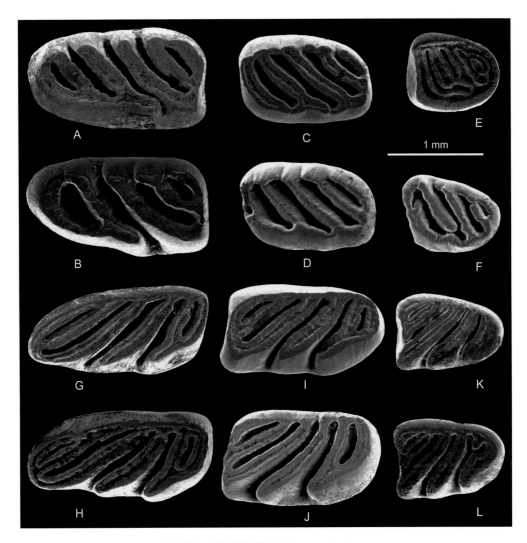

图 202　原始猪尾鼠 *Typhlomys primitivus*

A. 左 M1（IVPP V 8818，正模），B. 右 M1（IVPP V 8819.12，反转），C. 左 M2（IVPP V 8819.14），D. 左 M2（IVPP V 8819.56），E. 右 M3（IVPP V 8819.64，反转），F. 左 M3（IVPP V 8819.24），G. 右 m1（IVPP V 8819.30，反转），H. 右 m1（IVPP V 8819.31，反转），I. 左 m2（IVPP V 8819.35），J. 左 m2（IVPP V 8819.6），K. 左 M3（IVPP V 8819.8），L. 右 m3（IVPP V 8819.7，反转）：冠面视

产地与层位　云南禄丰石灰坝（第 1、2、5、6 层），上中新统石灰坝组；元谋雷老，上中新统小河组。

评注　建名时将正模外的材料都指定为归入标本，其中 IVPP V 8819.9–47 标本与正模都采自同一剖面的第 5 层，故可视为该种的副模。*Typhlomys primitivus* 代表该属的最早记录。在云南元谋雷老的上中新统小河组，还发现了 *Typhlomys* aff. *T. primitivus*。该亲近种 M1 上都有前附脊和齿沟 Ia，M3 较少退化，似乎比 *Typhlomys primitivus* 进步，如果鉴定和判断无误，这就有悖于通常认为小河组比石灰坝组的时代要早的结论，有待进一步的发现和研究（Ni et Qiu, 2002；邱铸鼎、倪喜军，2006；Qiu et Ni, 2019）。

施氏猪尾鼠 *Typhlomys storchi* Qiu et Ni, 2019

（图203）

正模 IVPP V 25886，右 m1。云南元谋雷老（IVPP Loc. 9905），上中新统小河组。

副模 IVPP V 25887.1，M1 1 枚。产地与层位同正模。

归入标本 IVPP V 25887.2–3，臼齿 2 枚（云南元谋）。

鉴别特征 个体大。咀嚼面凹，具有倾斜的 6 条齿脊和 5 个齿沟；上、下臼齿的内脊和外脊分别融入前边脊和后边脊，形成连续围绕咀嚼面周边的齿脊；臼齿中没有开放的齿沟 II 和齿沟 III；m1 的前部明显向前伸展。

产地与层位 云南元谋雷老（IVPP Loc. 9903, 9905, 9906），上中新统小河组。

评注 该种牙齿尺寸比已知化石种和现生种的都显著大，咀嚼面周边有连续围绕的齿脊，而缺乏该属常见种类都有的开放的齿沟 II 和 III，另外 m1 的前部明显伸展，因此建种者不排除更多材料的发现会证明其为一不同于 *Typhlomys* 的属。

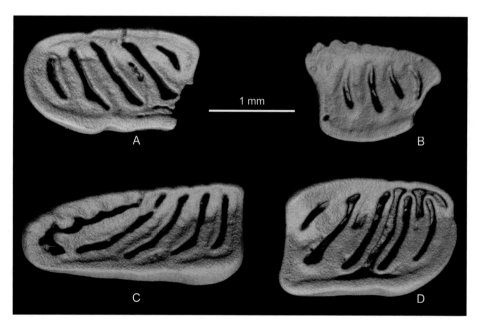

图 203　施氏猪尾鼠 *Typhlomys storchi*

A. 左 M1（IVPP V 25887.1），B. 右 M3（IVPP V 25887.2，反转），C. 右 m1（IVPP V 25886，正模，反转），D. 右 m2（IVPP V 25887.3，反转）：冠面视（引自 Qiu et Ni, 2019）

刺山鼠属 Genus *Platacanthomys* Blyth, 1859

模式种 刺睡鼠 *Platacanthomys lasiurus* Blyth, 1859

鉴别特征 头骨上的吻部狭长，颧骨板细弱，腭部有一对明显扩大的腭孔；下颌骨上的下门齿尖顶大体与颊齿列磨蚀面持平，齿虚位前端处于颊齿齿槽缘之下，角突相对粗大，上乙状切迹浅、下乙状切迹较为狭小。臼齿咀嚼面趋于平坦，齿脊相对弱，齿沟宽阔，齿脊和齿沟较少倾斜，其与纵轴线的夹角大于 60°；臼齿齿沟的舌缘倾向于封闭；上白齿的前附脊和齿沟 Ia 不发育、甚至缺失，M1 齿沟 I 和 IV 的唇侧缘在浅磨蚀的牙齿中近于开放；下白齿齿沟 Ia 发育弱，下前脊、下中脊、下后尖与下前尖间的连接和后边脊在牙齿中部偏唇侧彼此靠近、甚至连成纵向弱脊，齿沟 IV 的唇侧开放。第二白齿唇侧的后部收缩不明显；m3 不甚退化。

中国已知种　仅 *Platacanthomys dianensis* 一种。

分布与时代　云南，晚中新世。

评注　*Platacanthomys* 为现生的一个单型属，现生种分布于印度南部，化石种目前仅见于中国的云南地区，代表该属的最早记录。

滇刺山鼠 *Platacanthomys dianensis* Qiu, 1989

（图 204）

Platacanthomys sp. nov.：邱铸鼎等，1985，18 页

正模　IVPP V 8816，左 M1。云南禄丰石灰坝（第 2 层），上中新统石灰坝组。

副模　IVPP V 8817.8–17，白齿 10 枚。产地与层位同正模。

归入标本　IVPP V 8817.1–7, 18–27，白齿 17 枚（云南禄丰）。IVPP V 25883.1–71，白齿 71 枚（云南元谋）。

鉴别特征　白齿尺寸和长宽比例与现生种 *Platacanthomys lasiurus* 的相似，但中间齿脊的倾斜角度较大；上白齿无前附脊和齿沟 Ia 的痕迹，M2 齿沟 I 和齿沟 IV 的唇侧封闭；下白齿的下前脊、下中脊、下后脊和后边脊在牙齿中部偏唇侧连成纵向弱脊，m3 保留齿沟 Ia 的痕迹和显著的齿沟 IV。

产地与层位　云南禄丰石灰坝（第 1、2、5、6 层），上中新统石灰坝组；元谋雷老，上中新统小河组。

评注　建名时将正模外的材料都指定为归入标本，其中 IVPP V 8817.8–17 标本与正模都采自同一剖面的第 2 层，故可视为该种的副模。在牙齿的尺寸和形态上，发现于云南元谋小河组的材料与正型地点的很接近，略有不同的是前者 m1 横向齿脊间的纵向连接比后者稍弱，发育情况处于现生种与正型标本之间，与禄丰标本相比这是一种衍生性状。元谋地点发现的 *Platacanthomys* 和 *Typhlomys* 一样，似乎都显得比禄丰地点发现的同类化石进步，指示了元谋雷老动物群比禄丰石灰坝动物群的时代要晚，这与多数小哺乳动物指示的正好相反，显然值得进一步的研究（见 Ni et Qiu, 2002；Qiu et Ni, 2019）。

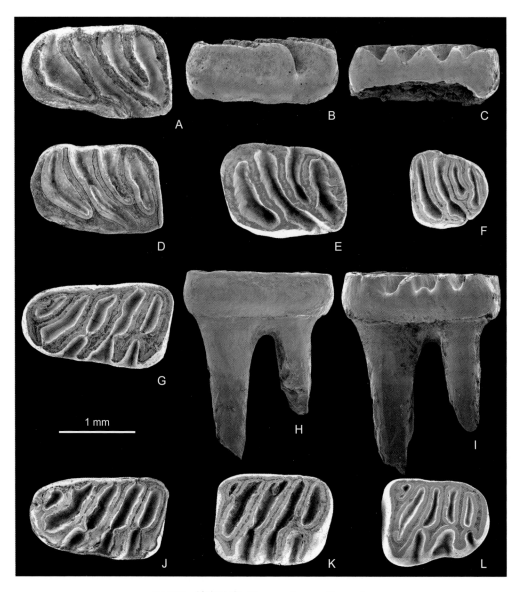

图 204　滇刺山鼠 *Platacanthomys dianensis*

A–C. 左 M1 （IVPP V 8816, 正模, C 反转）, D. 左 M1 （IVPP V 8817.8）, E. 右 M2 （IVPP V 8817.20, 反转）,
F. 右 M3 （IVPP V 8817.24, 反转）, G–I. 右 m1 （IVPP V 8817.12, G, I 反转）, J. 左 m1 （IVPP V 8817.1）,
K. 左 m2 （IVPP V 8817.13）, L. 右 m3 （IVPP V 8817.7, 反转）：A, D–G, J–L. 冠面视, B, H. 舌侧视, C, I.
颊侧视

沙鼠科 Family Gerbillidae De Kay, 1842

模式属　沙鼠属 *Gerbillus* Desmarest, 1804

定义与分类　沙鼠科为一现生科，系一类体型较小，适应干旱气候环境的啮齿动物。该科共有 17 个现生属，主要分布于非洲北部、阿拉伯半岛和亚洲干旱的沙漠—荒漠草原地区。沙鼠科被认为由古仓鼠类演化而来，最早出现于早中新世，化石只发现于北非，以及亚洲和欧洲的局部地区 (Jaeger, 1977a；Flynn et al., 1985；Tong, 1989；de Bruijn et Whybrow, 1994；Lindsay, 1994；Wessels, 1998)。在中国，该科的现生种类和化石种类都不多，化石在动物群中从未占有过优势地位。

1842 年 De Kay 最早提出把沙鼠类动物归入科级单元，但自 Alston 1876 年将其归入沙鼠亚科后，长期以来沙鼠亚科为多数学者所使用。研究者比较一致的意见是将其置于鼠超科（Muroidea）之下 (Simpson, 1945；Ellerman et Morrison-Scott, 1951；McKenna et Bell, 1997；Wilson et Reeder, 2005)，但对该科较高阶元的系统分类尚未取得一致的意见，有将其视为一个亚科隶属于仓鼠科（Cricetidae）或鼠科（Muridae）之下者 (Miller et Gidley, 1918；Ellerman, 1941；Simpson, 1945；Sen, 1977；Jaeger, 1977a；李传夔，1981；Carleton et Musser, 1984；Flynn et al., 1985；Musser et Carleton, 1993；McKenna et Bell, 1997；Wilson et Reeder, 2005)，也有依然将其作为一个独立科者 (Chaline et al., 1977；Reig, 1980；Pavlinov et al., 1990, 1995；Wessels, 1998, 1999；邱铸鼎、李强，2016)，对亚科和族一级的确定更有不同的认识。尽管沙鼠类动物在分类位置上仍有不同的看法，但学者似乎都相信这些啮齿动物以其具有明显衍生的形态特征而构成一个很清楚的单系类群。Pavlinov (1980, 1981, 1982, 1984, 1985, 1986, 1987, 2001) 对现生沙鼠类的骨骼、牙齿和雄性生殖器的形态做过一系列的研究工作，对沙鼠类动物的系统发育和分类提出了很有价值的意见，其成果精华体现在 Pavlinov 等 (1990) 的专著中。书中对现生沙鼠类属种的形态、分类、系统发育、生态和地理分布都进行了大量的回顾和研究，同时提出了把这一类群作为一个独立科，把现生沙鼠分为两个亚科：裸尾沙鼠亚科（Taterillinae）（包括 Taterillini、Gerbillurini 和 Amnodillini 族）和沙鼠亚科（Gerbillinae）（包括 Gerbillini、Desmodilliscini、Pachyuromyi 和 Rhombomyini 族）的意见。McKenna 和 Bell (1997)、Wilson 和 Reeder (2005) 基本同意这样的划分，但却都把 Pavlinov 等的沙鼠科作为鼠科（Muridae）中的一个亚科，将这两个亚科降为族级阶元。分子生物学的研究似乎也支持了形态学研究对沙鼠类动物定义的界定，同时指出这一类群与 murines（狭义鼠类）和 deomyines（非洲链鼠）有较为接近的系统关系 (Michaux et Catzeflis, 2000；Michaux et al., 2001；Martin et al., 2000)。

关于对沙鼠较高阶元的分类，在公认的方案未得到落实的情况下，本志书基于现生和化石沙鼠类的形态特征和使用上的方便，暂保留将其作为一个科置于鼠超科（Muroidea）之下的意见，并支持将化石和现生沙鼠分为三个亚科的分类方案。具体如下：

鼠齿下目 Myodonta Schaub, 1955（见 McKenna et Bell, 1997）

鼠超科 Muroidea Illiger, 1811

沙鼠科 Gerbillidae De Kay, 1842

米古仓鼠亚科 Myocricetodontinae Lavocat, 1961

裸尾沙鼠亚科 Taterillinae Chaline, Mein et F. Petter, 1977

沙鼠亚科 Gerbillinae Gray, 1825

鉴别特征 沙鼠类动物的头骨具鼠型颧-咬肌构造；听泡鼓胀。齿式：1•0•0•3/1•0•0•3；臼齿丘-脊型齿或脊型齿；第一臼齿的前边尖较简单，第三臼齿通常很退化；上、下臼齿都没有中尖，经常也没有中脊；内外侧主尖有连成横脊、并为横向褶谷分开的趋向，但早期种类与古仓鼠类的牙齿较相似、齿尖错位排列、纵向脊常清楚，晚期种类的纵向脊退化、齿尖对位排列、横向褶谷很显著。

中国发现的沙鼠科化石，几乎都为脱落的牙齿。牙齿的形态乃化石沙鼠分类的重要依据。本书所使用的牙齿构造术语如图 205 所示。

中国已知属（化石）*Myocricetodon, Mellalomys, Abudhabia, Pseudomeriones, Meriones*，共 5 属。

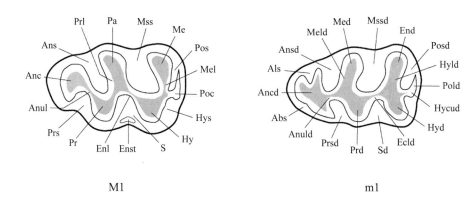

M1   m1

图 205　沙鼠科臼齿构造模式图（引自邱铸鼎、李强，2016，经修改）

Abs. 下前边尖颊侧褶谷（anterocobuccal syncline），Als. 下前边尖舌侧褶谷（anterocolingual syncline），Anc. 前边尖（anterocone），Ancd. 下前边尖（anteroconid），Ans. 前边谷（anterosinus），Ansd. 下前边谷（anterosinusid），Anul. 前小脊（anterolophule），Anuld. 下前小脊（anterolophulid），Ecld. 下外脊（ectolophid），End. 下内尖（entoconid），Enl. 内脊（entoloph），Enst. 内附尖（entostyle），Hy. 次尖（hypocone），Hycud. 下次小尖（下后边尖）（hypoconulid or posteroconid），Hyd. 下次尖（hypoconid），Hyld. 下次脊（hypolophid），Hys. 次谷（hyposinus），Me. 后尖（metacone），Med. 下后尖（metaconid），Mel. 后脊（metaloph），Meld. 下后脊（metalophulid），Mss. 中谷（mesosinus），Mssd. 下中谷（mesosinusid），Pa. 前尖（paracone），Poc. 后边尖（次小尖）（posterocone or hypoconule），Pold. 下后边脊（posterolophid），Pos. 后外谷（posterosinus），Posd. 下后边谷（posterosinusid），Pr. 原尖（protocone），Prd. 下原尖（protoconid），Prl. 原脊（protoloph），Prs. 原谷（protosinus），Prsd. 下原谷（protosinusid），S. 内谷（sinus），Sd. 下外谷（sinusid）

分布与时代　中国现生的沙鼠科动物只有 3 属 7 种（王应祥，2003），主要分布于西北和内蒙古干旱的沙漠—荒漠草原地区。化石材料仅零星地发现于陕西、山西、甘肃、青海和内蒙古。*Myocricetodon*、*Mellalomys* 和 *Abudhabia* 属出现于中新世的中、晚期，*Pseudomeriones* 出现于中新世晚期和上新世，*Meriones* 只见于更新世。除 *Pseudomeriones* 属在华北局部地区的中新世与上新世之交前后相对稍繁荣外，其他属可谓稀少。中国的化石沙鼠虽然不多，但包括了上述的 3 个亚科；最早出现于中中新世的通古尔期；中新世出现的沙鼠属似乎在北非和西南亚也有较广的分布；中新世晚期和上新世早期，沙鼠的数量在内蒙古地区有稍微明显增加的现象。

米古仓鼠亚科 Subfamily Myocricetodontinae Lavocat, 1961

模式属 米古仓鼠属 *Myocricetodon* Lavocat, 1952

概述 米古仓鼠亚科为一类具有较原始特征的沙鼠，最早出现于早中新世。化石发现于非洲、欧洲和亚洲的局部地区，现生的属种仅分布于西南亚和中东。该亚科沙鼠牙齿的形态与古仓鼠类的相似，如齿尖错位排列，常有纵向脊，但 M3/m3 明显退化，原尖与前尖的连接总是很简单，上、下中脊极退化或消失，"正常"纵向脊退化而附属尖有逐渐发育的趋向，"新"的纵向脊在一些属种中出现。

该亚科在中国仅发现两个属：*Myocricetodon* 和 *Mellalomys*，化石稀少，零星地分布在西北局部地区的中中新统至上中新统。

评注 这里提及的纵向脊包括上臼齿的内脊和前小脊，下臼齿的下外脊和下前小脊。"正常"纵向脊和"新"的纵向脊引自 Wessels (1996)。"正常"的纵向脊（"normal" longitudinal crest）系指上臼齿原尖与次尖间连接的脊，下臼齿下原尖与下次尖间连接的脊；"新"的纵向脊（"new" longitudinal crest）指上臼齿前尖与次尖间的连接脊。

米古仓鼠属 Genus *Myocricetodon* Lavocat, 1952

模式种 车里夫米古仓鼠 *Myocricetodon cherifiensis* Lavocat, 1952

鉴别特征 米古仓鼠亚科中个体较小的一属；臼齿中的齿尖错位或对位排列，"正常"的纵向脊很退化或在一些种中出现了"新"的纵向脊，常有附属小尖的发育，M1 的前边尖或简单或分开，M3 退化；腭孔明显向后延伸。

中国已知种 *Myocricetodon lantianensis, M. liui, M. plebius*，共 3 种。

分布与时代 甘肃，中中新世（通古尔期）；陕西、青海，晚中新世（灞河期）。

评注 该属除出现于中国的中中新世—晚中新世外，还发现于北非中中新世—早上新世、欧洲晚中新世—早上新世和南亚中中新世—晚中新世地层（Lavocat, 1952, 1961；Jaeger, 1977a, b；Wessels et al., 1987；Lindsay, 1988）。

蓝田米古仓鼠 *Myocricetodon lantianensis* Qiu, Zheng et Zhang, 2004
（图 206）

Myocricetodon cf. *M. trerki*：Zhang et al., 2002, p. 170 (part)；Qiu et al., 2003, p. 446 (part)

正模 IVPP V 14034，右 M1。陕西蓝田灞河西岸（IVPP Loc. 12），上中新统灞河组（灞河期）。

副模 IVPP V 14035.1–4，臼齿 4 枚。产地与层位同正模。

归入标本 IVPP V 14035.5–6，臼齿 2 枚（陕西蓝田）。IVPP V 15463.1–18，上颌骨 1 件、臼齿 17 枚（青海德令哈）。

鉴别特征 米古仓鼠属中的小种；M1 的前边尖宽、单尖型，前尖与次尖连接（即出现了"新"的纵向脊），后部横向收缩较显著；M1 和 M2 主尖的"尖对"（cusp-pairs）紧靠、斜向、近于成行排列；m1 下前边脊舌侧支和次小尖退化。

产地与层位 陕西蓝田第 6、12 和 19 地点，上中新统灞河组；青海德令哈深沟，上中新统上油砂山组。

评注 原命名者在描述该种时把产自蓝田灞河西岸第 6 和 19 地点的标本（IVPP V 14035.5–6）也当作副模，因其不与正模采自相同的第 12 地点，故此称其为"归入标本"。

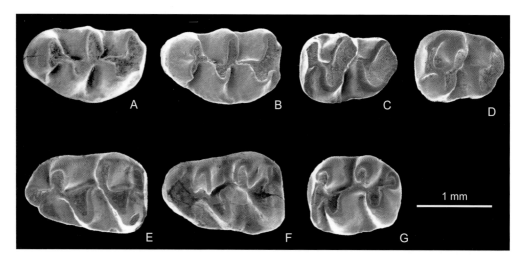

图 206 蓝田米古仓鼠 *Myocricetodon lantianensis*

A. 右 M1（IVPP V 14034，正模，反转），B. 左 M1（IVPP V 15463.2），C. 左 M2（IVPP V 14035.2），D. 右 M2（IVPP V 15463.4，反转），E. 右 m1（IVPP V 15463.6，反转），F. 右 m1（IVPP V 15463.7，反转），G. 右 m2（IVPP V 15463.8，反转）：冠面视（引自 Qiu et al., 2004；Qiu et Li, 2008）

刘氏米古仓鼠 *Myocricetodon liui* Qiu, Zheng et Zhang, 2004

（图 207）

Myocricetodon cf. *M. trerki*：Zhang et al., 2002, p. 170 (part)；Qiu et al., 2003, p. 446 (part)

正模 IVPP V 14036，右 M1。陕西蓝田灞河西岸（IVPP Loc. 12），上中新统灞河组（灞河期）。

副模 IVPP V 14037.1–4，臼齿 4 枚。产地与层位同正模。

鉴别特征 米古仓鼠属中较小种；M1 的前边尖宽、趋于分成双小尖，次尖与原尖间的连接断开，次尖与前尖间的连接不完整（"新"的纵向脊未完全形成），后部横向收缩较显著；M2 无纵向脊；M1 和 M2 具有明显的内附尖，主尖的"尖对"紧靠、斜向、近于成行排列；m1 颊侧前边脊肿胀；m1 和 m2 具宽的颊侧齿带。

评注 Myocricetodon liui 与 M. lantianensis 的主要区别是前者的个体较大，M1 前边尖双叶，"正常"的纵向脊虽已很退化但"新"的纵向脊尚未完全形成，M1 和 M2 具有附属尖和宽的齿带，M2 无纵向脊，m1 颊侧前边脊发育，m1 和 m2 的颊侧齿带发育。在牙齿形态上，M. liui 与南亚西瓦利克系（siwaliks）M. sivalensis 的相似，但纵向脊较为退化、齿带和附属尖较显著，M1 和 M2 的后部较为横向收缩、后外谷较狭窄。该种与 M. sivalensis 的相似可能表明两者具有较接近的亲缘关系，而差异特征可能说明西瓦利克种更为古老。

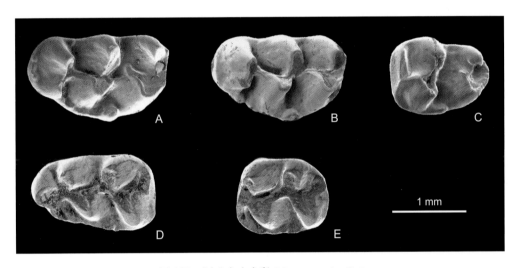

图 207 刘氏米古仓鼠 *Myocricetodon liui*

A. 右 M1（IVPP V 14036，正模，反转），B. 左 M1（IVPP V 14037.1），C. 左 M2（IVPP V 14037.2），D. 右 m1（IVPP V 14037.3，反转），E. 右 m2（IVPP V 14037.4，反转）；冠面视（引自 Qiu et al., 2004）

普通米古仓鼠 *Myocricetodon plebius* Qiu, 2001

（图 208）

正模 IVPP V 12597，左 M1。甘肃永登泉头沟，中中新统咸水河组。

副模 IVPP V 12598.1–3，臼齿 3 枚。产地与层位同正模。

鉴别特征 米古仓鼠属中的小种；齿尖显著；M1 前边尖单一，无明显的后外谷，后部收缩不明显；M1 和 M2 原尖和次尖间的连接低弱，无内附尖及明显的齿带，主尖的"尖对"斜向排列但不紧靠；m1 下前边尖简单，颊侧前边脊明显，无外附尖，纵向脊退化，前对主尖和后对主尖为一斜谷隔开，具孤立的下次小尖但无明显的颊侧齿带。

评注 在牙齿的尺寸上，*Myocricetodon plebius* 与 *M. lantianensis* 相似，但前者 M1 后部不明显横向收缩，M1 和 M2 仅有退化的"正常"纵向脊而未见"新"的纵向脊、主尖"尖对"不明显紧靠，m1 下前边脊舌侧支和次小尖尚显著。这些被认为是代表该属较为原始的特征。

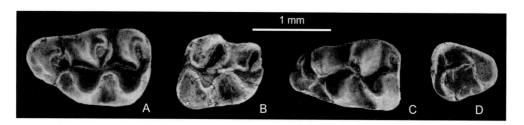

图 208 普通米古仓鼠 *Myocricetodon plebius*

A. 左 M1（IVPP V 12597，正模），B. 右 M2（IVPP V 12598.1，反转），C. 右 m1（IVPP V 12598.2，反转），
D. 左 m3（IVPP V 12593.3）；冠面视（引自 Qiu, 2001）

美拉尔鼠属 Genus *Mellalomys* Jaeger, 1977

模式种 奥氏美拉尔鼠 *Mellalomys atalasi* (Lavocat, 1961)

鉴别特征 米古仓鼠亚科中个体中等的一属，后腭孔小，第三臼齿不特别退化。臼齿的齿尖粗壮；内外侧主尖略错位排列，适度靠近；无明显的中脊和附属尖，但可能有前尖刺；M1 的前边尖不强烈分开，纵向脊正常发育、不倾斜，也不成半圆形；m1 前边尖的舌侧支常肿胀，甚至呈小尖状；m2 和 m3 具双前齿根。

中国已知种 仅 *Mellalomys gansus* 一种。

分布与时代 甘肃，中中新世（通古尔期）。

评注 McKenna 和 Bell（1997）将 *Mellalomys* 属归入 Cricetodontinae 亚科。由于该属 M1 的前边尖不强烈分开，臼齿的中脊退化，编者赞同将其归入 Myocricetodontinae 亚科的意见。该属也出现于北非和印度次大陆的中中新世（Lavocat, 1961；Jaeger, 1977a；Lindsay, 1988；Wessels, 1996）。

甘肃美拉尔鼠 *Mellalomys gansus* Qiu, 2001
（图 209）

正模 IVPP V 12595，具 M1 的右上颌骨碎块。甘肃永登泉头沟，中中新统咸水河组（通古尔期）。

副模 IVPP V 12596.1–37，破损的上、下颌骨 11 件，臼齿 26 枚。产地与层位同正模。

鉴别特征 齿尖比齿脊醒目。M1 前边尖为一浅沟分成双叶；原脊和后脊很短，因而原尖与前尖较接近；后边脊极弱，后外谷不很明显；齿带甚弱。上颊齿的前尖无明显的后刺，纵脊直或微弯；m1 前边尖常有加厚的舌侧前边脊而无明显的附属尖；m1 和 m2 的下次小尖不发育；m2 和 m3 前齿根单一。

评注 *Mellalomys gansuensis* 中 m2 和 m3 仅有一个前齿根，这与属征不吻合，值得今后进一步研究。该种与北非中中新世 *M. atalasi* 的不同在于 M1 有一窄的后外谷，上白齿的前尖刺不清楚，m1 的下前边尖没有舌侧附尖和明显的下次小尖；与巴基斯坦中中新世的 *M. lavocati* 不同在于 M1 的前边尖不那么明显分开，纵向脊较弯曲，M1 和 M2 的后外谷较窄，齿带很弱。

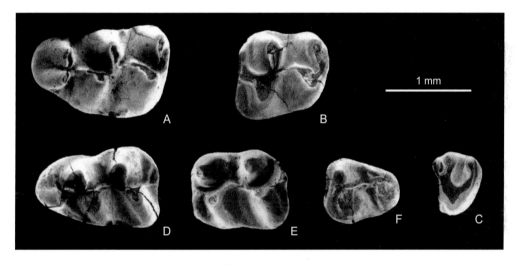

图 209 甘肃美拉尔鼠 *Mellalomys gansus*

A. 右 M1（IVPP V 12595，正模，反转），B. 右 M2（IVPP V 12596.14，反转），C. 右 M3（IVPP V 12596.4，反转），D. 右 m1（IVPP V 12596.26，反转），E. 右 m2（IVPP V 12596.34，反转），F. 右 m3（IVPP V 12596.11，反转）：冠面视（引自 Qiu, 2001）

裸尾沙鼠亚科 Subfamily Taterillinae Chaline, Mein et F. Petter, 1977

模式属 大裸尾沙鼠属 *Tatera* Lataste, 1882

概述 裸尾沙鼠亚科被认为由米古仓鼠亚科进化而来，当米古仓鼠亚科在中新世晚期处于十分衰退期间，该亚科最先出现于非洲北部，*Protatera algeriensis* 被认为代表其最早的记录（Jaeger, 1977b）。裸尾沙鼠动物在地史上不很繁荣，现生的属种主要分布于非洲。裸尾沙鼠类牙齿的纵向脊极为退化甚至完全缺失，内外侧主尖对向排列，彼此靠近，甚至联成横向齿棱，由横向的齿沟隔开，齿带也很少见，上、下第三白齿都甚为退化。

该亚科在中国仅发现 *Abudhabia* 一个属，化石稀少，零星地分布在西北和内蒙古局部地区的上中新统。

阿布扎比鼠属 Genus *Abudhabia* de Bruijn et Whybrow, 1994

模式种 拜奴阿布扎比鼠 *Abudhabia baynunensis* de Bruijn et Whybrow, 1994

鉴别特征 裸尾沙鼠亚科中个体中等的一属。牙齿的构造特征介于米古仓鼠亚科和沙鼠亚科者之间。M1、M2 和 m2 的对向主尖构成横脊；M2 和 m2 具残留的前边脊；m1总有尖状的下后边脊，对向主尖略错位排列，下前边尖如同多数仓鼠类的一样有指向后颊侧的脊。上门齿舌侧具有纵向沟。

中国已知种 *Abudhabia abagensis*, *A. baheensis*, *A. wangi*，共 3 种。

分布与时代 陕西，晚中新世（灞河期）；内蒙古，晚中新世（灞河期—保德期）。

评注 该属分布于北非、亚洲西南和远东局部地区的晚中新世和早上新世地层，在中国的出现代表该属在分布上的最东和最北延伸。

阿巴嘎阿布扎比鼠 *Abudhabia abagensis* Qiu et Li, 2016
（图 210）

Abudhabia sp.：Qiu et al., 2013, p. 183

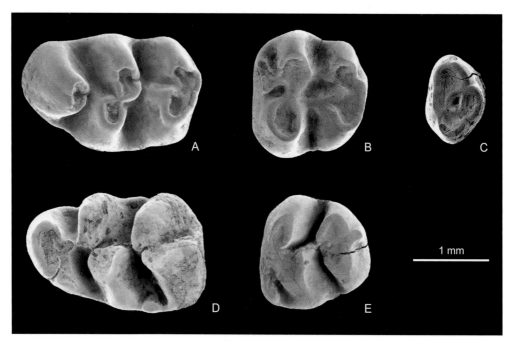

图 210 阿巴嘎阿布扎比鼠 *Abudhabia abagensis*

A. 右 M1 （IVPP V 19876，正模，反转），B. 右 M2 （IVPP V 19877.1，反转），C. 左 M3 （IVPP V 19877.2），
D. 左 m1 （IVPP V 19877.3），E. 左 m2 （IVPP V 19877.4）；冠面视（引自邱铸鼎、李强，2016）

正模　IVPP V 19876，右 M1。内蒙古阿巴嘎旗宝格达乌拉，上中新统宝格达乌拉组（保德期）。

副模　IVPP V 19877.1–17，破损的上颌骨 1 件、臼齿 16 枚。产地与层位同正模。

鉴别特征　个体较小、齿冠稍高的阿布扎比鼠。牙齿横向齿棱间具低、弱的纵向脊；第一臼齿后边脊（后齿带）弱；M2 和 m2 的后部收缩，前边脊（前齿带）清楚，但不甚显著；m1 和 m2 有较明显的下外脊；M3 相对不甚退化，双齿根。

评注　Abudhabia 属在中国发现的三个种中，A. abagensis 的牙齿尺寸最大，齿冠最高，出现的层位也最靠上部。

灞河阿布扎比鼠 *Abudhabia baheensis* Qiu, Zheng et Zhang, 2004

（图 211）

Abudhabia sp. nov.：Zhang et al., 2002, p. 170；Qiu et al., 2003, p. 446

正模　IVPP V 14038，左上颌骨碎块，附 M1 和 M2。陕西蓝田灞河西岸（IVPP Loc. 12），上中新统灞河组（灞河期）。

副模　IVPP V 14039.1–50，臼齿 50 枚。产地与层位同正模。

归入标本　IVPP V 14039.51–68，臼齿 18 枚（陕西蓝田）。

鉴别特征　阿布扎比鼠属中的小种；臼齿舌、颊侧主尖"尖对"连接紧密，具发育程度不同的纵向脊痕迹；M1 前边脊短，前尖和原尖间由低脊连接，具后边脊（后齿带）的痕迹；M2 和 m2 的后部宽，前边脊（前齿带）相当显著；M3 和 m3 相对不甚退化，双齿根。

产地与层位　陕西蓝田灞河西岸（第 6、12、13、37 和 19 地点及主剖面第 32 层），上中新统灞河组。

评注　建种的描述中，作者将 IVPP V 14039.51–68 指定为副模，因其与正模并不产自相同的地点和层位，故此称为归入标本。

Abudhabia 属在中国的种类中，*A. baheensis* 的牙齿形态与内蒙古宝格达乌拉 *A. abagensis* 的最为相似，两者的"主尖对"都相当紧靠，并具有低的纵向脊，第一臼齿的前边脊相对明显，M1 的后边脊不很发育，m1 的下前边尖都有强大、伸达下原尖的颊侧脊，第二臼齿的前边脊发育适度，M3 不甚退化、具有双根。这些相似性或许表明两者具有较接近的祖裔关系。*A. baheensis* 的牙齿尺寸略小，齿冠较低，M1、M2 和 m2 的后部较少地收缩、退化，可能都属于较原始的形态特征。在 *A. baheensis-A. abagensis* 这一支系中，个体增大、齿冠增高、臼齿后部逐渐收缩，以及下外脊的加强可能属于其演化趋势。

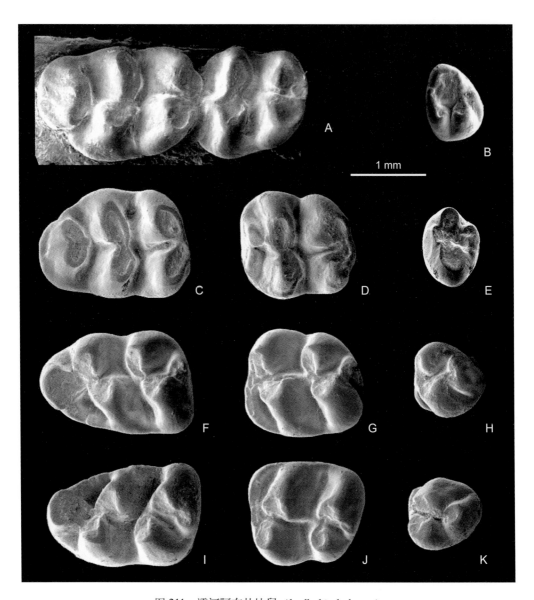

图 211　灞河阿布扎比鼠 *Abudhabia baheensis*

A. 左上颌骨碎块附 M1–2 (IVPP V 14038, 正模), B. 左 M3 (IVPP V 14039.4), C. 右 M1 (IVPP V 14039.1),
D. 右 M2 (IVPP V 14039.2), E. 右 M3 (IVPP V 14039.3), F. 左 m1 (IVPP V 14039.5), G. 左 m2 (IVPP V
14039.6), H. 左 m3 (IVPP V 14039.7), I. 右 m1 (IVPP V 14039.8), J. 右 m2 (IVPP V 14039.9), K. 右 m3
(IVPP V 14039.10): 冠面视 (引自 Qiu et al., 2004)

王氏阿布扎比鼠 *Abudhabia wangi* Qiu et Li, 2016

(图 212)

正模　IVPP V 19878，右 m1。内蒙古苏尼特左旗巴伦哈拉根，上中新统巴伦哈拉根
层（灞河期）。

副模　IVPP V 19879，一枚 M2。产地与层位同正模。

鉴别特征 个体较小的阿布扎比鼠，齿尖较弱、且略前后向压扁。牙齿尺寸比 *Abudhabia abagensis* 的稍小，纵向脊较强且连续；M2 的颊侧前齿带小尖形，内谷和中谷不相通。m1 的下外谷与下中谷为显著的纵向脊隔开。

评注 *Abudhabia* 属被认为由 Myocricetodontinae 亚科中的某一属演化而来（de Bruijn et Whybrow, 1994）。*A. wangi* 产出的层位低，牙齿的尺寸偏小，齿尖较弱，最显著的特征是其齿尖呈明显的前后向压扁状、并具有较完整的纵向脊，以及 M2 的前边脊呈小尖形。这些形态特征使其与 *A. baheensis* 和 *A. abagensis* 都有所不同。而这些特征明显地存在于 *Myocricetodon* 属中，说明 *A. wangi* 代表了 *Abudhabia* 属中与 *Myocricetodon* 属形态较为近似的一种。因此，*A. wangi* 所具有的这些形态被认为是 *Abudhabia* 属中较原始的性状，同时也指示了该属是从 Myocricetodontinae 演化而来的可能性。

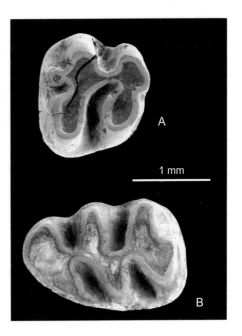

图 212　王氏阿布扎比鼠 *Abudhabia wangi*
A. 右 M2（IVPP V 19879, 反转），B. 右 m1（IVPP V 19878, 正模, 反转）：冠面视（引自邱铸鼎、李强，2016）

沙鼠亚科 Subfamily Gerbillinae Gray, 1825

模式属 沙鼠属 *Gerbillina* Gray，1825

概述 最早的沙鼠亚科动物发现于亚洲的晚中新世地层，几乎与裸尾沙鼠亚科同时出现，地史上也不很繁荣，主要分布于亚洲和非洲，上新世以来相对常见。该亚科动物牙齿的内外侧主尖彼此略错位排列，连成稍斜向的齿棱，其间多由纵向脊连接，"新"的纵向脊（上臼齿次尖与前尖间的连接）通常发育，齿带退化，第三臼齿明显退化。

该亚科在中国仅发现 *Pseudomeriones* 和 *Meriones* 两个属，化石分布于华北和西北局部地区的上中新统至更新统。

假沙鼠属 Genus *Pseudomeriones* Schaub, 1934

模式种 短齿脊仓跳鼠 *Lophocricetus abbreviatus* Teilhard de Chardin, 1926 = *Pseudomeriones abbreviatus* (Teilhard de Chardin, 1926)

鉴别特征 臼齿有根，齿冠高度几乎与原鼢鼠类的接近。上门齿的纵沟不甚清楚；

M1 和 M2 的内谷明显后外向延伸；M1 和 m1 由三叶组成，具有显著的前边尖和短的"新"纵向脊，内外侧主尖错位连成略倾斜的嵴棱；m1 的前边尖或简单，或具附加褶（谷）；m2 由两叶组成：前叶为由两个齿尖融会成的横棱，前棱的舌侧有窄但显著的下原谷，后叶似波状棱（主要由于内、外齿尖的交错不明显，以及稍前后向延伸）；m3 和 m2 相似，但小，无下原谷。颊齿齿冠不成棱柱形，截面向基部逐渐变大。

中国已知种 *Pseudomeriones abbreviatus*, *P. complicidens*, *P. latidens*，共 3 种。

分布与时代 内蒙古、山西，晚中新世—早上新世（保德期—高庄期）；甘肃，晚中新世—上新世。

评注 *Pseudomeriones* 属系 Schaub（1934）根据 Teilhard de Chardin（1926a）记述的 *Lophocricetus abbreviatus* 和杨钟健（Young, 1927）记述的 *Gerbillus matthewi* 材料而建立的。该属出现于欧洲和亚洲晚中新世和早上新世，分布广，地史上持续的时间也长，但种群的丰度不大，在动物群中从未占过统治地位。它被认为是近代分布于华北和西北地区 *Meriones* 属的祖先类型。

短齿假沙鼠 *Pseudomeriones abbreviatus* (Teilhard de Chardin, 1926)

（图 213）

?*Lophocricetus abbreviatus*：Teilhard de Chardin, 1926a, p. 47

Gerbillus matthewi：Young, 1927, p. 37；Young, 1931, table I；Teilhard de Chardin et Leroy, 1942, p. 92

Lophocricetus abbreviatus：Young, 1931, tables I, II

正模 IVPP RV 26011，可能为同一个体的左 m1–3 齿列。甘肃庆阳王家，上中新统（保德期）。

副模 IVPP RV 42024，破损上、下颌骨 7 件，臼齿 6 枚。产地与层位同正模。

归入标本 IVPP V 5791，上、下颌骨 6 件（榆社）。IVPP V 11923, V 19880–19889，上、下颌骨 4 件，臼齿 184 枚（内蒙古中部地区）。一件保存较为完好的头骨及一件吻部，几枚牙齿及部分肢骨（标本大部分可能保存于瑞典乌普萨拉大学演化博物馆，编号不明）。

鉴别特征 颧弓前部扩展到咬肌面之上，上门齿伸入到颌骨中；下颌颏孔大，位于齿虚位后部的背侧缘；咬肌嵴前端形成显著的结节，终止于颏孔的后侧方。M1 和 m1 适度伸长，前边尖显著、简单，前壁通常圆凸形；M2 前边脊弱，后齿棱宽度通常比前齿棱的小，内谷明显比中谷宽，三根或双根；m1 下前边尖呈半圆形或椭圆形，常有几乎伸至下原尖基部的颊侧脊。M1 和 M2 经磨蚀后常留有后边脊的痕迹；第三臼齿次三角形，中度退化，m3 具明显的后内向斜脊。

产地与层位 甘肃庆阳王家，山西榆社邱园，内蒙古苏尼特左旗巴伦哈拉根、必鲁图，上中新统；内蒙古化德二登图、哈尔鄂博，上中新统二登图组一? 下上新统；甘肃泾川瓦窑堡，? 上中新统；内蒙古化德比例克、阿巴嘎旗高特格，下上新统；甘肃灵台文王沟、小石沟，上新统。

评注 Schaub（1934）在建立该种时，错把 Young（1927）记述的头骨确定为正模。建名者在描述正型标本时并未对 IVPP RV 42024 标本进行记述，该号标本为后来修出，并为 Teilhard de Chardin（1942）简单提及并附图，由于其与正模出自相同的地点和层位，故此视为副模（详见李传夔，1981）。

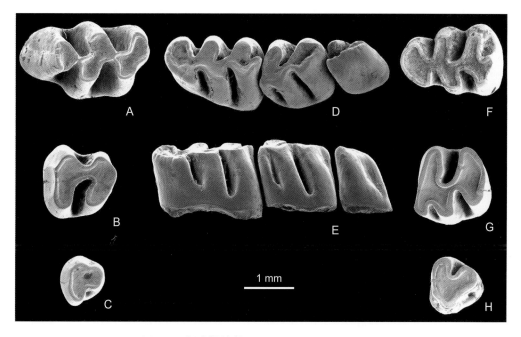

图 213 短齿假沙鼠 *Pseudomeriones abbreviatus*
A. 左 M1（IVPP V 19883.1），B. 左 M2（IVPP V 19883.2），C. 左 M3（IVPP V 19882.2），D, E. 左 m1–3 齿列（IVPP RV 26011，正模），F. 右 m1（IVPP V 19882.4，反转），G. 右 m2（IVPP V 19882.5，反转），H. 右 m3（IVPP V 19882.6，反转）；除 E 为颊侧视外均为冠面视（除 D, E 外均引自邱铸鼎、李强，2016）

复齿假沙鼠 *Pseudomeriones complicidens* Zhang, 1999

（图 214）

Pseudomeriones sp.：Qiu et al., 2013, p. 185

正模 IVPP V 5954.1，残缺左下颌骨附 m1–2。甘肃宁县水磨沟，上新统。

副模 IVPP V 5954.2–4，破损左下颌骨 1 件、臼齿 2 枚。产地与层位同正模。

归入标本 IVPP V 19890–19895，上颌骨碎块 1 件、臼齿 32 枚（内蒙古中部地区）。

鉴别特征 个体稍大的假沙鼠。下颌颏孔位于近齿虚位背部。M1 前边尖横向延伸，前壁通常较平，有相对发育的次谷；M2后棱与前棱宽度接近，没有前边脊；m1下前边尖宽大，次三角形，具有较清楚的舌侧附加褶（谷）和较浅的颊侧附加褶，舌侧谷有时呈V形。第三臼齿相对较大，退化少；M3次方形或圆方形，后齿棱明显；m3的后内向斜脊强壮。

产地与层位　甘肃宁县水磨沟，上新统；内蒙古阿巴嘎旗高特格，下上新统。

评注　建种的描述中，作者将IVPP V 5954.2–4标本指定为归入标本，因其与正模产自相同的地点和层位，故可称副模。

*Pseudomeriones complicidens*与*P. abbreviatus*的不同，主要是牙齿的尺寸略大，M1和m1的前边尖较宽，M3和m3较少退化，M1前边尖的前壁较平坦，M2的后棱相对宽，m1下前边尖构造复杂、具附加褶谷。内蒙古高特格标本中，m1舌侧和颊侧的附加褶谷没有正模标本的显著，可能是属于相对原始的性状，似乎说明内蒙古种群没有甘肃种群进步。

据报道，该种的材料还发现于河北泥河湾的稻地组（蔡保全等，2004），但未见有具体的描述。

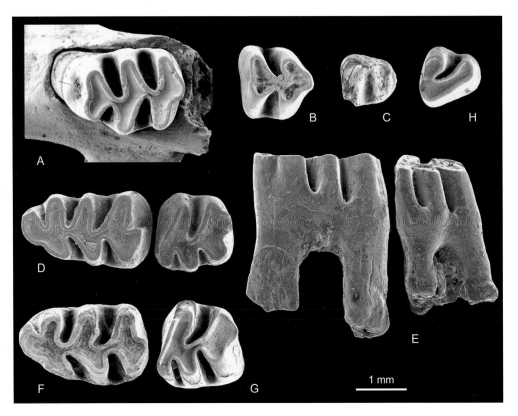

图214　复齿假沙鼠 *Pseudomeriones complicidens*

A. 左M1（IVPP V 19890.1），B. 左M2（IVPP V 19892.1），C. 左M3（IVPP V 19895.1），D, E. 左m1–2齿列（IVPP V 5954.1，正模），F. 左m1（IVPP V 19892.2），G. 左m2（IVPP V 19890.4），H. 右m3（IVPP V 19890.5，反转）：除E为颊侧视外均为冠面视（除D, E外均引自邱铸鼎、李强，2016）

宽齿假沙鼠 *Pseudomeriones latidens* Sen, 2001

(图 215)

Pseudomeriones abbreviatus：Flynn et al., 1997, p. 234

正模　MNHN MOL-65，左 m1。阿富汗 Khordkabul 盆地 Molayan，中新统。

归入标本　IVPP V 8822–8826，上颌骨碎块 1 件、臼齿 7 枚（山西榆社）。

鉴别特征　臼齿低冠。上臼齿宽度相对大，M1 尤为明显；M2 具深、向后弯的内谷，有 3 个齿根和小的前边脊（在未磨蚀的牙齿中保存较清楚）。在 m1 中，下前边尖有一强大、伸达下原尖基部的颊侧臂；m1 和 m2 中都有发育的下后边脊；m2 的下原谷深，隔成明显的前颊侧尖；m3 仍存有下前边脊的颊侧支。

产地与层位　山西榆社 YS 60、8、3、32、150 地点，上中新统马会组（保德期）—下上新统高庄组（高庄期）。

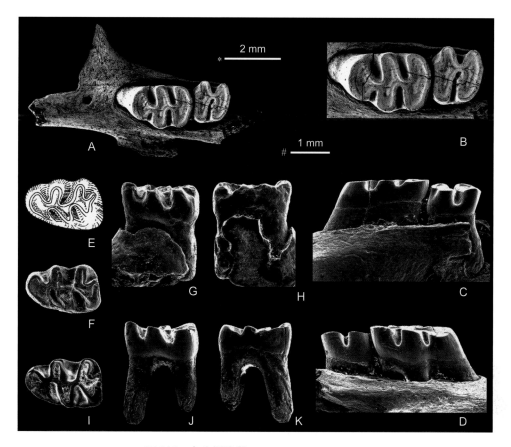

图 215　宽齿假沙鼠 *Pseudomeriones latidens*

A–D. 右上颌骨碎块附 M1–2（IVPP V 8825，A, B 反转），E. 左 m1（MNHN MOL-65，正模），F–H. 右 m1（IVPP V 8826.1，F 反转），I–K. 右 m1（IVPP V 8826.4，I 反转）：A, B, E, F, I. 冠面视，C, G, J. 颊侧视，D, H, K. 舌侧视；比例尺：＊- A，# - B–K

评注 Sen (2001) 认为，*Pseudomeriones latidens* 与 *P. abbreviatus* 在牙齿的尺寸上接近，但臼齿齿冠，特别是 M1 和 m1 的较高，M1 相对较狭窄，m1 的下前边尖没有颊侧支，M2 仅有 2 个齿根和短的内谷，m2 的下原谷浅而 m3 没有下原谷。

沙鼠属 Genus *Meriones* Illiger, 1811

模式种 柽柳沙鼠 *Meriones tamariscinus* (Pallas, 1873)

鉴别特征 上门齿有明显的纵沟；M1 和 M2 的内谷相对横向，不明显后外向延伸；M1 和 m1 由三叶组成，其间由短而显著的纵向脊连接，内外侧主尖对位连成近横向的嵴棱；M2 和 m2 由两叶组成，其间也有短的纵向脊相连，内外侧主尖融会成横向嵴棱：m2 前棱的舌侧没有下原谷；M3 和 m3 很退化，内谷和下外谷模糊不清。

中国已知种 仅 *Meriones meridianus* 一种。

分布与时代 北京，中更新世—晚更新世；陕西，更新世；河北，上新世—更新世；内蒙古，晚更新世；山西，更新世—现代。

评注 *Meriones* 属在中国共有 5 个现生种，分布于北方的戈壁和荒漠地区（王应祥，2003）。文献中常见把发现于更新世地层中的化石，甚至包括指定为现生种 *meridianus* 的材料都归入 *Gerbillus* 属（Boule et Teilhard de Chardin, 1928；Zdansky, 1928；Young, 1932, 1934；Pei, 1936, 1940b；Teilhard de Chardin, 1938；Teilhard de Chardin et Leroy, 1942）。*Gerbillus* 同样为现生属，主要分布于北非和中东，在远东地区未见有其任何踪迹（Nowak et Paradiso, 1983）。在牙齿的形态上，*Gerbillus* 属和 *Meriones* 属很相似，但李传夔（1981）注意到至少在年轻个体中，前者白齿的纵向脊甚弱或缺失。McKenna 和 Bell（1997）认为发现于中国上新世以来的沙鼠化石，多为 *Meriones* 属，而非 *Gerbillus* 属；在现生动物的分类中 *meridianus*（子午沙鼠）被归入 *Meriones* 属，而非 *Gerbillus* 属（王应祥，2003）。鉴于此，本志书把目前发现于中国更新世地层中的，以前称为 *Gerbillus* 属的沙鼠都归入 *Meriones* 属。

Meriones 属与 *Pseudomeriones* 属的牙齿形态也很接近，它们的主要区别在于前者上门齿的纵沟很清楚，白齿主尖明显对向而不错位排列，上白齿的内谷和下白齿的下外谷相对横向而不明显向后延伸，m2 构造简单而没有下原谷，M3 和 m3 更为退化。

Meriones 属的未定种还报道发现于陕西蓝田公王岭、北京的周口店和河北阳原许家窑的更新统（Teilhard de Chardin et Young, 1931；胡长康、齐陶，1978；吴汝康等，1989）。

子午沙鼠 *Meriones meridianus* (Pallas, 1773)

（图 216）

Gerbillus meridianus：Boule et Teilhard de Chardin, 1928, p. 86；Teilhard de Chardin et Leroy, 1942, p. 32

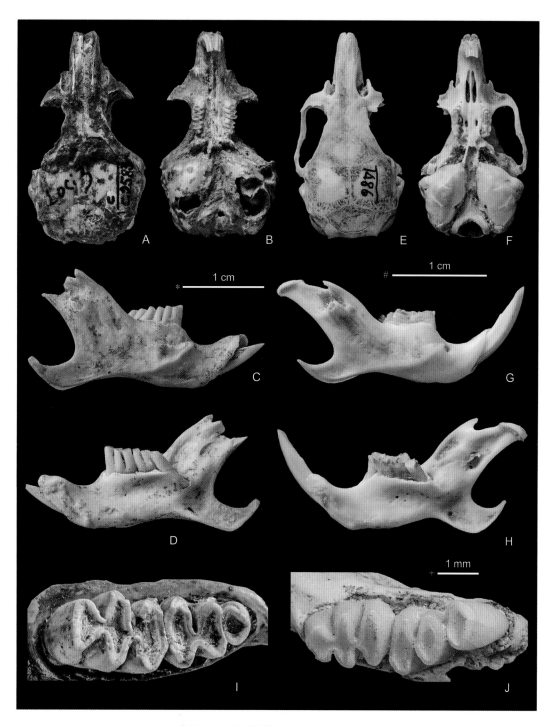

图 216　子午沙鼠 *Meriones meridianus*

A, B. 破损头骨（IVPP Cat. C.L.G.S.C. No. C/C. 2583），C, D. 破损右下颌骨（IVPP Cat. C.L.G.S.C. No. C/C. 2587），E, F. 头骨（IVPP 1486，现生），G, H. 右下颌骨（IVPP 1486，现生），I. 破损左上颌骨附着的 M1–3（IVPP Cat. C.L.G.S.C. No. C/C. 1145），J. 破损右下颌骨附着的 m1–3（IVPP Cat. C.L.G.S.C. No. C/C. 2584，反转）：A, E. 背侧视，B, F. 腹侧视，C, G. 颊侧视，D, H. 舌侧视，I, J. 冠面视；比例尺：* - A, B, E, F，# - C, D, G, H，+ - I, J

?Gerbillus meridianus：Zdansky, 1928, p. 68

Gerbillus roborowskii：Young, 1932, p. 6；Young, 1934, p. 81；Pei, 1936, p. 69；Pei, 1940b, p. 45；
    Teilhard de Chardin et Leroy, 1942, p. 32

Gerbillus sp.：Young, 1932, p. 6；Teilhard de Chardin, 1938, p. 20；Teilhard de Chardin et Leroy, 1942,
    p. 32

正模　现生标本，不明。

归入标本　IVPP Cat. C.L.G.S.C. Nos. C/C. 17, C/C. 1137–1170, C/C. 2582–2589，800
余件上、下颌骨及一批脱落的牙齿与肢骨（北京周口店）。IVPP Cat. C.L.G.S.C. No. C/C. 17,
上颌骨 1 件（陕西吴堡）。IVPP V 8827–8829，破损下颌骨 2 件、m1 1 枚（山西榆社）。

鉴别特征　颧弓前部明显向前扩展，门齿孔很长，听泡显著；冠状突甚弱，髁突强
壮，两者靠近，彼此撇向外侧和内侧，上乙状切迹比下乙状切迹窄小得多；下颌颏孔大，
位于齿虚位中后部近背侧缘；下咬肌脊比上咬肌脊发育，前端终止于颏孔。下门齿后伸
至冠状突外侧之下方；臼齿齿冠相对较高，齿嵴棱和齿谷横向；M1 和 m1 的前边尖横宽，
M1 的前壁趋平；M2 纵向脊通常位于牙齿中轴线的颊侧，后齿棱宽度比前齿棱的小，m2
的纵向脊位于牙齿中轴线附近；M3 和 m3 呈柱状。

产地与层位　北京房山周口店（第一、二、三、四地点和山顶洞），中更新统—上
更新统；昌平龙骨洞，上更新统。陕西吴堡，更新统。内蒙古萨拉乌苏，上更新统。山
西榆社（YS 60、144、141 地点），更新统—现代堆积。

评注　中国在更新世地层中发现的沙鼠类化石，与该现生种 *Meriones meridianus*
很相似，就头骨和牙齿形态而言，两者很难区分，Boule 和 Teilhard de Chardin（1928）、
Zdansky（1928）最早注意到了这点。虽则 Young（1932, 1934）和 Pei（1936, 1940b）将
周口店发现的化石指定为 *roborowskii*，但理由似乎不够充分，Teilhard de Chardin 和
Leroy（1942）还是认为中国化石材料中的 "*roborowskii*" 与 *meridianus* 等同。后来黄万
波(1981)把产自北京昌平洞穴堆积物中的沙鼠正式称为 *M. meridianus*。根据目前的发现，
本书倾向于认为，中国第四纪地层中发现的沙鼠化石尚无证据表明其超出 *M. meridianus*
种的范围。

据蔡保全等（2004）报道，*Meriones* cf. *M. meridianus* 发现于河北泥河湾盆地。

竹鼠科　Family Rhizomyidae Miller et Gidley, 1918

模式属　竹鼠属 *Rhizomys* Gray, 1831

定义与分类　竹鼠科是一类大—中型、适应地下生活的啮齿动物。竹鼠类可能
在晚渐新世或早中新世由仓鼠类进化而来，最早出现于早中新世，并一直延续至今。

该科分布于亚洲南部和非洲东部，包括狭义的竹鼠类（rhizomyines）和非洲鼹鼠类（tachyoryctines），其多样性在晚中新世和上新世相对丰富，而现生只有南亚的 *Rhizomys* 和 *Cannomys* 两属，以及东非的 *Tachyoryctes* 一属。现生竹鼠类具有很强的挖掘能力，但化石的头骨构造和颅后骨骼的形态表明，竹鼠真正适应穴居生活可能始于晚中新世中期。

竹鼠类的头骨具鼠型颧-咬肌结构。在分类上，归入鼠超科（Muroidea）并置于鼠齿下目（Myodonta）的方案为众多研究者所接受，但对其较高阶元（科级和亚科级）的确定仍未达成共识。在 Oldfield Thomas 1896 年的分类中，竹鼠类被归入一个亚科，隶属于盲鼹科（Spalacidae）之下。这一划分为 Tullberg（1899）和 Weber（1904）采用，但方案被认为是 Alston 1876 年分类的重新安排。Miller 和 Gidley（1918）根据头骨的颧-咬肌结构，将啮齿目分为 5 个超科，把竹鼠类作为与盲鼹科平行的一个科隶属于鼠超科（Muroidea）之下，下分 3 个亚科（Tachyoryctinae、Rhizomyinae 和 Braminae）。Winge（1924）把包括兔形类在内的啮齿动物分为 9 个科，把竹鼠类降为鼠科（Muridae）下的一个族（Rhizomyini）。Ellerman（1940）注意到一些研究者把竹鼠类归入到盲鼹科，他认为在头骨的颧-咬肌结构，特别是颧弓板和眶下孔的形状与设置方面，竹鼠类和盲鼹类差异明显，因而将两者视为不同的科。同时，他强调 Rhizomyidae 应与 Muridae 分开，因为前者颧-咬肌构造特殊，即咬肌起于眶下孔内侧的颧弓板，这一特征仅见于鼠形啮齿类动物。其观点显然也得到辛普森（Simpson, 1945）的认同，但辛氏仍将竹鼠科置于鼠形亚目之下，在很长一段时间里这一分类方案为许多研究者使用（Ellerman et Morrison-Scott, 1951；Black, 1972；Jacobs, 1978；Flynn, 1982, 1985, 1990, 1993；邱铸鼎等，1985；祁国琴，1986；郑绍华，1993；Mein et Ginsburg, 1997；王应祥，2003；Pavlinov, 2003）。

随着分支系统学研究在 20 世纪 70 年代的开展，Carleton 和 Musser（1984）根据支序的分析，将盲鼹类和竹鼠类分别归入 Spalacinae 亚科和 Rhizomyinae 亚科，隶属于广义的鼠科（Muridae）之下，这一分类方案也为 McKenna 和 Bell（1997）采用。Flynn（1982）根据对印度次大陆西瓦利克系（siwaliks）发现的竹鼠类化石进行的订正和演化关系研究，把竹鼠科分为两个亚科：把 *Tachyoryctes* 属和相关的化石属种归入非洲鼹鼠亚科（Tachyoryctinae），把 *Rhizomys* 和 *Cannomys* 属及有关的化石属归入竹鼠亚科（Rhizomyinae）。Wilson 和 Reeder（2005）根据解剖学的研究认为，亚洲和非洲现生竹鼠类的咬肌和头骨显示了不同的体系，肯定了 Flynn（1982）把东非和南亚竹鼠类分为两个类群的方案，同时结合分支系统学的分析和分子分类学的研究，把 Tachyoryctinae、Rhizomyinae 和 Spalacinae 一起归入盲鼹科（Spalacidae）。Flynn（2009）大体认可了这一分类，把竹鼠科降为亚科，并把竹鼠亚科与盲鼹亚科及鼢鼠亚科（Myospalacinae）一起归入与广义鼠科平行的盲鼹科。他重申在中国发现、以前归入竹鼠科的一些属种，即 *Tachyoryctoides* Bohlin, 1937、*Pararhizomys* Teilhard de Chardin et Young, 1931 和 *Brachyrhizomys hehoensis* Zheng, 1980 应该从竹鼠类中剔除。上述的研究成果代表竹鼠类现代分类的设想，但在将其归入鼠科还是盲鼹科方面似乎仍有较大的分歧。本志书基本赞同 Flynn（2009）的意见，但在对竹鼠类较高级分类中暂时仍将其当作科级单元处理，具体安排如下：

> 鼠超科 Muroidea Illiger, 1811
>> 竹鼠科 Rhizomyidae Miller et Gidley, 1918
>>> 非洲鼹鼠亚科 Tachyoryctinae Miller et Gidley, 1918
>>> 竹鼠亚科 Rhizomyinae Miller et Gidley, 1918
>> 盲鼹科 Spalacidae Gray, 1821
>> 鼢鼠科 Myospalacidae Lilljeborg, 1866

这一方案既传统，又带有几分随意性；编者认为，在分类未取得比较一致意见之前，眼下的处置既方便目前的使用，又便于日后归并。中国的竹鼠类化石，只有竹鼠亚科，即相当于 Flynn（2009）中的竹鼠族。

鉴别特征 头骨具鼠型颧 - 咬肌结构；颧弓板前背向扩张，眶下孔相应退化，眶下孔腹裂（眶下裂或腹侧裂隙，ventral slit）在多数属中缩短，在现生竹鼠中消失；下咬肌嵴强壮，与上咬肌嵴会于下颌骨的高处；牙齿和骨骼在大部分属中对挖掘和穴居具有明显的适应性。齿式：1•0•0•3/1•0•0•3；门齿通常为前伸型（proodonty），唇侧平；臼齿列在颌骨中近平行排列；腭窄；臼齿单面高冠（上臼齿的内侧比外侧高，下臼齿的外侧比内侧高），脊型齿（具有 4 条或 5 条横脊），冠面不水平（上臼齿向外倾斜，下臼齿向内倾斜），具强烈的磨蚀梯度（前边臼齿的磨蚀程度依次比后边的明显强烈）。

该科的牙齿构造术语如图 217 所示。

中国已知属 *Miorhizomys* 和 *Rhizomys* 两属。

分布与时代 竹鼠科分布于非洲东部和亚洲南部。在非洲只有非洲鼹鼠亚科（Tachyoryctinae），出现于中—晚中新世和晚上新世至现代；在亚洲既有非洲鼹鼠亚科，也有竹鼠亚科（Rhizomyinae），前者出现于中中新世—早上新世，后者最早出现于晚中新世，并一直延续至今。中国的竹鼠科化石主要为竹鼠亚科的两个属，非洲鼹鼠亚科只有发现于云南元谋作为 "Tachyoryctinae gen. et sp. indet." 报道的零星材料（未见具体的描述）（Ni et Qiu, 2002；祁国琴、倪喜军，2006）。竹鼠亚科动物在中国主要分布于长江以南，其中的 *Miorhizomys* 仅出现于云南的中新世，*Rhizomys* 最早出现于上新世早期，最北分布可达华北的中部。

评注 据报道，Rhizomyidae 科的未定属、种还发现于云南禄丰和元谋（祁国琴，1986；蔡保全，1997；祁国琴、倪喜军，2006）。

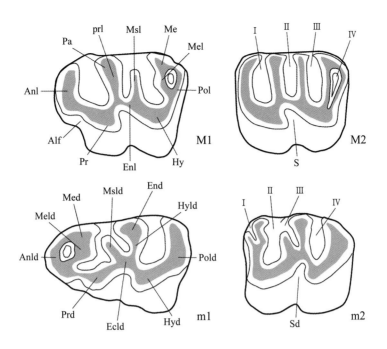

图 217　竹鼠科臼齿构造模式图

Alf. 舌侧前褶（anterolingual flexus），Anl. 前边脊（anteroloph），Anld. 下前边脊（anterolophid），Ecld. 下外脊（ectolophid），End. 下内尖（entoconid），Enl. 内脊（entoloph），Hy. 次尖（hypocone），Hyd. 下次尖（hypoconid），Hyld. 下次脊（hypolophid），Me. 后尖（metacone），Med. 下后尖（metaconid），Mel. 后脊（metaloph），Meld. 下后脊（metalophid），Msl. 中脊（mesoloph），Msld. 下中脊（mesolophid），Pa. 前尖（paracone），Pol. 后边脊（posteroloph），Pold. 下后边脊（posterolophid），Pr. 原尖（protocone），Prd. 下原尖（protoconid），Prl. 原脊（protoloph），S. 内谷（sinus），Sd. 下外谷（sinusid），I, II, III, IV. 齿沟（synclines I, II, III, IV）

竹鼠亚科 Subfamily Rhizomyinae Miller et Gidley, 1918

竹鼠亚科为一类相对进步、牙齿和骨骼具有明显挖掘和穴居适应机能的啮齿动物。头颅具张开的颧弓和显著的人字嵴，眶下孔腹裂明显退化或完全关闭，门齿孔小；下颌骨高度中等至深，冠状突强壮，咬肌嵴不强烈向前扩伸或不扩伸，下咬肌嵴不肿胀。肱骨有宽的上髁和强壮的三角肌嵴。门齿凿形，下门齿截面三角形、釉质层一般平滑而无纵向脊；臼齿相对小，中度高冠；M1 无舌侧前褶（anterolingual flexus，即可能为残留的原谷）；m3 的舌后侧釉岛小，下外谷显著。

通常认为，竹鼠亚科分布于亚洲东南部，最早出现于晚中新世，包括 5 属：*Miorhizomys*, *Anepsirhizomys*, *Brachyrhizomys*, *Rhizomys*, *Cannomys*。其中 *Rhizomys* 和 *Cannomys* 为现生属，前者在中国分布相对广，而后者仅见于云南，至今也未见有其化石的发现；*Anepsirhizomys* 只出现于巴基斯坦的早上新世；*Brachyrhizomys* 在本志书中被视作 *Rhizomys* 的一个亚属。

中新竹鼠属 Genus *Miorhizomys* Flynn, 2009

模式种 那格里竹鼠 *Rhizomys nagrii* Hinton, 1933 = *Miorhizomys nagrii* (Hinton, 1933)

鉴别特征 头骨低，呈不明显的楔形向后增宽，眶下孔腹裂未完全封闭；下颌骨中度高厚，咬肌嵴不强烈向前扩伸，下咬肌嵴不粗壮；下门齿釉质层通常平坦；臼齿相对小、冠高中度；M1 前部圆弧形，没有舌侧前褶；m2 具 3 个齿根和强壮的下中脊；m3 有釉岛状的齿沟 IV，常有深的下外谷；m2 和 m3 具下外脊。

中国已知种 *Miorhizomys nagrii, M. blacki, M. tetracharax, M.* cf. *M. pilgrimi*，共 4 种。

分布与时代 云南，晚中新世。

评注 Flynn（1982）在描述印度次大陆西瓦利克层的竹鼠时，将几种较大型竹鼠归入 *Brachyrhizomys* 属。后来（2009），他认为印度次大陆的那些种类，以及中国云南同样归入该属的种具有较 *Brachyrhizomys* 属原始的性状，都不宜留在该属，并建议将其改称 *Miorhizomys*；同时还指出，云南的种类在形态上与西瓦利克的有很多相似之处，但不一定都能归入印度次大陆的相应种。同时，他排除了把发现于西藏、称为 *Brachyrhizomys hehoensis* Zheng, 1980（同文中又称 *B. naquensis*）的种归入 *Miorhizomys* 属的可能。编者认为，Flynn 的评述值得今后进一步的核实，但目前暂且认可那些发现于云南、被归入西瓦利克系（siwaliks）相应种类名称的有效性。

据报道，在云南元谋还有该属未命名新种的发现（Ni et Qiu, 2002；祁国琴、倪喜军，2006）。

那格里中新竹鼠 *Miorhizomys nagrii* (Hinton, 1933)

（图 218）

Rhizomyids spp.：祁国琴，1979，18 页（部分）

Brachyrhizomys nagrii：Flynn et Qi, 1982, p. 746；邱铸鼎等，1985，19 页；祁国琴，1985，63 页；
祁国琴，1986，56 页

正模 GSI D. 273，具门齿和 m2–3 的破碎左下颌骨。印度西姆拉（Simla）山 Haritalyangar，上中新统。

归入标本 IVPP V 8126，具 m1–3 齿列一件。云南禄丰石灰坝，上中新统石灰坝组。

鉴别特征 下颌骨深度中等；m2 的下中脊较伸长；m3 短，下后边脊紧靠下次脊；下咬肌嵴显著，略向前延伸。

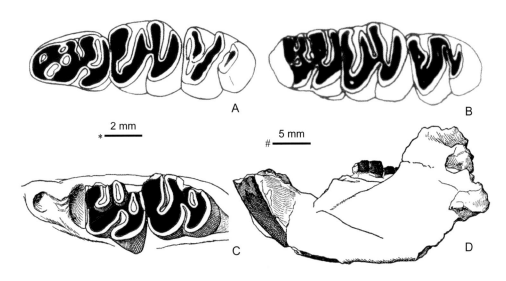

图 218　那格里中新竹鼠 *Miorhizomys nagrii*

A. 左下臼齿列（IVPP V 8126），B. 右下臼齿列（YGSP 8363，反转），C, D. 左下颌骨碎块附略破损的
m2–3（GSI D. 273，正模）：A–C. 冠面视，D. 颊侧视；比例尺：* - A–C，# - D（A 引自祁国琴，1986；
B 引自 Flynn, 1982；C, D 引自 Black, 1972）

步氏中新竹鼠 *Miorhizomys blacki* (Flynn, 1982)

（图 219）

Brachyrhizomys blacki：蔡保全，1997，67 页；祁国琴、倪喜军，2006，230 页

正模　YGSP 15560，具破损门齿和 m2–3 的破碎右下颌骨。巴基斯坦博德瓦尔高原
（Potwar Plateau），上中新统道克派珊（Dhok Parthan）组。

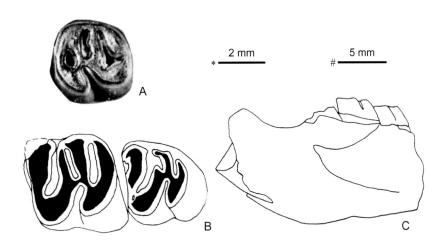

图 219　步氏中新竹鼠 *Miorhizomys blacki*

A. 左 M2（YMM YV 2504），B, C. 右下颌骨碎块附破损的门齿及 m2–3（YGSP 15560，正模，反转）：A, B.
冠面视，C. 颊侧视；比例尺：* - A, B，# - C（A 引自蔡保全，1997；B, C 引自 Flynn, 1982）

归入标本　YMM YV 2504，臼齿5枚。云南元谋雷老，上中新统小河组。

鉴别特征　个体大小与 *Miorhizomys nagrii* 接近，但下门齿柔弱细长，上、下咬肌嵴交点的位置很高；m3 伸长，后部窄。

评注　该种的模式标本在尺寸上与 *Miorhizomys nagrii* 的接近，形态上与其差异不是很大，发现于元谋的几枚臼齿（蔡保全，1997），可否归入该种，有待进一步的发现和研究。

四根中新竹鼠 *Miorhizomys tetracharax* (Flynn, 1982)

（图 220）

Rhizomyids spp.：祁国琴，1979，18 页（部分）

Brachyrhizomys tetracharax：Flynn et Qi, 1982, p. 747；邱铸鼎等，1985，19 页；祁国琴，1985，63 页；
　　祁国琴，1986，59 页；Ni et Qiu, 2002, p. 539；祁国琴、倪喜军，2006，230 页

正模　YGSP 4810，破损、咬合的腭骨和下颌骨，具左右上门齿、右 M1–3、左 M1
和 M3、右下门齿和 m1–3。巴基斯坦博德瓦尔高原（Potwar Plateau），上中新统道克派
珊（Dhok Parthan）组。

归入标本　IVPP V 8128，破损的咬合头骨1件，上、下颌骨19件，牙齿66枚（云
南禄丰）。未编号，上颌骨碎块1件、臼齿5枚（云南元谋）。

鉴别特征　个体大，下颌骨的深度大；M3 横向扩展；m3 纵向伸长；M1 四齿根。

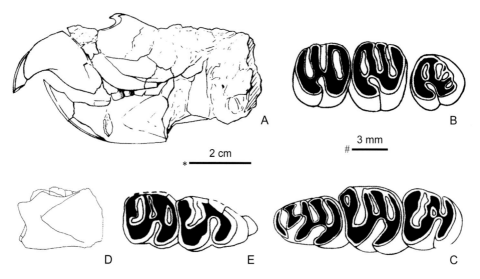

图 220　四根中新竹鼠 *Miorhizomys tetracharax*
A. 破损头骨（IVPP V 8128.1），B. 左上臼齿列（IVPP V 8128.2），C. 左下臼齿列（IVPP V 8128.9），D, E.
附 m2–3 右下颌骨（YGSP 9762，反转）：A. 左侧视，B, C, E. 冠面视；D. 颊侧视；比例尺：* - A, D，# - B,
C, E（A–C 引自祁国琴，1986；D, E 引自 Flynn, 1982）

产地与层位 云南禄丰石灰坝，上中新统石灰坝组；元谋雷老，上中新统小河组。

评注 发现于云南雷老的标本尚未见有具体的描述。

皮氏中新竹鼠（相似种） *Miorhizomys* cf. *M. pilgrimi* (Hinton, 1933)
（图 221）

Rhizomyids spp.：祁国琴，1979，18 页（部分）

Brachyrhizomys cf. *pilgrimi*：Flynn et Qi, 1982, p. 747；邱铸鼎等，1985，19 页；祁国琴，1985，63
页；祁国琴，1986，57 页

云南禄丰石灰坝晚中新世古猿地点发现的一件带有 m1–3 的残破下颌骨，以及一枚
m3 和一枚下门齿（IVPP V 8127.1–3；见祁国琴，1986），其下颌骨硕壮、深厚，牙齿尺
寸大，门齿强壮、铲形、釉质层趋圆且包卷明显，m2–3 的下外脊短弱、甚至不发育，具
有与 *Miorhizomys* 属在印度次大陆西瓦利克层中最大种 *M. pilgrimi* 相似的形态。但禄丰
标本比 *M. pilgrimi* 的尺寸略小，齿尖间的连接相对较强，m2 的下次脊完整，两者仍有所
差异。相对而言，其形态与 Flynn（1982）描述的 *M.* cf. *M. pilgrimi* 更为相似，似乎具有

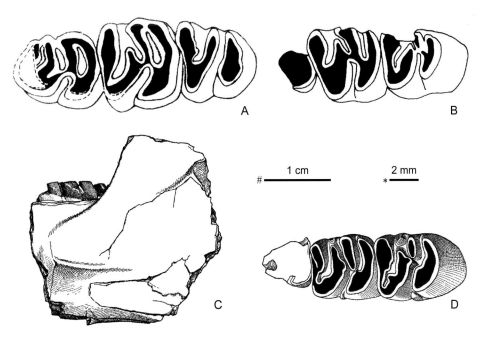

图 221 皮氏中新竹鼠（相似种）*Miorhizomys* cf. *M. pilgrimi* 及皮氏中新竹鼠 *M. pilgrimi*
Miorhizomys cf. *M. pilgrimi*：A. 左下臼齿列（IVPP V 8127），B. 破碎左 m1 和 m2–3（YGSP 8366），
Miorhizomys pilgrimi：C, D. 右下颌骨碎块附破损的 m1 和完好的 m2–3（GSI D. 278，正模，反转）；A, B,
D. 冠面视，C. 颊侧视；比例尺：* - A, B, D，# - C（A 引自祁国琴，1986；B 引自 Flynn, 1982；C, D 引自
Black, 1972）

比 *M. pilgrimi* 较为原始的性状。

竹鼠属 Genus *Rhizomys* Gray, 1831

模式种 中华竹鼠 *Rhizomys sinensis* Gray, 1831

鉴别特征 头骨呈楔形向后增宽，额骨明显收缩，矢状嵴通常显著，枕部倾斜，颧弓粗壮、颧弓板向上倾斜，眶下孔退化、宽度比高度大、下缘几乎平直、腹裂完全封闭。下颌骨体深厚，咬肌嵴终止于 m1 下方之前、不向前方延伸，具有明显、与髁突齐高的门齿齿根结节，冠状突高。门齿很宽，釉质层平无纵向嵴。臼齿中等高冠；M1–2 具 4 条齿脊，其中的中脊强大；m3 的下中脊不清楚；上臼齿和下臼齿的前两臼齿分别各具 3 条颊侧和舌侧齿沟（或釉岛）。

分布与时代 山西，上新世；华东、华中、华南和西南部分地区，早更新世—现代。

评注 在现生啮齿目的分类中，Ellerman（1940）认为竹鼠科只有两属：小竹鼠属（*Cannomys*）和竹鼠属（*Rhizomys*）。Flynn（2009）认为，以前在中国发现被指定为 *Brachyrhizomys* 属的部分种与现生竹鼠属共有一些衍生性状，故也将其作为一个亚属（低冠竹鼠亚属）归入竹鼠属，而该属的现生种及更新世地层中发现的化石种（由于其具有更明显的挖掘、穴居适应的特征），归入竹鼠属中的竹鼠亚属 *Rhizomys* (*Rhizomys*)。编者赞同这一分类办法。

低冠竹鼠亚属 Subgenus *Brachyrhizomys* Teilhard de Chardin, 1942

模式种 山西竹鼠（低冠竹鼠亚属）*Rhizomys* (*Brachyrhizomys*) *shansius* Teilhard de Chardin, 1942

鉴别特征 具有比现生竹鼠种类较为原始的特征：咬肌向前延伸不超过 m1 的前齿根；上门齿为前伸型（proodonty），下门齿没有 *Rhizomys* 现生种的那样向上倾斜；臼齿齿冠比 *Rhizomys* 现生种的低，m2 的长度比宽度大、齿沟 I 向下延伸深度大，m3 的后边脊不完全孤立。

中国已知种 *Rhizomys* (*Brachyrhizomys*) *shansius* 和 *R.* (*B.*) *shajius* 两种。

分布与时代 山西，上新世。

评注 Flynn（1993）在描述山西榆社的竹鼠时，根据咬肌嵴的形态和 m2 下中脊的退化，把 *Brachyrhizomys shansius* Teilhard de Chardin, 1942 的模式标本及其新发现的一种竹鼠都归入了竹鼠属（*Rhizomys*），把 *Brachyrhizomys* 作为亚属隶属竹鼠属之下。这一归并反映了 *Brachyrhizomys* 与 *Rhizomys* 的差别以及两者共有明显的衍生特征，表明了前者既不同于早期的竹鼠类，又有别于现生的 *Rhizomys*。但这并不意味以前指定为

Brachyrhizomys 的种都可作为亚属归入 *Rhizomys*。实际上，郑绍华（1993）就指出 *B. ultimus* Young et Liu, 1950 是 *R. sinensis* 的晚出异名，将其归入了 *Rhizomys* 亚属；Flynn（2009）将云南晚中新世地层发现的 *Brachyrhizomys* 种改称为 *Miorhizomys* 属，并认为西藏晚中新世 *B. hehoensis* Zheng, 1980 的 m3 小，磨蚀状况与竹鼠类的有所不同，不应归入"*Brachyrhizomys*"，而具有与副竹鼠类动物相似的形态特征。编者赞同他们的观点。

山西竹鼠（低冠竹鼠亚属） *Rhizomys (Brachyrhizomys) shansius* Teilhard de Chardin, 1942
（图 222）

选模 IVPP RV 42017（THP 31.096），附有门齿和 m1–3 的破损右下颌骨。山西

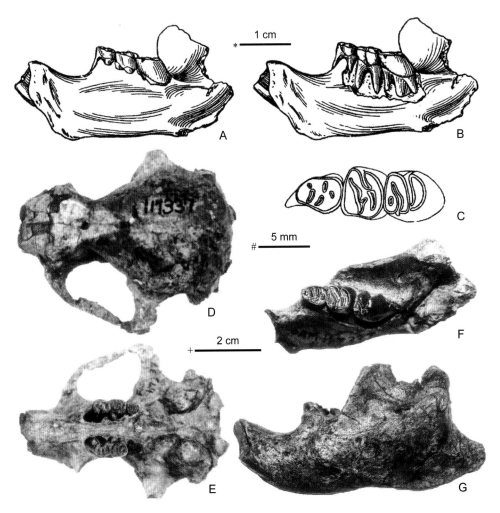

图 222　山西竹鼠（低冠竹鼠亚属）*Rhizomys (Brachyrhizomys) shansius*
A–C. 破损右下颌骨附门齿及 m1–3（THP 31.096，选模），D, E. 破损头骨（AMNH FAM 117337），F, G. 破损左及右下颌骨（AMNH FAM 117337）；A, B. 舌侧视，C, F. 冠面视，D. 顶面视，E. 腹面视，G. 颊侧视；比例尺：* - A, B, F, G，# - C，+ - D, E（A–C 引自 Teilhard de Chardin, 1942；D–G 引自 Flynn, 2009）

榆社，上新统高庄组（?）（即相当于 Yushe Zone II；见 Licent et Trassaert, 1935）。

归入标本 TMNH THP 14.183，具门齿和 m2–3 的破损下颌骨一件；AMNH FAM 117337，具完整齿列的咬合头骨，以及部分骨骼和肢骨（山西榆社）。（注：还应该包括另外两件下颌骨碎块 THP 31.095 + 19.087，但不清楚标本的下落）。

鉴别特征 亚属中个体稍大的一种，大小与现生小个体的中华竹鼠（*Rhizomys sinensis*）或银星竹鼠（*R. pruinosus*）接近，但脑颅稍低，齿冠较低；头骨人字嵴弱，枕部微凸、近垂直、不背腹向扩展；下颌骨的齿虚部位比 *Rhizomys* 现生种的低、长度相对大；门齿为前伸型（proodonty），M1 内谷向颊侧延伸短、不与颊侧的齿沟 II 汇聚；M1 和 M2 仍保留有中脊；m2 宽度不比长度大，齿沟 I 向下延伸深度大，m3 失去下中脊及下外脊。

产地与层位 山西榆社白海、赵庄等地，上新统高庄组—麻则沟组。

评注 该种在最初描述时未指定正模，Flynn（2009）在详细描述该种时将原先描述的 31.096 号标本作为正模（见 Teilhard de Chardin, 1942, p. 27, Fig. 22），标本下落不明。Teilhard de Chardin 和 Leroy（1942）将 Young（1934）报道发现于北京周口店顶盖层、指定为 *Rhizomys* sp. 的一枚 m3 归入 "*Brachyrhizomys shansius*"。该标本也下落不明，从原图示看，其后部不延伸，比较横宽，也未见有齿沟 II 的残留痕迹，形态与 *Rhizomys* 现生种的更为相似，可否归入该种，有待进一步核实。

沙棘竹鼠（低冠竹鼠亚属）*Rhizomys (Brachyrhizomys) shajius* Flynn, 1993
（图 223）

正模 IVPP V 8920，具 m1 齿根和 m2–3 的破损右下颌骨。山西榆社贾峪村（YS

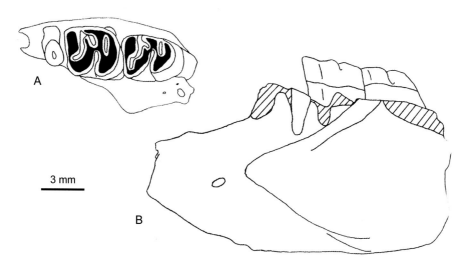

图 223 沙棘竹鼠（低冠竹鼠亚属）*Rhizomys (Brachyrhizomys) shajius*
破损右下颌骨附 m2–3（IVPP V 8920，正模，反转）：A. 冠面视，B. 颊侧视（引自 Flynn, 1993）

156），上新统麻则沟组。

鉴别特征 亚属中个体较小的一种，下颌骨具进步咬肌嵴（上、下咬肌嵴交会处圆滑，不向前扩展），颊齿齿冠比 *Rhizomys* (*Brachyrhizomys*) *shansius* 的低；m2 中的下中脊退化。但牙齿具有原始的性状：臼齿齿冠低，相对狭长而不横向扩宽；m3 保留有短的下中脊及下外脊。

竹鼠亚属 Subgenus *Rhizomys* Gray, 1831

模式种 中华竹鼠 *Rhizomys* (*Rhizomys*) *sinensis* Gray, 1831

鉴别特征 具有比 *Brachyrhizomys* 亚属较为进步的特征：个体较大；头骨人字嵴较发达，颅部较高，枕部相对倾斜、略背腹向扩展；下颌骨的齿虚位较短而高，咬肌向前延伸超过 m1 的前齿根；门齿宽、为垂直齿型（orthodonty），下门齿更向上倾斜；臼齿齿冠相对高，M1 的内谷向颊侧延伸较长、有与颊侧齿沟 II 汇聚的趋向，m2 的长度比宽度小，m3 的后边脊孤立。

中国已知种 *Rhizomys* (*Rhizomys*) *sinensis*, *R.* (*R.*) *brachyrhizomysoides*, *R.* (*R.*) *fanchangensis*, *R.* (*R.*) *pruinosus*, *R.* (*R.*) *schlosseri*, *R.* (*R.*) *troglodytes*，共 6 种。

分布与时代 华东、华中、华南和西南部分地区，早更新世—现代。

评注 *Rhizomys* 亚属与 *Brachyrhizomys* 亚属的不同主要在于前者的颅部较高，枕部扩展以及具有较强适应挖掘穴居的门齿形态。在 *Rhizomys* 亚属中，被命名的现生种和亚种有 10 余个，但现代的动物分类学者通常只认可 3 种：中华竹鼠 [*R.* (*R.*) *sinensis*]、银星竹鼠 [*R.* (*R.*) *pruinosus*] 和大竹鼠 [*R.* (*R.*) *sumatrensis*]；此外，中国学者王应祥（2003）还保留了暗褐竹鼠 [*R.* (*R.*) *wardi*]。一件发现于云南呈贡三家村晚更新世地点附有 m1–3 的残破下颌骨（KWV 7311；见邱铸鼎等，1984）还被归入 *R.* (*R.*) *wardi* 的相似种，这些指定显然有待证实。竹鼠亚属的化石，在南方多个不同时期的更新世地点都有发现，是南方近代动物群中较为常见的成员，但标本的数量通常不多且多为脱落的牙齿，多数只列出名称而未加较详细描述，甚至未赋以标本编号。另外，目前对有关化石种的区别研究不多，资料缺乏，因此，对下述各种的归并以及准确鉴定有待更多的发现和研究。

中华竹鼠（竹鼠亚属） *Rhizomys* (*Rhizomys*) *sinensis* Gray, 1831

（图 224）

Rhizomys sinensis：Young, 1929, p. 125

Rhizomyidae indet.：Pei, 1935, p. 413

Brachyrhizomys ultimus, Rhizomys provestitus, R. szechuanensis：Young et Liu, 1950, p. 413

Rhizomys cf. *troglodytes*：贾兰坡，1957，249 页

Rhizomys sp.：裴文中、吴汝康，1957，1–71 页；吴茂林等，1975，14 页；陈德珍、祁国琴，
  1978，33 页；李炎贤，1981，67 页；陈醒斌，1986，242 页；张森水，1988，64 页

Rhizomys cf. *sinensis* (= *R. troglodytes*)：邱中郎等，1961，155 页

Rhizomys provestitus：罗伦德，1984，80 页

模式标本 现生标本，未指定（云南蒙自）。

归入标本（部分） IVPP V 570–573，破损的上、下颌骨及脱落的牙齿 39 件（重庆
歌乐山）。IVPP V 9663，破损的上、下颌骨及脱落的牙齿 160 件（川黔地区）。

鉴别特征 亚属中个体较大的一种。与 *Rhizomys* (*R.*) *troglodytes* 相比，头骨较高，
鼻骨向后尖削小、后伸不超过额骨 - 前颌骨缝线，间顶骨上的矢状嵴较分开，额骨较长，
眶下孔较小；与 *R.* (*R.*) *pruinosus* 相比，鼻骨少后伸，前颌骨相对宽，吻部相对宽大，眶
间收缩区较窄。臼齿尺寸较大，齿冠较高（上臼齿内谷和下臼齿外谷的谷底至冠基部的
距离大）。

产地与层位 重庆巫山龙骨坡，下更新统；广西武鸣，重庆平坝和歌乐山，湖北长
阳、清江，贵州桐梓岩灰洞和挖竹洞、穿洞，中更新统；云南西畴，上更新统；湖南道
县塘贝，更新统。

评注 Young（1929）最早报道该种的化石产自广西。此后在南方多个地点发现了该
种的零星材料，但一般未作具体的描述。郑绍华（1993）认为 Young 和 Liu（1950）描

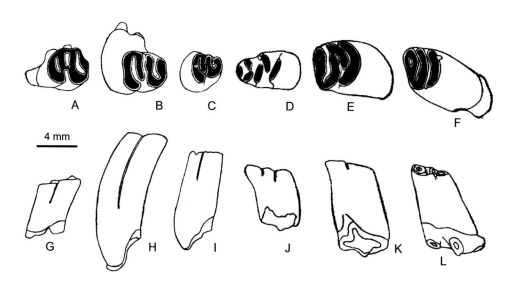

图 224 中华竹鼠（竹鼠亚属）*Rhizomys* (*Rhizomys*) *sinensis*
A, G. 左 M1（IVPP V 9663.59），B, H. 左 M2（IVPP V 571-9），C, I. 右 M3（IVPP V 571-12，反转），D, J.
右 m1（IVPP V 9663.129，反转），E, K. 右 m2（IVPP V 9663.152，反转），F, L. 右 m3（IVPP V 570-18，反
转）；A–F. 冠面视，G–I. 舌侧视，J–L. 颊侧视（引自郑绍华，1993）

述的重庆歌乐山的 *Brachyrhizomys ultimus*、*Rhizomys provestitus* 和 *R. szechuanensis* 都为 *R. (R.) sinensis* 的晚出异名。

拟低冠竹鼠（竹鼠亚属） *Rhizomys (Rhizomys) brachyrhizomysoides* Zheng, 1993

（图 225）

正模　IVPP V 9664，左 M2。重庆巫山龙骨坡（第六层），下更新统。

归入标本　IVPP V 9665，臼齿 17 枚（重庆巫山）。

鉴别特征　竹鼠亚属中小个体种，大小与 *Rhizomys (R.) fanchangensis* 接近，比 *R. (R.) troglodytes* 还小。臼齿齿冠向颊侧弯曲；齿冠低，但高度比 *R. (Brachyrhizomys) shansius* 和 *R. (R.) fanchangensis* 的都稍大；齿根显示进步愈合的趋向，M2 三根，M3 的舌颊侧根与前根愈合（两根）；m1 两个后根愈合（三根），但 m2 仍为四齿根。

产地与层位　重庆巫山龙骨坡，下更新统。

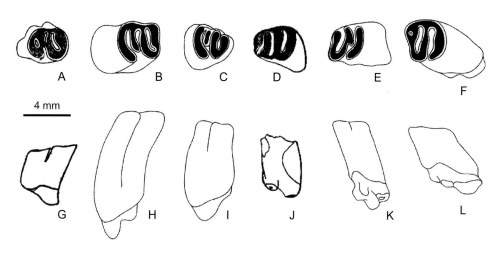

4 mm

图 225　拟低冠竹鼠（竹鼠亚属）*Rhizomys (Rhizomys) brachyrhizomysoides*
A, G. 左 M1（IVPP V 9665.2），B, H. 左 M2（IVPP V 9664，正模），C, I. 右 M3（IVPP V 9665.8，反转），
D, J. 右 m1（IVPP V 9665.10，反转），E, K. 右 m2（IVPP V 9665.11，反转），F, L. 右 m3（IVPP V 9665.15，
反转）；A–F. 冠面视，G–I. 舌侧视，J–L. 颊侧视（引自郑绍华，1993；金昌柱等，2009）

繁昌竹鼠（竹鼠亚属） *Rhizomys (Rhizomys) fanchangensis* Wei, Kawamura et Jin, 2004

（图 226）

正模　IVPP V 13894.011，附有下门齿和 m1–3 的破损左下颌骨。安徽繁昌人字洞，下更新统裂隙堆积。

副模　IVPP V 13894.001，破损的头骨，附有完整的右齿列。产地与层位同正模。

归入标本　IVPP V 13894.002–010, 012–259，残破头骨 11 件、破碎下颌骨 31 件、臼齿 259 枚（安徽繁昌人字洞第二至第十六层）。

鉴别特征　竹鼠亚属中小个体种，大小与 *Rhizomys (Rhizomys) brachyrhizomysoides* 接近而比其他种明显小。臼齿齿冠比现知该亚属的种都低，上臼齿内谷和下臼齿外谷的谷底至冠基部的距离比已知种的都小；M2、M3 和 m1 分别具有 4、3、3 个齿根。

评注　*Rhizomys (Rhizomys) fanchangensis* 系一绝灭种，被认为是该亚属的最原始种，代表 *Brachyrhizomys* 亚属向 *Rhizomys* 亚属演化的过渡类型（Wei et al., 2004；金昌柱等，2009）。

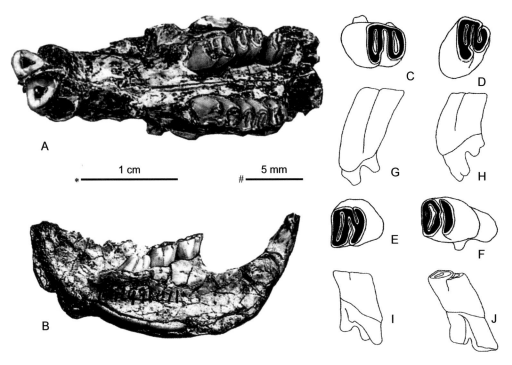

图 226　繁昌竹鼠（竹鼠亚属）*Rhizomys (Rhizomys) fanchangensis*

A. 残破头骨（IVPP V 13894.001），B. 破损左下颌骨（IVPP V 13894.011，正模），C, G. 左 M2（IVPP V 13894.060），D, H. 右 M3（IVPP V 13894.151，反转），E, I. 右 m2（IVPP V 13894.246，反转），F, J. 右 m3（IVPP V 13894.298，反转）；A. 腹面视，B. 舌侧视，C–F. 冠面视，G, H. 舌侧视，I, J. 颊侧视；比例尺：* - A, B，# - C–J（引自金昌柱等，2009）

银星竹鼠（竹鼠亚属）　*Rhizomys (Rhizomys) pruinosus* Blyth, 1851

（图 227）

模式标本　现生标本，未指定。

归入标本　IVPP V 7619.1，破损的下颌骨一件。云南呈贡三家村，上更新统。

鉴别特征　亚属中个体较小的现生种。头骨上的鼻骨前端较宽，眶间部相对宽，听泡低平，枕部平直。臼齿的构造形态与 *Rhizomys (R.) sinensis* 的相似。

评注 云南呈贡标本是归入该种唯一的化石材料，其尺寸较小，但只有一件附有 m2–3 的下颌骨碎块（邱铸鼎等，1984），对这一指定有待更多材料的发现。

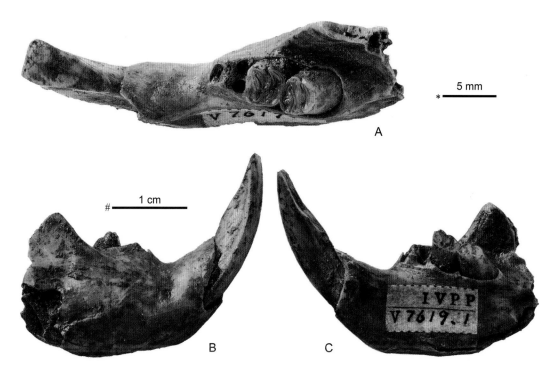

图 227 银星竹鼠（竹鼠亚属） *Rhizomys (Rhizomys) pruinosus*
附有 m2–3 的破损下颌骨（IVPP V 7619.1）：A.冠面视，B.颊侧视，C.舌侧视；比例尺：∗ - A，# - B，C

舒氏竹鼠（竹鼠亚属） *Rhizomys (Rhizomys) schlosseri* Young, 1927
（图 228）

选模 现保存尚好的头骨，具完整的左、右齿列（见 Young, 1927, p. 49, pl. III, figs. 1, 2）。河南巩县赵沟（Kung-Hsien, Chao-Kou），中更新统（?）。

鉴别特征 个体和形态与 *Rhizomys (R.) sinensis* 及 *R. (R.) troglodytes* 的接近。鼻骨相对短粗，眶间收缩区较窄，颧弓板相对扩宽，矢状嵴发育、与枕嵴成直角。

评注 Young（1927）描述该种时未指定正模，现将其所描述的唯一标本作为选模，标本保存于瑞典乌普萨拉大学演化博物馆，编号不明。自 Young 于 1927 年描述以来，未见有新材料的发现。由于该模式标本与现生 *Rhizomys (Rhizomys)* 类头骨的高度相似，使一些研究者对该种的有效性产生了怀疑（见 Wei et al., 2004；金昌柱等，2009），对此有必要作进一步核实。

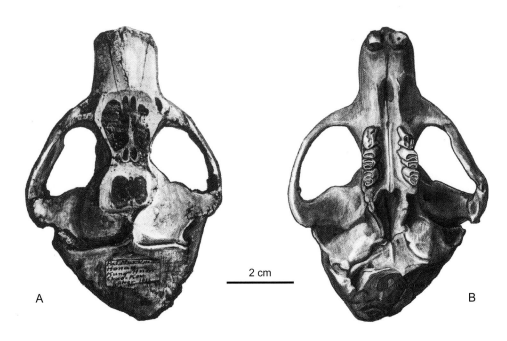

图 228 　 舒氏竹鼠（竹鼠亚属）*Rhizomys (Rhizomys) schlosseri*
稍破损的头骨（标本编号不明，选模，标本保存于瑞典乌普萨拉大学演化博物馆）：A. 顶面视，B. 腹面视
（引自 Young, 1927）

咬洞竹鼠（竹鼠亚属）　*Rhizomys (Rhizomys) troglodytes* (Matthew et Granger, 1923)
（图 229）

Rhizomys sinensis troglodytes：Colbert et Hooijer, 1953, p. 30；何信禄，1984，133 页

?*Rhizomys* cf. *sinensis*：李炎贤、文本亨，1986，7 页

?*Rhizomys* sp.：王令红等，1982，350 页

正模　AMNH AM 18408，保存较为完好的头骨及颌骨。重庆万县盐井沟，中更新统。

副模　AMNH AM 18401–18407, 18409–18417。产地与层位同正模。

归入标本（部分）　IVPP V 9662，残破头骨、颌骨及脱落牙齿 419 件（重庆地区）。

鉴别特征　个体大，尺寸和形态与 *Rhizomys* (R.) *sinensis* 的接近。头骨略低、长而较为狭窄；鼻骨长、窄、楔形、向后尖细几成尖，后伸与额骨 - 前颌骨缝线相当或稍超；鳞骨未达矢状嵴或者后眶骨的前部压缩；后眶嵴在眼眶的后头强烈地压缩成一个长而显著的矢状嵴；额骨较短；眶下孔次三角形；下颌孔小且位置靠前，髁突略低，下门齿根端结节相对较高。门齿很凸，上门齿的尖端稍后指，下门齿的前面很平；M1 和 m1 很退化，较其他臼齿更磨成低面；第三臼齿不退化，几乎与第二臼齿等大；m3 的后部增大、增宽；齿冠略微低（上臼齿内谷和下臼齿外谷的谷底至冠基部的距离相对小）。

产地与层位　重庆巫山龙骨坡，下更新统；重庆平坝、盐井沟和歌乐山，湖北长阳，贵州黔西观音洞，中更新统；湖南吉首螺丝旋山，上更新统。

评注　该种系 Matthew 和 Granger（1923a）根据重庆万县盐井沟材料建立，认为其个体和形态与马来亚竹鼠（*Nyctocleptes*）接近，种名一度被研究者使用（Young, 1927, 1935b, 1939；Teilhard de Chardin, 1942；Teilhard de Chardin et Leroy, 1942）。Colbert 和 Hooijer（1953）则认为该种只不过是 *Rhizomys sinensis* 的一个亚种。郑绍华（1993）仍保留其作为一个化石种，当然也仍有研究者表示异议（Wei et al., 2004；金昌柱等，2009）。由于该种的大小和形态与 *R. (R.) sinensis* 也接近，两者很难区分，作为绝灭种名的有效性值得进一步商榷。

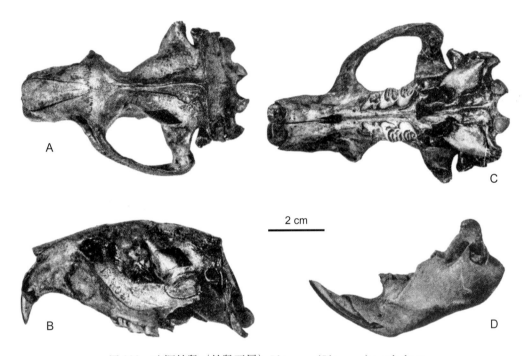

图 229　咬洞竹鼠（竹鼠亚属）*Rhizomys (Rhizomys) troglodytes*
A–C. 稍破损的头骨（AMNH AM 18408, 正模），D. 左下颌骨（AMNH AM 18412）：A. 顶面视，B. 侧面视，C. 腹面视，D. 颊侧视（引自 Matthew et Granger, 1923a）

鼢鼠科　Family Myospalacidae Lilljeborg, 1866

概述　鼢鼠科是一类体型较大、仍生活在亚洲的土著啮齿动物。该科的起源与脊齿型仓鼠科动物有关。最早出现于中中新世晚期或晚中新世早期，在晚新生代期间高度分化，种类颇多，是中国这一时期哺乳动物群组成的主要成员之一，对于地层划分和时代确定具有重要意义。

现生的鼢鼠类是亚洲古北区特有的动物类群，仅有鼢鼠属（*Myospalax*）和始鼢鼠属

（*Eospalax*）两属。其头骨和肢骨高度特化，躯体和骨骼适应掘洞穴居，主要以植物根茎为食。在中国，仅分布在北部地区，主要生活在华北和西北黄土分布地带、以温湿草原为主的生态环境。

定义与分类　现生的鼢鼠种类体形粗壮、矮胖，外形似圆柱状；头宽扁，吻钝，眼小，鼻前方有发达鼻垫，外耳廓仅有环绕外耳孔的圆筒形皮褶；四肢和尾甚短，前肢粗大，肱骨发达，指（趾）爪强壮；门齿粗壮，臼齿高冠，咀嚼面上齿尖呈三角形齿环，无根，无白垩质充填。根据头骨的组合和枕部的形态鼢鼠类可分成三个类型：凸枕型、凹枕型及平枕型；间顶骨存在或缺如。齿式：1·0·0·3/1·0·0·3；臼齿通常高冠，脊齿型，有齿根或无齿根。早期化石鼢鼠头骨存有间顶骨且以凸枕型为主，臼齿相对低冠、具牙根，M2的齿脊呈正 ω 形。进入上新世后失去间顶骨，凹枕型及平枕型头骨相继出现；第四纪时期，齿冠逐渐增高、齿根渐渐消失，M2 的齿脊也渐趋斜 ω 形。

Lilljeborg 1866 年最先依据 *Myospalax* 属指定了 Myospalacini；Gill 1872 年又将鼢鼠类归入其建立的 Siphneinae 亚科；Miller 和 Gidley（1918）把 Myospalacini 提升为 Myospalacinae。随着更多化石的发现，特别是内蒙古化德县二登图臼齿带根的 "*Siphneus eriksoni*" 发现后（Schlosser, 1924），鼢鼠分类不仅在较高阶元的确定而且对属种的指定都逐渐变得复杂。首先是 Teilhard de Chardin 和 Young（1931）使用了科名 "Siphneidae"，把带根的 *Prosiphneus* 和不带根的 *Siphneus* 属都归入其中，又纳入了反映头骨平枕、突枕和凹枕（*psilurus* group、*fontanieri* group 和 *tingi* group）三组的概念。Allen（1938, 1940）接着把一些平枕型的现生种归入 *Myospalax* 亚属，一些凸枕形的现生种归入 *Eospalax* 亚属，并将两亚属置于 Myospalacinae 之下。Leroy（1940）基于 *Prosiphneus* 属和 *Siphneus* 属在形态上的差异组建了原鼢鼠亚科（Prosiphneinae）和鼢鼠亚科（Siphneinae）。其后，Teilhard de Chardin（1942）赞同由 *Prosiphneus* 和 *Siphneus* 属构成的 Siphneidae 科，同时强调最好按头骨枕部的凹、平、凸形状，将其分成 3 个属。Kretzoi（1961）认为 Siphneidae 是 Myospalacidae 的晚出异名，并以当时已经认识到的 *Prosiphneus praetingi*、*P. pseudoarmandi* 和 *Siphneus arvicolinus* 为属型种分别建立了 *Mesosiphneus*、*Episiphneus* 和 *Allosiphneus* 属，提议将 *P. licenti* 作为 *Prosiphneus* 的属型种。Lawrence（1991）将所有现生和化石的种类统统归入 *Myospalax* 属，置于鼢鼠亚科（Myospalacinae），隶属于鼠科（Muridae）之下。McKenna 和 Bell（1997）支持将鼢鼠亚科（Myospalacinae）置于鼠科，但只包含 *Prosiphneus* 和 *Myospalax* 两属。Musser 和 Carleton（2005）遵循 Tulberg（1899）的观点，将现生的鼢鼠亚科 Myospalacinae（包含 *Eospalax* 和 *Myospalax* 属）、竹鼠亚科 Rhizomyinae（包含 *Cannomys* 和 *Rhizomys* 属）、盲鼹亚科 Spalacinae 和非洲鼹鼠亚科 Tachyoryctinae（*Tachyoryctes* 属）一起归入盲鼹科 Spalacidae。Zheng（1994）根据头骨形态特征，将平枕型头骨的鼢鼠分派到 Myospalacinae，包括臼齿带根的 *Episiphneus* 和无根的 *Myospalax*；将凸枕型头骨的鼢鼠分派到 Prosiphneinae，包括臼齿带根的 *Prosiphneus*

和 *Pliosiphneus* 以及臼齿无根的 *Allosiphneus* 和 *Eospalax*；将凹枕型头骨的鼢鼠分派到 Mesosiphneinae，包括臼齿带根的 *Chardina* 和 *Mesosiphneus* 以及无根的 *Yangia*。刘丽萍等（2013）将具有间顶骨的鼢鼠归入 Prosiphneini 族，只包含 *Prosiphneus*、*Pliosiphneus* 和 *Chardina* 三属；将缺失间顶骨的鼢鼠归入 Myospalacini 族，包括突枕型臼齿无根的 *Eospalax* 和 *Allosiphneus*，凹枕型臼齿有根的 *Mesosiphneus* 和无根的 *Yangia*（= *Youngia*），平枕型臼齿有根的 *Episiphneus* 和无根的 *Myospalax* 6 属。

从上可见，生物学家和古生物学家关于鼢鼠的定义和分类存在不同的见解：前者只根据现生属种头骨枕部形态分成 *Eospalax* 和 *Myospalax* 两属，其共同点是臼齿无齿根；后者除了根据间顶骨的存在与否外，还考虑了枕盾的类型以及臼齿有无齿根，将化石和现生鼢鼠类分出多个属。生物学家认为现生鼢鼠只适应于地下掘土生活，而古生物学家则认为早期鼢鼠因有发育的间顶骨而不一定是个十足的掘洞穴居者。这些不同的见解造成对鼢鼠分类上的不同观点和复杂性。在较高阶元的分类中，研究者的歧见也颇为明显，归纳起来至少有以下观点：①作为鼢鼠亚科或归入鼠科（Allen, 1938, 1940；Carleton et Musser, 1984；McKenna et Bell, 1997 等），或归入仓鼠科（Chaline et al., 1977；李华，2000；王应祥，2003；刘丽萍等，2013；郑绍华等，待刊），或归入盲鼹科（Miller et Gidley, 1918；Lawrence, 1991；Norris et al., 2004；Wilson et Reeder, 2005；Musser et Carleton, 2005）；②作为鼢鼠族（Myospalacini）归入仓鼠亚科和仓鼠科（Simpson, 1945；Michaux et al., 2001）；③作为一个独立科，称为鼠鼹科（Myospalacidae）（Kretzoi, 1961；Pavlinov et Rossolimo, 1987；Rossolimo et Pavlinov, 1997），或鼢鼠科（Siphneidae）（Teilhard de Chardin et Young, 1931；Leroy, 1940；郑绍华等，2004）。

因此，鉴于上述情况，在鼢鼠较高阶元的分类意见未取得较一致的认识之前，编者倾向于暂时将其指定为一独立科，置于鼠超科（Muroidea）之下，使用由 Lilljeborg 于 1866 年指定为 Myospalacini 提升而来的 Myospalacidae 名称，科中包括原鼢鼠和鼢鼠两个族的方案。同时，考虑到国内研究者的使用习惯，汉译名仍采用鼢鼠科。

分布与时代　鼢鼠科的现生属种主要分布于亚洲的古北区，即乌拉尔山以东、西伯利亚南部、南至长江以北的温带地区。化石属种的地理分布大体与现生种类一致。

术语与研究方法

图 230 和图 231 分别为该科的头部骨骼构造和牙齿构造模式图。

（1）头骨

鼢鼠类的枕部构造具有三种类型。不同类型枕部结构的鼢鼠，头骨的构建也会有所不同。下面是三种类型头骨的枕部形态及其在其他构造上的差异：

凸枕型　枕盾面上部突出于人字嵴（矢状区中断）两翼连线之后；枕宽显著大于枕高，眶下孔下部较宽，门齿孔较长、位于前颌骨和上颌骨之上，副翼窝和中翼窝的前缘在同

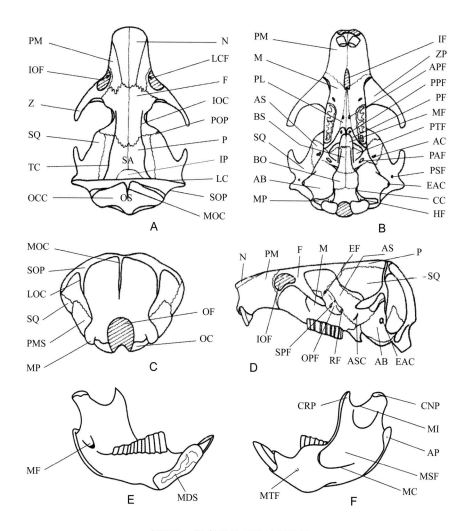

图 230 鼢鼠科头部的骨骼构造

A–D. 头骨：A. 背视，B. 腹视，C. 枕视，D. 侧视

AB. 听泡（auditory bulla），AC. 翼管（alare canal），APF. 前腭孔（antero-palatine foramen），AS. 翼蝶骨（alisphenoid），ASC. 翼蝶管（alisphenoid canal），BO. 基枕骨（basioccipital），BS. 基蝶骨（basisphenoid），CC. 颈动脉管（carotid canal），EAC. 外耳道（extero-auditory canal），EF. 筛孔（ethmiod foramen），F. 额骨（frontal），HF. 舌下神经孔（hypoglossal foramen），IF. 门齿孔（incisive foramen），IOC. 眶间嵴（intero-orbital crest），IOF. 眶下孔（infra-orbital foramen），IP. 间顶骨（interparietale），LC. 人字嵴（lambdoid crest），LCF. 泪孔（lacrimal foramen），LOC. 枕侧嵴（latero-occipital crest），M. 上颌骨（maxilla），MF. 中翼窝（mesopterygoid fossa），MOC. 枕中嵴（medio-occipital crest），MP. 乳突（mastoid process），N. 鼻骨（nasal），OC. 枕髁（occipital condyle），OCC. 枕骨（occipital），OF. 枕骨大孔（occipital foramen），OPF. 视神经孔（optic foramen），OS. 枕盾（occipital shield），P. 顶骨（parietal），PAF. 后翼孔（postero-alar foramen），PF. 副翼窝（parapterygoid fossa），PL. 腭骨（palatal），PM. 前颌骨（premaxilla），PMS. 岩乳部（petromastoid portion），POP. 眶后突（postorbital process），PPF. 后腭孔（postero-palatine foramen），PSF. 下颌窝后孔（postglenoid foramen），PTF. 翼窝（pterygoid fossa），RF. 圆孔（rotund foramen），SA. 矢状区（sagittal area），SOP. 枕上突（supra-occipital process），SPF. 蝶腭孔（spheno-palatine foramen），SQ. 鳞骨（squamosal），TC. 颞嵴（temporal crest），Z. 颧弓（zygoma），ZP. 颧弓板（zygomatic plate）

E, F. 下颌骨：E. 舌侧视，F. 颊侧视

AP. 角突（angular process），CNP. 髁突（condylar process），CRP. 冠状突（coronal process），MC. 咬肌嵴（masseter crest），MDS. 下颌联合部（mandibular symphysis），MF. 下颌孔（mandibular foramen），MI. 下颌切迹（mandibular incisura），MSF. 咬肌窝（masseter fossa），MTF. 颏孔（mental foramen）

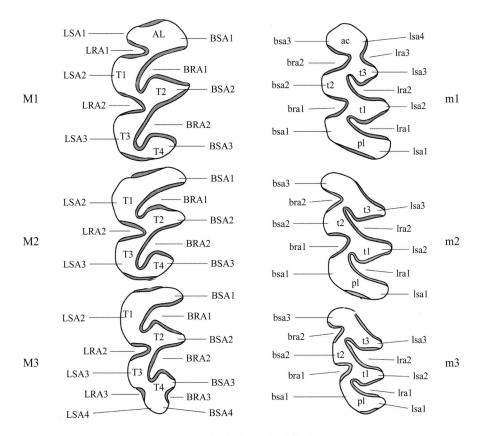

图 231 鼢鼠科臼齿构造模式图

ac. 前帽（anterior cap），AL. 前叶（anterior lobe），BRA（bra）. 颊侧褶沟（buccal reentrant angle），BSA（bsa）. 颊侧褶角（buccal salient angle），LRA（lra）. 舌侧褶沟（lingual reentrant angle），LSA（lsa）. 舌侧褶角（lingual salient angle），pl. 后叶（posterior lobe），T（t）. 三角（triangle）（引自刘丽萍等，2014）

一水平线，后翼管长且位于翼窝后壁之上，颞嵴与顶/鳞缝线不相交，上臼齿列平行排列显著。

平枕型　枕盾面上部与人字嵴（矢状区连续不中断）处于同一截面上；枕宽轻微大于枕高，眶下孔下部较窄，门齿孔较短只在前颌骨上，副翼窝前缘比中翼窝前缘靠前，后翼管短、位于翼窝平台内侧，颞嵴与顶/鳞缝线不相交，上臼齿列八字形排列显著。

凹枕型　枕盾面上部向前凹入至人字嵴（矢状区中断）两翼连线之前并与矢状区后部凹区相连；枕宽明显大于枕高，眶下孔下部较窄和门齿孔全在前颌骨上，副翼窝前缘比中翼窝前缘靠前，后翼管由两个沿翼窝平台后缘伸展的孔构成，颞嵴与顶/鳞缝线相交于顶骨中部，上臼齿列八字形排列显著。

（2）臼齿

鼢鼠类臼齿的形态与䶄类的有很多相似之处，研究中所使用的术语与䶄类的也大体相同。

齿根　鼢鼠类的臼齿或具齿根，或无齿根。齿根的有无是这一类群进化程度的标志，更是属种划分的重要依据。原始属（如 *Prosiphneus*）一定带根，进步属（如 *Eospalax*、*Yangia*、*Myospalax* 和 *Allosiphneus*）一定不带根。

M2 咀嚼面形状　M2 的齿脊有正 ω 形（orth-omegodont pattern）和斜 ω 形（clin-omegodont pattern）之分，中叶对称为正 ω 形（图 232A），不对称为斜 ω 形（图 232B）；在很大程度上 M2 齿脊的形态是进化性状的反映，所有白齿带根的属、种以及无根的 *Yangia omegodon* 为正 ω 形（原始性），其他种类则为斜 ω 形（进步性）。ω 形明显与否，可用其舌侧褶沟（LRA2）前壁与牙齿舌侧线之间的夹角，及 M2 宽度（W）与长度（L）的比值表示，夹角越大、比值越小，正 ω 形越明显，反之越接近斜 ω 形。同时，M2 最大宽度或在前叶处或在中叶处，所在部位在不同属种中也会有所不同。

m1 前部形状　在化石材料中，采集到的经常是脱落的牙齿，研究者一直为其归属所困扰。经过多年的研究，郑绍华（1997）发现鼢鼠中 m1 的前部形状与头骨的枕骨类型及齿根的有无密切相关：在有齿根的凸枕型鼢鼠（以 *Prosiphneus licenti* 为例）中，ac 为椭圆形、前壁圆且被珐琅质层完全封闭，牙纵轴大致将其分成内外相等的两部分，舌

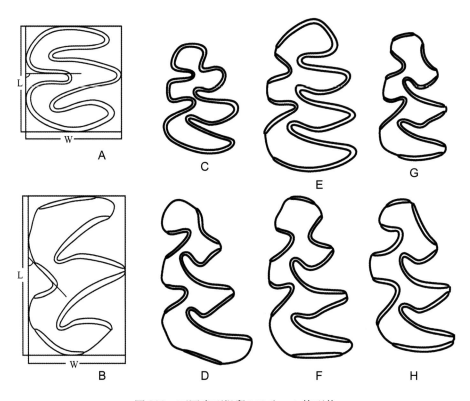

图 232　不同类型鼢鼠 M2 和 m1 的形状

A. 正 ω 形，B. 斜 ω 形，C. 有齿根、凸枕型鼢鼠（*Prosiphneus licenti*），D. 无齿根、凸枕型鼢鼠（*Eospalax fontanieri*），E. 有齿根、凹枕型鼢鼠（*Mesosiphneus praetingi*），F. 无齿根、凹枕型鼢鼠（*Yangia tingi*），G. 有齿根、平枕型鼢鼠（*Episiphneus youngi*），H. 无齿根、平枕型鼢鼠（*Myospalax aspalax*）；A, B. 左 M2，C–H. 左 m1；冠面视（A, B 引自 Zheng, 2017；C–H 引自郑绍华，1997）

侧第三褶沟（lra3）与颊齿第二褶沟（bra2）向牙齿中轴延伸深度大并彼此相对（图232C）；在无齿根凸枕型鼢鼠（以 *Eospalax fontanieri* 为例）中，ac 亦为椭圆形，但牙纵轴的颊侧部分大于舌侧部分，前壁圆且缺失珐琅质层，lra3 与 bra2 也相对，但向外延伸深度较小（图232D）；在有齿根凹枕型鼢鼠中（以 *Mesosiphneus praetingi* 为例），ac 短宽，牙纵轴的舌侧部分大于颊侧部分，前壁凸且颊侧珐琅质层中断，lra3 前于 bra2 或彼此相错排列（图232E）；在无齿根凹枕型鼢鼠中（以 *Yangia tingi* 为例），ac 为四边形，牙纵轴颊侧部分小于舌侧部分，前壁凸、颊和舌侧珐琅质中断，lra3 和 bra2 伸向中轴的距离几乎相当（图232F）；在有齿根平枕型鼢鼠（以 *Episiphneus youngi* 为例）和无齿根平枕型鼢鼠（以 *Myospalax aspalax* 为例）中，前壁珐琅质层平直，但两侧珐琅质层中断，lra3 几乎不发育（图232G 和 232H）。

参数与比值　如同对其他高冠啮齿动物的研究一样，牙齿的一些参数和比率也常被应用，参数和比率在对鼢鼠类种的确定中尤为重要。文中使用的参数和比率主要有：

1）颊（上臼齿）、舌侧（下臼齿）珐琅质参数值。主要用于臼齿有根鼢鼠；参数值越小，表示齿冠越低，代表该种越原始。珐琅质参数值的大小也是臼齿带根鼢鼠种间区分的主要依据之一。

2）同一齿列中第三臼齿与第二臼齿的长度比率和第三臼齿与齿列长度比率。数据的大小是鼢鼠类进化规律的一种反映，对其测量有助于区分鼢鼠类的不同属、种。

3）第三臼齿与第二臼齿的长度比率。在凸枕型的 *Eospalax* 属中，比率越小越原始，化石种比现生种类小；同样，在平枕型的 *Myospalax* 属中，*M. aspalax* 就比 *M. psilurus* 比率小且显得原始。

4）反映上臼齿列排列差异的参数。如前所述，不同枕骨类型的鼢鼠上臼齿齿列在颌骨上的排列会有所不同，或近平行或明显向前汇聚呈八字形；其实在不同属种中上臼齿齿列的排列也会有所差别。M1pd 和 M3pd（分别表示左、右 M1 和 M3 的各自原尖在上颌骨间的距离）的比率可反映齿列的排列情况，两者的比值越大表明左、右齿列越趋平行，反之越趋向前聚会。比率的均值也是区分属种的依据之一。

图233 为鼢鼠臼齿珐琅质参数术语及测量方法。

评注　由于中国的化石丰富、种类众多，及其在晚新生代地层工作中的重要性，我国学者对鼢鼠类群分类学、生物地层学和年代学，及其演变过程、进化模式进行了多年的研究（Zheng, 1994；郑绍华，1997；郑绍华等，2004；刘丽萍等，2013, 2014；郑绍华等，待刊），这些研究为探讨亚洲这一土著类群积累了资料，也为日后的深入研究打下了较好的基础。

在属、种"鉴别特征"中的参数和比率均值数据，系从此前材料的测量中获取，详见郑绍华等（待刊）专著。

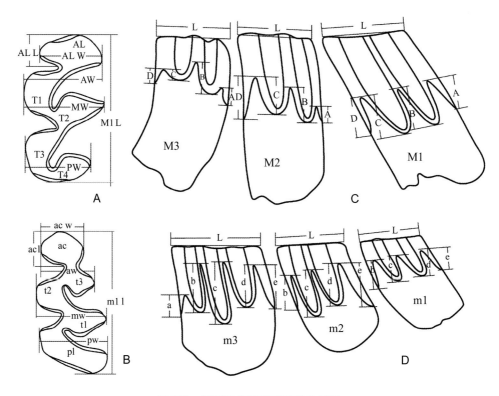

图 233　鼢鼠臼齿珐琅质参数和测量

各分图中，A, B, C, D. 上臼齿颊侧珐琅质参数，a, b, c, d, e. 下臼齿舌侧珐琅质参数，ac. m1 前帽，AL. M1 前叶，L (l). 长度，pl. 后叶，T (t). 三角，W (w). 宽度（AW、MW、PW、aw、mw、pw 分别为上、下臼齿的前宽、中宽和后宽）（A, B 引自刘丽萍等，2014；C, D 引自 Zheng, 1994）

原鼢鼠族　Tribe Prosiphnini Leroy, 1940

一类较为原始的鼢鼠。颅部有间顶骨；凸枕型（枕盾面向后突出于人字嵴之后）；臼齿齿冠相对较低，具有齿根。该族包括 *Prosiphneus*、*Pliosiphneus* 和 *Chardina* 三属。

原鼢鼠属　Genus *Prosiphneus* Teilhard de Chardin, 1926

模式种　桑氏原鼢鼠 *Prosiphneus licenti* Teilhard de Chardin, 1926

鉴别特征　个体较小的一类鼢鼠。间顶骨方形，位于人字嵴两翼连线之后。鼻骨铲形，后缘缺刻呈浅的倒 V 形，后端几乎与颌 - 额缝线持平。额嵴间狭窄，顶嵴间向后迅速变宽。顶嵴与顶 - 鳞缝线不相交。枕区无鳞骨。前颌 - 上颌缝线将门齿孔一分为二。臼齿列在原始种类中相互平行排列，在较进步的种类中呈八字形排列。上臼齿通常双齿根或三齿根。m1 的 ac 偏向颊侧或居中，bra2 和 lra3 深且彼此相对。上臼齿，特别是 M1 的颊侧珐琅质参数 A、B、C、D 和下臼齿，特别是 m1 的舌侧珐琅质参数 a、b、c、d、e

在原始种类极小或为负值；越进步种类越大，但总的偏小。

中国已知种 *Prosiphneus licenti, P. eriksoni, P. haoi, P. murinus, P. qinanensis, P. qiui, P. tianzuensis*，共 7 种。

分布与时代 甘肃、山西、内蒙古，中中新世晚期—上新世早期。

评注 在迄今所发现的材料中，只有 *Prosiphneus licenti* 的正模（Teilhard de Chardin, 1942, fig. 30）及 *P. murinus* 的正模（IVPP RV 42008）（Teilhard de Chardin, 1942, fig. 27）能代表 *Prosiphneus* 属的头骨特征。被 Teilhard de Chardin（1942）指定为"*P. murinus*"或记述成"*murinus*-group"的头骨标本（Teilhard de Chardin, 1942, figs. 28, 34B）已被归入 *Pliosiphneus* 属（Zheng, 2017）。由于山西榆社的 *Prosiphneus murinus* 头骨保存较好，其形态为该属头骨鉴别特征的主要根据。

桑氏原鼢鼠 *Prosiphneus licenti* Teilhard de Chardin, 1926
（图 234）

Myospalax licenti：Lawrence, 1991, p. 282

正模 IVPP RV 26012，附有上、下颌骨的老年个体头骨（Teilhard de Chardin, 1926a, pl. V, figs. 19–19b；Teilhard de Chardin, 1942, fig. 30）。甘肃庆阳赵家沟，上中新统保德红黏土层。

副模 IVPP RV 26013–26020，破损头骨 4 件、上下颌骨 11 段、臼齿 13 枚及部分肢骨。产地与层位同正模。

归入标本 IVPP V 14049, V 17822–17823, V 18593，破损下颌骨 1 段、臼齿 21 枚（甘肃庆阳、秦安、灵台）。

鉴别特征 门齿孔与齿隙长比率 39.6%。枕宽与枕高比率 157.33%。上臼齿三齿根。齿列中 M3 与 M2 长比率均值 80.38%，M3 与 M1–3 长比率均值 25.79%；m3 与 m2 长比率均值 79.48%，m3 与 m1–3 长比率均值 26.4%。M2 的宽与长比率均值 83.19%。m1（均长 2.79 mm）的 ac 偏向颊侧，舌侧珐琅质曲线最高点轻微高于其后 lra1 和 lra2 的底端；参数 a、b、c、d 和 e 均值分别为 0.09、0.46、0.48、0.24 和 0.1；M1（均长 2.68 mm）颊侧珐琅质曲线最低点轻微低于其后 BRA1 和 BRA2 的终端点；参数 A、B、C 和 D 均值分别为 0.07、0.5、0.56 和 0.16。

产地与层位 甘肃庆阳赵家沟、秦安五营（QA-I 剖面）和董湾（QA-III）、灵台天堂镇，上中新统。

评注 Teilhard de Chardin（1942）根据正型地点增加的材料对该种作过补充记述，指出其下臼齿的 bra1 内有一恒定的附尖，上臼齿 BRA 较 LRA 深，下臼齿 lra 较 bra 深，

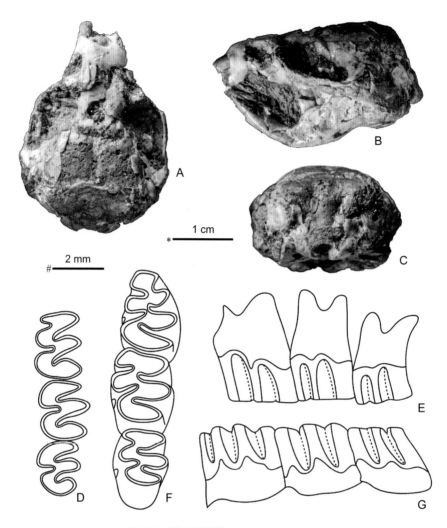

图 234　桑氏原鼢鼠 *Prosiphneus licenti*

A–C. 连有下颌骨的破损头骨（IVPP RV 26012，正模），D, E. 左 M1–3（IVPP RV 26015），F, G. 右 m1–3（IVPP RV 26018.4，F 反转）：A. 背视，B. 左侧视，C. 枕视，D, F. 冠面视，E. 颊侧视，G. 舌侧视；比例尺：*-A–C，#-D–G（引自郑绍华等，待刊）

M1 的 LRA1 向下开沟短，极年轻个体的 M2 可辨认出两个 BRA 和一个 LRA，m1 的 ac 前方有纵沟，但 bra1 基部缺失附尖。据编者对其他鼢鼠种类的观察，除了反映上、下白齿单面高冠的内、外 RA (ra) 深度是比较稳定的特征外，其余形态均可视为个体变异。

艾氏原鼢鼠 *Prosiphneus eriksoni* (Schlosser, 1924)

（图 235）

Siphneus eriksoni：Schlosser, 1924, p. 36

Myotalpavus eriksoni：Miller, 1927, p. 16；Zheng, 1994, p. 62

Myospalax eriksoni：Lawrence, 1991, p. 282

Prosiphneus ex gr. *eriksoni*：Mats et al., 1982, p. 118 (part)

Prosiphneus sp.：邱铸鼎等，2006，181 页；Qiu et al., 2013, p. 117

选模 带 m1–3 的右下颌骨（Schlosser, 1924, pl. III, figs. 10, 10a）。Schlosser 在描述该种时未指定正模，郑绍华等（待刊）重新研究该种时指定该标本为选模，标本保存在瑞典乌普萨拉大学演化博物馆，编号不明。内蒙古化德二登图 1，上中新统二登图组。

归入标本 IVPP V 17824–17833, V 19909–19910，破损下颌骨 11 件、臼齿 633 枚（内蒙古中部地区）。IVPP V 18595, V 17834，破损下颌骨 2 件、臼齿 47 枚（甘肃秦安、灵台）。

鉴别特征 属中个体稍偏大。上臼齿具 2 个基部愈合的齿根。齿列中 m3 与 m2 长比率均值 74.49%；m3 与 m1–3 长比率均值 24.29%。M2 宽与长比率均值 83.93%。m1（均长 3.12 mm）参数 a、b、c、d 和 e 均值分别为 0.05、1.21、1.07、0.51 和 0.46；M1（均长 2.97 mm），参数 A、B、C 和 D 均值分别为 0.28、1.03、1.17 和 0.32。单个臼齿 m3 与 m2 长比率均值 78.97%，M3 与 M2 长比率均值 86.64%。

产地与层位 内蒙古化德二登图、哈尔鄂博，上中新统二登图组—? 下上新统；阿巴嘎宝格达乌拉，上中新统宝格达乌拉组。甘肃秦安董湾、灵台小石沟，上中新统。

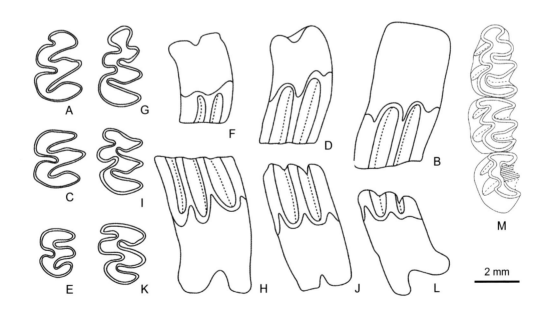

图 235 艾氏原鼢鼠 *Prosiphneus eriksoni*

A, B. 右 M1（IVPP V 17833.48，A 反转），C, D. 右 M2（IVPP V 17833.144，C 反转），E, F. 右 M3（IVPP V 17833.246，E 反转），G, H. 右 m1（IVPP V 17833.277，G 反转），I, J. 右 m2（IVPP V 17833.400，I 反转），K, L. 右 m3（IVPP V 17833.504，K 反转），M. 右 m1–3：A, C, E, G, I, K, M. 冠面视，B, D, F. 颊侧视，H, J, L. 舌侧视（A–L 引自郑绍华等，待刊；M 引自 Schlosser, 1924）

评注　*Prosiphneus eriksoni* 是最早发现臼齿带根的鼢鼠，最初被 Schlosser（1924）置于 *Siphneus* 属，后被 Miller（1927）归入 *Myotalpavus* 属，但属名被认为是 *Prosiphneus* 属的晚出异名。其后在一些地点产出白齿带齿根的材料也被归入此种，或作为此种的类群种或相似种（Teilhard de Chardin et Young, 1931；Mi, 1943；Young et al., 1943；Mats et al., 1982；Flynn et al., 1991；Tedford et al., 1991；Qiu et Storch, 2000）。

郝氏原鼢鼠 *Prosiphneus haoi* Zheng, Zhang et Cui, 2004
（图 236）

Prosiphneus n. sp. 1：Guo et al., 2002, p. 162 (part)

正模　IVPP V 14047，带 m1–3 的破损左下颌骨。甘肃秦安五营（QA-I 剖面），上中新统红黏土。

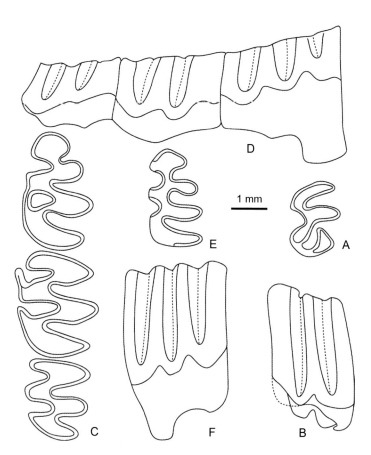

图 236　郝氏原鼢鼠 *Prosiphneus haoi*

A, B. 左 M2（IVPP V 14048.2），C, D. 左 m1–3（IVPP V 14047，正模），E, F. 左 m1（IVPP V 14048.1）；
A, C, E. 冠面视，B. 颊侧视，D, F. 舌侧视（引自郑绍华等，2004）

归入标本　IVPP V 14048，臼齿 2 枚（甘肃秦安）。

鉴别特征　个体大小适中。M2 的宽与长比率 75.0%。齿列中 m3 与 m2 长比率为 77.19%，m3 与 m1–3 长比率为 25.0%。m1（长 3.0 mm）具椭圆形 ac，bra 2 和 lra 3 深且其间齿峡狭窄，舌侧珐琅质曲线顶端和 lra1 和 lra 2 下端大致处于与咀嚼面平行的同一直线上，牙根长度（rl）相对较大；参数 a、b、c、d 和 e 大多为负值，但绝对值偏大，分别为 –0.8、–0.3、0.1、–0.23 和 –0.1。

评注　与较原始的 *Prosiphneus qiui* 相比，个体明显较大，m1 齿根较长，舌、颊侧珐琅质曲线折曲更显著，ac 更圆，其后方 bra2 和 lra3 间的齿质空间更狭窄，牙齿后缘更加明显向后弯曲。m2 和 m3 的 bra2 沟口各具有一明显的附尖，舌侧珐琅质曲线更加波折，lra 向下开沟更低。

鼠形原鼢鼠 *Prosiphneus murinus* Teilhard de Chardin, 1942

（图 237）

Prosiphneus ex gr. *eriksoni*：Mats et al., 1982, p. 118 (part)

Myospalax murinus：Lawrence, 1991, 206

正模　IVPP RV 42008，与下颌骨相连的头骨。山西榆社 “I” 带，上中新统马会组。

归入标本　IVPP V 11151–11161，破损头骨 1 件、破碎下颌骨 4 件、白齿 25 枚（山西榆社）。

鉴别特征　个体略比 *Prosiphneus licenti* 大，齿冠稍高。门齿孔与齿隙长比率均值为 67.04%。枕宽与枕高比率均值 140.4%。M2 的宽与长比率均值 78.89%。齿列中，M3 与 M2 长比率均值 80.0%，M3 与 M1–3 长比率均值 24.99%。单个牙齿 m3 与 m2 长比率均值 79.63%，M3 与 M2 长比率均值 72.92%。m1（均长 2.98 mm）参数 a、b、c、d 和 e 均值分别为 0.01、0.57、0.51、0.25 和 0.1；M1（均长 3.02 mm）参数 A、B、C、D 均值分别为 0.22、0.68、0.72 和 0.28。

产地与层位　山西榆社盆地（IVPP YS 1、3、7、8、9、29、32、141、145、156、161 地点），上中新统马会组。

评注　德日进图示的模式标本（Teilhard de Chardin, 1942, type, fig. 27; cotype, fig. 28）虽然额嵴间狭窄相一致，但不应属于同一种。“cotype” 个体较大，间顶骨呈半圆形、位于人字嵴之前，以及鼻骨后缘的鼻 - 额缝线呈倒 V 形等与 *Chardina truncatus*（fig. 35）的特征一致；被归入 “murinus-group” 的头骨（fig. 34A）的顶、枕部虽破损，但尺寸大小，以及较狭窄的眶间区似乎也与 *P. truncatus* 的头骨吻合；另一个头骨（fig. 35B）由于其间顶骨呈梭形、位于人字嵴连线之间，眶间区宽，矢状区凹，顶嵴向外弯曲，以及

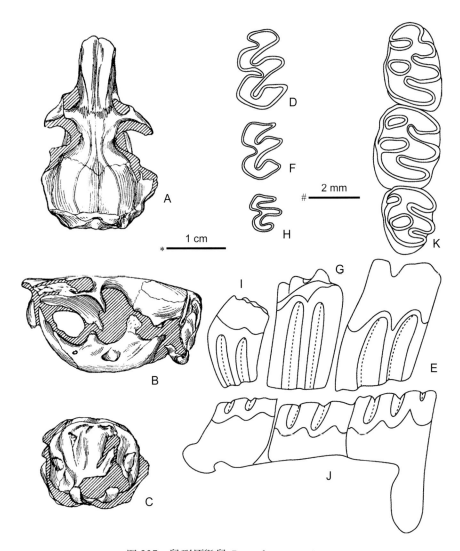

图 237　鼠形原鼢鼠 *Prosiphneus murinus*

A–C. 连有下颌骨的破损头骨（IVPP RV 42008，正模），D, E. 右 M1（IVPP V 11159，D 反转），F, G. 右 M2
（IVPP V 11157.2，F 反转），H, I. 左 M3（IVPP V 11157.3），J, K. 左 m1–3（IVPP V 11152.2）：A. 背视，
B. 左侧视，C. 枕视，D, F, H, K. 冠面视，E, G, I. 颊侧视，J. 舌侧视；比例尺：* - A–C，# - D–K（A–C 引
自 Teilhard de Chardin, 1942；D–K 引自郑绍华等，待刊）

鼻 - 额缝线呈倒 V 形等表明其应属 *Pliosiphneus lyratus* 的雌性年轻个体。

秦安原鼢鼠 *Prosiphneus qinanensis* Zheng, Zhang et Cui, 2004

（图 238）

Prosiphneus n. sp.：Guo et al., 2002, p. 162 (part)

正模　IVPP V 14043，右 m1。甘肃秦安五营（QA-1 剖面），中中新统上部红黏土。

副模 IVPP V 14044，臼齿 9 枚。产地与层位同正模。

鉴别特征 一种小型原鼢鼠。m1 的 ac 短，bsa1 和 bsa2 外缘平直似 *Plesiodipus*。M2 的宽与长比率均值 71.03%。单个牙齿 m3 与 m2 长比率均值 91.84%。m1（长 2.9 mm）舌、颊侧珐琅质曲线波状起伏轻微，并显著位于同侧 lra 端之下；参数 a、b、c、d 和 e 分别为 –1.27、–1.13、–0.63、–1.2 和 –1.3。M1（均长 2.9 mm）具 3 个彼此分开的牙根，其中前根与舌侧根彼此在基部愈合；参数 A、B、C 和 D 均值为 –0.50、–0.49、–0.4 和 –0.33。

评注 *Prosiphneus qinanensis* 与中中新世晚期的 *Plesiodipus* 有如下相似处：① m1 的 ac 短、bsa1 和 bsa2 颊侧缘平直、bsa1 前内方有一尖角、lsa1 向后外方伸展；② m1–3 舌侧和 M1–2 颊侧珐琅质曲线波折小，大大低于（下臼齿）或高于（上臼齿）同侧 ra (RA) 端，齿根较短。但在形态和尺寸上与 *Prosiphneus* 的更为相似：个体显著大；上臼齿颊侧、下臼齿舌侧珐琅质曲线已明显起伏；M1 的 AL 显著加宽和 m1 的 ac 显著加宽变长；M1 具 3 个孤立的牙根，M2 有 4 个牙根，前面的两个根和舌侧根间基部已相连接。因此，*P. qinanensis* 似乎具有 *Prosiphneus* 中的最原始性质。

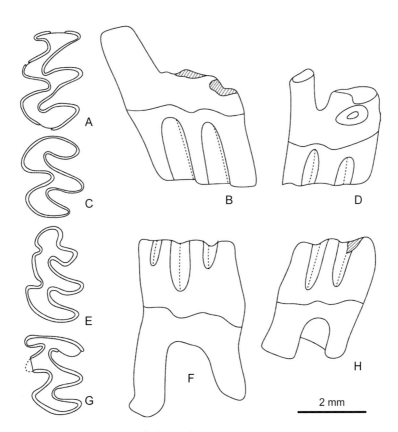

图 238 秦安原鼢鼠 *Prosiphneus qinanensis*

A, B. 左 M1（IVPP V 14044.5），C, D. 左 M2（IVPP V 14044.9），E, F. 右 m1（IVPP V 14043，正模，E 反转），
G, H. 左 m2（IVPP V 14044.4）；A, C, E, G. 冠面视，B, D. 颊侧视，F, H. 舌侧视（引自郑绍华等，2004）

<h1 style="text-align:center">邱氏原鼢鼠 *Prosiphneus qiui* Zheng, Zhang et Cui, 2004</h1>

(图 239)

Prosiphneus sp. nov.：Qiu, 1988, p. 834；邱铸鼎，1996，157 页，表 75；邱铸鼎、王晓鸣，1999，126 页

Prosiphneus inexpectatus：Zheng, 1994, p. 57

正模 IVPP V 14045，右 m1。内蒙古苏尼特右旗阿木乌苏，上中新统阿木乌苏层。

副模 IVPP V 14046，V 19907，破碎上、下颌骨各一段，臼齿 59 枚。产地与层位同正模。

归入标本 IVPP V 19908，臼齿 145 枚（内蒙古中部地区）。

鉴别特征 属中小型种。m1（均长 2.9 mm）的 ac 前缘平或凹，ac 之后、牙纵轴上常有一釉岛；颊侧的 bsa 较尖锐，bra 较深；参数 a、b、c、d 和 e 均值分别为 –0.63、–0.54、0.42、–0.61 和 –0.68。M1（均长 2.93 mm）参数 A、B、C、D 均值分别为 –0.46、–0.44、–0.37 和 –0.39。上臼齿三齿根。M2 宽与长比率均值 78.62%。单个牙齿 m3 与 m2 长比率均值 84.70%，M3 与 M2 长比率均值 89.03%。

产地与层位 内蒙古苏尼特右旗阿木乌苏、苏尼特左旗巴伦哈拉根，上中新统下部。

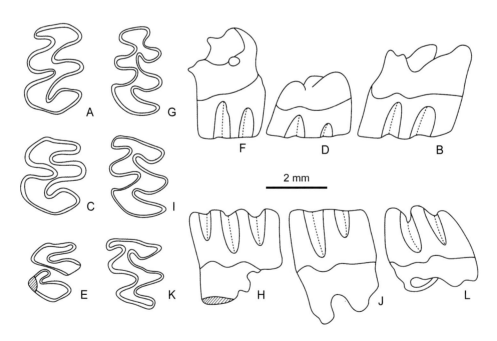

图 239 邱氏原鼢鼠 *Prosiphneus qiui*

A, B. 右 M1（IVPP V 14046.17，A 反转），C, D. 右 M2（IVPP V 14046.25，C 反转），E, F. 右 M3（IVPP V 14046.31，E 反转），G, H. 右 m1（IVPP V 14045，正模，G 反转），I, J. 右 m2（IVPP V 14046.8），K, L. 右 m3（IVPP V 14046.10）：A, C, E, G, I, K. 冠面视，B, D, F. 颊侧视，H, J, L. 舌侧视（引自郑绍华等，2004）

评注 *Prosiphneus qiui* 与 *P. qinanensis* 的主要区别是：m1 的 ac 相对较长，其前缘平直或微凹而不是微凸；m1 的 bsa1–2 较尖锐，bra1–2 相对 lra 显著较深，lra 向下开沟程度也较深，前、后牙根彼此间距较小，ac 之后常形成一釉岛；M2 具 3 个而不是 4 个牙根。

邱铸鼎和李强（2016）认为，副模中编号为 IVPP V 14046 的一枚 M1 和一枚 m2 应该归入 *Plesiodipus robustus*，而非 *Prosiphneus qiui*。

天祝原鼢鼠 *Prosiphneus tianzuensis* (Zheng et Li, 1982)

(图 240)

Prosiphneus licenti tianzuensis：郑绍华、李毅，1982，40 页；李传夔等，1984，表 5；郑绍华，
　　1997，137 页

Myotalpavus tianzhuensis：Zheng, 1994, p. 62

正模　IVPP V 6283，右 M3。甘肃天祝华尖（上庙儿沟第一地点），上中新统。

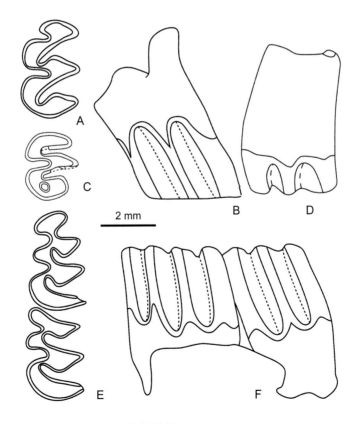

图 240　天祝原鼢鼠 *Prosiphneus tianzuensis*

A, B. 左 M1（IVPP V 6285.8），C, D. 右 M3（IVPP V 6283，正模，反转），E, F. 右 m1–2（IVPP V 6285.4，
E 反转）；A, C, E. 冠面视，B, D. 颊侧视，F. 舌侧视（引自郑绍华等，待刊）

副模　IVPP V 6284，一左 M3。产地与层位同正模。

归入标本　IVPP V 6285，破损下颌骨 6 件、臼齿 8 枚（甘肃天祝）。IVPP V 18594，破碎上颌骨 1 段、臼齿 5 枚（甘肃秦安）。

产地与层位　甘肃天祝华尖、秦安董湾（L7 层），上中新统。

鉴别特征　上臼齿具两个基部愈合的齿根。M2 的宽与长比率 83.33%。m1（均长 3.33 mm）的 ac 略偏颊侧，参数 a、b、c、d 和 e 均值分别为 0.05、0.73、0.72、0.50 和 0.12；M1（均长 3.0 mm）参数 A、B、C、D 均值分别为 0.20、0.73、1.03 和 0.43。单个牙齿 m3 与 m2 长比率均值 81.17%，M3 与 M2 长比率均值 81.48%。

评注　该种最初作为 *Prosiphneus licenti* 的亚种描述，增加的材料表明，其尺寸明显较 *P. licenti* 的大，牙齿的形态和参数也有明显的差异，被其后研究者提升为独立种（郑绍华等，2004；刘丽萍等，2013）。原作者在建名时将种名拼写为"*tianzuensis*"，在其 1994 年的论文中又部分写为"*tianzhuensis*"。按命名拼写有误而不在本志书修改的原则，仍保留原名 *tianzuensis*。

上新鼢鼠属　Genus *Pliosiphneus* Zheng, 1994

模式种　琴颅原鼢鼠 *Prosiphneus lyratus* Teilhard de Chardin, 1942

鉴别特征　个体较 *Prosiphneus* 属稍大。鼻骨相对长，呈倒置瓶状；鼻-额缝线呈倒 V 形或横切锯齿状，后端未超过颌-额缝线。矢状区凹，呈竖琴状，后宽大于眶间宽。间顶骨呈梭形镶嵌于人字嵴两翼之间。枕盾面突出于人字嵴之后。原始种类额嵴（眶上嵴）彼此靠近，眶间区较窄；进步种类额嵴彼此不靠近，眶间区较宽。雄性老年个体矢状嵴（额-顶嵴）特别粗壮；人字嵴发育，但不连续。枕区鳞骨呈三角形。上臼齿双齿根，M1 的齿根愈合成单根。m1 的 ac 椭圆，偏向颊侧，bra2 与 lra3 横向相对；参数 a 在原始种类接近于零，在进步种类远大于零。上、下臼齿各项珐琅质参数均显著大于最进步的 *Prosiphneus* 种。

中国已知种　*Pliosiphneus lyratus, P. antiquus, P. daodiensis, P. puluensis*，共 4 种。

分布与时代　甘肃、山西、河北、内蒙古，上新世。

评注　McKenna 和 Bell（1997）以及 Musser 和 Carleton（2005）视 *Pliosiphneus* 属是 *Prosiphneus* 属的晚出异名。编者赞同郑绍华等（2004）的意见：前者个体显著大，间顶骨位于人字嵴之间的梭形区域而不是人字嵴之后的四边形区域，矢状区和眶间区显著加宽，枕区鳞骨存在，M1 齿根已完全愈合为单根而不是分离的三齿根，臼齿齿冠明显较高；这些不同可能反映了凸枕型鼢鼠的臼齿从有根向无根过渡，*Pliosiphneus* 代表上新世时期臼齿带根的凸枕型鼢鼠，而 *Prosiphneus* 属于中新世那些臼齿具有较完整齿根的凸枕型鼢鼠。

琴颅上新鼢鼠 *Pliosiphneus lyratus* (Teilhard de Chardin, 1942)

(图 241)

Prosiphneus lyratus：Teilhard de Chardin, 1942, p. 47；Teilhard de Chardin et Leroy, 1942, p. 28；Kretzoi, 1961, p. 126；李传夔等, 1984, 表 5；郑绍华、李传夔, 1986, 表 5；Zheng et Li, 1990, p. 434

Prosiphneus cf. *eriksoni*：Qiu et Storch, 2000, p. 196

"*murinus*-group" B：Teilhard de Chardin, 1942, p. 42

Myospalax lyratus：Lawrence, 1991, p. 206

Pliosiphneus cf. *P. lyratus*：刘丽萍等, 2013, 227 页

选模 TMNH H.H.P.H. M. 31.076, 老年雄性个体头骨 [Teilhard de Chadin, 1942, fig. 36；建名者记述该种时未指定正模, 郑绍华等 (待刊) 重新研究该种时指定该头骨为选模]。山西榆社盆地 (具体地点不详, 可能属榆社 II 带, 即现时的高庄组或麻则沟组)。

副选模 IVPP RV 42020 = RV 42037 = TMNH H.H.P.H. M. 31.077, 枕部破损的成年个体头骨 (Teilhard de Chardin, 1942, fig. 34B)。产地与层位同选模。

归入标本 IVPP V 11163–11165, 破损头骨 1 件、臼齿 2 枚 (山西榆社)。IVPP V 15474, 一破损下颌骨 (河北蔚县)。IVPP V 18596, 破损下颌骨 1 件、臼齿 6 枚 (甘肃秦安)。IVPP V 17838–17839, V 17843, 破损下颌骨 4 件、臼齿 47 枚 (甘肃灵台)。IVPP V 11924.1–371, 破损上、下颌骨 5 件, 臼齿 366 枚 (内蒙古化德)。

鉴别特征 门齿孔与齿隙长比率均值 42.61%。枕宽与枕高比率均值 176.47%。上臼齿齿列相互平行排列 (M1pd 与 M3pd 比率均值为 83.33%)。M2 宽与长比率均值 90.42%。齿列中 M3 与 M2 长比率均值 77.67%, M3 与 M1–3 长比率均值 24.03%, m3 与 m2 长比率均值 81.25%, m3 与 m1–3 长比率均值 27.37%。m1 参数 a、b、c、d 和 e 均值分别为 0.03、1.48、1.51、2.72 和 2.21；M1 (n = 20) 参数 A、B、C 和 D 均值分别为 1.16、1.99、1.86 和 1.59。单个牙齿 m3 与 m2 长比率均值 75.42%, M3 与 M2 长比率均值 78.05%。

产地与层位 山西榆社盆地 (IVPP QY 69, YS 43、50 地点), 河北蔚县花豹沟, 甘肃秦安董湾 (L13 层)、灵台小石沟和文王沟, 内蒙古化德比例克, 上新统高庄组—麻则沟组。

评注 对榆社标本的重新研究发现：被 Teilhard de Chardin (1942) 归入 "*murinus* group" 的头骨 (fig. 34B) 与 *Pliosiphneus lyratus* 具有相同的形态。根据上、下臼齿珐琅质参数值的对应关系, 产自蔚县花豹沟一段带 m1–3 的成年个体右下颌 (IVPP V 15474) 被归入此种 (Zheng, 1994)。归入 *P. lyratus* 的秦安董湾 M1 和 m1 标本的参数值虽然略小, 但接近其最小值, 亦被归入此种。这些数据也完全落入化德比例克被指定为 "*Prosiphneus* cf. *eriksoni*" (Qiu et Storch, 2000) 标本的变异范围。这些材料齿冠高度显著

大于 *P. eriksoni* 而较为接近 *Pliosiphneus lyratus*。就臼齿形状和齿冠高度而言，中贝加尔的"*Prosiphneus praetingi*"（Mats et al., 1982）似应与董湾标本同属此种。

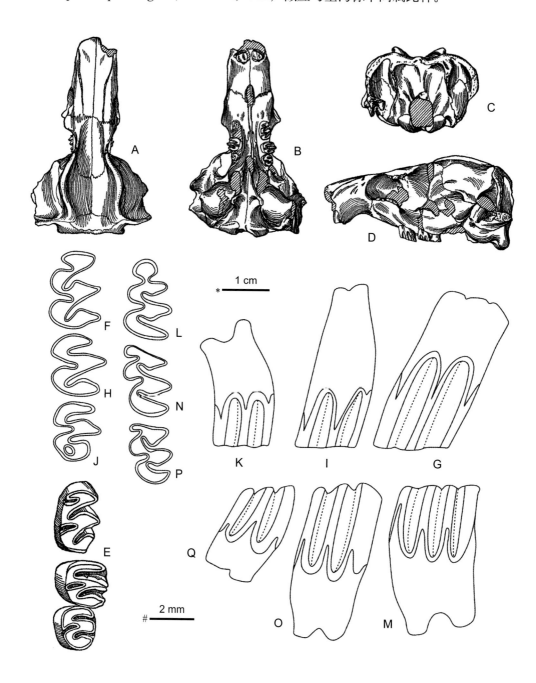

图 241　琴颅上新鼢鼠 *Pliosiphneus lyratus*

A–E. 破损头骨及左 M1–3（TMNH H.H.P.H. M. 31.076，选模），F, G. 右 M1（IVPP V 11924.1，F 反转），H, I. 右 M2（IVPP V 11924.2，H 反转），J, K. 右 M3（IVPP V 11924.3，J 反转），L, M. 左 m1（IVPP V 11924.4），N, O. 左 m2（IVPP V 11924.5），P, Q. 左 m3（IVPP V 11924.6）：A. 顶面视，B. 腹面视，C. 枕面视，D. 侧面视，E, F, H, J, L, N, P. 冠面视，G, I, K. 颊侧视，M, O, Q. 舌侧视；比例尺：* - A–D，# - E–Q（A–E 引自 Teilhard de Chardin, 1942；F–Q 引自郑绍华等，待刊）

古上新鼢鼠 *Pliosiphneus antiquus* Zheng, 2017

（图 242）

?*Prosiphneus eriksoni*：Flynn et al., 1991, Tab. 2

?*Prosiphneus eriksoni*：Tedford et al., 1991, fig. 4

Pliosiphneus sp. 1：Zheng, 1994, Tab. 1

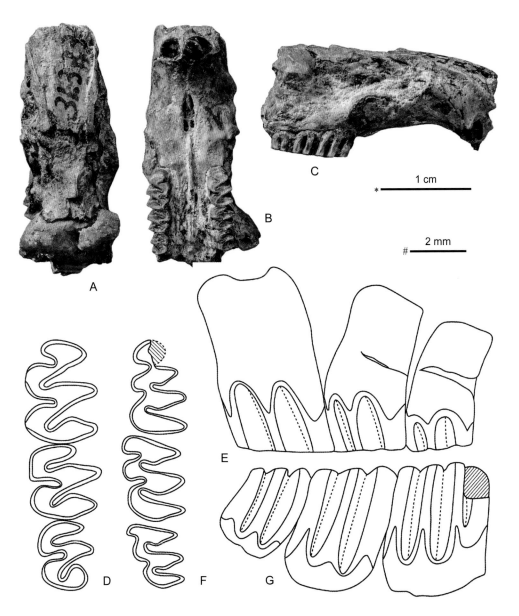

图 242　古上新鼢鼠 *Pliosiphneus antiquus*

A–E. 破损头骨带门齿及上臼齿（IVPP V 11166，正模），F, G. 左 m1–3（IVPP V 11170）：A. 顶面视，B. 腹面视，C. 右侧面视，D, F. 冠面视，E. 颊侧面视，G. 舌侧视；比例尺：* - A–C, # - D–G（引自郑绍华等，待刊）

正模　IVPP V 11166，带门齿及左、右 M1–3 的头骨前部。山西榆社盆地，具体层位不详。

归入标本　IVPP V 11167–11170，破损下颌骨 1 件、白齿 10 枚（山西榆社）。IVPP V 17835–17836, V 17840–17843，破损头骨 1 件、下颌骨 4 件、白齿 20 枚（甘肃灵台）。

鉴别特征　相对小型的上新鼢鼠。门齿孔与齿隙长比率 61.67%。两额嵴向内移动并迅速愈合。眶间区狭窄。鼻骨前端清楚向外侧膨大。前颌骨 - 上颌骨缝线在门齿孔后三分之一处横过。M2 的宽与长比率均值 110.34%。上白齿齿列相互近于平行排列（M1pd 与 M3pd 比率 83.64%）。齿列中 M3 与 M2 长比率为 84.0%，M3 与 M1–3 长比率 26.74%；m3 与 m2 长比率均值 75.86%，m3 与 m1–3 长比率均值为 25.88%。高冠发育程度介于 *Prosiphneus eriksoni* 和 *Pliosiphneus lyratus* 之间。m1–3 长 8.60 mm，m1 舌侧珐琅质参数 a、b、c、d 和 e 均值分别为 0.07、0.73、1.07、1.55 和 0.6；M1–3 长 8.6 mm，M1 颊侧珐琅质参数 A、B、C 和 D 均值分别为 0.43、1.43、0.93 和 1.5。单个牙齿 m3 与 m2 长比率为 71.92%。

产地与层位　山西榆社盆地（YS 36、39、50、57 地点），甘肃灵台小石沟、文王沟，上新统高庄组桃阳段。

评注　崔宁在她的未发表的博士论文"鼢鼠类的分类、起源、演化及其环境背景"中将该种归入 *Prosiphneus eriksoni*，认为两者白齿的高冠程度大致相当。然而，其 M1 和 m1 的珐琅质参数值较大，特别是 M1 的 B 和 D、m1 的 d，因此编者认为应独立成种。

稻地上新鼢鼠 *Pliosiphneus daodiensis* Zheng, Zhang et Cui, 2019
（图 243）

Pliosiphneus sp.：蔡保全等，2004，表 2

正模　IVPP V 15475，右 m1。河北阳原稻地，上新统稻地组。

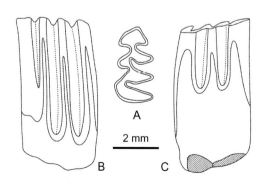

图 243　稻地上新鼢鼠 *Pliosiphneus daodiensis* 右 m1（IVPP V 15475，正模，A 反转）：A. 冠面视，B. 舌侧视，C. 颊侧视（引自 Zheng et al., 2019）

鉴别特征　个体明显较 *Pliosiphneus lyratus* 小，齿冠明显较 *P. puluensis* 低。m1 咀嚼面长 3.34 mm，参数 a、b、c、d 和 e 分别为 0.0、3.8、3.7、4.2 和 3.7。

评注　根据 m1 的 lra3 与 bra2 相对的特点，应属凸枕型鼢鼠；根据 m1 的参数 a 为 0 的特点，应属 *Prosiphneus* 或 *Pliosiphneus* 属；根据 m1 的参数 b、c、d、e 值大的特点应为上新鼢鼠属中的较进步种类。

铺路上新鼢鼠 *Pliosiphneus puluensis* Zheng, Zhang et Cui, 2019

（图 244）

Pliosiphneus sp. nov.：蔡保全等，2007，表 1

正模 IVPP V 15476，后缘轻微破损的左 m1。河北蔚县铺路，上新统稻地组。

副模 IVPP V 15476.1–5，臼齿 5 枚。产地与层位同正模。

归入标本 IVPP RV 42025，一带左右 M1–3 的头骨前部（山西榆社）。

鉴别特征 个体大型的上新鼢鼠。齿冠极高。吻短宽、额宽、门齿孔长。门齿孔与齿隙长比率 47.69%。上臼齿齿列相互平行排列（M1pd 与 M3pd 比率为 91.07%）。齿列中，M3 与 M2 长比率为 92.59%，M3 与 M1–3 长比率为 26.04%。M2 的宽与长比率 79.31%。m1（长 4.5 mm）参数 a、b、c、d 和 e 分别为 2.40、> 5.0、> 6.0、> 5.2 和 > 5.1。

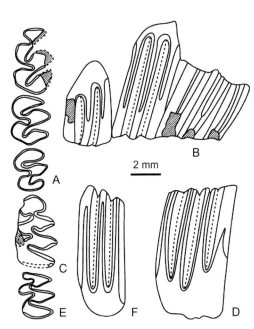

图 244 铺路上新鼢鼠 *Pliosiphneus puluensis* A, B. 右 M1–3 (IVPP RV 42025, A 反转)，C, D. 左 m1 (IVPP V 15476, 正模)，E, F. 右 m2 (IVPP V 15476.2)：A, C, E. 冠面视，B. 颊侧视，D, F. 舌侧视（引自 Zheng et al., 2019）

产地与层位 河北蔚县铺路，上新统稻地组；山西榆社盆地，上新统麻则沟组。

评注 根据 m1 珐琅质参数 a 约为齿冠高度一半判断，该种可能不属于 *Pliosiphneus* 而代表一个新的、臼齿高冠且带根的凸枕型鼢鼠属。考虑到目前还没有相对完整的头骨发现，这里暂将其置于 *Pliosiphneus* 属之下。该种短宽的吻部、宽的额部、凹陷的眶间区和矢状区、长的门齿孔以及近于平行排列的上臼齿列等均显示出 *P. lyratus* 的头骨形象，因此推断两者有密切的祖裔关系。

日进鼢鼠属 **Genus *Chardina* Zheng, 1994**

模式种 峭枕原鼢鼠 *Prosiphneus truncatus* Teilhard de Chardin, 1942

鉴别特征 头骨兼具凸枕型和凹枕型特征。显示凸枕型的形态是：枕盾面轻微突出于人字嵴之后；顶嵴与顶 - 鳞缝线不相交；矢状区后部宽度约为眶间宽度的 1.8 倍；鼻 - 额缝线呈倒 V 形，后端与颌 - 额缝线持平；枕上突弱，枕面呈四边形；枕区鳞骨呈三角形。显示凹枕型的形态是：门齿孔完全位于前颌骨上；上臼齿列轻微八字形排列；m1

的 lra3 前于 bra2，即 m1 的 bra2 和 lra3 相错排列。头骨还具有原始特征：间顶骨似半圆形，位于人字嵴两翼连线之前；臼齿具牙根，齿冠相对低；m1 的珐琅质参数 a 接近于零。

中国已知种 *Chardina truncatus, C. gansuensis, C. sinensis, C. teilhardi*，共 4 种。

分布与时代 甘肃、山西、陕西、河北、内蒙古，上新世。

评注 该属建立以来已为研究者广泛使用（郑绍华，1997；郑绍华、张兆群，2000, 2001；张兆群、郑绍华，2000, 2001；Hao et Guo, 2004；李强等，2008；邱铸鼎、李强，2016；Zheng, 2017）。但 McKenna 和 Bell（1997）以及 Musser 和 Carleton（2005）仍视其与 *Prosiphneus* 同义，编者认为 *Chardina* 既具有 *Prosiphneus* 的一些原始性状，如间顶骨发育、顶嵴与顶 - 鳞缝线不相交等，又具有 *Mesosiphneus* 的一些进步特征，如门齿孔只在前颌骨上、枕侧面有鳞骨存在、臼齿齿冠相对较高、m1 的 lra3 位置前于 bra2 等。显然，*Chardina* 具有从凸枕型的 *Prosiphneus* 向凹枕型的 *Mesosiphneus* 过渡的性质，编者认为应独立成属。

峭枕日进鼢鼠 *Chardina truncatus* (Teilhard de Chardin, 1942)
（图 245）

Prosiphneus truncatus：Teilhard de Chardin, 1942, p. 43；Kretzoi, 1961, p. 126；郑绍华、李传夔，
　　1986，表 5；Zheng et Li, 1990, p. 432；Flynn ct al., 1991, Tab. 2；Tedford et al., 1991, fig. 4
Prosiphneus sp.：Qiu, 1988, p. 838
Prosiphneus spp.：李强等，2003，108 页
Myospalax truncatus：Lawrence, 1991, p. 282
Chardina sp. nov.：Qiu et al., 2013, p. 177

选模 IVPP RV 42005，带左右 M1–3 的老年个体头骨 [Teilhard de Chardin, 1942, figs. 35, 35a，原始编号为 TMNH H.H.P.H. M. 29.480；建名时未指明正模，郑绍华等（待刊）重新研究该种时指定该标本为选模]。山西榆社盆地，地点不详，或为"榆社系 II 带"（即现行的上新统高庄组南庄沟段）。

归入标本 IVPP V 756, V 758，破损头骨 2 件（山西榆社）。IVPP V 15480，破损下颌骨 2 件、臼齿 3 枚（河北阳原、蔚县）。IVPP V 18600，臼齿 7 枚（甘肃秦安）。IVPP V 19919–19923，臼齿 21 枚（内蒙古阿巴嘎旗）。IVPP V 17859–17862，破损下颌骨 3 件、臼齿 56 枚（甘肃灵台）。

鉴别特征 门齿孔与齿隙长比率均值 35.03%。枕宽与枕高比率均值 137.94%。齿列中 M3 与 M2 长比率均值 92.59%，M3 与 M1–3 长比率均值 27.17%；m3 与 m2 长比率为 83.87%，m3 与 m1–3 长比率为 26.26%。M2 宽与长比率为 100%。上臼齿齿列呈明显八

字形排列（M1pd 与 M3pd 比率 73.85%）。m1（长 4.1 mm）参数 a、b、c、d、e 值分别为 0.0、3.3、2.0、> 4.7、> 4.4；M1（长 3.9 mm）参数 A、B、C、D 值分别为 > 3.8、> 4.5、4.0、4.9。

产地与层位　山西榆社红沟、井南沟，甘肃秦安董湾、灵台雷家河，上新统；河北阳原稻地、蔚县西窑子头，上新统稻地组；内蒙古阿巴嘎旗高特格，上新统下部。

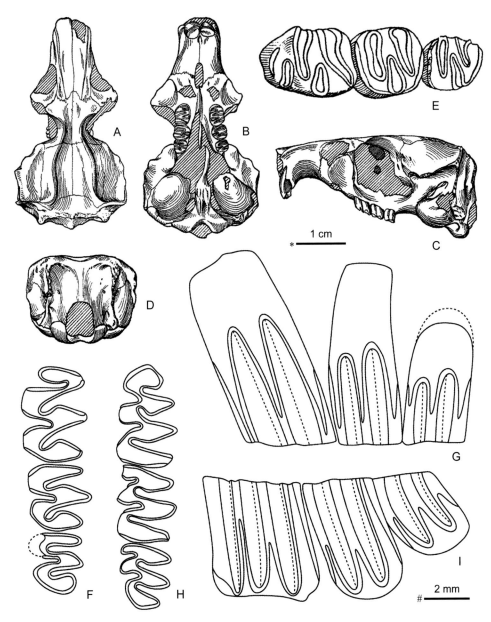

图 245　峭枕日进鼢鼠 *Chardina truncatus*

A–E. 破损头骨及右 M1–3（IVPP RV 42005，选模），F–I. 同一个体的左 M1–3 和右 m1–3（IVPP V 756，H 反转）：A. 顶面视，B. 腹面视，C. 侧面视，D. 枕面视，E, F, H. 冠面视，G. 颊侧视，I. 舌侧视；比例尺：* - A–D，# - E–I（A–E 引自 Teilhard de Chardin, 1942；F–I 引自郑绍华等，待刊）

评注　*Chardina truncatus* 的选模是一很老年个体，臼齿磨蚀极深，无法与其他地点的臼齿进行对比。幸运的是，1958 年中国地质科学院地质研究所的胡承志先生从榆社高庄乡的井南沟采集到一件连着下颌支的头骨（IVPP V 756），形态与选模一致。由于该标本相对年轻并带有全部臼齿，这就为确定该种臼齿特征提供了条件，并为单个臼齿的鉴别提供了可能（Zheng, 2017）。总起来看，该种臼齿珐琅质参数值大于 *C. sinensis* 和 *C. gansuensis*，但小于 *C. teilhardi*。

哨枕日进鼢鼠在华北分布广，是上新世中晚期地层中一个带有标志性的化石鼢鼠种。

甘肃日进鼢鼠 *Chardina gansuensis* Liu, Zheng, Cui et Wang, 2013
（图 246）

Prosiphneus sinensis：Teilhard de Chardin et Young, 1931, p. 14 (part)

Prosiphneus eriksoni：Young et al., 1943, p. 29；Mi, 1943, p. 158

Prosiphneus spp.：李强等，2003，108 页（部分）

Chardina sinensis：刘丽萍等，2011，插图 1（部分）

Chardina sp.：Qiu et al., 2013, p. 177

正模　IVPP V 18598，破损右下颌支带 m1。甘肃秦安董湾（L15 层），上上新统红黏土。

副模　IVPP V 18599.3–6，臼齿 4 枚。产地与层位同正模。

归入标本　IVPP V 18599.1–2，臼齿 2 枚（甘肃秦安）。IVPP RV 43003, Cat. C.L.G.S.C. Nos. C/21, C/22，下颌骨 2 段、臼齿 1 枚（陕西陇县、神木、府谷）。IVPP V 19911–19918，臼齿 134 枚（内蒙古阿巴嘎旗）。

鉴别特征　m1（均长 3.93 mm）参数 a、b、c、d 和 e 均值分别为 0.10、2.30、2.65、3.2 和 2.45。齿冠高度介于 *Chardina sinensis* 和 *C. truncatus* 之间。单个牙齿，M3 与 M2 长比率平均为 69.96%；齿列中 m3 与 m2 长比率平均为 80.65%，m3 与 m1–3 长比率 26.6%。M2 宽与长比率均值 90.87%。

产地与层位　甘肃秦安董湾（QA-III），上新统下部；陕西陇县白牛峪、神木东山、府谷镇羌堡，内蒙古阿巴嘎旗高特格，上新统。

评注　Teilhard de Chardin 和 Young（1931）将采自山西河曲巡检司（Loc. 7）一带左右

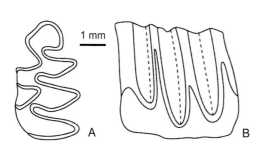

图 246　甘肃日进鼢鼠 *Chardina gansuensis*
右 m1（IVPP V 18598，正模，A 反转）：A. 冠面视，B. 舌侧视（引自刘丽萍等，2013）

M1–2 的头骨前部（IVPP Cat. C.L.G.S.C. No. C/21）作为 "*Prosiphneus sinensis*" 的正型标本，同时将产自陕西神木城东山（Loc. 12）的带 m1–3 的右下颌骨（IVPP Cat. C.L.G.S.C. No. C/22）、陕西府谷镇羌堡西（Loc. 11）的左 M3（IVPP Cat. C.L.G.S.C. No. C/23）以及一来自镇羌堡东（Loc. 10）的枢椎（IVPP Cat. C.L.G.S.C. No. C/24）归入该种。然而，根据上述 *Chardina truncatus* 同一个体上、下臼齿珐琅质参数的对应关系判断，郑绍华等（待刊）认为这些标本的上、下臼齿齿冠高度不相匹配，上臼齿显得原始，遂将其与头骨前部一起归入 *C. sinensis*，而其他标本指定为较进步的 *C. gansuensis*。

中华日进鼢鼠 *Chardina sinensis* (Teilhard de Chardin et Young, 1931)

（图 247）

Prosiphneus sinensis：Teilhard de Chardin et Young, 1931, p. 14 (part)；Kretzoi, 1961, p. 126；李传夔等，1984，表 5；Zheng et Li, 1990, p. 432

Myospalax sinensis：Lawrence, 1991, p. 282

?*Episiphneus sinensis*：Zheng, 1994, p. 62

Chardina cf. *C. sinensis*：张兆群、郑绍华，2000，插图 1

正模 IVPP Cat. C.L.G.S.C. No. C/21，带左右 M1–2 头骨前部。山西河曲巡检司（Loc. 7），上新统（"蓬蒂期"红黏土层）。

归入标本 IVPP V 18597，3 段下颌骨、10 枚臼齿（甘肃秦安）。IVPP V 17857，臼齿 2 枚（甘肃灵台）。

鉴别特征 门齿孔只在前颌骨上，门齿孔与齿隙长比率 44.74%。臼齿相对低冠。上臼齿列轻微八字形排列。M2 的宽与长比率 96.0%。单个白齿 M3 与 M2 长比率均值 94.11%，m3 与 m2 长比率均值 85.71%。m1（均长 3.72 mm）参数 a、b、c、d 和 e 均值（分别为 0.05、2.0、1.7、1.6 和 0.8）小于董湾的 *Chardina gansuensis*（分别为 0.10、2.3、2.65、3.2 和 2.45）；M1（长 3.2 mm）参数 A、B、C 和 D（分别为 0.9、1.8、1.8 和 1.5）小于榆社的 *C. truncatus*（分别为 > 3.8、> 4.5、4.0、4.9）和宁县的 *C. teilhardi*（分别为 4.5、4.3、3.6、4.3）。

产地与层位 山西河曲巡检司（Loc. 7），上新统；甘肃秦安董湾（QA-III）、灵台文王沟，上新统下部。

评注 根据产自榆社高庄井南沟同一个体 *Chardina truncatus*（IVPP V 756）的 M1 颊侧珐琅质参数值大于 m1 舌侧参数值的对应关系判断，河曲（Loc. 7）的 M1 参数值小于神木城东山（Loc. 12）m1 的参数值，因而前者应代表一较原始的种，后者应该代表一较进步的种（郑绍华，1997）。也就是说 Teilhard de Chardin 和 Young（1931）归入

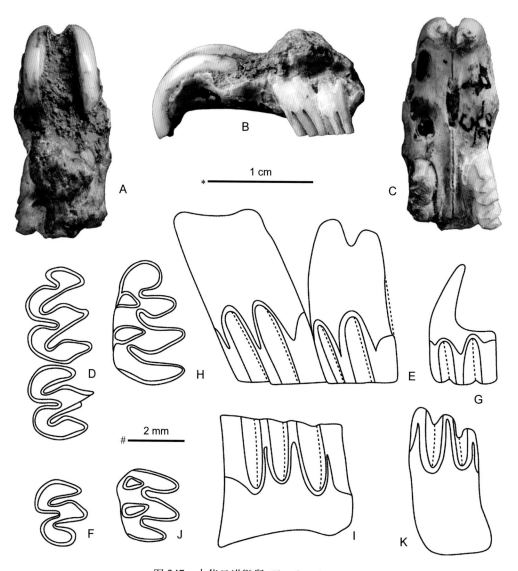

图 247　中华日进鼢鼠 *Chardina sinensis*

A–E. 破损头骨前部及左侧 M1–2（IVPP Cat. C.L.G.S.C. No. C/21, 正模），F, G. 左 M3（IVPP Cat. C.L.G.S.C. No. C/23），H, I. 右 m1（IVPP V 18597.1，H 反转），J, K. 右 m3（IVPP V 18597.11，J 反转）：A. 顶面视，B. 左侧面视，C. 腹面视，D, F, H, J. 冠面视，E, G. 颊侧视，I, K. 舌侧视；比例尺：* - A–C，# - D–K（引自郑绍华等，待刊）

"*Prosiphneus sinensis*" 的标本，只有头骨（IVPP Cat. C.L.G.S.C. No. C/21）和左 M3（C/23）应为 *C. sinensis*，而其他标本应被置于 *C. gansuensis*（刘丽萍等，2013）。

德氏日进鼢鼠 *Chardina teilhardi* (Zhang, 1999)

（图 248）

?*Mesosiphneus teilhardi*：张兆群，1999，70 页

正模　IVPP V 5951.1，右 m1。甘肃宁县水磨沟，上上新统。

副模　IVPP V 5951.2–16，15 枚臼齿。产地与层位同正模。

归入标本　IVPP V 17864–17865, V 17866.26–53，破损下颌骨 2 件、臼齿 28 枚（甘肃灵台）。

鉴别特征　m1（均长 3.45 mm）参数 a、b、c、d 和 e 均值分别为 0.34、3.96、3.70、4.50 和 4.18；M1（长 3.40 mm）参数 A、B、C 和 D 分别为 4.5、4.3、3.6 和 4.3。单个臼齿 M3 与 M2 长比率均值 78.19%；m3 与 m2 长比率均值 87.69%。

产地与层位　甘肃宁县水磨沟、灵台文王沟，上新统上部。

评注　由于该种 m1 的参数 a 略大于 0 似应归入 *Mesosiphneus* 属；但该值比 *M. primitivus* 的还小而显得相当原始，然 b、c、d、e 等值明显较大而显得更进步；另外该种这些参数表明的进步性状还没有达到 *M. praetingi* 的水平。

郑绍华等（待刊）认为，该种 m1 相对小的 a 和相对大的 b、c、d、e 搭配显示出齿

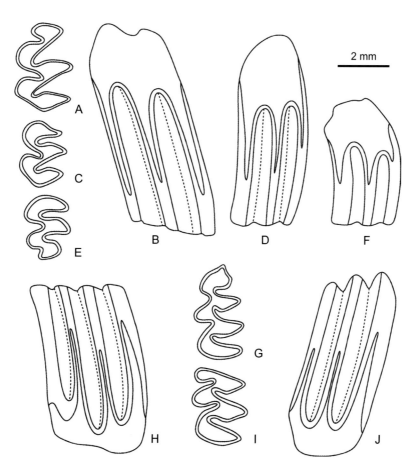

图 248　德氏日进鼢鼠 *Chardina teilhardi*

A, B. 左 M1（IVPP V 5951.8），C, D. 右 M2（IVPP V 5951.13，C 反转），E, F. 右 M3（IVPP V 5951.16，E 反转），G, H. 右 m1（IVPP V 5951.1，正模，G 反转），I, J. 左 m2（IVPP V 5951.6）：A, C, E, G, I. 冠面视，B, D, F. 颊侧视，H, J. 舌侧视（引自郑绍华等，待刊）

冠增高的不协调现象，表明 *Chardina teilhardi* 可能代表了一进化的旁支，可视为属中最进步的种。

鼢鼠族 Tribe Myospalacini Lilljeborg, 1866

一类较为进步的鼢鼠。头骨不具间顶骨；枕突（枕盾面上部突出于人字嵴之后）、枕平（枕盾面上部与人字嵴相重叠）或枕凹（枕盾面上部向人字嵴之前凹入并与凹的矢状区融合成一体）；臼齿相对高冠，具有或不具齿根，上臼齿齿脊或多或少呈斜 ω 形。该族包括 *Mesosiphneus*、*Eospalax*、*Allosiphneus*、*Yangia*、*Episiphneus* 和 *Myospalax* 六属。

中鼢鼠属 Genus *Mesosiphneus* Kretzoi, 1961

模式种　先丁氏原鼢鼠 *Prosiphneus praetingi* Teilhard de Chardin, 1942

鉴别特征　门齿孔短，只在前颌骨上。头骨枕盾上部明显凹入人字嵴之前并与矢状区的凹陷连成一体（凹枕）。枕上突粗壮；枕区鳞骨成狭条状。顶骨 - 鳞骨缝线与顶嵴或颞嵴在顶骨中部相交。矢状区后部宽度为眶间宽的 2–2.3 倍。臼齿具牙根，相对高冠。上白齿齿列呈八字形排列。M2 正 ω 形。m1 的 lra3 显著前于 bra2；m1 舌侧珐琅质参数 a 通常显著较 *Chardina* 属的大。

中国已知种　*Mesosiphneus praetingi*, *M. intermedius*, *M. primitivus*，共 3 种。

分布与时代　山西、甘肃、陕西、河北，上新世。

评注　Kretzoi（1961）除了强调该属体型较大和柱状白齿的牙根封闭外，没有更多的表述。虽然 McKenna 和 Bell（1997）以及 Musser 和 Carleton（2005）将 *Mesosiphneus* 视为与 *Prosiphneus* 同义，但编者认为 *Mesosiphneus* 应为有效属，因为其头骨缺失间顶骨，枕盾面上部凹入人字嵴之前，枕上突粗壮，枕侧面有鳞骨，门齿孔只在前颌骨之上，颞嵴与顶骨 - 鳞骨缝线相交，矢状区后部显著加宽，白齿齿冠显著增高，m1 的 ac 偏向舌侧，m1 的 bra2 后于 lra3。

Mesosiphneus 与 *Chardina* 最显著的区别是间顶骨缺失，枕盾面上部向前凹入，矢状区后部宽度显著大于眶间宽度，枕上突粗壮，白齿齿冠更高，m1 舌侧珐琅质参数 a 明显大于 0，显然具有比后者更进步的性状。

先丁氏中鼢鼠 *Mesosiphneus praetingi* (Teilhard de Chardin, 1942)

（图 249）

Prosiphneus praetingi：Teilhard de Chardin, 1942, p. 49；Teilhard de Chardin et Leroy, 1942, p. 28；李

传夔等，1984，175 页；郑绍华、李传夔，1986，表 5；Zheng et Li, 1990, p. 432；Flynn et al., 1991, fig. 4；Tedford et al., 1991, fig. 4

Myospalax praetingi：Lawrence, 1991, p. 269

正模 TMNH H.H.P.H. M. 19.903（IVPP RV 42006），不完整头骨一件。山西榆社 II 带，上新统麻则沟组。

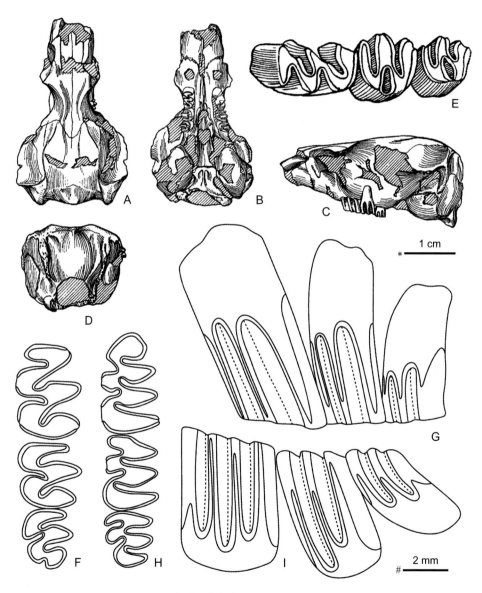

图 249 先丁氏中鼢鼠 *Mesosiphneus praetingi*

A–E. 破损头骨及右 M1–3（TMNH H.H.P.H. M. 19.903 = IVPP RV 42006，正模），F–I. 同一个体的左 M1–3 和右 m1–3（TMNH H.H.P.H. M. 29.483，H 反转）：A. 顶面视, B. 腹面视, C. 侧面视, D. 枕面视, E, F, H. 冠面视, G. 颊侧视, I. 舌侧视；比例尺：* - A–D, # - E–I（A–E 引自 Teilhard de Chardin, 1942；F–I 引自 郑绍华等, 待刊）

归入标本　TMNH H.H.P.H. M. 19.904, M. 19.905, M. 29.483, M. 16.038, IVPP V 757, V 11171–11173, V 17863, 不完整头骨 6 件、破损下颌骨 4 段、臼齿 9 枚（山西榆社、太谷）。IVPP V 18603，破损下颌骨 1 件、臼齿 7 枚（甘肃秦安）。IVPP V 17858, V 17866，破损头骨 1 件、臼齿 25 枚（甘肃灵台）。IVPP V 15481，破损下颌骨 1 件（河北蔚县）。

鉴别特征　个体相对小。鼻 - 额缝线呈倒 V 形，向后不超过颌 - 额缝线。矢状区后宽约为眶间区的二倍。枕上突较弱。枕宽与枕高比率 146.0%。门齿孔与齿隙长比率均值 35.9%。上臼齿齿列轻微八字形排列（M1pd 与 M3pd 比率均值 74.58%）。M2 宽与长比率均值 94.39%。m1（长 4.20 mm，榆社标本）参数 a、b、c、d、e 均值分别为 1.5、4.3、4.4、> 5.0、> 5.0；M1（长 3.90 mm，榆社标本）参数 A、B、C、D 均值分别为 > 4.5、> 4.1、4.2、5.4。齿列中，M3 与 M2 长比率均值 92.17%，M3 与 M1–3 长比率均值 27.13%；m3 与 m2（n = 5）长比率均值 81.95%，m3 与 m1–3 长比率均值 26.0%。

产地与层位　山西榆社盆地（YS 4、90、136 地点）、太谷柳沟，上新统高庄组—麻则沟组；甘肃秦安董湾，灵台小石沟、文王沟，上新统；河北蔚县西窑子头，上新统稻地组。

评注　归入此种的标本中，只有 TMNH H.H.P.H. M. 29.483 号是头骨连着下颌骨，因此其他地点的单个臼齿标本只能依据其臼齿齿冠高度进行对比。Teilhard de Chardin（1942）是带着疑问将它归入此种，但强调其上臼齿与其他头骨的上臼齿具有同样的齿根愈合程度和高冠程度，M3 都具有清楚的容易磨蚀掉的 BRA3。编者认为这种解释是可以接受的。值得注意的是 *Mesosiphneus praetingi* 的各项参数大于 *M. primitivus* 而小于 *M. intermedius* 的相应值。

中间中鼢鼠 *Mesosiphneus intermedius* (Teilhard de Chardin et Young, 1931)

（图 250）

Prosiphneus eriksoni：Teilhard de Chardin et Young, 1931, p. 14

Prosiphneus sp.：蔡保全，1987，128 页；周晓元，1988，186 页

Prosiphneus intermedius：Teilhard de Chardin et Young, 1931, p. 15；Teilhard de Chardin et Leroy, 1942, p. 28；郑绍华等，1975，40 页；郑绍华等，1985b，123 页；Zheng et Li, 1990, p. 439

Prosiphneus paratingi：Teilhard de Chardin, 1942, p. 54；李传夔等，1984，表 5；郑绍华、李传夔，1986，99 页；Zheng et Li, 1990, p. 439；邱占祥、邱铸鼎，1990，252 页；Flynn et al., 1991, Tab. 2；Tedford et al., 1991, fig. 4

Mesosiphneus paratingi：Kretzoi, 1961, p. 127；Zheng, 1994, p. 62；郑绍华，1997，137 页；蔡保全等，2004，表 2；闵隆瑞等，2006，104 页；郑绍华等，2006，表 1；李强等，2008，表 2；Cai et al., 2013, p. 227

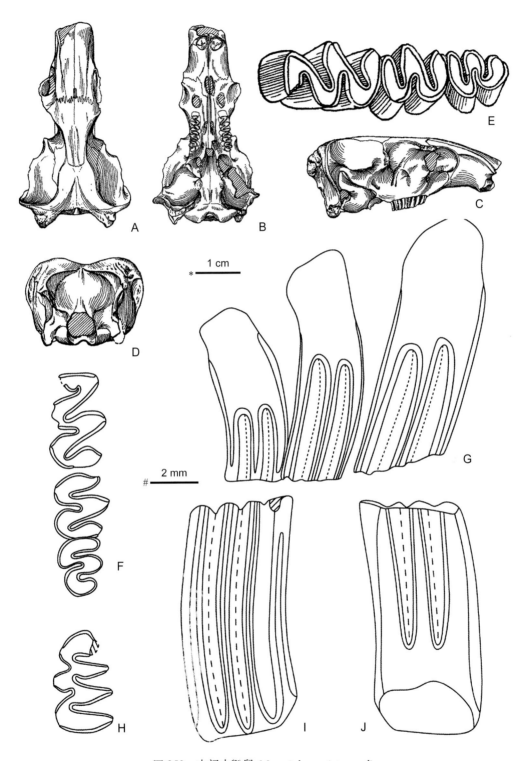

图 250　中间中鼢鼠 *Mesosiphneus intermedius*

A–G. 破损头骨及右 M1–3（TMNH H.H.P.H. M. 14.290 = IVPP RV 42015，E 反转），H–J. 左 m1（IVPP Cat. C.L.G.S.C. No. C/23，正模）：A. 顶面视，B. 腹面视，C. 侧面视，D. 枕面视，E, F, H. 冠面视，G, J. 颊侧视，I. 舌侧视；比例尺：* - A–D，# - E–J（A–E 引自 Teilhard de Chardin, 1942；F–J 引自郑绍华等，待刊）

Episiphneus intermedius：Kretzoi, 1961, p. 127

Myospalax paratingi：Lawrence, 1991, p. 282

Myospalax intermedius：Lawrence, 1991, p. 282

正模 IVPP Cat. C.L.G.S.C. No. C/23，左 m1。山西保德火山（Loc. 5），上新统静乐期红黏土。

归入标本 TMNH H.H.P.H. M. 14.290 (Teilhard de Chardin, 1942, Fig. 40, type of "*Pr. paratingi*"), M. 14.174, IVPP V 11174–11177，近乎完整头骨 2 件、残破上下颌各一件、臼齿 11 枚（山西榆社）。IVPP V 373–374，残破下颌骨 4 件（山西保德）。IGG QV10006，头骨一件带部分上下臼齿（陕西洛川）。IVPP V 18604，臼齿 7 枚（甘肃秦安）。IVPP V 17867, V 17869，破损下颌骨 1 件、臼齿 62 枚（甘肃灵台）。IVPP V 15482，臼齿 17 枚（河北蔚县）。

鉴别特征 鼻骨呈铲形，后缘的横切断面呈锯齿状，后端不超过颌 - 额缝线。矢状区宽度为眶间宽的 2.3 倍。枕宽与枕高比率均值 132.84%。门齿孔与齿隙长比率均值 29.82%。臼齿极高冠。上臼齿齿列轻微八字形排列（M1pd 与 M3pd 比率 76.07%）。M2 宽与长比率 96.0%。m1（长 3.4 mm, type）参数 a、b、c、d、e 分别为 5.5、6.8、6.9、7.3 和 7.0；M1（长 3.62 mm）参数 A、B、C、D 分别为 6.0、5.25、4.5、5.63。齿列中，M3 与 M2 长比率 96.43%，M3 与 M1–3 长比率 27.84%；m3 与 m2 长比率均值 84.37%，m3 与 m1–3 长比率均值 26.52%。

产地与层位 山西榆社盆地（YS 5、87、95、99 等地点）、保德火山，陕西洛川坡头沟，甘肃秦安董湾、灵台文王沟，上新统；河北蔚县铺路、东窑子头，上新统稻地组。

评注 郑绍华等（待刊）指出，Teilhard de Chardin 和 Young（1931）描述的保德火山（Loc. 5）地点的"*Prosiphneus eriksoni*"和"*P. intermedius*"应分别代表目前的 *Mesosiphneus intermedius* 老年个体和极年轻个体。从个体大小和高冠程度判断，保德火山的 *M. intermedius* 与榆社盆地的 *M. paratingi* 应是同物异名。

Pei（1930）以"*Prosiphneus* cf. *intermedius*"记述的河北唐山贾家山的材料是年轻个体的 m2 不是 m1，周口店顶盖砾石层中的臼齿带根的零星材料（Pei, 1939b）已被归入"*Prosiphneus intermedius*"（Teilhard de Chardin et Leroy, 1942）。但从地理分布和地史分布判断，它们更有可能属于周口店十八地点的 *Episiphneus youngi*。Kretzoi（1961）曾经将 *Mesosiphneus intermedius* 置于 *Episiphneus* 属，但并没有说明理由；Zheng（1994）和郑绍华（1997）从 *M. intermedius* 的 m1 的 lra3 位置前于 bra2 判断，认为应归于 *Mesosiphneus* 属。

原始中鼢鼠 *Mesosiphneus primitivus* Liu, Zheng, Cui et Wang, 2013

（图 251）

Mesosiphneus sp.：刘丽萍等，2011，插图 1

正模 IVPP V 18601，破损右下颌骨带 m1-3。甘肃秦安董湾（QA-III，L15 层），上新统下部红黏土。

副模 IVPP V 18602.1-5，臼齿 5 枚。产地与层位同正模。

归入标本 IVPP V 18602.6-8，破损下颌骨 1 件、臼齿 2 枚（甘肃秦安）。

鉴别特征 m1（均长 3.87 mm）参数 a、b、c、d、e 均值分别为 0.50（0.4-0.7，n = 4）、2.40（1.9-2.9，n = 4）、2.30（2.1-2.5，n = 3）、3.45（1.7-5.2，n = 2）、2.85（1.1-4.6，n = 2），显著小于 *Mesosiphneus praetingi* 和 *M. intermedius* 的相应值。

产地与层位 甘肃秦安董湾（QA-III，L15、L16 层），上新统下部。

评注 *Mesosiphneus primitivus*、*M. praetingi*、*M. intermedius* 三个不同种的 m1 舌侧珐琅质参数 a、b、c、d、e 各有自己一定的变异范围，但并不重叠。变异范围的不同指示了进化过程中的不同进化阶段，也显示出白齿从相对低冠向高冠的进化过程。

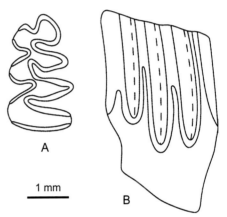

图 251 原始中鼢鼠 *Mesosiphneus primitivus* 右 m1（IVPP V 18601，正模，A 反转）：A. 冠面视，B. 舌侧视（引自刘丽萍等，2013）

始鼢鼠属 Genus *Eospalax* (Allen, 1938, 1940)

模式种 中华鼢鼠 *Siphneus fontanieri* Milne-Edwards, 1867

鉴别特征 头骨无间顶骨。枕盾面上部显著突出于人字嵴两翼连线之后；枕宽显著大于枕高。头骨背面平直。眶前孔腹侧不狭窄。门齿孔在前颌-上颌骨上。颞嵴线通常平行向后延伸。鼻骨后缘呈缺刻状。白齿无牙根。齿列中 M3 与 M2 长比率在原始种小于 100%、在进步种大于 100%，M3 与 M1-3 长比率通常大于 30%。M3 具有 2-3 个颊侧和 1-2 个舌侧褶沟。m1 前端无珐琅质层，浅的 lra3 与深的 bra2 相对排列，无 lra4。齿列中 m3 与 m2 长比率为 53%-86%；m3 与 m1-3 长比率为 18%-30%。

中国已知种 *Eospalax fontanieri, E. cansus, E. lingtaiensis, E. rothschildi, E. simplicidens, E. smithii, E. youngianus*，共 7 种。

分布与时代　内蒙古、河北、山西、陕西、甘肃、青海、四川、湖北、河南、北京等，晚上新世—现代。

评注　*Eospalax* 最初被 Allen（1938, 1940）作为 *Myospalax* 属中的亚属，后被 Kretzoi（1961）提升为属，并得到部分研究者的赞同（Zheng, 1994；Musser et Carleton, 2005；潘清华等，2007）。但 Lawrence（1991）把所有鼢鼠种类统统归入 *Myospalax* 属，McKenna 和 Bell（1997）把所有鼢鼠分成 *Prosiphneus* 和 *Myospalax* 两属，Musser 和 Carleton（2005）则认为在没弄清臼齿带根与不带根鼢鼠区别以前，现生两属（*Eospalax* 和 *Myospalax*）应被保留。编者认为，臼齿带根和不带根的凸枕型鼢鼠在骨骼、颊齿形态及生态习性方面都有很大的差别，应把 *Prosiphneus* 和 *Eospalax* 视为不同的属。郑绍华（1997）还注意到，*Allosiphneus* 和 *Eospalax* 属 m1 的前端缺失珐琅质层，这是两者区别于其他鼢鼠属的特有性状，认为 *Eospalax* 应该是一个有效属。

中华始鼢鼠 *Eospalax fontanieri* (Milne-Edwards, 1867)
（图 252）

Siphneus fontanieri：Young, 1927, p. 43；Boule et Teilhard de Chardin, 1928, p. 86；Young, 1935a, p. 15；Pei, 1939b, p. 154；Teilhard de Chardin, 1942, p. 67

Siphneus cf. *fontanieri*：Boule et Teilhard de Chardin, 1928, p. 100；Teilhard de Chardin et Young, 1931, p. 18；Young, 1932, p. 6；Teilhard de Chardin, 1936, p. 19

Siphneus chanchenensis：Teilhard de Chardin et Young, 1931, p. 20

Myospalax fontanieri：Thomas, 1908a, p. 978；Allen, 1940, p. 922；Ellerman, 1941, p. 547；Ellerman et Morrison-Scott, 1951, p. 650；周明镇、周本雄，1965，228 页；盖培、卫奇，1977，290 页；胡长康、齐陶，1978，15 页；贾兰坡等，1979，284 页；汤英俊等，1983，83 页；胡锦矗、王酉之，1984，267 页；郑绍华等，1985b，132 页；李保国、陈服官，1989，110 页；Lawrence, 1991, p. 63；Corbet et Hill, 1991, p. 165；谭邦杰，1992，278 页；黄文几等，1995，187 页；李华，2000，160 页；王应祥，2003，172 页；郑绍华，1997，插图 1

Myospalax fontanus：Thomas, 1912, p. 93；Takai, 1940, p. 209；Ellerman, 1941, p. 547

正模　现生标本，不详（北京）。

归入标本　IVPP Cat. C.L.G.S.C. Nos. C/62, C/63, C/68, C/69, C/74, C/76, C/82, TMNH H.H.P.H. M. 14045, 20141, 20742, 22.988, 26.680, 28.989, 28.943, 29.506, 31.073, 31.083, 31.084, 31.319, 31.328, IVPP V 15255–15266, RV 42027-30, RV 35057 等，破损头骨 30 件、下颌骨 9 件（山西静乐、隰县、保德、中阳、榆社、晋中）。IVPP Cat. C.L.G.S.C. Nos. C/66, C/83, V 5398, IGG QV10020-22, 破损的头骨 3 件和上下颌骨 7 件（陕西吴堡、洛川、蓝田、榆林）。

TMNH H.H.P.H. M. 25.632, 25.890，破损头骨 2 件（甘肃庆阳）。IVPP Cat. C.L.G.S.C. Nos. C/64, C/65，破损上、下颌骨各一件（内蒙古准格尔）。IVPP V 450, V 477, V 15477，破损头骨 1 件，上、下颌骨 10 件（河北蔚县、赤城）。IVPP CP. 190A, B, Cat. C.L.G.S.C. No. C/48，破损头骨 2 件、下颌骨 1 件（北京周口店）。

鉴别特征　属中个体较大者。鼻骨后缘缺刻呈倒 V 形（约占 45%），其余个体形状不规则；鼻骨后端未超过颌 - 额缝线（占 93%）。门齿孔的一半位于前颌骨上，部分 2/3 甚至大部在前颌骨上；门齿孔与齿隙长比率均值 48.63%。额嵴不发育，顶嵴明显，在雄性老年个体更向中线处靠近似 X 形。枕宽与枕高比率均值 145.87%。上白齿齿列相互近于平行排列，其 M1pd 与 M3pd 比率均值 85.27%。M2 宽与长比率均值 66.60%。M3 多数具有 2 个 LRA 和 3 个 BRA；齿列中，M3 与 M2 长比率均值 108.76%，M3 与 M1–3 长比率均值 33.62%；m3 与 m2 长比率均值 86.54%，m3 与 m1–3 长比率均值 34.21%。

产地与层位　山西静乐小红凹和高家崖、大宁午城、保德芦子沟、榆社 YS 123 等多个地点、中阳许家坪、晋中（榆次）道坪，陕西吴堡石堆山、洛川菜子沟、蓝田公王岭、

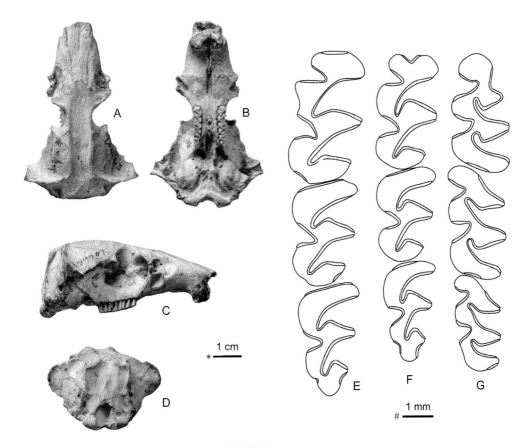

图 252　中华始鼢鼠 *Eospalax fontanieri*
A–E. 破损头骨及左 M1–3（IVPP RV 35057），F, G. 同一个体的右 M1–3 和左 m1–3（IVPP Cat. C. L.G. S. C. No. C/62）：A. 顶面视，B. 腹面视，C. 侧面视，D. 枕面视，E, F, G. 冠面视；比例尺：* - A–D，# - E–G
（引自郑绍华等，待刊）

榆林柳巴滩，甘肃庆阳赵家沟，内蒙古准格尔旗杨家湾，河北蔚县大南沟、赤城杨家沟，北京房山周口店，更新统。

评注 从 IVPP 保存的该种的标本看，M3 具有 2 个 LRA 和 3 个 BRA 是相当稳定的特征，尽管 LRA3 和 BRA3 均很浅。而 M1 前端的纵沟存在与否似乎并不稳定。

具凸枕型头骨、齿列中 M3（m3）相对 M2（m2）长的鼢鼠化石大多可归入此种。

甘肃始鼢鼠 *Eospalax cansus* (Lyon, 1907)
（图 253）

Myotalpa cansus：Lyon, 1907, p. 134

Myospalax cansus：Thomas, 1908a, p. 978；樊乃昌、施银柱，1982，183 页；宋世英，1986，31 页；郑昌琳，1989，682 页；王廷正、许文贤，1992，113 页；黄文几等，1995，189 页

Myospalax cansus shenseius：Thomas, 1911d, p. 178

Siphneus fontanieri：Young, 1927, p. 43 (part)；Teilhard de Chardin, 1942, p. 67 (part)；周明镇，1964，304 页；郑绍华等，1985a，109 页

Siphneus cf. *cansus*：Teilhard de Chardin et Young, 1931, p. 19

Siphneus chaoyatseni：Teilhard de Chardin et Young, 1931, p. 24 (part)

Myospalax fontanieri：Musser et Carleton, 2005, p. 910 (part)

Myospalax cansus cansus：Ellerman, 1941, p. 547

Myospalax fontanieri cansus：Allen, 1938, 1940, p. 926；Ellerman et Morrison-Scott, 1951, p. 650；Corbet et Hill, 1991, p. 165；谭邦杰，1992，279 页；李华，2000，165 页；王应祥，2003，172 页

Myospalax cf. *fontanieri*：周明镇、李传夔，1965，380 页

正模 USNM No. 144022，现生标本 [甘肃临潭（洮州）]。

归入标本 IVPP V 2932, V 3158，破损头骨 2 件、下颌骨 4 件（陕西蓝田）。IVPP RV 28032，破损头骨 1 件、下颌骨 1 件（内蒙古萨拉乌苏）。IVPP V 25242, RV 42026, TMNH H.H.P.H. M. 14.031, 18.930, 22.989, 26.703, 29.479, 30.y?35, 31.083, IVPP Cat. C.L.G.S.C. No. C/53 等，破损头骨 10 件、下颌骨 1 件（山西中阳、榆社、襄垣）。IVPP RV 27032，破损头骨 1 件、下颌骨 2 件（河北承德）。IVPP V 5549, V 6040, V 25243–25248, V 25250–25255，破损头骨 21 件、上下颌骨 60 件（青海共和、贵南）。

鉴别特征 鼻骨呈倒置葫芦形，后缘缺刻为倒 V 形，后端通常未超过颌 - 额缝线水平。额嵴（眶上嵴）显著，稍向内弯曲。顶嵴呈相互平行排列；额嵴间宽度小于顶嵴间宽度。门齿孔与齿隙长比率均值 50.62%。枕宽与枕高比率均值 143.72%。上臼齿齿列相

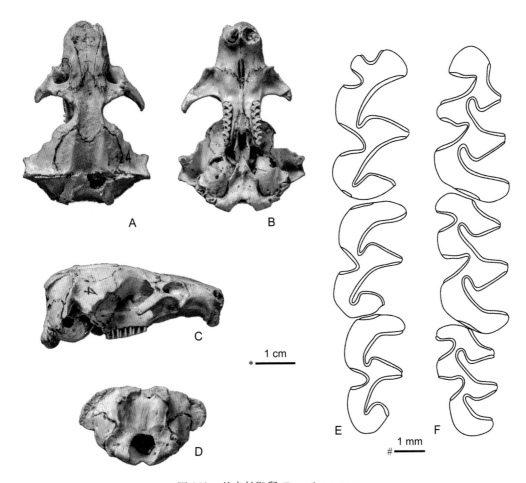

图 253　甘肃始鼢鼠 *Eospalax cansus*

A–D. 破损头骨（IVPP V 25243），E. 右 M1–3（IVPP V 25251.1，反转），F. 左 m1–3（IVPP V 25251.2）；
A. 顶面视，B. 腹面视，C. 侧面视，D. 枕面视，E, F. 冠面视；比例尺：* - A–D, # - E, F（引自郑绍华等，待刊）

互平行排列，其 M1pd 与 M3pd 比率均值 82.85%。M2 宽与长比率均值 65.66%。M3 多数具 1 个 LRA、2 个 BRA。齿列中，M3 与 M2 长比率均值 106.32%，M3 与 M1–3 长比率均值 32.41%；m3 与 m2 长比率均值 83.89%，m3 与 m1–3 长比率均值 29.78%。

产地与层位　山西中阳许家坪、榆社襄垣北沟等地，陕西蓝田陈家窝，内蒙古萨拉乌苏，河北承德谢家营、青海共和上他买、大连海、塘格木、青川公路 33 km 处、贵南过仍多、沙沟，下更新统—中更新统。

评注　现生动物分类中 *Eospalax cansus* 多作为中华鼢鼠的一个亚种（*Myospalax fontanieri cansus*）处理（Allen, 1938, 1940；Corbet et Hill, 1991；李保国、陈服官，1989；谭邦杰，1992；李华，2000；王应祥，2003），但也有作为独立的种（樊乃昌、施银柱，1982；宋世英，1986；王廷正，1990；王廷正、许文贤，1992；黄文几等，1995）。*E. cansus* 的 M3 有 1 个 LRA 和 2 个 BRA 显示其原始性；齿列中 M3 与 M2 长平均比率（106.32%）接近于（M3 有 2 个 LRA 和 2 个 BRA 的）现生的 *E. smithii*（106.67%）和

E. rothschildi（106.84%），而显著小于（M3 有 2 个 LRA 和 3 个 BRA 的）*E. fontanieri*（108.76%），也显示了其相对原始性；但明显大于 3 个化石种 *E. simplicidens*（100.00%）、*E. youngianus*（97.74%）和 *E. lingtaiensis*（95.83%）又显示出其进步性。郑绍华等（待刊）认为 *E. cansus* 代表该属的化石种与现生种之间一个过渡类型。

灵台始鼢鼠 *Eospalax lingtaiensis* Liu, Zheng, Cui et Wang, 2014

（图 254）

Yangia n. sp.：郑绍华、张兆群，2000，插图 2；郑绍华、张兆群，2001，插图 3

正模 IVPP V 18551，同一个体保存有带 m1–3 的左下颌骨及带 M1–3 的右上颌骨。甘肃灵台文王沟（IVPP 93001 地点，剖面 WL5 层），下更新统午城黄土层。

副模 IVPP V 18553，破损的上颌骨 1 件、下颌骨 3 段、臼齿 2 枚。产地与层位同正模。

归入标本 IVPP V 18553.7–20，臼齿 14 枚（甘肃灵台）。

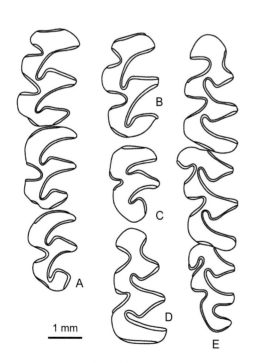

图 254 灵台始鼢鼠 *Eospalax lingtaiensis*
A, E. 同一个体的右 M1–3 和左 m1–3 (IVPP V 18551，正模)，B. 左 M1 (IVPP V 18553.18)，C. 右 M3 (IVPP V18553.19, 反转)，D. 左 m1 (IVPP V 18553.20)：冠面视（引自刘丽萍等，2014)

鉴别特征 个体比 *Eospalax simplicidens* 和 *E. youngianus* 小。M3 具 1 个 BRA 和 2 个 LRA，但齿列中 M3 与 M2 长比率均值（95.83%）较小；m3 与 m2 长比率均值（86.55%）则介于 *E. youngianus*（83.72%）和 *E. simplicidens*（87.26%）之间。M2 中叶宽度等于或小于前叶宽度，其宽与长比率均值66.79%。m1 的 ac 宽度显著大于 pl 宽度之半；m2 和 m3 有很深的 bra2。

产地与层位 甘肃灵台文王沟（WL5、6、8、10、11 层），上上新统—下更新统。

评注 该种的个体明显小，M3 长度小于 M2 的长度，是迄今所知的最原始的一种始鼢鼠，也是生存时代较长（晚上新世—早更新世）的种类。

建名者指定正模时给出了属于同一个体的两个编号。按正模指定只有一个个体、一个编号的原则，现去掉 IVPP V 18552，只保留 IVPP V 18551 作为该种的正模编号。

罗氏始鼢鼠 *Eospalax rothschildi* (Thomas, 1911)

（图 255）

Myospalax rothschildi：Thomas, 1911a, p. 722；Allen, 1938, 1940, p. 932；Ellerman, 1941, p. 547；

Ellerman et Morrison-Scott, 1951, p. 651；樊乃昌、施银柱，1982，189 页；胡锦矗、王酉之，

1984，269 页；Corbet et Hill, 1991, p. 166；谭邦杰，1992，279 页；王廷正、许文贤，1992，

117 页；黄文几等，1995，191 页；李华，2000，172 页；王应祥，2003，172 页

Myospalax rothschildi hubeiensis：李保国、陈服官，1989，34 页

Myospalax minor：Lönnberg, 1926, p. 6

Siphneus chanchenensis：Teilhard de Chardin et Young, 1931, p. 20

Siphneus cf. *cansus*：Teilhard de Chardin et Young, 1931, p. 19 (part)

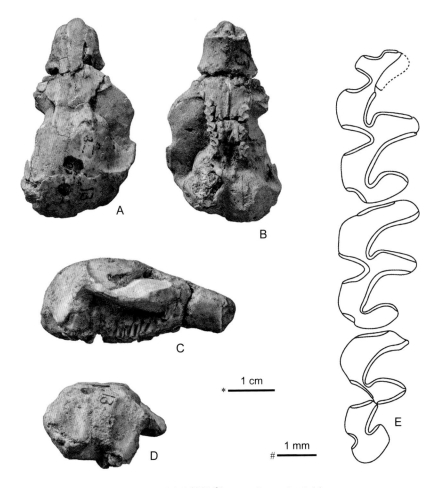

图 255　罗氏始鼢鼠 *Eospalax rothschildi*

破损头骨及其上的右 M1–3（IVPP Cat. C.L.G.S.C. No. C/89，E 反转）：A. 顶面视，B. 腹面视，C. 侧面视，
D. 枕面视，E. 冠面视；比例尺：* - A–D，# - E（引自郑绍华等，待刊）

正模　LMNH B.M.No.11.11.1.2，现生标本，采自中国甘肃临潭（洮州）东南 40 英里（约 64 km）的岷山。

归入标本　IVPP V 411 = IVPP Cat. C.L.G.S.C. No. C/89, Cat. C.L.G.S.C. No. C/88，头骨 2 件（陕西榆林、山西中阳）。IVPP V 4771，破损头骨 1 件（甘肃合水）。

鉴别特征　属中个体较小型者。鼻骨呈倒置的梯形，后缘缺刻平直或呈低浅的八字形，后端位于颌 - 额缝线之前或在同一直线上。门齿孔与齿隙长比率均值 49.08%。额 - 顶嵴显著，但彼此不平行。枕中嵴缺失。枕宽与枕高比率均值 143.72%。上臼齿齿列接近相互平行排列，其 M1pd 与 M3pd 比率均值 77.42 %。M2 的宽与长比率均值 65.66%。多数 M3 具 2 个 LRA 和 2 个 BRA；齿列中 M3 与 M2 长比率均值 106.32%，M3 与 M1–3 长比率均值 32.41%；m3 与 m2 长比率均值 83.89%，m3 与 m1–3 长比率均值 29.78%。

产地与层位　甘肃合水金沟、陕西榆林柳巴滩，下更新统—中更新统（榆林组红色土 B 带—红色土 C 带）。

评注　Teilhard de Chardin 和 Young（1931）把陕西柳巴滩（Loc. 13）榆林系的头骨标本（IVPP Cat. C.L.G.S.C. No. C/89）指定为"*Siphneus chanchenensis*"，但该标本白齿，特别是 M3 具有 2 个 LRA 和 2 个 BRA，形态与现生 *Eospalax rothschildi* 的特征一致，Thomas（1911a）和李华（2000）都已将其归入后者。现生罗氏始鼢鼠通常被视为独立的种，主要分布于甘肃南部、四川北部和东部、陕西南部和湖北西部（Allen, 1938, 1940；Ellerman, 1941；Ellerman et Morrison-Scott, 1951；樊乃昌、施银柱，1982；胡锦矗、王酉之，1984；李保国、陈服官，1989；Corbet et Hill, 1991；谭邦杰，1992；王廷正、许文贤，1992；黄文几等，1995；李华，2000；王应祥，2003；Musser et Carleton, 2005；潘清华等，2007）。

简齿始鼢鼠 *Eospalax simplicidens* Liu, Zheng, Cui et Wang, 2014

（图 256）

Siphneus cf. *myospalax*：Boule et Teilhard de Chardin, 1928, p. 100

Siphneus hsuchiapinensis：Teilhard de Chardin et Young, 1931, p. 25 (part)；Young, 1935a, p. 36

Myospalax hsuchiapinensis：郑绍华，1976，115 页；郑绍华等，1985b，128 页

Myospalax sp.：蔡保全等，2004，277 页

Eospalax n. sp.：郑绍华、张兆群，2000，插图 2（部分）；郑绍华、张兆群，2001，插图 3（部分）

正模　IVPP V 18547，带 m1–2 右下颌骨一段。甘肃灵台文王沟（IVPP 93001 地点剖面 WL3 层），下更新统午城黄土。

归入标本　IVPP V 4770, V 18548–18550，破损头骨 1 件、下颌骨 4 段、白齿 7 枚（甘

肃庆阳、合水、灵台）。IGG QV100013,10014，破损上下颌骨 3 件（陕西洛川）。IVPP V 15478，臼齿 2 枚（河北蔚县）。IVPP RV 35055，破损头骨 1 件（河南新安）。

鉴别特征 个体小型的始鼢鼠。上臼齿列呈八字形排列，M1pd 与 M3pd 比率为 68.33%，最接近 *Eospalax youngianus*（68.66%），在所有鼢鼠种类中为最小。M3 只有 1 个 LRA 和 2 个 BRA；齿列中 M3 与 M2 长比率（100%）介于原始的化石种类和进步的现生种类之间。M2 中叶宽度通常等于前叶宽度，其宽与长比率 62.69%。m1 的 ac 宽度明显小于 pl 宽度之半，m2 和 m3 均缺失 bra2，齿列中两者的长度近相等。

产地与层位 甘肃庆阳、合水金沟、灵台文王沟，陕西洛川拓家河，河北蔚县东窑子头，河南新安王沟，上上新统—下更新统。

评注 *Eospalax simplicidens* 以其 m1 狭长的 ac、m2 和 m3 缺失 bra2 的形态而不同于该属的其他种。从现生种类的 m3 和 m2 没有缺失 bra2 判断，该种可能是进化过程中一绝灭的旁支；从时代的分布看，也是一个从晚上新世进入早更新世跨时代的种。

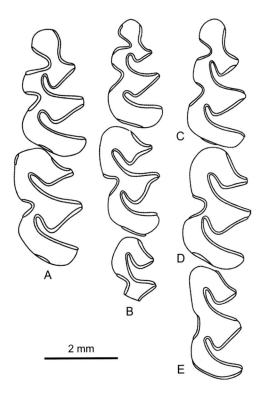

图 256 简齿始鼢鼠 *Eospalax simplicidens*
A. 右 m1–2（IVPP V 18547，正模，反转），B. 左 m1–3（IVPP V 4770），C. 右 m1（IVPP V 18550.3，反转），D. 右 m2（IVPP V 18550.5，反转），E. 右 m3（IVPP V 18550.4，反转）；冠面视（引自郑绍华等，待刊）

史氏始鼢鼠 *Eospalax smithii* (Thomas, 1911)

（图 257）

Myospalax smithii：Thomas, 1911a, p. 720；Howell, 1929, p. 82；Allen, 1938, 1940, p. 934；Ellerman, 1941, p. 547；Ellerman et Morrison-Scott, 1951, p. 651；Corbet et Hill, 1991, p. 166；谭邦杰，1992，278 页；黄文几等，1995，187 页；李华，2000，176 页；王应祥，2003，173 页

正模 LMNH B.M.No.11.11.1.1，现生标本，采自甘肃临潭南 30 英里（约 48 km）。

归入标本 IVPP V 25256，一头骨带左右 M1–3。四川甘孜西支沟，上更新统黄土。

鉴别特征 鼻骨似倒置葫芦形，其后缘横切状，后端超过或持平于颌 - 额缝线。二额、顶嵴接近平行，在中缝处极为靠近，老年个体合并成单一矢状嵴；在两嵴内侧壁间形成狭长的弧形肌窝。门齿孔相对大，现生标本约 4/5 在前颌骨上；门齿孔与齿隙长比率 52.89%。M2 的宽与长比率为 63.33%。M1pd 与 M3pd 比率 85.71%。齿列中，M3 与 M2 长比率 106.67%，M3 与 M1–3 长比率 31.43%。

评注 Thomas（1911a）强调该种"是方氏鼢鼠组中一个相当大的种，头骨具 1 个中矢状嵴，M3 具 2 个 LRA"；李华（2000）则指出 M3 多为 2 个 LRA 和 3 个 BRA。由于头骨的特殊，现生动物分类学家都将其视为一独立的种。现生种群见于宁夏六盘山地区、甘肃陇中南山地。

四川的这件标本是中国迄今发现的唯一史氏始鼢鼠化石。

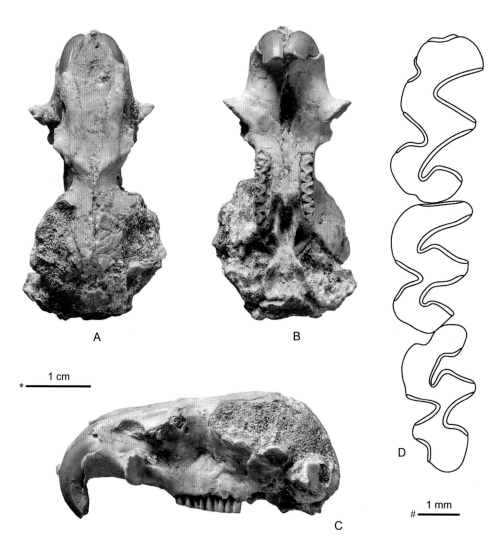

图 257 史氏始鼢鼠 *Eospalax smithii*

破损头骨及左臼齿列（IVPP V 25256）：A. 顶面视，B. 腹面视，C. 侧面视，D. 冠面视；比例尺：∗ - A–C，
- D（引自郑绍华等，待刊）

杨氏始鼢鼠 *Eospalax youngianus* Kretzoi, 1961

（图 258）

Siphneus minor：Teilhard de Chardin et Young, 1931, p. 201 (part)

Siphneus hsuchiapinensis：Teilhard de Chardin et Young, 1931, p. 25 (part)

Siphneus sp. (cf. *fontanieri* M.-Edw.)：Teilhard de Chardin, 1936, p. 19

正模　IVPP Cat. C.L.G.S.C. No. C/87，连着下颌的头骨。山西中阳许家坪，下更新统红色土 B (?) 带。

归入标本　IVPP V 381，RV 31058–31059，破损头骨 3 件、下颌骨 1 段（山西大宁）。IVPP Cat. C.L.G.S.C. Nos. C/88, C/89，头骨 2 件（陕西榆林）。IVPP V 25257，RV 360334，破损下颌骨 2 段（北京房山等）。

鉴别特征　小型个体始鼢鼠。鼻骨呈倒置的葫芦形，后缘缺刻呈倒 V 形，后端不超过颌 - 额缝线。额、顶嵴间宽度相当，平行排列。门齿孔在前颌骨和上颌骨上约各

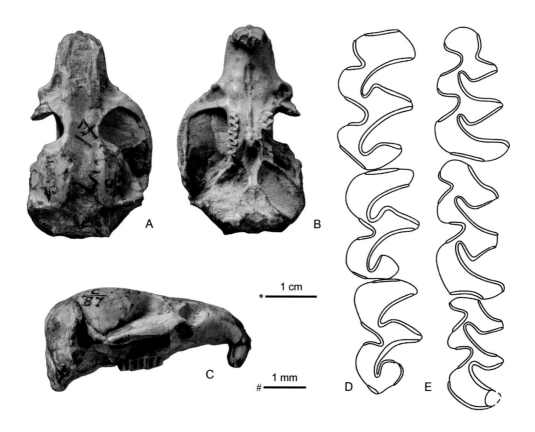

图 258　杨氏始鼢鼠 *Eospalax youngianus*

A–C. 破损头骨（IVPP Cat. C.L.G.S.C. No. C/87，正模），D. 左 M1–3（IVPP RV 31059.2），E. 左 m1–3（IVPP V 381）：A. 顶面视，B. 腹面视，C. 侧面视，D, E. 冠面视；比例尺：* - A–C，# - D, E（引自郑绍华等，待刊）

占 1/2；门齿孔与齿隙长比率均值 43.55%。上臼齿列平行排列，M1pd 与 M3pd 比率均值 90.74%。M1 前端无纵沟。M3 只有 1 个 LRA 和 2 个 BRA。M3 与 M2 长比率均值 97.74%，介于 *Eospalax lingtaiensis*（95.83%）和 *E. simplicidens*（100%）之间；M3 与 M1–3 长比率均值 32.11%。m3 与 m2 长比率均值 83.72%，m3 与 m1–3 长比率均值 28.85%。m1 的 ac 较宽，m2 和 m3 的 bra2 很深。

产地与层位 山西中阳许家坪（Loc. 17）、大宁午城（Loc. 18），陕西榆林柳巴滩（Loc. 13），北京房山周口店（第九地点），下更新统（红色土 B 带）—中更新统（红色土 C 带）。

评注 *Eospalax youngianus* 的 M3 只有 1 个 LRA 和 2 个 BRA，以及其平均长度略小于 M2，显示出与现生种不同，而与化石种相近似。鼻骨的形态和构造、以及上臼齿列的平行排列与现生的 *E. cansus* 十分相似，但门齿孔的位置有所不同。与 *E. lingtaiensis* 的相同点是 m1 的 ac 均较宽，m2 和 m3 有深的 bra2，不同在于个体及 M1 和 m1 的平均长度较大。

异鼢鼠属 Genus *Allosiphneus* Kretzoi, 1961

模式种 鼰鼢鼠 *Siphneus arvicolinus* Nehring, 1883

鉴别特征 最大型鼢鼠。枕盾面轻微突出于人字嵴两翼连线之后。枕中嵴发达。矢状区相对狭窄。臼齿无根。上臼齿的 LRA (LSA)、下臼齿的 bra (bsa) 极浅（极弱）。M2 中叶宽于或等于前叶。齿列中 M3 长于 M2。m1 具有浅的 lra4。

中国已知种 *Allosiphneus arvicolinus* 和 *A. teilhardi* 两种。

分布与时代 青海、甘肃、陕西、山西，晚上新世—早更新世。

评注 该属被一些研究者认为与 *Myospalax* 或 *Eospalax* 同义（Trouessart, 1905；Kretzoi, 1941；McKenna et Bell, 1997；Musser et Carleton, 2005）。Zheng（1994）赞同 Kretzoi（1961）的意见，认为其特大型头骨和特殊的颊齿形状与现生臼齿无根的 *Myospalax* 和 *Eospalax* 有显著的区别，应独立为属。

鼰异鼢鼠 *Allosiphneus arvicolinus* (Nehring, 1883)
（图 259）

Siphneus arvicolinus：Boule et Teilhard de Chardin, 1928, p. 98；Teilhard de Chardin, 1942, p. 72；

　　Teilhard de Chardin et Leroy, 1942, p. 30

Myospalax arvicolinus：计宏祥，1975，169 页；郑绍华，1976，115 页；谢骏义，1983，358 页；

　　郑绍华等，1985a，126 页

正模 不详（由 L. von Lockzy 从青海贵德盆地下更新统贵德层采集到的一下颌骨，后带回欧洲）。

归入标本 IVPP V 4768, TMNH H.H.P.H. M. 25.881–25.882, M. 25.898, M. 25.912–25.913 等，破损头骨 4 件、上下颌骨 5 段、臼齿 1 枚（甘肃庆阳、康乐、合水、灵台、环县）。IVPP V 4567, IGG QV10009–10010，破损头骨 2 件、下颌骨 1 段（陕西蓝田、延安、洛川）。IVPP V 6039, V 6077, V 17847, V 17855，破损头骨 5 件、下颌骨 8 段、臼齿 3 枚（青海共和、贵德、贵南）。

鉴别特征 属中较大型种。鼻骨铲形，后缘缺刻呈倒 V 形，后端未达颌 - 额缝线。额嵴在成年个体向内弯曲，其彼此分开的间距小于顶嵴间间距；老年个体两额嵴

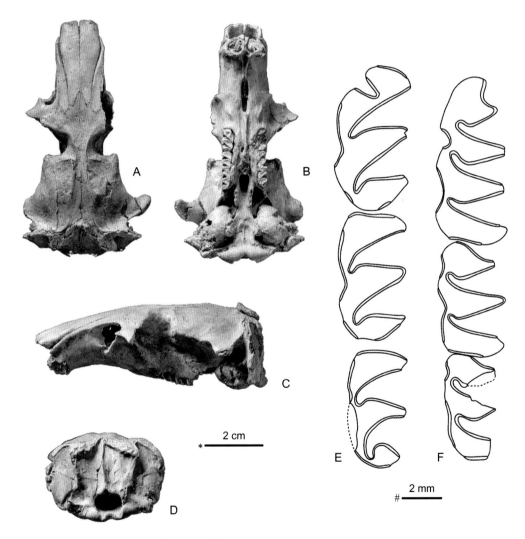

图 259 鼢异鼢鼠 *Allosiphneus arvicolinus*

A–D. 破损头骨（IVPP V 6039.1），E, F. 同一个体的右 M1–3 和左 m1–3（TMNH H.H.P.H. M. 25.882，E 反转）：A. 顶面视，B. 腹面视，C. 侧面视，D. 枕面视，E, F. 冠面视；比例尺：* - A–D，# - E, F（引自郑绍华等，待刊）

彼此靠近并趋于合并。矢状区后部顶嵴向外分开，约在 1/2 处呈尖角状向外突出。枕部呈宽大于高的四边形，枕宽与枕高比率均值 140.5%。门齿孔 2/3 在前颌骨上，1/3 在上颌骨上；门齿孔与齿隙长比率均值 45.46%。M2 宽与长比率均值 53.2%。上臼齿列平行排列，其 M1 处腭宽与 M3 处腭宽比率均值 79.2%。M3 只有 1 个 LRA 和 2 个 BRA。在同一齿列中，M3 比 M2 略短，其比率均值 91.24%，M3 与 M1–3 长比率均值 29.24%，m3 与 m2 长比率均值 95.44%，m3 与 m1–3 长比率均值 27.75%。

产地与层位 甘肃庆阳、康乐当川堡、合水金沟、灵台文王沟、环县耿家沟，陕西渭南刘家坪、延安九沿沟、洛川黑木沟，青海贵南拉乙亥和沙沟、共和黄土梁、贵德四合滩，上上新统—下更新统。

评注 该种化石主要发现于陕、甘、青三省海拔较高的黄土高原地区。由于绝大多数标本出自于黄土地层，推断这种鼢鼠比较适应于干凉的生态环境。

德氏异鼢鼠 *Allosiphneus teilhardi* Kretzoi, 1961

(图 260)

Siphneus arvicolinus：Teilhard de Chardin et Young, 1931, p. 21

正模 IVPP Cat. C.L.G.S.C. No. C/59（Teilhard de Chardin et Young, 1931, Pl. V, fig. 14）= IVPP V 18549，右下颌骨带 m1–2。山西静乐高家崖（Loc. 2），下更新统红色土。

归入标本 IVPP V 17844–17845，破损下颌骨 1 件、臼齿 1 枚（甘肃灵台）。IVPP V 17846，破损头骨 1 件（青海同德）。

鉴别特征 属中较小型种，尺寸仅为 *Allosiphneus arvicolinus* 的 85% 左右。门齿孔与齿隙长比率 40.0%。鼻骨呈铲形，后缘切截状，未超过颌 - 额缝线。额嵴向中间靠近，趋向合并；顶嵴中间略向外扩展形成突出的尖角。M2 宽与长比率 56.86%，齿脊斜 ω 形。上臼齿齿列平行排列，其 M1 处腭宽与 M3 处腭宽比率 91.18%。齿列中，M3 与 M2 长比率 88.24%，M3 与 M1–3 长比率 27.27%。

产地与层位 青海同德、甘肃灵台文王沟（WL8、10 层），上上新统；山西静乐高家崖，下更新统。

评注 Kretzoi（1961）认为，*Allosiphneus teilhardi* 与 *A. arvicolinus* 的主要区别是个体较小及下臼齿舌侧珐琅质少退化。此外，郑绍华等（待刊）还认为前者下臼齿颊侧 bra 相对较深，lsa 相对较突出，m1 的 bsa3 珐琅质层消失较晚，牙齿形态比后者显得稍原始。

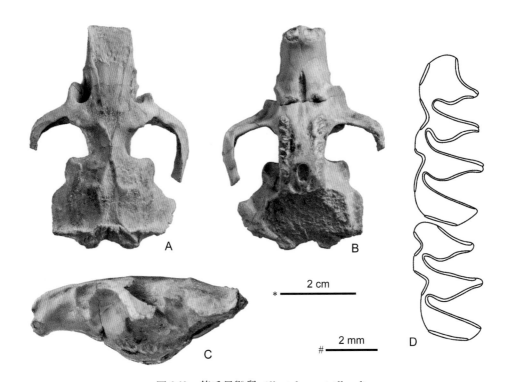

图 260　德氏异鼢鼠 *Allosiphneus teilhardi*

A–C. 破损头骨（IVPP V 17846），D. 右 m1–2（IVPP Cat. C.L.G.S.C. No. C/59 = IVPP V 18549，正模，反转）：A. 顶面视，B. 腹面视，C. 侧面视，D. 冠面视：比例尺：* - A–C，# - D（引自郑绍华等，待刊）

杨氏鼢鼠属 Genus *Yangia* Zheng, 1994

模式种　丁氏鼢鼠 *Siphneus tingi* Young, 1927

鉴别特征　缺失间顶骨。枕盾面上部向矢状区凹入并与其连成一片凹陷区。顶嵴与顶 - 鳞缝线相交。门齿孔短小，只在前颌骨上。臼齿无根。上臼齿齿列向前聚会、呈八字形排列。M2 中叶宽度通常大于前叶宽度；齿列中 M3 总是短于 M2。m1 前端有珐琅质层，lra3 外端前于或相对于 bra2 内端。

中国已知种　*Yangia tingi, Y. chaoyatseni, Y. epitingi, Y. omegodon, Y. trassaerti*，共 5 种。

分布与时代　甘肃、陕西、山西、河南、河北、北京，晚上新世—中更新世。

评注　该属最早以 *Youngia* 为属名（Zheng, 1994）。但此名早被 Lindström 于 1885 年作为三叶虫的属名，因此后用汉语拼音 *Yangia* 替代（郑绍华，1997）。该属名在中国学者中不断被使用（郑绍华、张兆群，2000, 2001；蔡保全等，2004, 2007, 2008；Cai et Li, 2004；郑绍华等，2006；Zhang et al., 2008a；Cai et al., 2013；Zheng, 2017）。鉴于其头骨无间顶骨、凹枕、臼齿无牙根以及 m1 前端具珐琅质层等特征，编者认为它应作为一独立的属区别于臼齿有根的凹枕形鼢鼠 *Mesosiphneus* 属、臼齿无根的凸枕型鼢鼠 *Eospalax* 属及臼齿无根的平枕型鼢鼠 *Myospalax* 属。

丁氏杨氏鼢鼠 *Yangia tingi* (Young, 1927)

（图 261）

Siphneus tingi：Young, 1927, p. 45；Teilhard de Chardin et Piveteau, 1930, p. 122；Teilhard de Chardin et Young, 1931, p. 23；Young, 1935a, p. 7；Teilhard de Chardin, 1936, p. 17；Leroy, 1940, p. 173；Teilhard de Chardin, 1942, p. 65；Teilhard de Chardin et Leroy, 1942, p. 29

Myospalax tingi：Kretzoi, 1961, p. 128；计宏祥，1975，170 页；计宏祥，1976，60 页；胡长康、齐陶，1978，15 页；郑绍华、李传夔，1986，表 5；Zheng et Li, 1990, p. 435；郑绍华、蔡保全，1991，117 页；Flynn et al., 1991, fig. 4；Zheng et Han, 1991, p. 103；Lawrence, 1991, p. 269

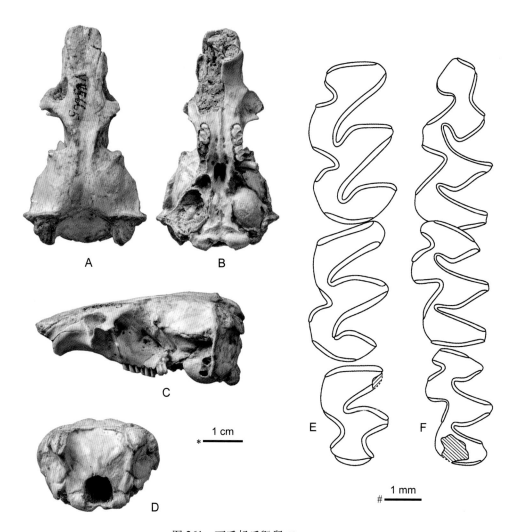

图 261　丁氏杨氏鼢鼠 *Yangia tingi*

A–D. 破损头骨（IVPP V 2566.5），E. 左 M1–3（IVPP RV 27033 = 456，选模），F. 右 m1–3（TMNH H.H.P.H. M. 20.160，反转）：A. 顶面视，B. 腹面视，C. 侧面视，D. 枕面视，E, F. 冠面视；比例尺：* - A–D，# - E, F（引自郑绍华等，待刊）

选模 IVPP V 456，头骨带 M1–3（Young, 1927, pl. 2, figs. 32, 32a）。河南渑池杨绍村（Yuang shao-trun），下更新统三门系。

归入标本 IVPP RV 36335, RV 38059, CUGB V 93460–93462，破损下颌骨 7 段、臼齿 1 枚（北京周口店）。IVPP V 2566, V 25259，破损头骨 2 件（陕西蓝田、澄城）。IVPP V 2068, V 15479, V 15484, V 15485, V 15487, RV 30044，破损上、下颌骨 6 段，臼齿 33 枚（河北阳原、蔚县）。IVPP RV 27034–27036，破损头骨 3 件、颌骨 1 段（河南渑池）。IVPP V 376, V 382, V 11181, V 25260–25269, RV 27037, RV 35058–35059, RV 35061, RV 42035, IVPP Cat. C.L.G.S.C. Nos. C/44–47, TMNH H.H.P.H. M. 20.155, M. 20.158, M. 20.160, M. 20.162, M. 20.780, M. 20.791, M. 20.794, M. 20.796, M. 25.940, M. 39.620, M. 69.627，破损头骨 22 件、颌骨 20 段、牙齿 1 枚（山西静乐、保德、中阳、大宁、太谷、榆社、襄垣、垣曲、寿阳）。

鉴别特征 个体较 *Yangia trassaerti* 稍大。枕区凹陷深，臼齿 SA 尖角状。枕上突粗壮，但不完全与人字嵴两翼重叠。枕宽与枕高比率均值 142.51%。鼻骨铲形，适度向侧面和向前膨胀，后缘的缺刻呈倒 V 形，后端与颌 - 额缝线持平。额嵴较顶嵴粗壮，额嵴向后逐渐向中间移动，顶嵴则向后逐渐分开，矢状区后部宽度（17.5 mm）为眶间区宽（7.5 mm）的 233.33%。门齿孔与齿隙长比率均值 34.54%。M2 宽与长比率均值 60.69%。上臼齿列八字形排列，其 M1pd 与 M3pd 比率均值 73.13%。齿列中 M3 与 M2 长比率均值 78.85%，M3 与 M1–3 长比率均值 24.9%；m3 与 m2 长比率均值 86.84%，m3 与 m1–3 长比率均值 26.99%。

产地与层位 北京房山周口店（第九、十二地点，西洞），陕西蓝田泄湖、澄城西河，河北阳原下沙沟、洞沟、马圈沟、泥河湾以及蔚县大南沟，河南渑池杨坡岭、裴窝冲、杨绍村，山西静乐小红凹、保德火山、中阳许家坪、太谷仁义村、榆社多地、襄垣河村北沟、垣曲许家庙、寿阳羊头崖，下更新统泥河湾组或海眼组。

评注 *Yangia tingi* 是最早发现的凹枕型鼢鼠（Young, 1927），集中分布在晋、陕、豫、冀、京地区的早更新世地层。与大致分布于同一时期的 *Y. chaoyatseni* 相比，其个体略偏大，M2 的宽与长比率较小，即更加斜 ω 形。

赵氏杨氏鼢鼠 *Yangia chaoyatseni* (Teilhard de Chardin et Young, 1931)

（图 262）

Siphneus chaoyatseni：Teilhard de Chardin et Young, 1931, p. 24；Young, 1935a, p. 6；Teilhard de Chardin, 1942, p. 60；Teilhard de Chardin et Leroy, 1942, p. 28

Siphneus hsuchiapinensis：Teilhard de Chardin et Young, 1931, p. 25 (part)；Teilhard de Chardin et Leroy, 1942, p. 29 (part)

Myospalax chaoyatseni：计宏祥，1975，169 页；郑绍华，1976，115 页；Zheng et Li, 1990, Tab. 1；

　　Zheng et Han, 1991, p. 104

Myospalax chaoyatseni and *M. hsuchiapinensis* (part)：郑绍华等，1985b，128 页

Youngia trassaerti：郑绍华、张兆群，2000，插图 2；郑绍华、张兆群，2001，插图 3

正模　IVPP Cat.C.L.G.S.C. No. C/50，连左下颌骨的头骨。山西中阳许家坪（Loc. 17），下更新统红色土 B 带。

归入标本　IVPP V 385, V 388, V 389, V 17872–17899, V 25258, RV 42031, Cat. C.L.G.S.C. Nos. C/20, C/34, C/35, C/41, C/49, C/51, C/52, C/54, C/61 等，骨架 1 件、破损头骨 20 件、上下颌骨 25 段、白齿 3 枚（山西静乐、保德、中阳、大宁、隰县、寿阳、浮山、榆社、垣曲）。IVPP V 4769–4770, V 17900–17902, TMNH H.H.P.H. M. 25.897，破损头骨 1 件、上下颌骨 6 段、白齿 3 枚（甘肃合水、庆阳、灵台）。IGG QV10015–10018，破损头骨

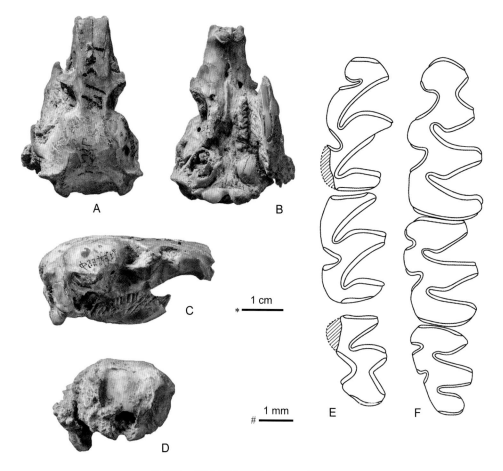

图 262　赵氏杨氏鼢鼠 *Yangia chaoyatseni*

A–E. 破损头骨及左白齿列（IVPP Cat. C.L.G.S.C. No. C/50，正模），F. 右 m1–3（IVPP V 388）；A. 顶面视，
B. 腹面视，C. 侧面视，D. 枕面视，E, F. 冠面视；比例尺：* - A–D，# - E, F（引自郑绍华等，待刊）

3 件、下颌骨 2 段（陕西洛川）。

鉴别特征　个体比丁氏鼢鼠约小 1/5，头骨相对短宽；矢状区凹陷较浅；眶间距较大；听泡较小；臼齿的 SA（或 sa）更加纵向挤压；下颌下缘更圆滑；升支更陡峭；门齿孔更长（门齿孔与齿隙长比率均值 36.03%）。上下颊齿 RA (ra) 端尖锐。鼻骨瓶状，其后缘缺刻倒 V 形，其后端与颌 - 额缝线持平。矢状区后宽（16.7 mm）约为眶间宽（7.5 mm）的 222.67%。枕宽与枕高比率均值 140.33%。上臼齿列呈八字形排列，其M1pd 与 M3pd 比率均值 75.12%。m1 浅的 lra3 外端与深的 bra2 内端相对。M2 宽与长的比率均值 64.94%；齿列中，M3 与 M2 长比率均值 79.26%，M3 与 M1–3 长比率均值25.43%；m3 与 m2 长比率均值 88.45%，m3 与 m1–3 长比率均值 26.17%。

产地与层位　山西中阳许家坪（Loc. 17）、静乐小红凹（Loc. 1）、保德火山、大宁下坡、午城、寿阳、浮山范村、吉县、榆社盆地、垣曲陕口村、甘肃合水金沟、庆阳、灵台文王沟、陕西洛川洞滩沟、拓家河水库溢洪道，下更新统。

评注　郑绍华等（1985b）推测凹枕型鼢鼠自上新世以来，从 *Myosiphneus praetingi*分化出了平行进化的东、西两支，即西部黄土堆积地区为 *M. intermedius* → *Yangia omegodon* → *Y. chaoyatseni* → "*Y. hsuchiapinensis*"；东部河湖相堆积地区为 *M. paratingi*→ *Y. trassaerti* → *Y. tingi* → *Y. epitingi*。郑绍华等（待刊）认为，这种平行演化的模式可能不合理，因为 *M. intermedius* 与 *M. paratingi* 应是同物异名；*Y. omegodon* 比 *Y. trassaerti*更原始；*Y. chaoyatseni*、*Y. tingi* 和 *Y. epitingi* 的性状更相近。凹枕型鼢鼠的晚期进化模式似乎应该为 *M. praetingi* → *M. intermedius*（= *paratingi*）→ *Y. omegodon* → *Y. trassaerti* → *Y. tingi* (or *chaoyatseni*) → *Y. epitingi* 更合理些。

原被作为 "*Siphneus hsuchiapinensis*" 的正型标本（Teilhard de Chardin et Young, 1931,Cat. C.L.G.S.C. No. C/34）与 *Yangia chaoyatseni* 产自同一地点、同一层位，郑绍华等（待刊）认为属于 *Yangia chaoyatseni* 的年轻个体，因此建议取消 "*M. hsuchiapinensis*" 种名。

后丁氏杨氏鼢鼠 *Yangia epitingi* (Teilhard de Chardin et Pei, 1941)

（图 263）

Siphneus cf. *fontanieri*：Teilhard de Chardin et Young, 1931, p. 18 (part)

Siphneus tingi：Young, 1935a, p. 32

Siphneus sp.：Young, 1934, p. 106

Siphneus epitingi：Teilhard de Chardin et Pei, 1941, p. 52；Teilhard de Chardin et Leroy, 1942, p. 29；
　　贾兰坡、翟人杰，1957，49 页

Myospalax epitingi：Kretzoi, 1961, p. 128；赵资奎、戴尔俭，1961，374 页；Zheng et Li, 1990, p. 435；
　　Zheng et Han, 1991, p. 103；Lawrence, 1991, p. 269

Myospalax tingi：周明镇、李传夔，1965，379 页；宗冠福，1981，174 页

正模 IVPP CP. 261，左侧颧弓破损头骨带左右 M1-3（Teilhard de Chardin et Pei, 1941, p. 53, fig. 40）。北京房山周口店（第十三地点），中更新统。

副模 IVPP CP. 263-267, RV 41152-41162, RV 41179-41181，破损头骨 31 件、下颌骨 27 段。产地与层位同正模。

归入标本 IVPP V 25276, Cat. C.L.G.S.C. No. C/C. 1777，破损下颌骨 2 段（北京周口店）。IVPP V 395, V 3156-3157，破损头骨 2 件、下颌骨 1 段（陕西蓝田、吴堡）。IVPP V 11182-11183, RV 35060, RV 35063，破损头骨 1 件，上、下颌骨 3 段（山西榆社、浮山）。IVPP V 25275，破损头骨 1 件（河南巩县）。

鉴别特征 属中最大型种。鼻骨倒瓶形，后缘缺刻呈倒 V 形，后端与颌 - 额缝线持

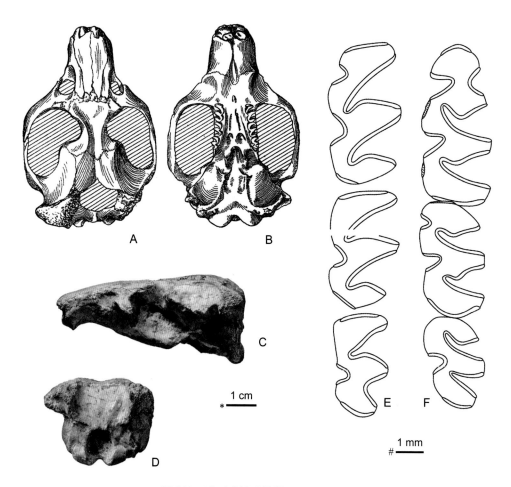

图 263 后丁氏杨氏鼢鼠 *Yangia epitingi*

A, B. 破损头骨（IVPP CP. 261，正模），C, D. 破损头骨（IVPP CP. 263），E. 左 M1-3（IVPP CP. 266），F. 右 m1-3（IVPP CP. 267，反转）；A. 顶面视，B. 腹面视，C. 侧面视，D. 枕面视，E, F. 冠面视；比例尺：
* - A–D，# - E, F（A, B 引自 Teilbard de Chardin et Pei, 1941；C–F 引自郑绍华等，待刊）

平或稍逾越。门齿孔与齿隙长比率均值 38.52%。矢状区后宽（24.4 mm）约为眶间区宽（9.3 mm）的 262.37%。枕上突极端粗壮，侧面几乎与人字嵴两翼重叠。枕宽与枕高比率均值 146.14%。上臼齿列呈八字形排列，其 M1pd 与 M3pd 比率均值 74.14%。M2 宽与长比率均值 60.09%。齿列中，M3 与 M2 长比率均值 79.73%，M3 与 M1–3 长比率均值 26.12%；m3 与 m2 长比率均值为 84.87%，m3 与 m1–3 长比率均值 26.12%。

产地与层位 北京房山周口店（第一地点），陕西蓝田陈家窝、吴堡石堆山、山西榆社（IVPP YS 83 地点）、浮山范村，河南巩县礼泉，中更新统下部；北京房山周口店（第十三地点），中更新统。

评注 Yangia epitingi 除个体较大外，臼齿形态很难与 Y. tingi 区分。周口店第一地点下颌骨中 m1–3 的长度比第十三地点的最大值还长，不排除其为一新种类的。

奥米加杨氏鼢鼠 *Yangia omegodon* (Teilhard de Chardin et Young, 1931)

（图 264）

Siphneus omegodon：Teilhard de Chardin et Young, 1931, p. 26；Teilhard de Chardin, 1942, p. 58；
    Teilhard de Chardin et Leroy, 1942, p. 29

Siphneus hsuchiapinensis：Teilhard de Chardin et Young, 1931, p. 25 (part)

Myospalax omegodon：郑绍华等，1985b，127 页；汪洪，1988，62 页；Zheng et Li, 1990, p. 433；
    Lawrence, 1991, p. 282

正模 IVPP Cat. C.L.G.S.C. No. C/31，保存较好的头骨，山西中阳许家坪（Loc. 17），下更新统红色土 A 带。

归入标本 IVPP V 18554，臼齿 30 枚（甘肃灵台）。IVPP V 378, Cat. C.L.G.S.C. Nos. C/32, C/39, IGG QV10011-12, NWU 83DL011–014，破损上、下颌骨 6 件，臼齿 4 枚（陕西府谷、洛川、大荔）。IVPP RV 42032–42034, Cat. C.L.G.S.C. Nos. C/33, C/36, C/37，破损头骨 3 件、下颌骨 3 段、臼齿 1 枚（山西保德、静乐、榆社）。IVPP V 15483，破损下颌骨 1 段、臼齿 1 枚（河北阳原、蔚县）。

鉴别特征 属中个体最小种。鼻骨呈倒瓶形，后缘缺刻呈倒 V 形，后端未超过颌 - 额缝线。矢枕区凹陷比 Yangia chaoyatseni 更光滑。眶后收缩不如属中其他种显著，矢状区后宽（17 mm）为眶间区宽（8.3 mm）的 204.82%。门齿孔与齿隙长比率均值 34.31%。枕宽与枕高比率均值 155.25%。上臼齿列呈八字形排列，其 M1pd 与 M3pd 比率均值 76.59%。上臼齿的 SA 圆滑，M2 和 M3 齿脊呈 ω 形。M2 宽与长比率均值 75.65%。齿列中 M3 与 M2 长比率均值 88.08%，M3 与 M1–3 长比率均值 25.90%；m3 与 m2 长比率均值 84.31%，m3 与 m1–3 长比率均值 27.20%。

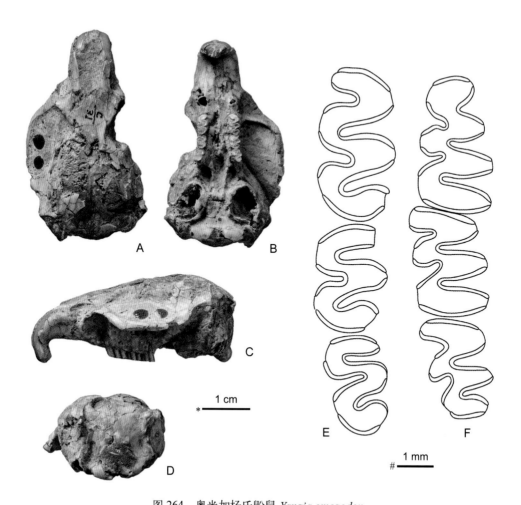

图 264 奥米加杨氏鼢鼠 *Yangia omegodon*

A–E. 破损头骨及右上臼齿列（IVPP Cat. C.L.G.S.C. No. C/31，正模，E 反转），F. 左 m1–3（IVPP Cat. C.L.G.S.C. No. C/36）：A. 顶面视，B. 腹面视，C. 侧面视，D. 枕面视，E, F. 冠面视；比例尺：* - A–D，# - E, F（引自郑绍华等，待刊）

产地与层位　山西中阳许家坪、保德火山、静乐高家崖、榆社，甘肃灵台文王沟（WL8、10、11 层），陕西府谷马营山和羌堡、洛川坡头沟、大荔后河，河北阳原洞沟、蔚县牛头山，上上新统（静乐红土）—下更新统（红色土 A 带）。

评注　归入该种的榆社材料（Teilhard de Chardin, 1942, fig. 41），虽然其上臼齿列具角棱状的 SA 以及较狭窄的 RA 而与正模略有不同，但 M2 的宽与长比率接近，可以归于同种。

Teilhard de Chardin 和 Young（1931）认为，该种白齿咀嚼面圆钝的 SA，头骨浅的矢枕凹是区别其他白齿无根鼢鼠的主要特征。根据此种 M2 的宽与长比率均值，郑绍华等（待刊）排列出 *Yangia* 属内各种 M2 从正 ω 形向斜 ω 形的演变：*Y. omegodon* → *Y. trassaerti* → *Y. chaoyatseni* → *Y. tingi* → *Y. epitingi*。此外，还认为 *Y. omegodon* 最为原始的性状还包括 m1 的 ac 之重心偏向舌侧、lra3 深且位于 bra2 之前。该形态只在 *Chardina*

和 *Mesosiphneus* 属见到（郑绍华，1997；刘丽萍等，2013）。因此，*Y. omegodon* 是最接近其祖先的种类。

汤氏杨氏鼢鼠 *Yangia trassaerti* (Teilhard de Chardin, 1942)

(图 265)

Siphneus trassaerti：Teilhard de Chardin, 1942, p. 62

Myospalax trassaerti：Kretzoi, 1961, p. 128；郑绍华、李传夔，1986，表 5；Zheng et Li, 1990, p. 435；Zheng et Han, 1991, p. 108；Flynn et al., 1991, Tab. 2；Lawrence, 1991, p. 269

Youngia trassaerti：Zheng, 1994, Tab. 1

正模 TMNH H.H.P.H. M. 20.786，头骨后部带左右 M1–3（Teilhard de Chardin, 1942, Fig. 43A）。榆社盆地，具体地点不详，榆社系上部（最可能是榆社 III 带）。

归入标本 IVPP V 11178–11180, RV 42036, TMNH H.H.P.H. M. 14.030, M. 20.779, M. 20.792，破损头骨 3 件、上下颌骨 3 段、白齿 4 枚（山西榆社）。IVPP V 15484，白齿

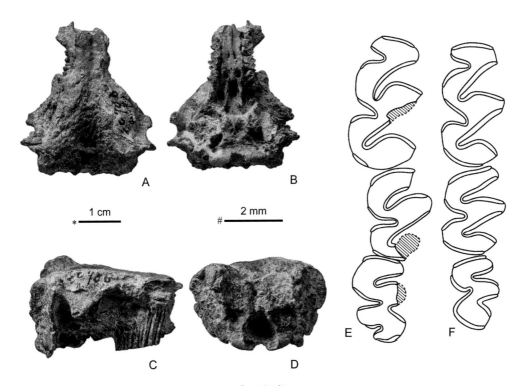

图 265 汤氏杨氏鼢鼠 *Yangia trassaerti*

A–E. 破损头骨及右上白齿列（TMNH H.H.P.H. M. 20.786，正模，E 反转），F. 右 M1–3（TMNH H.H.P.H. M. 20.792）：A. 顶面视，B. 腹面视，C. 侧面视，D. 枕面视，E, F. 冠面视；比例尺：* - A–D，# - E, F

（引自郑绍华等，待刊）

5 枚（河北阳原）。

鉴别特征　大小适度，矢状区后宽（17.4 mm）约为眶间区宽（8.3 mm）的210%，其比率较 *Yangia omegodon*（204.82%）略大，但比 *Y. chaoyatseni*（222.67%）、*Y. tingi*（233.33%）和 *Y. epitingi*（262.37%）均小。顶嵴不明显向外突出。枕上突粗壮，侧面不完全与人字嵴两翼重叠。枕宽与枕高比率133.66%为属中最小。上白齿齿列轻微不平行排列，其M1pd与M3pd比率75.68%。上白齿正 ω 形，M2宽与长比率均值70.42%，略小于 *Y. omegodon*（75.65%），但大于 *Y. chaoyatseni*（64.94%）、*Y. tingi*（60.69%）和 *Y. epitingi*（60.09%）。齿列中，M3与M2长比率均值87.88%，略小于 *Y. omegodon*（88.08%），但明显大于其他种类；M3与M1–3长比率均值26.12%。

产地与层位　山西榆社（IVPP YS 6、119、120等地点），下更新统海眼组；河北阳原化稍营、下沙沟，下更新统泥河湾组。

评注　*Yangia trassaerti* 头骨尺寸与 *Y. tingi* 的接近，但白齿齿脊形态与正 ω 形的 *Y. omegodon* 更相似；与 *Y. chaoyatseni* 的区别是较呈正 ω 形的齿脊和更加凹的矢状区（Teilhard de Chardin, 1942）。

后鼢鼠属　Genus *Episiphneus* Kretzoi, 1961

模式种　杨氏原鼢鼠 *Prosiphneus youngi* Teilhard de Chardin, 1940

鉴别特征　个体较小型的鼢鼠。人字嵴中央不中断。缺失间顶骨。鼻骨呈铲形，后缘缺刻横截状，后端与颌 - 额缝线持平。枕盾上缘与人字嵴持平。门齿孔与齿隙长比率均值45.03%。矢状区后宽（12.3 mm）为眶间宽（8.2 mm）的150.0%。白齿具牙根。上白齿齿列呈八字形排列，其M1pd与M3pd比率为75.76%。白齿高冠，齿脊近正 ω 形，M2的最大宽度在中叶处，前、后叶宽度近相等，其宽与长比率均值79.92%。齿列中，M3与M2长比率均值72.0%；M3与M1–3长比率均值23.09%；m3与m2长比率均值77.46%；m3与m1–3长度比率均值24.45%。m1的lra3较bra2浅。M1有或无LRA1。m1（均长3.68 mm）参数a、b、c、d、e分别为＞3.6、＞6.8、＞7.7、＞8.2、＞7.6。M1（均长3.30 mm）参数A、B、C、D分别为＞7.2、＞7.9、＞8.0、＞7.9。

中国已知种　仅 *Episiphneus youngi* 一种。

分布与时代　北京、河北、山西、山东，早更新世—中更新世。

评注　*Chardina sinensis* 曾被归入此属（Zheng, 1994），但郑绍华（1997）认为该种m1的lra3位置前于bra2，应属于凹枕型的 *Episiphneus*。郑绍华等（待刊）认为该属的起源与进化模式仍有待解决，但推断 *Episiphneus* 属是现生 *Myospalax* 属的直接祖先，有LRA1者为 *M. myospalax* 和 *M. psilurus* 的祖先，无LRA1者为 *M. aspalax* 的祖先。

杨氏后鼢鼠 *Episiphneus youngi* (Teilhard de Chardin, 1940)

(图 266)

Prosiphneus youngi：Teilhard de Chardin, 1940, p. 65；Teilhard de Chardin et Leroy, 1942, p. 28；
　　黄万波、关键，1983，图 5；Zheng et Li, 1990, p. 432；Zheng et Han, 1991, p. 102

Prosiphneus cf. *sinensis*：Young et Bien, 1936, p. 209

Prosiphneus cf. *youngi*：周晓元，1988，184 页

Prosiphneus pseudoarmandi：Teilhard de Chardin, 1940, p. 67；Teilhard de Chardin et Leroy, 1942,
　　p. 28；Zheng et Li, 1990, p. 432

Prosiphneus praetingi：Erbajeva et Alexeeva, 1997, p. 244

Prosiphneus cf. *praetingi*：Kawamura et Takai, 2009, p. 21

Prosiphneus sinensis：Teilhard de Chardin et Leroy, 1942, p. 28 (part)

Prosiphneus cf. *sinensis*：Teilhard de Chardin, 1940, p. 66

Prosiphneus sp.：王辉、金昌柱，1992，56 页

Episiphneus pseudoarmandi：Kretzoi, 1961, p. 127

?*Episiphneus* sp.：蔡保全等，2008，131 页

Myospalax youngi：Lawrence, 1991, p. 271

选模　IVPP CP.134，左 m1–3（见 Teilhard de Chardin, 1940, p. 66, fig. 40）。北京房山周口店（第十八地点或京西灰峪），下更新统。

副选模　IVPP CP.128–129, CP. 131–133, CP. 135–139，破损头骨 5 件、下颌骨 7 段。产地与层位同选模。

归入标本　IVPP V 6194–6195，破损上、下颌骨 2 段（北京怀柔）。IVPP V 15486，白齿 6 枚（河北阳原、蔚县）。IVPP V 8651–8154，破损下颌骨 4 段、白齿 2 枚（山西静乐）。IVPP RV 97022，破损下颌骨 2 段、白齿 1 枚（山东淄博）。

鉴别特征　同属。

产地与层位　北京房山周口店（第十八地点或京西灰峪），下更新统；北京怀柔龙牙洞，河北阳原马圈沟、蔚县东窑子头，山西静乐高家崖，山东淄博孙家山，下更新统—中更新统。

评注　根据白齿形状，俄罗斯外贝加尔地区晚上新世地点被 Kawamura 和 Takai (2009) 指定为 "*Prosiphneus* cf. *praetingi*" 的 *Episiphneus youngi*，可能属于目前已知的最早记录。据此郑绍华等（待刊）推断，平枕型白齿带根鼢鼠可能起源于西伯利亚，到第四纪初才扩散到中国华北及华东地区。

郑绍华（1997）指出，周口店第十八地点中的鼢鼠材料曾被指定过三种：即 Teilhard

de Chardin（1940）描述的"*Prosiphneus youngi*"和"*P. pseudoarmandi*"，Young 和 Bien（1936）记述的"*P.* cf. *sinensis*"，它们都应为 *E. youngi* 的同物异名，各自代表 *E. youngi* 不同年龄的个体。

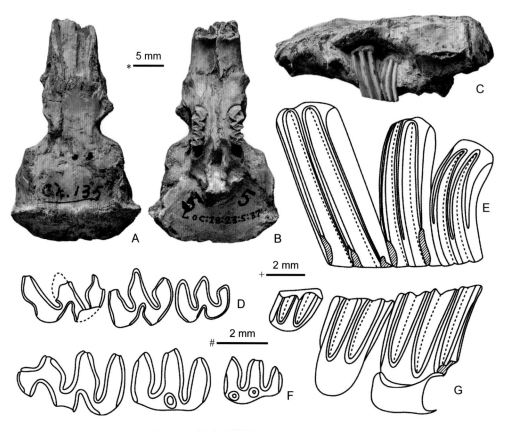

图 266　杨氏后鼢鼠 *Episiphneus youngi*

A–C. 破损头骨（IVPP CP. 135），D, E. 左 M1–3（IVPP CP. 131），F, G. 左 m1–3（IVPP CP. 134，选模）：
A. 顶面视，B. 腹面视，C. 侧面视，D, F. 冠面视，E. 颊侧视，G. 舌侧视；比例尺：* - A–C，# - D, F，+ - E，
G（引自郑绍华等，待刊）

鼢鼠属　Genus *Myospalax* Laxmann, 1769

模式种　盲鼠 *Mus myospalax* Laxmann, 1773

鉴别特征　鼻骨呈倒置葫芦形，后缘缺刻呈横切状或倒 V 形，后端不超过颌 - 额缝线。吻背部凹陷明显。额嵴间宽度大于或等于顶嵴间宽度。眶前孔腹侧狭窄。门齿孔只在前颌骨上。枕宽轻微大于枕高（宽与高比率明显小于鼢鼠类的其他属种）。臼齿无牙根。上臼齿齿列明显呈八字形排列。M1 具 1 个或 2 个 LRA。M2 正 ω 形；M3 与 M2 和 M3 与 M1–3 长比率以及 m3 与 m2 和 m3 与 m1–3 长比率比其他属都小；m1 前端有珐琅质层，其 lra3 通常很浅。

中国已知种 *Myospalax aspalax*, *M. propsilurus*, *M. psilurus*, *M. wongi*，共 4 种。

分布与时代 辽宁、吉林、内蒙古、河北、北京、河南、山东、山西，早更新世—现代。

评注 *Myotalpa* 和 *Siphneus* 均被认为是 *Myospalax* 的晚出异名。*Myospalax* 属既包含了现生的平枕型和凸枕型鼢鼠，也含有化石凹枕型鼢鼠（Allen，1938，1940；周明镇、李传夔，1965；Corbet et Hill，1991；谭邦杰，1992；黄文几等，1995；李华，2000；王应祥，2003）。当研究者认识到臼齿无根的凸枕型与平枕型鼢鼠的差别时，就将亚属 *Eospalax* Allen，1938-1940 提升为属（Kretzoi，1961；Musser et Carleton，2005；潘清华等，2007），将臼齿无根的凹枕型鼢鼠命名为 *Yangia* （Zheng，1997）。郑绍华等（待刊）认为，Lawrence（1991）将 *Myospalax* 属名用于所有化石和现生臼齿带根和不带根鼢鼠的观点不能客观反映鼢鼠自身的复杂形态类型，因此编者仅限定 *Myospalax* 为臼齿无根的平枕型鼢鼠。

草原鼢鼠 *Myospalax aspalax* (Pallas, 1776)
（图 267）

Siphneus armandi：Pei, 1940b, p. 51；Teilhard de Chardin et Leroy, 1942, p. 29

Myospalax armandi：周信学等，1984，153 页；金昌柱等，1984，317 页

Myospalax aspalax：Ellerman et Morrison-Scott, 1951, p. 652；陆有泉、李毅，1984，246 页；金昌柱等，1984，316 页；Corbet et Hill, 1991, p. 165；李华，2000，157 页；王应祥，2003，173 页；Musser et Carleton, 2005, p. 911

Myospalax armandi-aspalax-psilurus：陆有泉等，1986，155 页

Myospalax myospalax aspalax：谭邦杰，1992，278 页

Myospalax myospalax：黄文几等，1995，184 页

正模 现生标本，未指定。俄罗斯外贝加尔鄂嫩河附近的达乌里亚（Dauuria）。

归入标本 IVPP V 56102, RV 40152–40155, RV 40156–40160, CP. 54–55，破损头骨 15 件、下颌骨 8 段（北京周口店）。RSBBGJ JQ825-3，残破头骨 1 件（吉林前郭青头山）。内蒙古地矿局区调队编号 IIIL2937.83–86, 88，破损头骨 4 件、下颌骨 1 段（内蒙古巴林左旗）。

鉴别特征 鼻骨呈倒置葫芦形，后缘缺刻为横切的锯齿形，后端不超过颌 - 额缝线。额 - 顶嵴明显，彼此平行排列。枕中嵴发达。门齿孔只在前颌骨上，门齿孔与齿隙长比率均值 38.0%。M2 宽与长比率均值 68.69%。枕宽与枕高比率均值 127.7%。M1 缺失 LRA1 是区别于所有其他鼢鼠种类的特征。上臼齿齿列八字形排列在各类鼢鼠中最明显，其 M1pd 与 M3pd 比率均值最小（71.10%）。齿列中 M3 与 M2 长比率均值 70.22%，

M3 与 M1–3 长比率均值 22.36%；m3 与 m2 长比率均值 67.02%，m3 与 m1–3 长比率均值 22.40% 在各种鼢鼠中也是较小的。

产地与层位 北京房山周口店（山顶洞）、吉林前郭青山头、内蒙古巴林左旗迟家营子，上更新统。

评注 *Myospalax armandi* 被认为是 *M. aspalax* 的晚出异名。Musser 和 Carleton（2005）认为，产自西伯利亚的 *M. dybowskii*、*M. hangaicus*、*M. talpinus* 和 *M. zokor* 与 *M. aspalax* 都是同物异名。

在文献中，该种有时被作为 *M. myospalax* 的亚种 *M. m. aspalax*（Ellerman, 1941；谭邦杰，1992），但更多的是独立为种（Ellerman et Morrison-Scott, 1951；陆有泉、李毅，1984；金昌柱等，1984；Corbet et Hill, 1991；黄文几等，1995；李华，2000；王应祥，2003；Musser et Carleton, 2005）。

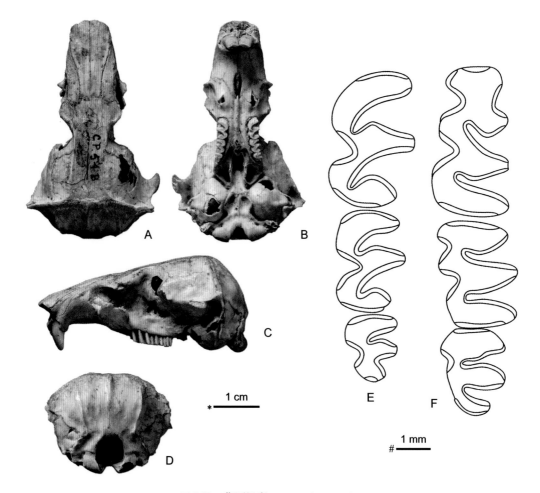

图 267 草原鼢鼠 *Myospalax aspalax*

A–E. 破损头骨及右臼齿列（IVPP CP. 54B），F. 左 m1–3（IVPP CP. 55A）；A. 顶面视，B. 腹面视，C. 侧面视，D. 枕面视，E, F. 冠面视；比例尺：* - A–D，# - E, F（引自郑绍华等，待刊）

原东北鼢鼠 *Myospalax propsilurus* Wang et Jin, 1992

（图 268）

正模 DLNHM DH 8992，残破头骨带完整臼齿列。辽宁大连海茂，下更新统裂隙堆积。

副模 DLNHM DH 8993–8994，较完整的上下颌骨 12 件、臼齿 50 枚。产地与层位同正模。

鉴别特征 个体比 *Myospalax psilurus* 小，齿冠珐琅质层较厚，M1 具 LRA1，M3 和 m3 后叶不很退化，m3 的 bra2 不明显。m1–3 均长 9.40 mm，M1–3 均长 8.95 mm。M2 宽与长比率 78.26%。齿列中，M3 与 M2 长比率均值 81.25%，M3 与 M1–3 长比率均值 24.69%；m3 与 m2 长比率均值 60.42%，m3 与 m1–3 长比率均值 21.71%。

评注 郑绍华等（待刊）认为，在个体大小和参数值上 *Myospalax propsilurus* 介于 *M. psilurus* 和 *E. youngi* 之间，因此在进化阶段上也可能介于这两者之间。

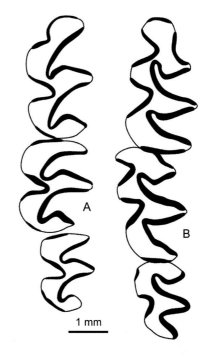

图 268 原东北鼢鼠 *Myospalax propsilurus*
A. 右 M1–3 （DLNHM DH 8992，正模，反转），
B. 左 m1–3 （DLNHM DH 8993.1）：冠面视（引自王辉、金昌柱，1992）

东北鼢鼠 *Myospalax psilurus* (Milne-Edwards, 1868–1874)

（图 269）

Siphneus epsilanus：Teilhard de Chardin et Leroy, 1942, p. 29；黄学诗、宗冠福，1973，212 页

Siphneus manchoucoreanus：Takai, 1938, p. 761 (part)

Myospalax epsilanus：Thomas, 1912, p. 94

Myospalax myospalax psilurus：Allen, 1938, 1940, p. 916

Myospalax psilurus psilurus and *M. p. epsilanus*：Ellerman, 1941, p. 547；王应祥，2003，173 页

Myospalax fontanieri：张镇洪等，1980，156 页

Myospalax cf. *psilurus*：金昌柱，1984，55 页

Myospalax myospalax：李华，2000，152 页（部分）

正模 不详，现生标本（北京南面砂质农田）。

归入标本 YKM M. 14，破损头骨 3 件、下颌骨 25 段（辽宁营口、本溪）。IVPP V 25270, RSBBGJ JQ825-07，残破头骨 2 件（吉林前郭、榆树）。IVPP RV 27038–27040，破损头骨 2 件、下颌骨 2 段（河北承德）。IVPP Cat. C.L.G.S.C. No. C/53，破损下颌骨 1 段（山西中阳）。IVPP V 6264，破损头骨 1 件、下颌骨 2 段（山东潍县、益都）。IVPP RV 27041，破损头骨 1 件（河南渑池）。IVPP RV 35062, TMNH H.H.P.H. M. 28.745, 28.753，破损头骨 2 件、下颌骨 1 段（山西寿阳、榆社）。IVPP V 25271–25272，破损头骨 1 件、下颌骨 2 段（地点不详）。

鉴别特征 鼻骨较长、宽梯形，后缘呈倒 V 形缺刻，后端未超过颌 - 额缝线水平。额 - 顶嵴显著，顶嵴前方有一外向突起。额嵴之间宽通常大于顶嵴之间宽。门齿孔只在前颌骨上，门齿孔与齿隙长比率均值 35.54%。枕宽与枕高比率均值 121.83%。M1 具显

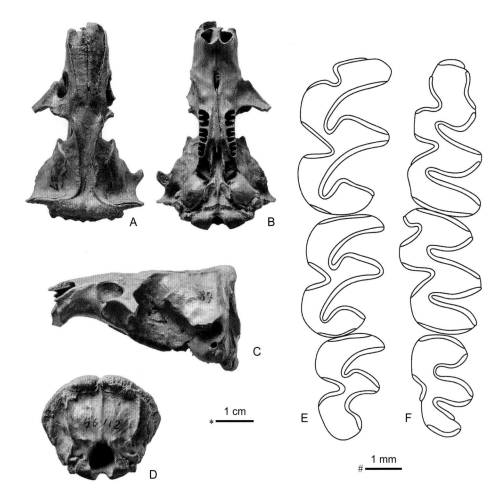

图 269　东北鼢鼠 *Myospalax psilurus*

A–D. 破损头骨 (IVPP V 25270)，E. 左 M1–3 (TMNH H.H.P.H. M. 28.745)，F. 右 m1–3 (IVPP RV 35062，反转)：A. 顶面视，B. 腹面视，C. 侧面视，D. 枕面视，E, F. 冠面视；比例尺：* - A–D，# - E, F（引自郑绍华等，待刊）

著的 LRA1 是区别于草原鼢鼠的主要特征。M2 齿脊斜 ω 形，宽与长比率均值 62.96%。上臼齿齿列呈显著的八字形排列，腭宽在 M1 处与在 M3 处比率均值 71.88%。齿列中，M3 与 M2 长比率均值 88.23%，M3 与 M1–3 长比率均值 28.0%；m3 与 m2 长比率均值 81.22%，m3 与 m1–3 长比率均值 25.64%。

产地与层位 辽宁营口金牛山、本溪湖旁，吉林前郭青山头、榆树周家油坊，河北承德围场（Loc. 62），山西中阳许家坪（Loc. 17），山东潍县武家村、益都西山，河南渑池四郎村（Loc. 101），山西寿阳（Loc. 20）、榆社等地，中更新统—全新统。

评注 关于 *Myospalax psilurus* 与 *M. myospalax* 的关系有两种观点：多数人认为系独立种（Allen，1938，1940；Ellerman，1941；Ellerman et Morrison-Scott，1951；Kretzoi，1961；Corbet et Hill，1991；Lawrence，1991；谭邦杰，1992；黄文几等，1995；王应祥，2003），少数人认为两者系同物异名（李华，2000；潘清华等，2007）。编者持前一种意见。

翁氏鼢鼠 *Myospalax wongi* (Young, 1934)
（图 270）

Siphneus cf. *cansus*：Teilhard de Chardin et Young，1931，p. 19 (part)

Siphneus wongi：Young，1934，p. 106；郑绍华等，1998，36 页

Siphneus cf. *wongi*：Pei，1936，p. 78

选 模 IVPP Cat. C.L.G.S.C. No. C/C. 1775，右下颌支带 m1–3 [杨钟健（Young，1934）建立该种时未指定正模，郑绍华等（待刊）选定该标本为正模]。北京房山周口店（第一地点），中更新统。

归入标本 IVPP Cat. C.L.G.S.C. No. C/86，破损头骨 1 件（山西大宁）。IVPP Cat. C.L.G.S.C. Nos. C/C. 1776，C/C. 2624–2625，V 26140 等，破损下颌骨 11 段（北京周口店）。IVPP V 1510，破损下颌骨 2 段（山东平邑）。

鉴别特征 鼻骨后缘缺刻呈横切状，后端未超过颌 - 额缝线。枕宽与枕高比率 131.79%。上臼齿齿列呈八字形排列，其 M1pd 与 M3pd 比率 74.63%。门齿孔与齿隙长比率 34.38%。M2 宽与长比率 69.23%。M1 缺失 LRA1。M1–3 长 8.5 mm，m1–3 长 9.58 mm。齿列中，M3 与 M2 长比率 65.38%，M3 与 M1–3 长比率 22.08%，m3 与 m2 长比率均值 66.57%，m3 与 m1–3 长比率均值 21.71%。

产地与层位 山西大宁下坡（Loc. 19），北京房山周口店（第一、第三、第十五地点），山东平邑小西山，中—上更新统。

评注 翁氏鼢鼠与草原鼢鼠的头骨、下颌骨及上下臼齿的形态十分相似。Young（1934）指出其差别是 *Myospalax wongi* 的 m1 只有 2 个 lra，m3 小，lra1 特别退化，齿脊

极为垂直于牙纵轴且前后强烈挤压，m2 和 m3 外壁平。然而这些差异可能属于同种间的个体差异，而非种间差异。因此，郑绍华等（待刊）认为，是否保留 *M. wongi* 这个种名还需进一步深入讨论。

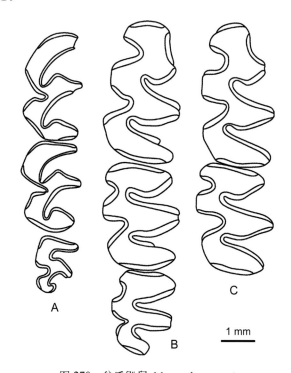

图 270　翁氏鼢鼠 *Myospalax wongi*

A. 右 M1–3（IVPP Cat. C.L.G.S.C. No. C/86，反转），B. 右 m1–3（IVPP Cat. C.L.G.S. C. No. C/C. 1775，选模，反转），C. 左 m1–2（IVPP V 26140.1）：冠面视（引自郑绍华等，待刊）

鼠科　Family Muridae Illiger, 1811

定义与分类　鼠科是哺乳动物啮齿类中分布最广且最多样化的一类动物。现生 Muridae，目前计有 125 属 570 种（Steppan, 2017），仅分布在旧大陆，最高度分化的地区在非洲、东南亚和澳大利亚；新大陆的鼠类则是由人类活动带入的。现生鼠类适应于各种生态环境，除一些水生种类外，大多数为陆栖，从严格的食草者至以食肉为主，从体重数克至数千克。中国现生鼠科动物计 17 属 52 种（王应祥，2003）。目前我国的化石鼠类有 31 属至少 72 种。

鼠科的头骨颧 - 咬结构为鼠型，下颌则为松鼠型。齿式：1•0•0•3/1•0•0•3。上白齿原尖（t5）和次尖（t8）的舌侧以及下白齿的下原尖（pd）和下次尖（hd）的颊侧一般都有附尖发育，形成了由三列纵向齿尖组成的白齿构造模式，图 271 为鼠科白齿构造模式图。

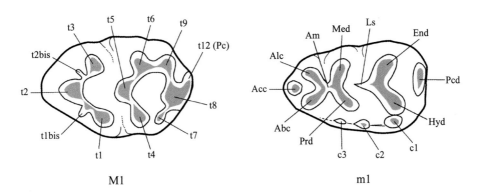

图 271 鼠科臼齿构造模式图

Abc. 颊侧下前边尖 (anterobuccal cusp), Acc. 下前中尖 (anterocentral cusp = tma), Alc. 舌侧下前边尖 (anterolingual cusp), Am. 下前小脊 (anterior mure), bis. 小附尖, c1-c2-c3. 下臼齿颊侧附尖 (buccal stylid for lower molar), End. 下内尖 (entoconid), Hyd. 下次尖 (hypoconid), Ls. 下纵脊 (longitudinal spur), Med. 下后尖 (metaconid), Pc. 后齿带尖 (posterior cingulum for upper molar), Pcd. 下后齿带尖 (posterior cingulum for lower molar), Prd. 下原尖 (protoconid), t1–t9, t12. 上臼齿齿尖 (cusp for upper molar) (依据 Jacobs, 1977；Musser, 1981；郑绍华，1993；邱铸鼎、李强，2016 综合而成)

注：在一些文章中，对鼠类上臼齿的描述仍采用 Cope-Osborn 的齿尖术语而不是 t1, t2, …, t12 描述。为方便读者，下面提供 M1 在两种描述系统中同源齿尖的对应名称（参阅 Jacobs, 1977）：

t1	anterostyle	前边附尖
t2	lingual anterocone	舌侧前边尖
t3	buccal anterocone	颊侧前边尖
t4	enterostyle	内附尖
t5	protocone	原尖
t6	paracone	前尖
t7	posterostyle	后边附尖
t8	hypocone	次尖
t9	metacone	后尖
t12	posterior cingulum	后齿带尖

关于鼠科的臼齿构造模式，有必要提及"皇冠型齿（stephanodonty）"概念。"stephanodonty"最初是 Schaub（1938）用来描述 *Apodemus* 的牙齿构造，即其 M1 的 t4、t5、t6、t9 和 t8 连接为连续的环，最完整的"stephanodonty"形式则是 t4 和 t8 也相连接。1976 年 Cordy 对定义做了补充和完善，即除上述连接外，M1 还具有 t1-t5 和 t3-t5 之间的纵向连接，因此咀嚼面由前后两个相连接的环组成；此外 Cordy 将"皇冠型齿"概念扩展到了具有纵脊的下臼齿。*Stephanomys* 被认为是最具典型皇冠型齿的属。t7 的概念需要澄清，编者赞同 Musser 和 Brothers（1994，p. 42）的观点：t7 是一个独立的游离齿尖，

不应将 t8 舌侧的脊描述为 t7，以免造成混乱。

关于鼠类的分类阶元，至今没有统一的意见。有学者称鼠科 Muridae，如 Freudenthal 和 Martín-Suárez（1999）以及大多数中国学者；也有学者，如 McKenna 和 Bell（1997）、Chaimanee（1998）、Musser 和 Carleton（2005）、Kimura 等（2013, 2015, 2017），采用鼠亚科 Murinae。本志书采纳鼠科的用法。

鼠科由仓鼠科（Cricetidae）演化而来，起源于南亚印度次大陆。发现在巴基斯坦北部 Potwar 中中新世（13.75 Ma）的 *Antemus chinjiensis*，是已知被发现的最早和最原始的鼠科化石（Jacobs, 1977, 1978；Jacobs et Downs, 1994；Flynn et al., in press）。在巴基斯坦西瓦利克（Siwalik）的连续地层中发现的一系列的鼠科化石（*Antemus chinjiensis*、*Progonomys* 或似 *Progonomys* 的属种），提供了鼠科演化的实证。Jacobs 在 1978 年就提出 *Karnimata* 和 *Progonomys* 是从 *Antemus* 演化而来。近年来 Kimura 等（2013, 2015, 2016, 2017）和 Flynn 等（in press）对保存在这一具有磁性测年数据的连续地层中的鼠类化石做了进一步的详尽研究，描绘和阐述了早期鼠类在印度次大陆这块半封闭的土地上多次分化和成种的时间与过程，从早期的种群内产生变异、分化出似 *Progonomys* 和 *Karnimata* 的分子至最终形成 *Progonomys* 和 *Karnimata*，同时还出现了 *Parapodemus* 属，这些属的初始分化和最终形成，也是现生鼠类的各个族（Murini + Apodemurini, Arvicanthini）的形成过程。此过程始于 11.2 Ma 前，完成于 10.5 Ma（Kimura et al., 2017），与此同时逐步向欧亚扩散。他们的研究成果与分子生物学的研究成果吻合（Lecompte et al., 2008；Steppan et Schenk, 2017）。Lecompte 等（2008）的时间树（timetree）表达鼠类基冠群的分化时间在 12 Ma 至 13 Ma 间（分子生物学推算的分化时间都早于化石出现的时间），Flynn 等（in press）推测鼠类基干类群向东南亚扩散的时间也是在这个时期。

自晚中新世至上新世末，在欧亚大陆，鼠科在啮齿类动物群中占据了很重要的地位，是这段地史时期陆相地层对比不可或缺的重要古生物门类之一。中国已知最早的鼠科动物化石是陕西蓝田晚中新世灞河期的 *Progonomys sinensis*，估计的地质年龄为 9.95–8.71 Ma（Kaakinen, 2005）。我国鼠科化石的研究，在 20 世纪 80 年代以前少有涉及，仅有杨钟健（Young, 1932, 1934, 1935b）、杨钟健和刘东生（Young et Liu, 1950）、裴文中（Pei, 1931, 1935, 1936, 1940a, b）和 Teilhard de Chardin（1940）对周口店、重庆盐井沟和江苏丹阳等地的第四纪鼠类，以及 Schlosser（1924）和 Schaub（1938）对内蒙古新近纪鼠类的记述。20 世纪 80 年代后随着小哺乳动物化石采集技术提高，以及国家对基础科学研究经费的大力度投入，包括鼠类在内的小哺乳动物化石的研究得到长足的发展。新近纪的鼠类研究主要围绕内蒙古中部（Storch, 1987；Qiu et Storch, 2000；邱铸鼎、李强，2016），云南禄丰、元谋（Qiu et Storch, 1990；Storch et Ni, 2002；Ni et Qiu, 2002），山西（Jacobs et Li, 1982；周晓元，1988；吴文裕、Flynn, 1992；Wu et al., 2017），陕西蓝田（邱铸鼎等，2004），甘肃灵台和青藏高原（崔宁，2003；Li et Wang, 2014）的化石发现展开；第四纪则以川黔、湖北和安徽繁昌（郑绍华，1993，2004；金昌柱等，2009；王元等，2010）、河北泥河湾一带发现的新近纪晚期和第四纪的丰富材料为主（蔡保全，1987；蔡保全、邱铸鼎，1993；蔡保全等，2004；郑绍华等，2006）。这里必须提及的是美国自然历史博物馆的 G. G. Musser 对于亚洲现生鼠类一系列的详实研究报告，包括外部形态、头骨和牙齿特征以及染色体对比等内容，是研究我国第四纪鼠类化石不可或缺的资料。

系统分类不应是仅基于形态特征或形态特征的组合，而应基于系统发育关系，但生物界中复杂的平行演化和趋同演化现象成为反映"真实"分类的障碍。至今，对于分化多样和地理隔绝的一些啮齿类化石类群的分类学研究，包括鼠科在内，仅仅是依据相似的形态特征。尽管 30 多年来由于动物系统分类学家、古生物学家和分子分类学家的努力，关于鼠科的研究已经取得了很大的进步，但是要搞清棘手的鼠科分类、系统发育、系统分类以及复杂的演化史还任重道远，需要进一步加强多学科的综合研究，包括古脊椎动物学、现代系统动物学、生物地理学和分子生物学的研究。古脊椎动物学不应只局限于牙齿的研究，应加强头部和头后骨骼的研究；系统动物学在做形态解剖研究的同时应加强线粒体和核 DNA 研究。

评注　对于安徽繁昌人字洞早更新世和阳原 - 蔚县晚上新世的 *Saidomys* sp.（蔡保全、邱铸鼎，1993；金昌柱等，2009），在观察对比了非洲的标本模型和有关文献（James et Slaughter, 1974；Sen, 1983；Chaimanee, 1998）后，编者认为不应归入 *Saidomys* 属，但对其归属，必须在详尽研究后才能做出正确的判断，因此本志没有将其收录在内。本志对一些属的模式种的确认源自于 Thomas（1911e），关于一些属种的中文名称参阅了王酉之（1984）、黄文几等（1995）、谭邦杰（1992）和王应祥（2003）文献。

志书中记载了一些归入现生属种的第四纪鼠科化石，为了便于读者的参考对比，编者在有关种的图版中引入了该属种现生标本的图片，并在图版的说明中标注有"引用标本"字样。

原裔鼠属 Genus *Progonomys* Schaub, 1938

模式种　卡氏原裔鼠 *Progonomys cathalai* Schaub, 1938（法国 Montredon，晚中新世早期）

鉴别特征　牙齿稍大于现生小家鼠 *Mus musculus*。臼齿纤长。齿尖之间不具纵向脊。M1 近椭圆形，t1 前位，不具 t1bis，t4 以发育的脊与 t5 连接、并以一低脊与 t8 相连，该低脊从不形成 t7。上臼齿的 t6 和 t9 通常分离，M1、M2 有明显的 t12。m1 的 Acc（亦称 tma）缺失或不很发育，除磨蚀很深的标本外，m1 上连接下前边尖与下后尖的脊或有或无。上臼齿三齿根（单一的舌侧齿根）。m1 具两主根和一小的中央根。

中国已知种 *Progonomys shalaensis* 和 *P. sinensis* 两种。

分布与时代 内蒙古、陕西，晚中新世（灞河期）。

评注 *Progonomys* 的模式种 *Progonomys cathalai* 产自法国 Montredon，时代为晚中新世早期（MN 10）。至今已发现的 *Progonomys* 种有 9 个，分布于南亚、西亚、中欧、西欧和中国。巴基斯坦 Potwar 的 Jalalpur 的 *P. hussaini* 和 *P. morganae* 是出现最早（10.5 Ma）的种，之后向欧洲和中国扩散，欧洲最早的 *P. cathalai* 和中国最早的 *P. sinensis* 可能是 *P. hussaini* 的后裔（Kimura et al., 2017）。

沙拉原裔鼠 *Progonomys shalaensis* Qiu et Li, 2016

（图 272）

正模 IVPP V 19924，右 M1。内蒙古苏尼特右旗沙拉（IM 9610 地点），上中新统（灞河期）。

鉴别特征 较 *Progonomys sinensis* 小（位于后者尺寸范围之外），M1 冠面较窄长，齿冠较低，齿尖稍弱。t1 和 t3 无后刺，无 t1bis，t12 明显但不很发育。

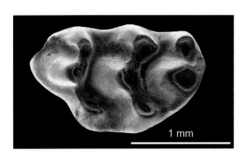

图 272 沙拉原裔鼠 *Progonomys shalaensis*
右 M1（IVPP V 19924，正模，反转）：冠面视
（引自邱铸鼎、李强，2016）

评注 沙拉标本的形态和尺寸落入模式种 *Progonomys cathalai* 的变异范围之内，小于 *P. sinensis*。由于其齿冠略低，齿尖稍弱，没有纵向齿脊和 t1bis 的痕迹，t6 与 t9 明显分开，沙拉标本的牙齿形态似乎具有比中华原裔鼠更原始的性状，可能代表与其有差异的一种。由于该种仅建立于一枚 M1 的基础上，对于种的有效性及其系统发育关系问题的解决尚需发现更多的标本。

中华原裔鼠 *Progonomys sinensis* Qiu, Zheng et Zhang, 2004

（图 273）

Progonomys cf. *P. cathalai*：张兆群等，2002，171 页（部分）；Qiu et al., 2003, p. 446 (part)

正模 IVPP V 13717，右 M1。陕西蓝田灞河（IVPP 19 地点），上中新统灞河组（灞河期）。

副模 IVPP V 13718.1–60，60 枚臼齿。产地与层位同正模。

归入标本 IVPP V 13718.61–75，15 枚臼齿（陕西蓝田）。

鉴别特征 尺寸通常大于 *Progonomys cathalai* 和 *P. hussaini*；下臼齿的颊侧齿带和附尖很弱；有 2/3 的 m1 具有一很小的 Acc；M1 的 t1 和 t3 偶见后刺，在个别的 m1 中有一短的 Ls；臼齿的尺寸落入 *P. woelferi* 的变异范围内，但 t6 与 t9 间的连接不及在后者中常见，t12 较为明显。

产地与层位 陕西蓝田灞河（IVPP 12、13、19、38 地点），上中新统灞河组（灞河期）。

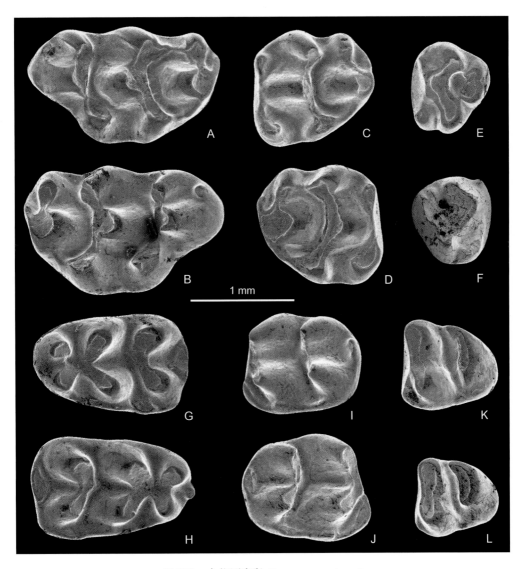

图 273　中华原鼠 *Progonomys sinensis*

A. 左 M1 (IVPP V 13718. 1)，B. 右 M1 (IVPP V 13717，正模)，C. 左 M2 (IVPP V 13718. 4)，D. 右 M2 (IVPP V 13718. 5)，E. 左 M3 (IVPP V 13718. 6)，F. 右 M3 (IVPP V 13718. 7)，G. 左 m1 (IVPP V 13718. 8)，H. 右 m1 (IVPP V 13718. 9)，I. 左 m2 (IVPP V 13718. 11)，J. 右 m2 (IVPP V 13718. 12)，K. 左 m3 (IVPP V 13718. 13)，L. 左 m3 (IVPP V 13718. 14)：冠面视

评注　该种是我国现知鼠科动物中出现时间最早的种。邱铸鼎等（2004）将产化石层位的时代置于晚中新世早期，相当欧洲 Vallesian 晚期或 MN 10。Kimura 等（2017）的新研究成果认为 *Progonomys sinensis* 与巴基斯坦的 *P. hussaini* 的演化阶段大致相当，后者是 *P. sinensis* 和 *P. cathalai* 的祖先。*P. hussaini* 的模式地点的古地磁测年为 10.5–10.1 Ma（Kimura et al., 2017），与 Cheema 等 2000 年的生物年代学的年龄估算 11–10 Ma 吻合，而 *P. sinensis* 的以古地磁估算的地质年龄为 9.95–8.71 Ma（Kaakinen, 2005）。

建种者原将 IVPP V 13718.61–75 标本也指定为副模，由于标本不是产自模式地点，应将其作为归入标本；正模应为右 M1，而非左 M1。

产于灞河组较上部层位不能鉴定的属种 Muridae gen. et sp. indet.，标本量小，牙齿形态与 *Progonomys sinensis* 的相似，但具较进步特征，很可能与其有较近的亲缘关系。

许氏鼠属 Genus *Huerzelerimys* Mein, Martin Suárez et Agustí, 1993

模式种　维雷氏副姬鼠 *Parapodemus vireti* Schaub, 1938

鉴别特征　接近或小于现生的 *Rattus rattus*；臼齿齿尖间发育有弱的纵向齿脊。上臼齿无 t7，但 t4 与 t8 间有弱脊连接。M1 和 M2 具发育的 t9 和 t12，在 50% 的标本中 t6 和 t9 相接；M3 没有 t9。M1 可能有 4 个齿根。m1 的 Acc 小，其下前边尖对与下原尖 - 下后尖对之间有齿脊相连，三齿根，颊侧齿带中度发育。

中国已知种　仅 *Huerzelerimys exiguus* 一种。

分布与时代　青海，晚中新世（灞河期）。

评注　2008 年 *Huerzelerimys exiguus* 在中国被发现之前，该属仅分布于欧洲，有 4 个种。目前认为 *Huerzelerimys* 属从 *Progonomys* 演化而来，其演化趋势主要表现为：个体增大；M1 的 t1 前移，t4 与 t8 以及 t6 与 t9 间的联结逐渐加强，t12 渐弱；m1 的 Acc 和颊侧齿带渐趋发育（Freudenthal et Martin Suárez, 1999）。

细弱许氏鼠 *Huerzelerimys exiguus* Qiu et Li, 2008
（图 274）

正模　IVPP V 15466，左 M1。青海德令哈深沟，上中新统上油砂山组。

副模　IVPP V 15467，破碎的下颌骨 1 件、臼齿 39 枚。产地与层位同正模。

鉴别特征　小于 *Huerzelerimys minor*。M1 的 t1 较后位，超过 50% 的标本中 t6–t9 间有弱脊连接；m1 和 m2 的颊侧齿带窄，附尖弱。

评注　*Huerzelerimys exiguus* 的特征表明它是属内最原始的种。

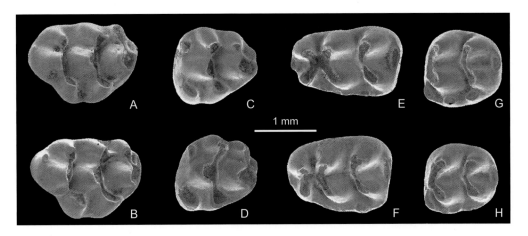

图 274　细弱许氏鼠 *Huerzelerimys exiguus*

A. 左 M1 (IVPP V 15466，正模)，B. 左 M1 (IVPP V 15467.1)，C. 右 M2 (IVPP V 15467.3，反转)，D. 右 M2 (IVPP V 15467.4，反转)，E. 右 m1 (IVPP V 15467.5，反转)，F. 右 m1 (IVPP V 15467.6，反转)，G. 右 m2 (IVPP V 15467.8，反转)，H. 右 m2 (IVPP V 15467.9，反转)：冠面视（引自邱铸鼎、李强，2008）

柴达木鼠属 Genus *Qaidamomys* Li et Wang, 2014

模式种　傅氏柴达木鼠 *Qaidamomys fortelii* Li et Wang, 2014

鉴别特征　体大，臼齿高冠、齿尖粗壮。M1 具有完全的"皇冠型构造"，M2 为不完全"皇冠型"齿 (t6 不与 t9 相连)；M1 和 M2 具有清晰的脊形 t7，t1 总以一粗脊连接 t5；M1 的 t3 具有发育的后刺；M2 和 M3 都具 t3；M3 有相当发育的 t9；M1-3 都具发育的 t12。下臼齿的颊侧附尖很发育，但无 Ls；m1 的 Acc 发育、单一或成双，舌侧下前边尖与下后尖间有脊相连；m2 和 m3 都有发育的下前边尖；m1 和 m2 的 Pcd 发育，呈舌 - 颊向伸展的似椭圆形。

中国已知种　仅模式种。

分布与时代　青海，晚中新世（灞河期）。

评注　*Qaidamomys* 的形态与目前已知的属差异较大，建属者认为 *Qaidamomys* 兼具 *Occitanomys* 和 *Apodemus* 类群的特征，但其起源以及与其他属种间的关系尚不清楚，它有可能是早期从鼠类的干类群衍生而来。

傅氏柴达木鼠 *Qaidamomys fortelii* Li et Wang, 2014

（图 275）

正模　IVPP V 18853，同一个体的上颌骨带近于完整的左右上臼齿列、左下颌带门齿和 m1-3，以及右下颌带 m1-2。青海俄博梁 III 背斜 (IVPP CD 08108 地点)，上中新统上油砂山组。

副模　IVPP V 18854，不完整下颌骨两件。产地与层位同正模。

鉴别特征　同属。

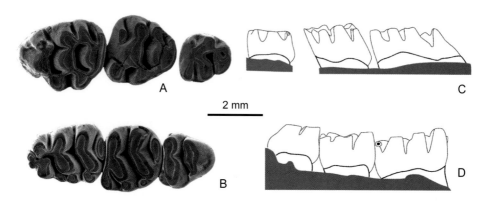

图 275　傅氏柴达木鼠 *Qaidamomys fortelii*

同一个体的左上、下齿列（IVPP V 18853, 正模）；A, C. 左 M1–3, B, D. 左 m1–3：A, B. 冠面视, C. 颊侧视, D. 舌侧视（引自 Li et Wang, 2014）

汉斯鼠属 Genus *Hansdebruijnia* Storch et Dahlmann, 1995

模式种　中性西方鼠 *Occitanomys neutrum* de Bruijn, 1976（希腊 Chomateri，晚中新世）

鉴别特征　体小。臼齿低冠，具弱至较明显的"皇冠型构造"；M1 的 t1 与 t5 间以及 t3 与 t5 间的连接缺失、低弱或较发育。M1 的 t1bis 缺失或弱。M1 和 M2 具有发育的脊状 t12。m1 的 Acc 弱至清晰，c1 与 c2 通常较发育；m1–m3 有 Ls，但发育程度不同。

中国已知种　*Hansdebruijnia perpusilla* 和 *H. pusilla* 两种。

分布与时代　内蒙古、甘肃，晚中新世（保德期）—? 早上新世。

评注　*Hansdebruijnia* 原是 Storch 和 Dahlmann（1995）依据希腊 Chomateri 晚中新世的 *Occitanomys neutrum* de Bruijn, 1976 建立的 *Occitanomys* 属下的亚属，当时仅包括 neutrum 一个种。Storch 和 Ni（2002）在记述内蒙古宝格达乌拉的 *H. perpusilla* 时将 *Hansdebruijnia* 提升至属级阶元，并包括了 *Hansdebruijnia pusilla*、*H. neutrum* 和 *H. perpusilla* 三个种，属的鉴别特征也随之被修正。*Hansdebruijnia* 与 *Occitanomys* 的主要区别在于其臼齿的"皇冠型构造"不及后者的发育。

微小汉斯鼠 *Hansdebruijnia perpusilla* Storch et Ni, 2002

（图 276）

正模　IVPP V 13075.1，右 M1。内蒙古阿巴嘎旗宝格达乌拉（IM 0702 地点），上中新统宝格达乌拉组。

副模 IVPP V 13075.2–4，臼齿 7 枚。产地与层位同正模。

地模 IVPP V 19925，臼齿 28 枚。

归入标本 IVPP V 19926，臼齿 3 枚（内蒙古阿巴嘎旗）。

鉴别特征 牙齿尺寸比 *Hansdebruijnia pusilla* 和 *H. neutrum* 的小。齿尖和齿脊较纤细。M1 相对狭长；臼齿的"皇冠型构造"不发育：M1 的 t1 和 t3 不具有与 t5 连接的齿脊，t6 和 t9 间没有或只有很低弱的脊相连；m1 的 Acc 小或不清晰，下纵脊不发育、向前从不伸至下原尖 - 下后尖脊列。

产地与层位 内蒙古阿巴嘎旗宝格达乌拉（IVPP IM 0702、0703 地点），上中新统宝格达乌拉组。

评注 据 Storch 和 Ni（2002）研究，在 *Hansdebruijnia pusilla* 和 *H. neutrum* 中，即便是未经磨蚀的牙齿 t6 和 t9 也总是连接的。

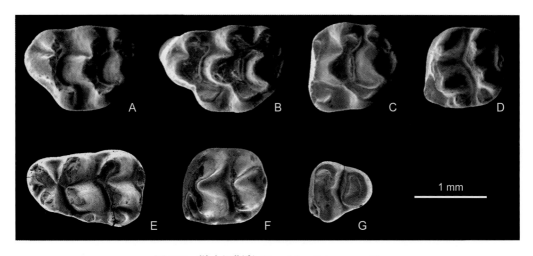

图 276　微小汉斯鼠 *Hansdebruijnia perpusilla*

A. 右 M1（IVPP V 13075.1，正模，反转），B. 左 M1（IVPP V 13075.2），C. 左 M2（IVPP V 13075.3），D. 左 m2（IVPP V 13075.4），E. 左 m1（IVPP V 19925.4），F. 右 m2（IVPP V 19925.7，反转），G. 右 m3（IVPP V 19925.9，反转）：冠面视（A–D 引自 Storch et Ni, 2002；E–G 引自邱铸鼎、李强，2016）

小汉斯鼠 *Hansdebruijnia pusilla* (Schaub, 1938)

（图 277）

Stephanomys? *pusillus*：Schaub, 1938, p. 29

Stephanomys pusillus：Misonne, 1969, p. 90

Orientalomys pusillus：de Bruijn et van der Meulen, 1975, p. 317

"*Stephanomys*" ? *pusillus*：Fahlbusch et al., 1983, p. 222

Occitanomys pusillus：Storch, 1987, p. 413；Qiu et Qiu, 1995, p. 65；张兆群、郑绍华，2001，57 页

正模　MEUU 104-M. 372，带有 m2 和 m3 的不完整左下颌骨。内蒙古化德二登图 1，上中新统二登图组（保德期）。

归入标本　IVPP V 8473–8474, V 19927–19930，破碎头骨 3 件，上、下颌骨碎块 77 件，白齿 665 枚（内蒙古中部地区）。

鉴别特征　牙齿尺寸比 *Hansdebruijnia perpusilla* 的大。M1 的 t1bis 通常缺如，t12 明显。"皇冠型构造"发育：在 M1 上，t1 和 t4 通常以一短脊分别在低处与 t5 和 t8 连接，约三分之二的标本上 t3 与 t5 相连，三分之一的标本中 t3 有后刺，t6 和 t9 间总有齿脊连接；m1 的 Acc 明显，Ls 向前伸至下原尖 - 下后尖脊，颊侧齿带发育，总有 c1 和 c2。M2 的 t3 通常为脊形。

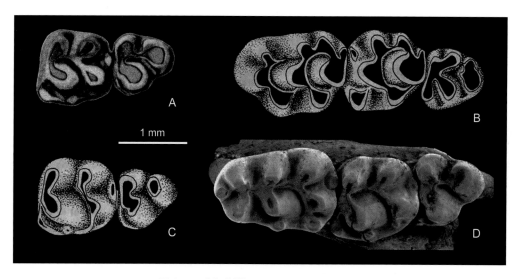

图 277　小汉斯鼠 *Hansdebruijnia pusilla*

A. 左 m2–3（MEUU 104-M. 372，正模），B. 左 M1–3（IVPP V 8473），C. 左 m2–3（IVPP V 8473），D. 不完整左下颌骨上的 m1–3（IVPP V 19930.1）：冠面视（A 引自 Schaub, 1938；B, C 引自 Storch, 1987；D 引自邱铸鼎、李强，2016）

产地与层位　内蒙古苏尼特左旗巴伦哈拉根、必鲁图，阿巴嘎旗宝格达乌拉（IVPP IM 0709、0902 地点），化德二登图、哈尔鄂博，上中新统—? 下上新统。

评注　Storch（1987）在研究了采自二登图 2 地点的丰富材料之后，将 Schaub（1938）建立的 *Stephanomys? pusillus* 归入 *Occitanomys* 属；Storch 和 Ni（2002）又将该种置于 Storch 和 Dahlmann（1995）建立的 *Hansdebruijnia* 属。

Hansdebruijnia perpusilla 是该属中最原始的种，*H. pusilla* 的牙齿形态与其很相似，两者各产自上、下不同层位，后者可能从前者演化而来。在演化过程中，白齿演化的

趋势是齿冠逐渐增大、变宽，齿尖渐趋粗壮，M1 的 t1 和 t3 的后刺加长、t6 与 t9 间的连接增强，m1 的 Acc 变大、并同时抑制舌侧下前边尖向前颊侧延伸，以及 m1 和 m2 的 Ls 渐趋发育和前伸。这一支系的演化方向，或许代表亚洲"皇冠型"鼠类总的演化趋势。

甘肃灵台有 *Occitanomys pusillus* 的发现（张兆群、郑绍华，2001），但尚未见详细的描述，材料可能归入该种。

戴氏鼠属 Genus *Tedfordomys* Wu, Flynn et Qiu, 2017

模式种 晋戴氏鼠 *Tedfordomys jinensis* Wu, Flynn et Qiu, 2017

鉴别特征 小型低冠齿鼠。齿尖倾伏，齿尖间无纵向脊连接。M1 的 t1 较 *Mus* 的前位，M1 和 M2 的 t1 和 t3 不具后刺，t7 缺失；t4 与 t8 低连接，在 M1 上偶尔呈脊状；t6 和 t9 间无连接，t12 呈不发育的低脊状。M1 具有 3 个齿根和中间小根，M2 四齿根。下臼齿的颊侧齿尖与舌侧齿尖间的交角小（锐角）；m1 的 Acc、Am 及 Ls 均缺失或低；m1 和 m2 的颊侧附尖不发育，组成低窄的齿带状脊，有时具小的 c1 和 c2；Pcd 呈横向延伸的脊或为卵圆形齿尖；m1 双齿根，无中央小齿根。

中国已知种 仅模式种。

分布与时代 山西，晚中新世。

评注 该属的齿冠形态与 *Progonomys* 最为接近：臼齿纤弱、纵脊弱，M1 和 M2 缺失 t7，t6 不与 t9 连接，m1 的 Acc 缺失或弱，下前小脊弱；然而 *Tedfordomys* 上臼齿的 t12 弱，M2 具 4 个齿根，m1 的颊侧附尖较小，以及下次尖与下原尖之间的交角较小。两属之间可能有较近的系统发育关系。

晋戴氏鼠 *Tedfordomys jinensis* Wu, Flynn et Qiu, 2017

（图 278）

正模 IVPP V 11336.24，左 M1。山西榆社谭村盆地（IVPP YS 145 地点），上中新统高庄组底部。

副模 IVPP V 11336.1–23, 25, 26，下颌碎块 1 件、臼齿 25 枚。产地与层位同正模。

归入标本 IVPP V 8867, V 11337–11338，臼齿 3 枚（山西榆社）。

鉴别特征 同属。

产地与层位 山西榆社云簇盆地（IVPP YS 8 地点）、谭村盆地（IVPP YS 141、145 地点），上中新统马会组、高庄组底部。

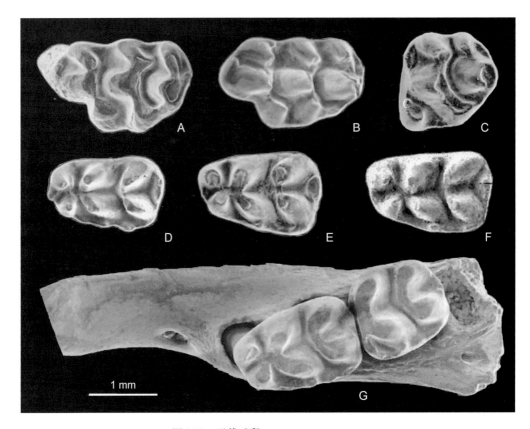

图 278 晋戴氏鼠 *Tedfordomys jinensis*
A. 右 M1（IVPP V 11336.26，反转），B. 左 M1（IVPP V 11336.24，正模），C. 左 M2（IVPP V 11336.19），
D. 左 m1（IVPP V 11336.3），E. 左 m1（IVPP V 11336.2），F. 右 m1（IVPP V 8867，反转），G. 右 m1–2
（IVPP V 11336.8，反转）；冠面视（引自 Wu et al., 2017）

林鼠属 Genus *Linomys* Storch et Ni, 2002

模式种 云南原裔鼠 *Progonomys yunnanensis* Qiu et Storch, 1990

鉴别特征 尺寸小，齿尖较粗壮。M1 和 M2 的 t9 与 t6 较近但从不以脊相连，t4 与 t8 以一粗壮的脊相连，t12 总是很发育；约 20% 的 M1 具有小的 t7，多于 2/3 的 M1 的 t3 具有后刺。半数以上的 m1 拥有发育的 Acc，下臼齿常有 Ls。

中国已知种 仅模式种。

分布与时代 云南，晚中新世（保德期）。

评注 鉴于该种 M1 的 t4 与 t8 之间具粗壮的脊并间或有雏形的 t7，m1 常见发育的 Acc，Storch 和 Ni（2002）认为 Qiu 和 Storch（1990）将其归入 *Progonomys* 与属征不符，并另建新属 *Linomys*。该属以 M1 和 M2 的 t6 与 t9 不相连接区别于 *Apodemus* 和 *Parapodemus*；以不很粗壮的齿尖、仅部分 M1 具有雏形的 t7、M1 和 M2 齿冠面较窄等性状不同于 *Yunomys*。*Linomys* 应是亚洲的一个土著鼠属。

云南林鼠 *Linomys yunnanensis* (Qiu et Storch, 1990)

（图 279）

Mus? sp., *Parapodemus* sp. & Muridae gen. et sp. indet.：邱铸鼎等，1985，20 页

Progonomys yunnanensis：Qiu et Storch, 1990, p. 467

"*Progonomys*" *yunnanensis*：Ni et Qiu, 2002, p. 538

正模 IVPP V 9493，左 M1。云南禄丰石灰坝，上中新统石灰坝组第 V 层。

副模 IVPP V 9494，269 枚臼齿。云南禄丰石灰坝，上中新统石灰坝组第 I–VI 层。

归入标本 IVPP V 13120，臼齿 54 枚（云南元谋）。

鉴别特征 同属。

产地与层位 云南禄丰石灰坝，上中新统石灰坝组；元谋雷老，上中新统小河组。

评注 Ni 和 Qiu（2002）以及 Storch 和 Ni（2002）对禄丰石灰坝和元谋雷老的标本研究显示，元谋雷老的居群较禄丰石灰坝居群稍原始。表现在 M1 和 M2 都不具有 t7，M1 的 t6 与 t9 相距较宽，m1 的 Ls 缺失或很弱。这两个居群有可能属于同一演化支系，Storch 和 Ni（2002）暂将其置于同一个种内，有待以后进一步研究。

该种在石灰坝组的第 I–VI 层内都有产出。原作者将正模外的标本都指定为副模，但是在副模中包含了不同层位的标本。本应分开，但目前难以处理。

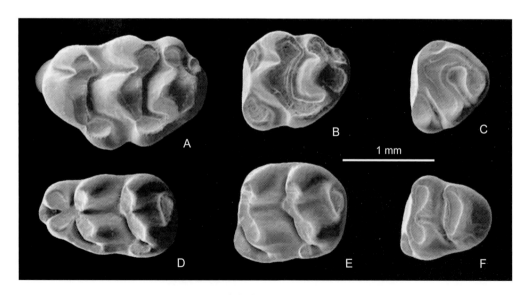

图 279 云南林鼠 *Linomys yunnanensis*

A. 左 M1（IVPP V 9493，正模），B. 左 M2（IVPP V 9494.26），C. 右 M3（IVPP V 9494.234，反转），
D. 右 m1（IVPP V 9494.236，反转），E. 左 m2（IVPP V 9494.94），F. 右 m3（IVPP V 9494.260，反转）：冠
面视（引自 Storch et Ni, 2002）

雷老鼠属 Genus *Leilaomys* Storch et Ni, 2002

模式种 铸鼎雷老鼠 *Leilaomys zhudingi* Storch et Ni, 2002

鉴别特征 齿尖间稍有连接。M1 的 t1 明显后位并以齿带状长脊与 t2 相连，该脊总具一相当于 t1bis 的小尖；t4 不与 t5 相连，但以一高脊连接 t8；t6 与 t9 通常连接；t3 和 t6 明显后倾；t12 很发育。m1 各相对应的颊、舌侧齿尖之间仅以低脊连接，下前边尖对不与下原尖-下后尖对连接；各齿尖对之间以宽直的谷相隔；Acc 存在，颊侧齿带窄，通常不分化为明显的附尖。m2 和 m3 的颊侧下前边尖呈均匀弯曲的脊。

中国已知种 仅模式种。

分布与时代 云南，晚中新世（保德期）。

评注 *Leilaomys* 是中国最早的鼠属之一，既与 *Antemus* Jacobs（1978）共有祖征，又与 *Progonomys* 和 *Apodemus* 共有裔征，同时与 *Orientalomys* 和 *Chardinomys* 属也有一些相似的特征，这些是探究鼠类动物早期分化的值得注意的现象。Storch 和 Ni（2002）认为，这是平行演化的结果。

铸鼎雷老鼠 *Leilaomys zhudingi* Storch et Ni, 2002
(图 280)

Muridae gen. et sp. nov.：Ni et Qiu, 2002, p. 538

正模 IVPP V 13119.1，右 M1。云南元谋雷老，上中新统小河组。

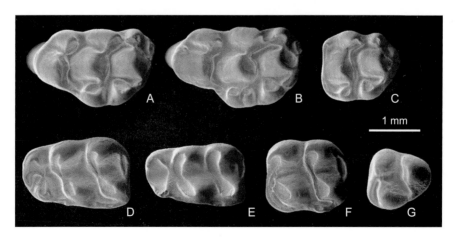

图 280 铸鼎雷老鼠 *Leilaomys zhudingi*

A. 右 M1（IVPP V 13119.1，正模，反转），B. 左 M1（IVPP V 13119.2），C. 左 M2（IVPP V 13119.7），D. 左 m1（IVPP V 13119.3），E. 右 m1（IVPP V 13119.9，反转），F. 右 m2（IVPP V 13119.4，反转），G. 右 m3（IVPP V 13119.5，反转）；冠面视（引自 Storch et Ni, 2002）

副模　IVPP V 13119.2–25，臼齿 36 枚。产地与层位同正模。

鉴别特征　同属。

滇鼠属 Genus *Yunomys* Qiu et Storch, 1990

模式种　吴氏滇鼠 *Yunomys wui* Qiu et Storch, 1990

鉴别特征　小型鼠。臼齿低冠，齿尖浑圆粗壮，横齿列的齿尖间连接很弱。M1 的 t1 较 t3 稍后位，t1 与 t2 间有齿谷隔开，t7 很小但清晰，t12 很发育。M1 和 M2 的 t9 与 t6 大小相当，两者间以齿谷远远分开；但 t8 以一细脊与 t9 相连。m1 的 Acc 粗壮。m1、m2 具有低的 Ls 连接下次尖 - 下内尖齿脊和下原尖 - 下后尖齿脊。M1 三齿根。

中国已知种　仅模式种。

分布与时代　云南，晚中新世（保德期）。

评注　虽为小型鼠，但大于 *Linomys yunnanensis* 和 *Progonomys*。*Yunomys* 具有 t7、Ls 和发育的 Acc，这些特征出现在禄丰晚中新世出乎所料，是属于较为超前的衍生性状。

新近纪时期，与 *Yunomys* 形态相似的齿冠低、齿尖浑圆且之间连接差、不具有皇冠齿构造（t6、t9 相距较宽）的鼠类还有 *Karnimata*、*Parapelomys* 和 *Saidomys*。Qiu 和 Storch（1990）认为它们之间有较近的关系。

吴氏滇鼠 *Yunomys wui* Qiu et Storch, 1990
（图 281）

Parapelomys sp. nov.：邱铸鼎等，1985，20 页

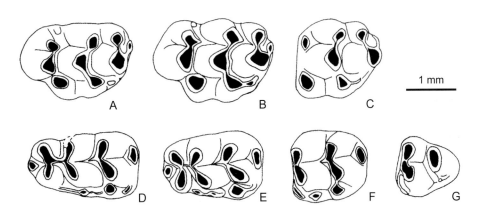

图 281　吴氏滇鼠 *Yunomys wui*

A. 左 M1（IVPP V 9495，正模），B. 右 M1（IVPP V 9496.1，反转），C. 右 M2（IVPP V 9496.2，反转），D. 右 m1（IVPP V 9496.3，反转），E. 左 m1（IVPP V 9496.5），F. 左 m2（IVPP V 9496.6），G. 右 m3（IVPP V 9496.8，反转）；冠面视（改自 Qiu et Storch, 1990）

正模　IVPP V 9495，左 M1。云南禄丰石灰坝，上中新统石灰坝组第 II 层。

副模　IVPP V 9496，9 枚白齿。云南禄丰石灰坝，上中新统石灰坝组第 I–VI 层。

鉴别特征　同属。

评注　该种产自石灰坝组的第 I–VI 层。原作者将正模外的标本都指定为副模，显然副模包含了不同层的标本，本应分开，但目前难以处理。

类鼠王鼠属 Genus *Karnimatoides* Qiu et Li, 2016

模式种　三趾马层小鼠 *Mus hipparionum* Schlosser, 1924

鉴别特征　尺寸较小鼠类。白齿具早期的"皇冠型"构造，齿尖浑圆。M1 冠面呈杏仁状，t1 前位，t3 有时（1/3）具有短的后刺，t6 通常与 t9 连接，无 t7，约半数 M1 具弱或中等发育程度的 t2bis；M1 和 M2 的 t12 很弱（60%）或缺失。m1 和 m2 都有 c1 和 c2，但无 Ls；m1 常有小的 Acc（2/3），舌侧下前边尖与下后尖间由低窄的下前脊连接；M3 和 m3 小，m3 具有小但明显的颊侧下前边尖；M1 具有 3 个粗壮的主齿根和 1 个中央小齿根，M2 多数有 3 个齿根（42/47），少数具 4 个齿根（5/47）。

中国已知种　仅模式种。

分布与时代　内蒙古、山西、甘肃，晚中新世晚期—上新世早期。

评注　Schlosser（1924）最早研究采自内蒙古二登图的化石时，以一件带有 m1 和 m2 的不完整下颌骨创建了 *Mus hipparionum*。Schaub（1938）将该种有保留地归入 *Parapodemus* 属。1980 年中德联合古生物考察队赴内蒙古化德县，在二登图和哈尔鄂博采集了远比 1924 年丰富的材料，Storch（1987）描述了鼠科化石，因为 *hipparionum* 种的齿尖粗壮浑圆，齿尖间连接弱，与南亚的 *Karnimata* 属（Jacobs, 1978）的形态有相似之处，故将其归入该属，但已注意到 *hipparionum* 种与 *Karnimata* 属之间的差别，即 M1 已具有皇冠齿雏形。Storch 和 Ni（2002）重新观察了二登图的标本，发现当年被认为 t6 与 t9 间没有连接的那些标本基本上是未磨蚀的标本，但这些齿在磨蚀后 t6 与 t9 应该是连接的，因此提出过 *hipparionum* 种的形态与 *Karnimata* 属的特征不符，应该从该属中剔除，但并未将其归入任何属。邱铸鼎和李强（2016）在研究内蒙古中部的啮齿类动物时为 *Mus hipparionum* Schlosser, 1924 建立了这个属。

三趾马层类鼠王鼠 *Karnimatoides hipparionus* (Schlosser, 1924)

（图 282）

Mus hipparionum：Schlosser, 1924, p. 43 (part)

Hipparionum (Schlosser, 1924) aff. *Acomys* (Geoffroy, 1938)：Miller, 1927, p. 19

Parapodemus? hipparionum：Schaub, 1938, p. 27

"*Mus*" *hipparionum*：Fahlbusch et al., 1983, p. 222

Karnimata hipparionum：Storch, 1987, p. 409；Qiu et Qiu, 1995, p. 65

aff. *Karnimata hipparionum*：Qiu et Qiu, 1995, p. 65

Karnimata? hipparionum：Qiu et al., 2013, p. 184

正模 MEUU 104-M. 3431，带 m1 和 m2 的不完整左下颌支（Schlosser, 1924, pl. 3, fig. 27），保存于瑞典乌普萨拉大学演化博物馆。内蒙古化德二登图 1 地点，中新统二登图组（保德期）。

归入标本 IVPP V 8471–8472, V 19931–19932，不完整的上、下颌骨 14 件，臼齿 293 枚（内蒙古中部地区）。IVPP V 8844–8849, V 8856, V 11339–11341, V 11346，破损上、下颌骨 12 件，臼齿 115 枚（山西榆社）。

鉴别特征 同属。

产地与层位 内蒙古化德二登图、哈尔鄂博，上中新统二登图组—? 下上新统；阿巴嘎旗宝格达乌拉和苏尼特左旗必鲁图，上中新统宝格达乌拉组。山西榆社云簇（IVPP YS 3、32、33、34、39、60、62、171 地点）、谭村（IVPP YS 144、145、161 地点），上中新统马会组上部和下上新统高庄组下部。

评注 Schlosser（1924）最初没有指定正模，Schaub（1938）选其定名标本为模式标本，并重新描述和绘图。因属名 *Karnimatoides* 为阳性名词，原种名 *hipparionum* 按规则被改为 *hipparionus*。该种（或其相似种）曾被作为 *Karnimata* 报道发现于甘肃灵台，但尚未见详细描述（郑绍华、张兆群，2000, 2001；张兆群、郑绍华，2001）。

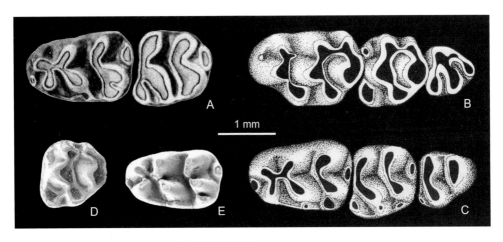

图 282 三趾马层类鼠王鼠 *Karnimatoides hipparionus*

A. 左 m1–2（MEUU 104-M. 3431，正模），B. 左 M1–3（IVPP V 8471），C. 左 m1–3（IVPP V 8471），D. 右 M2（IVPP V 19932.2，反转），E. 右 m1（IVPP V 19931.2，反转）：冠面视（A 引自 Schaub, 1938；B, C 引自 Storch, 1987；D, E 引自邱铸鼎、李强，2016）

姬鼠属 Genus *Apodemus* Kaup, 1829

模式种 黑线姬鼠 *Apodemus agrarius* (Pallas, 1771) = *Mus agrarius* Pallas, 1771（现生种）

鉴别特征 中等大小，臼齿中等冠高。上臼齿的"皇冠型构造"只限于后部；原始种类中，t4 与 t8 间有齿脊连接或有雏形的 t7，在进步的种类 t7 发育；t6 和 t9 连接；原始种类中 t12 发育，在部分现生种中则退化；M1 的 t1 较前位，M1 和 M2 具有 3 个或 4 个齿根。下臼齿 m1 的 Acc 很发育，其高度接近主尖（在上新世的一个种内缺失）；下臼齿颊侧齿带发育，Ls 弱或缺失，m2 和 m3 通常都具颊侧下前边尖。下臼齿均为双齿根，m1 有时出现很小的第三齿根。

中国已知种 *Apodemus agrarius, A. asianicus, A. chevrieri, A. draco, A. latronum, A. lii, A. orientalis, A. peninsulae, A. qiui, A. sylvaticus, A. zhangwagouensis*，共 11 种。

分布与时代 河北、甘肃、内蒙古、辽宁、山西、山东、安徽、四川、重庆、北京、湖北、贵州、云南，晚中新世—晚更新世。

评注 *Apodemus* 为现生属，现生种共 20 个（Musser et Carleton, 2005），我国占其中的 7 个。Martin Suárez 和 Mein（1998）列出了欧亚 32 个 *Apodemus* 的化石种。Musser 等（1996）主要基于 20 世纪 30 年代采自东亚的大量现生标本（计 4296 件，其中绝大部分来自中国），对 *Apodemus* 属作了较深入的研究，对各种的头骨进行了测量和形态分析，对比了上臼齿列的测量数据和形态特征，并对分类进行了讨论。研究表明，*Apodemus* 各现生种的臼齿形态是有差异并可鉴别的。这些标本被收藏在纽约美国自然历史博物馆、芝加哥菲尔德自然历史博物馆、华盛顿国家自然历史博物馆以及波恩动物研究所和亚历山大博物馆内，并保留有诸多原始信息。为了便于对比，编者在下面有关的体例中引用 Musser 等（1996）提供的中国 *Apodemus* 几个现生种的上臼齿列图版。

我国 *Apodemus* 属的现生种较多，化石材料也丰富，但由于对骨骼和牙齿形态研究不足，因此长期以来化石种的分类是个难题。郑绍华和韩德芬（1993）在研究川黔地区、湖北建始和辽宁营口的第四纪啮齿类时，对较多的 *Apodemus* 材料作了详细的研究，依据臼齿特征鉴别出 7 个种，其中含有 6 个现生种。Musser 等（1996）对我国 *Apodemus* 各现生种上臼齿列的鉴别结果与郑绍华等对我国第四纪的化石鉴定基本一致。他们的工作为今后从臼齿形态方面鉴定和研究我国第四纪姬鼠化石奠定了很好的基础。

黑线姬鼠 *Apodemus agrarius* (Pallas, 1771)

（图 283）

正模 不明，现生标本（俄罗斯 Ulianovsk Obl）。

归入标本　IVPP V 9677，一段右上颌骨（贵州桐梓）。YKM M. 22, M. 22.1–70，头骨前半部 1 件，上、下颌骨 70 件（辽宁营口）。

　　鉴别特征　上白齿列长度：3.9 ± 0.14 mm（3.5–4.3 mm，208 件现生标本）。M1 齿冠长超过白齿列长度之半；M3 退化，长度大致为白齿列的 1/5；m1 与 m1–3 长度之比为 0.44–0.46，m3 与 m1–3 长度之比为 0.25–0.28；M1 的 t12 中度发育、弱或缺失；M2 通常缺失 t3；M3 由于 t6 和 t8 的缩小而变得显著地短小，似乎舌侧近似两叶。M1 和 M2 均为四齿根；M3 三齿根。m1 的下前中尖小；m1 和 m2 的颊侧附尖较少。

　　产地与层位　贵州桐梓岩灰洞、辽宁营口金牛山，中更新统上部。

　　评注　*Apodemus agrarius* 是一现生种。分布于古北区和东洋区两个互不连接的地区：一个为从中欧至中亚；另一个是从远东至滇西。在中国，黑线姬鼠分布于 20 多个省份，常见于田野、林缘、家舍（王应祥，2003）。*A. agrarius* 与 *A. chevrieri* 亲缘关系最近（Musser et al., 1996），两者头骨的眶上嵴都很显著、且沿着额骨和顶骨向两侧分离，共享以下牙齿特征：相对长的 M1，其 t12 中等发育、弱或缺失；M2 缺失 t3；M3 较短小；M1 和 M2 具有 4 个齿根。*A. agrarius* 与 *A. chevrieri* 的区别主要在于：前者牙齿的尺寸较小；前者 M3 的 t6 和 t8 明显退化使 M3 较为短小且舌侧近似两叶，后者 M3 的 t6 和 t8 不明显缩小使 M3 较长、且舌侧呈三叶；*A. chevrieri* 尚有少数 M1 和 M2 仅有 3 个齿根或舌侧根的舌侧具一纵沟。

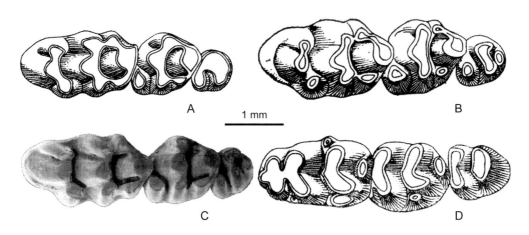

图 283　黑线姬鼠 *Apodemus agrarius*
A. 右 M1–3（IVPP V 9677，反转），B. 右 M1–3（YKM M. 22.1，反转），C. 左 M1–3（AMNH 56252，引用标本），D. 右 m1–3（YKM M. 22.35，反转）：冠面视（A 引自郑绍华，1993；B, D 引自郑绍华、韩德芬，1993；C 引自 Musser et al., 1996）

亚洲姬鼠 *Apodemus asianicus* Zheng, 2004

（图 284）

Apodemus dominans：黄万波等，1991，72 页；郑绍华，1993，141 页；程捷等，1996，53 页

Apodemus cf. *A. peninsulae*：程捷等，1996，56 页

Apodemus cf. *A. latronum*：郑绍华等，1997，40 页

正模 IVPP V 13228，1 件右上颌骨带 M1–2。湖北建始龙骨洞，下更新统。

副模 IVPP V 13229.795–930，136 枚臼齿。产地与层位同正模。

归入标本 IVPP V 13229.1–794, V 13229.931–1626，上、下颌骨 3 件、臼齿 1487 枚（湖北建始）。IVPP V 9681.1–45，下颌骨 1 件、臼齿 44 枚（重庆巫山）。IVPP RV 97024.1–6，下颌骨 3 件、臼齿 3 枚（山东淄博）。CUGB V 93222–93226, V 93233, V 93372–93417，下颌骨 9 件、臼齿 43 枚（北京周口店）。

鉴别特征 牙齿形态与 *Apodemus latronum* 的相似，但上臼齿列长度较小，此外，M1 在上臼齿列的长度占比（0.46）较低。M1 的 t1（近 1/3 标本）和 t3 的（多于 4/5 标本）后刺较发育，t7 发育并大多与 t4 不连接，t6、t9 大小相当并大多相连，t12 很发育，具 3 个齿根。M2 的 t3 发育，t12 较小或缺失，大多为三齿根，很少数为四齿根或双根。M3 舌侧三叶，仅在少数标本中有小的 t3 存在，三齿根。m1 Acc 多孤立居中，颊侧后附尖 c1 通常发育，c2 和 c3 较弱；m2 颊侧附尖发育较差，多呈齿带状；m1 和 m2 Pcd 小、椭圆形，少半标本具有弱或明显的 Ls；m3 大多具下次尖。下臼齿双齿根。

产地与层位 重庆巫山龙骨坡、湖北建始龙骨洞、北京周口店太平山东洞，下更新统；山东淄博孙家山，下更新统—中更新统。

评注 建种者（郑绍华等，2004）认为该种在牙齿形态上与现生种 *Apodemus latronum* 最为接近，但在平均尺寸、M1 长与 M1–3 之比、M1 的 t1 位置、M1 和 M2 的 t7 与 t4 的连接、m1 的 Acc 和 m2 颊侧附尖的发育方面，两者仍有所不同。建种者还认为，在牙齿的尺寸和形态上它与希腊 Tourkobounia-1 早更新世的 *A. dominans* 最相似，两者

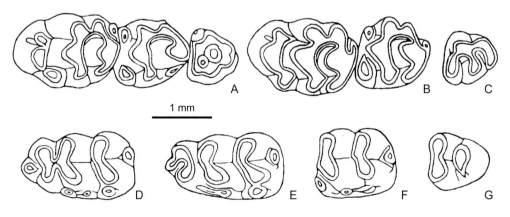

图 284 亚洲姬鼠 *Apodemus asianicus*

A. 右 M1–3（IVPP V 13229.1534），B. 右 M1–2（IVPP V 13228，正模），C. 右 M3（IVPP V 13229.873），
D. 右 m1（IVPP V 13229.541），E. 右 m1（IVPP V 13229.1357），F. 右 m2（IVPP V 13229.1141），G. 右 m3
（IVPP V 13229.1167）；冠面视，反转（引自郑绍华，2004）

间的差异仅为某些特征的统计数字上的差别。鉴于地域差异，作者将其当作有别于欧洲 *A. dominans* 的一种姬鼠。

依据文献资料（Kretzoi, 1962；Rietschel et Storch, 1974；Fejfar et Storch, 1990；郑绍华，2004）判断，*Apodemus dominans*、*A. atavus* 和 *A. asianicus* 三种在白齿形态上很相似，但 *A. dominans* 尺寸大于 *A. atavus*，而与 *A. asianicus* 相当；M2 的齿根数方面也有所差异（后两种的少数 M2 具有 4 个齿根）。对三者之间的更准确的形态上的异同和系统发育关系的揭示，有待于对各种，尤其是对 *A. dominans* 和 *A. atavus* 模式地点丰富材料的进一步研究。

蔡保全和邱铸鼎（1993）以及金昌柱等（2009）先后报道了河北阳原和蔚县晚上新世稻地组及安徽繁昌人字洞早更新世早期的祖姬鼠相似种 *Apodemus* cf. *A. atavus*，两者的白齿形态和尺寸相似，尺寸落入 *A. asianicus* 的变异范围，有可能均应归入 *A. asianicus*。

高山姬鼠 *Apodemus chevrieri* (M.-Edwards, 1868)

（图 285）

正模 不详，现生标本（四川宝兴穆坪）。

归入标本 IVPP V 9676.1–41，不完整下颌骨 8 件、白齿 33 枚（重庆、贵州一带）。

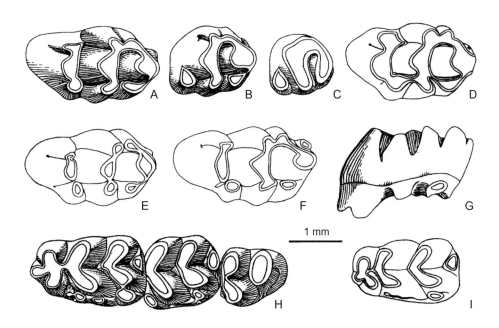

图 285　高山姬鼠 *Apodemus chevrieri*

A. 右 M1（IVPP V 9676.15, 反转），B. 右 M2（IVPP V 9676.21, 反转），C. 右 M3（IVPP V 9676.24, 反转），D. 左 M1（IVPP V 9676.9, 反转），E. 左 M1（IVPP V 9676.14），F, G. 右 M1（IVPP V 9676.20, 反转），H. 右 m1–3（IVPP V 9676.1, 反转），I. 右 m1（IVPP V 9676.31, 反转）；A–F, H, I. 冠面视，G. 舌侧视（引自郑绍华，1993）

IVPP V 131227.1–2，臼齿 2 枚（湖北建始）。

鉴别特征 较大型 *Apodemus*。臼齿形态与 *A. agrarius* 的很相似但尺寸较大：上臼齿列长度：4.2 ± 0.14 mm（3.9–4.6 mm，320 件现生标本）。M1 齿冠长且前坡缓长，t12 中度发育、弱或缺失；M2 与 M3 的 t1 大，但缺失 t3；M3 较短、舌侧为三叶；M1 和 M2 绝大部分为四齿根，少数为三齿根或舌侧根具有舌侧纵沟；M3 三齿根。

产地与层位 重庆巫山龙骨坡、湖北建始龙骨洞，下更新统；重庆万州盐井沟、贵州普定穿洞，中更新统。

评注 *Apodemus chevrieri* 是中国特有的现生种，分布于西南部山地，生活于海拔 1200 m 以上的桦杉针阔混交林及灌丛地带（王酉之，1984；张荣祖等，1997）。在重庆、贵州一带与 *A. agrarius* 为同域种。在云南中部的无量山生活在 1800–2300 m 的海拔高度并与 *A. draco* 同域。该种早期曾被包括在 *A. agrarius* 种内（Allen, 1938, 1940；Ellerman et Morrison-Scott, 1951；Corbet, 1978）。但也曾被作为独立种（Ellerman, 1941）。20 世纪 80 年代以来多数学者认为它是不同于 *A. agrarius* 的独立种（Musser et Carleton, 2005）。

中华姬鼠 *Apodemus draco* (Barrett-Hamilton, 1900)
（图 286）

正模 LMNH BM 98.11.1.2，现生标本（福建挂墩）。

归入标本 IVPP V 7622，一附有 M1–3 的残破上颌骨。云南呈贡三家村，上更新统。

鉴别特征 形态与 *Apodemus latronum* 相似但明显小于后者，上臼齿列长度：4.0 ± 0.16 mm（3.5–4.5 mm，618 件现生标本）。M1 略引长，t12 发育，一定程度磨蚀后 t4 与

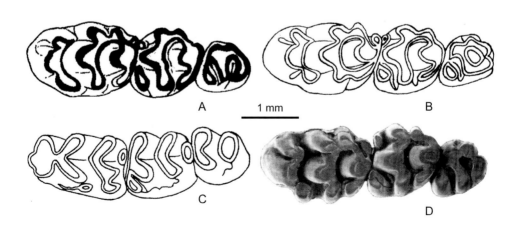

图 286　中华姬鼠 *Apodemus draco*

A. 右 M1–3（IVPP V 7622），B, C. 同一个体的右 M1–3 及右 m1–3（KIZ 总号 006978，引用标本），D. 右 M1–3（AMNH 111927，引用标本）：冠面视，反转（A 引自邱铸鼎等，1984；B, C 引自郑绍华，2004；D 引自 Musser et al., 1996） t7 连接，绝大多数具有 3 个齿根，少数为舌侧根带纵沟或四齿根。M2 的 t3 大多存在，但 2/3 较小，极少数缺失；t12 大多缺失，仅很少数具有弱至发育的尖。M3 三角形，舌侧三叶。下臼齿的颊侧附尖较弱，双齿根。

评注 现生中华姬鼠在中国主要分布于华南和西南地区，最北可达河北、陕西和甘肃（王应祥，2003；Musser et Carleton，2005）。此外，在缅甸北部和中东部、印度东北也有分布。化石记载仅发现于云南呈贡上更新统（邱铸鼎等，1984），表明该种最早可能出现于晚更新世。

宿兵等（1996）对 *Apodemus draco*、*A. latronum* 和 *A. chevrieri* 三个种的电泳蛋白质分析结果表明 *A. draco* 与 *A. latronum* 的关系最近。这三个种都是仅分布在亚洲南部。*A. draco* 与 *A. latronum* 的现生标本，除尺寸和乳头数不同外，两者在头骨、皮毛和臼齿特征方面极为相似，*A. latronum* 似为 *A. draco* 的大型翻版。

大耳姬鼠 *Apodemus latronum* Thomas, 1911

（图 287）

?*Apodemus sylvaticus*：Young, 1934, p. 72

non *Apodemus* cf. *A. latronum*：郑绍华等，1997，40 页

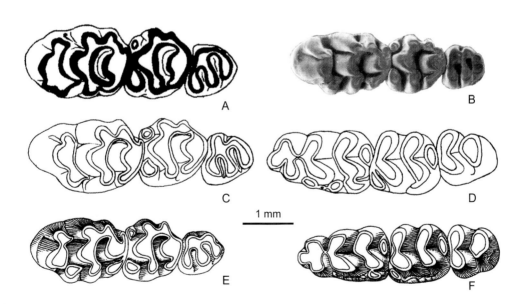

图 287　大耳姬鼠 *Apodemus latronum*

A. 右 M1–3（IVPP V 7623.1，反转），B. 右 M1–3（AMNH 43589，反转，引用标本），C, D. 同一个体的右 M1–3 及右 m1–3（KIZ 总号 007708，反转，引用标本），E. 左 M1–3（IVPP V 9680.1），F. 右 m1–3（IVPP V 9680.13，反转）：冠面视（A 引自邱铸鼎等，1984；B 引自 Musser et al., 1996；C, D 引自郑绍华，2004；E, F 引自郑绍华，1993）

正模 LMNH BM no. 11.2.1.156，现生标本（四川康定）。

归入标本 IVPP V 7623.1，一破上颌骨（云南呈贡）。IVPP V 9680，上、下颌骨 32 件，臼齿 18 枚（重庆、贵州一带）。

鉴别特征 臼齿形态与 *Apodemus draco* 极相似，尺寸大于 *A. asianicus* 和 *A. draco*，上臼齿列长度：4.7 ± 0.13 mm（4.4–5.0 mm，182 件现生标本）。头骨和臼齿形态与 *A. draco* 很相似，但 M1 的长度在上臼齿列中占比较高，其长度略大于 M2 和 M3 长度之和，M1 的 t7 大且明显前后向拉长，t12 发育，M2 具有发育的 t3 但缺失 t12，M3 舌侧三叶；M1 多半为三齿根，其余为舌侧根具舌侧纵向沟或四齿根。m1 的 Acc 和 c1、c2、c3 均发育。

产地与层位 重庆巫山龙骨坡、宝坛寺、万州盐井沟，贵州桐梓天门洞、威宁天桥、普定穿洞，云南呈贡三家村，下更新统—上更新统。

评注 现生 *Apodemus latronum* 分布于缅甸北部，中国的藏东、滇西北、川西和青海南部，与 *A. draco*、*A. peninsulae* 和 *A. chevrieri* 的分布都有不同程度的重合。

郑绍华等（1997）记载了山东淄博孙家山第一、四地点早更新世早期的 *Apodemus* cf. *A. latronum*，后被郑绍华（2004）归入了 *A. asianicus*。

李氏姬鼠 *Apodemus lii* Qiu et Storch, 2000

（图 288）

正模 IVPP V 11925，左 M1。内蒙古化德比例克，下上新统。

副模 IVPP V 11926.1–138，138 枚臼齿。产地与层位同正模。

归入标本 IVPP V 19933–19934，上颌残段 1 件、白齿 5 枚（内蒙古阿巴嘎旗）。

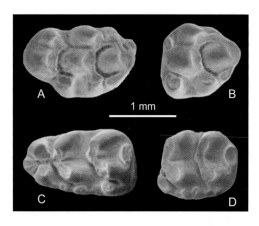

图 288 李氏姬鼠 *Apodemus lii*
A. 左 M1（IVPP V 11925，正模），B. 左 M2（IVPP V 11926.1），C. 左 m1（IVPP V 11926.2），D. 左 m2（IVPP V 11926.3）；冠面视（引自 Qiu et Storch, 2000）

鉴别特征 臼齿尺寸相当小，齿冠窄；M1 和 M2 的 t7 与 t4 很靠近或连接，t12 发育。M1 具有 *Rhagapodemus* 型的冠面形态，但齿冠不高；M1 具有 3 个或 4 个齿根，M2 四齿根。

产地与层位 内蒙古化德比例克、阿巴嘎旗高特格，上新统下部。

评注 *Apodemus lii* 与 *Rhagapodemus* 在以下各方面相似：M1 的齿冠面窄，t1 相当孤立，t2 很明显；M1 和 M2 的 t4 与 t7 很靠近或相连接，t12 在 M1 上很粗壮。与 *Rhagapodemus* 的区别是齿冠低。该种以上述特点与欧洲新近纪的各个种，以及中国

二登图的 *A. orientalis* 和榆社高庄组的 *A. qiui* 相区别。在齿冠轮廓和形态方面它与榆社期中期麻则沟组的 *A. zhangwagouensis* 最相似，但后者明显较大，M1 的 t3 有发育的后刺与 t6 相连。

东方姬鼠 *Apodemus orientalis* (Schaub, 1938)

（图 289）

?*Mus hipparionum*：Schlosser, 1924, p. 43

Progonomys? orientalis：Schaub, 1938, p. 28

Parapodemus orientalis：Thaler, 1966, p. 124

"*Progonomys*"? *orientalis*：Fahlbusch et al., 1983, p. 222

正模　不完整右下颌带 m1–2（MEUU 104-371）。内蒙古化德二登图 1，上中新统二登图组。

归入标本　IVPP V 8466.1–486, V 8467.1–9，破损下颌骨 1 件、白齿 494 枚（内蒙古化德）。

鉴别特征　尺寸很小（M1 1.6–1.8 mm，m1 1.5–1.7 mm），低齿冠。在略多于 70% 的 M1 和 M2 上具有 t7。M1 和 M2 都具有 3 个齿根。M1 的 t12 总是很发育，半数标本的 t3 具有短的后刺。m1 的 Acc 粗壮。

产地与层位　内蒙古化德二登图 1, 2、哈尔鄂博 2，上中新统二登图组—? 下中新统。

评注　该种最初的材料仅有发现于内蒙古化德县二登图的一件带有 m1–2 的下颌

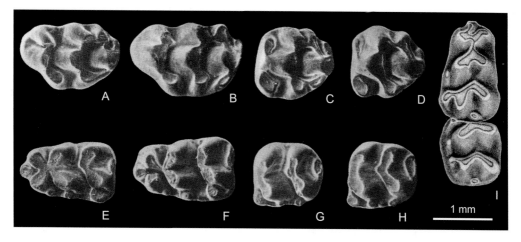

图 289　东方姬鼠 *Apodemus orientalis*

A, B. 右 M1, C, D. 右 M2, E, F. 右 m1, G, H. 右 m2（A–H 反转，标本号 IVPP V 8466），I. 右 m1–2（MEUU 104-371，正模，反转）：冠面视（A–H 引自 Storch, 1987；I 引自 Schaub, 1938）

骨，其归属一直不能确定。20 世纪 80 年代采集到的大量地模标本，表明该种多于 70%
的 M1 及 M2 具有 t7，这才确定了这个种归属于 *Apodemus* 属（Storch, 1987）。*Apodemus
orientalis* 是该属在中国的最原始的种，与欧洲中新世最晚期（MN 13）最原始的种
A. primaevus 和 *A. gudrunae* 的进化水平相当。区别在于 *A. orientalis* 的尺寸小于欧洲的这
两个种，此外其尺寸和形态变异小于 *A. primaevus*。张兆群和郑绍华（2000, 2001）曾先
后报道了甘肃灵台文王沟 III 带有 *A. orientalis*，以及小石沟 72074 (4) 地点 I 带有该种的
相似种发现，但均无详细描述。

大林姬鼠 *Apodemus peninsulae* (Thomas, 1906)
（图 290）

正模　LMNH BM no.6.12.6.45，现生标本（韩国首尔东南）。

归入标本　YKM M.23.1–83，破碎头骨 1 件，上、下颌骨 82 件（辽宁营口）。IVPP
RV 97035.1–497, RV 97042，4 件头骨前部，59 件上、下颌及 435 枚臼齿（山东淄博）。

鉴别特征　较小的姬鼠。M1 长度小于 M2 + M3 长度之和；M1 和 M2 的 t7 小；M2
的 t3 发育；M2 的 t12 缺失，偶见为小或很小的尖；M3 舌侧三叶，t1 较向前突出。m1
和 m2 的颊侧附尖较不发育，多以连续的齿带形式出现；m3 无下次尖。M1 主要为三齿根，
少数（约 1/6）的舌侧根具舌侧纵沟，极少数具四齿根。

产地与层位　辽宁营口金牛山，上更新统；山东淄博孙家山，下更新统—中更新统。

评注　*Apodemus peninsulae* 与 *A. draco* 在臼齿形态上也很相似，两者间最重要的区
别在于前者 M1 和 M2 的 t7 相当小，小于 t1 和 t4，而后者 M1 和 M2 的 t7 都较大，与 t1
和 t4 大致相当，此外 *A. draco* 的门齿孔较长，向后抵达 M1 前齿根前缘或齿根之间，而

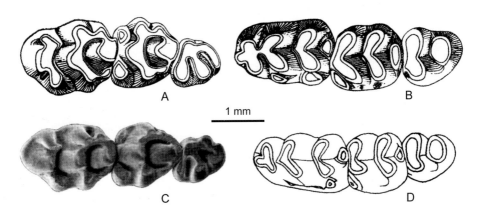

图 290　大林姬鼠 *Apodemus peninsulae*

A. 右 M1–3（YKM M. 23.1，反转），B. 左 m1–3（YKM M. 23.2），C. 右 M1–3（AMNH 84294，反转，引
用标本），D. 右 m1–3（KIZ 总号 008392，反转，引用标本）：冠面视（A, B 引自郑绍华、韩德芬，1993；
C 引自 Musser et al., 1996；D 引自郑绍华，2004）

A. peninsulae 的门齿孔较短，仅抵 M1 前齿根前缘之前。两者的系统发育关系尚需进一步的研究。

大林姬鼠为现生种，仅分布在亚洲：北支由西伯利亚南面的阿尔泰山向东至我国乌苏里地区，以及俄罗斯和日本岛屿；东支由东北亚至我国的滇西北及藏东广大地区的林地和田野（Musser et Carleton, 2005）。重庆巫山龙骨坡②层发现有相似种（郑绍华，1993）。

邱氏姬鼠 *Apodemus qiui* Wu et Flynn, 1992
（图 291）

正模　IVPP V 8883.15，带有 m1–2 的左下颌骨。山西榆社盆地（YS 50 地点），下上新统高庄组。

副模　IVPP V 8883.1–14，14 枚臼齿。产地与层位同正模。

归入标本　IVPP V 8884–8886，不完整的下颌骨 1 件、臼齿 19 枚（山西榆社）。IVPP V 19935–19936，臼齿 5 枚（内蒙古阿巴嘎旗）。

鉴别特征　中等大小的 *Apodemus*，M1 的 t1 大于 t3，t1 和 t3 一般都具有后刺，t7、t9 和 t12 都很发育，t9 大于或与 t6 大小相当，t7 窄长，三齿根。M2 四齿根。M3 短小。颏孔位于咬肌脊前端前下方。m1 的 Acc 发育、居中，颊侧附尖不十分发育，呈齿尖状或脊状，m2 的颊侧附尖一般呈脊状。下臼齿双齿根。

产地与层位　山西榆社盆地（YS 4、48、50、97 地点），下上新统高庄组南庄沟段；

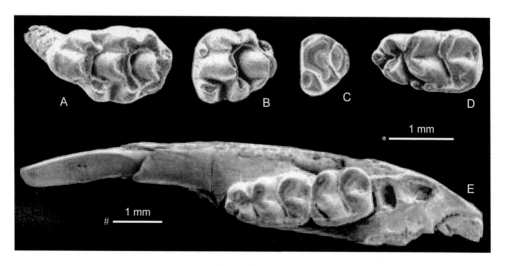

图 291　邱氏姬鼠 *Apodemus qiui*

A. 右 M1（IVPP V 8883.4，反转），B. 左 M2（IVPP V 8883.6），C. 左 M3（IVPP V 8886.9），D. 左 m1（IVPP V 8886.10），E. 左下颌带 m1–2（IVPP V 8883.15，正模）：冠面视；比例尺：* - A–D，# - E（引自 Wu et Flynn, 2017b）

内蒙古阿巴嘎旗高特格，上新统下部。

评注 甘肃灵台小石沟 II–III 带（上新统下中部）中见有（张兆群、郑绍华，2001），但无详细信息。

小林姬鼠 *Apodemus sylvaticus* (Linnaeus, 1758)
（图 292）

新模 不详，现生标本（瑞典乌普萨拉）（由 Zagorodnyuk 1993 年指定，见 Musser et Carleton, 2005）。

归入标本 IVPP V 9678.1–12，不完整上、下颌骨 11 件，臼齿 1 枚。贵州桐梓岩灰洞，中更新统。

鉴别特征 尺寸稍小于 *Apodemus peninsulae*。头骨眶间区沙漏状，不具眶上嵴。M1 齿冠不明显延长，具不太发育的 t12，四齿根。M2 都具 t3，通常缺失 t12（仅约 1/10 具有很小的尖）。下臼齿颊侧附尖发育，双齿根。

评注 *Apodemus sylvaticus* 为现生种，现代广布于欧洲与北非，在中国仅分布于新疆（王应祥，2003）。核糖体 DNA 中的限制性位点研究表明，*A. sylvaticus* 与 *A. flavicollis* 关系更近，而与 *A. agrarius* 和 *A. peninsulae* 关系较远（Musser et al., 1996）。我国 *A. sylvaticus* 的可靠化石记载仅有中更新世晚期贵州岩灰洞的少数标本（郑绍华，1993）。以前记载的北京灰峪、周口店山顶洞和第一地点及安徽和县猿人地点的 *A.* cf. *sylvaticus* 及 *A.* "*sylvaticus*"（Teilhard de Chardin, 1940；Pei, 1940b；Young, 1934；郑绍华，1983），被郑绍华（1993）分别归入 *A. agrarius*、*A. latronum* 和 *A. peninsulae*。

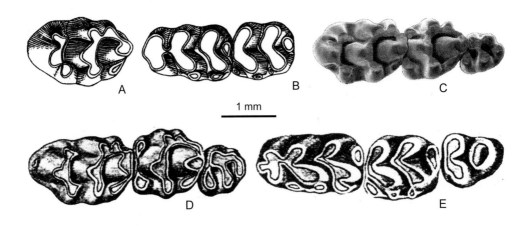

图 292 小林姬鼠 *Apodemus sylvaticus*

A. 左 M1 (IVPP V 9678.1)，B. 左 m1–2 (IVPP V 9678.2)，C. 左 M1–3 (AMNH 70828，引用标本)，
D. 右 M1–3（罗马尼亚 Pörspökfürdö 地点，反转），E. 右 m1–3（匈牙利 Villány Kalkberg 地点，反转）：冠面视（A, B 引自郑绍华，1993；C 引自 Musser et al., 1996；D, E 引自 Schaub, 1938）

张洼沟姬鼠 *Apodemus zhangwagouensis* Wu et Flynn, 1992

(图 293)

正模 IVPP V 8887.5，一件带 m1–3 的不完整左下颌骨。山西榆社 YS 87 地点，上新统麻则沟组。

副模 IVPP V 8887.1–4，4 枚臼齿。产地与层位同正模。

归入标本 IVPP V 13994.1–208，不完整上、下颌骨 5 件，臼齿 203 枚（安徽繁昌）。

鉴别特征 中等大小。牙齿形态都与 *Apodemus qiui* 相似。差别在下颌的颏孔位于咬肌脊前端，不是在前端下方。

产地与层位 山西榆社盆地（YS 87 地点），上新统麻则沟组；安徽繁昌人字洞，下更新统。

评注 该种的建立仅依据较少数量的标本（吴文裕、Flynn，1992），但金昌柱等（2009）描述的产自安徽繁昌人字洞上部堆积中的相当丰富的材料，证实了 *Apodemus zhangwagouensis* 为有效种。与已知的各现生种比较，*A. qiui* 和 *A. zhangwagouensis* 在牙齿形态上与属型种 *A. agrarius* 最相似：M2 都具 4 个齿根，下臼齿颊侧下附尖较弱，M1 和 m1 齿冠较长。但 *A. agrarius* 具有更发育的皇冠型齿（M1 的 t1 和 t3 的后刺发育，m1 和 m2 具发育的 Ls），M1 四齿根，M3 和 m3 缩小。*A. zhangwagouensis* 与 *A. qiui* 的差别仅在下颌颏孔的位置，这些似乎表明两者与 *A. agrarius* 亲缘关系接近，但较为原始，而 *A. qiui* 又较 *A. zhangwagouensis* 原始。安徽人字洞与山西榆社 *A. zhangwagouensis* 以具有三齿根的 M1 和四齿根的 M2 为特征，而且在个体大小、颊齿形态和下颌颏孔的位置

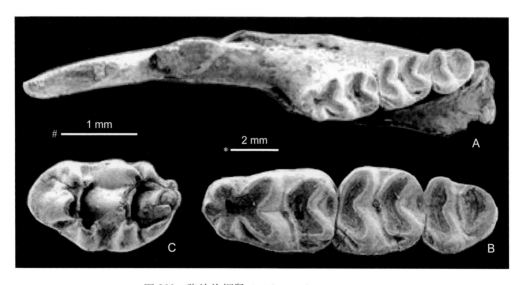

图 293 张洼沟姬鼠 *Apodemus zhangwagouensis*

A, B. 左下颌带 m1–3 (IVPP V 8887.5，正模)，C. 左 M1 (IVPP V 8887.1)；冠面视；比例尺：* - A，# - B, C

等方面没什么不同，微小的差别在于前者 M1 舌侧齿根变宽趋势明显，出现纵沟的频率更高，尽管如此，人字洞标本暂归入 *A. zhangwagouensis* 较妥。

裂姬鼠属 Genus *Rhagapodemus* Kretzoi, 1959

模式种 常见裂姬鼠 *Rhagapodemus frequens* Kretzoi, 1959（匈牙利 Csarnóta 2，早更新世）

鉴别特征 较大型鼠类，臼齿形态基本上同 *Apodemus*，但臼齿的齿冠较高，齿尖较直立、呈密集状态；M1 的 t1 孤立；m1 的颊侧附尖很发育。

中国已知种 仅有 *Rhagapodemus* sp. 一种。

分布与时代 内蒙古，上新世（高庄期）。

评注 *Rhagapodemus* 属主要分布于中欧和东欧的中新世最晚期至更新世（Freudenthal et Martin Suárez, 1999）。最早出现的种是法国 Lissieu 中新世最晚期（MN 13）的 *R. primaevus*，该种与 *Apodemus* 极相似，因此曾被鉴定为 *Apodemus*。*Rhagapodemus* 可能由 *Apodemus* 演化而来。目前推测该属的演化系列为 *R. primaevus−R. hautimagnensis−R. frequens*。齿尖渐趋直立和圆柱化、齿冠增高和 M1 的 t1 逐渐游离被认为是其演化趋势。中国仅在内蒙古发现很少标本。

裂姬鼠（未定种）*Rhagapodemus* sp.
（图 294）

该未定种的标本产自内蒙古化德哈尔鄂博 2（Storch, 1987）可能是属于下上新统的地层中，仅有一枚 M2 和两枚 m1（IVPP V 8468.1–3）。这三枚牙齿具有欧洲 *Rhagapodemus* 属的形态特征：齿冠与法国上新世（MN14）Hautimagne 的 *R. hautimagnensis* 一样高；m1 的颊侧附尖非常发育，后齿带尖位偏舌侧；下前边尖组合与下原尖 - 下后尖列分离，仅在磨蚀后出现弱连接；M2 的 t6 和 t9 不相连，四齿根。牙齿的尺寸与 Hautimagne 的最小种 *R. ballesioi* 相当，哈尔鄂博的未定种与其区别仅仅是 m1 的 c1 与下次尖分开，而这一特征恰与希腊 Maritsa 早上新世的 *R. vandeweerdi* 一致。

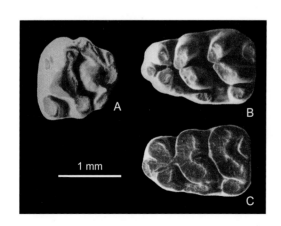

图 294 裂姬鼠（未定种）*Rhagapodemus* sp.
A. 右 M2（IVPP V 8468.3，反转），B. 左 m1（IVPP V 8468.1），C. 左 m1（IVPP V 8468.2）：冠面视（引自 Storch, 1987）

该未定种有可能代表该属的一个新种，鉴于标本太少，有待进一步的发现和研究。

东方鼠属 Genus *Orientalomys* de Bruijn et van de Meulen, 1975

模式种　相似东方鼠 *Orientalomys similis* (Argyropulo et Pidoplichka, 1939) = *Parapodemus similis* Argyropulo et Pidoplichka, 1939（乌克兰敖德萨，上新世）

鉴别特征　中型鼠类。M1 与 M2 具不完整的"皇冠型齿"构造。臼齿齿尖多显圆柱形；M1 的 t2 前部较短，t1bis 和前齿带发育，t1 和 t4 很后位，t1 远离 t2，两者间无连接；t2-t3、t1-t5-t6 和 t4-t8-t9 分别连接形成相互平行的斜脊；t5 磨蚀面呈圆或半圆形，与 t3、t4 分别以沟相隔，或仅以低弱的齿脊相连；t7 缺失，有明显的 t12；三齿根。下臼齿 m1 的 Acc 和颊侧附尖通常很发育。上门齿有纵沟。

中国已知种　*Orientalomys lingtaiensis, O. primitivus, O. schaubi, O. sinensis*，共 4 种。

分布与时代　内蒙古、甘肃、青海，晚中新世（保德期）—上新世（高庄期）；北京，早更新世。

评注　该属系 de Bruijn 和 van der Meulen（1975）以敖德萨上新世的 *Parapodemus similis* 为模式种建立的。Storch（1987）在研究内蒙古化德 Ertemte 2 及 Harr Obo 2 地点的鼠类化石时，将 *Chardinomys* 作为 *Orientalomys* 的晚出同物异名。周晓元（1988）则在记述山西静乐的鼠类化石时肯定了 *Chardinomys* 的有效性。蔡保全和邱铸鼎（1993）在描述河北阳原 - 蔚县晚上新世的鼠科化石时，也认为两者都是有效属，并指出了 *Chardinomys* 与 *Orientalomys* 之间的差异。Qiu 和 Storch（2000）在描述内蒙古比例克的动物群时对 *Chardinomys* 和 *Orientalomys* 两个属做了进一步讨论，指出了 *Chardinomys* 与 *Orientalomys* 两者的相似性，探讨了系统发育关系。2016 年邱铸鼎和李强详尽地讨论了两个属的异同，并将 *C. primitivus* 和 *C. lingtaiensis* 归入 *Orientalomys* 属。*Chardinomys* 属与 *Orientalomys* 属的相同处在于：都具有带纵沟的门齿；M1 的 t1 和 t4 后位，t1 远离 t2，无 t7，都常具有 t1bis、t2bis 和前齿带；下臼齿冠面形态相似。它们的主要区别应是：*Chardinomys* 的 M1 的 t2 和 t3，并经常与 t1bis 一起，连成前舌 - 后颊向的斜脊，t3-t5-t4 连成前颊 - 后舌向的斜脊，两脊垂直相交；t5 呈前颊 - 后舌向拉长的梭形。*Orientalomys* 属的 M1 的 t2 和 t3，t1、t5 和 t6 分别连接成斜脊，两者相互平行；t5 不呈前颊 - 后舌向拉长的梭形，而多呈圆柱形；此外臼齿齿根数明显不同。

Orientalomys primitivus 是该属最原始的种，内蒙古比例克的 *O. sinensis* 和甘肃灵台的 *O. lingtaiensis* 可能为其后裔，但是详细的演化关系尚有待进一步研究。该属还出现于土耳其和乌克兰的上新世，俄罗斯和哈萨克斯坦的早更新世（Argyropulo et Pidoplichka, 1939；Sen, 1975；Erbajeva, 1976；Tjutkova et Kaipova, 1996）。

灵台东方鼠 *Orientalomys lingtaiensis* (Cui, 2003)

（图 295）

Chardinomys n. sp.：张兆群、郑绍华，2000，278 页

Chardinomys n. sp.：张兆群、郑绍华，2001，58 页

Chardinomys lingtaiensis n. sp.：崔宁，2003，293 页

正模 IVPP V 13328.1，左 M1。甘肃灵台雷家河，下上新统。

归入标本 IVPP V 13328.2–32，臼齿 31 枚（甘肃灵台）。

鉴别特征 M1 的前部不明显向前延伸，t5 与 t3、t4 与 t5 之间有很低弱的脊连接，t5 近锥状、磨蚀面呈半圆形，t6 与 t9 不相连；M1 三齿根，M2 四齿根。下臼齿 Ls 不发育，主尖交互排列较 *Orientalomys primitivus* 稍明显，c1 和 c2 显著，c3 小。

产地与层位 甘肃灵台文王沟（93001、93002 地点）、小石沟（72074 地点），下上新统。

评注 最初，该种被建种者归入 *Chardinomys* 属，邱铸鼎和李强（2016）将其归入 *Orientalomys* 属。其产出层位较高于同一地点的 *O. primitivus*，性状也较为进步。另外，建种者指定的正模和归入标本来自雷家河地区的三个不同地点，已不能分辨包括正模在内的每一件标本的确切地点，因此无从指定副模。

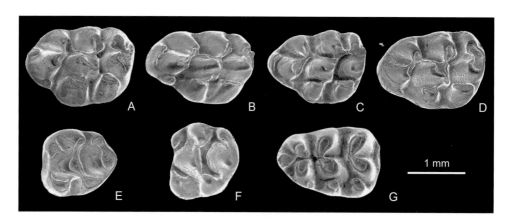

图 295　灵台东方鼠 *Orientalomys lingtaiensis*

A. 左 M1（IVPP V 13328.1，正模），B. 左 M1（IVPP V 13328.4），C. 右 M1（IVPP V 13328.6，反转），
D. 右 M1（IVPP V 13328.13，反转），E. 右 M2（IVPP V 13328.19，反转），F. 右 M2（IVPP V 13328.22，
反转），G. 左 m1（IVPP V 13328.28）：冠面视

原始东方鼠 *Orientalomys primitivus* (Cui, 2003)

（图 296）

Orientalomys cf. *O. similis*：Storch, 1987, p. 408；Qiu et Qiu, 1995, p. 65

Occitanomys n. sp.：郑绍华、张兆群，2000，60 页；郑绍华、张兆群，2001，56 页；张兆群、郑绍华，

    2000，275 页；张兆群、郑绍华，2001，216 页

Chardinomys primitivus：崔宁，2003，290 页

正模　IVPP V 13327.1，左 M1。甘肃灵台雷家河，上中新统—下上新统。

归入标本　IVPP V 13327.2–21，臼齿 20 枚（甘肃灵台）。IVPP V 8469，V 8470，V 19937，臼齿 10 枚（内蒙古中部地区）。

鉴别特征　臼齿齿尖近圆柱形且其间的脊和刺少发育；M1 的前部不明显向前延伸，t3 与 t2、t6 与 t5 分别紧靠，t5 近锥状、磨蚀面非梭形，与 t3 与 t4 之间均无齿脊连接，t6 通常以一齿沟与 t8 和 t9 相隔；M1 和 M2 均为三齿根；下臼齿的 Ls 不发育，m1 具有发育的颊侧附尖，但 c3 小。

产地与层位　甘肃灵台文王沟（93001、93002 地点）、小石沟（72074 地点），上中新统—下上新统；内蒙古化德二登图、哈尔鄂博，上中新统二登图组—? 下上新统。

评注　由于同样的原因，邱铸鼎和李强（2016）将崔宁（2003）建立的甘肃灵台雷家河的 *Chardinomys primitivus* 与 *C. lingtaiensis* 都归入了 *Orientalomys* 属，同时将 Storch 1987 年描述的内蒙古化德二登图和哈尔鄂博的 *Orientalomys* cf. *O. similis* 归入了 *O. primitivus*。该种是目前最原始的东方鼠。*O. primitivus* 与 *O. lingtaiensis* 的主要区别在于前者的 t5 与 t3、t4 与 t5 之间无齿脊连接，后者有齿脊连接；前者的 M2 具 3 个齿根，后者的 M2 具 4 个齿根。建种者认为的前者下臼齿主尖近对称排列，后者的主齿尖交互排列稍强的特征尚不能成立。此外，建种者指定的正模和归入标本来自雷家河地区的三个不同地点，已不能分辨包括正模在内的每一件标本的确切地点，因此无从指定副模。

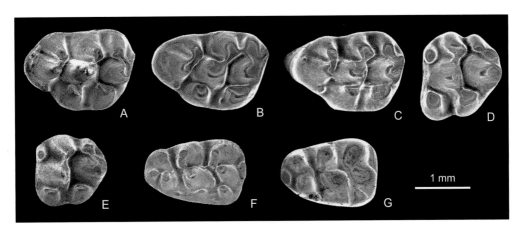

图 296　原始东方鼠 *Orientalomys primitivus*

A. 左 M1（IVPP V 13327.1，正模），B. 左 M1（IVPP V 13327.3），C. 右 M1（IVPP V 13327.6，反转），D. 左 M2（IVPP V 13327.10），E. 左 M2（IVPP V 13327.13），F. 左 m1（IVPP V 13327.16），G. 左 m1（IVPP V 13327.18）：冠面视

绍氏东方鼠 *Orientalomys schaubi* (Teilhard de Chardin, 1940)
（图 297）

Stephanomys schaubi：Teilhard de Chardin, 1940, p. 59

Chardinomys schaubi：周晓元，1988，193 页

正模 IVPP 无编号，具左、右齿列的破损头骨（标本下落不明）。北京房山 18 地点，下更新统。

鉴别特征 较小的东方鼠。上门齿具较深的纵向齿沟。臼齿齿尖呈柱形；M1 具明显的"皇冠型"构造（t9、t6、t5、t4 连接），t4 位置很靠后，t3 与 t5 连接，t5 近锥状。

评注 根据颊齿的低冠、明显的"皇冠型"构造和上门齿具纵向齿沟，de Bruijn 和 van der Meulen（1975）将德日进（Teilhard de Chardin, 1940）描述的 *Stephanomys schaubi* 归入 *Orientalomys* 属，并认为该种与 *O. similis* 可能为同物异名。周晓元（1988）则将该种归入 *Chardinomys* 属。但该种的 M1 前部不向前延伸、t1 不明显后位且呈柱状、t5 磨蚀面非梭形以及不具相互垂直的 t2-t3 脊和 t3-t5-t4 脊等形态和构造，与 *Chardinomys* 属

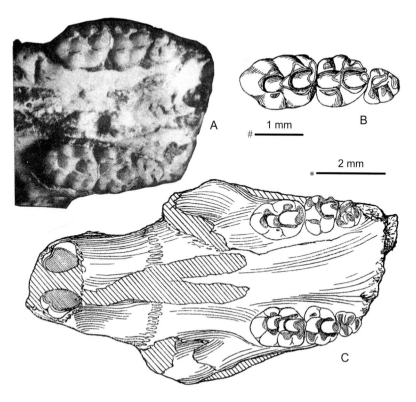

图 297　绍氏东方鼠 *Orientalomys schaubi*
A, B. 头骨腭部带左右上臼齿列及左 M1–3，C. 头骨前端带左右上臼齿列：冠面视；比例尺：* - A, C, # - B（引自 Teilhard de Chardin, 1940）

的特征不符而与 *Orientalomys* 属更相似。因此，编者赞同将其归入 *Orientalomys* 属，但是否可归入 *O. similis*，有待更多材料的发现和研究。Teilhard de Chardin 建立新种时的全部材料是一件头骨前部和另一件被挤压了的头骨，两者都带有腭部和上臼齿列，建种者没有指定模式标本且无标本编号。标本都下落不明。

中华东方鼠 *Orientalomys sinensis* Qiu et Storch, 2000
（图 298）

正模　IVPP V 11928，左 M1。内蒙古化德比例克，下上新统（高庄期）。

副模　IVPP V 11929.1–93，残破及不完整的上、下颌骨 3 件，臼齿 90 枚。产地与层位同正模。

鉴别特征　较小的东方鼠。M1 与 M2 的 t4 与 t5 以一深沟分开；M1 三齿根，M2 具 3–5 个齿根。m1–2 的主齿尖仅轻微交错排列；m1 颊侧附尖 c1、c2 发育，但 c3 小、脊形或缺失；Ls 在半数以上的 m1 和 m2 中存在。m1 具 2 或 3 个齿根，大多为双齿根；m2 具 2–4 个齿根，通常为三齿根。

评注　*Orientalomys sinensis* 具有发育的纵向齿脊（M1 的 t3-t5 和 t5-t6-t9 连接，以及 m1、m2 有 Ls）和较多的齿根显示了较 *O. lingtaiensis* 更为进步的特征。

在青海昆仑山垭口的 KL0402 和 KL0605 地点（Li et al., 2014）记载有 cf. *Orientalomys sinensis* 的 7 枚白齿（IVPP V 19110–19111）。与 *O. sinensis* 的区别在于 m1 的齿尖更明显地交错排列，以及 M1 具有 5 个齿根。

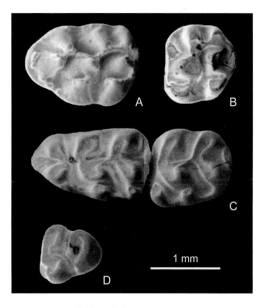

图 298　中华东方鼠 *Orientalomys sinensis* A. 左 M1（IVPP V 11928，正模），B. 左 M2（IVPP V 11929.1），C. 右 m1–2（IVPP V 11929.2，反转），D. 左 m3（IVPP V 11929.3）；冠面视（引自 Qiu et Storch, 2000）

日进鼠属 Genus *Chardinomys* Jacobs et Li, 1982

模式种　榆社日进鼠 *Chardinomys yusheensis* Jacobs et Li, 1982

鉴别特征　中等尺寸鼠类。M1 具前齿带 t1bis 和 t2bis，t1 和 t4 很后位，无 t7，t12 通常缺失；t4-t5-t3 呈舌后 - 颊前向斜脊状排列、t1bis-t2-t3 呈舌前 - 颊后向斜脊状排列，两斜脊几呈直角相交；t5 磨蚀面呈前颊 - 后舌向的梭状。m1 的 Acc 发育，m1 与 m2 的主齿尖明显地交错排列（颊侧齿尖较舌侧齿尖后位），颊侧附尖发育，Ls 通常较弱。上门齿具纵沟。

中国已知种 Chardinomys yusheensis, C. bilikeensis, C. nihowanicus，共 3 种。

分布与时代 山西，晚中新世—上新世；甘肃、内蒙古和河北，上新世—早更新世。

评注 Chardinomys 为一土著属，仅发现于中国北方的部分地区，最早出现于晚中新世。由于该属与新近纪后期出现的 Orientalomys 属在牙齿形态上有很多相似之处，因此曾一度被归入后者（郑绍华，1981；Storch, 1987）。尽管创建者已指出两个属的差异，但在其有效性及归入种的认定上，有过不少讨论。周晓元（1988）在记述山西静乐上新世的鼠类时，肯定了 Chardinomys 为有效属。蔡保全和邱铸鼎（1993）在研究河北泥河湾的鼠科时指出了两属的区别。Qiu 和 Storch（2000）在描述内蒙古比例克标本时，对两属的差异和归入种作了进一步阐述。邱铸鼎和李强（2016）又进一步对比了两个属的模式种（Chardinomys yusheensis 和 Orientalomys similis），指出了两者的差异在于：①前者 M1 的 t2 前部明显拉长，t2bis 和 t1bis 发育，而后者 t2 前部不拉长，缺乏 t2bis，t1bis 不发育；②前者 M1 的 t4-t5-t3 连成斜脊，并与 t3-t2 连成的脊几乎垂直相交，而 O. similis 的 t5 与 t3、t4 之间往往断开；③前者 M1 的 t5 明显地前颊 - 后舌向拉长，磨蚀面呈梭形，而 O. similis M1 的 t5 近圆锥状，磨蚀面呈半圆形或圆形；④前者 M1 的"皇冠型"构造发育不完全，即 t5 与 t6 之间连接弱，t6 与 t9 不相连，而 O. similis 的 M1 后部具有典型的"皇冠型"构造，t4、t5、t6、t9 和 t8 依次连接成环。显然，Orientalomys 和 Chardinomys 的白齿形态有明显的区别，故本志将 Chardinomys Jacobs et Li, 1982 作为有效属，该属已知有 3 个种。此外，Jacobs 和 Li（1982）在建立 Chardinomys 属时，将陕西渭南的一件下颌骨指定为存疑的日进鼠属。由于其牙齿的形态与日进鼠下白齿的特征一致，被蔡保全和邱铸鼎（1993）归入该属的未定种。因此，中国的日进鼠属除上述 3 个命名种外，还有一个未定种 Chardinomys sp.。截至目前，对 Chardinomys 属虽已有些研究，但在形态和系统发育关系方面的工作远不够细致和深入，有待进一步的工作。

榆社日进鼠 *Chardinomys yusheensis* **Jacobs et Li, 1982**

（图 299）

Chardinomys sp.：李强等，2003，108 页

Chardinomys sp.：Qiu et al., 2013, p. 186

正模 IVPP V 5792，可能属于同一个体的左右上齿列。山西榆社牙儿沟，下上新统高庄组。

归入标本 IVPP V 8868–8874, V 11345，破碎的上、下颌骨 6 件，白齿 76 枚（山西

榆社）。IVPP V 13329，臼齿 163 枚（甘肃灵台）。IVPP V 19938–19943，破碎的上、下颌骨 38 件，臼齿 506 枚（内蒙古中部）。

鉴别特征　臼齿的齿尖中等程度倾伏。M1 的 t1 和 t4 近圆柱形，在 75% 的标本中发育有前齿带（在一些标本中发育成小的前附尖）；t5 与 t6 之间的连接超过 50%；m1 半数以上标本具有 c3。M1 和 M2 具有 4–6 个齿根，多数为五齿根；M3 均为三齿根。m1 具有 2–3 个齿根，绝大多数为三齿根；m2 具有 4–5 个齿根，大多为五齿根；m3 具有 2–4 个齿根，大多具 3–4 个齿根。

产地与层位　山西榆社云簇盆地（IVPP YS 4、43、49、50、57b、96、97、134 地点）和谭村盆地（IVPP YS 161），上中新统—下上新统；内蒙古阿巴嘎旗高特格，下上新统；甘肃灵台文王沟和小石沟，上新统。

评注　*Chardinomys yusheensis* 的齿冠比 *C. bilikeensis* 的稍高，齿尖不那么倾伏，M1 的 t1 和 t4 不伸长，t5 和 t6 有较强的连接，m1 的颊侧附尖发育略差，以及常见有较多的齿根，这些似乎表明其有较进步的性状。但在榆社地区，它最早出现在晚中新世，这是值得研究和有待解析的问题。*C. yusheensis* 以 M1 常有显著的 t1bis 和前齿带，以及 t5 与 t6 通常连接而区别于 *C. nihowanicus*。

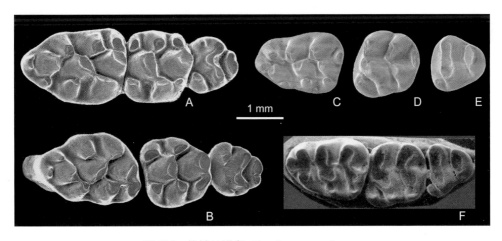

图 299　榆社日进鼠 *Chardinomys yusheensis*

A, B. 同一个体的左（A）、右（B）M1–3（IVPP V 5792，正模），C. 左 m1（IVPP V 19938.10），D. 左 m2（IVPP V 19938.14），E. 左 m3（IVPP V 19938.15），F. 左 m1–3（IVPP V 8871）；冠面视（C–E 引自邱铸鼎、李强，2016；F 引自 Wu et al., 2017）

比例克日进鼠 *Chardinomys bilikeensis* Qiu et Storch, 2000

（图 300）

正模　IVPP V 11932，带有 M1 的左上颌骨残段。内蒙古化德比例克，下上新统（高庄期）。

副模 IVPP V 11933.1–25，上颌骨残段 2 件、臼齿 23 枚。产地与层位同正模。

鉴别特征 臼齿低冠，齿尖很倾伏。M1 的 t1 和 t4 伸长，t1 偶尔具有前舌侧齿带，t4 的前舌侧有附属的小尖；t5 与 t6 之间常有一细脊相连；前齿带很发育。m1 常有明显的 c4。M1 四齿根，m1 双齿根或三齿根。

评注 *Chardinomys bilikeensis* 只发现于内蒙古地区，是至今发现于内蒙古的最早的日进鼠。其齿冠低，齿尖明显倾伏；M1 的前齿带、前舌侧齿带和附属小尖很发育，t1 和 t4 伸长，t5 和 t6 有弱的连接；m1 的颊侧附属小尖发育；臼齿的齿根少。这些特征可能是该种的原始性状。崔宁（2003）认为该种与 *C. yusheensis* 为同物异名。

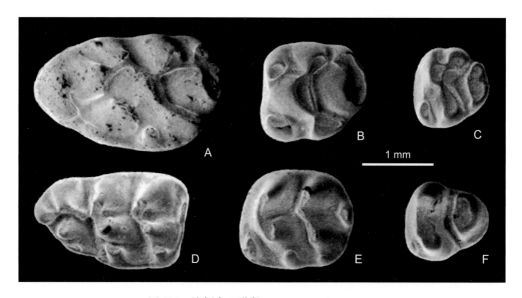

图 300 比例克日进鼠 *Chardinomys bilikeensis*
A. 左 M1（IVPP V 11932，正模），B. 右 M2（IVPP V 11933.1，反转），C. 右 M3（IVPP V 11933.2，反转），
D. 右 m1（IVPP V 11933.3，反转），E. 左 m2（IVPP V 11933.4），F. 左 m3（IVPP V 11933.5）：冠面视（引
自 Qiu et Storch，2000）

泥河湾日进鼠 *Chardinomys nihowanicus* (Zheng, 1981)

（图 301）

Orientalomys nihowanicus：郑绍华，1981，349 页；Storch，1987，p. 408；郑绍华、蔡保全，1991，119 页

Orientalomys sp. nov.：蔡保全，1987，219 页；Qiu，1988，p. 837

Chardinomys louisi：周晓元，1988，189 页

正模 IVPP V 6293，右 M1–2。河北蔚县大南沟，下更新统泥河湾组。

副模 IVPP V 6293.1–3，臼齿 3 枚。产地与层位同正模。

归入标本　GMC GV-N 8409–8416, IVPP V 2070, V 26101.1–6，上、下颌骨残块 42 件，臼齿 672 枚（河北泥河湾盆地）。IVPP V 8655–8663，残破上、下颌骨 228 件，牙齿 326 枚（山西静乐）。IVPP V 8875–8879, V 8890, V 8891，破碎的下颌骨 3 件、牙齿 22 枚（山西榆社）。

鉴别特征　较 *Chardinomys yusheensis* 略小。M1 的 t1 和 t4 近柱形，t5 与 t6 之间的连接不超过 20%，t6 和 t9 的连接不超过 5%，前附尖和前齿带较弱；m1 一般只有两个颊侧附尖，c3 小或缺失。M1 具有 4–6 个齿根，绝大多数具 5 个齿根＋中央小根；M2 五齿根，M3 具有 4 个齿根＋中央小根，m1 全为三齿根＋中央根，m2 具 4–5 个齿根，m3 具 3–4 个齿根。

产地与层位　河北阳原—蔚县稻地、红崖南沟、祁家庄、芜子沟、将军沟、铺路、北马圈、大南沟、洞沟，上上新统稻地组—下更新统泥河湾组。山西静乐贺丰、下高崖，上上新统静乐组；榆社盆地（YS 5、83、87、90、99、109、120 地点），上上新统麻则沟组—下更新统海眼组。

评注　蔡保全和邱铸鼎（1993）按"泥河湾"的汉语拼音将原命名者指定的种名"*nihowanicus*"修改为"*nihewanicus*"，根据动物命名法则，这种改动是没有必要和无效的。建种者（郑绍华，1981）将 IVPP V 6293.1–3 标本称为"其他标本"，因其与正模产自相同的地点和层位，应作为该种的"副模"，但 IVPP V 6293.1 应为 m3 而非 M3。"*Chardinomys louisi*"种（周晓元，1988），在牙齿尺寸和形态上都与泥河湾的 *C. nihowanicus* 一致，应为后者的同物异名。

Chardinomys nihowanicus 是该属的最晚代表，从 *C. bilikeensis*–*C. yusheensis*–*C. nihowanicus*，牙齿有以下变化趋势：齿冠增高，齿尖的倾角增大；M1 的 t1 和 t4 从前后伸长渐变为柱形，t5 和 t6 的连接渐弱；M1 的前附尖和前齿带、m1 的颊侧附尖退化，以

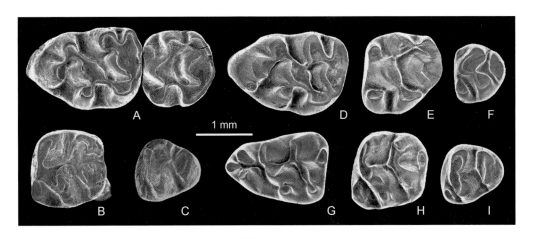

图 301　泥河湾日进鼠 *Chardinomys nihowanicus*

A. 右 M1–2（IVPP V 6293，正模，反转），B. 左 m2（IVPP V 6293.2），C. 左 m3（IVPP V 6293.1），D. 左 M1（IVPP V 26101.1），E. 左 M2（IVPP V 26101.2），F. 左 M3（IVPP V 26101.3），G. 右 m1（IVPP V 26101.4，反转），H. 右 m2（IVPP V 26101.5，反转），I. 右 m3（IVPP V 26101.6，反转）：冠面视

及齿根数增多。这些可能是该属的演化趋势，但需进一步研究证实。

异鼠属 Genus *Allorattus* Qiu et Storch, 2000

模式种 恩氏异鼠 *Allorattus engesseri* Qiu et Storch, 2000

鉴别特征 较大的鼠类。M1 和 M2 的 t7 发育，t9 通常缺失或很退化；t3 在 M2 上仅留痕迹，在 M3 上缺失。臼齿的齿尖融合为明显的横脊。M1 和 M2 具 5 个齿根，m1四根。m1 的 Acc 很小；除 c1（与下次尖融合）外，下臼齿的颊侧附尖或齿带缺失。

中国已知种 仅模式种。

分布与时代 内蒙古，上新世早期（高庄期）。

评注 *Allorattus* 以其特有的特征：M1 和 M2 的 t9 不发育或缺失以及发育的 t7，很易与新近纪的所有大型鼠类区分。

甘肃上新世地层中报道有 *Allorattus engesseri* 的发现，但尚未作详细描述（郑绍华、张兆群，2000；张兆群、郑绍华，2000, 2001）。在榆社上新世的高庄组发现有 *A. engesseri* 的相似种（Wu et al., 2017）。

恩氏异鼠 *Allorattus engesseri* Qiu et Storch, 2000

（图 302）

正模 IVPP V 11935，右 M1。内蒙古化德比例克，下上新统。

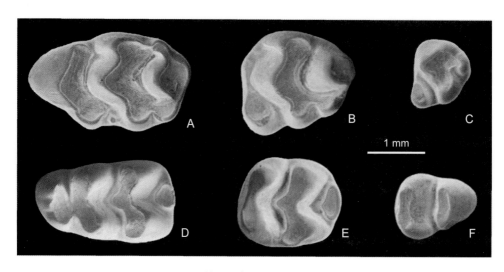

图 302 恩氏异鼠 *Allorattus engesseri*

A. 右 M1（IVPP V 11935，正模，反转），B. 右 M2（IVPP V 11936.1，反转），C. 左 M3（IVPP V 11936.2），
D. 左 m1（IVPP V 11936.3），E. 左 m2（IVPP V 11936.4），F. 左 m3（IVPP V 11936.5）：冠面视（引自 Qiu
et Storch, 2000）

副模　IVPP V 11936.1–13，臼齿 13 枚。产地与层位同正模。

鉴别特征　同属。

巢鼠属 Genus *Micromys* Dehne, 1841

模式种　敏捷巢鼠 *Micromys agilis* Dehne, 1841 (= *Mus soricinus* Hermann, 1780 = *Mus minutus* Pallas, 1771)

鉴别特征　尺寸小，齿冠低。M1 较窄，t1 后位，t3 紧靠 t2，t3 与 t6 被一宽谷分开。m1 的舌侧下前边尖稍大于颊侧下前边尖、且稍前位，颊侧齿带较弱，较 *Apodemus* 更显皇冠齿型。M1 的 t1-t5 连接和 m1 的 Ls 变化不定。

中国已知种　*Micromys minutus*, *M. chalceus*, *M. liui*, *M. kozaniensis*, *M. tedfordi*，共 5 种。

分布与时代　山西、河北、内蒙古、湖北、贵州、云南、安徽、甘肃和北京，中新世晚期—晚更新世。

评注　*Micromys* 为现生的单型属，现生种为 *M. minutus*，广泛分布于古北界和东洋界北部，在我国和欧洲最早都是出现于早更新世早期。*M. agilis* 现被认为是 *M. minutus* 的同物异名。该属在我国最早出现的种是内蒙古中新世最晚期的 *M. chalceus*，之后是早上新世的 *M. tedfordi* 和 *M. kozaniensis*，更新世早期的 *M.* aff. *M. tedfordi* 和 *M. liui*。在欧洲首次出现在上新世 Ruscinian（MN 14）（*M. paricioi*），在 Csarnotian（MN 15）期间达到高分异度，至今有 7 个化石种，分布在中新世最晚期至更新世地层中。

Micromys 牙齿的演化趋势表现在上臼齿 M1 和 M2 的 t7 从无到有、从小到大，t9 从大到小，t12 从发育到不发育，M1 齿根逐渐增多（从 3 个至 5 个）。

臼齿形态和基因分析认为 *Micromys* 与亚洲的现生属 *Vendeleuria* 的亲缘关系最近。并认为 *Micromys* 是鼠亚科中分异度最高的属，推测它很早就从基干类群中分化出来，可能是在约 12 Ma 前从 *Progonomys*-like 的共同祖先中分化出来的一个支系 (Musser et Carleton, 2005)。

小巢鼠 *Micromys minutus* (Pallas, 1771)
（图 303）

正模　不明，现生标本（俄罗斯伏尔加河中游乌里扬诺夫斯克）。

归入标本　IVPP V 9673.1–11，下颌骨 11 件（贵州桐梓、普定）。IVPP V 7260.1，残破上颌骨 1 件（云南呈贡）。IVPP V 13221.1–81，臼齿 81 枚（湖北建始）。IVPP C/C 1119–1122 和 C/C 2580，下颌 19 件（北京周口店）。

鉴别特征 尺寸较小的种，与 *Micromys chalceus* 尺寸相当。M1 的 t7 很发育并与 t4 完全分开，t9 相对于 t6 退化，五齿根；M2 四齿根；M3 三齿根。下臼齿中 m1 三齿根，m2 与 m3 都为双齿根。

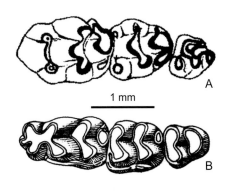

1 mm

图 303 小巢鼠 *Micromys minutus*
A. 右 M1–3（IVPP V 7260.1，反转），B. 右 m1–3（IVPP V 9673.2，反转）：冠面视（A 引自邱铸鼎等，1984；B 引自郑绍华，1993）

产地与层位 湖北建始龙骨洞，下更新统；贵州桐梓岩灰洞、普定穿洞和白岩脚洞，北京周口店第一、第三地点，中更新统；云南呈贡三家村，上更新统。

评注 *Micromys minutus* 是一现生种，最早出现在欧洲早 Biharian 期（Storch, 1987），建始龙骨洞标本是迄今在中国出现的最早代表，这或许证明该种在欧亚大陆的最早出现几乎同时。*Micromys minutus* 的相似种发现于山西榆社的下更新统（Wu et al., 2017）。

舒氏巢鼠 *Micromys chalceus* Storch, 1987

（图 304）

Muridae gen. et sp. indet.；Fahlbusch et al., 1983, p. 222

正模 IVPP V 8475，不完整左下颌带 m1–3。内蒙古化德县二登图 2，上中新统二登图组。

副模 IVPP V 8476.1–738，不完整的上、下颌骨 69 件，臼齿 669 枚。产地与层位同正模。

归入标本 IVPP V 8477, V 19950–19951，臼齿 33 枚（内蒙古中部地区）。

鉴别特征 尺寸很小，与现生种 *Micromys minutus* 大小接近。M1 缺失 t7（在 2/3 的标本中 t4 与 t8 以一脊相连，在 1/3 的标本中这条脊的前部不完整或缺失）；t6 与 t9 大小大致相当；t12 发育；在大约半数的标本中存在一小的 t1bis；90% 的 M1 具有三齿根和一中央小根，10% 的标本具有四齿根和一中央小根。半数 M2 具双 t1。m1 具完整的颊侧齿带，c1 弱或中等大小，1/5 标本的颊侧齿带上略显 c2，Acc 小而低矮；Pcd 较粗壮。m2 的颊侧齿带连续，具有脊状的颊侧下前边尖。

产地与层位 内蒙古阿巴嘎旗宝格达乌拉，上中新统宝格达乌拉组；化德二登图、哈尔鄂博，上中新统二登图组—? 下上新统；苏尼特左旗必鲁图，上中新统。

评注 *Micromys chalceus* 是迄今为止属内出现最早的种，具有原始的特征。现生种 *M. minutus* 与其区别是 M1 的 t7 很发育，t9 很退化，t6 很大，具有 5 个齿根；m1–2 的 c1

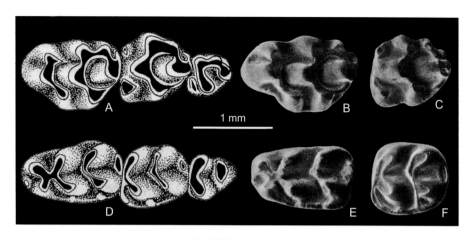

图 304　舒氏巢鼠 *Micromys chalceus*

A. 右 M1–3（IVPP V 8476，反转），B. 左 M1（IVPP V 8476），C. 左 M2（IVPP V 8476），D. 左 m1–3（IVPP V 8475，正模），E. 右 m1（IVPP V 8476，反转），F. 右 m2（IVPP V 8476，反转）：冠面视（引自 Storch，1987；原作者对副模未提供详细标本编号）

退化。*M. praeminutus* 与 *M. chalceus* 的区别是尺寸稍大，M1 都有 t7，且 t7 与 t4 分开，具 5 个齿根。

刘氏巢鼠 *Micromys liui* Zheng, 1993

（图 305）

正模　IVPP V 9674，左下颌带门齿及 m1–3。贵州威宁天桥，下更新统。

副模　IVPP V 9675.1–7，不完整的下颌骨 7 件。产地与层位同正模。

鉴别特征　较大型。m1 和 m2 的颊侧齿带连续，但在下原尖和下次尖旁各有一粗壮附尖；m1 三齿根：前后齿根及颊侧齿根。

评注　所有材料均为下颌骨及下臼齿，因此鉴别特征仅涉及下臼齿。

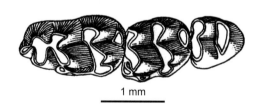

图 305　刘氏巢鼠 *Micromys liui*
左 m1–3（IVPP V 9674，正模）：冠面视
（引自郑绍华，1993）

科赞巢鼠 *Micromys kozaniensis* van de Weerd, 1979

（图 306）

正模　收藏单位不明，PT3 306，左 M1。希腊 Ptolemais 3，上新统下部。

归入标本　IVPP V 11904.1–574，破损下颌骨 8 件、臼齿 566 枚。内蒙古化德比例克，下上新统。

鉴别特征　中等尺寸的*Micromys*。M1的t1明显后位，t1与t2间具深凹，t7发育并后位，t9稍小于t6，t12发育，五齿根及一中央小根；M2的t1成双，四齿根；m1的Acc小但明显，舌侧下前边尖远前位于颊侧下前边尖，双齿根及一颊侧中央小根；m1和m2常有发育的Ls，下颊侧附尖呈脊状，其前端与颊侧下前边尖连接，c1小而低矮，有时具小但明显的c3。

评注　该种的模式地点是希腊的Ptolemais 3（Ruscinian早期）。2000年Qiu和Storch研究了比例克上新世早期的大量标本，但由于两地点标本的测量数据和图片较少，都未能表现该种的形态变异。为了便于读者比较，本志同时采用了Ptolemais 3和比例克标本的图片，以示该种的不同形态（或属于有区别的不同种）。Ptolemais 3地点的标本原图片没有标示放大倍数，编者估算为35倍，以此换算。该种尺寸大于*Micromys chalceus* Storch, 1987、*M. paricioi* Mein et al., 1983、*M. praeminutus* Kretzoi, 1959和*M. minutus* (Pallas, 1771)，但小于*M. steffensi* van de Weerd, 1979，与*M. bendai* van de Weerd, 1979、*M. cingulatus* Storch et Dahlmann, 1995和*M. tedfordi* Wu et Flynn, 1992相当。

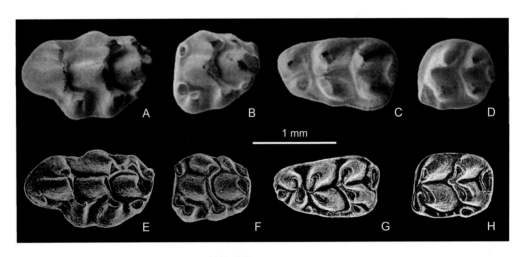

图306　科赞巢鼠 *Micromys kozaniensis*

A. 右M1（IVPP V 11904.1，反转），B. 左M2（IVPP V 11904.2），C. 左m1（IVPP V 11904.3），D. 左m2（IVPP V 11904.4），E. 左M1（收藏单位不明，PT3 306，正模），F. 左M2（收藏单位不明，PT3 336），G. 左m1（收藏单位不明，PT3 241），H. 左m2（收藏单位不明，PT3 274）；冠面视（A–D引自Qiu et Storch, 2000；E–H引自van de Weerd, 1979）

戴氏巢鼠 *Micromys tedfordi* Wu et Flynn, 1992

（图307）

正模　IVPP V 8859.3，左下颌骨带m1–2。山西榆社YS 50地点，下上新统高庄组南庄沟段。

副模　IVPP V 8859.1, 2, 4，不完整下颌骨1件、臼齿2枚。产地与层位同正模。

归入标本　IVPP V 8858, V 8860–8862，不完整下颌骨 2 段、臼齿 35 枚（山西榆社）。IVPP V 19952–19957，破损上、下颌骨 6 件，臼齿 243 枚（内蒙古阿巴嘎旗）。

鉴别特征　大型 *Micromys*，牙齿具不很发育的"皇冠型"构造。颏孔位于齿骨侧面、齿虚背面的下方。M1 总有 t7 和 t12，t4 与 t7 分离，五齿根。下臼齿的颊侧附尖小或呈脊形；m1 和 m2 具较发育的 Ls；m1 的 Acc 小但明显，双齿根及一中央小根；个别 m2 三齿根（两前齿根和一后齿根）。

产地与层位　山西榆社盆地（YS 4、50、57b、90 和 97 地点），下上新统高庄组—中上新统麻则沟组，内蒙古阿巴嘎旗高特格，上新统。

评注　*Micromys tedfordi* 还报道于河北泥河湾晚上新世地层（郑绍华等，2006），甘肃灵台晚中新世晚期—上新世地层（郑绍华、张兆群，2001），但均无描述。河北阳原、蔚县晚上新世稻地组、山西榆社盆地早更新世海眼组和安徽繁昌人字洞早更新世的裂隙堆积中都发现了 *Micromys* aff. *M. tedfordi*（吴文裕、Flynn，1992；蔡保全、邱铸鼎，

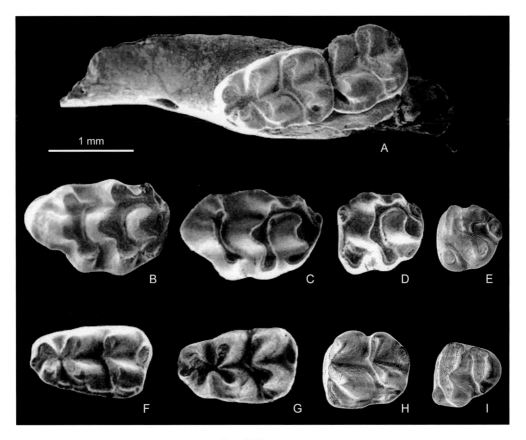

图 307　戴氏巢鼠 *Micromys tedfordi*

A. 左下颌带 m1–2 (IVPP V 8859.3，正模)，B. 左 M1 (IVPP V 8858.1)，C. 右 M1 (IVPP V 8861.7，反转)，D. 右 M2 (IVPP V 8861.11，反转)，E. 左 M3 (IVPP V 19953.2)，F. 左 m1 (IVPP V 8858.3)，G. 右 m1 (IVPP V 8861.23，反转)，H. 左 m2 (IVPP V 19952.11)，I. 右 m3 (IVPP V 19952.14，反转)；冠面视（A–D, F, G 引自 Wu et al., 2017；E, H, I 引自邱铸鼎、李强，2016）

1993；金昌柱等，2009），这些亲近种的牙齿形态都与 *M. tedfordi* 相似，但是牙齿的尺寸和颊孔在下颌的位置不同，指示了其生存时代的差异。蔡保全和邱铸鼎（1993）在研究阳原、蔚县稻地组的巢鼠时曾指出，匈牙利（MN 15）的 *M. praeminutus* Kretzoi, 1959 牙齿的尺寸和形态都落入稻地的 *Micromys* aff. *M. tedfordi* 的变异范围，认为稻地的 *M.* aff. *M. tedfordi*，甚至榆社的 *Micromys tedfordi* 可能都应归入 *M. praeminutus*。这是值得进一步研究的问题，但由于对比材料有限，有待新材料尤其是 *M. praeminutus* 下颌骨的发现。

华夏鼠属 Genus *Huaxiamys* Wu et Flynn, 1992

模式种 唐氏华夏鼠 *Huaxiamys downsi* Wu et Flynn, 1992

鉴别特征 臼齿小、低冠皇冠型，齿尖强烈倾伏。M1 的 t2 前壁向前远伸，t3 很后位，t2 与 t3 间的谷宽阔；t2 与 t1 连接成前颊 - 后舌向延伸的斜脊；无 t7。m1 的 Acc 小或缺失；舌侧下前边尖不同程度地前颊 - 后舌向膨胀，且较颊侧下前边尖更向前伸；齿经磨蚀后 Acc 与舌侧下前边尖相连；颊 - 舌下前边尖对与下后尖 - 下原尖对组成不对称的"X"型；具发育不完全的 Ls。颊侧附尖退化，m1 三齿根、M2 四齿根、M3 多为双齿根（极少数为三齿根）；m1 和 m2 双或三齿根，m3 双齿根。

中国已知种 *Huaxiamys downsi* 和 *H. primitivus* 两种。

分布与时代 山西、河北、甘肃、内蒙古，晚中新世—晚上新世。

评注 *Huaxiamys* 属发现于华北和西北地区。除上述两个命名种之外，尚有河北阳原县红崖南沟上新世晚期稻地组产的 M1 和 m1 各一枚，标本形态与 *H. downsi* 较一致，尺寸也落入其个体变异范围之内，但 M1 的 t3 后刺相对较清楚，m1 的颊侧下后附尖（c1）稍强，Ls 较发育，被当作 *Huaxiamys* cf. *H. downsi* 处理（蔡保全、邱铸鼎，1993）。在内蒙古化德比例克有一枚 M1 及两枚 m2，标本尺寸小，兼具 *H. primitivus* 和 *H. downsi* 的特征，被定为未定种（Qiu et Storch, 2000）。

Huaxiamys primitivus 和 *H. downsi* 是处于两个不同演化阶段的种，张兆群和郑绍华（2000, 2001）报道了甘肃灵台文王沟和小石沟晚中新世至上新世不同层位中这两个种的转换现象，并发现了下部层位更为原始、与 *Progonomy* 相似的华夏鼠新种，但都没有详细的研究，邱铸鼎和李强（2016）怀疑其可归入 *Allohuaxiamys* 属。

唐氏华夏鼠 *Huaxiamys downsi* Wu et Flynn, 1992

（图 308）

正模 左 M1（IVPP V 8855.7）。山西榆社盆地（YS 4 地点），下上新统高庄组醋柳沟段。

副模 IVPP V 8855.1–6, 8–56，不完整下颌 5 件、臼齿 50 枚。产地与层位同正模。

归入标本 IVPP V 8853–8854, V 19944–19947, V 20085，残破下颌骨 1 件、臼齿 226 枚（山西榆社、内蒙古阿巴嘎旗）。

鉴别特征 进步的 *Huaxiamys*。M1 的 t2 前壁向前迅速变窄；t3 和 t4 较在 *H. primitivus* 中更后位。m1 的 Acc 及 m1、m2 的 Pcd 和颊侧附尖通常退化至齿带状脊。m1 和 m2 具有 2 或 3 个齿根。

产地与层位 山西榆社盆地（IVPP YS 4、50、97 地点），下上新统高庄组；内蒙古阿巴嘎旗高特格，上新统。

评注 内蒙古高特格是目前发现 *Huaxiamys* 化石最多的一个地点，丰富的材料增进了对这个属的认识。M1 上 t12 的发育程度曾作为 *H. primitivus* 和 *H. downsi* 种间区别的特征之一（吴文裕、Flynn，1992），邱铸鼎和李强（2016）发现高特格和榆社 *H. downsi* 标本的 M1 中都有部分存在 t12，其出现与磨蚀程度有关，未磨蚀和轻度磨蚀的标本中，t12 较明显，因此认为 t12 的存在与否不能作为两种的区别特征。

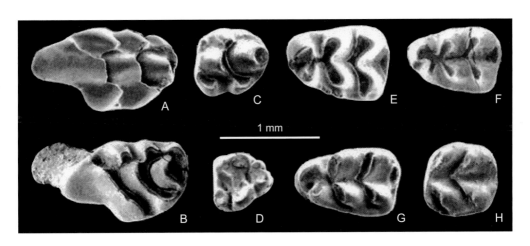

图 308 唐氏华夏鼠 *Huaxiamys downsi*

A. 左 M1（IVPP V 8855.7，正模），B. 右 M1（IVPP V 8855.13，反转），C. 左 M2（IVPP V 8855.22），D. 右 M3（IVPP V 8855.25，反转），E. 左 m1（IVPP V 8855.28），F. 右 m1（IVPP V 8855.35，反转），G. 右 m1(IVPP V 8855.36，反转），H. 左 m2（IVPP V 8855.47）：冠面视（引自吴文裕、Flynn，1992）

原始华夏鼠 *Huaxiamys primitivus* Wu et Flynn, 1992

（图 309）

正模 IVPP V 8850.1，右 M1。山西榆社盆地（YS 32 地点），上中新统马会组。

副模 IVPP V 8850.2–5，4 枚臼齿。产地与层位同正模。

归入标本 IVPP V 8851.1–2，V 11344.1–3，破损下颌骨 1 件、臼齿 4 枚（山西榆社）。

鉴别特征 与 *Huaxiamys downsi* 相比，具较不发育的皇冠型齿；M1 的 t3 较少后移；t2 前壁前伸，但不迅速变窄；具 t12。m1 的 Acc 和 m1、m2 的颊侧附尖较发育。下臼齿的后齿带尖为卵圆形。m1 和 m2 仅具 2 个齿根。

产地与层位 山西榆社盆地（IVPP YS 3、32、60 地点），上中新统马会组至下上新统高庄组桃阳段。

评注 据郑绍华和张兆群（2001）报道，该种还发现于甘肃灵台文王沟和小石沟的上新统，但未见具体的描述。

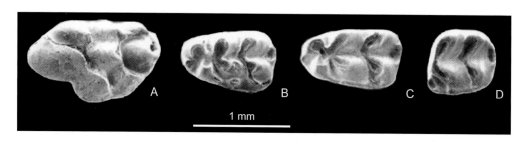

图 309　原始华夏鼠 *Huaxiamys primitivus*

A. 右 M1（IVPP V 8850.1，正模，反转），B. 左 m1（IVPP V 8851.1），C. 左 m1（IVPP V 8851.2），D. 左 m2（IVPP V 8850.5）；冠面视（引自吴文裕、Flynn，1992）

异华夏鼠属 Genus *Allohuaxiamys* Qiu et Li, 2016

模式种 高特格异华夏鼠 *Allohuaxiamys gaotegeensis* Qiu et Li, 2016

鉴别特征 体小，齿冠低。M1 具"皇冠型"构造；t2 窄，向前延伸，但远不如 *Huaxiamys* 的窄长；t2 与 t1 近于丘形，之间的连接低；t3 紧靠 t2，与 t6 相距较远；t2 和 t1、t5 和 t4 未形成两条平行的斜脊；无 t1bis 和 t7，具 t12；可能具有 3 个齿根。

中国已知种 仅模式种。

分布与时代 内蒙古，上新世早期；甘肃，晚中新世晚期—上新世早期；河北，上新世晚期。

评注 该属种仅建立于两枚标本之上，但特征明显，足以与其他属区分。邱铸鼎与李强（2016）认为甘肃灵台文王沟尚未详细描述的"*Huaxiamys* n. sp."（张兆群、郑绍华，2000）和河北泥河湾稻地老窝沟的"*H. primitivus*"（蔡保全等，2004）可以归入异华夏鼠。他们还认为，*Allohuaxiamys*、*Huaxiamys* 与 *Micromys* 在形态上高度相似，三者很可能有较近的亲缘关系，甚至拥有共同的祖先。

高特格异华夏鼠 Allohuaxiamys gaotegeensis Qiu et Li, 2016

（图 310）

Huaxiamys downsi：李强等，2003，108 页（部分）

Huaxiamys sp.：Qiu et al., 2013, p. 177（part）

正模 IVPP V 19948，右 M1。内蒙古阿巴嘎旗高特格（DB02-1 地点），下上新统。

副模 IVPP V 19949，一枚右 M1。产地与层位同正模。

鉴别特征 同属。

评注 甘肃灵台文王沟尚未经描述的"*Huaxiamys* n. sp."（张兆群、郑绍华，2000）和河北泥河湾稻地老窝沟的"*H. primitivus*"与该种很相似但稍有区别。

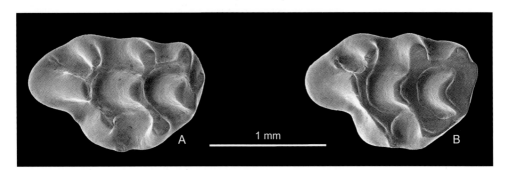

图 310　高特格异华夏鼠 *Allohuaxiamys gaotegeensis*
A. 右 M1（IVPP V 19948，正模，反转），B. 右 M1（IVPP V 19949，反转）：冠面视（引自邱铸鼎、李强，2016）

小鼠属 Genus *Mus* Linnaeus, 1758

模式种 小家鼠 *Mus musculus* Linnaeus, 1758

鉴别特征 臼齿特征：尺寸小。第一臼齿的长度大于齿列长度的一半，第三臼齿很退化（变小）；M1 的 t1 很后位，三齿根；M1 和 M2 不具 t7 和 t12；m1 不具下前中尖，双齿根；m2 的颊侧下前边尖很小或缺失，下臼齿都不具颊侧附尖。

中国已知种（化石） *Mus musculus* 和 *M. pahari* 两种。

分布与时代 北京、辽宁、山东、湖北、广西、贵州、重庆，早—晚更新世。

评注 *Mus* 是一很复杂的现生鼠属，由构成一单系类群的 4 个亚属组成，目前有 38 个现生种（Musser et Carleton, 2005），分布于欧、亚和非洲；中国有 6 种，遍布全国。该属的系统发育关系尚无定论。Misonne（1969）依据臼齿特征分析将其置于 *Rattus* 分支（Division），但分子生物学数据的聚类分析表明它与 *Apodemus* 的关系更为紧密（Musser et Carleton, 2005）。Misonne（1969）并根据牙齿特征将全世界的 *Mus* 分为 3 组，即① *M. booduga* 组：M1 强烈扭曲，适度加长，M3 适度退化。该组包含欧亚及北非的 *M. musculus*。② *M. minutoides* 组：M1 相当扭曲，极度加长，M3 强烈退化。该组主要为非洲种。③ *M. pahari* 组：M1 稍扭曲，适度加长，M3 适度退化，个体通常较大。

化石的 *Mus pahari* 在中国仅发现于重庆万州晚更新世及贵州普定中更新世的动物群中（郑绍华，1993）。除 *M. pahari* 和 *M. musculus* 外，化石 *Mus* 的未定种在中国多个地点被发现，如北京周口店（Pei, 1931, 1936；Young, 1932, 1934；程捷等，1996）、山东淄博（郑绍华等，1997）、辽宁营口（张森水等，1993）、重庆巫山（黄万波等，1991；郑绍华，1993；黄万波等，2000）、湖北建始（郑绍华等，2004）和广西（陈耿娇等，2002），但仅有简单的报道，缺乏较详细的描述。

小家鼠 *Mus musculus* Linnaeus, 1758

（图 311）

正模 不明，现生标本（瑞典乌普萨拉）。

归入标本 YKM M.21, 21.1–17，上、下颌骨 18 件（辽宁营口）。IVPP RV 97041.1–2，臼齿 2 枚（山东淄博）。IVPP C/C. 307, C/C. 1131–1136, C/C. 2570–2579，上、下颌骨 326 件（北京周口店）。

鉴别特征 *Mus* 属中最小的种。M1 齿冠前壁具有轻微的齿带，t7 缺失，t4 与 t8 不相连，t9 小，与 t6 相距远；M2 与 M1 的后部形态一致，但 t1 大、t3 缺失；M3 小，三角形；m1 的 Pcd 大，位居中；m2 颊侧下前边尖很小，一经磨蚀就消失，Pcd 较小；m3 小，缺失颊侧下前边尖，仅由前（由下原尖与下后尖组成）后（下内尖）两齿板组成。

产地与层位 北京房山周口店（第一、二、三地点）、山东淄博孙家山，中更新统；辽宁营口金牛山，上更新统。

评注 由于人类活动 *Mus musculus* 遍布于除南极外的世界各地。在中国，目前化石

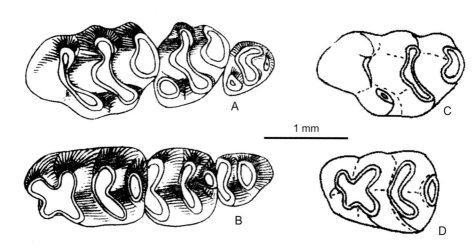

图 311　小家鼠 *Mus musculus*

A. 左 M1–3（YKM M.21），B. 左 m1–3（YKM M.21.2），C. 右 M1（IVPP RV 97041.1，反转），D. 左 m1
（IVPP RV 97041.2）：冠面视（A, B 引自郑绍华、韩德芬，1993；C, D 引自郑绍华等，1997）

仅见于北方少数几个中、晚更新世地点，它们与欧亚大陆的现生 *M. musculus* 无重要差别。线粒体基因组研究表明，该种起源于印度次大陆的北部并由此扩散。

锡金小鼠 *Mus pahari* Thomas, 1916

（图 312）

正模 不明，现生标本（印度锡金 Batasia）。

归入标本 IVPP V 9670.1–12，下颌骨 12 件（重庆万州）。IVPP V 9670.13，下颌骨 1 件（贵州普定）。NHMG WY17.1–29，破损的上、下颌各一段、臼齿 27 枚（广西田东）。

鉴别特征 该种的齿尖近于垂直。M1 的前叶（t2 + t3）短，t1 远离 t2，t4 具有一较粗壮的后脊与 t8 相连，颊、舌侧齿尖分别向外突出，t9 发育，三齿根；M2 的 t1 大，t3 小或缺失，t4 也有粗壮的脊与 t8 相连，三齿根；m1 瘦长，齿冠前部不很变窄，舌侧下前边尖远大于颊侧下前边尖，不中位，双齿根；m2 的颊侧下前边尖很小或近于缺失；m3 很小，无颊侧下前边尖，单齿根。

产地与层位 广西田东雾云洞，中更新统或上更新统下部；重庆万州盐井沟、贵州普定白岩脚洞，上更新统。

评注 现生 *Mus pahari* 分布于印度东北部、不丹、缅甸北部、泰国、柬埔寨、老挝、越南、我国华南和西南。在泰国洞穴堆积中的发现（Chaimanee, 1998）表明该种在中更新世就已出现。广西雾云洞标本原被指定为锡金小鼠的相似种（陈耿娇等，2002），编者依据其尺寸和形态认为可归入 *Mus pahari*。郑绍华（2004）还记载了湖北建始早更新世龙骨洞的 *Mus* cf. *M. pahari*（IVPP V 131222.1–6，6 枚臼齿），与现生标本有所不同，作者认为可能代表一个新的种类。

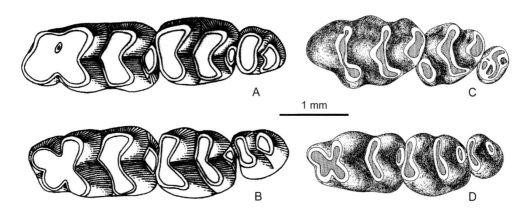

图 312　锡金小鼠 *Mus pahari*

A. 右 m1–3（IVPP V 9670.1），B. 左 m1–3（IVPP V 9670.13），C, D. 同一个体的右 m1–3（D 反转）和左 M1–3（BMNH 33.4.1.466，引用标本）：冠面视（A, B 引自郑绍华，1993；C, D 引自 Misonne, 1969）

巫山鼠属 Genus *Wushanomys* Zheng, 1993

模式种 低冠巫山鼠 *Wushanomys brachyodus* Zheng, 1993

鉴别特征 中—大型。具长的门齿孔和狭窄的眶间区；臼齿低—高冠；M1 和 M2 的 t7 缺失，但在 t8 舌侧偶有一很弱的脊；M1 和 M2 不具 t12；t3 在 M2 存在，但在 M3 缺失；M1 的 t6 有后刺；m1 缺失 Acc 和颊侧前附尖；m2 和 m3 具颊侧下前边尖；M1 具有 3–5 个齿根、M2 四齿根、M3 具有 2 个或 3 个齿根、m1–3 双齿根。

中国已知种 *Wushanomys brachyodus*, *W. hypsodontus*, *W. ultimus*，共 3 种。

分布与时代 重庆、湖北，早更新世。

评注 除齿尖构造的差异外，*Wushanomys* 以其双齿根的 m1 区别于具 4 个齿根 m1 的 *Niviventer*、*Rattus*、*Leopoldamys* 和 *Berylmys*（郑绍华，1993）。

低冠巫山鼠 *Wushanomys brachyodus* Zheng, 1993

（图 313）

正模 IVPP V 9716，右 M1。重庆巫山龙骨坡（6 层），下更新统。

副模 IVPP V 9717，右 m1。产地与层位同正模。

归入标本 IVPP V 9718，头骨 1 件、下颌骨 7 件、臼齿 421 枚（重庆巫山）。

鉴别特征 个体较小，相对低冠，M1 的 t3 相对发育、t1bis 及 t6 的后刺相对不明显，M1 具有 3–4 个齿根，但以三齿根为主。

产地与层位 重庆巫山龙骨坡（2、5、6 层），下更新统。

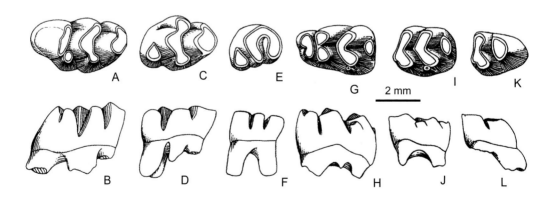

图 313 低冠巫山鼠 *Wushanomys brachyodus*

A, B. 右 M1（IVPP V 9716，正模），C, D. 右 M2（IVPP V 9718.165），E, F. 右 M3（IVPP V 9718.203），G, H. 右 m1（IVPP V 9717），I, J. 右 m2（IVPP V 9718.378），K, L. 右 m3（IVPP V 9718.425）；A, C, E, G, I, K. 冠面视，B, D, F. 舌侧视，H, J, L. 颊侧视；均反转（引自郑绍华，1993）

高冠巫山鼠 *Wushanomys hypsodontus* Zheng, 1993

(图 314)

正模 IVPP V 9719，右 M1。重庆巫山龙骨坡（⑥层），下更新统。

副模 IVPP V 9720, V 9721.1–4, 6, 8, 9, 12–21，臼齿 18 枚。产地与层位同正模。

归入标本 IVPP V 9721. 5, 7, 10, 11, 臼齿 4 枚（重庆巫山）。

鉴别特征 较 *Wushanomys brachyodus* 个体大、齿冠高和齿尖倾伏的巫山鼠。M1 具有更大且后位的 t1 和 t4、更退化的 t3 和更发育的 t1bis 及 t6 后刺，四或五齿根。m2–3 颊侧下前边尖及后附尖较不发育。

产地与层位 重庆巫山龙骨坡（⑤、⑥层），下更新统。

评注 建种者将产自模式地点巫山龙骨坡⑥层的一些标本作为归入标本，本志将其改称副模。

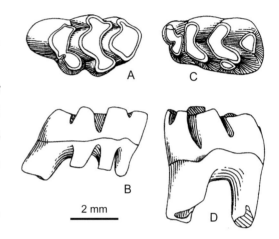

图 314 高冠巫山鼠 *Wushanomys hypsodontus* A, B. 右 M1（IVPP V 9719，正模），C, D. 右 m1（IVPP V 9720）；A, C. 冠面视，B. 舌侧视，D. 颊侧视；均反转（引自郑绍华，1993）

最后巫山鼠 *Wushanomys ultimus* Zheng, 2004

(图 315)

正模 IVPP V 13230，右 M1。湖北建始龙骨洞（东洞），下更新统。

副模 IVPP V 13231.1–42，臼齿 42 枚。产地与层位同正模。

归入标本 IVPP V 13231.43–145, V 13231，臼齿 104 枚（湖北建始）。

鉴别特征 牙齿尺寸介于 *Wushanomys brachyodus* 和 *W. hypsodontus* 之间，但齿冠较高。M1 的 t6 后刺的存在比例较小，四齿根，时见在前后齿根间具有一小颊侧根。M2 的 t3 存在比例较小。m3 的颊侧下前边尖存在的比例较低。

产地与层位 湖北建始龙骨洞（东洞、西支洞），下更新统下部。

评注 *Wushanomys ultimus* 的牙齿形态较接近 *W. hypsodontus*，但与其有以下区别：① M1 的 t1 相对更大更后位、t3 更退化、t4 相对 t6 更大，t1 和 t4 更向舌侧突出；② m1 和 m2 下原尖和下次尖更倾斜后位；③ M1 具有 4–5 个牙根。*Wushanomys* 属 M1 的齿根数有明显的进化趋势：从具 3 个根为主的 *W. brachyodus* 经 3–4 个根的 *W. hypsodontus* 至具 4–5 个根的 *W. ultimus*。

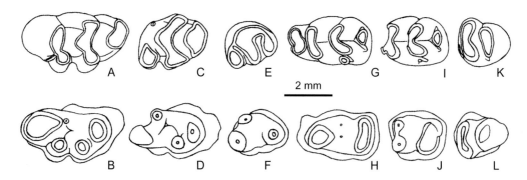

图 315　最后巫山鼠 *Wushanomys ultimus*

A, B. 右 M1（IVPP V 13230，正模），C, D. 右 M2（IVPP V 13231.64），E, F. 右 M3（IVPP V 13231.14），
G, H. 右 m1（IVPP V 13231.143），I, J. 右 m2（IVPP V 13231.144），K, L. 右 m3（IVPP V 13231.133）；A,
C, E, G, I, K. 冠面视，B, D, F, H, J, L. 根面视；均反转（引自郑绍华，2004）

　　建种者在建种时将模式地点（东 L3 层）除正模外的 42 枚臼齿（IVPP V 13231.1–42）都作为归入标本，而将东洞 L5 层的一枚右 m1（IVPP V 13231）作为副模。按国际动物命名法规，模式地点除正模外的标本都应为副模，而其他地点的标本应为归入标本。

狨鼠属 Genus *Hapalomys* Blyth, 1859

　　模式种　长尾狨鼠 *Hapalomys longicaudatus* Blyth, 1859（缅甸德林达依省锡唐河流域）

　　鉴别特征　门齿宽而粗壮。臼齿形态独特：上臼齿的舌侧齿尖与下臼齿的颊侧附尖很发育，与其他齿尖几乎等大，且齿尖在纵向和横向上几乎呈直线整齐排列，M1、M2 和 m1、m2 的齿冠面呈长方形或正方形，纵横均由三列齿尖组成。上臼齿 t12 缺失或很弱。下臼齿具 Ls；在下臼齿的后缘、下次尖与颊侧下后附尖之间，通常有一发育的小齿尖，与位于偏舌侧的 Pcd 对称排列。

　　中国已知种（化石）　*Hapalomys angustidens*, *H. delacouri*, *H. eurycidens*, *H. gracilis*，共 4 种。

　　分布与时代　重庆、安徽，早更新世；海南，晚更新世末或全新世初。

　　评注　*Hapalomys* 为一现生属，分布于巽他陆架、中印半岛（缅甸、马来西亚、泰国、越南南部、老挝）和中国南方。现生的狨鼠有长尾狨鼠（*H. longicaudatus*）和德氏狨鼠（*H. delacouri*）2 种，在我国长尾狨鼠分布于海南、广西等地，多见于热带森林；德氏狨鼠分布于云南西双版纳、广西、海南等低纬度的热带森林（王应祥，2003）。

　　除上述化石命名种外，在重庆巫山还发现过似德氏狨鼠（*Hapalomys* cf. *H. delacouri*），在安徽繁昌报道了狨鼠的未定种（郑绍华，1993；金昌柱等，2009）。繁昌人字洞标本的齿冠较低，釉质层较厚，m1 短宽，颊侧后齿带尖弱小，舌侧后齿带尖较大，形态与已知种有所差别，它是分布最北的狨鼠化石，很可能代表一新种。狨鼠化石在重庆和安徽早更新世沉积物中的发现表明，该属在早更新世时期曾分布在更北的长江一带较高纬度地区。

狭齿狨鼠 *Hapalomys angustidens* Zheng, 1993

（图 316）

正模 IVPP V 9685，右 M1。重庆巫山龙骨坡，下更新统。

副模 IVPP V 9686, V 9687，臼齿 4 枚。产地与层位同正模。

鉴别特征 体大，牙齿较窄长。M1 颊侧齿尖不明显前置，具 t1bis、t2bis 和前齿带；M3 十分退化，缺失 t7。m1 具双 Acc，m1 和 m2 颊侧附尖稍小，颊侧后齿带尖缺失（或不发育）；m1 三齿根。

评注 原作者将除正模和副模外的 3 枚牙齿（IVPP V 9687.1–3）作为归入标本记载，因其与正模出自相同的地点和层位，这里将其归入副模。标本 IVPP V 9686 应为右 M3，而不是原认为的左 M3。

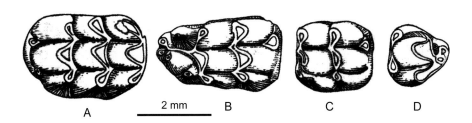

图 316 狭齿狨鼠 *Hapalomys angustidens*
A. 右 M1（IVPP V 9685，正模，反转），B. 右 m1（IVPP V 9687.1，反转），C. 右 m2（IVPP V 9687.3，反转），
D. 右 M3（IVPP V 9686，反转）：冠面视（引自郑绍华，1993）

德氏狨鼠 *Hapalomys delacouri* Thomas, 1927

（图 317）

正模 LMNH BM 26.10.4.183，现生标本（雄性成年个体，越南南部 Dakto）。

归入标本 HNM HV 00158，一件带门齿及 m3 的左下颌。海南三亚落笔洞，上更新统上部或全新统下部。

鉴别特征 尺寸小，仅为 *Hapalomys longicaudatus* 的二分之一；M1 的 t1 等舌侧齿尖明显小于其他齿尖，因此 M1 前舌侧呈斜面，以致轮廓不呈长方形；M1 前缘的 t1bis 和 t2bis 很不发育或缺失；m2 的颊侧后齿带尖缺失或很小。

评注 德氏狨鼠是分布于我国海南岛和广西南部、老挝北部和越南南部的现生鼠类，可能由于其栖息地特殊（例如竹林），故分布零星，至今发现的标本也有限。现生德氏狯鼠具三个亚种，郝思德、黄万波（1998）将发现于落笔洞的化石定名为分布于海南的一个亚种 *Hapalomys delacouri marmosa*，本志将其作为种级记载。郑绍华（1993）曾描述过重庆万州盐井沟平坝下洞（上）的德氏狯鼠的一个相似种（IVPP V 9689）。

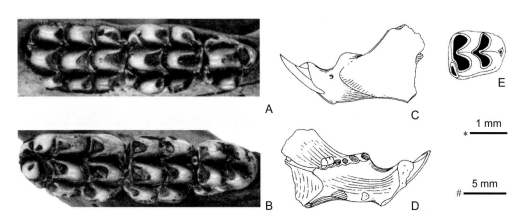

图 317　德氏狯鼠 *Hapalomys delacouri*

A, B. 右 M1–3 和右 m1–3（MNHN 1927-317，反转，引用标本）；C–E. 左下颌及附着的 m3（HNM HV
00158）：A, B, E. 冠面视，C. 颊侧视，D. 舌侧视；比例尺：* - A, B, E，# - C, D（A, B 引自 Musser, 1972；
C–E 引自郝思德、黄万波，1998）

宽齿狯鼠 *Hapalomys eurycidens* Zheng, 1993

（图 318）

正模　IVPP V 9682，左 M1。重庆巫山龙骨坡，下更新统。

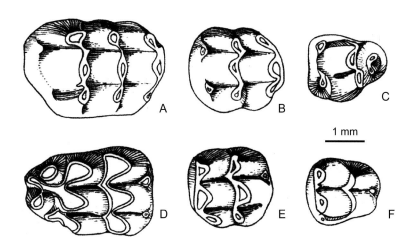

图 318　宽齿狯鼠 *Hapalomys eurycidens*

A. 左 M1（IVPP V 9682，正模），B. 左 M2（IVPP V 9684.9），C. 右 M3（IVPP V 9683，反转），D. 左 m1
（IVPP V 9684.2），E. 左 m2（IVPP V 9684.6），F. 左 m3（IVPP V 9684.8）；冠面视（引自郑绍华，1993）

副模　IVPP V 9683–9684，破损下颌骨 1 件、臼齿 13 枚。产地与层位同正模。

鉴别特征　体大，牙齿短宽。M1 颊侧齿尖明显靠前，缺失舌侧前附尖 t1bis，有 t2bis，五齿根。M3 后部少退化，t7 与 t8 相连。m1 的 Acc 大，偏向舌侧；颊侧附尖较大，但其颊侧下前附尖较小，且具有小结节状的颊侧后齿带尖；具有 3–4 个齿根。

细猕鼠 *Hapalomys gracilis* Zheng, 1993

（图 319）

正模　IVPP V 9688，右 m1。重庆巫山龙骨坡，下更新统。

鉴别特征　小型。m1 瘦长，Acc 大，位于牙齿正前方；颊侧下前附尖和中附尖较小、下后附尖大；无颊侧后齿带尖，舌侧后齿带尖小；双齿根。

评注　该种的材料仅有一枚 m1，其尺寸和形态确实不同于其他的种。

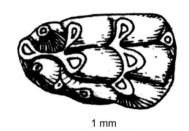

1 mm

图 319　细猕鼠 *Hapalomys gracilis* 右 m1 （IVPP V 9688，反转）：冠面视 （引自郑绍华，1993）

笔尾树鼠属 Genus *Chiropodomys* Peters, 1869

模式种　笔尾小鼠 *Mus gliroides* Blyth, 1856（印度阿萨姆 Khasi 山）

鉴别特征　头骨和吻部宽短；鼻骨短，其前缘通常终止于前颌骨前端稍靠后。泪骨宽且突出。眶间区宽，眶上嵴明显，一直伸至颅侧。颅骨圆隆，后部急剧弯向枕部。颧弓宽而粗壮，其前支从头骨两侧伸出，与头骨几成直角。颧弓板窄，不突出于颧弓前缘，前脊直。门齿孔短宽或细长，终止于齿列前缘之前。腭桥宽长，伸至 M3 后 1 mm。中翼窝和外翼窝宽。鼓泡小，呈球状。下颌骨短，冠状突小。门齿橙色或淡黄色，表面光滑无沟。上门齿为垂直型。上、下臼齿相对于头骨尺寸较小。第一、第三臼齿窄长，第二臼齿见方。齿面构造为 *Apodemus* 型：M1、M2 具 t7，三枚上臼齿都具 t12。下臼齿的颊侧附尖很发育，致使磨蚀较轻的下臼齿看似具有三列齿尖，m1 具 Acc。上臼齿三齿根（M1 的舌侧齿根单一或舌侧具一纵沟），下臼齿双齿根。

中国已知种　*Chiropodomys gliroides* 和 *C. primitivus* 两种。

分布与时代　重庆，早更新世；广西，中更新世或晚更新世；海南，晚更新世末或全新世初。

评注　*Chiropodomys* 为一现生树栖鼠属，包括 5 个现生种，分布于亚洲（印度、中印半岛、马来半岛和巽他群岛）。*Chiropodomys* 与 *Vernaya* 的现生种在外部和头骨形态上不同，但牙齿形态非常接近：M1 都具有发育的 t7 和 t12，下臼齿具有很发育的颊侧附尖和 Pcd。其主要区别为：*Vernaya* 的 M1 为四齿根，M3 与 m3 较短且 M3 齿面结构简单；*Chiropodomys* 的 M1 三齿根，舌侧齿根单一或由两根愈合而成，M3 与 m3 长且 M3 齿面结构复杂。

我国曾记载有 2 个现生种：*Chiropodomys gliroides* 和 *C. jingdongensis*，分布于云南中西部（吴德林、邓向福，1984；王应祥，2003），但 Musser 和 Carleton (2005) 认为两者是同物异名。*Chiropodomys* 属的演化历史仅限于东洋区，化石在中国除重庆早更新世早期的 *C. primitivus* 外（郑绍华，1993），还有广西中更新世或晚更新世早期洞穴堆积中的 *C. cf. C. gliroides*（陈耿娇等，2002），泰国有晚上新世的 *C. gliroides* 和中更新世的 *C. maximum*（Chaimanee, 1998），此外爪哇还有早更新世的 *C. gliroides* 的零散牙齿（Musser et Carleton, 2005）。

笔尾树鼠 *Chiropodomys gliroides* (Blyth, 1856)

（图 320）

Chiropodomys cf. *C. gliroides*：陈耿娇等，2002，43 页

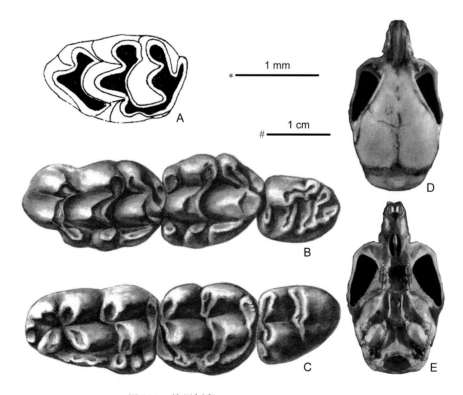

图 320　笔尾树鼠 *Chiropodomys gliroides*

A. 左 M1（HNM HV 00157），B, C. 同一个体的右 M1–3 和 m1–3（AMNH FAM. 113040，反转，引用标本），D, E. 头骨（USNM 283692）；A–C. 冠面视，D. 背面视，E. 腹面视；比例尺：* - A–C，# - D, E（A 引自郝思德、黄万波，1998；B–E 引自 Musser, 1979）

正模　AMNH FAM. 76438–76439，现生标本；模式地点：印度阿萨姆 Khasi 山的 Cherrapunji，标本原保存在加尔各答的印度博物馆，但 1890 年时标本丢失（Sclater, 1890；Musser, 1979）。

归入标本　HNM HV 00157，一左 M1（海南三亚）。NHMG WY20.1–13，臼齿 13 枚（广西田东）。

鉴别特征　*Chiropodomys* 属内较小的种，但大于 *C. muroides*：头骨长约 25 mm，上齿列长小于 4 mm，门齿较窄，深橙色，上臼齿的 t7 窄长。

产地与层位　海南三亚落笔洞，上更新统上部或全新统下部；广西田东雾云洞，中更新统或下更新统上部。

评注　Musser（1979）研究了采自东南亚的大量标本，提供了该种的详细资料。为提供给读者较多信息，本志书引用了保存在纽约美国自然历史博物馆、采集自缅甸北部的现生标本的上、下臼齿列和保存在华盛顿国家自然历史博物馆斯密森研究所、采集自马来西亚的现生头骨照片（Musser, 1979）。

原始笔尾树鼠 *Chiropodomys primitivus* Zheng, 1993

（图 321）

正模　IVPP V 9690，右 M1。重庆巫山龙骨坡，下更新统。

副模　IVPP V 9691，臼齿 13 枚。产地与层位同正模。

鉴别特征　尺寸与现生种 *Chiropodomys gliroides* 相当，但 M1 的 t7 不扁长，t12 发育、大小与 t9 相当且向颊侧突出程度与 t3 相当；m1 的 Acc 居中不偏向颊侧。

评注　该种是我国 *Chiropodomys* 属唯一的化石种。由于 *Chiropodomys* 不同于

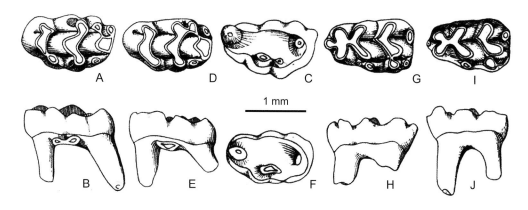

图 321　原始笔尾树鼠 *Chiropodomys primitivus*

A–C. 右 M1（IVPP V 9690，正模，反转），D–F. 右 M1（IVPP V 9691.1，反转），G, H. 右 m1（IVPP V 9691.7，反转），I, J. 左 m1（IVPP V 9691.5）；A, D, G, I. 冠面视，B, E. 舌侧视，H, J. 颊侧视，C, F. 根面视（引自郑绍华，1993）

Vernaya 的主要特征之一是 M1 的舌侧齿根单一或由两根愈合而成，故巫山龙骨坡的标本被归入 *Chiropodomys* 属。本志将原建种者的归入标本指定为副模，因其与正模产自相同的层位。

长尾攀鼠属 Genus *Vandeleuria* Gray, 1842

模式种 栗色小鼠 *Mus oleraceus* Bennet, 1832

鉴别特征 上白齿 t4 较前位，t7 充分发育，t9 较小，t12 不及 *Chiropodomys* 和 *Vernaya* 的发育；M3 短，但不如 *Vernaya* 的 M3 构造简单。m1 有 Acc，下白齿颊侧附尖小，有时组成完整的颊侧齿带，Pcd 大、低位、近于居中。

中国已知种 仅有 *Vandeleuria* sp.。

分布与时代 东洋区，上新世晚期至今。

评注 该属是现今分布在东洋区的地方性现生鼠类，共 3 个种：广布于东洋区（尼泊尔、印度、斯里兰卡低地、中印半岛和中国云南）的栗色长尾攀鼠（综合谭邦杰，1992 和黄文几等，1995 的中文名称）*Vandeleuria oleraceus*，印度西南部的 *V. milagirica* 和斯里兰卡高地的 *V. nolthenii*。其中 *V. oleraceus* 的化石曾在泰国上新世晚期的洞穴堆积中发现。在中国重庆早更新世晚期洞穴堆积中发现的化石被鉴定为 *Vandeleuria* sp.。

长尾攀鼠（未定种）*Vandeleuria* sp.
（图 322）

郑绍华（1993）报道了发现于重庆盐井沟平坝上洞②早更新世晚期洞穴堆积中的

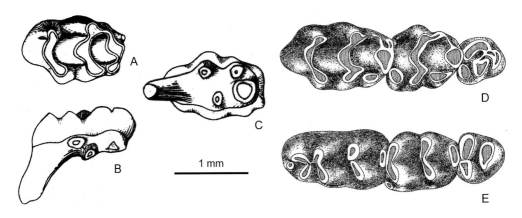

图 322　长尾攀鼠（未定种）*Vandeleuria* sp. 和栗色长尾攀鼠 *Vandeleuria oleraceus*
Vandeleuria sp.：A–C. 左 M1（IVPP V 9692）；*Vandeleuria oleraceus*：D, E. 同一个体的左 M1–3 和 m1–3
（BMNH 12.6.29.71，引用标本）；A, D, E. 冠面视，B. 舌侧视，C. 根面视（A–C 引自郑绍华，1993；D, E 引自 Misonne, 1969）

一枚左 M1 (IVPP V 9692)。该齿具 5 个齿根，t9 十分退化，具圆而位低的 t12。其基本形态与现生的 *Vandeleuria oleraceus* 相似，但尺寸略小；t1 相对 t3 位置较靠后；中横脊更加远离前横脊而更靠近后横脊；t7 和 t4 及 t8 连接很低；t4 后无小刺指向 t8，但 t3 后有小刺指向 t5。*Vandeleuria* sp. 在重庆的发现说明这个属在早更新世晚期曾分布在华南。插图引用了保存在印度孟买自然历史博物馆内的长尾攀鼠的模式种 *Vandeleuria oleraceus* 的图片。

滇攀鼠属 Genus *Vernaya* Anthony, 1941

模式种 普通滇攀鼠 *Vernaya fulva* (Allen, 1927) = *Chiropodomys fulvus* Allen, 1927

鉴别特征 门齿孔向后伸至 M1 前缘或稍后。臼齿构造属 *Apodemus* 型。上、下臼齿的形态与 *Chiropodomys* 相似，但上臼齿的 t1 和 t4 更靠近中，M1 与 M2 的 t12 更发育，M3 和 m3 都较 *Chiropodomys* 的短得多，且 M3 齿面简单，仅由两个横脊组成；m1 与 m2 的颊侧附尖很发育，并具有颊侧后齿带尖；由于发育的颊侧下后附尖及颊侧后齿带尖 m1 多呈窄长的三角形，m2 的舌侧后齿带尖远宽于 m1 的。M1 四齿根。

中国已知种 *Vernaya fulva, V. giganta, V. prefulva, V. pristine, V. wushanica*，共 5 种。

分布与时代 重庆、贵州和云南，早—晚更新世。

评注 *Vernaya* 为一现生单型属。现生种 *V. fulva* 分布于中国南部和缅甸北部 (Lunde, 2007)，最早被 Allen (1927) 归入 *Chiropodomys*，取名 *C. fulvus*。之后，Allen (1938, 1940) 将其归入 *Vandeleuria*，并认为与 *V. dumeticola* 系同物异名。Anthony (1941) 认为 *fulvus* 在形态上既不同于 *Chiropodomys* 也不同于 *Vandeleuria*，并为之建立了 *Vernaya* 属，其种名由 *fulvus* 改为 *fulva*。由于不知悉 Anthony 的工作，Sody (1941) 在 Anthony 之后为 *Chiropodomys fulvus* 建立了 *Octopodomys* 属，Ellerman (1949) 注意到该问题，并于 1961 年正式将其列为 *Vernaya* 的晚出异名。

郑绍华 (1993) 在研究重庆、贵州的鼠类化石时分辨出 8 种不同的滇攀鼠，这是目前仅有的化石记录；郑将这几个种分为两个不同的演化类型。在本志内，编者将 *Vernaya foramena* 和 *Vernaya* cf. *fulvus* 都并入了 *V. fulva* 内。

Vernaya fulva 与 *Vandeleuria oleracea* 的牙齿形态可区分，但据 Allen (1938, 1940) 研究，作为动物整体的外部形态很易混淆，*V. fulva* 可以前肢的 2、3、4、5 指具有锐爪区别于 *V. oleracea*，后者的 1 和 5 指具扁平的指甲。

除上述命名种外，郑绍华 (1993) 还描述了重庆巫山大庙龙骨坡①层的一枚 m1 (IVPP V 9704)，指定为 *Vernaya* sp.，这可能是 *Vernaya* 属最早的地史记载。

普通滇攀鼠 *Vernaya fulva* (Allen, 1927)

（图 323）

Chiropodomys fulvus：Allen, 1927, p. 11

Octopodomys fulvus：Sody, 1941, p. 261

Vernaya foramena：王酉之等，1980，393 页；郑绍华，1993，157 页

Vernaya cf. *fulvus*：郑绍华，1993，161 页

正模 AMNH 43989，现生标本（中国滇西，澜沧江营盘街）。

归入标本 IVPP V 7621.1，一破右上颌带 M1–3（云南呈贡）。IVPP V 9699，破损下颌骨 8 件（贵州桐梓）。IVPP V 9703，破损的上、下颌骨 9 件，臼齿 7 枚（重庆巫山宝坛寺和贵州桐梓）。

鉴别特征 较大型滇攀鼠。模式标本的头骨吻部很短，颅部稍圆隆，沿鼻骨后半部

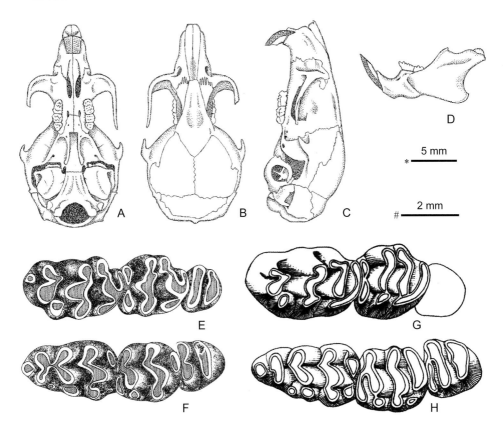

图 323 普通滇攀鼠 *Vernaya fulva*

A–D. 同一个体的头骨及下颌（AMNH 43989，正模），E, F. 同一个体的左 M1–3 和左 m1–3（AMNH 115467），G. 右 M1–3（四川省卫生防疫站编号 75002，反转，引用标本），H. 右 m1–3（IVPP V 9699.2，反转）；A. 腹面视，B. 背面视，C, D. 颊侧视，E–H. 冠面视；比例尺：* - A–D, # - E–H（A–D 引自 Lunde，2007；E, F 引自 Misonne, 1969；G, H 引自郑绍华，1993）

伸向眶间区直至额骨有一明显的纵向凹陷。眶间区通常有左、右两个很小的非骨化区。上门齿为后倾型，釉质呈黄橙色。门齿孔向后延伸稍超过 M1 的前缘。上、下臼齿的形态与 *Chiropodomys* 相似，但上臼齿的 t7 更发育、t1 和 t4 更靠近中、t6 与 t9 更近，M1 与 M2 的 t12 更为发育，M3 和 m3 较 *Chiropodomys* 的短得多，且齿面简单。

产地与层位　贵州桐梓岩灰洞和天门洞、重庆巫山宝坛寺，中更新统；云南呈贡三家村，上更新统。

评注　1993 年郑绍华在研究贵州桐梓岩灰洞的鼠科化石时，把一些标本归入王酉之等（1980）建立的现生种显孔滇攀鼠（*Vernaya foramena*）。但 *Vernaya foramena* 被认为是 *Vernaya fulva* 的晚出异名（李晓晨、王廷正，1995；王应祥，2003；Lunde，2007）。编者赞同这一意见，并将郑绍华（1993）归入 *Vernaya* cf. *fulva* 的重庆巫山宝坛寺和贵州桐梓天门洞的标本也归入该种。插图中引用了 Misonne（1969）绘制的采自缅甸的上、下臼齿列和 Lunde（2007）提供的正模标本的图片，供读者参考。

巨滇攀鼠 *Vernaya giganta* Zheng, 1993

（图 324）

正模　IVPP V 9697，左上颌带 M1。重庆巫山宝坛寺，中更新统。

副模　IVPP V 9698.1–8，8 枚臼齿。产地与层位同正模。

鉴别特征　较大型滇攀鼠。M1 齿冠在 t1 和 t2 之间前方和在 t3 和 t6 之间明显收缩；t9 特别向外突出并与 t6 连接早。M1 和 M2 的 t8 宽度大大超过 t5；t12 向颊侧突出达 t3 外缘水平。门齿孔后缘向后远超过 M1 槽孔前缘。m1 下次尖大。m1 和 m2 颊、舌侧后齿带尖大并彼此相连。

评注　原作者在建种时，将与正模产自同一地点的材料（IVPP V 9698.1–8）作为归入标本，本志将其归入副模。

前普通滇攀鼠 *Vernaya prefulva* Zheng, 1993

（图 325）

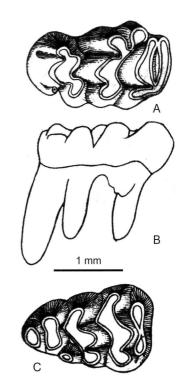

图 324　巨滇攀鼠 *Vernaya giganta*
A, B. 左 M1（IVPP V 9697，正模），C. 左 m1（IVPP V 9698.2）；A, C. 冠面视，B. 舌侧视（引自郑绍华，1993）

正模　IVPP V 9693，1 段右上颌带 M1–2。重庆巫山龙骨坡，下更新统。

副模 IVPP V 9694–9695，上、下颌骨 3 件，臼齿 26 枚。产地与层位同正模。

鉴别特征 较小型滇攀鼠。上门齿孔后缘与 M1 齿槽前缘处于同一水平。M1 和 M2 的 t12 向颊侧突出与 t8 相当，不达 t3 基部水平。m1 和 m2 颊侧后齿带尖发育，但不与舌侧后齿带尖相连。m3 的颊侧下前边尖小。M1、M2 和 M3 的齿根数分别为 4、4、3 个；下臼齿均为双齿根。

评注 原作者在建种时，将模式地点的 2 件上颌骨（IVPP V 9695.1–2）和 26 枚臼齿（IVPP V 9695.3–28）作为归入标本，本志将其归入副模。

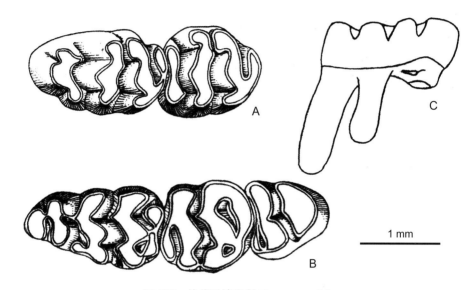

图 325 前普通滇攀鼠 *Vernaya prefulva*

A. 右 M1–2（IVPP V 9693，正模，反转），B. 左 m1–3（IVPP V 9694），C. 右 M1（IVPP V 9695，反转）；
A, B. 冠面视，C. 舌侧视（引自郑绍华，1993）

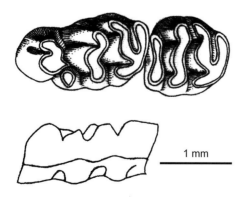

图 326 始滇攀鼠 *Vernaya pristina*
左 M1–2（IVPP V 9696，正模）：冠面视及其 M1
的舌侧视（引自郑绍华，1993）

始滇攀鼠 *Vernaya pristina* Zheng, 1993

（图 326）

正模 IVPP V 9696，左上颌带 M1–2。贵州普定穿洞，中更新统。

鉴别特征 较小滇攀鼠。门齿孔后缘位于 M1 齿槽孔前缘之后。M1 齿冠分别在 t1 和 t2、t3 和 t6 之间显著凹入。M1 和 M2 的 t12 向外突出达 t3 水平。t8 较 t5 发育。M1 无前附尖。M1 和 M2 四齿根。

巫山滇攀鼠 *Vernaya wushanica* Zheng, 1993

（图 327）

正模　IVPP V 9700，右上颌骨带 M1–3。重庆万州盐井沟，中更新统。

副模　IVPP V 9702.2–4, 13, 14, 28, 29, 33, 35, 38–41, 43, 45, 46, 48–50, 63, 71, 72, 80，破损上、下颌骨 8 件，臼齿 15 枚。产地与层位同正模。

归入标本　IVPP V 9702.1、5–12, 15–27, 30–32, 34, 36, 37, 42, 44, 47, 51–62, 64–70, 73–79, 81–89, V 9701，破损上、下颌骨 5 件，臼齿 62 枚（重庆巫山）。

鉴别特征　中型。上门齿孔后缘与 M1 槽孔前缘处于同一水平。M1 和 M2 的 t12 向外突出超过 t8，但不达 t3 外缘水平。M1 常具附尖 t1bis 和 t2bis。m1 的颊侧后齿带尖不与舌侧后齿带尖连接。m3 颊侧下前边尖弱，常有连续的颊侧齿带。M1、M2、M3 齿根分别为 4、4、3 个；下臼齿都为双齿根。

产地与层位　重庆巫山龙骨坡，下更新统；万州盐井沟，中更新统。

评注　建种者指定的副模（IVPP V 9701）出自非模式地点重庆巫山大庙龙骨坡 B 地点，按动物命名法规只能作为归入标本，此外还有一些来自龙骨坡 B 和 D′ 地点的标本也应作为归入标本，原指定归入标本中来自模式地点的，应作为副模。据建种者郑绍华介绍，种名"wushanica"的由来是因为巫山大庙龙骨坡产出了较多材料，但由于疏忽，选择了盐井沟平坝上洞标本作为正模，而将大庙龙骨坡 B 地点的下颌选作为副模。

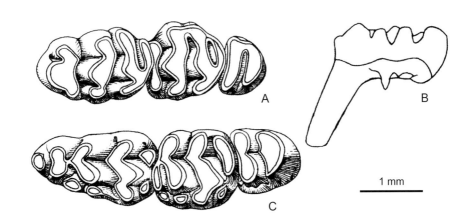

图 327　巫山滇攀鼠 *Vernaya wushanica*

A, B. 右 M1–3 及其中的 M1（IVPP V 9700，正模，反转），C. 右 m1–3（IVPP V 9701，反转）：A, C. 冠面视，
B. 舌侧视（引自郑绍华，1993）

长尾巨鼠属 Genus *Leopoldamys* Ellerman, 1947

模式种　萨巴小鼠 *Mus sabanus* Thomas, 1887

鉴别特征 体大，尾长超过头与躯干长之和。头颅窄长；门齿孔长、呈椭圆形，终止处远在 M1 齿槽前缘之前。大多标本中腭桥终止于上臼齿列后缘之前或（少数）与齿列后缘齐平。中翼窝与腭桥同宽或较宽，其顶部或侧壁几乎完整，仅有一些短缝隙。蝶腭孔缝隙状；卵圆孔前的翼窝近乎完整平坦，前半部布满小坑和小孔。鼓泡很小、紧紧挤压在鳞骨上，其前的欧氏管占鼓泡长度的三分之二。颧弓鳞突位于颅骨侧面很高处；翼蝶骨柱位于咀嚼颊肌孔与副神经卵圆孔（foramen ovale accessorius）之间。下颌骨的冠状突小、髁突与角突间的切迹浅。门齿大而粗壮、釉质层呈亮橙色；上门齿为明显的后倾型。上臼齿缺失 t7；M1、M2 的 t9 小，与 t8 融合以至于几乎消失；除 *Leopoldamys siporanu*s 的一些 M1 外，都不具 t12；M1 的 t3 很小，并与 t2 融合以致界限不明显；M2 常缺失 t3、M3 总缺失 t3；m1 无 Acc，颊侧下前边尖与舌侧下前边尖紧挨，与后面的下原尖-下后尖相连；m2 及 m3 不具颊侧下前边尖。m1 和 m2 具 c1 和宽而大的 Pcd，m3 无 Pcd。M1 与 m1 四齿根。

中国已知种 *Leopoldamys anhuiensis*, *L. edwardsi*, *L. edwardsioides*，共 3 种。

分布与时代 陕西、重庆、贵州、云南、安徽、江苏、湖北和海南，早更新世早期至全新世早期。

评注 *Leopoldamys* 是现生属。最早由 Ellerman（1947–1948）提出作为 *Rattus* 属的一个亚属，Musser 于 1981 年将其提升为属，并将 40 个种或亚种归为 4 个现生种，即 *L. neilli*、*L. edwardsi*、*L. sabanus* 和 *L. siporanus*。这 4 个种在大小、皮毛、头骨、牙齿及染色体数目等方面较为相似或接近，但又都有差别。在牙齿形态上 *Leopoldamys* 属与 *Berylmys*、*Maxomys* 和 *Niviventer* 相似。此外等位基因酶与形态学研究支持将 *Leopoldamys* 与 *Rattus* 分开。基因序列的支序分析结果是 *Leopoldamys* 与 *Niviventer* 为姊妹群，组成一个单系分支，与 *Rattus-Berylmys-Bandicota-Sundamys* 分支和 *Maxomys* 分支分开。

Musser（1981）将 *Leopoldamys* 属与 *Rattus* 和 *Niviventer* 在形态、染色体特征和地理分布等方面做了比较。发现 *Leopoldamys* 形态上与 *Niviventer* 很相似，像是放得很大的 *Niviventer*，与后者的不同在于：①颅骨的鳞骨颧突很高位，就在颞嵴之下；②与齿虚长度相比门齿孔较短，其后缘几乎不超过 M1 的前缘；③鼓泡相对于脑颅尺寸较小，且紧嵌入鳞骨；④相对于头骨，门齿较大且总是后倾型；⑤下颌骨形态非常相似，但 *Leopoldamys* 的尺寸更大，而 *Niviventer* 的门齿颊囊更凸出；⑥ *Leopoldamys* 与 *Niviventer* 的上臼齿轮廓和齿面形态相似，但与头骨和下颌相比尺寸较大，且不像 *Niviventer* 的臼齿窄，M1 与 M2 的第 1、2 横齿列的波形起伏程度差；⑦ M1 四齿根，后者大多为五齿根，上、下第三臼齿相对于其他牙齿尺寸大，几乎所有的 m1 和 m2 都具有颊侧下后附尖；⑧ *Leopoldamys* 的染色体双倍体数较低，但中间着丝粒体和亚近端着丝粒染色体数稍高。

Rattus 与 *Leopoldamys* 的区别，除皮毛和颜色不同外，还有①尺寸小得多，尾巴相

对于头和体长短得多；②门齿孔明显较长，其后缘伸至 M1 之间（M1 前缘之后）；③头骨的腭后部分很短、短于头骨长度的一半；④鼓泡与鳞骨之间关节窝裂宽；⑤下颌骨的冠状突较大、门齿颊囊不很显著；⑥门齿小，上门齿后倾或垂直型；⑦ M1 具 5 个齿根（舌侧根二分）；⑧ M1 与 M2 的 t9 显著（对 *Rattus norvigicus* 是否有 t9 不同的研究者可能有不同的说法，河村的描述就认为没有 t9），在牙齿磨蚀很深的情况下仍不与 t8 融合；⑨很多种的 m1 具有小的 Acc，舌侧下前边尖远大于颊侧下前边尖；m2 和 m3 都具有颊侧下前边尖。

该属的现生种分布于东南亚克拉地峡以北和巽他（大陆架）群岛、泰国、马来西亚和中国。化石除在中国发现的 3 种外尚有郑绍华（2004）记载的中国湖北建始早更新世裂隙堆积中的一未定种、泰国中更新世洞穴堆积中发现的 *L. sabanus* 以及上新世晚期与早更新世沉积物中的 *L. minutus*，后者可能是 *L. edwardsi* 的祖先。

安徽长尾巨鼠 *Leopoldamys anhuiensis* Jin, Zhang, Wei, Cui et Wang, 2009

（图 328）

正模 IVPP V 13998.1，1 件残破头骨，上门齿、吻部及腭部保存完好，除右 M3 外上牙均保留。安徽繁昌人字洞，下更新统下部。

副模 IVPP V 13998.2–221，1 件带左上门齿和 M1-3 的残破头骨，15 件上、下颌及 204 枚臼齿。产地与层位同正模。

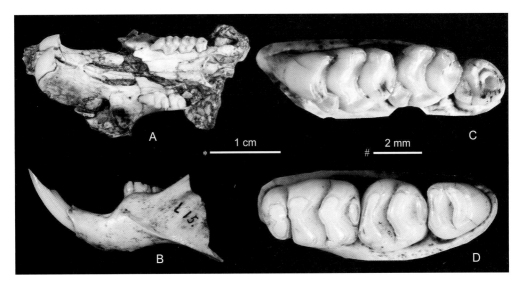

图 328　安徽长尾巨鼠 *Leopoldamys anhuiensis*

A. 头骨前段（IVPP V 13998.1，正模），B. 左下颌（IVPP V 13998.5），C. 左 M1-3（IVPP V 13998.2），
D. 左 m1–3（IVPP V 13998.6）；A. 腹面视，B. 颊侧视，C, D. 冠面视；比例尺：* - A, B, # - C, D（引自金昌柱等，2009）

鉴别特征　头骨门齿孔终止于 M1 齿槽前缘之前，腭桥较短；臼齿齿冠较低，M1 的 t3 较发育，M2 常具 t3；m2 的下前边尖和颊侧下后附尖均发育，三齿根，m3 的下前边尖清楚，常有颊侧下后附尖，三齿根。

评注　繁昌人字洞早更新世早期的 *L. anhuiensis* 是我国最早的长尾巨鼠。原指定的归入标本都与模式标本出自相同的地点和层位，应该作为副模。

爱氏长尾巨鼠 *Leopoldamys edwardsi* (Thomas, 1882)

（图 329）

Mus rattus：Young, 1935b, p. 248

?*Epimys rattus*：Pei, 1940a, p. 385

Epimys cf. *edwardsi*：Young et Liu, 1950, p. 63

Muridae gen. et sp. indet.：徐余瑄等，1957，344 页

Rattus edwardsi：郑绍华，1983，231 页；邱铸鼎等，1984，288 页

模式标本　现生标本，不明（福建西部山区）。

归入标本　IVPP V 9705.1–95，上、下颌及零散的上、下臼齿共 95 件（重庆、贵州）。IVPP V 7624.1，1 件左残破上颌骨（云南呈贡三家村）。HNM HV 00159–00176，下颌骨 18 件（海南三亚）。IVPP V 874，2 件下颌（贵州织金）。IVPP V 569，破损上、下颌骨 31 件（重庆歌乐山）。

鉴别特征　*Leopoldamys* 属中最大的现生种。相对于齿虚的长度门齿孔较其他现生种长，门齿孔后缘接近 M1 的前缘。M2 偶尔有很小的 t3。m1 无 Acc 或保留很小的尖。M1、M2 和 M3 的齿根数分别为 4、3、3 个；m1、m2 和 m3 的齿根数分别为 4、2、2 个。

产地与层位　重庆巫山龙骨坡和宝坛寺、万州盐井沟（平坝上洞）、歌乐山龙骨洞，中更新统；贵州普定穿洞、白岩脚洞，桐梓天门洞、岩灰洞和挖竹湾洞，毕节，中更新统；重庆万州盐井沟（平坝下洞）、云南呈贡三家村，上更新统；海南三亚落笔洞，上更新统上部或全新统下部。

评注　除上述归入标本，郑绍华（1993）将安徽和县猿人地点的 *R. edwardsi*（郑绍华，1983）、江苏丹阳的 ?*Epimys rattus*（Pei, 1940a, p. 385, fig. 4）和重庆万州盐井沟（Young, 1935b）的 *Mus rattus* 也都归入该属种。

Leopoldamys edwardsi 为现生种，分布于印度的西孟加拉大吉岭地区、锡金和北阿萨姆，中南半岛的部分地区，印度尼西亚苏门答腊高地。郑绍华（1993）将重庆、贵州发现的化石材料与四川的现生种标本进行了比较，发现在头骨构造和牙齿的形态方面这些标本没有本质的差异。图 329 提供了纽约美国自然历史博物馆中保存的采集自中国的标

本图片。

Musser（1981）、Musser 和 Carleton（2005）指出，*Leopoldamys edwardsi* 的分类问题尚需进一步研究，被他们归入该种的材料有可能分为两个种：巽他群岛山区和马来西亚的标本在皮毛和头骨特征方面不同于中南半岛其他地区的标本，两者在地理上也有很大的间隔。

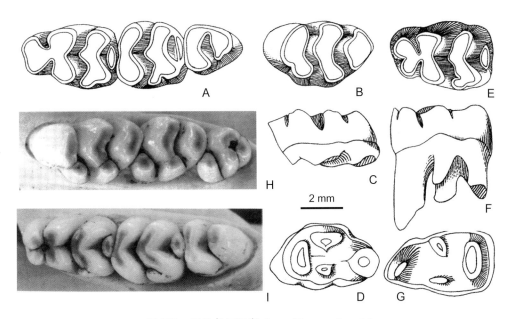

图 329　爱氏长尾巨鼠 *Leopoldamys edwardsi*

A. 右 m1–3（IVPP V 9705.46，反转），B–D. 右 M1（IVPP V 9705.23，反转），E–G. 左 m1（IVPP V 9705.76），
H, I. 同一个体的右 M1–3 及 m1–3（AMNH 117426，反转，引用标本）：A, B, E, H, I. 冠面视，C. 舌侧视，
D, G. 根面视，F. 颊侧视（A–G 引自郑绍华，1993；H, I 引自 Musser, 1981）

拟爱氏长尾巨鼠 *Leopoldamys edwardsioides* Zheng, 1993

（图 330）

Epimys sp.：薛祥煦，1981，35 页

cf. *Rattus*：Jacobs et Li, 1982, p. 258

正模　IVPP V 9706，右 m1。重庆巫山龙骨坡，下更新统。

副模　IVPP V 9707，V 9708，42 枚上、下臼齿。产地与层位同正模。

归入标本　NWU 75-Wei1-4 = 75 渭，1 枚 m1（陕西渭南）。

鉴别特征　小于 *Leopoldamys edwardsi*，相对低冠，m1 两下前边尖分离，m1 和 m2 具小而孤立、较后位的颊侧下后附尖，m2 和 m3 具小而明显的颊侧下前边尖（与现生种不同），M1 的 t3 和 t9 较发育，M2 有微弱的 t3 发育。齿根数与模式种一致。

产地与层位　重庆巫山龙骨坡、陕西渭南游河，下更新统。

评注　建名者将 IVPP V 9708 标本作为归入标本，因其与正模来自龙骨坡同一地点和层位，编者将这些材料都纳入了副模。

郑绍华（2004）描述了湖北建始早更新世的 3 枚脱落臼齿，依据尺寸和形态郑认为似应归入 *L. edwardsioides* 种，但由于标本数量少且缺失最关键的 M1 和 m1，指定为未定种。

产自陕西渭南游河组的一枚 m1（薛祥煦，1981），Jacobs 和 Li（1982）曾将其定为 cf. *Rattus*，郑将其归入了 *L. edwardsioides*，编者认为这一归属尚需斟酌，因其尺寸太小。

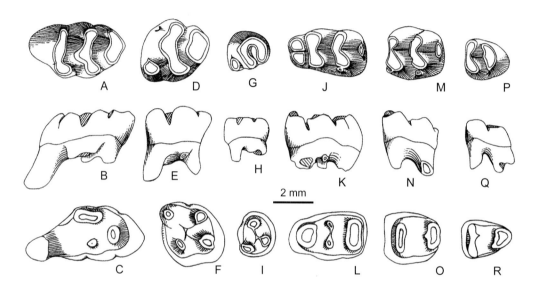

图 330　拟爱氏长尾巨鼠 *Leopoldamys edwardsioides*

A–C. 左 M1（IVPP V 9707），D–F. 左 M2（IVPP V 9708.8），G–I. 右 M3（IVPP V 9708.18，反转），J–L. 右 m1（IVPP V 9706，正模，反转），M–O. 右 m2（IVPP V 9708.32，反转），P–R. 右 m3（IVPP V 9708.40，反转）；A, D, G, J, M, P. 冠面视，B, E, H. 舌侧视，C, F, I, L, O, R. 根面视，K, N, Q. 颊侧视（引自郑绍华，1993）

白腹鼠属 Genus *Niviventer* Marshall, 1976

模式种　白腹鼠 *Niviventer niviventer*（Hodgson, 1936）= *Mus niviventer* Hodgson, 1936（尼泊尔加德满都）

鉴别特征　小—中型鼠。皮毛短密，刚毛不明显；大多数种的尾巴具有双色簇毛。6 或 8 个乳头。门齿孔窄长；颧弓板窄；腭桥短，终止于 M3 后缘之前、或刚过后缘或与后缘齐平；中翼窝壁上有短窄的蝶腭裂孔；翼窝几乎平坦，其前面的 2/3 部分没有大的翼间窝孔；与头骨相比鼓泡的绝对和相对尺寸都小；在咀嚼颊肌孔和副卵圆孔之间有一翼蝶骨柱。门齿的釉质层为橙色；上门齿垂直型或后倾型；大部分种的大多数标本的 M1 具 5 个齿根或 5 个齿根带一小根，少数种的 M1 为四齿根，M2 四齿根；所有种的

m1 都为四齿根（前、后大齿根及颊、舌侧小齿根）。上臼齿都不具 t7 和 t12，t8 大，t9 小且与 t8 界限清楚、磨蚀后与 t8 融合；M2 和 M3 的 t1 大、t3 通常缺失；M1 与 M2 的齿尖横列（脊）呈波状（chevron），M3 相对于 M1 和 M2 很小。m1 前端窄，不具 Acc，两下前边尖通常相连，双齿根；m2 和 m3 通常都不具颊侧下前边尖；m1 和 m2 中组成横脊的颊、舌侧两齿尖间的夹角小，Pcd 大，仅在某些种内具 c1，m3 仅有前后两个齿脊。二倍染色体数为 46，大多由端着丝粒染色体组成，包括 3 对小的中着丝粒染色体。

中国已知种（化石）　*Niviventer andersoni, N. confucianus, N. fulvescens, N. preconfucianus, N.* cf. *N. excelsior*，共 5 种。

分布与时代　重庆、云南、贵州、湖北、山东、安徽、海南和北京，早更新世—全新世早期。

评注　*Niviventer* 曾归属 *Rattus* 属（Ellerman, 1941），后来 Ellerman（1947-1948, 1949）又将其分出置于 *Rattus* 之下的 *Maxomys* 亚属内。Misonne（1969）认为这个类群在牙齿形态上与 *Rattus* 很不同，因此将其提出来，置入 *Maxomys* 属。但是 *Maxomys* 的名称应是 *Rattus* 中另一些分布于马来半岛和巽他群岛的 *rajah*-group 的正确属名。据 Musser（1981）的注解，Marshall 在 1976 年描述了泰国的属于 *Rattus niviventer*-group 的 *hinpoon* 种，在底稿中讨论这个类群时，使用了标题"Subgenus of the *niviventer*-Group"。由于文章的编辑对标题的误解，将标题改为"Subgenus *Niviventer*"，*Niviventer* 因而成了亚属的名称。由于 Marshall 当时并没有正式建立亚属的意图，因此没有指定模式种。但是依据当时的国际动物命名规则条款 68d，*niviventer* 种成为了 *Niviventer* 属的绝对属种同名（absolute tautonymy）模式种。Musser（1981）将 *Niviventer* 提升为属名，并详细阐述了 *Rattus* 与 *Niviventer* 在外部形态、头骨和牙齿形态以及分子生物学层面上的区别。

我国的化石 *Niviventer* 除前述一些种外，在安徽繁昌人字洞、云南呈贡三家村和山西榆社还报道过该属未定种的发现（邱铸鼎等，1984；金昌柱等，2009；Wu et al., 2017），但榆社标本的归属不可靠。

中国 *Niviventer* 的现生种有社鼠（*N. confucianus*）和台湾社鼠（*N. culturatus*）等 9 种，分布于除黑龙江、内蒙古和新疆外的全国各地（王应祥，2003）。

安氏白腹鼠 *Niviventer andersoni* (Thomas, 1911)

（图 331）

Mus rattus：Young, 1935b, p. 247 (part)

Epimys rattus：徐余瑄等，1957，344 页

正模　LMNH BM 11.2.1.135，现生标本（四川峨眉山）。

归入标本　IVPP V 873，11 件保存不完整的下颌及若干枚臼齿（贵州织金）。IVPP V 9714.1–871，不完整头骨 3 件，破损上、下颌 305 件，臼齿 563 枚（重庆、贵州）。

鉴别特征　最大的白腹鼠，大于 *Niviventer confucianus* 和 *N. excelsior*。牙齿特征同属的特征。M1 的长度在 3.27–4.30 mm。

产地与层位　重庆巫山龙骨坡，下更新统；巫山宝坛寺、万州盐井沟（平坝上洞），中更新统。贵州桐梓岩灰洞、挖竹湾洞、天门洞，普定穿洞和白岩脚洞，中更新统。

评注　郑绍华（1993）将 Young（1935b）鉴定的万县盐井沟的 *Mus rattus* 的部分标本厘定为 *Niviventer andersoni*，但是 1935 年这批标本未被描述、绘图照相和编号。该现生种今分布于我国西藏东部、云南、四川西部、贵州北部和陕西南部。与 *Niviventer excelsior* 的亲缘关系最近。

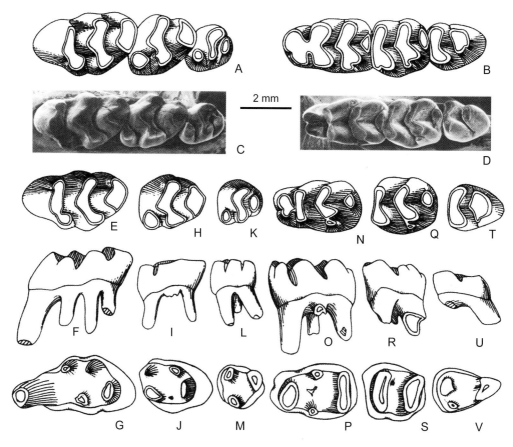

图 331　安氏白腹鼠 *Niviventer andersoni*

A. 右 M1–3（IVPP V 9714.13，反转），B. 右 m1–3（IVPP V 9714.385，反转），C, D. 同一个体的左 M1–3 和左 m1–3（AMNH 111662，引用标本），E–G. 左 M1（IVPP V 9714.112），H–J. 左 M2（IVPP V 9714.205），K–M. 左 M3（IVPP V 9714.278），N–P. 右 m1（IVPP V 9714.632，反转），Q–S. 右 m2（IVPP V 9714.708，反转），T–V. 左 m3（IVPP V 9714.783）；A–E, H, K, N, Q, T. 冠面视，F, I, L. 舌侧视，O, R, U. 颊侧视，G, J, M, P, S, V. 根面视（A, B, E–V 引自郑绍华，1993；C, D 引自 Musser, 1981）

社鼠 *Niviventer confucianus* (Milne-Edwards, 1871)

（图 332）

Epimys rattus：Young, 1934, p. 77

Mus rattus：Young, 1935b, p. 247 (part)

Epimys rattus：Pei, 1936, p. 65

Epimys rattus (smaller size)：Pei, 1940b, p. 45

Rattus rattus：Young et Liu, 1950, p. 43

Epimys rattus：徐余瑄等，1957，344 页

Rattus sp.：金牛山联合发掘队，1976，123 页

Rattus rattus：郑绍华，1983，231 页；张镇洪等，1986，36 页

正模　不详，现生标本（四川穆坪）。

归入标本　IVPP V 9710.1–182，78 件带齿的上、下颌和 104 枚臼齿（川黔地区）。IVPP RV 97036.1–21，1 件下颌及 20 枚臼齿（山东淄博）。IVPP V 873，11 件下颌及数枚臼齿（贵州织金）。IVPP C/C. 2560–2569, C/C. 1123–1130，破损的上、下颌骨 500 余件及若干臼齿（北京周口店）。IVPP V 568，1 件上颌及 10 件下颌（重庆歌乐山）。

鉴别特征　较小型的 *Niviventer*，与 *N. fulvescens* 大小相当。M1 的 t1 大，除少数标

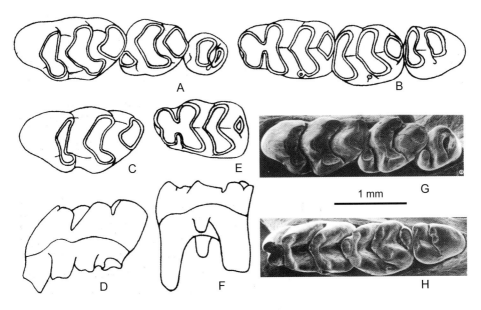

图 332　社鼠 *Niviventer confucianus*

A. 右 M1–3（IVPP V 9710.5，反转），B. 右 m1–3（IVPP V 9710.92，反转），C, D. 左 M1（IVPP V 9710.20），E, F. 右 m1（IVPP V 9710.24，反转），G, H. 同一个体的左 M1–3 和左 m1–3（AMNH 56644，引用标本）；A–C, E, G, H. 冠面视，D. 舌侧视，F. 颊侧视（A–F 引自郑绍华，1993；G, H 引自 Musser, 1981）

本为四齿根外都为五齿根；t3 不很发育，磨蚀后与 t2 界限模糊；t9 小，深度磨蚀后融入 t8。M2 与 M3 都不具 t3；m1 和 m2 通常都有不大的颊侧下后附尖；m2 和 m3 都缺失颊侧下前边尖。

产地与层位　重庆万州平坝、巫山宝坛寺和龙骨坡，山东淄博孙家山，下更新统—中更新统；贵州桐梓挖竹湾洞和天门洞、普定穿洞、织金，重庆歌乐山，北京周口店第一和第三地点，中更新统。

评注　经郑绍华厘定（1993），重庆万州盐井沟（Young，1935b），北京周口店第三地点（Pei，1936）、周口店山顶洞（Pei，1940b），安徽和县，辽宁庙后山、营口金牛山也都产出有 *Niviventer confucianus*，但原著仅有名单，未提供详细信息和标本编号。该现生种在我国广泛分布，除新疆、内蒙古和黑龙江外几乎都有报道（王应祥，2003）。此外，在缅甸北部、泰国北部和越南也有分布。

针毛鼠 *Niviventer fulvescens* (Gray, 1847)
（图 333）

正模　不详，现生标本（尼泊尔）。

归入标本　HNM HV 00177–00207，破损上颌骨 1 件、下颌骨 30 件（海南三亚）。IVPP V 9709，破损下颌骨 8 件、臼齿 17 枚（贵州桐梓、普定）。

鉴别特征　M1 的 t3 缺失或极弱，t9 明显退化；M2 和 M3 都缺失 t3；m1 缺失 Acc，舌侧下前边尖略小于颊侧下前边尖且稍前位，缺失颊侧下前、中附尖，除个例外都具颊侧下后附尖，Pcd 扁宽；m2 颊侧下前边尖很弱，缺失颊侧附尖；m3 颊侧下前边尖和下后附尖小或缺失。M1、M2 和 M3 的齿根数分别为 5、4、3 个；m1 和 m2 的齿根数分别为 4、2 个或多一小齿根。

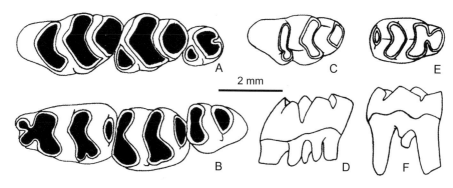

图 333　针毛鼠 *Niviventer fulvescens*

A. 左 M1–3（HNM HV 00205），B. 左 m1–3（HNM HV 00193），C, D. 左 M1（IVPP V 9709.18），E, F. 右 m1（IVPP V 9709.6，反转）：A–C, E. 冠面视，D. 舌侧视，F. 颊侧视（A, B 引自郝思德、黄万波，1998；C–F 引自郑绍华，1993）

产地与层位　贵州桐梓岩灰洞、挖竹湾洞，普定白岩脚洞，中更新统；海南三亚落笔洞，上更新统上部或全新统下部。

评注　该种现今分布于印度东北部、尼泊尔、缅甸及中国南部。对于同域分布的 *Niviventer confucianus* 和 *N. fulvescens* 的鉴定很困难，Musser（1981）赞同 Osgood（1932）的意见，即除外部皮毛特征的差异外，前者尺寸较大，听泡较大更呈球形，鼻骨较长且后方收缩更甚，臼齿显粗壮。贵州桐梓、普定与海南三亚的臼齿形态上有少许差异。

先社鼠 *Niviventer preconfucianus* Zheng, 1993
（图 334）

Epimys rattus：Teilhard de Chardin, 1938, p. 19

Epimys cf. *rattus*：Teilhard de Chardin et Leroy, 1942, p. 31

Niviventer cf. *N. preconfucianus*：金昌柱等，2009，202 页

正模　IVPP V 9711，左 M1。重庆巫山龙骨坡，下更新统。

副模　IVPP V 9712，一右 m1。产地与层位同正模。

归入标本　IVPP V 9713.1–169，下颌骨 1 段、臼齿 168 枚（重庆巫山）。IVPP V 14003.1–67，上、下颌骨和臼齿共 67 件（安徽繁昌）。无编号，较完整和不完整的头骨 2 件（北京周口店，见 Teilhard de Chardin, 1938；Teilhard de Chardin et Leroy, 1942）。IVPP V 13232.1–1173，1173 枚臼齿（湖北建始）。

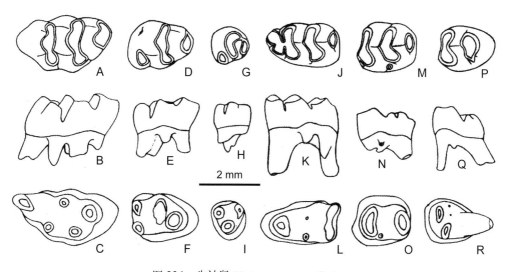

图 334　先社鼠 *Niviventer preconfucianus*

A–C. 左 M1（IVPP V 9711，正模），D–F. 左 M2（IVPP V 9713.44），G–I. 左 M3（IVPP V 9713.68），J–L. 右 m1（IVPP V 9712，反转），M–O. 右 m2（IVPP V 9713.148，反转），P–R. 右 m3（IVPP V 9713.168，反转）：A, D, G, J, M, P. 冠面视，B, E, H. 舌侧视，K, N, Q. 颊侧视，C, F, I, L, O, R. 根面视（引自郑绍华，1993）

鉴别特征 M1 的 t3 与 t2 界线清楚，近半数的标本四齿根；M2 具 t3；m1 颊侧下后附尖相当发育；m2 颊侧下前边尖和下后附尖存在。

产地与层位 重庆巫山龙骨坡、湖北建始龙骨洞、安徽繁昌人字洞、北京周口店第十二地点、山东淄博孙家山，下更新统—中更新统。

评注 *Niviventer preconfucianus* 与 *N. confucianus* 的牙齿尺寸相当，但在形态上保留有原始特征：部分 M1 具 4 个齿根而不是 5 个，少数 m1 具 2 个而不是 4 个齿根，上、下第二、第三臼齿也有个别标本的齿根数比 *N. confucianus* 的少；绝大部分的 M2 留有 t3；很少数 m1 留有 Acc 和 c3，所有 m1 和较多的 m2、m3 具有颊侧下后附尖，较多的 m2 和 m3 具有颊侧下前边尖。该种为 *Niviventer* 属的最早代表。

高原白腹鼠（相似种）*Niviventer* cf. *N. excelsior* (Thomas, 1911)

（图 335）

郑绍华（1993）研究了贵州威宁县观风海天桥裂隙早更新世堆积物中产出的 5 件带门齿和臼齿的下颌以及 8 枚下臼齿（IVPP V 9715.1–13）。依据其臼齿具有 *Niviventer* 的特征，且其尺寸介于 *N. andersoni* 和 *N. confucianus* 之间，认为似应与 *N. excelsior* 相当。但与 Musser（1981）研究的四川的现生标本统计数据比较，存在一定的差异：贵州的标本的所有 m1 都具有颊侧下后附尖；半数的（3/6）的 m2 具有颊侧下前边尖，但颊侧下

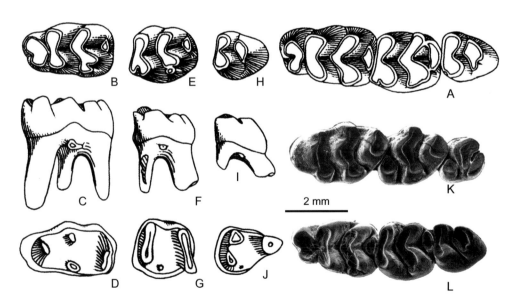

图 335　高原白腹鼠（相似种）*Niviventer* cf. *N. excelsior* 和现生 *Niviventer excelsior*

Niviventer cf. *N. excelsior*：A. 左 m1–3（IVPP V 9715.1），B–D. 右 m1（IVPP V 9715.9，反转），E–G. 右 m2（IVPP V 9715.12，反转），H–J. 右 m3（IVPP V 9715.13，反转）；*Niviventer excelsior*：K, L. 同一个体的左 M1–3 和左 m1–3（AMNH 111666，引用标本）；A, B, E, H, K, L. 冠面视，C, F, I. 颊侧视，D, G, J. 根面视（A–J 引自郑绍华，1993；K, L 引自 Musser, 1981）

后附尖总存在；3 枚 m3 中的 2 枚缺失颊侧下前边尖，但都具有颊侧下后附尖。四川的现生标本中，仅 54% 的 m1 具有颊侧下后附尖；m2 的颊侧下前边尖完全缺失，下后附尖存在的比例仅占 62%；m3 的颊侧附尖完全缺失。郑绍华认为，这些差异可能代表了威宁标本较为原始的性质，也可能是一新的种类，由于仅有下颌及下臼齿材料，暂定为相似种 *Niviventer* cf. *N. excelsior*。为方便读者比较，插图中附上产自四川的现生 *N. excelsior* 的上、下臼齿列的照片（图 335K, L）。

硕鼠属 Genus *Berylmys* (Ellerman, 1947)

模式种 曼尼普尔青毛鼠 *Epimys manipulus* Thomas, 1916（现生种，缅甸中部）

鉴别特征 脑颅背部呈三角形，其背侧缘、眶后缘及眶间区边缘都有低弱的骨脊；鼻泪管很膨大；门齿孔后缘位于 M1 前缘或 M1 前缘之前；腭桥短，其后缘通常与 M3 后缘齐或在后缘之前；翼窝完整，不为蝶翼孔破坏；枕后部扩展并前倾，尤其是 *Berylmys manipulus* 和 *B. berdmorei*。上门齿为垂直型或轻微的前倾型，上、下门齿的釉质为白色至橙色（大多标本为奶油色至浅橙色）；相对于第一和第二臼齿 M3 和 m3 尺寸较小；上臼齿缺失 t7（或 t8 舌侧有一粗脊）和 t12，M1 和 M2 的颊侧齿尖 t3、t6、t9 分别与齿尖列的中间齿尖（t2、t5、t8）相融合；多数种中，t3 在 M2 上不常出现，在 M3 中缺失；m1 通常不具 Acc，下前边尖对窄小；下前边尖在 m2 中常缺失，在 m3 中缺如。40 个二倍染色体，包括 7 对小的和 1 对大的中着丝粒染色体。M1、M2 和 M3 各具 5（少数 4）、4 和 3 个齿根；m1、m2 和 m3 分别具 4、3、3 个齿根。

中国已知种（化石） *Berylmys bowersii* 和 *B. wuhuensis* 两种。

分布与时代 重庆、贵州和安徽，早更新世早期—中更新世。

评注 *Berylmys* 为现生属，包括 4 个现生种：*B. manipulus*、*B. berdmorei*、*B. mackenziei* 和 *B. bowersii*（Musser et Carleton, 2005）。目前在我国发现的现生种有 *B. bowersii*、*B. manipulus* 和 *B. berdmorei*，主要分布于西南和华南地区（王应祥，2003）。郑绍华曾称 *Berylmys* 为青毛鼠，按现生动物的中文名称改称为硕鼠。

该属曾被归入 *Rattus*，Ellerman 最早（1947 年）在 *Rattus* 属下建立了 *Berylmys* 亚属，包括两个种 *Rattus manipulus* 和 *R. berdmorei*。另外，他曾将 *Rattus bowersii* 放在 *Stenomys* 亚属（含 15 个种），并认为 *R. mackenziei* 是 *Rattus bowersii* 的亚种。1949 年 Ellerman 认识到 *Rattus bowersii* 与 *Stenomys* 亚属中其他种类的关系甚远，后来染色体组型的研究也证实了这一点，而且表明 *R. bowersii* 的染色体组型与 *R.* (*Berylmys*) *berdmorei* 相似（Yong, 1968, 1969）。

据 Musser 和 Newcomb（1983, p. 354）所述，为修订 *Rattus bowersii* 及其近亲的分类学关系，Musser 在 20 世纪 60 年代晚期收集了一批材料，其研究结果表明 *R. mackenziei*

与 *R. bowersii* 是两个不同的种，两者与 *R. manipulus* 和 *R. berdmorei* 一起组成了一个单系类群，但不归 *Rattus* 属。几乎同时 Marshall 也开始了对泰国的鼠类的分类学研究，他将 *bowersii*、*mackenziei* 和 *berdmorei* 归入 *Berylmys* 亚属（Marshall, 1976, p. 401）。但是 Musser 的研究成果的出版滞后了，迟至 1983 年才在 Musser 和 Newcomb 的专著中发表。专著中则将 *Berylmys* 提升为属，并将 *mackenziei*、*bowersii*、*manipulus* 和 *berdmorei* 归入该属。硕鼠属除了在外部形态和染色体组成方面不同于 *Rattus* 外，在头骨和牙齿形态上也有区别（参见 *Rattus* 部分）。

青毛硕鼠 *Berylmys bowersii* (Anderson, 1878)
（图 336）

正模 不明，现生标本（中国云南，标本保存在印度加尔各答动物调查所）。

归入标本 IVPP V 9724，不完整下颌 7 件、臼齿 10 枚（重庆、贵州）。

鉴别特征 尺寸最大的 *Berylmys* 种（M1 长 4.70–5.40 mm，m1 长 3.76–4.46 mm）。形态上与 *B. mackenziei* 最相似。颧弓板倾斜（在 *B. mackenziei* 垂直）；所有 M2 和 M3 缺失 t3（在 *B. mackenziei* 中，t3 在近半 M2 和约 1/4 的 M3 标本中存在）；在所有 m1 中无 Acc 并缺失颊侧前附尖，在大多数 m1 中具有颊侧下后附尖（在 *B. mackenziei* 中 1/4 的 m1 缺失颊侧下后附尖）；几乎所有 m2 缺失颊齿下前边尖和具有颊侧下后附尖，m3 缺失颊侧下前边尖。95% 的 M1 五齿根，其余四齿根。脑颅圆而光滑，通常仅在颅部的前半具有颞嵴（*B. mackenziei* 的颅骨背部的低的颞嵴一直延伸至枕骨）。

产地与层位 贵州威宁天桥裂隙，下更新统；重庆万州盐井沟（平坝上洞）、巫山宝

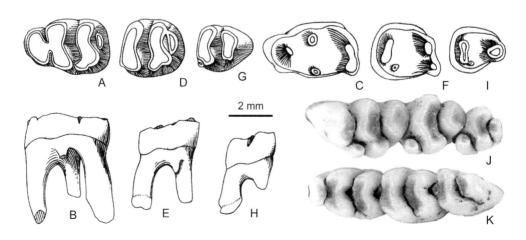

图 336 青毛硕鼠 *Berylmys bowersii*

A–C. 右 m1（IVPP V 9724.14，反转），D–F. 右 m2（IVPP V 9724.16，反转），G–I. 右 m3（IVPP V 9724.17，反转），J, K. 同一个体的右 M1–3 和右 m1–3（AMNH 115233，反转，引用标本）；A, D, G, J, K. 冠面视，B, E, H. 颊侧视，C, F, I. 根面视；（A–I 引自郑绍华，1993；J, K 引自 Musser et Newcomb, 1983）

坛寺，贵州桐梓天门洞和挖竹湾洞，中更新统。

评注 郑绍华（1993）认为重庆、贵州被归入这个种的标本，在尺寸上，在 M1 齿冠短宽、t1 前置、t3 退化、t8 膨大、t9 清楚，M2 具 t3，m1-2 后齿带尖短小，以及 m2-3 有微弱的颊侧下前边尖等特征方面与现生的 *Berylmys bowersii* 吻合。但编者认为，重庆、贵州的标本与 Musser 和 Newcomb（1983）对现生标本的牙齿描述和图片是有一定出入的（见插图中的图片）。郑没能提供 M1 的图片，编者观察到，该标本与 Musser 和 Newcomb（1983）的照片形态有明显差异，其归属尚需斟酌。郑绍华（1993）曾称 *Berylmys bowersii* 为"包氏青毛鼠"，参照谭邦杰（1992）的称谓"包氏硕鼠"和"青毛巨鼠"，以及王应祥（2003）的"青毛硕鼠"，编者采用"青毛硕鼠"的名称。

芜湖硕鼠 *Berylmys wuhuensis* Jin, Zhang, Wei, Cui et Wang, 2009
（图 337）

正模 IVPP V 13999.1，残破右上颌骨，带 M1-3。安徽繁昌人字洞，下更新统。

副模 IVPP V 13999.2-48，残破上、下颌骨 5 件，臼齿 42 枚。产地与层位同正模。

鉴别特征 齿冠较低。M1 的 t1 大，明显后位，t7 弱或缺失，四齿根；M2 三齿根；m1 常有微弱的颊侧下前附尖，下后附尖发育；m2 的颊侧下前边尖和下后附尖相当发育，m3 常有颊侧下后附尖；M3 和 m3 相对少退化。

评注 建种者（金昌柱等，2009）认为，芜湖硕鼠的牙齿尺寸小于重庆、贵州中更新世的 *Berylmys bowersii*，且形态上也显示了较为原始的特征。他们还认为，该种在 M1 和 M2 具明显向后延伸的 t1 和 t4 方面与分布于我国东南沿海地区的青毛硕鼠亚种 *B. b. latouchei* 相似，不同只是个体相对小，齿冠较低，M1 的 t3 清楚、t6 较大、t7（编者注：

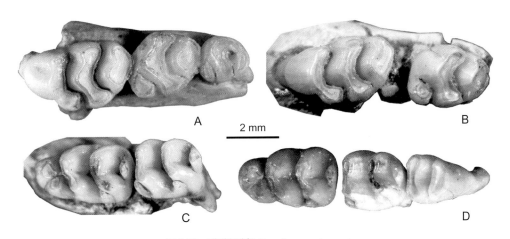

2 mm

图 337　芜湖硕鼠 *Berylmys wuhuensis*
A. 右 M1-3（IVPP V 13999.1，正模，反转），B. 左 M1-2（IVPP V 13999.2），C. 左 m1-2（IVPP V 13999.3），
D. 左 m1 和 m2-3（IVPP V 13999.25, 38, 47）；冠面视（引自金昌柱等，2009）

乃是 t8 舌侧的脊）常存在，M2 具 3 个齿根，m1 的颊侧常有下前附尖，m2 颊侧下前附尖存在，m3 颊侧下后附尖发育等，这些表明其具有比 *B. b. latouchei* 较为原始的特征。

长毛鼠属 Genus *Diplothrix* Thomas, 1916

模式种 琉球长毛鼠 *Diplothrix legata* Thomas, 1906

鉴别特征 大型鼠。下颌骨粗壮，下咬肌脊发育。臼齿齿尖较粗壮，第三臼齿少退化；上臼齿缺失 t7，t12 小或无，t6 和 t9 发育但互不连接；M1 齿尖横脊较平直；M2、M3 的 t3 发育；M1 具 4 或 5 个齿根，M2 和 M3 分别具 4 和 3 个齿根。下臼齿的 Ls 不发育；m1 缺失 Acc，舌侧下前边尖大于颊侧下前边尖且明显前位，有颊侧下中附尖 c2，下后附尖 c1 发育；m2 的颊侧下前边尖和下后附尖 c1 均发育；m3 的颊侧下前边尖发育，c1 及 Pcd 有或无；m1、m2 和 m3 分别具 4、3 和 3 个齿根。

中国已知种 仅 *Diplothrix yangziensis* 一种。

分布与时代 安徽，早更新世。

评注 *Diplothrix* 与 *Rattus* 属在形态上非常相似，其主要区别在于 *Diplothrix* 尺寸大于 *Rattus*，且下颌齿虚的角度更宽些。

Diplothrix 属至今只包括模式种 *Diplothrix legata*（Thomas, 1906）和 *D. yangziensis* 两个种，*D. legata* 为现生种，现今仅栖息在日本琉球群岛的冲绳岛、奄美岛和德之岛，并在这些岛屿上发现它的晚更新世的零星化石。此外有发现于日本冲绳岛早更新世中期的化石 *Diplothrix* sp.（Otsuka et Takahashi, 2000）。

扬子长毛鼠 *Diplothrix yangziensis* Wang, Jin et Wei, 2010
（图 338）

Diplothrix sp.：金昌柱等，2009，218 页

正模 IVPP V 14002.1，残破右上颌骨带 M1–3。安徽繁昌人字洞，下更新统。

副模 IVPP V 14002.2，1 件较完整的下颌骨。产地和层位同正模。

归入标本 IVPP V 14002.3–240，残破头骨 1 件，不完整的上、下颌骨 49 件，臼齿 188 枚（安徽繁昌）。

鉴别特征 体型较小。下颌骨齿缺较短，咬肌窝相当深，下咬肌脊很发育。臼齿齿冠较低且窄长，齿尖明显倾伏。M1 前齿带发育，具 t12，具 4（66%）或 5（34%）个齿根；M2 和 M3 有明显、但小而低位的 t3，M3 少退化。m1 两下前边尖连接较晚，c2 弱，c1 发育，具 Pcd，四齿根；m2 的颊侧下前边尖和下后附尖均发育，三齿根；m3 几乎总

有颊侧下前边尖，少数（30%）具有弱的下后附尖，多数（70%）标本具有 Pcd，但已显著退化，三齿根。

评注 *Diplothrix legata* 与 *Diplothrix yangziensis* 的区别是：前者尺寸较大，齿冠高且短宽，齿尖倾伏度小；M1 无前齿带和 t12，具 5 个齿根；M3 退化；m1 两下前边尖连接较早，颊侧下中附尖更发育，下臼齿 Pcd 较宽，m3 无颊侧下后附尖及 Pcd，表现了较进步的特征。冲绳岛早更新世中期的化石 *Diplothrix* sp. 则以 M1 前齿带微弱发育、都具 5 个齿根和缺失 t12 等特征表明它是介于上述两者之间的过渡类型。*D. yangziensis* 可能是琉球群岛长毛鼠的直接祖先。其基本演化趋势为：尺寸增大，齿尖倾伏度下降，齿冠增高、变短宽，M1 前齿带、t12 由发育到缺失，逐渐演化为五齿根，M3 渐退化；m1 两下前边尖由连接较晚到连接较早，颊侧下中附尖由弱到发育；m1、m2 的后齿带尖由小变大；m3 的下后附尖及 Pcd 由弱到无。

形态学（包括颅骨、臼齿和躯干形态）、染色体以及基因测序分析都表明，*Diplothrix legata* 与 *Rattus* 的各个种的关系较之与其他鼠类成员的关系更近。中国的扬子长毛鼠是迄今该属中时代最早、最原始的种类，为探讨该属的演化、扩散和古生态环境的变迁提供了重要信息。

该种材料采自安徽繁昌人字洞上部堆积的第 3–7 层，但原作者没有给出各标本的具体产出层位，其正、副模也无具体的层位出处。

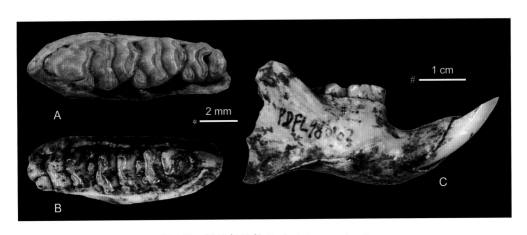

图 338　扬子长毛鼠 *Diplothrix yangziensis*
A. 右 M1–3（IVPP V 14002.1，正模，反转），B. 右 m1–3（IVPP V 14002.40，反转），C. 右下颌骨（IVPP V 14002.2）；A, B. 冠面视，C. 颊侧视；比例尺：* - A, B, # - C（引自王元等，2010）

家鼠属 Genus *Rattus* Fischer, 1803

模式种　褐小鼠 *Mus norvegicus* Berkenhout, 1769 = *Mus decumanus* Pallas, 1779
鉴别特征　颧板较宽，门齿孔较长，几乎在所有的种内都向后延伸超过上臼齿列的前缘。腭骨后缘远超出上齿列的后端。相对于下颌骨的总体尺寸，冠状突大，髁突与角突间切迹深；下颌内侧由齿列后端伸出一脊，经由下颌孔腹侧直至关节面。上臼齿不具 t7 和 t12，各横齿列的各齿尖间以浅谷分开。M1 的 t8 大，与 t9 之间以一谷相隔；M2 的 t1 和 t8 大，t3 或有或无；t9 大，与 t8 以谷相隔。M3 长大于宽，t1 大，t4-t5-t6 融合，t8 小。m1 的舌侧下前边尖大于颊侧下前边尖且较前位、偏居中，有时具有一小的 Acc，c1 总存在，Pcd 大。m2 具颊侧下前边尖和 c1。m3 较大，具颊侧下前边尖。M1、M2 分别具 5（有时具一颊侧附根）、4 个齿根，m1、m2 分别具 4、3 个齿根。

中国已知种　*Rattus norvegicus* 和 *R. pristinus* 两种。

分布与时代　北京、安徽、重庆，早更新世至今。

评注　*Rattus* 是个现生属。在 Ellerman（1941, 1947-1948, 1949, 1961）的著作中，*Rattus* 属是鼠类中形态非常多样和地理分布极其广泛的一群，以至于 Simpson（1945, p. 89）称其为"哺乳动物中最变化多样的属"。如此庞大多样的一个属，其分类问题长期以来一直是鼠科分类学和动物地理学者感到棘手的研究难题。20 世纪中叶以来，学者们（Misonne, 1969；Musser, 1981；Musser et Newcomb, 1983；Musser et Holden, 1991；Musser et Heaney, 1992）尝试用各种不同的特征来分析 *Rattus* 属内各种之间的系统发育关系，其中 Misonne（1969）将牙齿和齿列的特征作为区分不同属种的重要特征，他们的努力大大地改变了原先 Ellerman 等所持有的 *Rattus* 属的概念。许多曾被纳入该属的亚洲和非洲的种已被剥离出来，成为独立的属（共 25 个，包括本志中的 *Niviventer*、*Leopoldamys*、*Berylmys* 和 *Cremnomys*）。新建立的属中，一些属与 *Rattus* 属内的一些种有着系统发育关系，另一些则是与 *Rattus* 有着不同起源、关系较远的支系。尽管如此，修订后的 *Rattus* 仍然是一个包括了很多异源种的属，形态上可被分为多个单系群组（monophyletic cluster）。2005 年 Musser 和 Carleton 研究认为 *Rattus* 属内包括有 66 个种，他们并依据多年来形态学、生物分子学和生物地理学等多种学科的成果，将这些种归纳划分为 7 个组（species group）。形态上很宽的变异范围使得要拟定一个客观、全面和概括的 *Rattus* 属的鉴别特征或定义仍然是相当困难的。

Chaimanee（1998）曾研究过泰国 *Rattus* 的 9 个种，认为那些种的牙齿形态和尺寸都很接近，尤其是下臼齿，单个牙齿很难鉴定至种，如果主要依据上臼齿去区分，只有 *R. exulans* 和 *R. norvegicus* 两种较易辨认。

Musser（1981）对东南亚现生鼠类进行过详尽的研究，将原来归入 *Rattus* 的一些种，从外部形态、头骨构造、牙齿特征直至染色体组成等方面进行了综合观察和分析，从中分离出 *Niviventer*、*Leopoldamys*、*Shrilankamys*、*Margaretamys* 和 *Anonymomys* 属，认为在头骨特征方面，*Rattus* 与它们有 6 个不同点，此外还有染色体的差别：

1）翼窝之上颅骨侧壁的特征：*Rattus* 的翼蝶管侧方是开放的，不具柱状壁；不同于其他属的具有柱状壁的隐蔽的翼蝶管。

2）颧弓鳞突着生的部位较低，颞肌附着的面积较大。

3）*Rattus* 腭桥后缘远超过 M3 后缘，而不是与 M3 后缘齐平或稍前后。

4）*Rattus* 的中翼窝（mesopterygoid fossa）较上齿列间的腭桥窄很多，其侧壁有很多大孔以至于基蝶骨前部和前蝶骨似乎悬空；其他属的中翼窝与上齿列间的腭桥等宽，且翼窝两壁仅有短裂缝或短窄的蝶腭孔（sphenopalatine vacuities）。

5）*Rattus* 的位于卵圆孔之前的翼窝（pterygoid fossa）较深，向头骨中线倾斜，其前面 2/3 部分、腭骨和翼蝶骨之间的骨缝上有一个大孔；其他属的翼窝呈一实心的、几乎平的、有时有凹坑的面，沿腭骨和翼蝶骨之间的骨缝上仅有小的营养孔。

6）*Rattus* 的鼓泡大得多，欧氏管（Eustachian tube，即耳咽管）短、不显著，与鳞骨不紧密接触，通常仅与鳞骨和翼蝶骨的后腹缘接触；鳞骨与鼓泡前缘和围耳骨（periotic）前背缘之间有一宽大的臼后孔（postglenoid foramen）。无论是绝对尺寸还是相对于头颅的尺寸，所有其他 5 属的鼓泡的尺寸小。欧氏管长而明显，鼓泡的前部以及部分围耳骨与鳞骨以及翼蝶骨的后角紧贴；在围耳骨前背缘和鳞骨之间的臼后孔小。

7）染色体数的差异：*Rattus* 的大部分种的二倍体染色体数为 42，包括 7 对小的中着丝粒染色体。*Niviventer*、*Leopoldamys* 和 *Margaretamys* 的一些种的二倍体染色体数为 42–46，有些群组只具有 2–3 对中着丝粒染色体（metacentrics），通常有少数近中着丝粒染色体（submetacentrics）和近端着丝粒染色体（subtelocentrics），大部分为端着丝粒染色体（telocentrics）（通常包括 X 和 Y 染色体）。

Rattus 被认为与 *Maxomys*、*Niviventer*、*Leopoldamys*、*Berylmys*、*Sundamys* 和 *Bandicota* 等属构成姐妹群，分子生物学分析和以臼齿特征所做的支序分析结果是一致的（Chaimanee et Jaeger, 2000）。过去这些属都曾被放在 *Rattus* 内。

中国最早的 *Rattus* 化石可能是繁昌早更新世早期的 *R. pristinus*（金昌柱等，2009），在印度最早是早更新世晚期的一枚下臼齿（Gaur, 1986），泰国最早的化石 *R. jeageri* 是晚上新世—早更新世（Chaimanee, 1998）。

在文献中常见有关于"*Rattus* sp."或"*Rattus* spp."的报道，但几乎都没有详细描述，编者无法确定这些未定种是否属于 *Rattus* 属，对此本志书予以忽略。

褐家鼠 *Rattus norvegicus* (Berkenhout, 1769)

（图 339）

Epimys rattus：Pei, 1936, Pl. V, figs. 3–5；Pei, 1940b, p. 45

正模 不详，现生标本（大不列颠）。

归入标本 IVPP V 9725.1–3，破损的上、下颌骨 3 件（重庆万州）。IVPP V 15063.1–2,

残破头骨和下颌骨各一件（北京房山十渡）。

鉴别特征 上臼齿 M1 的 t3 小、与 t2 融合，t9 与 t8 融合；M2 的 t3 有或无（占 65%），t9 与 t8 融合；M3 无 t3。m1 和几乎所有的 m2 具有颊侧下后附尖（c1），m3 则缺失颊侧下后附尖；m1 不具 c2 但有时有 c3。下臼齿 m1、m2 和 m3 的齿根分别为 4、3 和 3 个。

产地与层位 重庆万州盐井沟（平坝下洞）、北京房山十渡，上更新统。

评注 *Rattus norvegicus* 可能起源于日本本州地区，在该地发现了晚更新世和全新世的 *Rattus norvegicus* 以及中更新世的 *Rattus* aff. *norvegicus*，后者有可能是日本岛上 *Rattus norvegicus* 的祖先（Kowalski et Hasegawa, 1976；Kawamura, 1989）。*Rattus norvegicus* 随着人类活动分布到世界各地。郑绍华（1993, 201 页）在 *R. norvegicus* 的同物异名表中列出了北京周口店第三地点和山顶洞，以及安徽和县（郑绍华, 1983）三个地点的 *Epimys rattus* 和 *R. norvegicus*，但是周口店第三地点和山顶洞的有关标本较复杂，大小形态各异，至于和县的标本则没有详细信息，因此对此同物异名尚需证实。同号文等（2008）提及该种在北京房山田园洞也有发现。

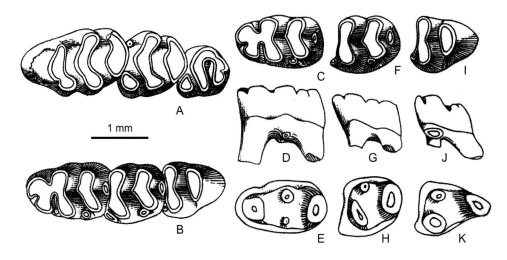

图 339 褐家鼠 *Rattus norvegicus*

A. 右 M1–3（IVPP V 9725.1，反转），B. 左 m1–3（IVPP V 9725.2），C–E. 右 m1（IVPP V 9725.3a，反转），F–H. 右 m2（IVPP V 9725.3b，反转），I–K. 右 m3（IVPP V 9725.3c，反转）：A–C, F, I. 冠面视，D, G, J. 颊侧视，E, H, K. 根面视（引自郑绍华, 1993）

始家鼠 *Rattus pristinus* Jin, Zhang, Wei, Cui et Wang, 2009

（图 340）

正模 IVPP V 14000.1，残破右下颌骨带下门齿及 m1–2。安徽繁昌人字洞，下更新统。

归入标本 IVPP V 14000.2–42，不完整下颌骨 3 件，臼齿 38 枚（安徽繁昌）。

鉴别特征 体小，齿冠较低和窄长。M1 的 t3 通常小于 t1，M2 的 t3 小、但明显，M1、M2 的 t8 舌侧具一圆隆程度不同的较陡直的粗脊，t9 大，呈粗脊状。m1 缺失 Acc；下臼齿都不具颊侧前、中附尖，但都有颊侧下后附尖。M3 和 m3 都较窄长。M1、M2 和 M3 分别具有 5、4、3 个齿根，m1、m2 和 m3 分别具 4、2、2 个齿根。

评注 该种显示了 *Rattus* 属的较原始特征：体小、冠低、上臼齿具较发育的 t3，以及较长的上、下第三臼齿。由于所有标本出自 9–16 水平层，每件标本产出的具体层位不清，因此只得将正模以外的标本都作为归入标本。

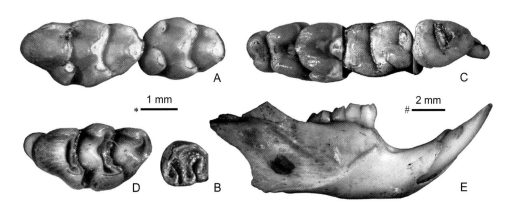

图 340 始家鼠 *Rattus pristinus*

A. 右 M1、M2（IVPP V 14000.12–13，反转），B. 右 M3（IVPP V 14000.17，反转），C. 右 m1–2、m3（IVPP V 14000.2，41，反转），D. 右 M1（IVPP V 14000.5，反转），E. 右下颌骨（IVPP V 14000.1，正模）：A–D. 冠面视，E. 颊侧视；比例尺：* - A–D，# - E（改自金昌柱等，2009）

黔鼠属 Genus *Qianomys* Zheng, 1993

模式种 吴氏黔鼠 *Qianomys wui* Zheng, 1993

鉴别特征 一种较大型的高冠鼠科动物。M1 缺失 t7 和 t12；m1–3 缺失颊侧附尖。m3 具微弱的后齿带尖。m1–2 的下原尖和下次尖强烈倾斜，具有狭窄的纵向沟和明显的 Ls。M1 五齿根、m1–3 双齿根。

中国已知种 仅模式种。

分布与时代 贵州，中更新世。

吴氏黔鼠 *Qianomys wui* Zheng, 1993

（图 341）

正模 IVPP V 9722，稍破损的左下颌骨带门齿及 m1–3。贵州普定白岩脚洞，中更新统。

副模　IVPP V 9723.8, 9，臼齿 2 枚。产地与层位同正模。

归入标本　IVPP V 9723.1–7，破损下颌骨 4 段、臼齿 3 枚（贵州桐梓）。

鉴别特征　同属。

产地与层位　贵州普定白岩脚洞，桐梓天门洞、岩灰洞及挖竹湾洞，中更新统。

评注　命名者将正模外的材料作为归入标本，因 IVPP V 9723.8, 9 产自与正模相同的地点（普定白岩脚洞），这里改称副模。

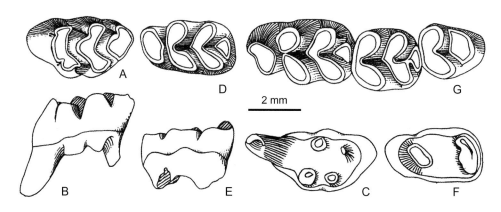

图 341　吴氏黔鼠 *Qianomys wui*

A–C. 左 M1（IVPP V 9723.8），D–F. 右 m1（IVPP V 9723.5，反转），G. 左 m1–3（IVPP V 9722，正模）：
A, D, G. 冠面视，B. 舌侧视，C, F. 根面视，E. 颊侧视（引自郑绍华，1993）

岩鼠属 Genus *Cremnomys* Wroughton, 1912

模式种　库切岩鼠 *Cremnomys cutchicus* Wroughton, 1912（印度，Gujarat, Kutch, Dhonsa）。

鉴别特征　齿冠短宽。第三臼齿相对于齿列长度较长。上臼齿缺失 t7，偶有很小的 t12；M2 具 t3；m1 无 Acc，m1 和 m2 仅有颊侧下后附尖（c1），m2 具下前边尖，m3 缺失下前边尖、颊侧下后附尖和 Pcd。

中国已知种　仅 *Cremnomys*? sp.。

分布与时代　贵州，中更新世。

评注　*Cremnomys* 属为一仅分布于印度的现生鼠属，曾被作为 *Rattus* 的亚属（Ellerman，1961），Misonne（1969）则暂将其作为独立的属，虽然认为也可将其归入 *Millardia* 属。*Cremnomys* 属的模式种为印度的 *C. cutchicus*。印度西瓦利克（Siwalik）地层中化石（*Cremnomys* sp. 和 *C. cutchicus*）所揭示的演化历史可以追溯至早上新世。Patnaik（1997，2001）认为它有可能是从中新世近似于 *Progonomys* 的 *Karnimata* 演化而来。*Cremnomys* 属的头骨和牙齿特征与非洲的 *Praomys* 属极其相似，下臼齿难以区分，上臼齿唯一的区别在 M1 的 t9 发育、位置较靠前以及 t1 较独立。

岩鼠属？（未定种）*Cremnomys*? sp.

（图 342E）

郑绍华（1993）描述了贵州桐梓岩灰洞中更新世洞穴堆积中一件带门齿及 m1-3 的左下颌（IVPP V 9672.1）和一件带 m1 的右下颌（IVPP V 9672.2）。鉴定为 ?*Cremnomys* sp.。Musser 和 Carleton（2005）认为，如果鉴定正确的话，那么表明这个属在更新世时期有更广的地理分布。

由于这是在我国首次出现的可能的属，编者在图 342 引用了 Misonne（1969）绘制的采自印度的 2 个现生种 *Cremnomys cutchicus* 和 *C. blanfordi* 的上、下齿列的图片，供读者参考对比。

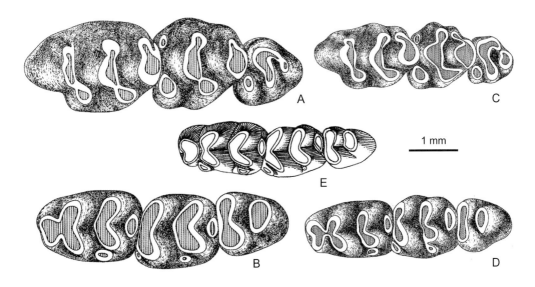

图 342 岩鼠属？（未定种）*Cremnomys*? sp. 与模式种等

A, B. *Cremnomys cutchicus* 同一个体的左 M1-3 和 m1-3（BMNH 13.4.11.80，引用标本），C, D. *C. blanfordi* 同一个体的左 M1-3 和 m1-3（BMNH 12.11.29.141，引用标本），E. *Cremnomys*? sp. 左 m1-3（IVPP V 9672.1）；冠面视（A-D 引自 Misonne，1969；E 引自郑绍华，1993）

板齿鼠属 Genus *Bandicota* Gray, 1873

模式种 印度板齿鼠 *Bandicota indica* (Bechstein, 1800)（ = *Mus giganteus* Hardwicke, 1804 = *Mus indicus* Bechstein, 1800)

鉴别特征 门齿孔长，向后延伸至 M1 齿槽前缘或向后超过 M1 齿槽前缘；腭骨长，向后延伸超过上臼齿列后缘。门齿粗壮；臼齿齿冠高，齿尖间界线明显，但随着牙齿磨蚀程度的加深，齿尖融合成横向齿板。上臼齿的 t1 发育，缺失 t7 和 t12，下臼齿的 Pcd 存在或缺失。m1 不具 Acc，其颊侧下前边尖明显小于舌侧下前边尖；m1 和 m2 具有颊侧下后附尖（c1），缺失下前附尖（c3）和下中附尖（c2）。

中国已知种（化石） 仅模式种。

分布与时代 海南、广西和广东，更新世晚期—全新世初。

评注 *Bandicota* 是分布于东洋界的现生属，包括三个现生种：*B. bengalensis*、*B. savilei* 和 *B. indica*。已有的化石记载有印度西瓦利克（Siwalik）晚上新世的两个种 *B. sivalensis* 和 *B.* sp.，印度中部晚更新世的 *B.* cf. *bengalensis*，但材料很少。此外，泰国中更新世洞穴堆积中发现 *B. indica* 和 *B. savilei* 的零散臼齿。

Bandicota 在形态上与分布于古北区的 *Nesokia* 很相似，两者一直被认为可能是近亲，电泳和染色体特征也佐证了二者间的近亲关系。*Nesokia* 不同于 *Bandicota* 的牙齿和部分头骨特征是：①臼齿的各齿尖很难分辨，即便是未经磨蚀的牙齿；②齿冠更高，更呈板片状；③门齿孔短窄，向后延伸远不达 M1 齿槽前缘；④腭骨终止于上臼齿列后缘之前；⑤ M2、M3 缺失 t1；⑥性染色体大于 *Bandicota*。根据一些形态学和生物分子学层面上的相似，推测 *Bandicota* 和 *Nesokia* 与 *Rattus* 之间有较近的系统发育关系，但还需综合研究来证实。

印度板齿鼠 *Bandicota indica* (Bechstein, 1800)

（图 343）

正模 不详，现生标本［印度本地治里（Pondicherry）］。

归入标本 HNM HV 00208–00247，破损上颌骨 1 件、下颌骨 39 件（海南三亚）。无编号，破损上、下颌骨 4 件，牙齿 9 枚（广西都安）。

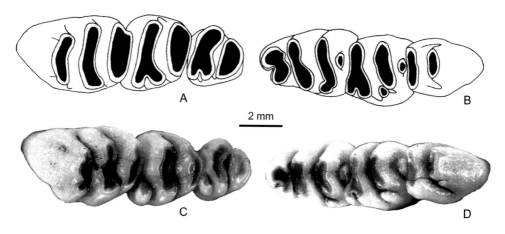

图 343 印度板齿鼠 *Bandicota indica*

A. 左 M1–3 (HNM HV 00232)，B. 左 m1–3 (HNM HV 00228)，C, D. 同一个体的右 M1–3 和 m1–3 (AMNH 101558，反转，引用标本)：冠面视 (A, B 引自郝思德、黄万波，1998；C, D 引自 Musser et Brothers, 1994)

鉴别特征 *Bandicota* 属中尺寸最大的种。头骨和牙齿形态与 *B. savilei* 相似，但大于后者；后倾型上门齿，绝大多数的 m1–2 具有 Pcd。

产地与层位 海南三亚落笔洞、广西都安仙洞，上更新统—全新统。

评注 Musser 和 Brothers（1994）详细研究了现生 *Bandicota* 属内的三个种，对大量标本的分析结果表明可以依据外部形态、头骨和牙齿形态特征、以及头骨各部分的比例关系准确地将三个种分开，甚至可以仅依据上臼齿列的齿槽长度和 M1 的宽度来鉴定。该种除上述海南三亚落笔洞和广西都安仙洞的发现外，在广东阳春独石仔洞和广西桂林甑皮岩、都安九淜山有所发现，但未见详细描述（吴茂霖等，1976；李有恒、韩德芬，1978；邱立诚等，1980；赵仲如等，1981）。

参 考 文 献

蔡保全 (Cai B Q). 1987. 河北阳原—蔚县晚上新世小哺乳动物化石. 古脊椎动物学报, 25(2): 124–136

蔡保全 (Cai B Q). 1997. 哺乳动物——食虫目、兔形目、啮齿目. 见：和志强 (He Z Q) 主编. 元谋古猿. 昆明：云南科
    技出版社. 65–68

蔡保全 (Cai B Q), 邱铸鼎 (Qiu Z D). 1993. 河北阳原—蔚县晚上新世鼠科化石. 古脊椎动物学报, 31(4): 267–293

蔡保全 (Cai B Q), 张兆群 (Zhang Z Q), 郑绍华 (Zheng S H), 邱铸鼎 (Qiu Z D), 李强 (Li Q), 李茜 (Li Q). 2004. 河北泥河
    湾盆地典型剖面地层学研究进展. 地层古生物论文集, 28: 267–285

蔡保全 (Cai B Q), 郑绍华 (Zheng S H), 李强 (Li Q). 2007. 蔚县盆地牛头山 (铺路) 剖面晚上新世 / 早更新世哺乳动物.
    古脊椎动物学报, 45(3): 232–245

蔡保全 (Cai B Q), 李强 (Li Q), 郑绍华 (Zheng S H). 2008. 泥河湾盆地马圈沟遗址化石哺乳动物及年代讨论. 人类学学
    报, 27(2): 129–142

蔡小李 (Cai X L). 1992. 苏北盆地井下首次发现小哺乳动物化石. 古脊椎动物学报, 30(3): 184

陈德珍 (Chen D Z), 祁国琴 (Qi G Q). 1978. 云南西畴人类化石及其共生哺乳动物群. 古脊椎动物与古人类, 16(1):
    33–46

陈耿娇 (Chen G J), 王頠 (Wang W), 莫进尤 (Mo J Y), 黄志涛 (Huang Z T), 田锋 (Tian F), 黄慰文 (Huang W W). 2002. 广
    西田东雾云洞更新世脊椎动物群. 古脊椎动物学报, 40(1): 42–51

陈卫 (Chen W), 高武 (Gao W). 2000a. 田鼠亚科 Microtinae Miller, 1906. 见：罗泽珣 (Luo Z X), 陈卫 (Chen W), 高武 (Gao
    W) 等编著. 中国动物志, 兽纲, 第六卷, 啮齿目 (下册)：仓鼠科. 北京：科学出版社. 178–487

陈卫 (Chen W), 高武 (Gao W). 2000b. 高山鼠平属 Alticola Blanford, 1881. 见：罗泽珣 (Luo Z X), 陈卫 (Chen W), 高武 (Gao
    W) 等编著. 中国动物志, 兽纲, 第六卷, 啮齿目 (下册)：仓鼠科. 北京：科学出版社. 359–388

陈卫 (Chen W), 高武 (Gao W). 2000c. 仓鼠亚科 Cricetinae Fischer, 1817. 见：罗泽珣 (Luo Z X), 陈卫 (Chen W), 高武 (Gao
    W) 等编著. 中国动物志, 兽纲, 第六卷, 啮齿目 (下册)：仓鼠科. 北京：科学出版社. 20–90

陈醒斌 (Chen X B). 1986. 湖南省第四纪哺乳动物化石新材料. 古脊椎动物学报, 24(3): 242–244

程捷 (Cheng J), 田明中 (Tian M Z), 曹伯勋 (Cao B X), 李龙吟 (Li L Y). 1996. 周口店新发现的第四纪哺乳动物群及其环
    境变迁研究. 武汉：中国地质大学出版社. 1–114

崔宁 (Cui N). 2003. 甘肃灵台雷家河剖面中的日进鼠 (Chardinomys). 古脊椎动物学报, 41(4): 289–305

樊乃昌 (Fan N C), 施银柱 (Shi Y Z). 1982. 中国鼢鼠 Eospalax 亚属的分类研究. 兽类学报, 2(2): 183–189

盖培 (Gai P), 卫奇 (Wei Q). 1977. 虎头梁旧石器时代晚期遗址的发现. 古脊椎动物与古人类, 15(4): 287–300

韩德芬 (Han D F), 张森水 (Zhang S S). 1978. 建德发现的一枚人的犬齿化石及浙江第四纪哺乳动物新材料. 古脊椎动物
    与古人类, 16(4): 255–263

郝思德 (Hao S D), 黄万波 (Huang W B). 1998. 三亚落笔洞遗址. 海口：南方出版社. 1–164

何信禄 (He X L). 1984. 四川脊椎动物化石. 成都：四川科学技术出版社. 1–168

胡长康 (Hu C K), 齐陶 (Qi T). 1978. 陕西蓝田公王岭更新世哺乳动物群. 中国古生物志, 总号第 155 册, 新丙种第 21 号.
    北京：科学出版社. 1–64

胡锦矗 (Hu J C), 王酉之 (Wang Y Z). 1984. 四川资源动物志, 第二卷, 兽类. 成都：四川科学技术出版社. 1–365

黄万波 (Huang W B). 1981. 燕山山麓新发现的儿处洞穴及堆积简报. 古脊椎动物与古人类, 19(1)：99–100

黄万波 (Huang W B), 关键 (Guan J). 1983. 京郊燕山一早更新世洞穴堆积与哺乳类化石. 古脊椎动物与古人类, 21(1): 69–76

黄万波 (Huang W B), 方其仁 (Fang Q R) 等. 1991. 巫山猿人遗址. 北京: 海洋出版社. 1–198

黄万波 (Huang W B), 徐自强 (Xu Z Q), 郑绍华 (Zheng S H), 吕遵谔 (Lü Z E), 黄蕴萍 (Huang Y P), 顾玉珉 (Gu Y M), 董为 (Dong W). 2000. 巫山迷宫洞旧石器时代洞穴遗址 1999 年试掘报告. 龙骨坡史前文化志, 2. 北京: 中华书局. 7–63

黄慰文 (Huang W W), 张镇洪 (Zhang Z H), 缪振椟 (Miao Z D), 于海明 (Yu H M), 初本君 (Chu B J), 高振操 (Gao Z C). 1984. 黑龙江昂昂溪的旧石器. 人类学学报, 3(3): 224–243

黄文几 (Huang W J), 陈延熹 (Chen Y X), 温业新 (Wen Y X). 1995. 中国啮齿类. 上海: 复旦大学出版社. 1–308

黄学诗 (Huang X S). 1982. 内蒙古阿左旗乌兰塔塔尔地区渐新世地层剖面及动物群初步观察. 古脊椎动物与古人类, 20(4): 337–349

黄学诗 (Huang X S). 2004. 山西垣曲中始新世中期仓鼠化石. 古脊椎动物学报, 42(1): 39–44

黄学诗 (Huang X S), 宗冠福 (Zong G F). 1973. 辽宁本溪晚更新世洞穴堆积. 古脊椎动物与古人类, 11(2): 211–214

计宏祥 (Ji H X). 1974. 陕西蓝田涝池河晚更新世哺乳动物化石. 古脊椎动物与古人类, 12(3): 222–230

计宏祥 (Ji H X). 1975. 陕西蓝田地区的早更新世哺乳动物化石. 古脊椎动物与古人类, 13(3): 169–177

计宏祥 (Ji H X). 1976. 陕西蓝田涝池河中更新世哺乳动物化石. 古脊椎动物与古人类, 14(1): 59–65

贾兰坡 (Jia L P). 1957. 长阳人化石及其共生的哺乳动物群. 古脊椎动物与古人类, 1(3): 247–257

贾兰坡 (Jia L P), 翟人杰 (Zhai R J). 1957. 河北赤城第四纪哺乳动物化石. 古脊椎动物与古人类, 1(1): 52–57

贾兰坡 (Jia L P), 卫奇 (Wei Q), 李超荣 (Li C R). 1979. 许家窑旧石器遗址 1976 年发掘报告. 古脊椎动物与古人类, 17(4): 277–293

金昌柱 (Jin C Z). 1984. 山东潍县武家村第四纪地层及哺乳类化石. 古脊椎动物学报, 22(1): 54–59

金昌柱 (Jin C Z), 张颖奇 (Zhang Y Q). 2005. 东亚地区首次发现原模鼠 (Promimomys, Arvicolidae). 科学通报, 50(2): 152–157

金昌柱 (Jin C Z), 徐钦琦 (Xu Q Q), 李春田 (Li C T). 1984. 吉林青山头遗址哺乳动物群及其地质时代. 古脊椎动物学报, 22(4): 314–323

金昌柱 (Jin C Z), 郑龙亭 (Zheng L T), 董为 (Dong W), 刘金毅 (Liu J Y), 徐钦琦 (Xu Q Q), 韩立刚 (Han L G), 郑家坚 (Zheng J J), 魏光飚 (Wei G B), 汪发志 (Wang F Z). 2000. 安徽繁昌早更新世人字洞古人类活动遗址及其哺乳动物群. 人类学学报, 19(3): 184–198

金昌柱 (Jin C Z), 张颖奇 (Zhang Y Q), 魏光飚 (Wei G B), 崔宁 (Cui N), 王元 (Wang Y). 2009. 啮齿目. 见: 金昌柱 (Jin C Z), 刘金毅 (Liu J Y) 主编. 安徽繁昌人字洞——早期人类活动遗址. 北京: 科学出版社. 166–220

金牛山联合发掘队. 1976. 辽宁营口金牛山发现的第四纪哺乳动物群及其意义. 古脊椎动物与古人类, 14(2): 120–127

李保国 (Li B G), 陈服官 (Chen F G). 1989. 鼢鼠属凸颅亚属 (Eospalax) 的分类研究及一新亚种. 动物学报, 35(1): 89–94

李传夔 (Li C K). 1977. 南京方山中新世仓鼠化石. 古脊椎动物与古人类, 15(1): 67–75

李传夔 (Li C K). 1981. 山西榆社上新世沙鼠化石. 古脊椎动物与古人类, 19(4): 321–326

李传夔 (Li C K), 计宏祥 (Ji H X). 1981. 西藏吉隆上新世啮齿类化石. 古脊椎动物与古人类, 19(3): 246–255

李传夔 (Li C K), 邱铸鼎 (Qiu Z D). 1980. 青海西宁盆地早中新世哺乳动物化石. 古脊椎动物与古人类, 18(3): 198–214

李传夔 (Li C K), 林一璞 (Lin Y P), 顾玉珉 (Gu Y M), 侯连海 (Hou L H), 吴文裕 (Wu W Y), 邱铸鼎 (Qiu Z D). 1983. 江苏泗洪下草湾中中新世脊椎动物群. 古脊椎动物与古人类, 21 (4): 313–327

李传夔 (Li C K), 吴文裕 (Wu W Y), 邱铸鼎 (Qiu Z D). 1984. 中国陆相新第三系的初步划分与对比. 古脊椎动物学报, 22(3): 163–178

李传令 (Li C L), 薛祥煦 (Xue X X). 1996. 陕西蓝田锡水洞啮齿动物群的性质与时代 . 古脊椎动物学报 , 34(2): 156–162

李华 (Li H). 2000. 鼢鼠亚科 Myospalacinae Lilljeborg, 1866. 见：罗泽珣 (Luo Z X), 陈卫 (Chen W), 高武 (Gao W) 等编著 . 中国动物志 , 兽纲 , 第六卷 , 啮齿目 (下册)：仓鼠科 . 北京：科学出版社 . 148–178

李强 (Li Q). 2010. 内蒙古上新世高特格地点的仓鼠化石 . 古脊椎动物学报 , 48 (3): 247–261

李强 (Li Q), 王晓鸣 (Wang X M), 邱铸鼎 (Qiu Z D). 2003. 内蒙古高特格上新世哺乳动物群 . 古脊椎动物学报 , 41 (2): 104–114

李强 (Li Q), 郑绍华 (Zheng S H), 蔡保全 (Cai B Q). 2008. 泥河湾盆地上新世生物地层序列与环境 . 古脊椎动物学报 , 46(3): 210–232

李晓晨 (Li X C), 王廷正 (Wang T Z). 1995. 攀鼠的分类商榷 . 动物学研究 , 16(4): 325–328

李炎贤 (Li Y X). 1981. 我国南方第四纪哺乳动物群的划分和演变 . 古脊椎动物与古人类 , 19(1): 66–76

李炎贤 (Li Y X), 文本亨 (Wen B H). 1986. 观音洞——贵州黔西旧石器时代文化遗址 . 北京：文物出版社 . 1–181

李毅 (Li Y). 1982. 甘肃早更新世哺乳动物新地点 . 古脊椎动物与古人类 , 20(4): 369

李永项 (Li Y X), 薛祥煦 (Xue X X). 2009. 记陕西洛南张坪洞穴群中更新世绒鼠 (Caryomys) . 古脊椎动物学报 , 47(1): 72–80

李有恒 (Li Y H), 韩德芬 (Han D F). 1978. 广西桂林甑皮岩遗址动物群 . 古脊椎动物与古人类 , 16(4): 244–254

辽宁省博物馆 , 本溪市博物馆 . 1986. 庙后山——辽宁省本溪市旧石器文化遗址 . 北京：文物出版社 . 1–102

刘丽萍 (Liu L P), 郑绍华 (Zheng S H), 张兆群 (Zhang Z Q), 王李花 (Wang L H). 2011. 甘肃董湾晚新近纪地层及中新统 / 上新统界线 . 古脊椎动物学报 , 49(2): 229–240

刘丽萍 (Liu L P), 郑绍华 (Zheng S H), 崔宁 (Cui N), 王李花 (Wang L H). 2013. 甘肃秦安晚中新世—早上新世化石鼢鼠 (Myospalacinae, Cricetidae, Rodentia) 兼论鼢鼠亚科的分类 . 古脊椎动物学报 , 51(3): 217–241

刘丽萍 (Liu L P), 郑绍华 (Zheng S H), 崔宁 (Cui N), 王李花 (Wang L H). 2014. 甘肃灵台文王沟剖面中的白齿无根鼢鼠 . 古脊椎动物学报 , 52(4): 440–466

陆有泉 (Lu Y Q), 李毅 (Li Y). 1984. 内蒙古新发现的更新世晚期哺乳动物化石点 . 古脊椎动物学报 , 22(3): 246–248

陆有泉 (Lu Y Q), 李毅 (Li Y), 金昌柱 (Jin C Z). 1986. 乌尔吉晚更新世动物群和古生态环境 . 古脊椎动物学报 , 24(2): 152–162

罗伦德 (Luo L D). 1984. 四川华蓥山地区第四纪哺乳动物化石 . 古脊椎动物学报 , 22(1): 80

马勇 (Ma Y), 姜建青 (Jiang J Q). 1996. 绒鼠属 Caryomys (Thomas, 1911) 地位的恢复 (啮齿目 , 仓鼠科 , 田鼠亚科). 动物分类学报 , 21(4): 493–497

孟津 (Meng J), 叶捷 (Ye J), 吴文裕 (Wu W Y), 岳乐平 (Yue L P), 倪喜军 (Ni X J). 2006. 准噶尔盆地北缘谢家阶底界——推荐界线层型及其生物 - 年代地层和环境演变意义 . 古脊椎动物学报 , 44(3): 205–236

闵隆瑞 (Min L R), 张宗祜 (Zhang Z H), 王喜生 (Wang X S), 郑绍华 (Zheng S H), 朱关祥 (Zhu G X). 2006. 河北阳原台儿沟剖面泥河湾组底界的确定 . 地层学杂志 , 30(2): 103–108

潘清华 (Pan Q H), 王应祥 (Wang Y X), 岩崑 (Yan K). 2007. 中国哺乳动物彩色图鉴 . 北京：中国林业出版社 , 1–420

裴文中 (Pei W Z), 吴汝康 (Wu R K). 1957. 资阳人 . 中国科学院古脊椎动物与古人类研究所甲种专刊 , 1: 1–71

祁国琴 (Qi G Q). 1975. 内蒙古萨拉乌苏河流域第四纪哺乳动物化石 . 古脊椎动物与古人类 , 13(4): 239–249

祁国琴 (Qi G Q). 1979. 云南禄丰上新世哺乳动物群 . 古脊椎动物与古人类 , 17(1): 14–22

祁国琴 (Qi G Q). 1985. 禄丰古猿地点地层概述 . 人类学学报 , 4(1): 55–69

祁国琴 (Qi G Q). 1986. 云南禄丰古猿化石产地的竹鼠化石 . 人类学学报 , 5(1): 54–67

祁国琴 (Qi G Q), 倪喜军 (Ni X J). 2006. 蝴蝶古猿的地质时代 . 见：祁国琴 (Qi G Q), 董为 (Dong W) 主编 . 蝴蝶古猿产地研究 . 北京：科学出版社 . 229–235

邱立诚 (Qiu L C), 宋方义 (Song F Y), 王令红 (Wang L H). 1980. 广东阳春独石仔洞穴文化遗址发掘简讯. 古脊椎动物与古人类, 18(3): 260

邱占祥 (Qiu Z X), 邱铸鼎 (Qiu Z D). 1990. 中国晚第三纪地方哺乳动物群的排序及其分期. 地层学杂志, 14(4): 241–260

邱占祥 (Qiu Z X), 邓涛 (Deng T), 王伴月 (Wang B Y). 2004. 甘肃东乡龙担早更新世哺乳动物群. 中国古生物志, 总号第 191 册, 新丙种第 27 号. 北京: 科学出版社. 1–198

邱中郎 (Qiu Z L), 张玉萍 (Zhang Y P), 童永生 (Tong Y S). 1961. 湖北清江地区洞穴中的哺乳类化石报道. 古脊椎动物与古人类, 5(2): 155–159

邱铸鼎 (Qiu Z D). 1989. 禄丰古猿地点的猪尾鼠类化石. 古脊椎动物学报, 27(4): 268–283

邱铸鼎 (Qiu Z D). 1995. 云南禄丰晚中新世古猿地点的仓鼠类化石. 古脊椎动物学报, 33(1): 61–73

邱铸鼎 (Qiu Z D). 1996. 内蒙古通古尔中新世小哺乳动物群. 北京: 科学出版社. 1–216

邱铸鼎 (Qiu Z D). 2001. 甘肃兰州盆地中中新世泉头沟动物群的仓鼠类. 古脊椎动物学报, 39(3): 204–214

邱铸鼎 (Qiu Z D). 2010. 江苏泗洪早中新世下草湾组仓鼠科化石. 古脊椎动物学报, 48(1): 27–47

邱铸鼎 (Qiu Z D), 李强 (Li Q). 2008. 青海柴达木盆地晚中新世深沟小哺乳动物. 古脊椎动物学报, 46(4): 284–306

邱铸鼎 (Qiu Z D), 李强 (Li Q). 2016. 内蒙古中部新近纪啮齿类动物. 中国古生物志, 总号第 198 册, 新丙种第 30 号. 北京: 科学出版社. 1–684

邱铸鼎 (Qiu Z D), 倪喜军 (Ni X J). 2006. 小哺乳动物. 见: 祁国琴 (Qi G Q), 董为 (Dong W) 主编. 蝴蝶古猿产地研究. 北京: 科学出版社. 113–131

邱铸鼎 (Qiu Z D), 王晓鸣 (Wang X M). 1999. 内蒙古中部中新世小哺乳动物群及其时代顺序. 古脊椎动物学报, 37(2): 120–139

邱铸鼎 (Qiu Z D), 李传夔 (Li C K), 王士阶 (Wang S J). 1981. 青海西宁盆地中中新世哺乳动物. 古脊椎动物与古人类, 19(2): 156–173

邱铸鼎 (Qiu Z D), 李传夔 (Li C K), 胡绍锦 (Hu S J). 1984. 云南呈贡三家村晚更新世小哺乳动物群. 古脊椎动物学报, 22(4): 281–293

邱铸鼎 (Qiu Z D), 韩德芬 (Han D F), 祁国琴 (Qi G Q), 林玉芬 (Lin Y F). 1985. 禄丰古猿地点的小哺乳动物化石. 人类学学报, 4(1): 13–32

邱铸鼎 (Qiu Z D), 郑绍华 (Zheng S H), 张兆群 (Zhang Z Q). 2004. 陕西蓝田晚中新世灞河组鼠科化石. 古脊椎动物学报, 42(1): 67–76

邱铸鼎 (Qiu Z D), 王晓鸣 (Wang X M), 李强 (Li Q). 2006. 内蒙古中部新近纪动物群的演替与生物年代. 古脊椎动物学报, 44(2): 164–181

宋世英 (Song S Y). 1986. 两种鼢鼠的分类订正. 动物世界, 3 (2/3): 31–39

宿兵 (Su B), 陈志平 (Chen Z P), 兰宏 (Lan H), 王文 (Wang W), 王应祥 (Wang Y X), 施立明 (Shi L M), 张亚平 (Zhang Y P). 1996. 云南姬鼠的蛋白多态性及其遗传分化关系. 动物学研究, 17(3): 259–262

谭邦杰 (Tan B J). 1992. 哺乳动物分类名录. 北京: 中国医药科技出版社. 1–726

汤英俊 (Tang Y J), 宗冠福 (Zong G F). 1987. 陕西汉中地区上新世哺乳类化石及地层意义. 古脊椎动物学报, 25(3): 222–235

汤英俊 (Tang Y J), 宗冠福 (Zong G F), 徐钦琦 (Xu Q Q). 1983. 山西临猗早更新世地层及哺乳动物群. 古脊椎动物与古人类, 21(1): 77–86

同号文 (Tong H W), 张双全 (Zhang S Q), 李青 (Li Q), 许治军 (Xu Z J). 2008. 北京房山十渡西太平洞晚更新世哺乳动物化石. 古脊椎动物学报, 46(1): 51–70

童永生 (Tong Y S). 1992. 中国中部中晚始新世仓鼠类一新属——祖仓鼠 (*Pappocricetodon*). 古脊椎动物学报, 30(1):

1–16

童永生 (Tong Y S). 1997. 河南李官桥和山西垣曲盆地始新世中期小哺乳动物. 中国古生物志, 总号第 186 册, 新丙种第 26 号. 北京：科学出版社. 1–256

汪洪 (Wang H). 1988. 陕西大荔一早更新世哺乳动物群. 古脊椎动物学报, 26(1): 59–72

王伴月 (Wang B Y). 1987. 内蒙古中渐新世仓鼠化石的发现. 古脊椎动物学报, 25(3): 187–198

王伴月 (Wang B Y). 2007. 内蒙古晚始新世的仓鼠化石. 古脊椎动物学报, 45(3): 195–212

王伴月 (Wang B Y), 孟津 (Meng J). 1986. 云南曲靖早渐新世真古仓鼠化石. 古脊椎动物学报, 24(2): 110–120

王伴月 (Wang B Y), 邱占祥 (Qiu Z X). 2000. 甘肃兰州盆地咸水河组下红泥岩中的小哺乳动物化石. 古脊椎动物学报, 38(4): 255–273

王伴月 (Wang B Y), 邱占祥 (Qiu Z X). 2018. 甘肃临夏盆地晚中新世副竹鼠类. 中国古生物志, 总号第 200 册, 新丙种第 31 号. 北京：科学出版社. 1–271

王辉 (Wang H), 金昌柱 (Jin C Z). 1992. 小哺乳动物化石研究. 见：孙玉峰 (Sun Y F), 金昌柱 (Jin C Z) 等著. 大连海茂动物群. 大连：大连理工大学出版社. 28–75

王令红 (Wang L H), 林玉芬 (Lin Y F), 长绍武 (Chang S W), 袁家荣 (Yuan J R). 1982. 湖南省西北部新发现的哺乳动物化石及其意义. 古脊椎动物与古人类, 20(4): 350–358

王廷正 (Wang T Z). 1990. 陕西省啮齿动物区系与区划. 兽类学报, 10(2): 128–136

王廷正 (Wang T Z), 许文贤 (Xu W X). 1992. 陕西啮齿动物志. 西安：陕西师范大学出版社. 1–317

王应祥 (Wang Y X). 2003. 中国哺乳动物种和亚种分类名录与分布大全. 北京：中国林业出版社. 1–394

王应祥 (Wang Y X), 李崇云 (Li C Y). 2000. 绒鼠属 *Eothenomys* Miller, 1896. 见：罗泽珣 (Luo Z X), 陈卫 (Chen W), 高武 (Gao W) 等编著. 中国动物志, 兽纲, 第六卷, 啮齿目 (下册)：仓鼠科. 北京：科学出版社. 388–457

王酉之 (Wang Y Z). 1984. 四川资源动物志, 第 2 卷, 兽类. 成都：四川科学技术出版社. 8–270

王酉之 (Wang Y Z), 胡锦矗 (Hu J C), 陈克 (Chen K). 1980. 鼠亚科一新种——显孔攀鼠 (*Vernaya foramena* sp. nov.). 动物学报, 26(4): 393–397

王元 (Wang Y), 金昌柱 (Jin C Z), 魏光飚 (Wei G B). 2010. 长毛鼠 (*Diplothrix*, Muridae) 化石在日本琉球群岛以外的首次发现. 科学通报, 55(6): 497–503

卫奇 (Wei Q). 1978. 泥河湾层中的新发现及其在地层学上的意义. 见：中国科学院古脊椎动物与古人类研究所编. 古人类论文集——纪念恩格斯《劳动在从猿到人转变过程中的作用》写作一百周年报告会论文汇编. 北京：科学出版社. 136–148

吴德林 (Wu D L), 邓向福 (Deng X F). 1984. 中国树鼠属一新种. 兽类学报, 4 (3): 207–212

吴茂霖 (Wu M L), 王令红 (Wang L H), 张银运 (Zhang Y Y), 张森水 (Zhang S S). 1975. 贵州桐梓发现的古人类化石及其文化遗存. 古脊椎动物与古人类, 13 (1): 14–23

吴茂霖 (Wu M L), 王令红 (Wang L H), 赵仲如 (Zhao Z R). 1976. 广西都安仙洞发掘简报. 古脊椎动物与古人类, 14(3): 205–207

吴汝康 (Wu R K), 吴新智 (Wu X Z), 张森水 (Zhang S S). 1989. 中国远古人类. 北京：科学出版社. 1–435

吴文裕 (Wu W Y), Flynn L. 1992. 记山西榆社晚新生代鼠科化石新属种. 古脊椎动物学报, 30(1): 17–38

吴文裕 (Wu W Y), 孟津 (Meng J), 叶捷 (Ye J), 倪喜军 (Ni X J), 毕顺东 (Bi S D), 魏涌澎 (Wei Y P). 2009. 准噶尔盆地北缘顶山盐池组中新世哺乳动物. 古脊椎动物学报, 47(3): 208–233

颉光普 (Xie G P), 张行 (Zhang X), 陈善勤 (Chen S Q). 1994. 甘肃榆中晚更新世哺乳动物化石. 古脊椎动物学报, 32(4): 297–306

谢骏义 (Xie J Y). 1983. 甘肃环县耿家沟早更新世黄土地层中的哺乳动物化石. 古脊椎动物与古人类, 21(4): 357–358

徐余瑄 (Xu Y X), 李玉清 (Li Y Q), 薛祥煦 (Xue X X). 1957. 贵州织金县更新世哺乳动物化石. 古生物学报, 5(2): 343–350

薛祥煦 (Xue X X). 1981. 陕西渭南一早更新世哺乳动物群及其层位. 古脊椎动物与古人类, 19(1): 35–44

叶捷 (Ye J), 孟津 (Meng J), 吴文裕 (Wu W X), 倪喜军 (Ni X J). 2005. 新疆布尔津盆地晚始新世—早渐新世岩石及生物地层. 古脊椎动物学报, 43(1): 49–60

张荣祖 (Zhang R Z), 金善科 (Jin S K), 全国强 (Quan G Q), 李思华 (Li S H), 叶宗耀 (Ye Z Y), 王逢桂 (Wang F G), 张曼丽 (Zhang M L). 1997. 中国哺乳动物分布. 北京: 中国林业出版社. 1–280

张森水 (Zhang S S). 1988. 马鞍山旧石器遗址试掘报告. 人类学学报, 7(1): 64–71

张森水 (Zhang S S)等. 1993. 金牛山 (1978年发掘) 旧石器遗址综合研究. 中国科学院古脊椎动物与古人类研究所集刊, 19: 43–128

张颖奇 (Zhang Y Q), 郑绍华 (Zheng S H), 魏光飚 (Wei G B). 2011. 甘肃灵台雷家河剖面中的鼢鼠类化石与中国鼢鼠类生物年代学进展. 第四纪研究, 31(4): 622–635

张兆群 (Zhang Z Q). 1999. 甘肃宁县上新世小哺乳动物化石. 见: 王元青 (Wang Y Q), 邓涛 (Deng T) 主编. 第七届中国古脊椎动物学学术年会论文集. 北京: 海洋出版社. 167–177

张兆群 (Zhang Z Q), 郑绍华 (Zheng S H). 2000. 甘肃灵台文王沟 (93002 地点) 晚中新世—早上新世生物地层. 古脊椎动物学报, 38(4): 274–286

张兆群 (Zhang Z Q), 郑绍华 (Zheng S H). 2001. 甘肃灵台小石沟晚中新世—上新世小哺乳动物生物地层. 古脊椎动物学报, 39(1): 54–66

张兆群 (Zhang Z Q), Gentry A W, Kaakinen A, 刘丽萍 (Liu L P), Lunkka J P, 邱铸鼎 (Qiu Z D), Sen S, Scott R, Werdelin L, 郑绍华 (Zheng S H), 傅铭楷 (Fu M K). 2002. 中国晚中新世陆相哺乳动物群序列: 陕西蓝田的新证据. 古脊椎动物学报, 40(3): 165–176

张兆群 (Zhang Z Q), 郑绍华 (Zheng S H), 刘丽萍 (Liu L P). 2008. 陕西蓝田晚中新世灞河组的仓鼠化石. 古脊椎动物学报, 46(4): 307–316

张兆群 (Zhang Z Q), 王李花 (Wang L H), 刘艳 (Liu Y), 刘丽萍 (Liu L P). 2011. 内蒙古大庙晚中新世仓鼠科一新种. 古脊椎动物学报, 49(2): 201–209

张镇洪 (Zhang Z H), 周宝库 (Zhou B K), 张利凯 (Zhang L K). 1980. 辽阳安平化石哺乳动物群的发现. 古脊椎动物与古人类, 18(2): 154–161

张镇洪 (Zhang Z H), 傅仁义 (Fu R Y), 陈宝峰 (Chen B F), 刘景玉 (Liu J Y), 祝明也 (Zhu M Y), 吴洪宽 (Wu H K), 黄慰文 (Huang W W). 1985. 辽宁海城小孤山遗址发掘简报. 人类学学报, 4(1): 70–79

张镇洪 (Zhang Z H), 魏海波 (Wei H B), 许振宏 (Xu Z H). 1986. 动物化石. 见: 辽宁省博物馆, 本溪市博物馆. 庙后山——辽宁省本溪市旧石器文化遗址. 北京: 文物出版社. 35–66

赵仲如 (Zhao Z R), 刘兴诗 (Liu X S), 王令红 (Wang L H). 1981. 广西都安九愣山人类化石与共生动物群及其在岩溶发育史上的意义. 古脊椎动物与古人类, 19(1): 45–54

赵资奎 (Zhao Z K), 戴尔俭 (Dai E J). 1961. 中国猿人化石产地 1960 年发掘报告. 古脊椎动物与古人类, 5(4): 374–378

郑昌琳 (Zheng C L). 1989. 哺乳纲 啮齿目. 见: 中国科学院西北高原生物研究所主编. 青海经济动物志. 西宁: 青海人民出版社. 659–709

郑绍华 (Zheng S H). 1976. 甘肃合水一中更新世小哺乳动物群. 古脊椎动物与古人类, 14(2): 112–119

郑绍华 (Zheng S H). 1980. 西藏比如布隆盆地三趾马动物群. 西藏古生物. 北京: 科学出版社. 33–47

郑绍华 (Zheng S H). 1981. 泥河湾地层中小哺乳动物的新发现. 古脊椎动物与古人类, 19(4): 348–358

郑绍华 (Zheng S H). 1983. 和县猿人地点小哺乳动物群. 古脊椎动物与古人类, 21(3): 230–240

郑绍华 (Zheng S H). 1984a. 周口店地区仓鼠材料的重新观察. 古脊椎动物学报, 22(3): 179–197

郑绍华 (Zheng S H). 1984b. 科氏仓鼠 (*Kowalskia*) 一新种. 古脊椎动物学报, 22(4): 251–260

郑绍华 (Zheng S H). 1992. 记安徽和县猿人地点䶄科 (Arvicolidae) 一新属新种——变异华南鼠 (*Huananomys variabilis*). 古脊椎动物学报, 30(2): 146–161

郑绍华 (Zheng S H). 1993. 川黔地区第四纪啮齿类. 北京: 科学出版社. 1–270

郑绍华 (Zheng S H). 1997. 凹枕型鼢鼠 (Mesosiphneinae) 的进化历史及环境变迁. 见: 童永生 (Tong Y S) 等编. 演化的实证——纪念杨钟健教授百年诞辰论文集. 北京: 海洋出版社. 137–150

郑绍华 (Zheng S H). 2004. 建始人遗址. 北京: 科学出版社. 1–412

郑绍华 (Zheng S H), 蔡保全 (Cai B Q). 1991. 河北蔚县东窑子头大南沟剖面中的小哺乳动物化石. 见: 中国科学院古脊椎动物与古人类研究所参加第十三届国际第四纪大会论文选. 北京: 北京科学技术出版社. 100–131

郑绍华 (Zheng S H), 韩德芬 (Han D F). 1993. 哺乳动物化石. 见: 张森水 (Zhang S S) 等. 金牛山 (1978 年发掘) 旧石器遗址综合研究. 中国科学院古脊椎动物与古人类研究所集刊, 19: 43–128

郑绍华 (Zheng S H), 李传夔 (Li C K). 1986. 中国的模鼠 (*Mimomys*) 化石. 古脊椎动物学报, 24(2): 81–109

郑绍华 (Zheng S H), 李毅 (Li Y). 1982. 甘肃天祝松山第一地点上新世兔形类和啮齿类动物. 古脊椎动物与古人类, 20(1): 35–44

郑绍华 (Zheng S H), 张兆群 (Zhang Z Q). 2000. 甘肃灵台文王沟晚中新世—早更新世小哺乳动物. 古脊椎动物学报, 38(1): 58–71

郑绍华 (Zheng S H), 张兆群 (Zhang Z Q). 2001. 甘肃灵台晚中新世—早更新世生物地层划分及其意义. 古脊椎动物学报, 39(3): 215–228

郑绍华 (Zheng S H), 黄万波 (Huang W B), 宗冠福 (Zong G F), 黄学诗 (Huang X S), 谢骏义 (Xie J Y), 谷祖刚 (Gu Z G). 1975. 黄河象. 北京: 科学出版社. 1–46

郑绍华 (Zheng S H), 吴文裕 (Wu W Y), 李毅 (Li Y), 王国道 (Wang G D). 1985a. 青海贵德、共和两盆地晚新生代哺乳动物. 古脊椎动物学报, 23(2): 89–134

郑绍华 (Zheng S H), 袁宝印 (Yuan B Y), 高福清 (Gao F Q), 孙福庆 (Sun F Q). 1985b. 哺乳动物及其演化. 见: 刘东生 (Liu D S) 等著. 黄土与环境. 北京: 科学出版社. 113–141

郑绍华 (Zheng S H), 张兆群 (Zhang Z Q), 刘丽萍 (Liu L P). 1997. 山东淄博第四纪裂隙动物群. 古脊椎动物学报, 35(3): 201–216

郑绍华 (Zheng S H), 张兆群 (Zhang Z Q), 董明星 (Dong M X), 常传玺 (Chang C X). 1998. 山东平邑第四纪裂隙中哺乳动物群及其生态学意义. 古脊椎动物学报, 36(1): 32–46

郑绍华 (Zheng S H), 张兆群 (Zhang Z Q), 崔宁 (Cui N). 2004. 记几种原鼢鼠 (啮齿目, 鼢鼠科) 及鼢鼠科的起源讨论. 古脊椎动物学报, 42(4): 297–315

郑绍华 (Zheng S H), 蔡保全 (Cai B Q), 李强 (Li Q). 2006. 泥河湾盆地洞沟剖面上新世/更新世小哺乳动物. 古脊椎动物学报, 44(4): 320–331

郑绍华 (Zheng S H), 张颖奇 (Zhang Y Q), 崔宁 (Cui N). 待刊. 中国䶄亚科和鼢鼠亚科化石. 中国古生物志

周明镇 (Chow M C). 1964. 陕西蓝田中更新世哺乳类. 古脊椎动物与古人类, 8(3): 301–307

周明镇 (Chow M C), 李传夔 (Li C K). 1965. 陕西蓝田陈家窝中更新世哺乳类化石补记. 古脊椎动物与古人类, 9(4): 377–393

周明镇 (Chow M C), 周本雄 (Chow B S). 1965. 山西临猗维拉方期哺乳类化石补记. 古脊椎动物学报, 9(2): 221–234

周晓元 (Zhou X Y). 1988. 山西静乐上新世小哺乳动物群及静乐组的时代讨论. 古脊椎动物学报, 26(3): 181–197

周信学 (Zhou X X), 孙玉峰 (Sun Y F), 王家茂 (Wang J M). 1984. 古龙山动物群的时代及其对比. 古脊椎动物学报,

22(2): 151–156

宗冠福 (Zong G F). 1981. 山西屯留小常村更新世哺乳动物化石. 古脊椎动物与古人类 , 19(2): 174–183

宗冠福 (Zong G F). 1982. 山西屯留西村早更新世地层. 古脊椎动物与古人类 , 20(3): 236–247

宗冠福 (Zong G F). 1987. 云南省迪庆州更新世早期哺乳类化石的发现. 古脊椎动物学报 , 25(1): 69–76

宗冠福 (Zong G F), 陈万勇 (Chen W Y), 黄学诗 (Huang X S), 徐钦琦 (Xu Q Q). 1996. 横断山地区新生代哺乳动物及其
    生活环境. 北京 : 海洋出版社 . 1–279

Allen G M. 1927. Murid rodents from the Asiatic expeditions. Am Mus Novit, 270: 1–12

Allen G M. 1938, 1940. The mammals of China and Mongolia. Nat Hist Central Asia, 11(1-2): 1–1350

Anthony H E. 1941. Mammals collected by the Vernay-Cutting Burma expedition. Field Mus of Nat Hist, Zool Ser, 27:
    37–123

Argyropulo A I. 1938. On the fauna of Tertiary Cricetidae of the USSR. C R (Doklady) Acad Sci URSS, 20(2-3): 223–226

Argyropulo A I. 1939. New Cricetidae (Glires, Mammalia) from the Oligocene of middle Asia. C R (Doklady) Acad Sci
    URSS, 1: 111–114

Argyropulo A I. 1946. New data on systematic of the genus *Lagurus*. Newsletters, Acad Sci KSSR, N. 7/8: no pages (in
    Russian)

Argyropulo A I, Pidoplichka I G. 1939. Recovery of a representative of Murinae (Glires, Mammalia) in Tertiary deposits of
    the USSR. C R (Doklady) Acad Sci URSS, 23 (2): 209–212

Bate D M A. 1943. Pleistocene Cricetinae from Palestine. Ann Mag Nat Hist, London, 11: 313–838

Bendukidze O G. 1993. Small Mammals of Miocene from Southwestern Kazakhstan and Turgai. Tbilissi: Mechuereba. 1–144

Bendukidze O G, de Bruijn H, van den Hoek Ostende L W. 2009. A revision of Late Oligocene associations of small mammals
    from the Aral Formation (Kazakhstan) in the National Museum of Georgia, Tbilissi. Palaeodiversity, 2: 343–377

Bi S D. 2005. Evolution, systematic and functional anatomy of a new species of Cricetodontini (Cricetidae, Rodentia,
    Mammalia) from the northern Junggar Basin, northwestern China. Ph. D. Thesis. Howard University, Washington DC.
    1–183 (unpublished)

Bi S D, Meng J, Wu W Y. 2008. A new species of *Megacricetodon* (Cricetidae, Rodentia, Mammalia) from the Middle
    Miocene of northern Junggar Basin, China. Am Mus Novit, 3602: 1–23

Black C C. 1972. Review of fossil rodents from the Neogene Siwalik Beds of India and Pakistan. Palaeontology, 15 (2):
    238–266

Bohlin B. 1937. Oberoligozäne Säugetiere aus dem Shargaltein-Tal (western Kansu). Palaeont Sin, New Ser C, 3: 1–66

Bohlin B. 1946. The fossil mammals from the Tertiary deposit of Taben-buluk, western Kansu. Part 2: Simplicidentata,
    Carnivora, Artiodactyla, Perissodactyla, and Primates. Palaeont Sin, New Ser C, 8B: 1–259

Boule M, Teilhard de Chardin P. 1928. Paléolithique de la Chine (Paléontologie). Arch Instit Hum, Paris, 4: 27–102

Bugge J. 1971. The cephalic arterial system in mole-rats (Spalacidae) bamboo-rats (Rhizomyidae), jumping mice and jerboas
    (Dipodoidea) and dormice (Gliroidea) with special reference to the systematic classification of rodents. Acta Anatomica,
    79: 165–180

Bugge J. 1985. Systematic value of the carotid arterial pattern in rodents. In: Luckett W P, Hartenberger J-L eds. Evolutionary
    Relationships among Rodents: A Multidisciplinary Analysis. New York: Plenum Press. 355–379

Cai B Q, Li Q. 2004. Human remains and the environment of early Pleistocene in the Nihewan Basin. Science in China Ser D
    Earth Sciences, 47(5): 437–444

Cai B Q, Zheng S H, Liddicoat J C, Li Q. 2013. Review of the litho-, bio-, and chronostratigraphy in the Nihewan Basin,

Hebei, China. In: Wang X M, Flynn L J, Fortelius M eds. Fossil Mammals of Asia—Neogene Biostratigraphy and Chronology. New York: Columbia University Press. 218–242

Carleton M D, Musser G C. 1984. Muroid rodents. In: Anderson S, Jones J K eds. Order and Families Recent Mammals of the World. New York: John Wiley & Sons. 289–380

Carleton M D, Musser G G. 2005. Order Rodentia. In: Wilson D E, Reeder D M eds. Mammal Species of the World—A Taxonomic and Geographic Reference. Third Edition, Vol. 2. Baltimore: Johns Hopkins University Press. 745–1600

Carls N, Rabeder G. 1988. Arvicolids (Rodentia, Mammalia) from the earliest Pleistocene of Schernfeld (Bavaria). Beitr Paläont Osterr, 14: 123–237

Catzeflis F M, Denys C. 1992. The African *Nannomys* (Muridae): An early offshoot from the *Mus* lineage—evidence from scnDNA hybridization experiments and compared morphology. Israel J Zool, 38: 219–231

Chaimanee Y. 1998. Plio-Pleistocene rodents of Thailand. Thai Studies in Biodiversity, 3: 1–303

Chaimanee Y, Jaeger J J. 2000. Evolution of *Rattus* (Mammalia, Rodentia) during the Plio-Pleistocene in Thailand. Historical Biology, 15: 181–191

Chaimanee Y, Yamee C, Marandat B, Jaeger J J. 2007. First Middle Miocene rodents from the Mae Moh Basin (Thailand): biochronological and paleoenvironmental implications. Bull Carnegie Mus Nat Hist, 39: 157–163

Chaline J. 1986. Phyletic gradualism in a European Plio-Pleistocene *Mimomys* lineage (Arvicolidae, Rodentia). Paleobiology, 12(2): 203–216

Chaline J. 1987. Arvicolid data (Arvicolidae, Rodentia) and evolutionary concepts. In: Hecht M K, Wallace B, Prance G T eds. Evolutionary Biology, 21(8): 238–310

Chaline J. 1990. An approach to studies of fossil arvicolids. In: Fejfar O, Heinrich W eds. International Symposium Evolution, Phylogeny and Biostratigraphy of Arvicolids (Rodentia, Mammalia) Rohanov (Czechoslovakia) May 1987. Munich: Pfiel-Verlag. 45–84

Chaline J, Mein P. 1979. Les Rongeurs et L'Évolution. Paris: Doin Editeurs. 1–235

Chaline J, Sevilla P. 1990. Phyletic gradualism and developmental heterochronies in a European Plio-Pleistocene *Mimomys* lineage (Arvicolidae, Rodentia). In: Fejfar O, Heinrich W eds. International Symposium Evolution, Phylogeny and Biostratigraphy of Arvicolids (Rodentia, Mammalia) Rohanov (Czechoslovakia) May 1987. Munich: Pfiel-Verlag. 85–98

Chaline J, Mein P, Petter F. 1977. Les grandes lignes dune classification evolutive des Muroidea. Mammalia, 41: 245–252

Cheema I U, Raza S M, Flynn L J. 2000. Miocene small mammals from Jalalpur, Pakistan, and their biochronologic implications. Bull Nat Sci Mus, Ser C, 26(1/2): 57–77

Colbert E H, Hooijer D A. 1953. Pleistocene mammals from the limestone fissures of Szechuan, China. Bull Am Mus Nat Hist, 102(1): 1–34

Conroy C J, Cook J A. 2000. Molecular systematics of a Holarctic rodent (Microtus: Muridae). J Mammalogy, 81: 344–359

Corbet G B. 1978. The mammals of the Palaearctic region: A taxonomic review. London: Brit Mus Nat Hist. 1–314

Corbet G B. 1984. The mammals of the Palaearctic region: A taxonomic review. Supplement. London: Brit Mus Nat Hist. 1–45

Corbet G B, Hill J E. 1991. A World List of Mammalian Species. Third Edition. London: Oxford University Press. 1–243

Cordy J M. 1976. Essai sur la microévolution du genre *Stephanomys* (Rodentia, Muridae). Ph. D. Thesis, Liège. Ed Nélissen, Angleur, Vol. 2: 1–351

Dao Van T. 1966. Sur deux rongeurs nouveaux (Muridae, Rodentia) au Nord-Vietnam. Zool Anz, 176(6): 438–440

Dashzeveg D. 1971. A new *Tachyoryctoides* (Mammalia, Rodentia, Cricetidae) from the Oligocene of Mongolia. Proc Joint Sovet-Mongolian Geological Research Expedition, 3: 68–70

Dawson M R. 2015. Emerging perspectives on some Paleogene sciurognath rodents in Laurasia: the fossil record and its interpretation. In: Cox P G, Hautier L eds. Evolution of the Rodents: Advances in Phylogeny, Functional Morphology and Development. Cambridge: Cambridge University Press. 70–86

Dawson M R, Tong Y S. 1998. New material of *Pappocricetodon schaubi*, an Eocene rodent (Mammalia: Cricetidae) from the Yuanqu Basin, Shanxi Province, China. Bull Carnegie Mus Nat Hist, 34: 278–285

Daxner-Höck G. 1995. The vertebrate locality Maramena (Macedonia, Greece) at the Turolian-Ruscinian boundary (Neogene). 9. Some glirids and cricetids from Maramena and other late Miocene localities in northern Greece. Münchner Geowiss Abh, A, 28: 103–120

Daxner-Höck G. 2000. *Ulaancricetodon badamae* n. gen., n. sp. (Mammalia, Rodentia, Cricetidae) from the valley of Lakes in Central Mongolia. Paläontologische Zeitschrift, 74 (1/2): 215–225

Daxner-Höck G, Badamgarav D. 2007. Geological and stratigraphical setting. In: Daxner-Höck G ed. Oligocene-Miocene Vertebrates from the Valley of Lakes (Central Mongolia): Morphology, Phylogenetic and Stratigraphic Implications. Ann Nat Mus Wien, 108A: 1–24

Daxner-Höck G, Fahlbusch V, Kordos L, Wu W Y. 1996. The Late Neogene cricetid rodent genera *Neocricetodon* and *Kowalskia*. In: Bernor R L, Fahlbusch V, Mittmann H W eds. The Evolution of Western Eurasian Neogene Mammal Faunas. New York: Columbia University Press. 220–226

Daxner-Höck G, Badamgarav D, Maridet O. 2015. Evolution of Tachyoryctoidinae (Roodentia, Mammalia): evidences of the Oligocene and Early Miocene of Mongolia. Ann Nat Mus Wien, 117A: 161–195

de Bruijn H. 1976. Vallesian and Turolian rodents from Biotia, Attica and Rhodes (Greece) 1 and 2. Proc Kon Ned Akad Wetensch, Ser B, 79(5): 361–390

de Bruijn H, van der Meulen A J. 1975. The early Pleistocene rodents from Tourkobounia-1 (Athens, Greece). I-II. Proc Kon Ned Akad Wetensch, Ser B, 78(4): 314–388

de Bruijn H, Ünay E. 1996. On the evolutionary history of the Cricetodontini from Europe and Asia Minor and its bearing on the reconstruction of migrations and the continental biotope during the Neogene. In: Bernor R L, Fahlbusch V, Mittmann H W eds. The Evolution of Western Eurasian Neogene Mammal Faunas. New York: Columbia University Press. 227–234

de Bruijn H, Whybrow P J. 1994. A Late Miocene rodent fauna from the Baynunah Formation, Emirate of Abu Dhabi, United Arab Emirates. Proc Kon Ned Akad Wetensch, Ser B, 97(4): 407–422

de Bruijn H, Hussain S T, Leinders J M. 1981. Fossil rodents from the Murree Formation near Banda Daud Shah, Kohat, Pakistan. Proc Kon Ned Akad Wetensch, Ser B, 84(1): 71–99

de Bruijn H, Fahlbusch V, Saraç G, Ünay E. 1993. Early Miocene rodent faunas from the eastern Mediterranean area. Part III. The genera *Deperetomys* and *Cricetodon*, with a discussion of the evolutionary history of the Cricetodontini. Proc Kon Ned Akad Wetensch, Ser B, 96(2): 151–216

de Bruijn H, Ünay E, Saraç G, Yilmaz A. 2003. A rodent assemblage from the Eo/Oligocene boundary interval near Süngülü, Lesser Caucasus, Turkey. Coloquios de Paleontologia, V. Exl. 1: 47–76

Deng T, Wang X M, Fortelius M, Li Q, Wang Y, Tseng Z J, Takeuchi G T, Saylor J E, Säilä L K, Xie G P. 2011. Out of Tibet: Pliocene woolly rhino suggests high-plateau origin of Ice Age megaherbivores. Science, 333: 1285–1288

Deng T, Qiu Z X, Wang B Y, Wang X M, Hou S K. 2013. Late Cenozoic biostratigraphy of the Linxia Basin, northwestern China. In: Wang X M, Flynn L J, Fortelius M eds. Fossil Mammals of Asia—Neogene Biostratigraphy and Chronology. New York: Columbia University Press. 243–273

Devyatkin E, Zazhigin V S, Liskun I G. 1968. Pervye nakhodki melkikh mlekopitayushchikn v pliotsene Tuvy i zapadnoy

Mongolii (First finds of small mammals in the Pliocene of Tuva and western Mongolia). Doklady Akademii Nauk SSSR, 183: 404–407 (in Russian)

Durgut N Ç, Ünay E. 2016. Cricetodontini from the Early Miocene of Anatolia. Bull Min Res Exp, 152: 85–119

Ellerman J R. 1940. The families and genera of living rodents. Vol. I. Rodents other than Muridae. London: Brit Mus Nat Hist. 1–689

Ellerman J R. 1941. The families and genera of living rodents. Vol. II. Muridae. London: Brit Mus Nat Hist. 1–690

Ellerman J R. 1947-1948. Notes on some Asiatic rodents in the British Museum. Proc Zool Soc, London, 117: 259–271

Ellerman J R. 1949. The families and genera of living rodents. Vol. III. Appendix II: Notes on the rodents from Madagascar in the British Museum, and on a collection from the island obtained by Mr. Webb C S. London: Brit Mus Nat Hist. 1–210

Ellerman J R. 1961. Rodentia. In: The Fauna of India Including Pakistan, Burma and Ceylon. Mammalia. Second Edition. Manager of Publications, Zoological Survey of India, Calcutta, Vol. 3. (1-2): 1–884

Ellerman J R, Morrison-Scott T C S. 1951. Checklist of Palaearctic and Indian mammals 1758 to 1946. London: Brit Mus Nat Hist. 1–810

Emry R J, Tyutkova L A, Lucas S G, Wang B Y. 1998. Rodents of the Middle Eocene Shinzhaly Fauna of eastern Kazakstan. J Vert Paleont, 18(1): 218–227

Engesser B. 1979. Relationships of some insectivores and rodents from the Miocene of North America and Europe. Bull Carnegie Mus Nat Hist, 14: 1–68

Erbajeva M A. 1973. Early Anthropogene voles (Microtinae, Rodentia) with characters of genera *Mimomys* and *Lagurodon* from Transbaikal. Bulletin of Committee on Study of Quaternary Period, Sci Acad SSSR, (40): 134–138 (in Russian)

Erbajeva M A. 1976. Fossiliferous bunodont rodents of the Transbaikal area. Geology and Geophysics, 194(2): 144–149 (in Russian)

Erbajeva M A, Alexeeva N V. 1997. Neogene mammalian sequence of the eastern Siberia. In: Aguilar J P, Legendre S, Michaux J eds. Actes Congres BiochroM'97. Mem Trav EPHE, Inst Montpellier, 21: 241–248

Fahlbusch V. 1964. Die Cricetiden (Mammalia) der Oberen Süsswasser-Molasse Bayerns. Abh Bayer Akad Wiss, 118: 1–136

Fahlbusch V. 1966. Cricetidae (Rodentia, Mamm.) aus der mittelmiocänen Spaltenfüllung Erkertshofen bei Eichstätt. Mitt Bayer Staatssamml Paläont Hist Geol, 6: 109–132

Fahlbusch V. 1969. Pliocene and Pleistocene Cricetinae (Rodentia, Mammalia) from Poland. Acta Zool Cracov, 14(5): 99–138

Fahlbusch V. 1979. Eomyidae-Geschichte einer Säugetierfamilie. Pälaontologische Zeitschrift, 53: 88–97

Fahlbusch V. 1987. The Neogene mammalian faunas of Ertemte and Harr Obo in Inner Mongolia (Nei Mongol), China. – 5. The genus *Microtoscoptes* (Rodentia: Cricetidae). Senckenbergiana lethaea, 67(5/6): 345–373

Fahlbusch V, Mayr H. 1975. Microtoide Cricetiden (Mammalia, Rodentia) aus der Oberen Süsswasser-Molasse Bayerns. Pälaontologische Zeitschrift, 49: 78–93

Fahlbusch V, Moser M. 2004. The Neogene mammalian faunas of Ertemte and Harr Obo in Inner Mongolia (Nei Mongol), China. – 13. The genera *Microtodon* and *Anatolomys* (Rodentia, Cricetidae). Senckenbergiana lethaea, 84(1/2): 323–349

Fahlbusch V, Qiu Z D, Storch G. 1983. Neogene mammalian faunas of Ertemte and Harr Obo in Nei Monggol, China. – 1. Report on field work in 1980 and preliminary results. Sci Sin, Ser B, 26(2): 205–224

Fejfar O. 1961. Die plio-pleistozänen Wirbeltierfaunen von Hajnáčka und Ivanovcé (Slowakei), CSSR. II. Neues Jahrbuch für Geologie und Paläontologie, 112: 48–82

Fejfar O. 1964. The lower Villafranchian vertebrates from Hajnáčka near Filákovo in southern Slovakia. Rozpravy, Ústř Úst Geol, 30: 1–115

Fejfar O. 1970. Die plio-pleistozänen Wirbeltierfaunen von Hajnáčka und Ivanovcé (Slowakei), CSSR. VI. Cricetidae (Rodentia, Mammalia). Mitt Bayer Staatssamml Paläont Hist Geol, 10: 277–296

Fejfar O. 1972. Ein neuer Vertreter der Gattung *Anomalomys* Gaillard, 1900 (Rodentia, Mammalia) aus dem europäischen Miozän (Karpat). Neues Jahrbuch für Geologie und Paläontologie, Abh, 141(2): 168–193

Fejfar O. 1999a. Microtoid cricetids. In: Rößner G E, Heißig K eds. The Miocene Land Mammals of Europe. München: Verlag Dr. Friedrich Pfeil Press. 365–372

Fejfar O. 1999b. Subfamily Platacanthomyinae. In: Rößner G E, Heißig K eds. The Miocene Land Mammals of Europe. München: Verlag Dr. Friedrich Pfeil Press. 389–394

Fejfar O, Kalthoff D C. 1999. Aberrant cricetids (Platacanthomyines, Rodentia, Mammalia) from the Miocene of Eurasia. Berliner Geowiss Abh, E30: 191–206

Fejfar O, Storch G. 1990. Eine pliozäne (ober-ruscinische) Kleinsäugerfauna aus Gundersheim, Rheinhessen. – 1. Nagetiere: Mammalia, Rodentia. Senckenbergiana lethaea, 71(1/2): 139–184

Fieldhamer G A, Drickamer L C, Vessey S F, Merritt J F, Krajewski C. 2015. Mammalogy: Adaptation, Diversity, Ecology. Fourth Edition. Baltimore: Johns Hopkins University Press. 1–747

Flynn L J. 1982. Systematic revision of Siwalik Rhizomyidae (Rodentia). Geobios, 15(3): 327–389

Flynn L J. 1985. Evolutionary patterns and rates in Siwalik Rhizomyidae. Acta Zool Febbuca, 170: 141–144

Flynn L J. 1990. The natural history of rhizomyid rodents. In: Nevo E, Reig O A eds. Evolution of subterranean mammals at the organismal and molecular levels. New York: Wilcy-Liss. 155–183

Flynn L J. 1993. A new bamboo rat from the Late Miocene of Yushe Basin. Vert PalAsiat, 31(2): 95–101

Flynn L J. 2009. The antiquity of *Rhizomys* and independent acquisition of fossorial traits in subterranean muroids. In: Voss R S, Carleton M D eds. Systematic Mammalogy Contributions in Honor of Guy G. Musser. Bull Am Mus Nat Hist, 331(2): 128–156

Flynn L J, Jacobs L L. 1990. Preliminary analysis of Miocene small mammals from Pasalar, Turkey. J Hum Evol, 19: 423–436

Flynn L J, Qi G Q. 1982. Age of the Lufeng, China, hominoid locality. Nature, 298: 746–747

Flynn L J, Sabatier M. 1984. A muroid rodent of Asian affinity from the Miocene of Kenya. J Vert Paleont, 3: 160–165

Flynn L J, Wu W Y. 2001. The late Cenozoic mammal record in North China and the Neogene mammal zonation of Europe. Bolletino della Società Palaeontologia Italiana, 40: 195–199

Flynn L J, Jacobs L L, Lindsay E H. 1985. Problems in muroid phylogeny: relationship to other rodents and origin of major groups. In: Luckett W P, Hartenberger J L eds. Evolutionary Relationships among Rodents: A Multidisciplinay Analysis. New York: Plenum Press. 589–616

Flynn L J, Tedford R H, Qiu Z X. 1991. Enrichment and stability in the Pliocene mammalian fauna of North China. Paleobiology, 17(3): 246–265

Flynn L J, Wu W Y, Downs III W R. 1997. Dating vertebrate microfaunas in the late Neogene record of northern China. Palaeogeog Palaeoclimat Palaeoecol, 133: 227–242

Flynn L J, Kimura Y, Jacobs L L. in press. The murine cradle. In: Sahni Prasad G V R, Patnaik R eds. Biological Consequences of Plate Tectonics: New Perspectives on Post Gondwanal and Break-up. Papers in Honour of Professor Ashok Sahni. Dordrecht: Springer

Forsyth Major C J. 1902. Some jaws and teeth of Pliocene voles (*Mimomys* gen. nov.) from the Norwich Crag at Thorpe, and from the Upper Val d'Arno. Proc Zool Soc London, 1902: 102–107

Freudenthal M, Martin Suárez E. 1999. Family Muridae. In: Rößner G E, Heißig K eds. The Miocene Land Mammals of

Europe. München: Verlag Dr. Friedrich Pfeil Press. 401–409

Gaur R. 1986. First report on a fossil *Rattus* (Murinae, Rodentia) from the Pinjor Formation of Upper Siwalik of India. Current Science, 55(11): 542–544

Gill T. 1872. Arrangement of the families of mammals with analytical tables. Smithsonian Miscellaneous Collections, 11(230): 1–98

Gromov I M, Parfenova N M. 1951. Materials and history of rodent fauna of Inderskoe Priuralye. Bulleten Moskovskogo Obscestva Ispitatelej Prirody, Otdel Biologii, 56: 13–20 (in Russian)

Guo Z T, Ruddiman W F, Hao Q Z, Wu H B, Qiao Y S, Zhu R X, Peng S Z, Wei J J, Yuan B Y, Liu T S. 2002. Onset of Asian desertification by 22 Mys ago inferred from loess deposits in China. Nature, 416: 159–163

Haas G. 1966. On the vertebrate fauna of the Lower Pleistocene site, Ubeidiya. Jerusalem: Central Press. 1–68

Hao Q Z, Guo Z T. 2004. Magnetostratigraphy of a Late Miocene–Plocene loess-soil sequence in the western Loess Plateau in China. Geophys Res Lett, Vol. 31, L09209. DOI: 10.1029/2003GL019392: 1–4

Hartenberger J-L. 1998. Description de la radiation des Rodentia (Mammalia) du Paleocene superieur au Miocène; incidence phylogenetique. C R Acad Sci, Paris, 326: 439–444

Hartenberger J-L, Sudre J, Vianey-Liaud M. 1975. Les Mammiferes de l'Eocene superieur de Chine (Gisement de River Section); leur place dans l'histoire des faunes Eurasiatiques. 3ème R A S T, Montpellier: 1–186

Heinrich W D. 1990. Some aspects of evolution and biostratigraphy of *Arvicola* (Mammaia, Rodentia) in the central European Pleistocene. In: Fejfar O, Heinrich W D eds. Int Symp Evol Phyl Biostr Arvicolids. Prague: Geolical Survey. 165–182

Heller F. 1936. Eine oberpliozäne Wirbeltierfauna aus Rheinhessen. Neues Jahrbuch für Mineralogie, Geologie und Paläontologie, Beilage-Bände 63, Abt B, 76: 99–160

Heller F. 1957. Die fossilen Gattungen *Mimomys* F. Maj., *Cosomys* Wil., und *Ogmodontomys* Hibb. (Rodentia, Microtine) in ihren systematischen Beziehungen. Acta Zool Cravov, 11(10): 219–237

Hibbard C W. 1970. The Pliocene rodent *Microtoscoptes disjunctus* (Wilson) from Idaho and Wyoming. Contr Mus Paleont Univ Michigan, 23: 95–98

Hinton M A C. 1923a. On the voles collected by Mr. G. Forest in Yunnan; with remarks upon the genera *Eothenomys* and *Neodon* and upon their allies. Ann Mag Nat Hist, London, 9(11): 145–170

Hinton M A C. 1923b. Diagnosis of species of *Pitymys* and *Microtus* occurring in the Upper Freshwater Bed of West Runton. Ann Mag Nat Hist, London, 9(12): 541–542

Hinton M A C. 1926. Monograph of the voles and lemmings (Microtinae), living and extinct. London: Brit Mus Nat Hist. 1–488

Hinton M A C. 1933. Diagnosis of new genera and species of rodents from Indian Tertiary deposits. Ann Mag Nat Hist, London, Seri 10, 12(72): 620–622

Hír J. 1994. *Cricetinus beremendensis* sp. nov. (Rodentia, Mammalia) from the Pliocene fauna of Beremend 15 (S Hungary). Fragmenta Mineralogica et Palaeontologica, 17: 71–89

Hír J. 1996. *Cricetinus janssyi* sp. n. (Rodentia, Mammalia) from the Pliocene fauna of Osztramos 7 (N Hungary). Fragmenta Mineralogica et Palaeontologica, 18: 79–90

Hir J. 1998. The *Allophaiomys* type-material in the Hungaian collections. Paluddicola, 2(1): 28–36

Hír J. 2007. *Cricetodon klariankae* n. sp. (Cricetodontini, Rodentia) from Felsötárkány-Felnémet (Northern Hungary). Fragmenta Paleontologica Hungarica, 24-25: 16–24

Höck V, Daxner-Höck G, Schmid H P, Badamgarav D, Frank W, Furtmüller G, Montag O, Barsbold R, Khand Y, Sodov J. 1999. Oligocene-Miocene sediments, fossils and basalts from the Valley of Lakes (Central Mongolia)—An integrated study. Mitt Österr Geol Ges, 90(1997): 83–125

Howell A B. 1929. Mammals from China in the collections of the United States National Museum. Proc US Nat Mus, 75(1): 1–82

Hugueney M, Vianey-Liaud M. 1980. Les Dipodidae (Mammalia, Rodentia) d'Europe Occidentale au Paleogene et au Neogene Inferieur: Origine et evolution. Palaeovertebrata, Mémoire Jubilaire en Homage á R. Lavocat. 303–342

International Commission on Zoological Nomenclature. 2000. International Code of Zoological Nomenclature. Fourth Edition. Padova: Tipografia la Garangola. 1–126

Jacobs L L. 1977. A new genus of murid from the Miocene of Pakistan and comments on the origin of the Muridae. PaleoBios 25: 1–11

Jacobs L L. 1978. Fossil rodents (Rhizomyidae & Muridae) from Neogene Siwalik deposits, Pakistan. Bull Mus North Arizona Press, 52: 1–103

Jacobs L L, Downs W R. 1994. The evolution of murine rodents in Asia. In: Tomida Y, Li C K, Setoguchi T eds. Rodent and Lagomorph Families of Asian Origins and Diversification. Tokyo: Nat Sci Mus Monographs, 8: 149–156

Jacobs L L, Li C K. 1982. A new genus (*Chardinomys*) of murid rodent (Mammalia, Rodentia) from the Neogene of China and comments of its biogeography. Geobios, 15(2): 255–259

Jacobs L L, Pilbeam D. 1980. Of mice and men — fossil-based divergence dates and molecular clocks. J Hum Evol, 9: 551–555

Jacobs L L, Flynn L J, Li C K. 1985. Comment on rodents from the Chinese Neogene. Bull Geol Inst Univ Uppsala, N.S., 11: 59–78

Jaeger J J. 1977a. Rongeurs (Mammalia, Rodentia) du Miocène du Beni-Mellal. Palaeovertebrata, 7(4): 91–132

Jaeger J J. 1977b. Les Rongeurs du Miocène moyen et supérieur du Maghreb. Palaeovertebrata, 8(1): 1–166

Jaeger J J, Tong H, Denys C. 1986. Age de la divergence *Mus-Rattus*: Comparaison des donnees paleontologiques et moleculaires. C R Acad Sci, Paris, 302, Ser, 2: 917–922

James G T, Slaughter B H. 1974. A primitive new middle Pliocene murid from Wadi El-Natrum, Egypt. Ann Geol Sur Egypt, 4: 333–362

Janis C M, Dawson M R, Flynn L J. 2008. Glires summary. In: Janis C M, Gunnell G, Uhen M eds. Evolution of Tertiary Mammals of North America, Vol. 2. New York: Cambridge University Press. 263–292

Jánossy D, van der Meulen A J. 1975. On *Mimomys* (Rodentia) from Osztramos-3, North Hungary. Proc Kon Ned Akad Wetensch, Ser B, 78: 381–391

Jansa S, Weksler M. 2004. Phylogeny of muroid rodents: Relationships within and among major lineages as determined by IRBP gene sequences. Mol Phyl Evol, 31(1): 256–276

Kaakinen A. 2005. A long terrestrial sequence in Lantian—a window into the late Neogene Palaeoenvironments of northern China. Helsinki: University of Helsinki, Publications of the Department of Geology, D4. 1–49

Kälin D. 1999. Tribe Cricetini. In: Rößner G E, Heißig K eds. The Miocene Land Mammals of Europe. Munich: Verlag Dr. Friedrich Pfeile. 373–387

Kawamura Y. 1988. Quaternary rodent faunas in the Japanese islands (Part 1). Mem Fac Sci, Kyoto Univ, Ser Geol Min, 53(1-2): 31–348

Kawamura Y. 1989. Quaternary rodent faunas in the Japanese islands (Part 2). Mem Fac Sci, Kyoto Univ, Ser Geol Min, 54(1-2): 1–235 (*Rattus norvegicus*)

Kawamura Y, Takai M. 2009. Pliocene lagomorphs and rodents from Udunga, Transbaikalia, eastern Russia. Asian

Paleoprimatology, 5: 15–44

Kawamura Y, Zhang Y Q. 2009. A preliminary review of the extinct voles of *Mimomys* and its allies from China and the adjacent area with emphasis on *Villayia* and *Borsodia*. J Geosci Osaka City Univ, 52(1): 1–10

Kimura Y, Jacobs L L, Flynn L J. 2013. Lineage-specific responses of tooth shape in murine rodents (Murinae, Rodentia) to Late Miocene dietary change in the Siwaliks of Pakistan. PLoS One, 8(10), e76070 (DOI: 10.1371/journal.pone.0076070)

Kimura Y, Hawkins M T R, McDonough M M, Jacobs L L, Flynn L J. 2015. Corrected placement of *Mus-Rattus* fossil calibration forces precision in the molecular tree of rodents. Scientific Reports, 5: 1–9 (DOI: 10.1038/srep14444)

Kimura Y, Flynn L J, Jacobs L L. 2016. A paleontological case study for species delimitation in diverging fossil lineages. Hist Biol, 28(1-2): 189–198

Kimura Y, Flynn L J, Jacobs L L. 2017. Early Late Miocene murine rodents from the upper part of the Nagri Formation, Siwalik Group, Pakistan, with a new fossil calibration point for the Tribe Apodemurini (*Apodemus/ Tokudaia*). Fossil Imprint, 73(1-2): 197–212

Klein Hofmeijer G, de Bruijn H. 1985. The mammals from the Lower Miocene of Aliveri (Island of Evia, Greece). Par 4: The Spalacidae and Anomalomyidae. Proc Kon Ned Akad Wetensch, ser B, 88(2): 185–198

Klein Hofmeijer G, de Bruijn H. 1988. The mammals from the Lower Miocene of Aliveri (Island of Evia, Greece). Proc Kon Ned Akad Wetensch, ser B, 91(2): 185–204

Kloss C B. 1918. New and other white-toothed rats from Siam. J Nat Hist Soc Siam, 3(2): 79–82

Kordikova E G, de Bruijn H. 2001. Early Miocene rodents from the Aktau Mountains (South-Eastern Kazakhstan). Senckenbergiana lethaea, 81(2): 391–405

Kormos T. 1932a. Neue pliozäne Nagetiere aus der Moldau. Paläontologische Zeitschrift, 14: 193–200

Kormos T. 1932b. Neue Wühlmäuse aus dem Oberpliocän von Püspökfürdö. N Jb f Min Geol Pal 69, Abt B, 323–346

Kormos T. 1933. *Baranomys loczyi* n. g. n. sp. ein neues Nagetier aus dem Oberpliocän Ungarns. Allattani Közlemenyek, 30: 45–54

Kormos T. 1934a. Première prevue de L'Existence du genre *Mimomys* en Asie Orietale. Trav Lab Géol Fac Sci Lyon, 24(20): 3–8

Kormos T. 1934b. Neue Insectenfresser, Fledermäuse und Nager aus dem Oberpliozän der Villanyer Gegend. Földani Közlöny, 64: 298–321

Kormos T. 1938. *Mimomys newtoni* F. Major und *Lagurus pannonicus* Korm, Zwei gleichzeitige verwandte Wühlmäouse von verschiedener phylogenetischen Entwicklung. Math Nat Akad Wiss, 57: 353–379 (Budapest)

Korth W W. 1994. The Tertiary Record of Rodents in North America. In: Stehli F G, Jones D S eds. Topic in Geobiology, 12. New York: Plenum Press. 1–319

Kowalski K. 1960. Cricetidae and Microtidae (Rodentia) from the Pliocene of Węże (Poland). Acta Zool Cracov, 5(11): 447–504

Kowalski K. 1974. Middle Oligocene rodents from Mongolia. Paleont Polonica, 30: 147–178

Kowalski K. 1993. *Microtocricetus molassicus* Fahlbusch and Mayr, 1975 (Rodentia, Mammalia) from the Miocene of Belchatów (Poland). Acta Zool Cracov, 36 (2): 251–258

Kowalski K. 2001. Pleistocene rodents of Europe. Folia Quaternaria, 72: 1–389

Kowalski K, Hasegawa Y. 1976. Quaternary rodents from Japan. Bull Nat Sci Mus (Tokyo), Ser C (Geol Paleont), 2(1): 31–66

Král B, Radjabli S I, Grafodatskij A S, Orlov V N. 1984. Comparison of karyotypes, G-bandsand NORS in three *Cricetulus* spp. (Cricetidae, Rodentia). Folia Zool, 33: 85–96

Kretzoi M. 1930. Ergebnisse der weiteren Grabungen in der Esterhàzy-höhle (Csàkvàrer Höhlung). In: Kadic O, Kretzoi M eds. Mitt Höhl-und Karstforsch, 2: 45–49

Kretzoi M. 1941. Auslandische Saugetierfossilien der ungarischen Museen 4. Föld Közlöny, 71: 170–176

Kretzoi M. 1951. The *Hipparion*-fauna from Csákvár. Föld Közlöny, 81: 384–417

Kretzoi M. 1955a. *Dolomys* and *Ondatra*. Acta Geol, 3(4): 347–355

Kretzoi M. 1955b. *Promimomys cor* n. g. n. sp. ein altertumlicher Arvocolidae aus dem ungarischen Unterpleistozän. Acta Geol, 3(1–3): 89–94

Kretzoi M. 1956. Die altpleistozänen Wirbeltierfaunen des Villányer Gebirges. Geol Hung, Palaeont, 27: 1–264

Kretzoi M. 1959. Insectivoren, Nagetiere und Logomorphen der Jüngstpliozänen Fauna von Csarnóta im Villányer Gebirge (Südungarn). Vert Hung, 1(2): 237–246

Kretzoi M. 1961. Zwei Myospalaxiden aus dem Nordchina. Vert Hung, 3(1/2): 123–136

Kretzoi M. 1962. Fauna und Faunenhorizont von Csarnóta. Jber ungar geol Anst, (1959): 297–395

Kretzoi M. 1964. Über einige homonyme Säugetiernamen. Vert Hung, 6(1-2): 131–138

Kretzoi M. 1969. Skizze einer Arvicoliden-Phylogenie – Stand 1969. Vert Hung, 11(1-2): 155–192

Kretzoi M. 1978. Wichtigere Streufunde in der Wirbeltierpaläontologischen Sammlung der ungarischen Geologischen Astalt. 5. Mitteilung. Földtani Intézet Évi Jelentése, ról: 347–358

Kumar K, Kad S. 2002. Early Miocene cricetid rodent (Mammalia) from the Murree Group of Kalakot, Rajauri District, Jammu and Kashmir, India. Current F Science, 82(6): 736–740

Lavocat R. 1952. Sur une faune de mammifères miocènes découverte à Beni-Mellal (Atlas Marocain). C R Acad Sci Paris, 235: 189–191

Lavocat R. 1961. Le gisement de vertébrés Miocènes de Beni Mellal (Maroc). Étude systématique de la faune de mammifèreset et conclusions générales. Notes et Mém Serv Géol, 155: 29–94

Lawrence M A. 1982. Western Chinese arvicolines (Rodentia) collected by the Sage Expedition. Am Mus Novit, 2745: 1–19

Lawrence M A. 1991. A fossil *Myospalax* cranium (Muridae, Rodentia) from Shanxi, China with observations on Zokor relationships. In: Griffiths T A, Klingener D eds. Contributions to Mammalogy in Honor of Karl F Koopman. Bull Am Mus Nat Hist, 206: 261–286

Lecompte E, Aplin K, Denys C, Catzeflis F, Chades M, Chevret P. 2008. Phylogeny and biogeography of African Murinae based on mitochondrial and nuclear gene sequences, with a new tribal classification of the subfamily. BMC Evolutionary Biology, 8: 199

Lee Y N, Jacobs L L. 2010. The platacanthomyine rodent *Neocometes* from the Miocene of South Korea and its paleobiogeographical implications. Acta Palaeont Polonica, 55(4): 581–586

Leroy P. 1940. Observations on living Chinese mole-rats. Bull Fan Men Inst Biol Zool, 10: 167–193

Li L Z, Ni X J, Lu X Y, Li Q. 2016. First record of *Cricetops* rodent in the Oligocene of southwestern China. Hist Biol. DOI: 10.1080/08912963.2016.1196686: 1–7

Li Qian. 2012. Middle Eocene cricetids (Rodentia, Mammalia) from the Erlian Basin, Nei Mongol, China. Vert PalAsiat, 50(3): 237–244

Li Qian, Meng J, Wang Y Q. 2016. New cricetid rodents from strata near the Eocene-Oligocene boundary in Erden Obo Section (Nei Mongol, China). PloS ONE, 11(5): 1–17

Li Qiang. 2010a. Note on the cricetids from the Pliocene Gaotege locality, Nei Mongol. Vert PalAsiat, 48(3): 247–261

Li Qiang. 2010b. *Pararhizomys* (Rodentia, Mammalia) from the late Miocene of Baogeda Ula, Central Nei Mongol. Vert

PalAsiat, 48(1): 48–62

Li Qiang, Wang X M. 2014. *Qaidamomys fortelii*, a new Late Miocene murid from Qaidam Basin, north Qinghai-Xizang Plateau, China. Ann Zool Fenn, 51: 17–26

Li Qiang, Xie G P, Takeuchi G T, Deng T, Tseng Z J, Grohé C, Wang X M. 2014. Vertebrate fossils on the Roof of the World: Biostratigraphy and geochronology of high-elevation Kunlun Pass Basin, northern Tibetan Plateau, and basin history as related to the Kunlun strike-slip fault. Palaeogeog Palaeoclimat Palaeoecol, 411: 46–55

Li Qiang, Stidham T A, Ni X J, Li L Z. 2018. Two new Pliocene hamsters (Cricetidae, Rodentia) from southwestern Tibet (China), and their implications for rodent dispersal 'into Tibet'. J Vert Paleont. DOI: 10.1080/02724634.2017.1403443

Licent E, Trassaert M. 1935. The Pliocene lacustrine series in central Shansi. Bull Geol Soc China, 14: 211–219

Lindsay E H. 1977. *Simimys* and origin of the Cricetidae (Rodentia: Muroidea). Géobios, 4(10): 597–623

Lindsay E H. 1978. *Eucricetodon asiaticus* (Matthew and Granger), an Oligocene rodent (Cricetidae) from Mongolia. J Paleont, 52(3): 590–595

Lindsay E H. 1988. Cricetid rodents from Siwalik deposits near Chinji Village. Part I: Megacricetodontinae, Myocricetodontinae and Dendromurinae. Palaeovertebrata, 18(2): 95–154

Lindsay E H. 1994. The fossil record of Asian Cricetidae with emphasis on Siwalik cricetids. In: Tomida Y, Li C K, Setoguchi T eds. Rodent and Lagomorph Families of Asian Origins Diversification. Tokyo: National Science Museum Monogrphs. 131–148

Lindsay E H. 2008. Cricetidae. In: Janis C M, Gunnell G F, Uhen M D eds. Evolution of the Tertiary Mammals of North America. Volume 2: Small Mammals, Xenarthrans, and Marine Mammals. New York: Cambridge University Press. 456–479

Lönnberg E. 1926. The genus *Myospalax* from China. Arkiv for Zoolgi, 18A, 21: 1–11

Lopatin A V. 2004. Early Miocene small mammals from the North Aral Region (Kazakhstan) with special reference to their biostratigraphic significance. Paleont Jour, 32(Sup): 217–323

López-Guerrero P, García-Paredes I, Álvarez-Sierra M Á. 2013. Revision of *Cricetodon soriae* (Rodentia, Mammalia), new data from the Middle Aragonian (Middle Miocene) of the Calatayud-Daroca Basin (Zaragoza, Spain). J Vert Paleont, 33(1): 169–184

Lunde D P. 2007. *Vernaya fulva*. Mammal Species, 806: 1–3

Lyon M W. 1907. Notes on a collection from the Province of Kansu, China. Smithson Inst Miscell Coll Q, 50: 133–138

Malygin V M, Startzev N V, Zima J. 1992. Karyotypes and distribution of striped hamsters of the group *barabensis* (Rodentia, Cricetidae). Vestnik Moskokvskogo Universiteta, Ser VI, Biologiia, 2: 32–39 (in Russian)

Maridet O, Ni X J. 2013. A new cricetid rodent from the Early Oligocene of Yunnan, China, and its evolutionary implications for early Eurasian cricetids. J Vert Paleont, 33(1): 185–194

Maridet O, Sen S. 2012. Les Cricetidae (Rodentia) de Sansan. In: Peigne S, Sen S eds. Mammiferes de Sansan.Mémoires du Muséum national d'Histoire naturelle, 203. Paris: Muséum national d'Histoirenaturelle. 29–65

Maridet O, Wu W Y, Ye J, Bi S D, Ni X J, Meng J. 2009. *Eucricetodon* (Rodentia Mammalia) from the Late Oligocene of the Junggar Basin, northern Xinjiang, China. Am Mus Novit, 3665: 1–21

Maridet O, Wu W Y, Ye J, Bi S D, Ni X J, Meng J. 2011a. Early Miocene cricetids (Rodentia) from the Junggar Basin (Xinjiang, China) and their biochronological implications. Geobios, 44: 445–459

Maridet O, Wu W Y, Ye J, Bi S D, Ni X J, Meng J. 2011b. Earliest occurence of *Democricetodon* in China, in the Early Miocene of the Junggar Basin (Xinjiang) and comparison with the genus *Spanocricetodon*. Vert PalAsiat, 49(4): 393–405

Maridet O, Daxner-Höck G, Badamgarav D, Göhlich U B. 2014. Cricetidae (Rodentia, Mammalia) from the Valley of Lakes (Central Mongolia): focus on the Miocene record. Ann Nat Mus Wien, 116: 247–269

Marshall J T. 1976. Family Murudae: rats and mice. Bangkok: Privately printed by the Government Printing Office. 396–387

Marshall J T. 1977. A synopsis of Asian species of *Mus* (Rodentia, Muridae). Bull Am Mus Nat Hist, 158(3): 173–220

Martin L D. 1975. Microtine rodents from the Ogallala Pliocene of Nebraska and the early evolution of the Microtinae in North America. In: Smith G, Friedland N E eds. Studies on Cenozoic Paleontology and Stratigraphy. C W Hibbard Mem, 3: 101–110

Martin L D. 1979. The biostratigraphy of arvicoline redents in North America. Trans Nebraska Acad Sci, 7: 91–100

Martin R A. 2008. Arvicolidae. In: Janis C M, Gunnell G, Uhen M eds. Evolution of Tertiary Mammals of North America. Vol. 2. New York: Cambridge University Press. 480–497

Martín Suárez E, Mein P. 1998. Revision of the genera *Parapodemus*, *Apodemus*, *Rhagamys* and *Rhagapodemus* (Rodentia, Mammalia). Geobios, 31(1): 87–97

Martin T. 1993. Early rodent incisor enamel evolution: Phylogenetic implications. J Mammal Evol, 1(4): 227–254

Martin Y, Gerlach G, Schlötterer C, Meyer A. 2000. Molecular phylogeny of European muroid rodents based on complete cytochrome b sequences. Mol Phylogenet Evol, 16(1): 37–47

Mats V D, Pokatilov A G, Popova S M, Kravchynsky A Y, Kulagyna N V, Shymaravea M K. 1982. Pliocene and Pleistocene of middle Baikal. Novosibirsk: Acad Sci USSR, Siberian Branch. 1–192 (in Russian)

Matthew W D. 1910. On the osteology and relationships of *Paramys*, and the affinities of the Ischyromyidae. Bull Am Mus Nat Hist, 28: 43–72

Matthew W D, Granger W. 1923a. New fossil mammals from the Pliocene of Szechuan, China. Bull Am Mus Nat Hist, 48: 563–598

Matthew W D, Granger W. 1923b. Nine new rodents from the Oligocene of Mongolia. Am Mus Novit, 102: 1–10

Maul L, Rekovets L I, Heinrich W D, Bruch A A. 2017. Comments on the age and dispersal of Microtoscoptini (Rodentia: Cricetidae). Fossil Imprint, 73(3-4): 495–514

McKenna M C, Bell S K. 1997. Classification of Mammals Above the Species Level. New York: Columbia University Press. 1–631

Mein P, Freudenthal M. 1971. Une nouvelle classification des Cricetidae (Mammalia, Rodentia) du Tertiaire de L'Europe. Scripta Geol, 2: 1–36

Mein P, Ginsburg L. 1997. Les mammifères du gisement Miocène inféroeir de Li Mae Long. Thaïland: systématique, biostratigraphie et paléoenvironnement. Geodiversitas, 19(4): 783–844

Mein P, Ginsburg L, Ratanasthien B. 1990. Nouveaux rongeurs du Miocène de Li (Thaïlande). C R Acad Sci, Paris, t 310, Sér II: 861–865

Mein P, Martin Suárez E, Agustí J. 1993. *Progonomys* Schaub, 1938 and *Huerzelerimys* gen. nov. (Rodentia): their evolution in Western Europe. Scripta Geol, 103: 41–64

Mein P, Pickford M, Senut B. 2000. Late Miocene micromammals from the Harasib karst deposits, Namibia. Part 1 – Large muroids and non-muroid rodents. Communs Geol Surv Namibia, 12: 429–446

Mellett J S. 1966. Fossil mammals from the Oligocene Hsanda Gol Formation, Mongolia. Part 1. Insectivora, rodentia and Deltatheridia, with notes on the paleobiology of *Cricetops dormitor*. 1–275 (unpublished dissertation)

Mellett J S. 1968. The Oligocene Hsanda Gol Formation, Mongolia: a revised faunal list. Am Mus Novit, 2318: 1–16

Mi T H. 1943. New finds of late Cenozoic vertebrates. Bull Geol Soc China, 23(3/4): 155–168

Michaux J. 1971. Muridae (Rodentia) Neogenes d'Europe sud-occidentale. Evolution et Rapports avec les forms actuelles. Paleobiologie Continentale, 2(1): 1–67

Michaux J, Catzeflis F. 2000. The bushlike radiation of muroid rodents is exemplified by the molecular phylogeny of the LCAT nuclear gene. Mol Phyl Evol, 17: 280–293

Michaux J, Reyes A, Catzeflis F O. 2001. Evolutionary history of the most speciose mammals: molecular phylogeny of muroid rodents. Mol Biol Evol, 18(11): 2017–2031

Miller G S. 1912. Catalogue of the mammals of western Europe (Europe exclusive of Russia) in the collection of the British Museum. Brit Mus (Nat Hist), London. 1–1019

Miller G S. 1927. Revised determinations of some Tertiary mammals from Mongolia. Palaeont Sin, Ser C, 5: 1–20

Miller G S, Gidley J W. 1918. Synopsis of the supergeneric groups of rodents. Jour Washington Acad Sci, 8(13): 431–448

Misonne X. 1969. African and Indo-Australian Muridae: evolutionary trends. Ann Mus R Afr Cent, Sci Zool, Ser 8, 172: 1–219

Mörs T, Kalthoff D C. 2004. A new species of *Karydomys* (Rodentia, Mammalia) and a systematic re-evaluation of this rare Eurasian Miocene hamster. Palaeontology, 47: 1387–1405

Musser G G. 1972. The species of *Hapalomys* (Rodentia, Muridae). Am Mus Novit, 2503: 1–27

Musser G G. 1979. Results of the Archbold expeditions. No. 102. The species of *Chiropodomys*, arboreal mice of Indochina and the Malay Archipelago. Bull Am Mus Nat Hist, 162(6): 377–445

Musser G G. 1981. Results of the Archbold Expeditions. No. 105. Notes on systematics of Indo-Malayan murid rodents, and descriptions of new genera and species from Ceylon, Sulawesi, and the Philippines. Bull Am Mus Nat Hist, 168(3): 225–334

Musser G G, Brothers E M. 1994. Identification of Bandicoot rats from Thailand (*Bandicota*, Muridae, Rodentia). Am Mus Novit, 3110: 1–56

Musser G G, Carleton M D. 1993. Family Muridae. In: Wilson D E, Reeder D M eds. Mammal Species of the World — A Taxonomic and Geographic Reference. Second Edition. Washington DC: Smithsonian Institution Press. 501–755

Musser G G, Carleton M D. 2005. Muroidea. In: Wilson D E, Reeder D M eds. Mammal Species of the World — A Taxonomic and Geographic Reference. Third Edition. Baltimore: Johns Hopkins University Press. 894–1531

Musser G G, Heaney L R. 1992. Philippine rodents: definitions of *Tarsomys* and *Limnomys* plus a preliminary assessment of phylogenetic patterns among native Philippine murines (Murinae, Muridae). Bull Am Mus Nat Hist, 211: 1–138

Musser G G, Holden M E. 1991. Sulawesi rodents (Muridae, Murinae). Morphological and geographical boundaries of species in the *Rattus hoffmanni* group and a new species from Pulau Peleng. In: Griffiths T A, Klingener D eds. Contributions to Mammalogy in Honor of Karl F. Koopman. Bull Am Mus Nat Hist, 206: 1–432

Musser G G, Newcomb G. 1983. Malaysian murids and the giant rat of Sumatra. Bull Am Mus Nat Hist, 174(4): 327–598

Musser G G, Brothers E M, Carleton M D, Hutterer R. 1996. Taxonomy and distributional records of Oriental and European *Apodemus*, with a review of the *Apodemus-Sylvaemus* problem. Bonn Zool Beitr, 46(1–4): 143–190

Ni X J, Qiu Z D. 2002. The micromammalian fauna from the Leilao, Yuanmo hominoid locality: implications for biochronology and paleoecology. J Hum Evol, 42: 535–546

Norris R W, Zhou K, Zhou C, Yang G, Kilpatrick C W, Honeycutt R L. 2004. The phylogenetic position of the zokors (Myospalacinae) and comments on the families of muroids (Rodentia). Mol Phyl Evol, 31: 972–978

Nowak R M. 1991. Walker's Mammals of the World. Fifth Edition. Vols. 1, 2. Baltimore and London: Johns Hopkins University Press. 1–1629

Nowak R M. 1999. Walker's Mammals of the World. Sixth Edition. Vol. 2. Baltimore: Johns Hopkins University Press. 837–

1935

Nowak R M, Paradiso J L. 1983. Walker's Mammals of the World. Fourth Edition. Vols. 1, 2. Baltimore and London: Johns Hopkins University Press. 1–1362

Ognev S I. 1947. Mammals of the USSR and adjacent countries: Rodents – Mammals of eastern Europe and northern Asia. Akad Nauk SSSR, 5: 1–809 (in Russian)

Ognev S I. 1963. Mammals of the USSR and adjacent countries: Rodents – Mammals of eastern Europe and northern Asia. Israel Prog Sci Trans, Jerusalem, 5: 1–662

Orlov V N, Iskhakova E N. 1975. Taxonomy of the superspecies *Cricetulus barabensis* (Rodentia, Cricetidae). Zoologicheskii Zhurnal, 54: 597–604 (in Russian with English summary)

Osgood W H. 1932. Mammals of the Kelley-Roosevelts and Delacour Asiatic expeditions. Field Mus Nat Hist, Zool Ser, 18: 193–339

Otsuka H, Takahashi A. 2000. Pleistocene vertebrate faunas in the Ryukyu Islands: Their migration and extinction. Tropics, 10: 25–40

Patnaik R. 1997. New murids and gerbillids (Rodentia, Mammalia) from Pliocene Siwalik sediments of India. Palaeovertebrata, 26(1–4): 129–165

Patnaik R. 2001. Late Pliocene micromammals from Tatrot Formation (Upper Siwaliks) exposed near village Saketi, Himachal Pradesh, India. Palaeontographica, 261: 55–81

Pavlinov I Ya. 1980. Evolution and taxonomic significance of the morphology of the osseous middle ear in Gerbillinae (Rodenta: Cricetidae). Byull Moskovsk Obshch Ispyt Prirody, Otdel Biolg, 854: 20–33

Pavlinov I Ya. 1981. Taxonomic status of gerbils of the genus *Ammodillus* Thomas, 1904 (Rodentia, Gerbillinae). Zoologicheskii Zhurnal, 60: 472–474

Pavlinov I Ya. 1982. Phylogeny and classification of the subfamily Gerbillinae. Byull Moskovsk Obshch Ispyt Prirody, Otdel Biolg, 87: 19–31

Pavlinov I Ya. 1984. Evolution of dental crown pattern in Gerbillinae. Sbornik trudov Zoologicheskogo Muzeia, 22: 93–134

Pavlinov I Ya. 1985. Contributions to dental morphology and phylogeny of gerbils (Rodentia, Gerbillinae). Zoologicheskii Zhurnal, 64: 574–582

Pavlinov I Ya. 1986. Taxonomic significance of the male genital morphology in the subfamily Gerbillinae (Mammalia: Rodentia). Byull Moskovsk Obshch Ispyt Prirody, Otdel Biolg, 91(1): 8–16

Pavlinov I Ya. 1987. Cladistic analysis of the gerbilline tribe Taterillini (Rodentia, Gerbillinae) and some questions on the method of numerical cladistics analysis. Zoologicheskii Zhurnal, 66: 903–913

Pavlinov I Ya. 2001. Current concepts of gerbillid phylogeny and classification. In: Denys C, Granjon L, Poulet A eds. African Small Mammals. Paris: IRD Éditions, Collection Colloques et Séminaires. 1–570

Pavlinov I Ya. 2003. Systematics of Recent Mammals. Moscow: Moscow University Publisher. 1–255

Pavlinov I Ya, Dubrovsky Y A, Rossolimo O L, Potapova E G. 1990. Gerbils of the World. Moscow: Nauka. 1–368

Pavlinov I Ya, Yakhontov E L, Agadzhanyan A K. 1995. Mammals of Eurasia. I. Rodentia: Taxonomic and geographic guide. Archives Zool Mus, Moscow State University, 32: 1–289

Pavlinov J Y, Rossolimo O L. 1987. Systematic of the mammals of the USSR. In: Sokolov V Y ed. Study of the Faunas of the Soviet Union. Moscow: Moscow State University Press. 1–285 (in Russian)

Pei W C. 1930. On a collection of mammalian fossils from Chiachiashan near Tangshan. Bull Geol Soc China, 9(4): 371–377

Pei W C. 1931. On the mammals from Locality 5 at Choukoutien. Palaeont Sin, Ser C, 7(2): 6–18

Pei W C. 1935. Fossil mammals from Kwangsi caves. Bull Geol Soc China, 14: 413–425

Pei W C. 1936. On the mammalian remains from Locality 3 at Choukoutien. Palaeont Sin, Ser C, 7(5): 1–120

Pei W C. 1939a. A preliminary study on a new palaeonlithic station known as Locality 15 within the Choukoutien region. Bull Geol Soc China, 19: 147–188

Pei W C. 1939b. New fossil material and artifacts collected from the Choukoutien region during the years 1937–39. Bull Geol Soc China, 19: 207–234

Pei W C. 1940a. Note on a collection of mammal fossils from Tanyang in Kiangsu Province. Bull Geol Soc China, 19(4): 379–392

Pei W C. 1940b. The Upper Cave Fauna of Choukoutien. Palaeont Sin, New Ser C, 10: 1–100

Pickford M, Gabunia L, Mein P, Morales J, Azanza B. 2000. The Middle Miocene mammalian site of Belometcheskaya, North Caucasus: an important biostratigraphic link between Europe and China. Geobios, 33(2): 257–267

Qiu Z D. 1988. Neogene micromammals of China. In: Chen E K J ed. The Palaeoenvironment of East Asia from the Mid-Tertiary, II. Hong Kong: University of Hong Kong. 834–848

Qiu Z D. 2001. Glirid and gerbillid rodents from the Middle Miocene Quantougou Fauna of Lanzhou, Gansu. Vert PalAsiat, 39(4): 297–305

Qiu Z D. 2010. Cricetid rodents from the Early Miocene Xiacaowan Formation, Sihong, Jiangsu. Vert PalAsiat, 48(1): 27–47

Qiu Z D. 2017. Several rarely recorded rodents from the Neogene of China. Vert PalAsiat, 55(2): 92–109

Qiu Z D, Jin C Z. 2017a. Sciurid remains from the Late Cenozoic fissure fillings of Fanchang, Anhui, China. Vert PalAsiat, 54(4): 286–301

Qiu Z D, Jin C Z. 2017b. Platacanthomyid remains from the Late Cenozoic deposits of East China. Vert PalAsiat, 55(4): 315–330

Qiu Z D, Li Q. 2008. Late Miocene micromammals from the Qaidam Basin in the Qinghai-Xizang Plateau. Vert PalAsiat, 46(4): 284–306

Qiu Z D, Ni X J. 2019. Platacanthomyids (Rodentia, Mammalia) from the hominoid locality of Yunnan, China. Fossil Imprint, 75(3-4): 383–396

Qiu Z D, Qiu Z X. 2013. Early Miocene Xiejiahe and Sihong fossil localities and their faunas, eastern China. In: Wang X M, Flynn L J, Fortelius M eds. Fossil Mammals of Asia — Neogene Biostratigraphy and Chronology. New York: Columbia University Press. 142–154

Qiu Z D, Storch G. 1990. New murids (Mammalia: Rodentia) from the Lufeng hominoid locality, late Miocene of China. J Vert Paleont, 10(4): 467–472

Qiu Z D, Storch G. 2000. The early Pliocene micromammalian faunas of Bilike, Inner Mongolia, China (Mammalian: Lipotyphla, Chiroptera, Rodentia, Lagomorpha). Senckenbergiana lethaea, 80(1): 173–229

Qiu Z D, Zheng S H, Sen S, Zhang Z Q. 2003. Late Miocene micromammals from the Bahe Formation, Lantian, China. In: Reumer J W, Wessels W eds. Distribution and Migration of Tertiary Mammals in Eurasia. A Volume in Honor of Hans de Bruijn. Deinsea, 10: 443–453

Qiu Z D, Zheng S H, Zhang Z Q. 2004. Gerbillids from the Late Miocene Bahe Formation, Lantian, Shaanxi. Vert PalAsiat, 42(3): 193–204

Qiu Z D, Wang X M, Li Q. 2006. Faunal succession and biochronology of the Miocene through Pliocene in Nei Mongol (Inner Mongolia). Vert PalAsiat, 44(2): 164–181

Qiu Z D, Wang X M, Li Q. 2013. Neogene faunal succession and biochronology of central Nei Mongol (Inner Mongolia). In:

Wang X M, Flynn L J, Fortelius M eds. Fossil Mammals of Asia: Neogene Biostratigraphy and Chronology. New York: Culumbia University Press. 155–186

Qiu Z X, Qiu Z D. 1995. Chronological sequence and subdivision of Chinese Neogene mammalian faunas. Palaeogeog Palaeoclimat Palaeoecol, 116: 41–70

Reig O A. 1972. The evolutionary history of the South American cricetid rodents. Thesis, London: University of London. 1–453

Reig O A. 1980. A new fossil genus of South American cricetid rodents allied to *Wiedomys*, with an assessment of the Sigmodontinae. J Zool London, 192: 257–281

Repenning C A. 1968. Mandibular musculature and the origin of the subfamily Arvicolinae (Rodentia). Acta Zool Cracov, 13: 29–72

Repenning C A. 1992. *Allophaiomys* and the age of the Olyor Suite, Krestovka Sections, Yakutia. United States Geol Sur Bull, 2037: 1–98

Repenning C A. 2003. *Mimomys* in North America. In: Flynn L J ed. Vertebrate fossils and their context — Contributions in honor of Richard H. Tedford. Bull Amer Mus Nat Hist, 279: 469–512

Repenning C A, Frederick G. 1988. The microtine rodents of the Cheetah Room Fauna, Hamilton Cave, West Virginia, and the spontaneous origin of *Synaptomys*. United States Geol Sur Bull, 1853: 1–32

Repenning C A, Fejfar O, Heinrich W D. 1990. Arvicolid rodent biochronology of the Northern Hemisphere. In: Fejfar O, Heinrich W D eds. International Symposium on Evolution Phylogeny Biostratigraphy of Arvicolids (Rodentia, Mammalia) Rohanov (Czechoslovakia) May 1987: Geological Survey, Prague. Munich: Pfiel-Verlag. 385–418

Rietschel S, Storch G. 1974. Außergewöhnlicherhaltene Waldmäuse (*Apodemus atavus* Heller, 1936) ausdem Ober-Pliozänvon Willershausenam Harz. Senckenbergiana lethaea, 54(5/6): 491–519

Rodrigues H G, Marivaux L, Vianey-Liaud M. 2010. Phylogeny and systematic revision of Eocene Cricetidae (Rodentia, Mammalia) from Central and East Asia: on the origin of cricetid rodents. J Zool Syst Evol Res, 48(3): 259–268

Rodrigues H G, Marivaux L, Vianey-Liaud M. 2012. The Cricetidae (Rodentia, Mammalia) from the Ulantatal area (Inner Mongolia, China): New data concerning the evolution of Asian cricetids during the Oligocene. J Asian Earth Sci, 56: 160–179

Rossolimo O L, Pavlinov J Y. 1997. Diversity of Mammals. Moscow: Moscow University Press. 1–310 (in Russian)

Rummel M. 1998. Die Cricetiden aus dem Mittel- und Obermiozän der Türkei. Documenta Naturae, 123: 1–300

Rummel M. 1999. Tribe Cricetodontini. In: Rößner G E, Heißig K eds. The Miocene Land Mammals of Europe. München: Verlag Dr. Friedrich Pfeil. 359–364

Russell D E, Zhai R J. 1987. The Paleogene of Asia: mammals and stratigraphy. Mém Mus Nat Hist Nat, Ser Sci, Terre 52: 1–488

Schaub S. 1925. Die hamsterartigen Nagetiere des Tertiairs und ihre lebenden Verwandten. Abh Schweiz Paläont Gesell, 45: 1–114

Schaub S. 1930. Quartäre und jungtertiäre Hamster. Abh Schweiz Paläont Gesell, 49(2): 1–49

Schaub S. 1934. Über einige fossile Simplicidentaten aus China und der Mongolei. Abh Schweiz Paläont Gesell, 54: 1–40

Schaub S. 1938. Tertiäre und quatäre Murinae. Abh Schweiz Paläont Gesell, 61: 1–38

Schaub S. 1958. Simplicidentata (=Rodentsa). In: Piveteau J ed. Traité de Paleontology, 6(2). L'Origine des Mammifères et les Aspects Fondamentaux de leur Évolution. Paris: Masson et Ci. 659–819

Schaub S, Zapfe H. 1953. Die fauna der moizanen Spaltenfüllung von Neudorf an der March (CSR). Simplicidentata. Ber Österr Akad Wiss Math Naturw KL, 1, 162(3): 181–251

Schenk J J, Rowe K C, Steppan S J. 2013. Ecological opportunity and incumbency in the diversification of repeated continental colonizations by muroid rodents. Syst Biol, 62(6): 837–864

Schlosser M. 1924. Tertiary vertebrates from Mongolia. Palaeont Sin, Ser C, 1(1): 1–119

Sclater W L. 1890. Notes on some Indian rats and mice. Proc Zool Soc, London. 522–530

Sen S. 1975. *Euxinomys galaticus* n. g. n. sp. (Muridae, Rodentia, Mammalia) du Pliocene de Çalta (Ankara, Turquie). Géobios, 8(5): 317–324

Sen S. 1977. La faune de rongeure Pliocéne de Calta (Ankara, Turquie). Bull Mus Nat Hist Nat, Ser 3, No. 465, Sci Terre 61, 89–172

Sen S. 1983. Rongeurset lagomorphs du gisement Pliocène de Pule-e Charkhi, basin de Kabul, Afghanistan. Bull Mus Nat Hist Nat, Sect C: Sci Terre, Ser 4, 5: 33–74

Sen S. 2001. Rodents and insectivores from the Upper Miocene of Molayan, Afghanistan. Palacontology, 44(5): 913–932

Sen S. 2003. Muridae and Gerbillidae (Rodentia). In: Fortelius M, Kappelman J, Sen S, Bernor R L eds. Geology and Paleontology of the Miocene Sinap Formation. New York: Columbia University Press. 125–140

Sen S, Erbajeva M A. 2011. A new species of *Gobicricetodon* Qiu, 1996 (Mammalia, Rodentia, Cricetidae) from the Middle Miocene Aya Cave, Lake Baikal. Vert PalAsiat, 49(3): 257–274

Sen S, Karadenizli L, Antoine P-O, Saraç G. 2018. Late Miocene–early Pliocene rodents and lagomorphs (Mammalia) from the southern part of Çankırı Basin, Turkey. J Paleont. DOI: 10.1017/jpa.2018.60: 1–23

Shevyreva N S. 1965. New Oligocene hamster of USSR and Mongolia. Paleont Jour, 1: 105–114

Shevyreva N S. 1967. Hamsters of the genus *Cricetodon* from the Middle Oligocene of Central Kazakhstan. Paleont Jour, 2: 90–98

Shevyreva N S. 1983. Neogene rodents (Rodentia, Mammalia) of Eurasia and North Africa — Evolutionary basis of Pleistocene and recent redden faunas of Palaearctic. In: Sokolov V Y ed. History and Evolution of Recent Rodent Faunas. Moscow: Sience Press. 9–145 (in Russian)

Simpson G G. 1945. The principle of classification and a classification of mammals. Bull Am Mus Nat Hist, 85: 1–350

Sinitsa M V, Delinschi A. 2016. The earliest member of *Neocricetodon* (Rodentia: Cricetidae): a redescription of *N. moldavicus* from eastern Europe, and its bearing on the evolution of the genus. J Paleont, 90(4): 771–784

Sody H J V. 1941. On a collection of rats from the Indo-Malayan and Indo-Australian regions (with descriptions of 43 new genera, species, and subspecies). Treubia, 18: 255–325

Stehlin H G, Schaub S. 1951. Die Trigonodontie der simplicidentaten Nager. Schweiz Paläont Abh, 67: 1–385

Steppan S J. 2017. Tree of Life Web Project, http://tolweb.org/tree?group = Murinae & contgroup = Muroidea

Steppan S J, Schenk J J. 2017. Muroid rodent phylogenetics: 900-species tree reveals increasing diversification rates. PLoS ONE, 12(8), e0183070

Storch G. 1987. The Neogene mammalian faunas of Ertemte and Harr Obo in Inner Mongolia (Nei Mongol), China. 7. Muridae (Rodentia). Senckenbergiana lethaea, 67(5/6): 401–431

Storch G, Dahlmann T. 1995. The vertebrate locality Maramena (Macedonia, Greece) at the Turolian-Ruscinian boundary (Neogene). 10. Murinae (Rodentia, Mammalia). Münchner Geowiss Abh, 28: 121–132

Storch G, Ni X J. 2002. New late Miocene murids from China (Mammalia, Rodentia). Geobios, 35: 515–521

Takai F. 1938. Cenozoic mammalian fauna of the Japanese empire. (A preliminary note). J Geol Soc Japan, 45(541): 745–763

Takai F. 1940. Shansi mole-rat, *Myospalax fontanus* Thomas, found in the loess of Shansi Province, China. Jap Jour Geol Geogr, 17(3/4): 209–214

Tchernov E. 1968. Succession of rodent faunas during the Upper Pleistocene of Israel. Mammal Depict, 3: 1–152

Tedford R H, Flynn L J, Qiu Z X, Opdyke N D, Downs W R. 1991. Yushe Basin, China: Paleomagnetically calibrated mammalian biostratigraphic standard for the Late Neogene of eastern Asia. J Vert Paleont, 11(4): 519–526

Teilhard de Chardin P. 1926a. Description de Mammifères tertiaires de Chine et de Mongolie. Ann Paléont, 15: 1–52

Teilhard de Chardin P. 1926b. Etude géologieque sur la Région du Dalai-noor. Mém Soc Géol France, Nile. Sér, T, III, Fasc 3. 1–56

Teilhard de Chardin P. 1936. Fossil mammals from Locality 9 of Choukoutien. Palaeont Sin, Ser C, 7(4): 1–70

Teilhard de Chardin P. 1938. The fossils from Locality 12 of Choukoutien. Palaeont Sin, Ser C, 5: 1–50

Teilhard de Chardin P. 1940. The fossils from Locality 18 near Peking. Palaeont Sin, New Ser C, 9: 1–100

Teilhard de Chardin P. 1942. New rodents of the Pliocene and lower Pleistocene of North China. Inst Géo-Biol, Pékin, 9: 1–101

Teilhard de Chardin P, Leroy P. 1942. Chinese fossil mammals: a complete bibliography analysed, tabulated, annotated and indexed. Institut de Geo-Biol, Pekin, 8: 1–142

Teilhard de Chardin P, Pei W C. 1941. The fossil mammals from Locality 13 of Choukoutien. Palaeont Sin, New Ser C, 11: 1–106

Teilhard de Chardin P, Piveteau J. 1930. Les mammifères fossiles de Nihowan (Chine). Ann Paléont, 19: 1–134

Teilhard de Chardin P, Young C C. 1931. Fossil mammals from the Late Cenozoic of northern China. Palaeont Sin, Ser C, 9(1):1–67

Tesakov A S. 1993. Evolution of *Bosodia* (Arvicolidae, Mammalia) in the Villanian and the early Biharian. Quat Internat, 19: 41–45

Tesakov A S. 2004. Biostratigraphy of middle Pliocene-Eospleistocene of eastern Europe (based on small mammals). Trans Geol Inst, Moscow Nauka, 554: 5–247

Thaler L. 1966. Les rongeurs fossils du Bas-Languedoc dans leur rapports avec l'histoire des faunes et la stratigrap du tertiaire d'Europe. Paris: Mém Mus Hist Nat, C, 17: 1–295

Theocharopoulos C D. 2000. Late Oligocene-middle Miocene *Democricetodon*, *Spanocricetodon* and *Karydomys* n. gen. from the eastern Mediterranean area. Gaia, 8: 1–103

Thomas O. 1905. The Duke of Bedford's zoological exploration in eastern Asia. I. List of mammals obtained by Mr. M. P. Anderson in Japan. Proc Zool Soc, London 1905(2): 331–363

Thomas O. 1906. The Duke of Bedford's zoological exploration in eastern Asia. II. List of small mammals from Korea and Quelpart. Proc Zool Soc, London, 1906: 858–865

Thomas O. 1908a. On the mammals from the provinces of Shansi and Shensi, nothern China. Proc Zool Soc, London, 1908: 963–983

Thomas O. 1908b. The genera and subgenera of the *Sciuropterus* group, with descriptions of three new species. Ann Mag Nat Hist, 8(1): 1–9

Thomas O. 1911a. Three new rodens from Kansu. Ann Mag Nat Hist, London, 8(8): 720–723

Thomas O. 1911b. New rodents from Szechuan collected by Capt. Ann Mag Nat Hist, London, 8(8): 727–728

Thomas O. 1911c. The mammals of the tenth edition of Linnaeus; an attempt to fix the types of the genera and the exact bases and localities of the species. Proc Zool Soc, London, 1911: 120–158

Thomas O. 1911d. The Duke of Bedford's zoological exploration of eastern Asia. XIII. On mammals from the provinces of Kan-su and Sze-chwan, western China. Proc Zool Soc, London, 1911: 158–180

Thomas O. 1911e. Mammals collected in the provinces of Kan-su and Sze-chwan, western China, by Mr. Malcolm Anderson, for the Duke of Bedford's exploration of eastern Asia. Abstr Proc Zool Soc, London, 90: 3–5

Thomas O. 1911f. On mammals collected in the Provinces of Sze-chwan and Yunnan, W. China by Mr. Malcolm Anderson, for the Duke of Bedford's exploration of eastern Asia. Abstr Proc Zool Soc, London, 100: 49

Thomas O. 1912. Revised determinations of two Far-Eastern species of *Myospalax*. Ann Mag Nat Hist, London, 8(9): 93–95

Thomas O. 1916. Scientific results from the mammal survey. No. XIII. Jour Bombay Nat Hist Soc, 24: 404–430

Thomas O. 1921. Two new rats from Assam. Jour Bombay Nat Hist Soc, 28: 26–27

Thomas O. 1927. The Delacour expedition of French Indochina — Mammals. Proc Zool Soc, London, 1927: 1–58

Tjutkova Z A, Kaipova G O. 1996. Late Pliocene and Eopleistocene micromammal faunas of southeastern Kazakhstan. Acta Zool Cracov, 39(1): 549–557

Topachevsky V A. 1971. Early voles (Rodentia, Microtidae) from the late Miocene of eastern Europe. Dop Akad Nauk URSR, 1: 81–83 (in Russian)

Topachevsky V A, Skorik A F. 1988. The vole-toothed Cricetodontidae (Rodentia, Cricetidae) from Vallesian of Eurasia and some questions of supergeneric systematics of the subfamily. Kiev Vestn Zool, 5: 37–45

Tong H. 1989. Origine et evolution des Gerbillidae (Mammalia, Rodentia) en Afrique du Nord. Mem Soc Geol France, NS, 155: 1–120

Tong H, Jaeger J J. 1993. Muroid rodents from the Middle Miocene Fort Ternan Locality (Kenya) and their contribution to the phylogeny of muroids. Palaeontographica, A. 229: 51–73

Trouessart E L. 1905. Catalogus Mammalium tam viverntium quam fossilium. Quinquinale supplementum, Ann, 1904. Berolini R. Friedländer & Sohn. 1–929

Tullberg T. 1899. Ueber das Shstem der Nagetiere: eine hylogenetische Studie. Akad Buchdr Uppsala, 18: 1–514

Tyutkova L A. 2000. New Early Miocene Tachyoryctoididae (Rodentia, Mammalia) from Kazakhstan. Selevinia, 1–4: 67–72

Ünay E. 1989. Rodents from the Middle Oligocene of Turkish Thrace. Utrecht Micropaleont Bull, Spec Publ, 5: 1–119

Ünay E. 1999. Family Spalacidae. In: Rößner G E, Heißig K eds. The Miocene Land Mammals of Europe. Munich: Verlag Dr. Friedrich Pfeile. 421–425

Ünay E, de Bruijn H, Suata-Alpaslan F. 2006. Rodents from the Upper Miocene hominoid locality Çorakyerler (Anatolia). Beitr Paläont, 30: 453–467

van de Weerd A. 1976. Rodent faunas of the Mio-Pliocene continental sediments of the Teruel-Alfambra region, Spain. Utrecht Micropaleont Bull Spec Publ, 216

van de Weerd A. 1979. Early Ruscinian rodents and lagomorphs (Mammalia) from the lignites near Ptolemais (Macedonia, Greece). I-II — Proc Kon Ned Akad, Wetensch, Ser B, 82(2): 127–170

van der Meulen A J. 1973. Middle Pleistocene smaller mammals from the Monte Peglia (Orvietto, Italy) with special reference to the phylogeny of *Microtus* (Arvicolidae, Rodentia). Quaternaria, 17: 1–144

van der Meulen A J. 1974. On *Microtus* (*Allophaiomys*) *deucalion* (Kretzoi, 1969), (Arvicolidae, Rodentia), from the Upper Villányian (Lower Pleistocene) of Villány-5, S. Hungary. Proc Kon Ned Akad Wetensch, Ser B, 77: 259–266

Vaughan T A, Ryan J M, Craplewske N J. 2015. Mammalogy. Sixth Edition. Jones & Bartiett Learning, Burlington, MA USA. 1–755

Vianey-Liaud M. 1972. Contribution à l'étude des Cricétidés oligocènes d'Europe occidentale. Palaeovertebrata, 5(1): 1–44

Vianey-Liaud M. 1985. Possible evolutionary relationshis among Eocene and Lower Oligocene rodents of Asia, Europe and North America. In: Luckett W P, Hartenberger J-L eds. Evolutionary Relationship among Rodents: A Multidisciplinay Analysis. New York: Plenum Press. 277–309

Vianey-Liaud M, Rodrigues G H, Michaux J. 2011. The Linnaean binomial nomenclature in palaeontology: its use in the case of rodents (Mammalia, Rodentia). Comp Ren Palevol, 10: 117–131

von Koenigswald W. 1980. Schmelzstruktur und Morphologie n den Molaren der Arvicolidae (Rodentia). Abh Senckenberg Naturforsch Ges, 535: 1–129

von Koenigswald W. 1985. Evolutionary trends in the enamel of rodent incisors. In: Luckett W P, Hartenberger J L eds. Evolutionary Relationship among Rodents: A Multidisciplinay Analysis. New York: Plenum Press. 403–422

Vorontsov N N. 1963. *Aralomys glikmani*, a new cricetid species. Paleont Jour, 4: 151–154

Wang B Y, Dawson M R. 1994. A primitive cricetid (Mammlia: Rodentia) from the Middle Eocene of Jiangsu Province, China. Ann Carnegie Mus, 63(3): 239–256

Wang B Y, Qiu Z X. 2012. *Tachyoryctoides* (Muroidea, Rodentia) from Early Miocene of Lanzhou Basin, Gansu Province, China. Swiss J Palaeont, 131: 107–126

Wang X M, Qiu Z D, Li Q, Tomida Y, Kimura Y, Tseng Z J, Wang H J. 2009. A new Early to Late Miocene fossiliferous region in central Nei Mongol: lithostratigraphy and biostratigraphy in Aoerban strata. Vert PalAsiat, 47(2): 111–134

Wang X M, Li Q, Qiu Z D, Xie G P, Wang B Y, Qiu Z X, Tseng Z J, Takeuchi G T, Deng T. 2013a. Neogene mammalian biostratigraphy and geochronology of the Tibetan Plateau. In: Wang X M, Flynn L J, Fortelius M eds. Fossil Mammals of Asia: Neogene Biostratigraphy and Chronology. New York: Columbia University Press. 274–292

Wang X M, Li Q, Xie G P, Saylor J, Tseng Z J, Takeuchi G T, Deng T, Wang Y, Hou S K, Liu J, Zhang C F, Wang N, Wu F X. 2013b. Mio-Pleistocene Zanda Basin biostratigraphy and geochronology, pre-Ice Age fauna, and mammalian evolution in western Himalaya. Palaeogeog Palaeoclimat Palaeoecol, 374: 81–95

Weber M. 1904. Die Säugetiere, Einführing in die Anatomie und Systematik der recenten und fossilen Mammalia. Jena Gustav Fischer, 7: 1–866

Wei G B, Kawamura Y, Jin C Z. 2004. A new bamboo rat from the Early Pleistocene of Renzidong Cave in Fanchang, Anhui, central China. Quat Res, 43(1): 49–62

Wessels W. 1996. Myocricetodontinae from the Miocene of Pakistan. Proc K Ned Akad Wetensch, Ser B, 99(3/4): 253–312

Wessels W. 1998. Gerbillidae from the Miocene and Pliocene of Europe. Mitt Bayer Staatssamml Palaont Hist Geol, 38: 187–207

Wessels W. 1999. Family Gerbillidae. In: Rößner G E, Heißig K eds. The Miocene Land Mammals of Europe. München: Verlag Dr. Friedrich Pfeil Press. 395–400

Wessels W, Unay E, Tobien H. 1987. Correlation of some Miocene faunas from northern Africa, Turkey and Pakistan by means of Myocricetodontinae. Proc Kon Ned Akad Wetensch, Ser B, 90(1): 65–82

Wilson D E, Reeder D M. 2005. Mammal Species of the World — A Taxonomic and Geographic Reference. Third Edition. Baltimore: John Hopkins University Press. 1–2142

Wilson R W. 1937. New Middle Pliocene rodent and lagomorph faunas from Oregon and California. Carnegie Inst Washington Publ (Contr Palaeont), 487: 1–19

Wilson R W. 1949. Early Tertiary rodents of North America. Carniege Inst Washington Publ, 584: 67–164

Winge A H. 1924. Pattedyr-Slaegter (The interrelationships of the mammalian genera) II. Rodentia, Carnivora, Primates. Copenhagen, 3: 1–321

Wood A E. 1936. Two new rodents from the Miocene of Mongolia. Am Mus Novit, 865: 1–7

Wood A E. 1955. A revised classification of the rodents. J Mammalogy, 36(2): 165–187

Wood A E. 1958. Are there rodent suborder? Syst Zool, 7(4): 169–173

Wu W Y. 1991. The Neogene mammalian faunas of Ertemte and Harr Obo in Inner Mongolia (Nei Mongol), China. – 9. Hamster: Cricetinae (Rodentia). Senckenbergiana lethaea, 71(3/4): 257–305

Wu W Y, Flynn L J. 2017a. The hamsters of Yushe Basin. In: Flynn L J, Wu W Y eds. Late Cenozoic Yushe Basin, Shanxi Province, China: Geology and Fossil Mammals. Vertebrate Paleobiology and Paleoanthropology Series, Vol. II: Small Mammal Fossils of Yushe Basin. New York: Springer. 123–138

Wu W Y, Flynn L J. 2017b. Yushe Basin Prometheomyini (Arvicolinae, Rodentia). In: Flynn L J, Wu W Y eds. Late Cenozoic Yushe Basin, Shanxi Province, China: Geology and Fossil Mammals. Vertebrate Paleobiology and Paleoanthropology Series, Vol. II: Small Mammal Fossils of Yushe Basin. New York: Springer. 139–151

Wu W Y, Meng J, Ye J, Ni X J. 2004. *Propalaeocstor* (Rodentia, mammalia) from the Early Oligocene of Burqin Basin, Xinjiang. Am Mus Novi, 3461: 1–16

Wu W Y, Flynn L J, Qiu Z D. 2017. The Murine rodents of Yushe Basin. In: Flynn L J, Wu W Y eds. Late Cenozoic Yushe Basin, Shanxi Province, China: Geology and Fossil Mammals. Vertebrate Paleobiology and Paleoanthropology Series, Vol. II: Small Mammal Fossils of Yushe Basin. New York: Springer. 179–198

Ye J, Meng J, Wu W Y. 2003. Oligocene/Miocene beds and faunas from Tieersihabahe in the northern Junggar Basin of Xinjiang. Bull Am Mus Nat Hist, 13(279): 568–585

Yong H S. 1968. Karyotype of four Malayan rats (Muridae, genus *Rattus* Fischer). Cytologia, 33(2): 174–180

Yong H S. 1969. Karyotypes of Malayan rats (Rodentia-Muridae, genus *Rattus* Fischer). Chromosoma, 27(3): 245–267

Young C C. 1927. Fossile Nagetiere aus Nord-China. Paleont Sin, Ser C, 5(3): 1–82

Young C C. 1929. Not on fossil mammals from Kwangsi. Bull Geol Soc China, 8: 125–130

Young C C. 1931. Die stratigraphische und palaontologische Bedeutung der fossilen Nagetiere Chinas. Bull Geol Soc China, 10: 159–164

Young C C. 1932. Fossil vertebrates from Localities 2, 7 and 8 of Choukoutien. Paleont Sin, Ser C, 7(3): 1–24

Young C C. 1934. On the Insectivora, Chiroptera, Rodentia and Primates other than *Sinanthropus* from Locality 1 at Choukoutien. Paleont Sin, Ser C, 8(3): 122–128

Young C C. 1935a. Miscellaneous mammalian fossils from Shansi and Honan. Paleont Sin, Ser C, 9(2): 1–56

Young C C. 1935b. Note on a mammalian microfauna from Yenchingkou near Wanhsien, Szechuan. Bull Geol Soc China, 14: 247–248

Young C C. 1939. New fossils from Wanhsien (Szechuan). Bull Geol Soc China, 30: 413–490

Young C C, Bien M N. 1936. Ovservation on geology near Peking. Bull Geol Soc China, 15: 207–216

Young C C, Liu P T. 1950. On the mammalian fauna at Koloshan near Chungking, Szechuan. Bull Geol Soc China, 30(1–4): 43–90

Young C C, Bien M N, Mi T H. 1943. Some geologic problems of the Tsinling. Bull Geol Soc China, 23(1/2): 15–34

Zagorodnyuk I V. 1990. Karyotypic variability and systematic of the gray voles (Rodentia, Arvicolini). Communication I. Species composition and chromosomal numbers. Vestnik Zoologii, 2: 26–37 (in Russian)

Zagorodnyuk I V. 1993. Identification of East European forms of *Sylvaemus sylvaticus* (Rodentia) and their geographic occurrence. Vestnik Zoologii, 6: 37–47 (in Russian with English abstract)

Zazhigin V S. 1980. Late Pliocene and Anthropogene rodents of the southwestern Siberia. Trans Acad Sci USSR 339: 1–159

Zazhigin V S. 2003. New genus of Cricetodontinae (Rodentia: Cricetidae) from the Late Miocene of Kazakhstan. Russian Jour Theriol, 2(2): 65–69

Zazhigin V S, Lopatin A V. 2001. The history of the Dipodoidea (Rodentia, Mammalia) in the Miocene of Asia: 4. Dipodinae at the Miocene–Pliocene Transition. Paleont Jour, 35: 60–74

Zazhigin V S, Lopatin A V, Pokatilov A G. 2002. The history of the Dipodoidea (Rodentia, Mammalia) in the Miocene of Asia: 5. Lophocricetus (Lophocricetina). Paleont Jour, 36: 180–194

Zdansky O. 1928. Die Säugetiere der Quartärfauna von Chou-Kou-Tien. Palaeont Sin, Ser C, 5(4): 1–146

Zdansky O. 1930. Die alttertiären Säugetiere Chinas nebst stratigraphischen Bemerkungen. Palaeont Sin, Ser C, 6(2): 1–87

Zhang Y Q. 2017. Fossil arvicolini of Yushe Basin: facts and problems of Arvicoline biochronology of North China. In: Flynn L J, Wu W Y eds. Late Cenozoic Yushe Basin, Shanxi Province, China: Geology and Fossil Mammals. Vertebrate Paleobiology and Paleoanthropology Series, Vol. II: Small Mammal Fossils of Yushe Basin. New York: Springer. 153–172

Zhang Y Q, Kawamura Y, Cai B Q. 2008a. Small mammalian fauna of Early Pleistocene age from the Xiaochangliang site in the Nihewan Basin, Hebei, northern China. Quat Res, 47(2): 81–92

Zhang Y Q, Kawamura Y, Jin C Z. 2008b. A new species of the extinct vole *Villanyia* from Renzidong Cave, Anhui, East China, with discussion on related species from China and Transbaikalia. Quat Internat, 179: 163–170

Zhang Y Q, Jin C Z, Kawamura Y. 2010. A distinct large vole lineage from the Late Pliocene–Early Pleistocene of China. Geobios, 43: 479–490

Zhang Z Q, Gentry A W, Kaakinen A, Liu L P, Lunkka J P, Qiu Z D, Sen S, Scott R S, Werdelin L, Zheng S H, Fortelius M. 2002. Land mammal faunal sequence of the Late Miocene of China: New evidence from Lantian, Shaanxi Province. Vert PalAsiat, 40(3): 166–178

Zhang Z Q, Flynn L J, Qiu Z D. 2005. New materials of Pararhizomys from northern China. Palaeont Electr, 8(1), 5A: 1–9

Zheng S H. 1994. Classification and evolution of the Siphneidae. In: Tomida Y, Li C K, Setoguchi T eds. Rodent and Lagomorph Families of Asian Origins and Diversification. Nat Sci Mus Monogr Tokyo, 8: 57–76

Zheng S H. 2017. The zokors of Yushe Basin. In: Flynn L J, Wu W Y eds. Late Cenozoic Yushe Basin, Shanxi Province, China: Geology and Fossil Mammals, Vertebrate Paleobiology and Paleoanthropology Seies, Vol. II: Small Mammal Fossils of Yushe Basin. New York: Springer. 89–122

Zheng S H, Han D F. 1991. Quaternary mammals of China. In: Liu T S eds. Quaternary Geology and Environment in China. Beijing: Science Press. 101–120

Zheng S H, Li C K. 1990. Comments on fossil arvicolids of China. In: Feijfar O, Heinrich W D eds. International symposiumevolution, phylogeny and biostratigraphy of arvicolids (Rodentia, Mammalia) Rohanov (Czechoslovakia). Munich: Pfeil-Verlag. 431–442

Zheng S H, Zhang Y Q, Cui N. 2019. Five new species of Arvicolinae and Myospalacinae from Nihewan Basin, Hebei Province. Vert PalAsiat, 57(4): 308–324

汉-拉学名索引

A

阿巴嘎阿布扎比鼠 *Abudhabia abagensis* 286

阿巴嘎犀齿鼠 *Rhinocerodon abagensis* 136

阿布扎比鼠属 *Abudhabia* 286

阿尔善戈壁古仓鼠 *Gobicricetodon arshanensis* 131

阿亚科兹鼠属 *Ayakozomys* 239

艾克氏异仓鼠 *Allocricetus ehiki* 100

艾氏原鼢鼠 *Prosiphneus eriksoni* 322

爱氏长尾巨鼠 *Leopoldamys edwardsi* 446

安徽长尾巨鼠 *Leopoldamys anhuiensis* 445

安徽猪尾鼠 *Typhlomys anhuiensis* 271

安氏白腹鼠 *Niviventer andersoni* 449

岸䶄属 *Myodes* 221

岸䶄族 Myodini 211

奥米加杨氏鼢鼠 *Yangia omegodon* 367

奥氏拟速掘鼠 *Tachyoryctoides obrutschewi* 233

B

巴兰鼠亚科 Baranomyinae 142

巴氏红层古仓鼠 *Ulaancricetodon badamae* 22

灞河阿布扎比鼠 *Abudhabia baheensis* 287

灞河鼠属 *Bahomys* 108

白腹鼠属 *Niviventer* 448

白氏可汗鼠 *Khanomys baii* 134

板齿鼠属 *Bandicota* 465

板桥模鼠（基斯朗鼠亚属） *Mimomys (Kislangia) banchiaonicus* 165

北方始仓鼠 *Eocricetodon borealis* 33

北疆巨尖古仓鼠 *Megacricetodon beijiangensis* 68

笨仓鼠属 *Amblycricetus* 119

比例克模鼠（阿拉特鼠亚属） *Mimomys (Aratomys) bilikeensis* 159

比例克日进鼠 *Chardinomys bilikeensis* 415

笔尾树鼠 *Chiropodomys gliroides* 436

笔尾树鼠属 *Chiropodomys* 435

变异华南鼠 *Huananomys variabilis* 211

变异相似仓鼠 *Cricetinus varians* 104

别氏沟牙田鼠 *Proedromys bedfordi* 178

波尔索地鼠属 *Borsodia* 202

伯尔茨异仓鼠 *Allocricetus bursae* 99

布鲁因氏卡瑞迪亚仓鼠 *Karydomys debruijni* 64

布氏毛足田鼠 *Lasiopodomys brandti* 179

步氏中新竹鼠 *Miorhizomys blacki* 301

C

仓鼠科 Cricetidae 10

仓鼠属 *Cricetulus* 110

仓鼠亚科 Cricetinae 56

草原鼢鼠 *Myospalax aspalax* 373

柴达木鼠属 *Qaidamomys* 385

巢鼠属 *Micromys* 419

长毛鼠属 *Diplothrix* 458

长尾仓鼠 *Cricetulus longicaudatus* 113

长尾巨鼠属 *Leopoldamys* 443

长尾攀鼠（未定种） *Vandeleuria* sp. 438

长尾攀鼠属 *Vandeleuria* 438

长爪鼹䶄 *Prometheomys schaposchnikowi* 200

陈氏甘古仓鼠 *Ganocricetodon cheni* 73

陈氏可汗鼠 *Khanomys cheni* 135

川仓鼠属 *Chuanocricetus* 117

川田鼠属 *Volemys* 193

刺山鼠科 Platacanthomyidae 264

刺山鼠属 *Platacanthomys* 276

粗壮戈壁古仓鼠 *Gobicricetodon robustus* 129

粗壮近古仓鼠 *Plesiodipus robustus* 124

脆弱真古仓鼠 *Eucricetodon caducus* 27

D

大仓鼠 *Cricetulus triton* = *Tscherskia triton* 114

大耳姬鼠 *Apodemus latronum* 401

大荔科氏仓鼠？ *Kowalskia? dalinica* 77

大林姬鼠 *Apodemus peninsulae* 404

大新来鼠 *Neocometes magna* 267

大中华仓鼠 *Sinocricetus major* 94

大猪尾鼠 *Typhlomys macrourus* 273

戴氏巢鼠 *Micromys tedfordi* 422

戴氏鼠属 *Tedfordomys* 389

稻地上新鼢鼠 *Pliosiphneus daodiensis* 334

德氏黎明鼠 *Anatolomys teilhardi* 146

德氏模鼠（阿拉特鼠亚属） *Mimomys (Aratomys) teilhardi* 160

德氏日进鼢鼠 *Chardina teilhardi* 340

德氏狨鼠 *Hapalomys delacouri* 433

德氏苏尼特鼠 *Sonidomys deligeri* 75

德氏异仓鼠 *Allocricetus teilhardi* 102

德氏异鼢鼠 *Allosiphneus teilhardi* 360

低冠巫山鼠 *Wushanomys brachyodus* 430

低冠竹鼠亚属 *Brachyrhizomys* 304

滇刺山鼠 *Platacanthomys dianensis* 277

滇攀鼠属 *Vernaya* 439

滇鼠属 *Yunomys* 393

丁氏杨氏鼢鼠 *Yangia tingi* 362

东北鼢鼠 *Myospalax psilurus* 375

东方古仓鼠 *Cricetodon orientalis* 51

东方姬鼠 *Apodemus orientalis* 403

东方模鼠（模鼠亚属） *Mimomys (Mimomys) orientalis* 170

东方鼠属 *Orientalomys* 409

东方田鼠 *Microtus fortis* 183

短齿假沙鼠 *Pseudomeriones abbreviatus* 290

E

额尔齐斯模鼠（克罗麦尔鼠亚属） *Mimomys (Cromeromys) irtyshensis* 163

恩氏拟速掘鼠 *Tachyoryctoides engesseri* 235

恩氏异鼠 *Allorattus engesseri* 418

二连锐齿仓鼠 *Oxynocricetodon erenensis* 33

F

法氏仿田鼠 *Microtoscoptes fahlbuschi* 141

繁昌岸鼱 *Myodes fanchangensis* 222

繁昌竹鼠（竹鼠亚属） *Rhizomys (Rhizomys) fanchangensis* 309

仿田鼠（未定种） *Microtoscoptes* sp. 142

仿田鼠属 *Microtoscoptes* 138

仿田鼠亚科 Microtoscoptinae 137

鼢鼠科 Myospalacidae 313

鼢鼠属 *Myospalax* 372

鼢鼠族 Myospalacini 342

峰鼱属 *Hyperacrius* 208

冯氏古仓鼠 *Cricetodon fengi* 50

弗尔克古仓鼠 *Cricetodon volkeri* 53

弗氏戈壁古仓鼠 *Gobicricetodon flynni* 127

弗氏戈壁古仓鼠（亲近种） *Gobicricetodon* aff. *G. flynni* 128

复齿假沙鼠 *Pseudomeriones complicidens* 291

复齿毛足田鼠 *Lasiopodomys complicidens* 181

副仓鼠属 *Paracricetulus* 73

副似仓鼠属 *Paracricetops* 45

副竹鼠属 *Pararhizomys* 245

副竹鼠族 Pararhizomyini 244

傅氏柴达木鼠 *Qaidamomys fortelii* 385

G

甘古仓鼠属 *Ganocricetodon* 72

甘肃假竹鼠 *Pseudorhizomys gansuensis* 257

甘肃科氏仓鼠 *Kowalskia gansunica* 77

甘肃美拉尔鼠 *Mellalomys gansus* 284

甘肃模鼠（克罗麦尔鼠亚属） *Mimomys (Cromeromys) gansunicus* 162

甘肃日进鼢鼠 *Chardina gansuensis* 338

甘肃始鼢鼠 *Eospalax cansus* 350

高冠瀍河鼠 *Bahomys hypsodonta* 108

高冠巫山鼠 *Wushanomys hypsodontus* 431

高山姬鼠 *Apodemus chevrieri* 399

高山鼱属 *Alticola* 226

高特格异华夏鼠 *Allohuaxiamys gaotegeensis* 426

高原白腹鼠（相似种） *Niviventer* cf. *N. excelsior* 454

高原高冠仓鼠属 *Aepyocricetus* 106

戈壁古仓鼠属 *Gobicricetodon* 126
根田鼠 *Microtus oeconomus* 188
沟牙田鼠属 *Proedromys* 177
古仓鼠（未定种）*Cricetodon* sp. 55
古仓鼠属 *Cricetodon* 49
古仓鼠亚科 Cricetodontinae 48
古上新鼢鼠 *Pliosiphneus antiquus* 333
古亚鼠属 *Palasiomys* 17
古祖仓鼠 *Pappocricetodon antiquus* 14
谷氏新古仓鼠 *Neocricetodon grangeri* 97

H

韩氏科氏仓鼠 *Kowalskia hanae* 78
罕仓鼠属 *Raricricetodon* 18
汉斯鼠属 *Hansdebruijnia* 386
郝氏原鼢鼠 *Prosiphneus haoi* 324
褐家鼠 *Rattus norvegicus* 461
黑腹绒鼠（绒鼠亚属）*Eothenomys (Eothenomys)*
　melanogaster 215
黑河假竹鼠？*Pseudorhizomys? hehoensis* 262
黑线仓鼠 *Cricetulus barabensis* 112
黑线姬鼠 *Apodemus agrarius* 396
横断山维蓝尼鼠 *Villanyia hengduanshanensis* 201
红背岸䶄 *Myodes rutilus* 225
红层古仓鼠属 *Ulaancricetodon* 22
后丁氏杨氏鼢鼠 *Yangia epitingi* 365
后鼢鼠属 *Episiphneus* 370
后真古仓鼠属 *Metaeucricetodon* 38
湖北绒鼠（东方鼠亚属）*Eothenomys (Anteliomys)*
　hubeiensis 217
华南鼠属 *Huananomys* 211
华夏副竹鼠 *Pararhizomys huaxiaensis* 248
华夏鼠属 *Huaxiamys* 424
黄始兔尾鼠 *Eolagurus luteus* 207
灰仓鼠（相似种）*Cricetulus* cf. *C. migratorius* 115
灰猪尾鼠 *Typhlomys cinereus* 270

J

姬鼠属 *Apodemus* 396
吉兰泰真古仓鼠 *Eucricetodon jilantaiensis* 28

家鼠属 *Rattus* 459
假沙鼠属 *Pseudomeriones* 289
假似仓鼠属 *Pseudocricetops* 46
假竹鼠属 *Pseudorhizomys* 253
简齿始鼢鼠 *Eospalax simplicidens* 354
简齿始兔尾鼠 *Eolagurus simplicidens* 208
简齿松田鼠 *Pitymys simplicidens* 191
建始峰䶄 *Hyperacrius jianshiensis* 209
进步近古仓鼠 *Plesiodipus progressus* 123
进步日耳曼鼠 *Germanomys progressivus* 195
进步中华仓鼠 *Sinocricetus progressus* 95
近古仓鼠属 *Plesiodipus* 120
近古仓鼠亚科 Plesiodipinae 120
晋戴氏鼠 *Tedfordomys jinensis* 389
巨滇攀鼠 *Vernaya giganta* 441
巨尖古仓鼠属 *Megacricetodon* 68
巨拟速掘鼠 *Tachyoryctoides colossus* 234

K

卡瑞迪亚仓鼠属 *Karydomys* 63
苛岚绒䶄 *Caryomys inez* 214
科氏仓鼠属 *Kowalskia* 76
科赞巢鼠 *Micromys kozaniensis* 421
可汗鼠属 *Khanomys* 132
宽齿假沙鼠 *Pseudomeriones latidens* 293
宽齿狨鼠 *Hapalomys eurycidens* 434

L

蓝田米古仓鼠 *Myocricetodon lantianensis* 281
劳氏高山䶄 *Alticola roylei* 226
雷老鼠属 *Leilaomys* 392
类山丘鼠属 *Colloides* 90
类鼠王鼠属 *Karnimatoides* 394
黎明鼠属 *Anatolomys* 146
李氏川仓鼠 *Chuanocricetus lii* 118
李氏姬鼠 *Apodemus lii* 402
李氏近古仓鼠 *Plesiodipus leei* 121
裂姬鼠（未定种）*Rhagapodemus* sp. 408
裂姬鼠属 *Rhagapodemus* 408
林氏众古仓鼠 *Democricetodon lindsayi* 59

林鼠属 *Linomys* 390

灵台东方鼠 *Orientalomys lingtaiensis* 410

灵台始鼢鼠 *Eospalax lingtaiensis* 352

刘氏巢鼠 *Micromys liui* 421

刘氏高原高冠仓鼠 *Aepyocricetus liuae* 108

刘氏米古仓鼠 *Myocricetodon liui* 282

陇副竹鼠 *Pararhizomys longensis* 251

罗氏始鼢鼠 *Eospalax rothschildi* 353

裸尾沙鼠亚科 Taterillinae 285

M

马氏假似仓鼠 *Pseudocricetops matthewi* 47

满都拉图阿亚科兹鼠 *Ayakozomys mandaltensis*
　240

盲鼹鼠科 Spalacidae 228

毛足鼠（未定种）*Phodopus* sp. 116

毛足鼠属 *Phodopus* 116

毛足田鼠属 *Lasiopodomys* 178

美拉尔鼠属 *Mellalomys* 284

美小鼠？（未定种）*Eumyarion*? sp. 41

美小鼠属 *Eumyarion* 41

蒙波尔索地鼠 *Borsodia mengensis* 204

蒙古田鼠 *Microtus mongolicus* 187

蒙古微仓鼠 *Nannocricetus mongolicus* 86

蒙后真古仓鼠 *Metaeucricetodon mengicus* 38

米古仓鼠属 *Myocricetodon* 281

米古仓鼠亚科 Myocricetodontinae 281

模鼠属 *Mimomys* 158

莫氏田鼠 *Microtus maximowiczii* 185

N

那格里中新竹鼠 *Miorhizomys nagrii* 300

南方始仓鼠 *Eocricetodon meridionalis* 31

南方似仓鼠 *Cricetops auster* 44

南京稀古仓鼠 *Spanocricetodon ningensis* 67

内蒙古科氏仓鼠 *Kowalskia neimengensis* 79

内蒙古祖仓鼠 *Pappocricetodon neimongolensis* 15

泥河湾模鼠（模鼠亚属）*Mimomys* (*Mimomys*)
　nihewanensis 169

泥河湾日进鼠 *Chardinomys nihowanicus* 416

拟爱氏长尾巨鼠 *Leopoldamys edwardsioides* 447

拟簇形松田鼠 *Pitymys gregaloides* 190

拟低冠竹鼠（竹鼠亚属）*Rhizomys* (*Rhizomys*)
　brachyrhizomysoides 309

拟速掘鼠属 *Tachyoryctoides* 232

拟速掘鼠亚科 Tachyoryctoidinae 230

拟速掘鼠族 Tachyoryctoidini 230

拟新月齿鼠 *Selenomys mimicus* 148

O

欧洲水䶄 *Arvicola terrestris* 192

欧洲异费鼠 *Allophaiomys deucalion* 175

P

裴氏模鼠（基斯朗鼠亚属）*Mimomys* (*Kislangia*)
　peii 166

皮氏中新竹鼠（相似种）*Miorhizomys* cf. *M.*
　pilgrimi 303

平齿假竹鼠 *Pseudorhizomys planus* 259

䶄科 Arvicolidae 152

䶄异鼢鼠 *Allosiphneus arvicolinus* 358

铺路上新鼢鼠 *Pliosiphneus puluensis* 335

普通滇攀鼠 *Vernaya fulva* 440

普通米古仓鼠 *Myocricetodon plebius* 283

普通拟速掘鼠 *Tachyoryctoides vulgatus* 238

Q

前普通滇攀鼠 *Vernaya prefulva* 441

前中华波尔索地鼠 *Borsodia prechinensis* 205

黔鼠属 *Qianomys* 463

峭枕日进鼢鼠 *Chardina truncatus* 336

秦安原鼢鼠 *Prosiphneus qinanensis* 326

秦副竹鼠 *Pararhizomys qinensis* 252

琴颅上新鼢鼠 *Pliosiphneus lyratus* 331

青海湖拟速掘鼠 *Tachyoryctoides kokonorensis* 235

青毛硕鼠 *Berylmys bowersii* 456

邱氏姬鼠 *Apodemus qiui* 405

邱氏微仓鼠 *Nannocricetus qiui* 88

邱氏原鼢鼠 *Prosiphneus qiui* 328

R

任村祖仓鼠 *Pappocricetodon rencunensis* 13

日耳曼鼠属 *Germanomys* 195

日进鼢鼠属 *Chardina* 335

日进鼠属 *Chardinomys* 413

狨鼠属 *Hapalomys* 432

绒䶄属 *Caryomys* 212

绒鼠属 *Eothenomys* 214

锐齿仓鼠属 *Oxynocricetodon* 33

S

萨氏模鼠（克罗麦尔鼠亚属） *Mimomys* (*Cromeromys*) *savini* 164

三叶齿斯氏䶄 *Stachomys trilobodon* 198

三趾马层副竹鼠 *Pararhizomys hipparionum* 247

三趾马层类鼠王鼠 *Karnimatoides hipparionus* 394

三趾马层猪尾鼠 *Typhlomys hipparionus* 271

桑氏原鼢鼠 *Prosiphneus licenti* 321

沙棘竹鼠（低冠竹鼠亚属） *Rhizomys* (*Brachyrhizomys*) *shajius* 306

沙拉科氏仓鼠 *Kowalskia shalaensis* 80

沙拉田仓鼠 *Microtocricetus shalaensis* 150

沙拉原裔鼠 *Progonomys shalaensis* 382

沙鼠科 *Gerbillidae* 278

沙鼠属 *Meriones* 294

沙鼠亚科 *Gerbillinae* 289

山西竹鼠（低冠竹鼠亚属） *Rhizomys* (*Brachyrhizomys*) *shansius* 305

上新鼢鼠属 *Pliosiphneus* 330

上新异费鼠 *Allophaiomys pliocaenicus* 173

绍氏东方鼠 *Orientalomys schaubi* 412

绍氏副仓鼠 *Paracricetulus schaubi* 74

绍氏祖仓鼠 *Pappocricetodon schaubi* 16

社鼠 *Niviventer confucianus* 451

师氏中华仓鼠 *Sinocricetus zdanskyi* 92

施氏猪尾鼠 *Typhlomys storchi* 276

史氏始鼢鼠 *Eospalax smithii* 355

始仓鼠属 *Eocricetodon* 31

始滇攀鼠 *Vernaya pristina* 442

始鼢鼠属 *Eospalax* 347

始家鼠 *Rattus pristinus* 462

始兔尾鼠属 *Eolagurus* 206

舒氏巢鼠 *Micromys chalceus* 420

舒氏竹鼠（竹鼠亚属） *Rhizomys* (*Rhizomys*) *schlosseri* 311

鼠超科 *Muroidea* 10

鼠科 *Muridae* 378

鼠形原鼢鼠 *Prosiphneus murinus* 325

水䶄属 *Arvicola* 191

水䶄族 *Arvicolini* 158

睡似仓鼠 *Cricetops dormitor* 43

硕鼠属 *Berylmys* 455

斯氏高山䶄 *Alticola stoliczkanus* 227

斯氏䶄属 *Stachomys* 198

四川笨仓鼠 *Amblycricetus sichuanensis* 119

四川田鼠 *Volemys millicens* 193

四根中新竹鼠 *Miorhizomys tetracharax* 302

四子王旗祖仓鼠 *Pappocricetodon siziwangqiensis* 17

似仓鼠属 *Cricetops* 42

似仓鼠亚科 *Cricetopinae* 42

似法氏科氏仓鼠 *Kowalskia similis* 81

泗洪异美小鼠 *Alloeumyarion sihongensis* 40

松田鼠属 *Pitymys* 189

苏尼特古仓鼠 *Cricetodon sonidensis* 52

苏尼特鼠属 *Sonidomys* 75

苏氏众古仓鼠 *Democricetodon sui* 61

苏众古仓鼠 *Democricetodon suensis* 60

T

汤氏杨氏鼢鼠 *Yangia trassaerti* 369

唐氏华夏鼠 *Huaxiamys downsi* 424

洮州绒䶄 *Caryomys eva* 213

梯形罕仓鼠 *Raricricetodon trapezius* 21

天祝原鼢鼠 *Prosiphneus tianzuensis* 329

田仓鼠属 *Microtocricetus* 149

田鼠属 *Microtus* 183

条纹门齿副似仓鼠 *Paracricetops virgatoincisus* 46

童氏小古仓鼠 *Bagacricetodon tongi* 38

童氏众古仓鼠 *Democricetodon tongi* 62

土红异费鼠 *Allophaiomys terraerubrae* 176
土著假竹鼠 *Pseudorhizomys indigenus* 255
兔尾鼠族 Lagurini 200

W

万合古仓鼠 *Cricetodon wanhei* 54
王氏阿布扎比鼠 *Abudhabia wangi* 288
王氏近古仓鼠 *Plesiodipus wangae* 125
王氏真古仓鼠 *Eucricetodon wangae* 29
威氏鼠属 *Witenia* 35
微仓鼠属 *Nannocricetus* 85
微小汉斯鼠 *Hansdebruijnia perpusilla* 386
维蓝尼鼠属 *Villanyia* 201
翁氏鼢鼠 *Myospalax wongi* 377
巫山滇攀鼠 *Vernaya wushanica* 443
巫山鼠属 *Wushanomys* 430
芜湖硕鼠 *Berylmys wuhuensis* 457
吴氏滇鼠 *Yunomys wui* 393
吴氏黔鼠 *Qianomys wui* 463
吴氏微仓鼠 *Nannocricetus wuae* 89

X

西南绒鼠（东方鼠亚属） *Eothenomys (Anteliomys)*
　　 custos 217
稀古仓鼠属 *Spanocricetodon* 66
犀齿鼠属 *Rhinocerodon* 136
锡金小鼠 *Mus pahari* 429
细狨鼠 *Hapalomys gracilis* 435
细弱许氏鼠 *Huerzelerimys exiguus* 384
细先鼠 *Primus pusillus* 66
狭齿狨鼠 *Hapalomys angustidens* 433
狭颅田鼠 *Microtus gregalis* 185
先丁氏中鼢鼠 *Mesosiphneus praetingi* 342
先社鼠 *Niviventer preconfucianus* 453
先鼠属 *Primus* 65
先中华绒鼠 *Eothenomys praechinensis* 219
纤锐锐齿仓鼠 *Oxynocricetodon leptaleos* 34
相似仓鼠属 *Cricetinus* 103
小阿亚科兹鼠 *Ayakozomys minor* 241
小巢鼠 *Micromys minutus* 419

小齿仓鼠属 *Microtodon* 144
小根田鼠 *Microtus minoeconomus* 186
小古仓鼠属 *Bagacricetodon* 37
小罕仓鼠 *Raricricetodon minor* 20
小汉斯鼠 *Hansdebruijnia pusilla* 387
小家鼠 *Mus musculus* 428
小林姬鼠 *Apodemus sylvaticus* 406
小鼠属 *Mus* 427
小似仓鼠 *Cricetops minor* 45
小真古仓鼠 *Eucricetodon bagus* 26
晓鸣类山丘鼠 *Colloides xiaomingi* 92
新古仓鼠属 *Neocricetodon* 96
新来鼠属 *Neocometes* 266
新月齿鼠属 *Selenomys* 148
许氏鼠属 *Huerzelerimys* 384

Y

亚洲姬鼠 *Apodemus asianicus* 397
亚洲模鼠（阿拉特鼠亚属） *Mimomys (Aratomys)*
　　 asiaticus 159
亚洲真古仓鼠 *Eucricetodon asiaticus* 24
延安科氏仓鼠 *Kowalskia yananica* 82
岩鼠属 *Cremnomys* 464
岩鼠属?（未定种） *Cremnomys? sp.* 465
衍生威氏鼠 *Witenia yulua* 36
鼹鮃属 *Prometheomys* 199
鼹鮃族 Prometheomyini 194
燕山峰鮃 *Hyperacrius yenshanensis* 210
扬子长毛鼠 *Diplothrix yangziensis* 458
杨氏鼢鼠属 *Yangia* 361
杨氏后鼢鼠 *Episiphneus youngi* 371
杨氏始鼢鼠 *Eospalax youngianus* 357
杨氏真古仓鼠 *Eucricetodon youngi* 30
咬洞竹鼠（竹鼠亚属） *Rhizomys (Rhizomys)*
　　 troglodytes 312
叶氏巨尖古仓鼠 *Megacricetodon yei* 71
伊希姆鼠（未定种） *Ischymomys sp.* 151
伊希姆鼠属 *Ischymomys* 151
沂南科氏仓鼠 *Kowalskia yinanensis* 83
异仓鼠属 *Allocricetus* 98

异费鼠属 *Allophaiomys* 173

异鼢鼠属 *Allosiphneus* 358

异华夏鼠属 *Allohuaxiamys* 426

异美小鼠属 *Alloeumyarion* 39

异鼠属 *Allorattus* 418

银星竹鼠（竹鼠亚属） *Rhizomys (Rhizomys)*
　pruinosus 310

印度板齿鼠 *Bandicota indica* 466

游河模鼠（模鼠亚属） *Mimomys (Mimomys)*
　youhenicus 172

榆社日耳曼鼠 *Germanomys yusheicus* 197

榆社日进鼠 *Chardinomys yusheensis* 414

玉龙绒鼠 *Eothenomys proditor* 220

原布氏毛足田鼠 *Lasiopodomys probrandti* 182

原东北鼢鼠 *Myospalax propsilurus* 375

原鼢鼠属 *Prosiphneus* 320

原鼢鼠族 Prosiphnini 320

原始笔尾树鼠 *Chiropodomys primitivus* 437

原始东方鼠 *Orientalomys primitivus* 410

原始华夏鼠 *Huaxiamys primitivus* 425

原始假竹鼠 *Pseudorhizomys pristinus* 260

原始微仓鼠 *Nannocricetus primitivus* 87

原始异仓鼠 *Allocricetus primitivus* 101

原始中鼢鼠 *Mesosiphneus primitivus* 347

原始猪尾鼠 *Typhlomys primitivus* 274

原裔鼠属 *Progonomys* 381

云南林鼠 *Linomys yunnanensis* 391

Z

张洼沟姬鼠 *Apodemus zhangwagouensis* 407

昭通绒鼠（东方鼠亚属） *Eothenomys (Anteliomys)*
　olitor 218

赵氏杨氏鼢鼠 *Yangia chaoyatseni* 363

针毛鼠 *Niviventer fulvescens* 452

真古仓鼠属 *Eucricetodon* 24

真古仓鼠亚科 Eucricetodontinae 23

郑氏科氏仓鼠 *Kowalskia zhengi* 85

郑氏模鼠（基斯朗鼠亚属） *Mimomys (Kislangia)*
　zhengi 168

中鼢鼠属 *Mesosiphneus* 342

中国仓鼠 *Cricetulus griseus* 110

中华波尔索地鼠 *Borsodia chinensis* 203

中华仓鼠属 *Sinocricetus* 92

中华东方鼠 *Orientalomys sinensis* 413

中华姬鼠 *Apodemus draco* 400

中华巨尖古仓鼠 *Megacricetodon sinensis* 69

中华日进鼢鼠 *Chardina sinensis* 339

中华绒鼠（东方鼠亚属） *Eothenomys (Anteliomys)*
　chinensis 216

中华始鼢鼠 *Eospalax fontanieri* 348

中华新来鼠 *Neocometes sinensis* 267

中华原裔鼠 *Progonomys sinensis* 382

中华竹鼠（竹鼠亚属） *Rhizomys (Rhizomys)*
　sinensis 307

中脊相似仓鼠 *Cricetinus mesolophidos* 105

中间中鼢鼠 *Mesosiphneus intermedius* 344

中间猪尾鼠 *Typhlomys intermedius* 273

中条罕仓鼠 *Raricricetodon zhongtiaensis* 19

中新竹鼠属 *Miorhizomys* 300

终前仿田鼠 *Microtoscoptes praetermissus* 139

肿腭拟速掘鼠 *Tachyoryctoides pachygnathus* 237

众古仓鼠属 *Democricetodon* 58

猪尾鼠属 *Typhlomys* 269

竹鼠科 Rhizomyidae 296

竹鼠属 *Rhizomys* 304

竹鼠亚科 Rhizomyinae 299

竹鼠亚属 *Rhizomys* 307

铸鼎雷老鼠 *Leilaomys zhudingi* 392

锥齿古亚鼠 *Palasiomys conulus* 18

子午沙鼠 *Meriones meridianus* 294

棕背鮃 *Myodes rufocanus* 224

祖仓鼠属 *Pappocricetodon* 12

祖仓鼠亚科 Pappocricetodontinae 12

祖先小齿仓鼠 *Microtodon atavus* 144

最后阿亚科兹鼠 *Ayakozomys ultimus* 242

最后巫山鼠 *Wushanomys ultimus* 431

拉-汉学名索引

A

Abudhabia 阿布扎比鼠属　286

Abudhabia abagensis 阿巴嘎阿布扎比鼠　286

Abudhabia baheensis 灞河阿布扎比鼠　287

Abudhabia wangi 王氏阿布扎比鼠　288

Aepyocricetus 高原高冠仓鼠属　106

Aepyocricetus liuae 刘氏高原高冠仓鼠　108

Allocricetus 异仓鼠属　98

Allocricetus bursae 伯尔茨异仓鼠　99

Allocricetus ehiki 艾克氏异仓鼠　100

Allocricetus primitivus 原始异仓鼠　101

Allocricetus teilhardi 德氏异仓鼠　102

Alloeumyarion 异美小鼠属　39

Alloeumyarion sihongensis 泗洪异美小鼠　40

Allohuaxiamys 异华夏鼠属　426

Allohuaxiamys gaotegeensis 高特格异华夏鼠　426

Allophaiomys 异费鼠属　173

Allophaiomys deucalion 欧洲异费鼠　175

Allophaiomys pliocaenicus 上新异费鼠　173

Allophaiomys terraerubrae 土红异费鼠　176

Allorattus 异鼠属　418

Allorattus engesseri 恩氏异鼠　418

Allosiphneus 异鼢鼠属　358

Allosiphneus arvicolinus 鼾异鼢鼠　358

Allosiphneus teilhardi 德氏异鼢鼠　360

Alticola 高山䶄属　226

Alticola roylei 劳氏高山䶄　226

Alticola stoliczkanus 斯氏高山䶄　227

Amblycricetus 笨仓鼠属　119

Amblycricetus sichuanensis 四川笨仓鼠　119

Anatolomys 黎明鼠属　146

Anatolomys teilhardi 德氏黎明鼠　146

Apodemus 姬鼠属　396

Apodemus agrarius 黑线姬鼠　396

Apodemus asianicus 亚洲姬鼠　397

Apodemus chevrieri 高山姬鼠　399

Apodemus draco 中华姬鼠　400

Apodemus latronum 大耳姬鼠　401

Apodemus lii 李氏姬鼠　402

Apodemus orientalis 东方姬鼠　403

Apodemus peninsulae 大林姬鼠　404

Apodemus qiui 邱氏姬鼠　405

Apodemus sylvaticus 小林姬鼠　406

Apodemus zhangwagouensis 张洼沟姬鼠　407

Arvicola 水䶄属　191

Arvicola terrestris 欧洲水䶄　192

Arvicolidae 䶄科　152

Arvicolini 水䶄族　158

Ayakozomys 阿亚科兹鼠属　239

Ayakozomys mandaltensis 满都拉图阿亚科兹鼠　240

Ayakozomys minor 小阿亚科兹鼠　241

Ayakozomys ultimus 最后阿亚科兹鼠　242

B

Bagacricetodon 小古仓鼠属　37

Bagacricetodon tongi 童氏小古仓鼠　38

Bahomys 灞河鼠属　108

Bahomys hypsodonta 高冠灞河鼠　108

Bandicota 板齿鼠属　465

Bandicota indica 印度板齿鼠　466

Baranomyinae 巴兰鼠亚科　142

Berylmys 硕鼠属　455

Berylmys bowersii 青毛硕鼠　456

Berylmys wuhuensis 芜湖硕鼠　457

Borsodia 波尔索地鼠属　202

Borsodia chinensis 中华波尔索地鼠　203

Borsodia mengensis 蒙波尔索地鼠　204

Borsodia prechinensis 前中华波尔索地鼠　205

Brachyrhizomys 低冠竹鼠亚属　304

C

Caryomys 绒鼾属　212

Caryomys eva 洮州绒鼾　213

Caryomys inez 苛岚绒鼾　214

Chardina 日进鼢鼠属　335

Chardina gansuensis 甘肃日进鼢鼠　338

Chardina sinensis 中华日进鼢鼠　339

Chardina teilhardi 德氏日进鼢鼠　340

Chardina truncatus 峭枕日进鼢鼠　336

Chardinomys 日进鼠属　413

Chardinomys bilikeensis 比例克日进鼠　415

Chardinomys nihowanicus 泥河湾日进鼠　416

Chardinomys yusheensis 榆社日进鼠　414

Chiropodomys 笔尾树鼠属　435

Chiropodomys gliroides 笔尾树鼠　436

Chiropodomys primitivus 原始笔尾树鼠　437

Chuanocricetus 川仓鼠属　117

Chuanocricetus lii 李氏川仓鼠　118

Colloides 类山丘鼠属　90

Colloides xiaomingi 晓鸣类山丘鼠　92

Cremnomys 岩鼠属　464

Cremnomys? sp. 岩鼠属?（未定种）　465

Cricetidae 仓鼠科　10

Cricetinae 仓鼠亚科　56

Cricetinus 相似仓鼠属　103

Cricetinus mesolophidos 中脊相似仓鼠　105

Cricetinus varians 变异相似仓鼠　104

Cricetodon 古仓鼠属　49

Cricetodon fengi 冯氏古仓鼠　50

Cricetodon orientalis 东方古仓鼠　51

Cricetodon sonidensis 苏尼特古仓鼠　52

Cricetodon sp. 古仓鼠（未定种）　55

Cricetodon volkeri 弗尔克古仓鼠　53

Cricetodon wanhei 万合古仓鼠　54

Cricetodontinae 古仓鼠亚科　48

Cricetopinae 似仓鼠亚科　42

Cricetops 似仓鼠属　42

Cricetops auster 南方似仓鼠　44

Cricetops dormitor 睡似仓鼠　43

Cricetops minor 小似仓鼠　45

Cricetulus 仓鼠属　110

Cricetulus barabensis 黑线仓鼠　112

Cricetulus cf. *C. migratorius* 灰仓鼠（相似种）　115

Cricetulus griseus 中国仓鼠　110

Cricetulus longicaudatus 长尾仓鼠　113

Cricetulus triton = Tscherskia triton 大仓鼠　114

D

Democricetodon 众古仓鼠属　58

Democricetodon lindsayi 林氏众古仓鼠　59

Democricetodon suensis 苏众古仓鼠　60

Democricetodon sui 苏氏众古仓鼠　61

Democricetodon tongi 童氏众古仓鼠　62

Diplothrix 长毛鼠属　458

Diplothrix yangziensis 扬子长毛鼠　458

E

Eocricetodon 始仓鼠属　31

Eocricetodon borealis 北方始仓鼠　33

Eocricetodon meridionalis 南方始仓鼠　31

Eolagurus 始兔尾鼠属　206

Eolagurus luteus 黄始兔尾鼠　207

Eolagurus simplicidens 简齿始兔尾鼠　208

Eospalax 始鼢鼠属　347

Eospalax cansus 甘肃始鼢鼠　350

Eospalax fontanieri 中华始鼢鼠　348

Eospalax lingtaiensis 灵台始鼢鼠　352

Eospalax rothschildi 罗氏始鼢鼠　353

Eospalax simplicidens 简齿始鼢鼠　354

Eospalax smithii 史氏始鼢鼠　355

Eospalax youngianus 杨氏始鼢鼠　357

Eothenomys 绒鼠属　214

Eothenomys (*Anteliomys*) *chinensis* 中华绒鼠（东方鼠亚属）　216

Eothenomys (*Anteliomys*) *custos* 西南绒鼠（东方鼠亚属）　217

Eothenomys (*Anteliomys*) *hubeiensis* 湖北绒鼠（东方鼠亚属）　217

Eothenomys (*Anteliomys*) *olitor* 昭通绒鼠（东方鼠亚属）　218

Eothenomys (*Eothenomys*) *melanogaster* 黑腹绒鼠
（绒鼠亚属） 215

Eothenomys praechinensis 先中华绒鼠 219

Eothenomys proditor 玉龙绒鼠 220

Episiphneus 后鼢鼠属 370

Episiphneus youngi 杨氏后鼢鼠 371

Eucricetodon 真古仓鼠属 24

Eucricetodon asiaticus 亚洲真古仓鼠 24

Eucricetodon bagus 小真古仓鼠 26

Eucricetodon caducus 脆弱真古仓鼠 27

Eucricetodon jilantaiensis 吉兰泰真古仓鼠 28

Eucricetodon wangae 王氏真古仓鼠 29

Eucricetodon youngi 杨氏真古仓鼠 30

Eucricetodontinae 真古仓鼠亚科 23

Eumyarion 美小鼠属 41

Eumyarion? sp. 美小鼠？（未定种） 41

G

Ganocricetodon 甘古仓鼠属 72

Ganocricetodon cheni 陈氏甘古仓鼠 73

Gerbillidae 沙鼠科 278

Gerbillinae 沙鼠亚科 289

Germanomys 日耳曼鼠属 195

Germanomys progressivus 进步日耳曼鼠 195

Germanomys yusheicus 榆社日耳曼鼠 197

Gobicricetodon 戈壁古仓鼠属 126

Gobicricetodon aff. *G. flynni* 弗氏戈壁古仓鼠（亲
近种） 128

Gobicricetodon arshanensis 阿尔善戈壁古仓鼠 131

Gobicricetodon flynni 弗氏戈壁古仓鼠 127

Gobicricetodon robustus 粗壮戈壁古仓鼠 129

H

Hansdebruijnia 汉斯鼠属 386

Hansdebruijnia perpusilla 微小汉斯鼠 386

Hansdebruijnia pusilla 小汉斯鼠 387

Hapalomys 狨鼠属 432

Hapalomys angustidens 狭齿狨鼠 433

Hapalomys delacouri 德氏狨鼠 433

Hapalomys eurycidens 宽齿狨鼠 434

Hapalomys gracilis 细狨鼠 435

Huananomys 华南鼠属 211

Huananomys variabilis 变异华南鼠 211

Huaxiamys 华夏鼠属 424

Huaxiamys downsi 唐氏华夏鼠 424

Huaxiamys primitivus 原始华夏鼠 425

Huerzelerimys 许氏鼠属 384

Huerzelerimys exiguus 细弱许氏鼠 384

Hyperacrius 峰䶄属 208

Hyperacrius jianshiensis 建始峰䶄 209

Hyperacrius yenshanensis 燕山峰䶄 210

I

Ischymomys 伊希姆鼠属 151

Ischymomys sp. 伊希姆鼠（未定种） 151

K

Karnimatoides 类鼠王鼠属 394

Karnimatoides hipparionus 三趾马层类鼠王鼠 394

Karydomys 卡瑞迪亚仓鼠属 63

Karydomys debruijni 布鲁因氏卡瑞迪亚仓鼠 64

Khanomys 可汗鼠属 132

Khanomys baii 白氏可汗鼠 134

Khanomys cheni 陈氏可汗鼠 135

Kowalskia 科氏仓鼠属 76

Kowalskia gansunica 甘肃科氏仓鼠 77

Kowalskia hanae 韩氏科氏仓鼠 78

Kowalskia neimengensis 内蒙古科氏仓鼠 79

Kowalskia shalaensis 沙拉科氏仓鼠 80

Kowalskia similis 似法氏科氏仓鼠 81

Kowalskia yananica 延安科氏仓鼠 82

Kowalskia yinanensis 沂南科氏仓鼠 83

Kowalskia zhengi 郑氏科氏仓鼠 85

Kowalskia? *dalinica* 大荔科氏仓鼠？ 77

L

Lagurini 兔尾鼠族 200

Lasiopodomys 毛足田鼠属 178

Lasiopodomys brandti 布氏毛足田鼠 179

Lasiopodomys complicidens 复齿毛足田鼠 181

Lasiopodomys probrandti 原布氏毛足田鼠　182

Leilaomys 雷老鼠属　392

Leilaomys zhudingi 铸鼎雷老鼠　392

Leopoldamys 长尾巨鼠属　443

Leopoldamys anhuiensis 安徽长尾巨鼠　445

Leopoldamys edwardsi 爱氏长尾巨鼠　446

Leopoldamys edwardsioides 拟爱氏长尾巨鼠　447

Linomys 林鼠属　390

Linomys yunnanensis 云南林鼠　391

M

Megacricetodon 巨尖古仓鼠属　68

Megacricetodon beijiangensis 北疆巨尖古仓鼠　68

Megacricetodon sinensis 中华巨尖古仓鼠　69

Megacricetodon yei 叶氏巨尖古仓鼠　71

Mellalomys 美拉尔鼠属　284

Mellalomys gansus 甘肃美拉尔鼠　284

Meriones 沙鼠属　294

Meriones meridianus 子午沙鼠　294

Mesosiphneus 中鼢鼠属　342

Mesosiphneus intermedius 中间中鼢鼠　344

Mesosiphneus praetingi 先丁氏中鼢鼠　342

Mesosiphneus primitivus 原始中鼢鼠　347

Metaeucricetodon 后真古仓鼠属　38

Metaeucricetodon mengicus 蒙后真古仓鼠　38

Micromys 巢鼠属　419

Micromys chalceus 舒氏巢鼠　420

Micromys kozaniensis 科赞巢鼠　421

Micromys liui 刘氏巢鼠　421

Micromys minutus 小巢鼠　419

Micromys tedfordi 戴氏巢鼠　422

Microtocricetus 田仓鼠属　149

Microtocricetus shalaensis 沙拉田仓鼠　150

Microtodon 小齿仓鼠属　144

Microtodon atavus 祖先小齿仓鼠　144

Microtoscoptes 仿田鼠属　138

Microtoscoptes fahlbuschi 法氏仿田鼠　141

Microtoscoptes praetermissus 终前仿田鼠　139

Microtoscoptes sp. 仿田鼠（未定种）　142

Microtoscoptinae 仿田鼠亚科　137

Microtus 田鼠属　183

Microtus fortis 东方田鼠　183

Microtus gregalis 狭颅田鼠　185

Microtus maximowiczii 莫氏田鼠　185

Microtus minoeconomus 小根田鼠　186

Microtus mongolicus 蒙古田鼠　187

Microtus oeconomus 根田鼠　188

Mimomys 模鼠属　158

Mimomys (*Aratomys*) *asiaticus* 亚洲模鼠（阿拉特鼠亚属）　159

Mimomys (*Aratomys*) *bilikeensis* 比例克模鼠（阿拉特鼠亚属）　159

Mimomys (*Aratomys*) *teilhardi* 德氏模鼠（阿拉特鼠亚属）　160

Mimomys (*Cromeromys*) *gansunicus* 甘肃模鼠（克罗麦尔鼠亚属）　162

Mimomys (*Cromeromys*) *irtyshensis* 额尔齐斯模鼠（克罗麦尔鼠亚属）　163

Mimomys (*Cromeromys*) *savini* 萨氏模鼠（克罗麦尔鼠亚属）　164

Mimomys (*Kislangia*) *banchiaonicus* 板桥模鼠（基斯朗鼠亚属）　165

Mimomys (*Kislangia*) *peii* 裴氏模鼠（基斯朗鼠亚属）　166

Mimomys (*Kislangia*) *zhengi* 郑氏模鼠（基斯朗鼠亚属）　168

Mimomys (*Mimomys*) *nihewanensis* 泥河湾模鼠（模鼠亚属）　169

Mimomys (*Mimomys*) *orientalis* 东方模鼠（模鼠亚属）　170

Mimomys (*Mimomys*) *youhenicus* 游河模鼠（模鼠亚属）　172

Miorhizomys 中新竹鼠属　300

Miorhizomys blacki 步氏中新竹鼠　301

Miorhizomys cf. *M. pilgrimi* 皮氏中新竹鼠（相似种）　303

Miorhizomys nagrii 那格里中新竹鼠　300

Miorhizomys tetracharax 四根中新竹鼠　302

Muridae 鼠科　378

Muroidea 鼠超科　10

Mus 小鼠属　427

Mus musculus 小家鼠　428

Mus pahari 锡金小鼠　429

Myocricetodon 米古仓鼠属　281

Myocricetodon lantianensis 蓝田米古仓鼠　281

Myocricetodon liui 刘氏米古仓鼠　282

Myocricetodon plebius 普通米古仓鼠　283

Myocricetodontinae 米古仓鼠亚科　281

Myodes 岸䶄属　221

Myodes fanchangensis 繁昌岸䶄　222

Myodes rufocanus 棕背岸䶄　224

Myodes rutilus 红背岸䶄　225

Myodini 岸䶄族　211

Myospalacidae 鼢鼠科　313

Myospalacini 鼢鼠族　342

Myospalax 鼢鼠属　372

Myospalax aspalax 草原鼢鼠　373

Myospalax propsilurus 原东北鼢鼠　375

Myospalax psilurus 东北鼢鼠　375

Myospalax wongi 翁氏鼢鼠　377

N

Nannocricetus 微仓鼠属　85

Nannocricetus mongolicus 蒙古微仓鼠　86

Nannocricetus primitivus 原始微仓鼠　87

Nannocricetus qiui 邱氏微仓鼠　88

Nannocricetus wuae 吴氏微仓鼠　89

Neocometes 新来鼠属　266

Neocometes magna 大新来鼠　267

Neocometes sinensis 中华新来鼠　267

Neocricetodon 新古仓鼠属　96

Neocricetodon grangeri 谷氏新古仓鼠　97

Niviventer 白腹鼠属　448

Niviventer andersoni 安氏白腹鼠　449

Niviventer cf. *N. excelsior* 高原白腹鼠（相似种）　454

Niviventer confucianus 社鼠　451

Niviventer fulvescens 针毛鼠　452

Niviventer preconfucianus 先社鼠　453

O

Orientalomys 东方鼠属　409

Orientalomys lingtaiensis 灵台东方鼠　410

Orientalomys primitivus 原始东方鼠　410

Orientalomys schaubi 绍氏东方鼠　412

Orientalomys sinensis 中华东方鼠　413

Oxynocricetodon 锐齿仓鼠属　33

Oxynocricetodon erenensis 二连锐齿仓鼠　33

Oxynocricetodon leptaleos 纤细锐齿仓鼠　34

P

Palasiomys 古亚鼠属　17

Palasiomys conulus 锥齿古亚鼠　18

Pappocricetodon 祖仓鼠属　12

Pappocricetodon antiquus 古祖仓鼠　14

Pappocricetodon neimongolensis 内蒙古祖仓鼠　15

Pappocricetodon rencunensis 任村祖仓鼠　13

Pappocricetodon schaubi 绍氏祖仓鼠　16

Pappocricetodon siziwangqiensis 四子王旗祖仓鼠　17

Pappocricetodontinae 祖仓鼠亚科　12

Paracricetops 副似仓鼠属　45

Paracricetops virgatoincisus 条纹门齿副似仓鼠　46

Paracricetulus 副仓鼠属　73

Paracricetulus schaubi 绍氏副仓鼠　74

Pararhizomyini 副竹鼠族　244

Pararhizomys 副竹鼠属　245

Pararhizomys hipparionum 三趾马层副竹鼠　247

Pararhizomys huaxiaensis 华夏副竹鼠　248

Pararhizomys longensis 陇副竹鼠　251

Pararhizomys qinensis 秦副竹鼠　252

Phodopus 毛足鼠属　116

Phodopus sp. 毛足鼠（未定种）　116

Pitymys 松田鼠属　189

Pitymys gregaloides 拟簇形松田鼠　190

Pitymys simplicidens 简齿松田鼠　191

Platacanthomyidae 刺山鼠科　264

Platacanthomys 刺山鼠属　276

Platacanthomys dianensis 滇刺山鼠　277

Plesiodipinae 近古仓鼠亚科　120

Plesiodipus 近古仓鼠属 120

Plesiodipus leei 李氏近古仓鼠 121

Plesiodipus progressus 进步近古仓鼠 123

Plesiodipus robustus 粗壮近古仓鼠 124

Plesiodipus wangae 王氏近古仓鼠 125

Pliosiphneus 上新鼢鼠属 330

Pliosiphneus antiquus 古上新鼢鼠 333

Pliosiphneus daodiensis 稻地上新鼢鼠 334

Pliosiphneus lyratus 琴颅上新鼢鼠 331

Pliosiphneus puluensis 铺路上新鼢鼠 335

Primus 先鼠属 65

Primus pusillus 细先鼠 66

Proedromys 沟牙田鼠属 177

Proedromys bedfordi 别氏沟牙田鼠 178

Progonomys 原裔鼠属 381

Progonomys shalaensis 沙拉原裔鼠 382

Progonomys sinensis 中华原裔鼠 382

Prometheomyini 鼹䮼族 194

Prometheomys 鼹䮼属 199

Prometheomys schaposchnikowi 长爪鼹䮼 200

Prosiphneus 原鼢鼠属 320

Prosiphneus eriksoni 艾氏原鼢鼠 322

Prosiphneus haoi 郝氏原鼢鼠 324

Prosiphneus licenti 桑氏原鼢鼠 321

Prosiphneus murinus 鼠形原鼢鼠 325

Prosiphneus qinanensis 秦安原鼢鼠 326

Prosiphneus qiui 邱氏原鼢鼠 328

Prosiphneus tianzuensis 天祝原鼢鼠 329

Prosiphnini 原鼢鼠族 320

Pseudocricetops 假似仓鼠属 46

Pseudocricetops matthewi 马氏假似仓鼠 47

Pseudomeriones 假沙鼠属 289

Pseudomeriones abbreviatus 短齿假沙鼠 290

Pseudomeriones complicidens 复齿假沙鼠 291

Pseudomeriones latidens 宽齿假沙鼠 293

Pseudorhizomys 假竹鼠属 253

Pseudorhizomys gansuensis 甘肃假竹鼠 257

Pseudorhizomys indigenus 土著假竹鼠 255

Pseudorhizomys planus 平齿假竹鼠 259

Pseudorhizomys pristinus 原始假竹鼠 260

Pseudorhizomys? *hehoensis* 黑河假竹鼠？ 262

Q

Qaidamomys 柴达木鼠属 385

Qaidamomys fortelii 傅氏柴达木鼠 385

Qianomys 黔鼠属 463

Qianomys wui 吴氏黔鼠 463

R

Raricricetodon 罕仓鼠属 18

Raricricetodon minor 小罕仓鼠 20

Raricricetodon trapezius 梯形罕仓鼠 21

Raricricetodon zhongtiaensis 中条罕仓鼠 19

Rattus 家鼠属 459

Rattus norvegicus 褐家鼠 461

Rattus pristinus 始家鼠 462

Rhagapodemus 裂姬鼠属 408

Rhagapodemus sp. 裂姬鼠（未定种） 408

Rhinocerodon 犀齿鼠属 136

Rhinocerodon abagensis 阿巴嘎犀齿鼠 136

Rhizomyidae 竹鼠科 296

Rhizomyinae 竹鼠亚科 299

Rhizomys 竹鼠属 304

Rhizomys 竹鼠亚属 307

Rhizomys (*Brachyrhizomys*) *shajius* 沙棘竹鼠（低冠竹鼠亚属） 306

Rhizomys (*Brachyrhizomys*) *shansius* 山西竹鼠（低冠竹鼠亚属） 305

Rhizomys (*Rhizomys*) *brachyrhizomysoides* 拟低冠竹鼠（竹鼠亚属） 309

Rhizomys (*Rhizomys*) *fanchangensis* 繁昌竹鼠（竹鼠亚属） 309

Rhizomys (*Rhizomys*) *pruinosus* 银星竹鼠（竹鼠亚属） 310

Rhizomys (*Rhizomys*) *schlosseri* 舒氏竹鼠（竹鼠亚属） 311

Rhizomys (*Rhizomys*) *sinensis* 中华竹鼠（竹鼠亚属） 307

Rhizomys (*Rhizomys*) *troglodytes* 咬洞竹鼠（竹鼠亚属） 312

S

Selenomys 新月齿鼠属　148

Selenomys mimicus 拟新月齿鼠　148

Sinocricetus 中华仓鼠属　92

Sinocricetus major 大中华仓鼠　94

Sinocricetus progressus 进步中华仓鼠　95

Sinocricetus zdanskyi 师氏中华仓鼠　92

Sonidomys 苏尼特鼠属　75

Sonidomys deligeri 德氏苏尼特鼠　75

Spalacidae 盲鼹鼠科　228

Spanocricetodon 稀古仓鼠属　66

Spanocricetodon ningensis 南京稀古仓鼠　67

Stachomys 斯氏鼢属　198

Stachomys trilobodon 三叶齿斯氏鼢　198

T

Tachyoryctoides 拟速掘鼠属　232

Tachyoryctoides colossus 巨拟速掘鼠　234

Tachyoryctoides engesseri 恩氏拟速掘鼠　235

Tachyoryctoides kokonorensis 青海湖拟速掘鼠　235

Tachyoryctoides obrutschewi 奥氏拟速掘鼠　233

Tachyoryctoides pachygnathus 肿腭拟速掘鼠　237

Tachyoryctoides vulgatus 普通拟速掘鼠　238

Tachyoryctoidinae 拟速掘鼠亚科　230

Tachyoryctoidini 拟速掘鼠族　230

Taterillinae 裸尾沙鼠亚科　285

Tedfordomys 戴氏鼠属　389

Tedfordomys jinensis 晋戴氏鼠　389

Typhlomys 猪尾鼠属　269

Typhlomys anhuiensis 安徽猪尾鼠　271

Typhlomys cinereus 灰猪尾鼠　270

Typhlomys hipparionus 三趾马层猪尾鼠　271

Typhlomys intermedius 中间猪尾鼠　273

Typhlomys macrourus 大猪尾鼠　273

Typhlomys primitivus 原始猪尾鼠　274

Typhlomys storchi 施氏猪尾鼠　276

U

Ulaancricetodon 红层古仓鼠属　22

Ulaancricetodon badamae 巴氏红层古仓鼠　22

V

Vandeleuria 长尾攀鼠属　438

Vandeleuria sp. 长尾攀鼠（未定种）　438

Vernaya 滇攀鼠属　439

Vernaya fulva 普通滇攀鼠　440

Vernaya giganta 巨滇攀鼠　441

Vernaya prefulva 前普通滇攀鼠　441

Vernaya pristina 始滇攀鼠　442

Vernaya wushanica 巫山滇攀鼠　443

Villanyia 维蓝尼鼠属　201

Villanyia hengduanshanensis 横断山维蓝尼鼠　201

Volemys 川田鼠属　193

Volemys millicens 四川田鼠　193

W

Witenia 威氏鼠属　35

Witenia yulua 衍生威氏鼠　36

Wushanomys 巫山鼠属　430

Wushanomys brachyodus 低冠巫山鼠　430

Wushanomys hypsodontus 高冠巫山鼠　431

Wushanomys ultimus 最后巫山鼠　431

Y

Yangia 杨氏鼢鼠属　361

Yangia chaoyatseni 赵氏杨氏鼢鼠　363

Yangia epitingi 后丁氏杨氏鼢鼠　365

Yangia omegodon 奥米加杨氏鼢鼠　367

Yangia tingi 丁氏杨氏鼢鼠　362

Yangia trassaerti 汤氏杨氏鼢鼠　369

Yunomys 滇鼠属　393

Yunomys wui 吴氏滇鼠　393

国际标准古地磁柱	世	期	哺乳动物期	内蒙古 二连盆地	杭锦旗	阿拉善左旗	宁夏	甘肃 陇西	兰州	临夏	新疆 准噶尔	吐鲁番	陕西	吉林	北京
25 C6C C7 C8 C9 C10 C11	渐新世 晚	夏特期	塔奔布鲁克期		伊克布拉格组		狍牛泉组		咸水河组下段	椒子沟组	索索泉组 铁尔斯哈巴合组				
30 C12	早	吕珀尔期	乌兰塔塔尔期	上脑岗代组	乌兰布拉格组	乌兰塔塔尔组	清水营组	白杨河组	白杨河组		克孜勒托尕依组	桃树园子群			
C13 35 C16	始新世 晚	普利亚本期	乌兰戈楚期	下脑岗代组 乌兰戈楚组		呼尔井组 查干布拉格组			野狐城组					桦甸组	长店…
C17 C18 40		巴顿期	沙拉木伦期	沙拉木伦组									白鹿原组		
C19 C20 45	中	卢泰特期	伊尔丁曼哈期	土克木组 乌兰希热组		伊尔丁曼哈组					依希白拉组	连坎组	红河组		
C21 50 C22			阿山头期	阿山头组											
C23 C24 55	早	伊普里斯期	岭茶期	脑木根组								十三间房组			
C25 60	古新世 晚	坦尼特期	格沙头期									大步组 台子村组			
C26	中	塞兰特期	浓山期												
C27 C28 65Ma C29	早	丹麦期	上湖期										樊沟组	鹊岭组	

化石层位对比表（台湾资料暂缺）

山西	河南			湖北		山东	安徽	江苏	江西	湖南	广东	广西	贵州	云南	
	豫西	桐柏	淅川	丹江口	宜昌、房县									滇东	丽江
河堤组												公康组 邕宁组	石脑组	蔡家冲组 小屯组	
	锄沟峪组	五里墩组 李士沟组			黄庄组						油柑窝组	那读组 洞均组		路美邑组	象山组 格木寺组
		毛家坡组						上黄裂隙堆积							
	卢氏组	济源群	核桃园组 大仓房组		牌楼口组	官庄组									
			玉皇顶组		洋溪组 油坪组	五图组	张山集组		新余组	岭茶组					
	潭头组						双塔寺组 土金山组		坪湖里组	栗木坪组	古城村组				
	大章组						痘姆组		池江组		浓山组				
	高峪沟组						望虎墩组		狮子口组	枣市组	上湖组 垱心组				

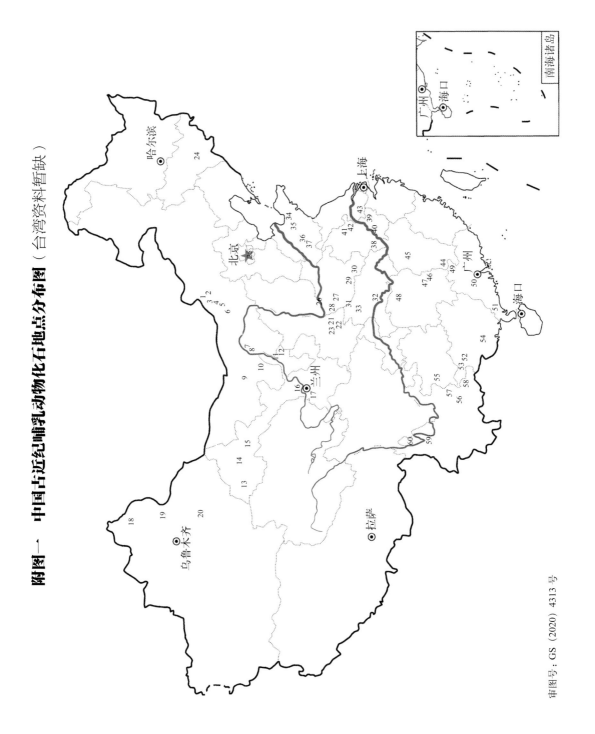

附图一　中国古近纪哺乳动物化石地点分布图（台湾资料暂缺）

审图号：GS（2020）4313 号

附图一之中国古近纪哺乳动物化石地点说明

内蒙古

1. 二连呼尔井：呼尔井组，晚始新世。

2. 二连伊尔丁曼哈：阿山头组，早始新世—中始新世早期；伊尔丁曼哈组，中始新世。

3. 二连呼和勃尔和地区：脑木根组，晚古新世—早始新世早期；阿山头组，早始新世晚期—中始新世早期；伊尔丁曼哈组，中始新世。

4. 苏尼特右旗-四子王旗脑木根平台：脑木根组，晚古新世—早始新世早期；阿山头组，早始新世晚期—中始新世早期；伊尔丁曼哈组，中始新世；沙拉木伦组，中始新世晚期；额尔登敖包组，晚始新世；下脑岗代组，晚始新世—早渐新世；上脑岗代组，早渐新世。

5. 四子王旗额尔登敖包地区：脑木根组，晚古新世—早始新世早期；伊尔丁曼哈组，中始新世；沙拉木伦组，中始新世晚期；额尔登敖包组，晚始新世；下脑岗代组，晚始新世—早渐新世；上脑岗代组，早渐新世。

6. 四子王旗沙拉木伦河流域：乌兰希热组，中始新世；土克木组，中始新世；沙拉木伦组，中始新世晚期；乌兰戈楚组，晚始新世；巴润绍组，晚始新世。

7. 杭锦旗巴拉贡：乌兰布拉格组，早渐新世；伊克布拉格组，晚渐新世。

8. 鄂托克旗蒙西镇伊克布拉格：乌兰布拉格组，早渐新世；伊克布拉格组，晚渐新世。

9. 阿拉善左旗豪斯布尔都盆地：查干布拉格组，晚渐新世。

10. 阿拉善左旗乌兰塔塔尔：乌兰塔塔尔组，早渐新世。

宁夏

11. 灵武：清水营组，早渐新世。

12. 盐池大水坑：层位不详，始新世。

甘肃

13. 党河地区：狍牛泉组，渐新世。

14. 玉门地区：白杨河组，晚始新世—渐新世。

15. 酒西盆地骟马城：火烧沟组，中始新世晚期—晚始新世。

16. 兰州盆地：野狐城组，晚始新世；咸水河组下段，渐新世。

17. 临夏盆地：椒子沟组，晚渐新世。

新疆

18. 准噶尔盆地：额尔齐斯河组，晚始新世早期；克孜勒托尔依组，晚始新世—早渐新世；铁尔斯哈巴合组，晚渐新世；索索泉组，晚渐新世—早中新世。

19. 准噶尔盆地古尔班通古特沙漠南戈壁：未命名岩组，晚古新世—早始新世。

20. 吐鲁番盆地：台子村组／大步组，晚古新世；十三间房组，早始新世早期；连坎组，中始新世；桃树园子群，晚始新世—渐新世。

陕西

21. 洛南石门镇：**樊沟组**，早古新世。

22. 山阳盆地：**鹃岭组**，早古新世。

23. 蓝田地区：**红河组**，中始新世；**白鹿原组**，中始新世晚期。

吉林

24. 桦甸盆地：**桦甸组**，中始新世晚期。

北京

25. 丰台区和房山区：**长辛店组**，中始新世晚期。

山西 + 河南

26. 垣曲盆地：**河堤组**，中始新世—晚始新世早期。

河南

27. 潭头盆地：**高峪沟组**，早古新世；**大章组**，中古新世；**潭头组**，晚古新世。

28. 卢氏盆地：**卢氏组**，早—中始新世；**锄沟峪组**，中始新世晚期。

29. 桐柏吴城盆地：**李士沟组 / 五里墩组**，中始新世晚期。

30. 信阳平昌关盆地：**李庄组**，中始新世。

河南 + 湖北

31. 李官桥盆地：**玉皇顶组**，早始新世早期；**大仓房组 / 核桃园组**，早—中始新世。

湖北

32. 宜昌：**洋溪组**，早始新世早期；**牌楼口组**，早始新世晚期—中始新世早期。

33. 房县：**油坪组**，早始新世早期。

山东

34. 昌乐五图：**五图组**，早始新世早期。

35. 临朐牛山：**牛山组**，早始新世早期。

36. 新泰：**官庄组**，早始新世晚期—中始新世。

37. 泗水：**黄庄组**，中始新世晚期。

安徽

38. 潜山盆地：**望虎墩组**，早古新世；**痘姆组**，中古新世。

39. 宣城：**双塔寺组**，晚古新世。

40. 池州：**双塔寺组**，晚古新世。

41. 明光：**土金山组**，晚古新世。

42. 来安：**张山集组**，早始新世早期。

江苏

43. 溧阳：**上黄裂隙堆积**，中始新世。

江西

44. 池江盆地：狮子口组，早古新世；池江组，中古新世；坪湖里组，晚古新世。

45. 袁水盆地：新余组，早始新世早期。

湖南

46. 茶陵盆地：枣市组，早古新世。

47. 衡阳盆地：栗木坪组，晚古新世；岭茶组，早始新世早期。

48. 常桃盆地：剪家溪组，早始新世早期。

广东

49. 南雄盆地：上湖组，早古新世；浓山组，中古新世；古城村组，晚古新世。

50. 三水盆地：埗心组，早古新世；华涌组，早始新世。

51. 茂名盆地：油柑窝组，中始新世晚期。

广西

52. 百色盆地：洞均组/那读组，中始新世晚期；公康组，晚始新世。

53. 永乐盆地：那读组，中始新世晚期；公康组，晚始新世。

54. 南宁盆地：邕宁组，晚始新世。

贵州

55. 盘县石脑盆地：石脑组，晚始新世。

云南

56. 路南盆地：路美邑组，中始新世；小屯组，晚始新世；岔科组，中始新世。

57. 曲靖盆地：蔡家冲组，晚始新世—早渐新世。

58. 广南盆地：砚山组，晚始新世晚期。

59. 丽江盆地：象山组，中始新世晚期。

60. 理塘格木寺盆地：格木寺组，中始新世晚期。

国际标准古地磁柱	纪	世		期	哺乳动物期	内蒙古		宁夏	甘肃				青海		西宁
						阿拉善左旗	中部地区		党河地区	兰州盆地	临夏盆地	灵台	柴达木	贵德	
C2					泥河湾期						午城黄土				
C2A		上新世	晚	皮亚琴察期	麻则沟期		高特格层	雷家河组			积石组	雷家河组	狮子沟组	上滩组	
C3			早	赞克勒期	高庄期		比例克层				何王家组				
							二登图组						下东山组	
C3A			晚	墨西拿期	保德期		宝格达乌拉组				柳树组	干河沟组	上油砂山组		
C3B															
C4								干河沟组					查让组	
C4A				托尔托纳期	灞河期		沙拉层								
C5	新近纪					阿木乌苏层						彰恩堡组		咸水河组	
C5A		中新世	中	塞拉瓦莱期	通古尔期		通古尔组	彰恩堡组			虎家梁组				
C5AA															
C5AB															
C5AC							红柳沟组	铁匠沟组	东乡组	红柳沟组					
C5AD				兰盖期										车头沟组	
C5B												下油砂山组			
C5C				波尔多期	山旺期	乌尔图组	敖尔班组		咸水河组						
C5D			早												
C5E									上庄组						
C6													谢家组		
C6A				谢家期											
C6AA															
C6B				阿基坦期											
C6C															

Ma scale: 3, 4, 5, 6, 7, 8, 9, 10, 11, 12, 13, 14, 15, 16, 17, 18, 19, 20, 21, 22, 23 Ma

化石层位对比表（台湾资料暂缺）

新疆 准噶尔盆地	西藏	陕西 蓝田	渭南	临潼	山西 静乐	保德	榆社	河北	河南	湖北	山东	江苏	四川 盐源	汪布顶	云南
	羌塘组	午城黄土					海眼组	泥河湾组				宿迁组	盐源组	汪布顶组	元谋组
			游河组	杨家湾组	静乐组		麻则沟组	稻地组							沙沟组
	札达组						高庄组								
	沃马组	九老坡组				保德组	马会组		潞王坟组 / 大营组			黄岗组			石灰坝组 / 昭通组
	布隆组									掇刀石组	巴漏河组				小河组
顶山盐池组		灞河组													
		寇家村组													
								汉诺坝组	东沙坡组	沙坪组	尧山组	六合组			小龙潭组
哈拉玛盖组															
								九龙口组			山旺组	下草湾组 / 洞玄观组			
	丁青组	冷水沟组													
索索泉组															

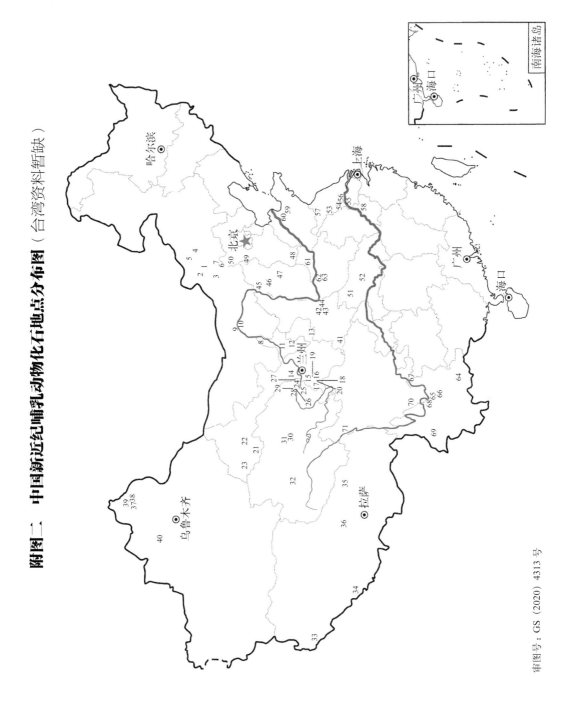

附图二 中国新近纪哺乳动物化石地点分布图（台湾资料暂缺）

审图号：GS（2020）4313 号

附图二之中国新近纪哺乳动物化石地点说明

内蒙古

1. 苏尼特左旗敖尔班、嘎顺音阿得格：**敖尔班组**，早中新世。

2. 苏尼特左旗通古尔、苏尼特右旗346地点：**通古尔组**，中中新世。

3. 苏尼特右旗阿木乌苏：**阿木乌苏层**，晚中新世早期；沙拉：**沙拉层**，晚中新世早期。

4. 阿巴嘎旗灰腾河：**灰腾河层**，晚中新世；高特格：**高特格层**，上新世。

5. 阿巴嘎旗宝格达乌拉：**宝格达乌拉组**，晚中新世中期。

6. 化德二登图：**二登图组**，晚中新世晚期。

7. 化德比例克：**比例克层**，早上新世。

8. 阿拉善左旗乌尔图：**乌尔图组**，早中新世晚期。

9. 临河：**乌兰图克组**，晚中新世。

10. 临河：**五原组**，中中新世。

宁夏

11. 中宁牛首山、固原寺口子等：**干河沟组**，晚中新世早期。

12. 中宁红柳沟、同心地区等：**彰恩堡组/红柳沟组**，中中新世。

甘肃

13. 灵台雷家河：**雷家河组**，晚中新世—上新世。

14. 兰州盆地（永登）：**咸水河组**，渐新世—中中新世。

15. 临夏盆地（东乡）龙担：**午城黄土**，早更新世。

16. 临夏盆地（广河）十里墩：**何王家组**，早上新世。

17. 临夏盆地（东乡）郭泥沟、和政大深沟、杨家山：**柳树组**，晚中新世。

18. 临夏盆地（广河）虎家梁、和政老沟：**虎家梁组**，中中新世晚期。

19. 临夏盆地（广河）石那奴：**东乡组**，中中新世早期。

20. 临夏盆地（广河）大浪沟：**上庄组**，早中新世。

21. 阿克塞大哈尔腾河：**红崖组**，晚中新世。

22. 玉门（老君庙）石油沟：**疏勒河组**，晚中新世。

23. 党河地区（肃北）铁匠沟：**铁匠沟组**，早中新世—晚中新世。

青海

24. 化隆上滩：**上滩组**，上新世。

25. 贵德贺尔加：**下东山组**，晚中新世晚期。

26. 化隆查让沟：**查让组**，晚中新世早期。

27. 民和李二堡：**咸水河组**，中中新世。

28. 湟中车头沟：**车头沟组**，早中新世—中中新世。

29. 湟中谢家：**谢家组**，早中新世。

30. 柴达木盆地（德令哈）深沟：**上油砂山组**，晚中新世。

31. 德令哈欧龙布鲁克：**欧龙布鲁克层**，中中新世；托素：**托素层**，晚中新世。

32. 格尔木昆仑山垭口：**羌塘组**，晚上新世。

西藏

33. 札达：**札达组**，上新世。

34. 吉隆沃马：**沃马组**，晚中新世晚期。

35. 比如布隆：**布隆组**，晚中新世早期。

36. 班戈伦坡拉：**丁青组**，渐新世—早中新世晚期。

新疆

37. 福海顶山盐池：**顶山盐池组**，中中新世—晚中新世。

38. 福海哈拉玛盖：**哈拉玛盖组**，早中新世—中中新世。

39. 福海索索泉：**索索泉组**，渐新世—早中新世。

40. 乌苏县独山子：**独山子组**，晚中新世？。

陕西/山西

41. 勉县：**杨家湾组**，上新世。

42. 临潼：**冷水沟组**，早中新世—中中新世早期。

43. 蓝田地区：**寇家村组**，中中新世晚期；**灞河组**，晚中新世早期；**九老坡组**，晚中新世中晚期—上新世。

44. 渭南游河：**游河组**，上新世晚期。

45. 保德冀家沟、戴家沟：**保德组**，晚中新世晚期。

46. 静乐贺丰：**静乐组**，上新世晚期。

47. 榆社盆地：**马会组**，晚中新世；**高庄组**，早上新世；**麻则沟组**，晚上新世；**海眼组**，更新世早期。

河北

48. 磁县九龙口：**九龙口组**，早中新世晚期—中中新世早期。

49. 阳原泥河湾盆地：**稻地组**，上新世晚期；**泥河湾组**，更新世。

50. 张北汉诺坝：**汉诺坝组**，中中新世。

湖北

51. 房县二郎岗：**沙坪组**，中中新世。

52. 荆门掇刀石：**掇刀石组**，晚中新世。

江苏

53. 泗洪松林庄、双沟、下草湾、郑集：**下草湾组**，早中新世。

54. 六合黄岗：**黄岗组**，晚中新世晚期。

55. 南京方山：**洞玄观组**（＝浦镇组），早中新世。

56. 六合灵岩山：**六合组**，中中新世。

57. 新沂西五花顶：**宿迁组**，上新世。

安徽

58. 繁昌癞痢山：**裂隙堆积**，晚新生代。

山东

59. 临朐解家河（山旺）：**山旺组**，早中新世；**尧山组**，中中新世。

60. 章丘枣园：**巴漏河组**，晚中新世。

河南

61. 新乡潞王坟：**潞王坟组**，晚中新世。

62. 洛阳东沙坡：**东沙坡组**，中中新世。

63. 汝阳马坡：**大营组**，晚中新世。

云南

64. 开远小龙潭：**小龙潭组**，中中新世—晚中新世。

65. 元谋盆地：**小河组**，晚中新世；**沙沟组**，上新世；**元谋组**，更新世。

66. 禄丰石灰坝：**石灰坝组**，晚中新世。

67. 昭通沙坝、后海子：**昭通组**，晚中新世。

68. 永仁坛罐窑：**坛罐窑组**，上新世。

69. 保山羊邑：**羊邑组**，上新世。

四川

70. 盐源柴沟头：**盐源组**，上新世晚期。

71. 德格汪布顶：**汪布顶组**，上新世晚期。

附表三 中国第四纪含哺乳动物化石层位与地点对比表（台湾资料暂缺）

国际标准古地磁柱 (Ma)	世	期	哺乳动物期	北方地区 (1-119) 土状堆积 单元划分	代表性剖面	主要归入地点	河湖相堆积 单元划分	代表性剖面	主要归入地点	洞穴/裂隙堆积 标志性地点	主要归入地点	南方地区 (120-228) 河湖相堆积 单元划分	主要归入地点	洞穴/裂隙堆积 标志性地点	主要归入地点
0.012 / 0.126	全新世 晚	晚	萨拉乌苏期	马兰黄土		阳高许家窑	许家窑组			周口店山顶洞地点		瓦扎箐组 老洪冲组	元谋上那蚌 牛尖包	丹徒莲花洞	郧西黄龙洞
	更新世 晚				长武窑头沟						昌平龙骨洞 房山东岭子 房山太平洞 房山田园洞			元谋马头山山西	和县龙潭洞 东至华龙洞	永安岩山洞 大冶石龙头 黔西观音洞 道县塘贝村 大新黑洞
0.781	中	中	周口店期	离石黄土上部 红色土C带	洛川黑木沟剖面	榆中上苦水 抚宁山羊寨 蓝田陈家窝	小渡口组	蔚县东窑子头大南沟剖面	共和塘格木 赤城南岭	周口店第六、七、八、九、十、十一、十二、十三、十四地点	周口店第一地点	上那蚌组	元谋小那乌东	南京平坝上洞	万州平坝上洞
	早	卡拉布里雅期	泥河湾期	离石黄土下部 红色土B带		蓝田公王岭	河泥湾组		勃县周家湾 共和上他买 林西西营子 四子王旗红格尔	周口店第十三地点 周口店第九地点		元谋组	元谋高家子 元谋马大海 元谋小那乌西 元谋杨柳村 元谋老城	南京葫芦洞 南京驼子洞	毕节七星洞
1.806				午城黄土 红色土A带		合水金沟 宁县南坪 东乡龙担			贵南过仍多	周口店第十二地点 (东、西洞)	大连海茂			建始龙骨洞	柳州笔架山 崇左三合大洞 保靖洞泡山
2.588	上新世 晚	晚	大柴期 麻则沟期 游河期	静乐期		中阳许家坪 灵台文王沟 (WL6-WL1+)	稻地组		襄汾大柴 贵德四合滩	周口店第十八地点	宁阳伏山 淄博孙家山 (Loc.1, 2, 4) 怀柔龙牙洞	沙沟组	元谋甘棠村西	巫山龙骨坡 繁昌人字洞	柳城巨猿洞
										顶盖砾石层					

· 522 ·

哈尔滨

北京

上海

广州

海口

乌鲁木齐

拉萨

兰州

南海诸岛

广州　海口

审图号：GS（2020）4313号

附表三之中国第四纪哺乳动物化石地点说明

内蒙古

1. 满洲里达赉诺尔：全新世；达来诺尔组，早更新世早期；东梁组，早更新世晚期。

2. 巴林左旗迟家营子、李仁屯：晚更新世。

3. 赤峰东村：早更新世。

4. 林西西营子：早更新世。

5. 四子王旗红格尔：早更新世。

6. 呼和浩特大窑：大窑组；遗址下部，早更新世；遗址上部，中更新世。

7. 准格尔杨家湾（Loc. 8）：中更新世。

8. 乌审旗萨拉乌苏：晚更新世。

9. 包头市阿善：全新世。

宁夏

10. 灵武水洞沟：晚更新世。

11. 同心郭井沟：中更新世。

12. 海原：晚更新世。

13. 西吉袁湾：晚更新世。

甘肃

14. 环县刘家岔、耿家沟：晚更新世。

15. 华池柔远：晚更新世。

16. 庆阳巴家咀、赵家沟：早更新世；巨家塬、楼房子、龙骨沟：晚更新世。

17. 合水金沟：早更新世。

18. 宁县庙咀坪：早更新世。

19. 灵台文王沟、小石沟（上部）：早更新世。

20. 镇原姜家湾、寺沟口：晚更新世。

21. 榆中上苦水：晚更新世。

22. 东乡龙担：早更新世。

23. 康乐当川堡：早更新世。

青海

24. 贵德四盒滩：早更新世。

25. 贵南沙沟楼后乡、过仍多、拉乙亥、下沙拉、电站沟：早更新世。

26. 共和东巴、上他买、共和青川公路 47 km 和 33 km 处：早更新世；大连海、塘格木、英德海：中更新世。

新疆

27. 乌鲁木齐仓房沟：中—晚更新世。

28. 安集海：早更新世。

29. 新源坎苏德能布拉克：晚更新世。

30. 伊宁吉里格朗：中更新世。

西藏

31. 定日区公所后山坡：晚更新世。

32. 当雄吉达果、汤巴果和曲西果间小溪北侧：中—晚更新世。

33. 林芝东南砖瓦厂：晚更新世。

34. 昌都卡若：全新世。

35. 墨竹公卡德中：全新世。

陕西

36. 府谷马营山（Loc. 9）、镇羌堡（Loc. 6）：早更新世。

37. 榆林柳巴滩（Loc. 13）：晚更新世。

38. 吴堡石堆山（Loc. 16）：早更新世。

39. 延安九沿沟：早更新世。

40. 洛川黑木沟：早—晚更新世；洞滩沟、枣刺沟、狼牙沟、坡头沟、拓家河溢洪道：早更新世早期；南菜子沟：
    早更新世晚期—中更新世晚期；秦家寨：早更新世晚期—晚更新世。

41. 澄城西河：早更新世。

42. 大荔后河村：早更新世；甜水沟：晚更新世。

43. 长武窑头沟、鸭儿沟：晚更新世。

44. 渭南西岔湾、刘家坪：早更新世。

45. 西安半坡、临潼姜寨：全新世。

46. 蓝田公王岭、九浪沟、涝池河、泄湖：早更新世；陈家窝：中更新世；涝池河、淡水沟口、陈家村：晚更新世。

47. 洛南龙牙洞：早更新世；张坪、锡水洞：中更新世。

48. 洋县倪家大坝沟、金水河口等汉水上游地区：中更新世。

49. 勉县周家湾：早更新世。

50. 宝鸡百首岭：全新世。

山西

51. 阳高许家窑：晚更新世。

52. 朔州峙峪：晚更新世。

53. 河曲巡检司（Loc. 7）：晚上新世—早更新世。

54. 寿阳城（Loc. 20）、羊头崖（Loc. 21）：早更新世。

55. 晋中（榆次）道坪（Loc. 23）：早更新世。

56. 太谷仁义（Loc. 24）：早更新世。

57. 和顺当城：晚更新世。

58. 榆社侯目（Loc. 26）、榆社 III 带、YS 6, 107–110, 116, 119–121：早更新世；榆社 YS 13, 83, 123, 129：中更新世。

59. 沁县新店（Loc. 28）：早更新世。

60. 襄垣河村：早更新世。

61. 屯留西村：晚上新世或早更新世；小常村：早更新世。

62. 垣曲许家庙：早更新世。

63. 平陆张裕：早更新世。

64. 芮城西侯度：早更新世。

65. 侯马闻喜：早更新世。

66. 万荣西桌子：中更新世。

67. 浮山范村（Loc. 29–31）：早更新世。

68. 襄汾大柴：早更新世；丁村：中—晚更新世。

69. 大宁午城：早更新世；下坡地：早—中更新世。

70. 中阳许家坪：早更新世。

71. 吕梁（离石）赵家塬：早更新世。

72. 保德芦子沟、火山：早更新世。

73. 静乐小红凹、高家崖：晚上新世（静乐红土）—早更新世（午城黄土）。

河南

74. 安阳小南海：晚更新世；殷墟：全新世。

75. 巩义赵沟（Chao-Kou）：早更新世；礼泉：中更新世。

76. 新安王沟：早更新世。

77. 渑池林川街（Lin-Chuan-Chai）、董店滩（Tung-Tien-Tan）、四郎村（Shih-Lang-Tsun）、小磨村（Shao-Mo-Tsun）、裴窝冲（Pei-Wo-Tsung）、杨坡岭（Yang-Po-Ling）、后河村（Hou-Ho-Tsun）、下罗村（Hsia-Lo-Tsun）、杨绍村（Yang-Shao-Tsun）：早更新世。

78. 陕县夹石山（Chia Shi-Shan）：早更新世。

79. 淅川下王岗：全新世。

80. 南召杏花山：中更新世。

81. 许昌灵井：晚更新世。

山东

82. 济南高尔西沟：晚更新世。

83. 淄博孙家山（第一、二、四地点）：早更新世；（第三地点）：中更新世。

84. 青州（益都）西山：中更新世。

85. 潍县武家村：晚更新世。

86. 泰安大汶口：全新世。

87. 新泰乌珠台：晚更新世。

88. 沂源骑子鞍山：中更新世。

89. 沂水蒋庄小张山、范家旺南洼洞：中更新世；中良子钓鱼台、贾姚庄浯河：晚更新世。

90. 宁阳伏山：早更新世。

91. 平邑小西山：中更新世。

河北

92. 赤城南沟岭、杨家沟：中更新世。

93. 阳原台儿沟、洞沟：晚上新世—晚更新世；下沙沟、马圈沟、半山、小长梁、泥河湾：早更新世；虎头梁：晚更新世；丁家堡：全新世。

94. 蔚县牛头山：晚上新世—早更新世；大南沟：晚上新世—晚更新世。

95. 承德谢家营：中更新世；围场：晚更新世。

96. 抚宁山羊寨：中更新世。

97. 唐山贾家山：早更新世。

98. 井陉石岭洞：中更新世。

99. 武安磁山：全新世。

北京

100. 昌平龙骨洞：晚更新世。

101. 密云西翁庄：晚更新世。

102. 怀柔龙牙洞：早更新世。

103. 房山周口店（第九、十二、十八地点、太平山东洞和西洞）：早更新世；周口店（第一、十三地点）：中更新世；十渡（太平洞、田园洞、云水洞、东岭子洞）、周口店（山顶洞、第二、六、十五地点）：晚更新世。

辽宁

104. 凌源西八间房：晚更新世。

105. 喀左鸽子洞：晚更新世。

106. 营口金牛山下部：中更新世；金牛山上部：晚更新世。

107. 海城小孤山：晚更新世。

108. 辽阳安平：晚更新世。

109. 本溪庙后山：中更新世；三道岗、本溪湖洞穴：晚更新世。

110. 丹东前阳：晚更新世。

111. 大连海茂：早更新世；古龙山：晚更新世。

吉林

112. 乾安大布苏：晚更新世。

113. 前郭青山头、查干泡：全新世。

114. 榆树周家油坊、大桥屯：晚更新世。

115. 安图石门山、明月镇：晚更新世。

116. 集安仙人洞：晚更新世。

黑龙江

117. 齐齐哈尔昂昂溪：晚更新世。

118. 哈尔滨闫家岗：晚更新世。

119. 五常学田：晚更新世。

四川

120. 阿坝若尔盖黑河：晚更新世。

121. 德格汪布顶：晚上新世或早更新世。

122. 甘孜长途汽车站西沟：晚更新世。

123. 炉霍吓拉托：晚更新世。

124. 资阳黄鳝溪：晚更新世。

重庆

125. 潼南瑷江岸：晚更新世。

126. 铜梁张二塘：晚更新世。

127. 合川牛尾洞：中更新世。

128. 北碚殷家洞：晚更新世。

129. 歌乐山龙骨洞：中更新世。

130. 万州平坝上洞：中更新世；平坝下洞（杨和尚大包洞）：晚更新世。

131. 奉节兴隆洞：中更新世。

132. 巫山龙骨坡：早更新世；宝坛寺：中更新世；迷宫洞：晚更新世。

湖北

133. 建始龙骨洞：早更新世。

134. 长阳下钟湾：晚更新世。

135. 郧西羊尾镇后山：中更新世。

136. 郧西黄龙洞、白龙洞：晚更新世。

137. 郧县学堂梁子、梅铺：中更新世。

138. 房县樟脑洞：晚更新世。

139. 通山大地：晚更新世。

140. 大冶石龙头：中更新世。

安徽

141. 皖南铜山：中更新世。

142. 东至华龙洞：中更新世。

143. 繁昌人字洞：早更新世。

144. 巢县银山：中更新世。

145. 和县龙潭洞：中更新世。

146. 淮南大居山顶裂隙：早更新世；西裂隙：早更新世。

147. 灵璧：全新世。

江苏

148. 南京驼子洞：早更新世；葫芦洞：中更新世。

149. 溧水神仙洞：全新世。

150. 溧阳夏林裂隙：晚上新世—早更新世。

151. 丹阳：中更新世。

152. 武进上淴村：晚更新世。

153. 丹徒莲花洞：晚更新世。

154. 泗洪归仁：早更新世。

155. 邳县大墩子：全新世。

浙江

156. 余杭凤凰山：晚更新世。

157. 临安华严洞：晚更新世。

158. 杭州留下洞：晚更新世。

159. 余姚河姆渡：全新世。

160. 建德樟树洞、乌龟洞、豪猪洞、桑园洞、昂畈、白毛洞：晚更新世。

161. 衢县上方驼洞：晚更新世；三号葱洞：全新世。

162. 金华双龙洞：全新世。

163. 江山龙嘴洞：晚更新世。

164. 淳安龙源洞：晚更新世。

福建

165. 将乐岩子洞：晚更新世。

166. 明溪垇山：晚更新世。

167. 清流狐狸洞：中更新世。

168. 宁化裴洞：中更新世。

169. 连城屋脊山：中更新世。

170. 永安寨岩山：中更新世。

171. 惠安玉埕：中更新世。

172. 闽侯昙石山：全新世。

173. 龙岩麒麟山：中更新世。

174. 晋江金井塘：中更新世。

江西

175. 乐平涌山岩洞：中更新世。

176. 万年仙人洞：全新世。

177. 于都罗洼：中—晚更新世。

广东

178. 曲江马坝（狮头峰）：晚更新世。

179. 封开黄岩洞（峒中岩？）：晚更新世。

180. 罗定下山洞（大岩洞、山背洞）：中更新世。

181. 肇庆七星岩：中更新世。

182. 高要七星岩：晚更新世。

183. 阳春独石子：全新世。

184. 潮安贝丘：全新世。

湖南

185. 慈利尖刀山：中更新世。

186. 保靖洞泡山：早更新世。

187. 吉首螺丝旋洞：中更新世。

188. 道县塘贝格洞：中更新世。

广西

189. 桂林北新开村：中更新世；甑皮岩、宝集岩、沙海上村、北新村：全新世。

190. 柳城封门山洞（巨猿洞）：中更新世。

191. 柳江白山岩洞、硝泥岩洞、中门岩洞、灵台洞、母鸡山：晚更新世。

192. 都安仙洞、干淹岩、九㞑山：晚更新世。

193. 巴马弄莫山洞：中更新世。

194. 百色幺会洞、吹风洞：中更新世。

195. 田东定模洞、云雾洞：晚更新世。

196. 柳城巨猿洞：早更新世。

197. 上林弄蓉洞：中更新世。

198. 柳州笔架山：早更新世；白莲洞：晚更新世。

199. 贺县硝灰洞：晚更新世。

200. 大新牛睡山黑洞：中更新世；马鞍山：晚更新世。

201. 武鸣布拉利山洞：中更新世。

202. 凭祥机务段：晚更新世。

203. 崇左三合大洞、泊岳山洞、缺缺洞、木榄山洞、弄莫山洞：早更新世。

贵州

204. 桐梓岩灰洞、天门洞、挖竹湾洞：中更新世；马鞍山：晚更新世。

205. 威宁草海天桥：早更新世；王家院：晚更新世。

206. 毕节赫章、七星岩洞、官屯扒耳岩洞：早更新世；麻窝口洞：中晚更新世。

207. 黔西观音洞：中更新世。

208. 水城硝灰洞：晚更新世。

209. 普定白岩脚洞、穿洞下部：中更新世；穿洞上部：全新世。

210. 盘县大洞：晚更新世。

211. 兴义猫猫洞：晚更新世。

云南

212. 镇雄陈坝屯：早更新世。

213. 昭通后海子、沙坝：早更新世；过山洞：晚更新世。

214. 中甸叶卡：晚上新世或早更新世；吉红：早更新世。

215. 丽江木家桥：晚更新世。

216. 保山羊邑：早更新世；蒲缥、塘子沟：全新世。

217. 洱海松毛坡：早更新世。

218. 永仁坛罐洞：早更新世。

219. 元谋马大海：**元谋组**，早更新世；大墩子，全新世。

220. 富民大宰格、河上洞：中更新世。

221. 沧源河口：全新世。

222. 呈贡三家村：晚更新世。

223. 昆明野猫洞：晚更新世。

224. 玉溪春和：早更新世。

225. 丘北黑箐龙洞：晚更新世。

226. 马关九龙口：晚更新世。

227. 西畴仙人洞：晚更新世。

海南

228. 三亚落笔洞：晚更新世晚期或全新世早期。

附件

《中国古脊椎动物志》总目录（2016 年 10 月修订）

（共三卷二十三册，计划 2015 – 2020 年出版）

第一卷　鱼类　主编：张弥曼，副主编：朱敏

第一册（总第一册）　**无颌类**　朱敏等 编著　（2015 年出版）

第二册（总第二册）　**盾皮鱼类**　朱敏、赵文金等 编著

第三册（总第三册）　**辐鳍鱼类**　张弥曼、金帆等 编著

第四册（总第四册）　**软骨鱼类 棘鱼类 肉鳍鱼类**

张弥曼、朱敏等 编著

第二卷　两栖类 爬行类 鸟类　主编：李锦玲，副主编：周忠和

第一册（总第五册）　**两栖类**　王原等 编著　（2015 年出版）

第二册（总第六册）　**副爬行类 大鼻龙类 龟鳖类**　李锦玲、佟海燕 编著

（2017 年出版）

第三册（总第七册）　**鱼龙类 海龙类 鳞龙型类**　高克勤、李淳、尚庆华 编著

第四册（总第八册）　**基干主龙型类 鳄型类 翼龙类**

吴肖春、李锦玲、汪筱林等 编著　（2017 年出版）

第五册（总第九册）　**鸟臀类恐龙**　董枝明、尤海鲁、彭光照 编著　（2015 年出版）

第六册（总第十册）　**蜥臀类恐龙**　徐星、尤海鲁、莫进尤 编著

第七册（总第十一册）　**恐龙蛋类**　赵资奎、王强、张蜀康 编著　（2015 年出版）

第八册（总第十二册）　**中生代爬行类和鸟类足迹**　李建军 编著　（2015 年出版）

第九册（总第十三册）　**鸟类**　周忠和等 编著

第三卷　基干下孔类 哺乳类　　*主编：邱占祥，副主编：李传夔*

第一册（总第十四册）**基干下孔类**　李锦玲、刘俊 编著　　（2015 年出版）

第二册（总第十五册）**原始哺乳类**　孟津、王元青、李传夔 编著　　（2015 年出版）

第三册（总第十六册）**劳亚食虫类 原真兽类 翼手类 真魁兽类 狉兽类**

李传夔、邱铸鼎等 编著　　（2015 年出版）

第四册（总第十七册）**啮型类 I：双门齿中目 单门齿中目 - 混齿目**

李传夔、张兆群 编著　　（2019 年出版）

第五册（上）（总第十八册上）**啮型类 II：啮齿目 I**　李传夔、邱铸鼎等 编著

（2019 年出版）

第五册（下）（总第十八册下）**啮型类 II：啮齿目 II**

邱铸鼎、李传夔、郑绍华等 编著　　（2020 年出版）

第六册（总第十九册）**古老有蹄类**　王元青等 编著

第七册（总第二十册）**肉齿类 食肉目**　邱占祥、王晓鸣、刘金毅 编著

第八册（总第二十一册）**奇蹄目**　邓涛、邱占祥等 编著

第九册（总第二十二册）**偶蹄目 鲸目**　张兆群等 编著

第十册（总第二十三册）**蹄兔目 长鼻目等**　陈冠芳等 编著

PALAEOVERTEBRATA SINICA (modified in October, 2016)
(3 volumes 23 fascicles, planned to be published in 2015−2020)

Volume I Fishes

Editor-in-Chief: **Zhang Miman**, Associate Editor-in-Chief: **Zhu Min**

Fascicle 1 (Serial no. 1)   Agnathans   **Zhu Min et al.**   (2015)

Fascicle 2 (Serial no. 2)   Placoderms   **Zhu Min, Zhao Wenjin et al.**

Fascicle 3 (Serial no. 3)   Actinopterygians   **Zhang Miman, Jin Fan et al.**

Fascicle 4 (Serial no. 4)   Chondrichthyes, Acanthodians, and Sarcopterygians
Zhang Miman, Zhu Min et al.

Volume II Amphibians, Reptilians, and Avians

Editor-in-Chief: **Li Jinling**, Associate Editor-in-Chief: **Zhou Zhonghe**

Fascicle 1 (Serial no. 5)   Amphibians   **Wang Yuan et al.**   (2015)

Fascicle 2 (Serial no. 6)   Parareptilians, Captorhines, and Testudines
Li Jinling and Tong Haiyan   (2017)

Fascicle 3 (Serial no. 7)   Ichthyosaurs, Thalattosaurs, and Lepidosauromorphs
Gao Keqin, Li Chun, and Shang Qinghua

Fascicle 4 (Serial no. 8)   Basal Archosauromorphs, Crocodylomorphs, and
Pterosaurs   **Wu Xiaochun, Li Jinling, Wang Xiaolin et al.**   (2017)

Fascicle 5 (Serial no. 9)   Ornithischian Dinosaurs   **Dong Zhiming, You Hailu,
and Peng Guangzhao**   (2015)

Fascicle 6 (Serial no. 10)   Saurischian Dinosaurs   **Xu Xing, You Hailu, and Mo Jinyou**

Fascicle 7 (Serial no. 11)   Dinosaur Eggs   **Zhao Zikui, Wang Qiang, and Zhang Shukang**
(2015)

Fascicle 8 (Serial no. 12)   Footprints of Mesozoic Reptilians and Avians   **Li Jianjun**   (2015)

Fascicle 9 (Serial no. 13)   Avians   **Zhou Zhonghe et al.**

Volume III Basal Synapsids and Mammals

Editor-in-Chief: **Qiu Zhanxiang**, Associate Editor-in-Chief: **Li Chuankui**

Fascicle 1 (Serial no. 14)   Basal Synapsids   **Li Jinling and Liu Jun**   (2015)

Fascicle 2 (Serial no. 15)   Primitive Mammals   **Meng Jin, Wang Yuanqing, and Li Chuankui**   (2015)

Fascicle 3 (Serial no. 16)   Eulipotyphlans, Proteutheres, Chiropterans, Euarchontans, and Anagalids   **Li Chuankui, Qiu Zhuding et al.**   (2015)

Fascicle 4 (Serial no. 17)   Glires I: Duplicidentata, Simplicidentata-Mixodontia   **Li Chuankui and Zhang Zhaoqun**   (2019)

Fascicle 5 (1) (Serial no. 18-1)   Glires II: Rodentia I   **Li Chuankui, Qiu Zhuding et al.**   (2019)

Fascicle 5 (2) (Serial no. 18-2)   Glires II: Rodentia II   **Qiu Zhuding, Li Chuankui, Zheng Shaohua et al.**   (2020)

Fascicle 6 (Serial no. 19)   Archaic Ungulates   **Wang Yuanqing et al.**

Fascicle 7 (Serial no. 20)   Creodonts and Carnivora   **Qiu Zhanxiang, Wang Xiaoming, and Liu Jinyi**

Fascicle 8 (Serial no. 21)   Perissodactyla   **Deng Tao, Qiu Zhanxiang et al.**

Fascicle 9 (Serial no. 22)   Artiodactyla and Cetaceans   **Zhang Zhaoqun et al.**

Fascicle 10 (Serial no. 23)   Hyracoidea, Proboscidea etc.   **Chen Guanfang et al.**

（Q-4632.01）

www.sciencep.com

ISBN 978-7-03-066295-8

定　价：468.00元